Die Synthese von einheitlichen Polymeren

J. H. Winter

Die Synthese von einheitlichen Polymeren

Mit 71 Abbildungen

Springer-Verlag Berlin Heidelberg New York 1967

Dr. J. H. Winter
Farbwerke Hoechst AG.
6 Frankfurt/Main 80

ISBN-13: 978-3-642-86375-2   e-ISBN-13: 978-3-642-86374-5
DOI: 10.1007/978-3-642-86374-5

Library of Congress Catalog Card Number 67-12593

Titel-Nr. 1397

Vorwort

In der Polymerforschung lassen sich seit einigen Jahren neue und vielfach unerwartete Entwicklungslinien erkennen. Bekanntlich ist für die Polymere eine große Mannigfaltigkeit charakteristisch, die sie vor allem in der Natur und Zahl ihrer Grundbausteine haben. Sie haben diese Mannigfaltigkeit ferner in der Art der Einordnung ihrer Grundbausteine sowie in der Zahl der möglichen Nebenreaktionen bei ihrer Synthese. Zwangsläufig war es daher meist nicht möglich, die Polymere einheitlich und definiert herzustellen. Inzwischen sind nun Methoden und Bedingungen bekannt geworden, die in dieser Richtung erhebliche Fortschritte bringen. Man denke vor allem an die linearen und stereoregulären Polymere, darunter auch solche mit enger Molekulargewichtsverteilung. Kunststoffe und Kautschuke auf dieser Grundlage haben in kurzer Zeit große Bedeutung erlangt und eine stürmische industrielle Entwicklung ausgelöst. Nicht weniger bedeutsam sind die jüngsten Erkenntnisse im Bereich der Biochemie. Dort ist es gelungen, recht tiefe Einblicke in das Geschehen innerhalb der lebenden Zellen zu nehmen. Wir wissen deshalb heute schon viel darüber, wie die Natur ihre Polymere definiert herstellt. Danach sind selbst die komplizierten molekular-genetischen Vorgänge exakte Polymerchemie im wahren Sinne des Wortes.

Der Verfasser dieses Buches ging deshalb davon aus, daß die Bedingungen der Synthesen von einheitlichen Polymeren, ob sie nun im Laboratorium oder in der Natur ablaufen, einmal generell durchgesprochen werden sollten. Besonders wichtig ist dabei der Vergleich von Ergebnissen verschiedener Forschungsrichtungen. Hierdurch wird nicht nur der allgemeinen Tendenz nach Spezialisierung etwas entgegengewirkt, sondern es ergeben sich auch aus dem verbesserten Verständnis füreinander neue Anregungen. Bei einer solchen Arbeit ist die Fülle des zu bewältigenden Stoffes sehr groß. Damit der vorgesehene Rahmen des Buches eingehalten werden konnte, ließen sich deshalb nicht alle Einzelheiten mit gleicher Ausführlichkeit darstellen. Stets wurde aber versucht, die wesentlichen Momente zu beschreiben. Die Literatur ist bis April 1966 berücksichtigt.

Während meiner Arbeit wurde ich von vielen Seiten wirkungsvoll unterstützt. Mein Dank dafür gilt der Farbwerke Hoechst AG., insbesondere Herrn Professor Dr. W. SCHULTHEIS, sowie den Herrn Professor Dr. O. HORN, Professor Dr. L. KÜCHLER und Dr. K. WEISSERMEL. Zahlreichen Kollegen und Werksangehörigen danke ich insgesamt für ihren freundlichen Beistand in vielen Einzelfällen. Eine Reihe von Damen und Herren lasen Teile des Manuskriptes. Dafür und für ihre wertvollen Hinweise danke ich besonders Herrn Professor Dr. R. W. KAPLAN und Herrn Professor Dr. TH. WIELAND, Universität Frankfurt Main, Herrn Professor Dr. G. V. SCHULZ, Frau Dr. M. MARX-FIGINI und Herrn Dr. R. V. FIGINI, Universität Mainz.

Herr Dr. O. FUCHS, Farbwerke Hoechst AG., las das ganze Manuskript kritisch, wofür ich ihm ebenfalls sehr herzlich danke.

Ferner danke ich dem Springer-Verlag für sein freundliches Entgegenkommen, sowie Herrn Dr. F. MARKTSCHEFFEL, Farbwerke Hoechst AG., der mich zeitweise beim Lesen der Korrekturen unterstützte.

Für Hinweise und Kritik werde ich sehr dankbar sein.

Kelkheim/Taunus, im Frühjahr 1967

Jakob Hermann Winter

Inhalt

Einleitung

Die Existenz von *makromolekularen Stoffen* ist durch die Arbeiten von
H. STAUDINGER und seiner Schule[1] sowie vieler späterer Arbeiten anderer
Autoren zweifelsfrei nachgewiesen worden. Mit der Definition von Makromolekülen blieb die klassische Molekülvorstellung erhalten, während die
Chemie dabei eine unerwartete Bereicherung und Ausdehnung erfuhr. Das
gilt um so mehr, als sich die Makromoleküle nicht nur durch ihre hohen
Molekulargewichte von den niedermolekularen Verbindungen unterscheiden, sondern auch durch außerordentliche Vielfalt in Bau und Gestalt. Mit
diesen Erkenntnissen wurden unübersehbare Reihen von *Polymeren*, die
durch die Verknüpfung von einfachen kleinen Molekülen (*Monomeren*) zu
immer größeren Einheiten hergestellt werden können, zugänglich gemacht. Umgekehrt lassen sich auch die makromolekularen Naturstoffe auf
niedermolekulare Verbindungen beziehen, aus denen sie entstanden sind
oder als entstanden gedacht werden können; sie sind deshalb ebenfalls
Polymere.

Bei der Synthese werden nun mit wachsendem Molekulargewicht auch
die Schwierigkeiten größer, die polymeren Stoffe einheitlich zu erhalten.
Deshalb sind die einzelnen Makromoleküle meistens sehr verschieden voneinander. Andererseits wissen wir, daß die lebende Natur sehr große Makromoleküle bilden kann, die untereinander identisch sind. Wir wissen
ferner, daß sie diese Leistung auf der Basis physikalischer und chemischer
Gesetzmäßigkeiten vollbringt. Man muß sich schon aus diesem Grunde
fragen, ob nicht doch auch synthetische Stoffe von hohem Molekulargewicht hergestellt werden können, deren Moleküle einander gleich
sind.

Die von der makromolekularen Chemie behandelten Substanzen sind
vorwiegend Kohlenstoffverbindungen, doch können die Polymere die verschiedensten Elemente des Periodensystems enthalten. Es wird allerdings
verlangt, daß Polymere durchgehende Folgen von *kovalenten Bindungen* aufweisen. Dabei können andere Bindungsarten zusätzlich noch große Bedeutung haben. Zum Beispiel enthalten Polyelektrolyte viele *Ionenbindungen*;
bei manchen Polymerarten spielen *Wasserstoffbrückenbindungen* eine große
Rolle.

---

[1] Die ersten, fundamentalen Arbeiten: STAUDINGER, H.: Ber. dtsch. chem. Ges. **53**,
1073 (1920); **57**, 1203 (1924); **59**, 3019 (1926); STAUDINGER, H., u. J. FRITSCHI: Helv.
Chim. Acta **5**, 785 (1922).

Die besondere Stellung der Kohlenstoffatome mit ihrer überragenden Befähigung zur Ausbildung kovalenter Bindungen untereinander hat dazu geführt, daß man bei der Klassifizierung von Polymeren zunächst von linearen *Kohlenstoffatomketten* ausgeht:

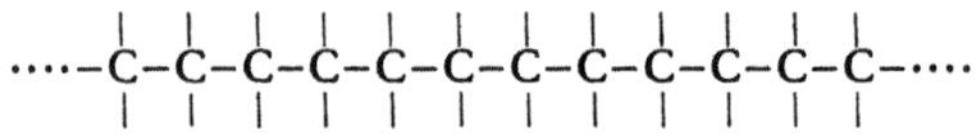

$$\cdots-\underset{|}{\overset{|}{C}}-\underset{|}{\overset{|}{C}}-\underset{|}{\overset{|}{C}}-\underset{|}{\overset{|}{C}}-\underset{|}{\overset{|}{C}}-\underset{|}{\overset{|}{C}}-\underset{|}{\overset{|}{C}}-\underset{|}{\overset{|}{C}}-\underset{|}{\overset{|}{C}}-\underset{|}{\overset{|}{C}}-\underset{|}{\overset{|}{C}}-\underset{|}{\overset{|}{C}}-\cdots$$

Die Kohlenstoffketten können darüber hinaus auch verzweigt sein (und auch Netzwerke bilden):

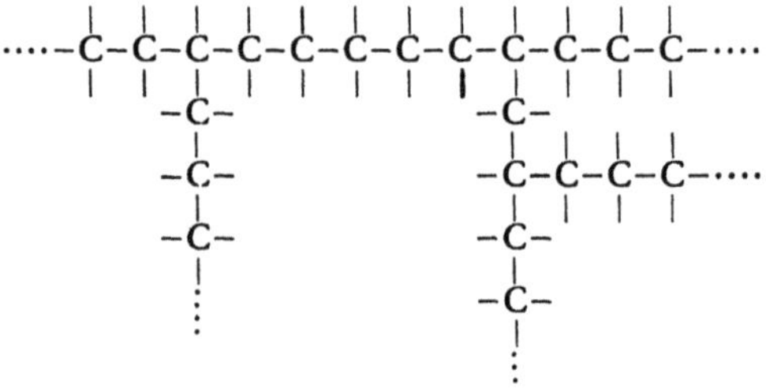

$$\cdots-\underset{|}{\overset{|}{C}}-\underset{|}{\overset{|}{C}}-\underset{|}{\overset{|}{C}}-\underset{|}{\overset{|}{C}}-\underset{|}{\overset{|}{C}}-\underset{|}{\overset{|}{C}}-\underset{|}{\overset{|}{C}}-\underset{|}{\overset{|}{C}}-\underset{|}{\overset{|}{C}}-\underset{|}{\overset{|}{C}}-\underset{|}{\overset{|}{C}}-\underset{|}{\overset{|}{C}}-\cdots$$

Man versucht dann zwischen *Haupt*ketten und *Neben*ketten zu unterscheiden. Abwandlungen der Kohlenstoffketten bestehen darin, daß einzelne Kohlenstoffatome durch andere Atome (*Heteroatome*) ersetzt sind. Zusammen bilden die Atomketten das *Polymergerüst*. Die noch freien Bindungen der Kettenatome werden von Wasserstoff oder anderen Atomen und Atomgruppen (*Substituenten*) beansprucht.

Bei der Synthese gehen die Monomere oder Reste von ihnen als Grundbausteine in das Polymere ein. In der Regel enthält ein Polymeres zwar sehr viele, aber gleiche oder sehr ähnliche Grundbausteine, wodurch seine Konstitutionsaufklärung bedeutend erleichtert wird. Erkennt man innerhalb eines Polymeren eine kleinste chemische Gruppierung, die sich regelmäßig wiederholt, so bezeichnet man sie als *Strukturelement*. Grundbaustein und Strukturelement können gleich oder verschieden groß sein.

Die niedermolekularen Verbindungen gehen zwar ohne erkennbaren Übergang in höher- und hochmolekulare Substanzen über (Erhöhung des *Polymerisationsgrades*, das heißt der Zahl der Grundbausteine), es ist aber eine Abgrenzung der Bereiche zweckmäßig. Bei ausgesprochen makromolekularen Stoffen (*Hochpolymeren, Makropolymeren*) sollen sich mit der Vergrößerung der Kettenlänge um einen Grundbaustein die physikalischen Eigenschaften im allgemeinen nicht mehr „merklich" ändern. Als untere Grenze der Hochpolymere sieht man das Molekulargewicht 10^4 an. Die Polymere unterhalb dieser Grenze bezeichnet man als *Oligomere*, die aber noch über weite Molekulargewichtsbereiche hin in vielen ihrer Eigenschaften den Hochpolymeren sehr ähnlich sind[1].

Polymere aus Grundbausteinen des gleichen Typs, aber unterschiedlichen Polymerisationsgrades sind meistens *polymolekulare* Gemische von *Polymerhomologen*. Lassen sich darüber hinaus Strukturelemente erkennen, so sind die Polymerhomologen *polymereinheitlich*. Sind keine Strukturelemente erkennbar, hat man es also mit ungleichen Grundbausteinen in unregelmäßiger Folge zu tun, so nennt man die Polymerhomologen *aperiodisch*.

Man unterscheidet noch in anderer Weise Polymere mit einer einzigen Art von Grundbausteinen (*Unipolymere, Homopolymere*) von solchen mit mehreren Arten von Grundbausteinen (*Bi-, Terpolymere* usw., allgemein: *Multipolymere, Copolymere*).

Wir sprachen davon, daß man die synthetischen Hochpolymere meist nicht einheitlich erhält. Was besagt aber einheitlich? – Allgemein im Sprachgebrauch hängt der Umfang des Begriffs „Einheitlichkeit" davon ab, inwiefern man verlangt, daß Gegenstände, Eigenschaften usw. eine Einheit bilden, also übereinstimmen sollen. Es ist also an sich stets notwendig, noch nähere Erläuterungen zu geben. Polymere bezeichnet man dann schlicht als einheitlich, wenn ihre Moleküle in *Bauart* und *Größe* übereinstimmen. Da es sich dabei um zwei Gesichtspunkte handelt, kann man Polymere auch einmal nach der Bauart, zum anderen nach der Größe einheitlich nennen. Für eine wissenschaftliche Behandlung ist aber der Gesichtspunkt Bauart noch viel zu allgemein gehalten. Er muß noch weiter detailliert werden. Tatsächlich strebt man in vielen Fällen der Polymersynthese lediglich die Übereinstimmung in Einzelerscheinungen an, zum Beispiel einer einheitlichen Anordnung von Substituenten an den Polymerketten, von Doppelbindungen und ähnlichem. Man spricht deshalb auch schon seit langem von Polymeren, die chemisch einheitlich, polymereinheitlich, von einheitlicher Konfiguration, molekular einheitlich (das heißt von einheitlichem Molekulargewicht) sind. (Ebenso ist es üblich, den Begriff „einheitlich" abzustufen, wie zum Beispiel mit praktisch, fast, weitgehend einheitlich bis herab zu uneinheitlich.) Darauf aufbauend sollen nun hier die Gesichtspunkte, nach denen Polymere einheitlich sein können, konsequent definiert und diskutiert werden. Wie zu sehen sein wird, spielen dabei bestimmte Regelmäßigkeiten innerhalb der Polymere eine besondere Rolle. Die übergeordnete Aufgabe dieses Buches aber ist folgende:

---

[1] Es ist durchaus vernünftig, deshalb noch einmal zu unterteilen, und zwar in den Bereich von Molekulargewicht 10^3 bis 10^4 – nach einem Vorschlag von H. ZAHN als *Pleionomere* zu bezeichnen [s. ZAHN, H., u. G. B. GLEITSMANN: Angew. Chem. 75, 772 (1963)] – und den der eigentlichen Oligomere unterhalb Molekulargewicht 10^3, die allein sich in ihren physikalischen Eigenschaften von Polymerisationsgrad zu Polymerisationsgrad deutlich unterscheiden.

1*

Es gilt die Polymersynthesen daraufhin zu untersuchen, aus welchen Gründen man bei ihnen im Hinblick auf die definierten Gesichtspunkte gegebenenfalls zu weitgehend oder sogar vollständig einheitlichen Polymeren gelangt und gelangen könnte. Als Besprechungsmaterial dient eine große Reihe von Synthesefällen, unter Einschluß von biochemischen[1]. Aus dem kritischen Vergleich der Beispiele mögen die Zusammenhänge und insgesamt die Voraussetzungen exakter Synthesen erkennbar werden.

Zur Einteilung des Buches ist zu sagen, daß in Kapitel 1 die Gesichtspunkte der Einheitlichkeit dargelegt werden, während Kapitel 2 dazu dient, Grundlagen der Polymersynthese zu erörtern. Kapitel 3 bringt dann die Besprechung der Synthesemethoden und -fälle im Sinne des Themas. Synthese wird im weitesten Sinne verstanden, also einschließlich aller Isolierungs- und Reinigungsoperationen. Das drückt sich auch in der Unterteilung von Kapitel 3 aus. Die Abschnitte über die ionische Polymerisation und die Polymerisation mit Ziegler-Katalysatoren werden besonders ausführlich behandelt. Die Fülle des Materials zwingt dazu, die Phänomene zwar nach dem gleichen Schema, aber getrennt voneinander durchzusprechen. Es wird deshalb durch besondere, eingeschaltete Abschnitte versucht, im Rückblick weitergehende Zusammenhänge und Entwicklungslinien aufzuzeigen. Kapitel 4 bringt eine Reihe von Ausführungsbeispielen, da eine solche Zusammenstellung erfahrungsgemäß viel dazu beiträgt, die Vorgänge schneller und besser zu verstehen. (Zur Nacharbeit sollte aber stets die Originalliteratur herangezogen werden.) Schließlich werden in Kapitel 5 Hinweise zur Analyse gegeben. Die wichtigsten Besonderheiten der Nomenklatur werden an sich im Text dargelegt, sind aber am Schluß des Buches in erweiterter Form nochmals zusammengefaßt und erläutert. Ebenfalls am Schluß des Buches ist eine Patentübersicht zu finden.

---

[1] Molekülaufbau im Bereich des Lebendigen ist ebenfalls Synthese; unter „synthetischem Material" versteht man aber immer noch solches, das durch von Menschen erdachte und ausgelöste Vorgänge entsteht.

1 Gesichtspunkte der Einheitlichkeit

Die Beschreibung eines Polymermoleküls beginnt mit der Benennung seiner Grundbausteine oder seiner Strukturelemente. Die Gleichheit oder Verschiedenartigkeit der Grundbausteine, ihre Reihenfolge (Sequenz), die Art und Weise, wie sie noch im besonderen einander zugeordnet sind, und schließlich ihre Anzahl in einem Molekül bestimmen die chemischen, strukturellen und im Molekulargewicht erkennbaren Variationsmöglichkeiten eines Polymermoleküls und müssen ebenfalls ausgedrückt werden. Auf diesem Wege gelangt man zu den Gesichtspunkten der Einheitlichkeit.

Man kann aber nun dabei ins Uferlose geraten. Im folgenden werden deshalb vor allem lineare, nichtcyclische Polymere besprochen, also solche, deren Grundbausteine beziehungsweise Strukturelemente über je zwei Hauptvalenzbindungen (an den Molekülenden über je eine) kettenartig miteinander verknüpft sind. Kettenverzweigungen und -vernetzungen werden in der Regel als Folgen von Nebenreaktionen angesehen, die es zu vermeiden gilt. (Kurze Verzweigungen, die durch die besondere Struktur der Grundbausteine bedingt sind, beeinträchtigen das Bild der Linearität eines Polymeren nicht)[1].

1.1 Chemische Einheitlichkeit

Chemische Einheitlichkeit ist in erster Näherung gegeben, wenn die Polymeren aus Grundbausteinen desselben Typs bestehen. Dies drückt sich in der Benennung aus, indem man zum Beispiel von Polyolefinen spricht, wenn die Grundbausteine in freier Form Olefinmoleküle darstellen könnten beziehungsweise es vor der Polymersynthese waren[2]. Ähnlich verhält es sich mit Polyformaldehyd, Polyalkylenoxiden usw. Da wir uns im

---

[1] Es sei an dieser Stelle auch auf Doppelketten-Polymere mit geordneter Vernetzung, sogenannte Leiterpolymere, hingewiesen, die in neuerer Zeit diskutiert werden, siehe z. B. BROWN JR., J. F.: J. Polymer Sci. C1, 83 (1963). Im Prinzip sind sie den linearen Polymeren zuzuordnen. Wahrscheinlich werden in Zukunft geordnet vernetzte Polymere, auch von flächenhafter oder räumlicher, z. B. schlauchartiger Beschaffenheit mit regelmäßigen Strukturen in größerer Zahl hergestellt und für eine systematische Behandlung interessant werden.

[2] Die näheren Bezeichnungen lauten entsprechend Polyäthylen, Polypropylen, Polybutadien usw. Der Mangel dieser Bezeichnungsweise besteht darin, daß sie die Grundbausteine nicht so wertet, wie sie tatsächlich die Teile der Polymermoleküle darstellen. Diesen Mangel beseitigt eine neuere Nomenklatur, die in diesem Buch gelegentlich verwendet und auf S. 372 erläutert wird.

allgemeinen auf Grundbausteine beziehungsweise Strukturelemente beschränken wollen, die über je zwei Hauptvalenzbindungen in die Polymerketten eingebaut sind, ist die *Linearität der Hauptketten* ein detaillierter Gesichtspunkt im Rahmen der chemischen Einheitlichkeit. Tatsächlich schafft jede Verzweigung einen Grundbaustein, der chemisch von den anderen abweichen muß. – Ein weiterer Gesichtspunkt drückt sich in der Forderung nach Übereinstimmung der Grundbausteine an den Kettenenden aus. Praktisch heißt das *Einheitlichkeit der Endgruppen*, da sich der analytische Nachweis in der Regel auf die Endgruppen bezieht. Allerdings ist es häufig schwer oder unmöglich, die Endgruppen zu definieren und sie gar nachzuweisen. Bei Makropolymeren ist ihre Bedeutung ohnehin gering und wird um so geringer, je höher das Molekulargewicht wird. Eine weitere Schwierigkeit entsteht, wenn ähnliche oder gleiche chemische Gruppen an inneren Grundbausteinen vorhanden sind. Bestehen die genannten Schwierigkeiten nicht, so muß ein lineares, nichtcyclisches Polymermolekül zwei Endgruppen haben, die gleich oder verschieden sind. Im gesamten einheitlichen polymeren Stoff sind die Endgruppen entsprechend paarweise gleich oder verschieden.

Für Homopolymere ist nun die chemische Einheitlichkeit bereits sehr weitgehend verwirklicht, wenn sie linear sind und gleiche (oder paarweise verschiedene) Endgruppen haben. Dem ist aber bei Copolymeren nicht so. Es entsteht zwar auch dann der Eindruck chemischer Einheitlichkeit, wenn die Polymermoleküle aus den gleichen Grundbausteinen in ungefähr dem gleichen Molverhältnis bestehen und die Grundbausteine statistisch verteilt enthalten[1]. Das kann aber in diesem Zusammenhang nicht genügen. Es muß vielmehr noch verlangt werden, daß *regelmäßige Sequenzen der Grundbausteine* vorliegen, wobei entweder Strukturelemente erkennbar sind oder – bei aperiodischen Polymeren – die Regelmäßigkeit im Vergleich der Moleküle untereinander festgestellt werden kann. Die einfachste regelmäßige Sequenz bei Copolymeren mit zwei Arten von Grundbausteinen (Bipolymere) ist die (1 : 1)-Alternierung. Ein Strukturelement umfaßt also zwei verschiedene Grundbausteine. Außerdem lassen sich allgemein für Multipolymere die verschiedensten Regelmäßigkeiten erdenken. Soweit sie heute von Interesse sind, werden sie später zusammen mit den Synthesen besprochen.

1.2 Strukturelle Einheitlichkeit

Der Chemismus eines Makromoleküls hängt nicht nur von der Natur der Grundbausteine und deren Reihenfolge ab, sondern auch von der Art und Weise, wie die Grundbausteine innerhalb ihrer Sequenz im besonderen

---

[1] Zur zahlenmäßigen Beschreibung der entsprechenden chemischen Uneinheitlichkeit siehe CANTOW, H.-J., u. O. FUCHS: Makromol. Chem. **83**, 244 (1965).

eingeordnet sind[1]. Diese Gegebenheiten sieht man aber mehr unter dem Begriff der *Struktur*. Vielfach spricht man speziell dabei von *Mikrostruktur*. Einheitlichkeit in der Mikrostruktur ist dabei wieder sehr von regelmäßigen Anordnungen abhängig.

Ist mit der Mikrostruktur der Blick auf die einzelnen Kettenglieder und -segmente gerichtet, so hat man noch die Struktur der gesamten Moleküle zu beschreiben[2]. Bei entsprechendem Energieinhalt und je nach den Umgebungsbedingungen führen die meisten Polymeren nämlich noch vielfältige Drehungen um Bindungsrichtungen aus, ohne die Mikrostruktur zu verändern. Die dabei entstehenden Strukturarten bezeichnet man als *Konformationen*.

Mit der Beschreibung natürlicher Polymere (Proteine, Nucleinsäuren) wurde es außerdem üblich, von *primärer*, *sekundärer* und *tertiärer* Struktur zu sprechen. Dabei versteht man unter primärer Struktur die Sequenz der Grundbausteine, unter sekundärer die unmittelbare, geordnete Konformation der Polymerketten und unter tertiärer Struktur eine der letzteren nochmals übergeordnete charakteristische räumliche Lage der Polymerketten, die also ebenfalls eine Eigentümlichkeit der Kettenkonformation ist. (Quartärstrukturen von Proteinen beziehen sich auf definierte Komplexe von mehreren Peptidketten.)

1.21 Mikrostrukturen

Mikrostrukturen von regelmäßigen Polymeren mit ausschließlich Kohlenstoffatomen in der Hauptkette

Das einfachste lineare Polymere ist das *Polymethylen* (*Polymethamer*):

$$\cdots\cdots-CH_2-CH_2-CH_2-CH_2-CH_2-\cdots\cdots$$

Es weist keine weiteren strukturellen Besonderheiten auf. Solche Besonderheiten sind aber zu verzeichnen, wenn jedes Kohlenstoffatom noch durch eine Alkylgruppe substituiert ist, zum Beispiel durch Methyl bei *Polyäthyliden* (*Poly(methyl)methamer*):

$$\cdots\cdots-CH-CH-CH-CH-CH-CH-\cdots\cdots$$
$$\quad\ \ \ |\quad\ |\quad\ |\quad\ |\quad\ |\quad\ |$$
$$\quad\ CH_3\ CH_3\ CH_3\ CH_3\ CH_3\ CH_3$$

Die einzelnen Kohlenstoffatome sind dann nämlich asymmetrisch und damit Zentren sterischer Isomerie (*Stereoisomeriezentren*), weil sie vier verschiedene Substituenten haben: zwei verschiedene Teile der Hauptkette, ein Wasserstoffatom und eine Methylgruppe. Da jede Methylgruppe mit dem Wasserstoffatom am gleichen Kettenatom formal den Platz wechseln

---

[1] Ältere Hinweise darauf siehe z. B.: HUGGINS, M. L.: J. Am. Chem. Soc. 66, 1991 (1944); MAYO, F. R., u. K. E. WILZBACH: 71, 1124 (1949); FRISCH, H. L., C. SCHUERCH u. M. SZWARC: J. Polymer. Sci. 11, 559 (1953).

[2] Selbstverständlich wirkt sich die Mikrostruktur dabei bestimmend aus.

kann, entstehen verschiedene Konfigurationen der Substituenten zueinander. Prinzipiell sind bei einem Polymeren mit n ungleich substituierten Kettenatomen dann 2^n stereoisomere Formen möglich. Unter diesen stereoisomeren Formen befinden sich solche mit regelmäßigen Anordnungen der Substituenten. Ein Polymeres weist *einheitliche Konfigurationen* auf, wenn alle Substituenten in gleicher Weise regelmäßig (stereoregulär) angeordnet

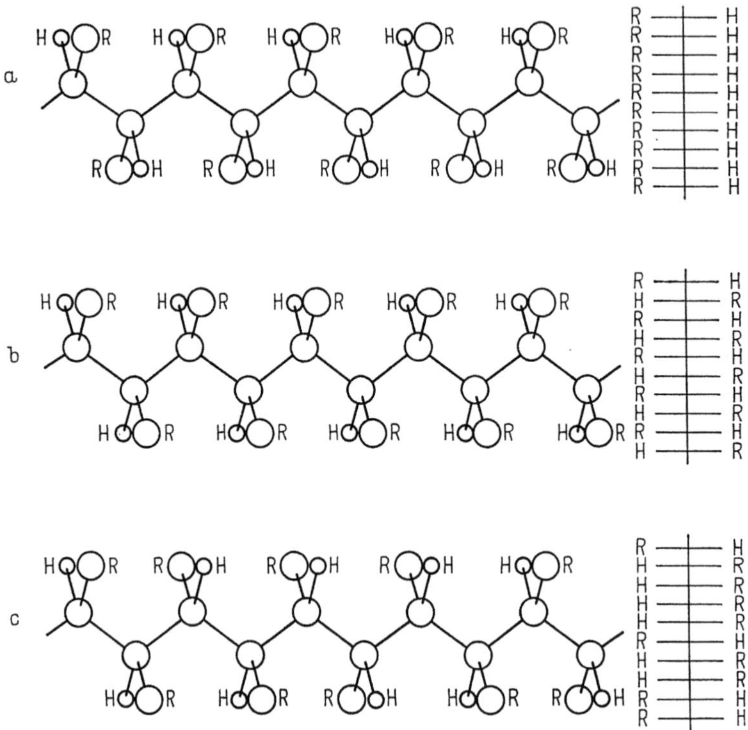

Abb. 1. Abschnittsmodelle von Polymeren mit je einem gleichen Substituenten pro Hauptkettenatom unter der willkürlichen Annahme eben gestreckter Ketten nebst zugehörigen Fischerprojektionen: a isotaktische, b syndiotaktische, c ataktische Anordnung der Substituenten

sind. Die einfachsten Regelmäßigkeiten sind beim Polyäthyliden die *isotaktische* und die *syndiotaktische* Anordnung der Methylgruppen (siehe Abb. 1, R = CH₃). Unregelmäßige Anordnungen nennt man *ataktisch*. Sehr leicht zu übersehen sind diese Konfigurationen an den in Abb. 1 beigegebenen, schematisch dargestellten Molekülprojektionen nach EMIL FISCHER, die nicht von der Zick-Zack-Struktur ausgehen, sondern von der Konformation der ebenfalls in eine Ebene ausgebreiteten Polymermoleküle mit durchgehend in einer Richtung geneigten Bindungen zwischen den Hauptkettenatomen. In der Fischer-Projektion liegen bei der isotaktischen Anordnung alle Methylgruppen auf der gleichen Seite, während sie bei syndiotaktischer Anordnung aufeinanderfolgend die Seite wechseln.

Statt vom Polymethylen auszugehen, kann man sich nun auch auf das *Polyäthylen* beziehen, das zwar in seiner Idealform mit dem Polymethylen identisch ist, dessen Grundbausteine aber doppelt so groß sind. Nimmt

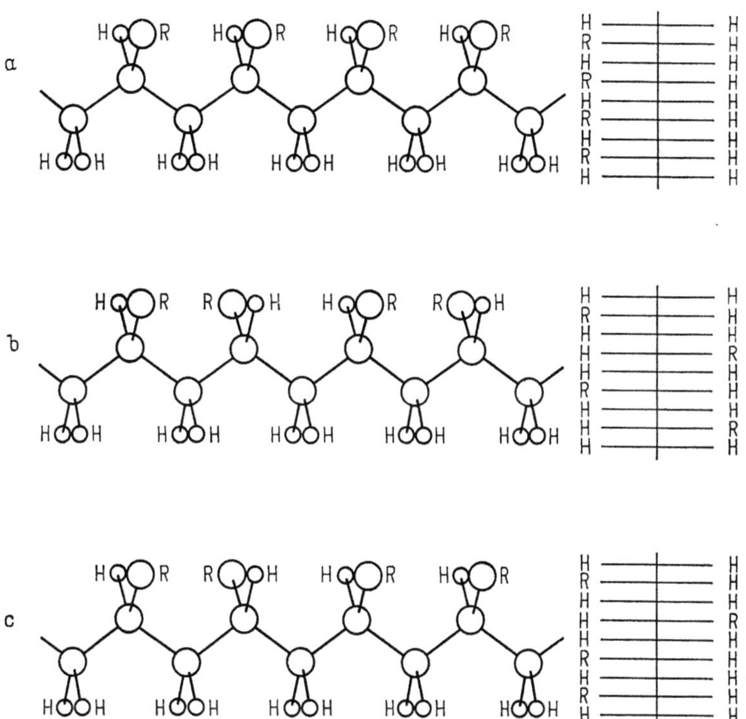

Abb. 2. Abschnittsmodelle von Polymeren mit kopf-schwanz-verknüpften Grundbausteinen unter der willkürlichen Annahme eben-gestreckter Ketten nebst zugehörigen Fischerprojektionen: a isotaktische, b syndiotaktische, c ataktische Anordnung der Substituenten

man an, daß in jedem Grundbaustein des Polyäthylens ein einziger Substituent vorhanden ist, so hat man es mit Polymeren von α-Olefinen oder Vinylverbindungen zu tun. Es soll sich dabei jetzt um ein Homopolymeres handeln, die Substituenten sollen also alle gleich sein. Mit dem substituierten Kohlenstoffatom als Kopf können die Grundbausteine in Kopf-Kopf-, Kopf-Schwanz-, Schwanz-Kopf- und Schwanz-Schwanz-Position verbunden sein, so daß zwei einfache Polymer-Typen denkbar sind, die *einheitliche Position* der Grundbausteine aufweisen: einer mit abwechselnder Kopf-Kopf- und Schwanz-Schwanz-Verknüpfung

$$\cdots\cdots-CH_2-CH-CH-CH_2-CH_2-CH-CH-CH_2-CH_2-CH-CH-CH_2-\cdots\cdots$$
$$\qquad\ \ |\quad\ \ |\qquad\qquad\ \ |\quad\ \ |\qquad\qquad\ \ |\quad\ \ |$$
$$\qquad\ \ R\quad R\qquad\qquad R\quad R\qquad\qquad R\quad R$$

und einer mit Kopf-Schwanz-Verknüpfung

$$\cdots\cdots-CH_2-CH-CH_2-CH-CH_2-CH-CH_2-CH-CH_2-CH-\cdots\cdots$$
$$\qquad\ \ |\qquad\ \ |\qquad\ \ |\qquad\ \ |\qquad\ \ |$$
$$\qquad\ \ R\qquad R\qquad R\qquad R\qquad R$$

Die substituierten Kohlenstoffatome sind wieder Stereoisomeriezentren. Dabei können die kopf-schwanz-verknüpften Grundbausteine derart angeordnet sein, daß die Substituenten durchweg in die gleiche Richtung weisen, wenn das Polymere gestreckt in eine Ebene ausgebreitet wird (siehe Abb. 2).

Diese Anordnung ist – hier wie oben nach NATTA[1] – die isotaktische. Ferner sei hier bemerkt, daß es entsprechend der d- oder l-Konfiguration an jedem asymmetrischen Kohlenstoffatom an sich zwei isotaktische Verknüpfungsfolgen gibt: d d d . . . . oder l l l . . . ., das heißt, die Substituenten weisen in Abb. 2 entweder alle aus der Ebene heraus oder in diese hinein. Sieht man von den Endgruppen ab, so sind in diesen Fällen (wie oben beim Polyäthyliden) beide isotaktischen Polymerformen miteinander identisch.

Die zweite einfache regelmäßige Konfiguration besteht in der alternierenden dldldl . . . .-Folge und ist die syndiotaktische. Kompliziertere Regelmäßigkeiten, die sich beliebig ausdenken lassen, sind bisher kaum realisiert. Eine alternierende Folge isotaktischer und syndiotaktischer Schritte (ddllddll . . . .) wäre ein Beispiel dafür.

Die beschriebenen Konfigurationen von Polymeren bestimmen deren Taktizität. Vermutlich sind bisher noch keine wirklich vollkommen isotaktischen oder syndiotaktischen Polymere synthetisiert worden. Immer dürften sich auch Unregelmäßigkeiten gebildet haben, die dazu führen, daß man tatsächlich nur kurze oder längere Sequenzen (*Blöcke*) isotaktischer, syndiotaktischer oder ataktischer Schrittfolgen vorliegen hat. Je nach Länge der Sequenzen kann man dann einen Grad einer bestimmten Taktizität angeben. Erst bei starkem Überwiegen einer bestimmten Anordnung läßt sich ein Polymeres isotaktisch, syndiotaktisch oder aber ataktisch nennen.

Stellen die Monomere am gleichen Kohlenstoffatom ungleich *di*substituiertes Äthylen dar, so findet man an ihren Polymeren prinzipiell dieselben Isomerien, wie sie eben beschrieben wurden. Anders verhält es sich, wenn sich die Substituenten an je einem der zwei Kohlenstoffatome des Äthylens befinden. Beide Substituenten können dann selbständige taktische Folgen bilden, so daß di-taktische Polymere entstehen: Bei isotaktischer Folge beider Substituenten gibt es zwei Möglichkeiten, indem entweder beide

---

[1] NATTA, G.: J. Polymer Sci. **16**, 143 (1955).

Substituenten nach der gleichen Seite oder nach verschiedenen Seiten weisen, wenn das Polymere wieder gestreckt in einer Ebene ausgebreitet wird
(s. Abb. 3). Man spricht im ersten Fall von *threo-diisotaktischer*, im zweiten
von *erythro-diisotaktischer* Anordnung. Bei syndiotaktischer Folge beider
Substituenten hat man eine dritte regelmäßige Konfiguration vorliegen.

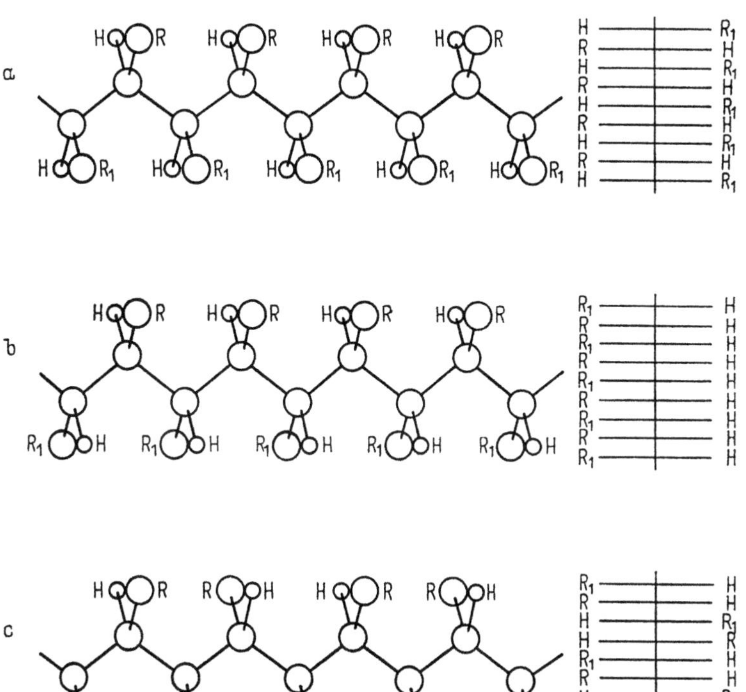

Abb. 3. Abschnittsmodelle der Ketten von ditaktischen Polymeren mit kopf-schwanz-
verknüpften Grundbausteinen unter der willkürlichen Annahme eben-gestreckter Ketten
nebst zugehörigen Fischerprojektionen: a threo-diisotaktische, b erythro-diisotaktische,
c disyndiotaktische Anordnung der Substituenten[1]

Polymere von tri- und tetrasubstituiertem Äthylen passen sich in das
aufgezeigte Schema sterischer Isomerien ein, je nachdem die Substituenten
gleich oder verschieden sind, so daß keine Besonderheiten zu beschreiben sind.

Ein weiterer Grad von Regelmäßigkeit (oder Unregelmäßigkeit) wird
dann möglich, wenn die Substituenten am Äthylen in sich selbst Asymmetriezentren enthalten. Der Taktizität der Hauptkette überlagert sich dann
noch die Folge der stereoisomeren Substituenten. Sind alle diese Substituenten (oder der überwiegende Teil davon) nicht nur chemisch einheitlich,

---

[1] Nach NATTA, G.: Angew. Chem. **76**, 553 (1964).

sondern auch von der gleichen Konfiguration – D oder L beziehungsweise R oder S^1 –, so verursachen sie optische Aktivität des Polymeren. Dabei wurde wiederholt festgestellt, daß der Betrag der spezifischen Drehung von der sterischen Regelmäßigkeit der Polymere, sowie sehr von der Temperatur abhängig ist, sobald der Schmelzpunkt überschritten ist[2,3].

Damit ist aber auch die Frage zu stellen, inwieweit Asymmetriezentren in den Hauptketten der soeben besprochenen Polymerarten optische Aktivität hervorrufen können[4]. Nun ist bei regelmäßig aufgebauten Polymeren zu jedem Asymmetriezentrum auch der Antipode im gleichen Molekül vorhanden, wenn die gestreckten Polymere in Längsrichtung senkrecht durch eine Spiegelebene gehen. (Von den Endgruppen wird dabei abgesehen.) Ein Beispiel dafür ist isotaktisches Polypropylen, und entsprechend kompensiert sich bei ihm die optische Aktivität der Asymmetriezentren intramolekular. (Bei ataktischem Polypropylen und analogen Polymeren erfolgt intra- und intermolekulare Kompensation der optischen Aktivitäten aus statistischen Gründen; bei syndiotaktischem ist die dldl.....-Folge per

---

[1] Mit den Bezeichnungen d und l bzw. D und L unterscheidet man optische Antipoden. Zu Anfang hatte man festgelegt, daß dem (+)-Glycerinaldehyd die D-Form zukäme, bei der in der Fischer-Projektion mit obenständiger Aldehydgruppe die OH-Gruppe des asymmetrischen Kohlenstoffatoms rechts steht:

$$\begin{array}{c} CHO \\ | \\ H-\overset{*}{C}-OH \\ | \\ CH_2OH \end{array}$$

Alle D-Isomere anderer Verbindungen leiten sich von diesem (+)-Glycerinaldehyd durch Aufbau oder Umwandlung ab, wobei keine Waldensche Umkehr am Asymmetriezentrum der Ausgangsverbindung stattfindet. Die zunächst willkürlich festgelegte D-Konfiguration stimmt, wie später festgestellt wurde, mit der tatsächlichen („absoluten") Konfiguration überein. In neuerer Zeit wurden dann auch Regeln vorgeschlagen, nach denen die absoluten Konfigurationen systematisch beschrieben werden können: CAHN, R. S., C. K. INGOLD u. V. PRELOG: Experientia 12, 81 (1956). Als Symbole werden hier R und S verwendet. (+) und (—) bezeichnen unabhängig davon den Drehungssinn der optisch aktiven Substanzen. Über den ursprünglichen Gebrauch hinaus werden hier, wie neuerdings üblich, die Buchstaben d und l dazu verwendet, die Konfigurationen aufeinanderfolgender Stereoisomeriezentren innerhalb der Polymerketten relativ zueinander darzulegen.

[2] PINO, P., u. G. P. LORENZI: J. Am. Chem. Soc. 82, 4745 (1960); BAILEY, W. J., u. E. T. YATES: J. Org. Chem. 25, 1800 (1960).

[3] Speziell bei Vinylverbindungen siehe: SCHULZ, R. C., u. H. HILPERT: Makromol. Chem. 55, 132 (1962); SCHULZ, R. C.: Z. Naturforsch. 19b, 387 (1964); KLABUNOWSKI, E. J., YU. J. PETROV u. M. J. SHVARTMAN: Vysokomol. soedin. 6, 1487 (1964); SOBUE, H., K. MATZUZAKI u. SH. NAKANO: J. Polymer. Sci. A2, 3339 (1964); KAISER, E., u. R. C. SCHULZ: Makromol. Chem. 81, 273 (1964).

[4] Optische Aktivität gibt sich dadurch zu erkennen, daß die Ebene polarisierten Lichtes beim Durchgang durch die flüssige Substanz oder durch deren Lösung um einen Winkel α gedreht wird. Man definiert als spezifische Drehung für die unverdünnte Flüssigkeit: $[\alpha]^t_\lambda = \dfrac{\alpha}{\rho \cdot l}$ und für die Lösung: $[\alpha]^t_\lambda = \dfrac{\alpha \cdot 100}{l \cdot c}$

mit t = Meßtemperatur, λ = Wellenlänge des Lichtes, ρ = Dichte der Flüssigkeit, l = durchstrahlte Schichtdicke (gemessen in dm) und c = Konzentration der Lösung (in g/100 ml).

definitionem gegeben, weshalb auch hier eine innere Kompensation stattfindet.) Da aber allgemein eine fortgesetzte isotaktische Verknüpfung entweder als ddd....- oder als lll....-Folge verläuft, ist eine resultierende
optische Aktivität prinzipiell dann möglich, wenn keine Spiegelsymmetrie
der Polymere in Längsrichtung vorliegt. Hierzu sei in Abb. 4 ein Beispiel
gegeben.

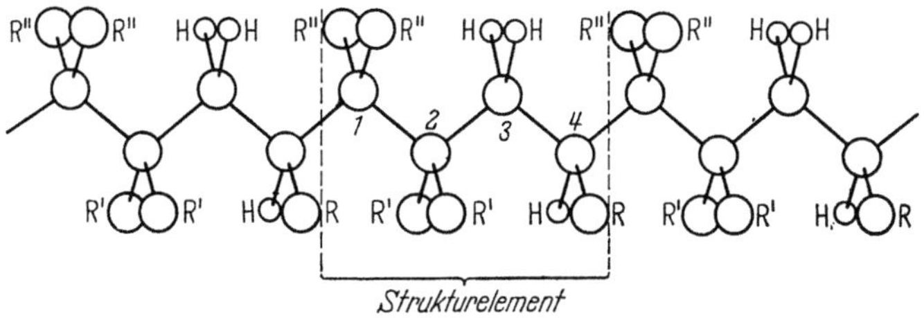

Abb. 4. Abschnittsmodell eines optisch aktiven Polymeren mit Asymmetriezentren in
der Hauptkette

In dem Polymeren, dessen Strukturelemente vier Kohlenstoffatome der
Hauptkette umfassen, sollen die Kohlenstoffatome 1, 2 und 3 eines Struk-
turelementes je zwei gleiche, aber andere Substituenten haben, während
Kohlenstoffatom 4 asymmetrisch sei[1]. Ein solches Polymeres, das in bezug
auf C_4 isotaktisch ist, tritt in zwei *enantiomeren* (*enantiomorphen, spiegelbildlichen*) Formen auf, die nicht miteinander zur Deckung gebracht werden können. Normalerweise liegen beide „Enantiomere" im racemischen Gemisch
vor.

Ist man aber in der Lage, ausschließlich oder vorwiegend eine der beiden enantiomeren Formen (allgemeine Bevorzugung einer d- oder l-Anordnung) herzustellen, so zeigt das Polymergemisch optische Aktivität[2].

Damit sind wir aber zu Polymerarten gekommen, bei denen noch weitere d,l-Isomerien möglich sind. So gibt es formal für das folgende Polymere eine *threo-diisotaktische*, eine *erythro-diisotaktische*, eine *threo-disyndiotaktische* und eine *erythro-disyndiotaktische* Konfiguration (Abb. 5).

---

[1] Es ist dabei völlig gleichgültig, wie dieses Polymere entstanden ist, ob durch Homo-
oder alternierte Copolymerisation.

[2] Es war erwähnt worden, daß Homopolymere von α-Olefinen und von Vinylverbindungen, die chemisch und sterisch einheitliche Asymmetriezentren in den Substituenten haben, optische Aktivität zeigen, wobei die spezifische Drehung von der sterischen
Regelmäßigkeit der Polymere abhängt. Genaugenommen fehlt einem solchen Polymeren, wenn es isotaktisch ist, auch die diskutierte Spiegelebene senkrecht zur Längsrichtung, d. h. also, daß hier auch die asymmetrischen Hauptkettenatome zur optischen
Aktivität beitragen können, wenn d- oder l-Anordnung bei den einzelnen Molekülen
allgemein bevorzugt ist. Wie später (Kapitel 3A) gezeigt wird, ist gerade als Folge der
einheitlichen sterischen Isomerie in den Seitengruppen der Monomere die unmittelbare Bevorzugung einer d- oder l-Anordnung sehr wohl möglich. — Prinzipiell kann
optische Aktivität auch bei Vorliegen von Atropisomerie hervorgerufen werden.

Neben den Konfigurationen, die d,l-Isomerien bedingen, sind noch andere zu nennen, die cis-trans-Isomerie ergeben und die vor allem an Doppelbindungen auftreten.

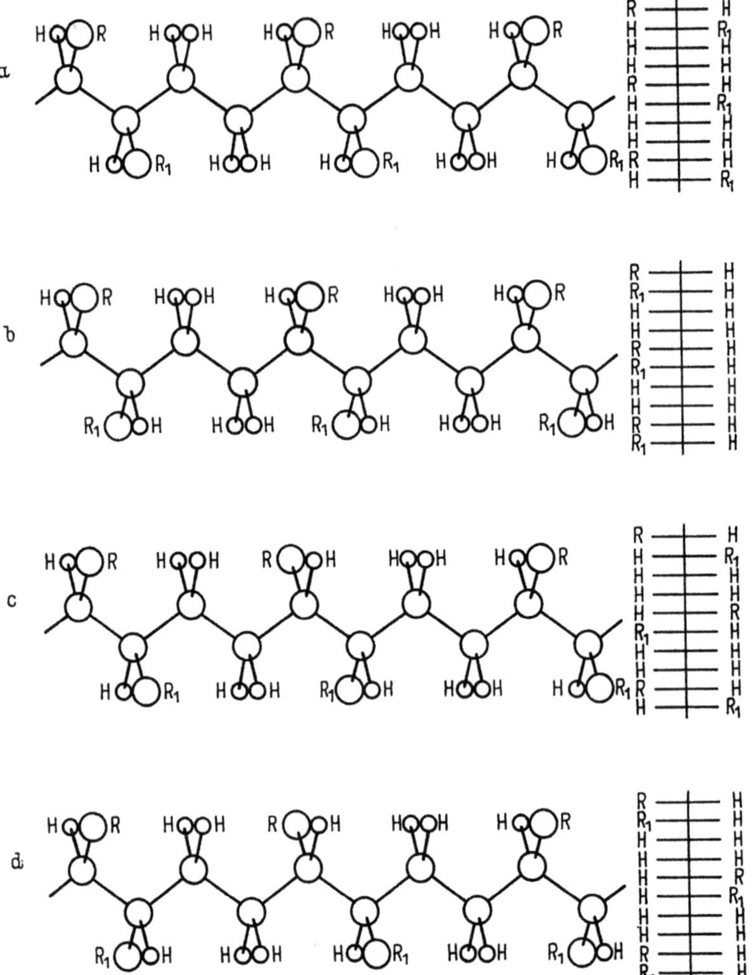

Abb. 5. Abschnittsmodelle von Polymeren aus kopf-schwanz-verknüpften Grundbausteinen, unter der willkürlichen Annahme eben-gestreckter Ketten – nebst zugehörigen Fischerprojektionen: a threo-diisotaktische, b erythro-diisotaktische, c threo-disyndiotaktische, d erythro-disyndiotaktische Anordnung der Substituenten[1]

Diolefine wie Butadien und Isopren verknüpfen sich so, daß sie pro Grundbaustein eine Doppelbindung in die Polymere einbringen. Dabei

[1] Nach CORRADINI, P., u. P. GANIS: Makromol. Chem. **62**, 97 (1963).

ergibt Butadien cis-1,4-[1], trans-1,4-[2] sowie isotaktische und syndiotaktische 1,2-Polymere (s. Abb. 6). Bei letzteren sind die Doppelbindungen in Vinyl-Seitengruppen vorhanden. Neben diesen regelmäßigen Polymeren sind selbstverständlich die ataktischen 1,2-Polymere und die mit (zum Beispiel statistischen) Ansammlungen all dieser Konfigurationen im gleichen Molekül zu erwähnen. Beim Polyisopren sind noch zwei weitere Regelmäßigkeiten zu verzeichnen, gegeben durch die substituierenden Methylgruppen. Je nachdem nämlich 1,2- oder 4,3-Verknüpfung der Monomere erfolgte, sitzen diese Methylgruppen beim Polymeren entweder in der Hauptkette oder an den Vinyl-Seitengruppen. Noch kompliziertere Verhältnisse sind an Beispielen zu finden, die später in Kapitel 3A beschrieben werden.

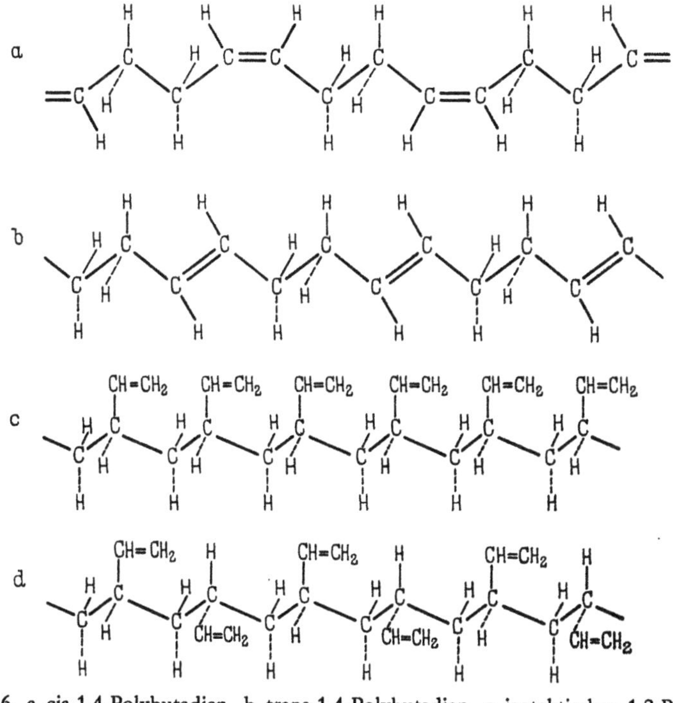

Abb. 6. a cis-1,4-Polybutadien, b trans-1,4-Polybutadien, c isotaktisches 1,2-Polybutadien, d syndiotaktisches 1,2-Polybutadien. (Die dick ausgezogenen Valenzstriche liegen für jeden Polymerabschnitt in der gleichen Ebene.)

Mikrostrukturen von regelmäßigen Polymeren mit Heteroatomen in der Hauptkette

Die bisher beschriebenen Polymere wiesen ausschließlich Kohlenstoffatome in ihrer Hauptkette auf. Prinzipiell gilt aber das gleiche für lineare

---

[1] oder cis-taktisches 1,4-Polybutadien.
[2] oder trans-taktisches 1,4-Polybutadien.

Polymere, die auch Heteroatome in den Hauptketten haben. Aus Gründen, die mit der Synthese zusammenhängen, hat man bei den letzteren mehr Möglichkeiten, komplizierte Isomerien durch die besondere Position der Grundbausteine und die Konfigurationen der Substituenten an Asymmetriezentren herzustellen und längere definierte Teilstücke in die Polymerketten einzubringen. Außerdem sind dabei häufig chemisch erheblich verschiedene Grundbausteine verknüpft, so daß auch dadurch konfigurative Besonderheiten entstehen. Im einzelnen wird darauf eingegangen, wenn die Polymere besprochen werden. Hier mögen einige Hinweise genügen:

Dem Polyäthylen analog aufgebaut ist *Polyäthylenoxid* $(-CH_2-CH_2-O-)_n$[1]. Beide weisen im Normalfall keine sterischen Isomerieformen auf. Auch

$$CH_3$$
$$|$$

bestehen formal für *Polypropylenoxid* $(-CH_2-CH-O-)_n$, das in einheitlicher Positionsfolge verknüpft ist, dieselben Konfigurationen wie für Polypropylen[2]. Hier kommt aber hinzu, daß durch das Heteroatom $(-O-)$ die Makromoleküle in Längsrichtung asymmetrisch werden. Dadurch kann bereits bei isotaktischem Polypropylenoxid optische Aktivität gefunden werden. Stereoisomerien findet man auch bei *Polyaldehyden*[3]. *Proteine* und natürliche *Polypeptide*, die als Grundbausteine die einkondensierten Aminosäuren der Art $H_2N-R-COOH$ enthalten, sind optisch aktiv, weil die NH_2-Gruppen an asymmetrischen Kohlenstoffatomen einheitlicher L-Konfiguration sitzen; die Peptidbindungen $(-CONH-)$ liegen in einer Ebene[4]. Ebenfalls interessante Konfigurationen findet man bei *Polysacchariden*, bei denen es für jeden Grundbaustein sogar mehrere *Diastereomere*[5] gibt und jedes Diastereomere nochmals zwei optische Antipoden bildet. Weitere Gesichtspunkte dieser Art und andere Polymere werden später zu besprechen sein.

1.22 Konformationen

Entscheidend für die Annahme einer bestimmten Konformation bei Polymeren sind ihre innere Beweglichkeit, die Art ihrer Wechselwirkung mit der Umgebung, ihre Mikrostrukturen und die Temperatur.

Bei einem in sich leicht beweglichen Makromolekül wie linearem Polyäthylen, das in einem indifferenten Lösungsmittel stark verdünnt gelöst ist, wird die Molekülgestalt zunächst nur durch die Valenzwinkel bestimmt. Bei völlig freier Drehbarkeit um dieselben bestünde unendliche Mannigfaltigkeit der Konformationen. Dies ist jedoch nicht der Fall. Es sind die Drehungen um die Hauptvalenzrichtungen der Polymerkette begünstigt,

---

[1] Siehe S. 138.

[2] Siehe S. 142.

[3] Siehe S. 132.

[4] Siehe S. 234 u. S. 267.

[5] Das sind isomere Grundbausteine, die sich nur in ihrer d,l-Konfiguration an mehreren Atomen unterscheiden, aber insgesamt nicht spiegelbildlich zueinander sind.

bei denen die Substituenten benachbarter Kohlenstoffatome „auf Lücke" (gestaffelt) stehen, wenn man ihre Projektion in Richtung ihrer Drehachse betrachtet. Dabei sind von Kettenglied zu Kettenglied jeweils drei verschiedene „Lückenstellungen" möglich, die sich um den gleichen Drehwinkel von 120° unterscheiden, wenn die Substituenten jedes Atoms gleich sind.

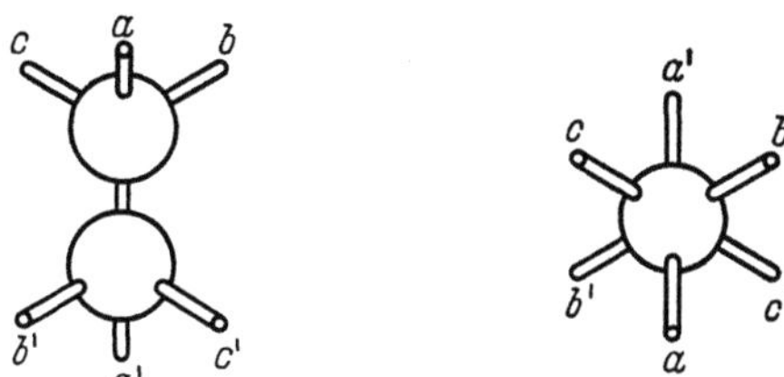

Abb. 7. Gestaffelte Konformation bei benachbarten Kohlenstoffatomen mit gleichen Substituenten

In der Darstellung von Abb. 7 stehen je zwei Bindungen a und a′, b und b′, c und c′ in „trans"-Stellung. Bei der ebenen Zick-Zack-Anordnung einer Polymerkette[1] liegt ausschließlich die trans-Konformation vor. Die beiden anderen möglichen Lückenstellungen jeweils zweier benachbarter Kohlenstoffatome bezeichnet man als „gauche"-Konformationen.

Die Drehbarkeit selbst ist von der Überwindung der Potentialschwellen, die durch die gegenseitige Behinderung der Substituenten gegeben sind, abhängig. Als wahrscheinlichste Molekülgestalt ergibt sich dann unter den genannten Bedingungen und innerhalb der diskutierten Einschränkungen die unregelmäßigste, geknäuelte Gestalt, während eine gestreckte sehr unwahrscheinlich ist. Man kann diese verschieden wahrscheinlichen Konformationen nur statistisch erfassen und spricht deshalb von den statistischen Molekülknäueln.

Durch Austausch der Substituenten an den Kettenatomen und Einführung von Doppel- oder sogar Dreifachbindungen oder von kleineren Ringen wird die innere Beweglichkeit der Polymerketten entscheidend beeinflußt. Dadurch kann die Zahl der unter Normalbedingungen eingenommenen Konformationen erheblich verringert und gegebenenfalls auf wenige beschreibbare eingeschränkt werden, während Veränderungen derselben nur unter großem Energieaufwand möglich sind. Grundsätzlich gilt, daß Veränderungen der Konformationen ohne Bruch von Hauptvalenzbindungen erfolgen können, im Gegensatz zu den Änderungen von Konfigurationen.

Die Wechselwirkungen eines Makromoleküls mit seiner Umgebung bestehen teilweise in der Assoziation seiner eigenen Kettensegmente untereinander, aber auch mit Nachbarmolekülen. Im Zustand der Lösung treten

---

[1] Siehe Abb. 5, S. 14.

Solvatationen mit dem Lösungsmittel in Konkurrenz dazu, wobei Solvatation und Assoziation temperaturabhängig sind[1]. Man kann durch Variation der Umgebungsbedingungen die Molekülgestalten in Lösungen stark beeinflussen (und damit auch die Molekül-Eigenschaften sehr modifizieren). Dies gilt besonders bei Anwesenheit ionisierbarer Gruppen. Zum Beispiel führen die abstoßenden Kräfte gleichsinnig geladener Ionen nach entsprechender pH-Änderung zur Streckung eines Polyelektrolyten. Konformationen besonderen Ordnungsgrades können reversibel und irreversibel verändert werden. Bei künstlichen Polyelektrolyten wie Polyacrylsäure sind Vorgänge dieser Art leicht zu übersehen, wesentlich schwieriger aber bei komplizierten natürlichen Polyelektrolyten, den Proteinen und Nucleinsäuren. Deren reversible Veränderungen durch Ionen-Wechselwirkungen sind von größter funktioneller Bedeutung. Irreversible Veränderungen erleiden sie meistens bei ihrer Denaturierung.

Der Einfluß der Mikrostrukturen auf die Einnahme bestimmter, regelmäßiger Konformationen kommt vor allem in der Kristallisierbarkeit der Polymere zum Ausdruck. Kristallisierbar sind zunächst solche Polymere, deren Grundbausteine mindestens zwei Symmetrieebenen aufweisen wie zum Beispiel beim Polyäthylen. Sie ordnen sich als Zick-Zack-Ketten an. Entsprechen den Grundbausteinen weniger als zwei Symmetrieebenen, so sind sie nur kristallisierbar, wenn sie sterisch regelmäßig verknüpft sind. Andererseits können Copolymere, die ihre Grundbausteine in statistischer Verteilung enthalten, durchaus kristallisieren, nämlich dann, wenn die Grundbausteine sich chemisch und in ihren Abmessungen sehr ähnlich sind (zum Beispiel Styrol und Monofluorstyrol)[2]. Man hat hier also eine *Isomorphie* zwischen verschiedenen Grundbausteinen. Die physikalischen Eigenschaften (zum Beispiel Gitterkonstanten, Schmelztemperatur) gehen kontinuierlich von einem zum anderen Homopolymeren über[3,4]. In Erweiterung dieser Erscheinungen können auch Isomorphien bei chemisch uneinheitlichen, aber einander ähnlichen Makromolekülen auftreten, die zur Ausbildung echter fester Lösungen führen. Wegen dieser Möglichkeiten ist eine unterschiedliche strukturelle Anordnung gleicher Grundbausteine also in größerem Maße störend für die Kristallisation als eine kleine chemische Differenzierung. Allerdings können große Seitengruppen eine Kristallisation völlig verhindern. Im Kristall muß die Faserachse linearer Makro-

---

[1] Zur Theorie von Polymer-Lösungen s. HERMANS, J. J.: J. Polymer Sci. C 12, 51 (1966).

[2] NATTA, G., P. CORRADINI, D. SIANESI u. D. MORERO: J. Polymer Sci. 51, 527 (1961); s. auch HODES, W., u. A. DRUCKER: J. Polymer Sci. 39, 549 (1959), betr. Copolymere von o- und p-Methylstyrol; ISHIBASHI, M.: J. Polymer Sci. A 2, 4361 (1964), betr. Polyäther-ester; TURNER JONES, A.: Polymer 6, 249 (1965), betr. Copolymere von 4-Methylpenten mit α-Olefinen.

[3] NATTA, G.: Makromol. Chem. 35, 94 (1960).

[4] NATTA, G., L. PORRI, A. CARBONARO u. G. LUGLI: Makromol. Chem. 53, 52 (1962).

moleküle parallel zu einer einzigen kristallographischen Achse sein. Dabei scheinen folgende Forderungen zu bestehen: Es müssen die Grundbausteine gegenüber der Faserachse gleichwertige geometrische Positionen

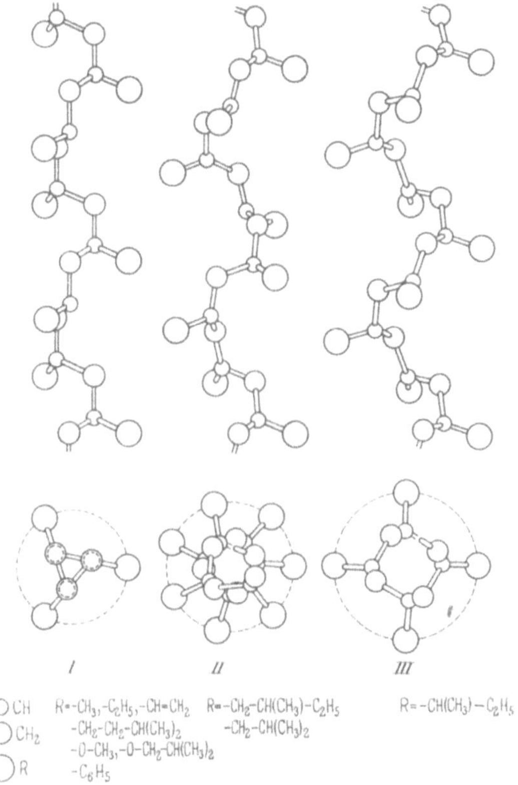

Abb. 8. Mögliche Helices von isotaktischen Polymeren mit verschiedenen Seitengruppen[1]

einnehmen und die Makromoleküle für sich einen Zustand minimaler potentieller Energie sowie untereinander möglichst enger Packung finden können[1]. Entsprechend bilden sich sehr häufig schraubenförmige Anordnungen (Helices) oder Anordnungen in Gleitebenen aus[2]. Isotaktisches Polypropylen, Polybuten-1 und Polypenten-1 bilden beim Kristallisieren Helices, wobei sie in eine rechts- oder linkshändige in gleicher Weise übergehen können. Pro Identitätsperiode, also des kleinsten Abschnitts, der sich bei Translation ständig wiederholt, ist die Zahl der Grundbausteine durch die Substituenten bestimmt. In Abb. 8 sind verschiedene mögliche Helix-

---

[1] NATTA, G., u. P. CORRADINI: J. Polymer Sci. **39**, 29 (1959).
[2] Im gelösten oder amorphen Zustand sind Helices dagegen selten zu finden.

2*

Typen in Abhängigkeit von den Substituenten (Seitengruppen) dargestellt, die unter Anwendung der oben genannten Forderungen ermittelt
wurden.

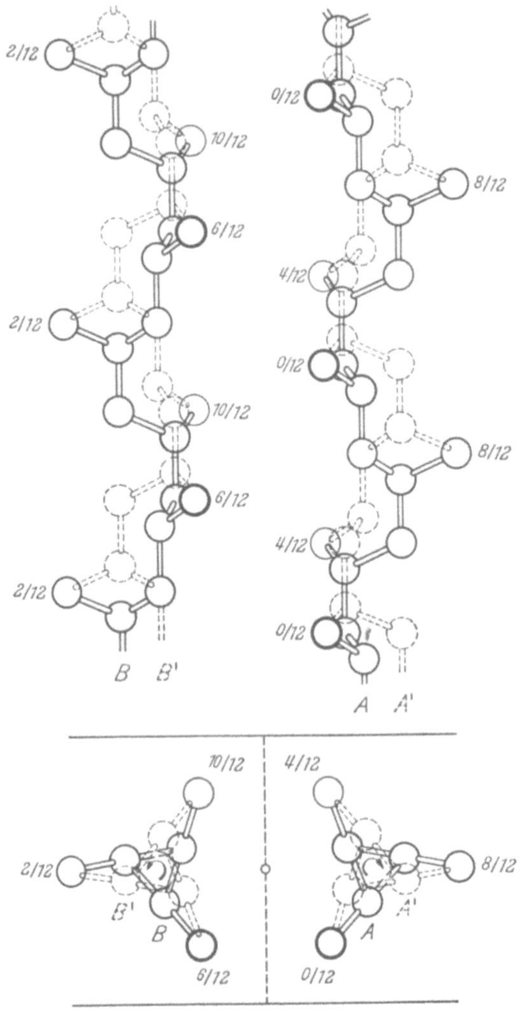

Abb. 9. Helix-Anordnung der enantiomorphen Ketten des kristallinen isotaktischen
Polypropylens. Projektion von der Seite und entlang der Faserachse[1]

Bei Polyolefinen tritt allerdings mit wachsender Länge der Seitengruppen eine Neigung
derselben, sich wie n-Paraffine in linearen Zick-Zack-Anordnungen eng aneinanderzu-

[1] Nach NATTA, G., u. P. CORRADINI: J. Polymer Sci. 39, 29 (1959).

lagern, in den Vordergrund. Während Polyhepten-1 noch Helixbildung bei Hauptketten und Seitengruppen aufweist, sind für Polydecen-1 bis Polyoctadecen-1 nur noch die Helices der Hauptketten beibehalten, die Seitengruppen aber weitestgehend gestreckt[1].

Die Zick-Zack-Struktur mit ihren trans-Konformationen wird weiterhin schließlich unwahrscheinlich, wenn die Anwesenheit von Substituenten, besonders von dicken, zu einer Überhäufung bei der Kristallisation führte. Hier ist dann die gauche-Konformation bevorzugt.

In einer großen Zahl von Untersuchungen (Röntgenbeugungen) an verschiedensten kristallinen organischen und anorganischen Polymeren konnten mit zufriedenstellender Genauigkeit Helixbildungen erkannt werden[2].

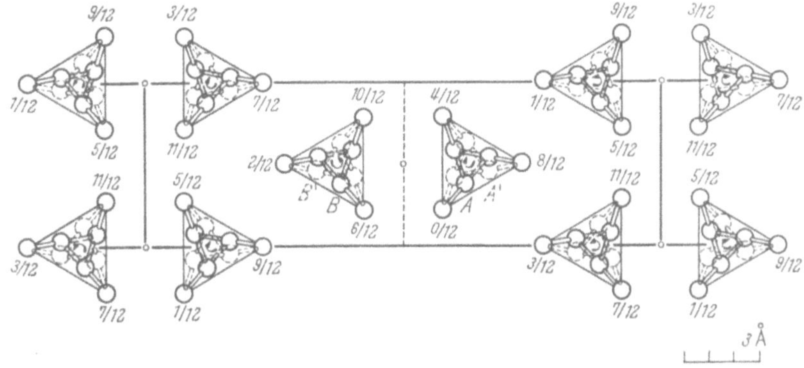

Abb. 10. Kristallstruktur des isotaktischen Polypropylens. Projektion entlang der Faserachse[3]

Dabei kann ein bestimmtes Polymeres auch gegebenenfalls zwei Helixtypen ausbilden, also mit einer verschiedenen Zahl von Grundbausteinen

---

[1] TURNER JONES, A.: Makromol. Chem. **71**, 1 (1964). Diese Arbeit bringt Angaben über Kristallisationsvermögen und Strukturen folgender isotaktischer Polymere: Polyhexen-1, Polyhepten-1, Polyocten-1, Polynonen-1, Polydecen-1, Polydodecen-1, Polytetradecen-1, Polyhexadecen-1 und Polyoctadecen-1.

[2] Eine zuerst von EYRING, H.: Phys. Rev. **39**, 746 (1932), aufgestellte Theorie ist die Grundlage für eine Anzahl Methoden geworden, die die Geometrie von Helix-Konformationen linearer Polymere beschreiben.

DE SANTIS, P., E. GIGLIO, A. M. LIQUORI u. A. RIPAMONTI: J. Polymer Sci. A **1**, 1383 (1963), ermittelten die Stabilität der Helix-Konformationen einer Reihe von Polymeren (Polyäthylen, Polytetrafluoräthylen, Polyoxymethylen, Polyisobutylen, Polyvinylidenchlorid, isotaktisches Polypropylen), indem sie die potentiellen Energien als Funktionen der Rotationswinkel um die Hauptkettenbindungen berechneten. Sie berücksichtigten anziehende und abstoßende Kräfte zwischen den Substituenten und ermittelten die Stellungen minimaler potentieller Energie. Gute Übereinstimmung mit Meßwerten. Siehe auch

KREEVOY, M. M., u. E. A. MASON: J. Am. Chem. Soc. **79**, 4851 (1957); LIQUORI, A. M.: J. Polymer Sci. C **12**, 209 (1966).

[3] Nach NATTA, G., u. P. CORRADINI: J. Polymer Sci. **39**, 29 (1959).

pro Identitätsperiode, wovon eine die stabilere ist. Im Kristall sind enantiomorphe Ketten (links- und rechtshändige Helices) abwechselnd zusammengelagert, wodurch die geforderte enge Packung eintritt. Abb. 9 und Abb. 10 zeigen dies am Beispiel des isotaktischen Polypropylens.

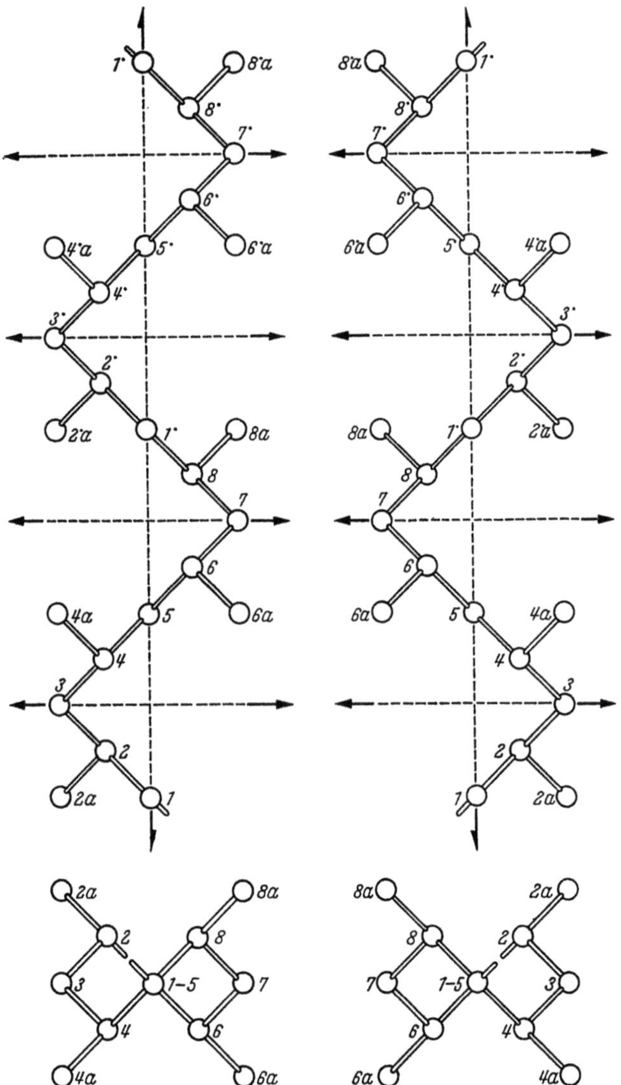

Abb. 11. Anordnung des kristallinen syndiotaktischen Polypropylens in zwei enantiomorphen Helices. Projektion von der Seite und entlang der Faserachse[1].

---

[1] NATTA, G.: Makromol. Chem. **35**, 94 (1960).

Es sind aber auch bereits Kristallformen gefunden worden, die aus isomorphen Helixketten – also entweder nur links- oder nur rechtshändigen Helices – aufgebaut sind, so bei Poly-*tert.*-butylacrylat, Poly-5-methylhexen und vielleicht auch Polyoxymethylen[1].

Syndiotaktischen Polymeren kommt entweder ebenfalls eine Helix- oder eine Gleitebenen-Anordnung im Kristall zu[2,3]. Helices bildet zum Beispiel syndiotaktisches Polypropylen (Abb. 11 und 12), während syndiotaktisches 1,2-Polybutadien nahezu eben ist und Gleitebenen-Anordnung annimmt (Abb. 13).

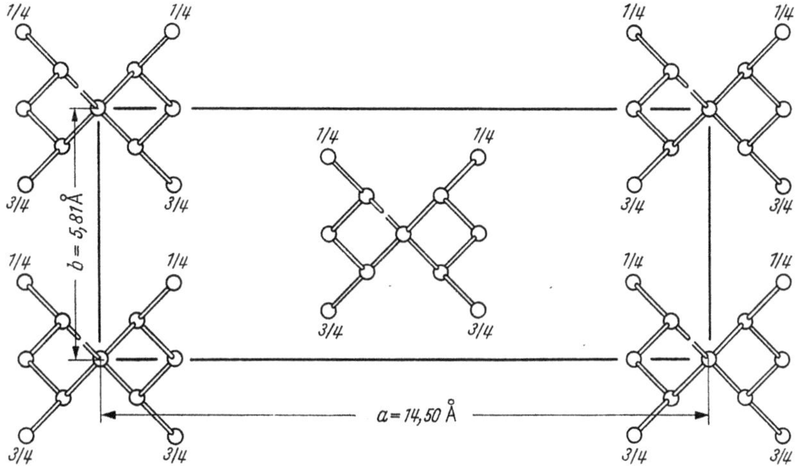

Abb. 12. Kristallstruktur des syndiotaktischen Polypropylens. Projektion entlang der Faserachse[2]

Ebenfalls in Gleitebenen kristallisieren cis-1,4-Polybutadien und cis-1,4-Polyisopren[4].

Strukturen dieser Art spielen auch bei komplizierteren natürlichen Polymeren eine entscheidende Rolle. So wurde für Polypeptide mit intramolekularer Wasserstoffbrückenbindung am Beispiel des α-Keratins die sogenannte α-Helix[5] vorgeschlagen, die mehrfach experimentell bestätigt werden konnte.

[1] CARAZZOLO, G., u. M. MAMMI: J. Polymer Sci. A 1, 965 (1963).
[2] NATTA, G.: Makromol. Chem. 35, 94 (1960).
[3] NATTA, G., P. CORRADINI u. P. GANIS: J. Polymer Sci. 58, 1191 (1962).
[4] NATTA, G., u. P. CORRADINI: J. Polymer Sci. 39, 29 (1959).
[5] PAULING, L., u. R. B. COREY: J. Am. Chem. Soc. 72, 5349 (1950); PAULING, L., R. B. COREY u. H. R. BRANSON: Proc. Nat. Acad. Sci. USA 37, 205 (1951); PAULING, L., u. R. B. COREY: 37, 235 (1951); 37, 241 (1951); 37, 282 (1951).

Auf Polypeptide mit intermolekularen Wasserstoffbrückenbindungen bezieht sich – am Beispiel des β-Keratins – die "pleated sheet" -(Faltblatt-) Struktur[1] (Abb. 14 und 15).

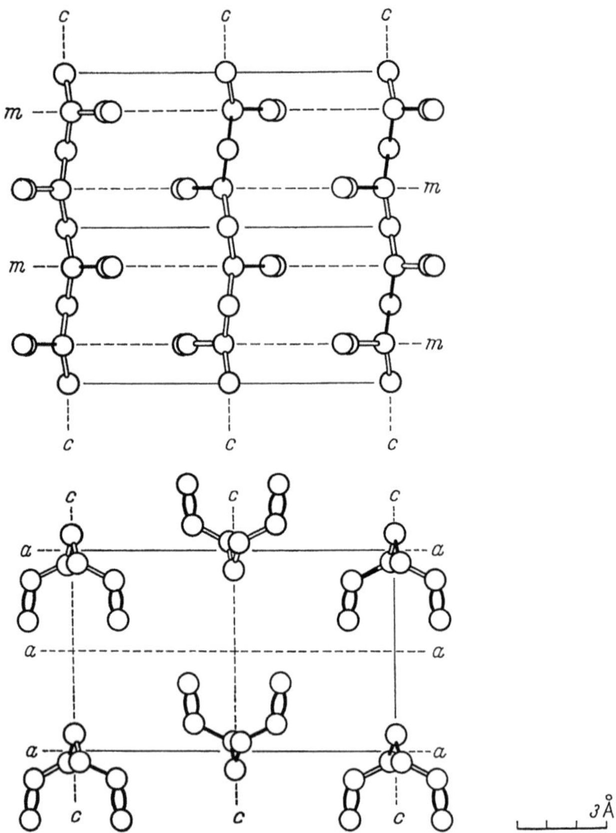

Abb. 13. Gleitebenen-Anordnung von syndiotaktischem 1,2-Polybutadien im Kristall. Projektion von der Seite und entlang der Faserachse[2]

Tatsächlich erlaubt nur die Helix eine regelmäßige Wiederholung von Grundbausteinen mit asymmetrischen C-Atomen bei gleicher Konfiguration[3,4].

---

[1] PAULING, L., u. R. B. COREY: 37, 251 (1951); 37, 256 (1951); 37, 261 (1951).

[2] Nach NATTA, G., u. P. CORRADINI: J. Polymer. Sci. 39, 29 (1959).

[3] Erster Hinweis: BUNN, C. W.: Proc. Roy. Soc. (London) A 180, 67 (1942).

[4] Über den Beitrag von Helix-Konformationen zur optischen Drehung siehe FITTS, D. D., u. J. G. KIRKWOOD: Proc. Nat. Acad. Sci. USA 42, 33 (1956); BLOUT, E. R., P. DOTY u. J. T. YANG: J. Am. Chem. Soc. 79, 749 (1957); zusammenfassend erwähnt bei GOODMAN, M., u. J. S. SCHULMAN: J. Polymer Sci. C 12, 23 (1966).

Helices können noch zweifach oder mehrfach miteinander verschlungen sein, wie das später im Fall der Nucleinsäuren zu zeigen sein wird, wobei intermolekulare Wasserstoffbrückenbindungen vorliegen. Im einzelnen wird auf diese Gegebenheiten sowie auf sekundäre und tertiäre Strukturen anderer natürlicher Polymere noch eingegangen, wenn diese ausführlich besprochen werden.

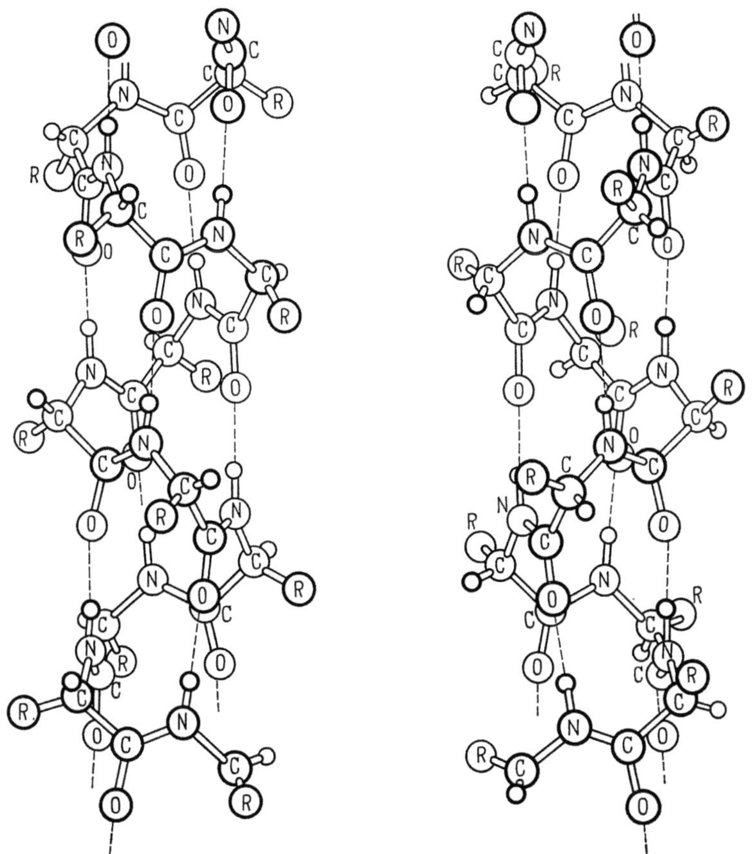

Abb. 14. α-Helix von Polypeptiden mit intramolekularen Wasserstoffbrückenbindungen, links- und rechtshändig[1]

Bei der Kristallisation können allgemein am gleichen Polymeren verschiedene Kristallmodifikationen auftreten (*Polymorphismus*). Jede Struktur ist unter bestimmten Bedingungen stabil, so bei bestimmten Temperaturen, Drucken usw., oder aber instabil, und zeigt das Bestreben, allmählich in die stabilere Form überzugehen[2].

---

[1] Siehe S. 23, Fußnote 5.
[2] Siehe weiter NATTA, G.: Makromol. Chem. **35**, 94 (1960).

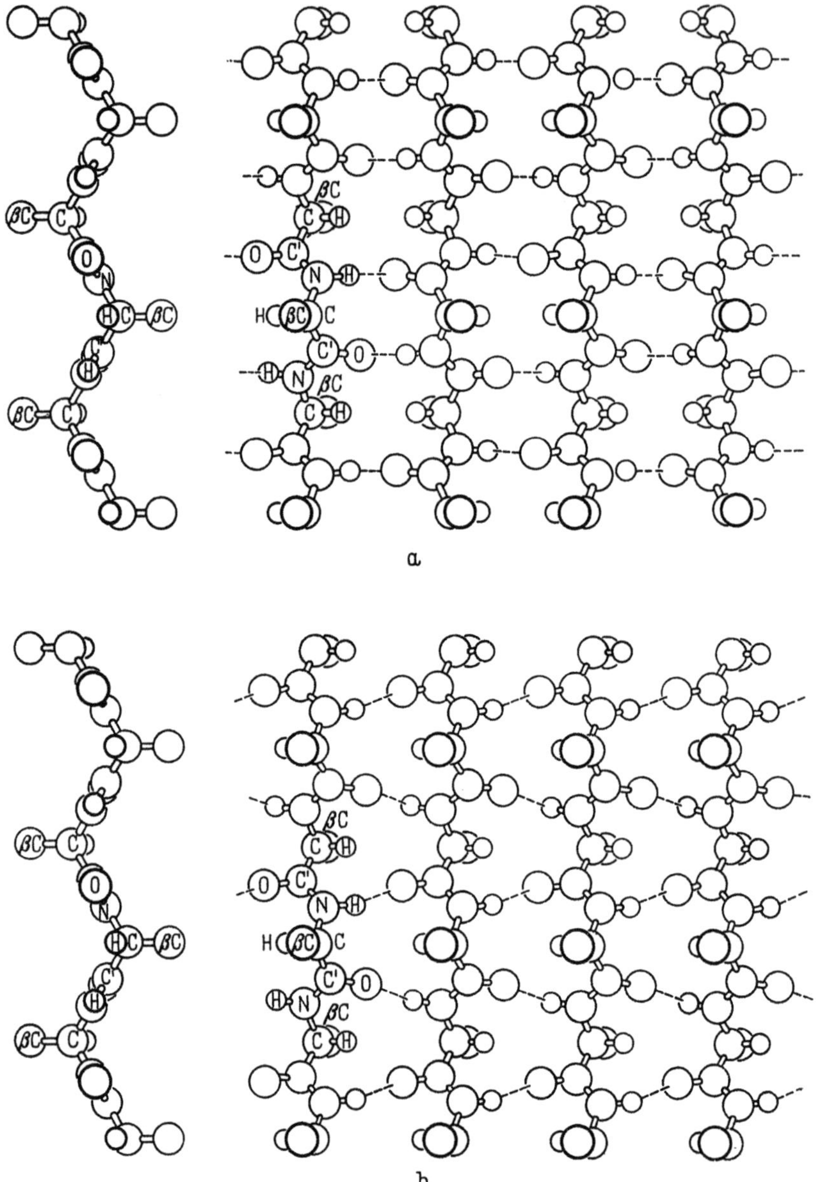

Abb. 15. "pleated sheet"-Struktur von Polypeptiden mit intermolekularen Wasserstoff-brückenbindungen. Projektion von der Seite und von oben[1]

[1] Pauling, L., u. R. B. Corey: Proc. Nat. Acad. Sci. USA 37, 251 (1951).

Über das hinaus bilden sich noch bei der Kristallisation – synthetischer und auch biogenetischer Polymere – aus hochverdünnten Lösungen vielfach dünne Einkristall-Lamellen von größenordnungsmäßig 100 Å Dikke[1–4]. Die Makromoleküle sind senkrecht zur Lamellenebene angeordnet, und da sie meist erheblich länger sind, als die Dicke der Lamellen beträgt, muß Kettenfaltung angenommen werden.

Für Kristallisation aus konzentrierteren Lösungen gilt im Prinzip dasselbe[5]. Aus der Schmelze kristallisieren Hochpolymere meist unter Bildung von Sphärolithen, das sind räumlich ausgedehnte Fibrillenbündel, wobei die Fibrillen wiederum aus mehr oder weniger verdrillten Einkristall-Lamellen bestehen[6]. Es lassen sich auch im Lichtmikroskop beobachtbare polygonale Gebilde (Hedrite), die aus Einkristall-Schichten bestehen, feststellen[7,8].

1.3 Einheitlichkeit im Molekulargewicht

Die Größe von Polymeren kann durch ihr Molekulargewicht M oder ihren Polymerisationsgrad P ausgedrückt werden. Bei einem Homopolymeren ist das Molekulargewicht (praktisch) gleich dem Produkt aus Polymerisationsgrad und dem Molekulargewicht eines Grundbausteins. Der Polymerisationsgrad gibt also an, wieviel Grundbausteine sich zum Polymermolekül vereinigt haben.

Meistens erhält man die Polymere, vor allem die Makropolymere, bei ihrer Synthese mit unterschiedlichen Molekulargewichten (sie sind molekular uneinheitlich, polymolekular). Die Bestimmung des Molekulargewichtes führt bei solchen Gemischen zu Mittelwerten. Diese Mittelwerte fallen je nach Bestimmungsmethode verschieden aus. Verwendet man eine Methode, die direkt zur Messung der Zahl der (verschieden großen) Polymermoleküle führt, so erhält man das sogenannte Zahlenmittel des Molekulargewichtes $\overline{M}_n$ beziehungsweise des Polymerisationsgrades $\overline{P}_n$.

---

[1] KELLER, A.: Philos. Mag. 2, 1171 (1957); Makromol. Chem. 34, 1 (1959).

[2] FISCHER, E. W.: Z. Naturforsch. 12a, 753 (1957).

[3] HIRAI, N., T. YASUI, S. FUJITA u. Y. YAMASHITA: Chem. High Polymers (Tokio) 20, 413 (1963) betreffend α-Amylose aus Kornstärke.

[4] RÅNBY, B. G., F. F. MOREHEAD u. N. M. WALTER: J. Polymer Sci. 44, 349 (1960), bei Polyäthylen und isotaktischem Polypropylen.

[5] Siehe auch BASSETT, D. C., A. KELLER, S. MITSUHASHI u. H. H. WILLS: J. Polymer Sci. A 1, 763 (1963).

[6] Siehe STUART, H. A., in: Struktur und physikalisches Verhalten der Kunststoffe, Band 1, S. 304, herausgeg. von R. NITSCHE und K. A. WOLF. Berlin-Göttingen-Heidelberg: Springer-Verlag 1962.

[7] Siehe z. B. LEUGERING, H. J.: Makromol. Chem. 68, 223 (1963), bei isotaktischem Polypropylen und isotaktischem Polybuten-1.

[8] Siehe auch LINDENMEYER, P. H.: J. Polymer Sci. C 1, 5 (1963).

Drückt n die (Mol-)Zahl aller Species i vom gleichen Molekulargewicht M aus, so gilt für das Gemisch

$$\overline{M}_n = \frac{\Sigma\, n_i\, M_i}{\Sigma\, n_i}$$

Spricht die Bestimmungsmethode gleichzeitig auf die Zahl und die Größe der Makromoleküle proportional an, so errechnet sich das sogenannte

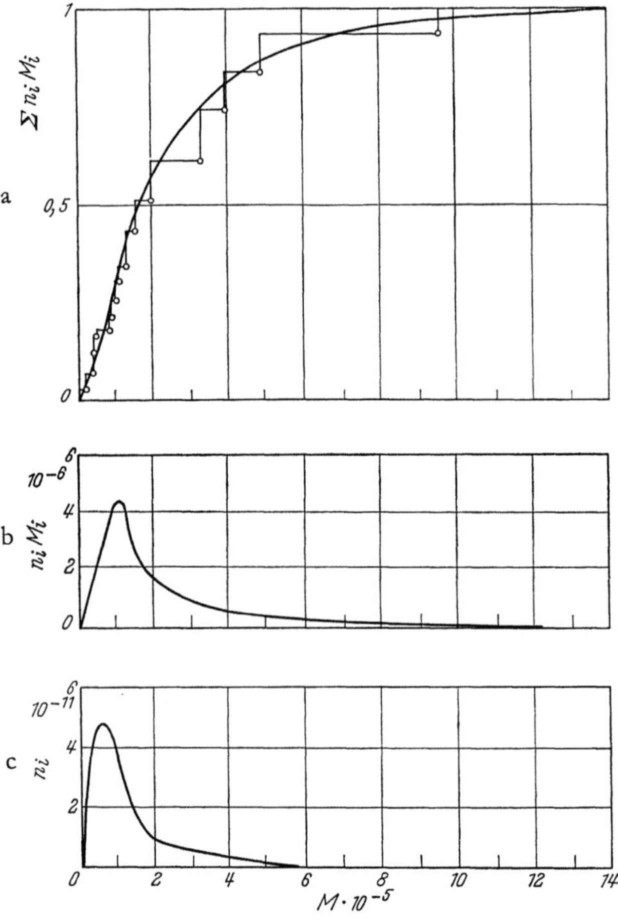

Abb. 16. a Integrale Massenverteilungsfunktion, dazu b dasselbe als differentielle Massenverteilungsfunktion, bezogen auf 1 g Gesamtmasse und c als Kettenverteilungsfunktion, bezogen auf 1 g Gesamtmasse[1]

---

[1] An Polychloropren gemessen, siehe MOCHEL, W. E., J. B. NICHOLS u. C. J. MIGHTON: J. Am. Chem. Soc. 70, 2185 (1948).

Gewichtsmittel des Molekulargewichtes $\overline{M}_w$ beziehungsweise des Polymerisationsgrades $\overline{P}_w$, und es gilt

$$\overline{M}_w = \frac{\Sigma\, n_i\, M_i^2}{\Sigma\, n_i\, M_i}$$

Sind die Meßgrößen irgendeiner Methode noch anders vom Molekulargewicht abhängig, so führen sie zu anderen Mittelwerten. $\overline{M}_w$ ist bei im Molekulargewicht uneinheitlichen Polymergemischen stets größer als $\overline{M}_n$, wobei die Unterschiede erheblich werden können. Bei im Molekulargewicht einheitlichen Stoffen fallen jedoch die Mittelwerte zusammen. Man kann deshalb die Größe der Abweichungen zweier verschieden gearteter Mittelwerte in irgendeiner Form als Maß der molekularen Einheitlichkeit (beziehungsweise Uneinheitlichkeit) verwenden. Üblich dafür ist der Ausdruck $\dfrac{\overline{M}_w}{\overline{M}_n} - 1$ oder einfach der Quotient $\dfrac{\overline{M}_w}{\overline{M}_n}$ geworden[1].

Die Einheitlichkeit (beziehungsweise Uneinheitlichkeit) im Molekulargewicht läßt sich auch graphisch darstellen. Hierzu ist es notwendig, daß man das eventuelle Gemisch der Polymere mit verschiedenen Polymerisationsgraden in Fraktionen zerlegt, die zumindest weniger im Molekulargewicht uneinheitlich als das Ausgangsprodukt sind. Stellt man die (immer noch mittleren) Polymerisationsgrade dieser Fraktionen in einem Diagramm auf der Abszisse zusammen und trägt ihre Massen oder Molen in Ordinatenrichtung ein, so erhält man schließlich sogenannte Verteilungskurven. Die Eintragung läßt sich differentiell und integral vornehmen.

Das angeführte Beispiel (Abb. 16) zeigt eine breite Verteilung. Je einheitlicher im Molekulargewicht ein Polymeres ist, desto enger sind die differentiellen Verteilungskurven.

---

[1] SCHULZ, G. V.: Z. physik. Chem. B **32**, 27 (1936); B **43**, 25 (1939); B **47**, 155 (1940).

2 Grundlagen und allgemeinere Betrachtung der Polymer-Synthesen

Wir wenden uns nun den Reaktionen zu, die zu Polymeren führen. Im allgemeinen gilt für chemische Umsetzungen, daß die Reaktionspartner beim Zusammentreffen ein über den normalen Energiegehalt hinausgehendes Mindestmaß von Energie, die Aktivierungsenergie, besitzen müssen, um reagieren zu können. Diese kann ihnen auf verschiedenem Wege zugeführt werden, zum Beispiel thermisch, durch Strahlung, elektrisch oder mechanisch. Es stellt sich dann ein Übergangszustand (aktivierter Komplex) ein[1], der unter Energieabgabe in die Reaktionsprodukte übergeht. Je nachdem der durchschnittliche Energieinhalt der Endprodukte tiefer oder höher liegt als der der Ausgangsstoffe, ist eine Reaktion exotherm oder endotherm. Die Richtung, in der eine Reaktion freiwillig abläuft, ist aber durch die Arbeit, die sie dabei zu leisten vermag, gegeben. Die geleistete Arbeit $(-\Delta G)$ ergibt sich als Differenz der eingetretenen Energieänderung (Reaktionsenthalpie) ΔH und des Produktes aus eingetretener Entropieänderung (als Ausdruck der veränderten Wahrscheinlichkeit des neuen Zustandes) mit der absoluten Temperatur[2]:

$$\Delta G = \Delta H - T\,\Delta S$$

Die Bildung eines Polymeren bedeutet eine Zunahme der Ordnung, das heißt Abnahme der Entropie (negatives ΔS). Damit wird $-T\,\Delta S$ positiv. Eine Arbeitsleistung (negatives ΔG) und damit freiwillige Polymersynthese kann deshalb nur eintreten, wenn letztere exotherm verläuft[3] (negatives ΔH) und solange der absolute Betrag der Reaktionsenthalpie ΔH größer ist als der von $T \cdot \Delta S$. Mit steigender Temperatur oder bei Änderung

---

[1] Zur Theorie des Übergangszustandes siehe a) EYRING, H.: Chem. Revs. **17**, 65 (1935); b) FROST, A. A., u. R. G. PEARSON: *Kinetik und Mechanismus homogener chemischer Reaktionen*, S. 71 ff. Weinheim: Verlag Chemie 1964. Kürzere Beschreibung bei c) GOULD, E. S.: *Mechanismus und Struktur in der organischen Chemie*, S. 156 ff. und 214 ff. Weinheim: Verlag Chemie 1962.

[2] Es wird dabei auf Reaktion bei konstantem Druck bezogen. Man vergleiche Lehrbücher der physikalischen Chemie.

[3] Die Reaktionswärme, die in ΔH mit enthalten ist, muß nicht äußerlich in Erscheinung treten, sondern kann z. B. als Schmelzwärme für ein festes Monomeres oder als Verdampfungswärme für ein flüchtiges Abspaltungsprodukt verbraucht werden, so daß gegebenenfalls noch Wärme zugeführt werden muß, um die Reaktionstemperatur aufrechtzuerhalten.

der Monomerkonzentration, wodurch sich der Betrag von ΔS ändert, wird schließlich $\Delta H = T_c \cdot \Delta S$ [1]. Reversible Polymersynthesen sind dann in bezug auf Temperatur und Konzentration der Reaktionspartner an den Punkt gekommen, an dem Aufbau und Abbau eines Polymeren miteinander im Gleichgewicht stehen.

Gleichgewichtspunkte werden allerdings verhältnismäßig selten wirklich gemessen, weil sie für die meisten Polymere im Bereich normaler Temperaturen bei sehr geringen Monomerkonzentrationen liegen, während bei höheren Temperaturen häufig Neben- und irreversible Folgereaktionen stattfinden.

Reaktionen von gleicher Art, die successiv zur Bildung von Polymeren immer höheren Molekulargewichtes führen, werden als Polyreaktionen bezeichnet. Man unterscheidet dabei (im deutschen Sprachgebiet) Polymerisationen, Polykondensationen und Polyadditionen und spricht entsprechend von Polymerisaten, Polykondensaten und Polyaddukten. Charakteristisch für Polymerisationen ist, daß sie als Kettenreaktionen beschreibbar sind, die über energiereiche Zwischenstufen der wachsenden Polymerketten ablaufen [2]. Polykondensationen sind dagegen in der Regel keine Kettenreaktionen. Sie verlaufen unter Abspaltung von Molekülteilen [3]. Polyadditionen ähneln in vielem den Polykondensationen sehr, spalten aber keine Molekülteile ab [4].

Es ist noch auf die Bedeutung kinetischer Messungen zur Aufklärung von Polyreaktionen hinzuweisen. Durch solche Messungen werden Größen wie Konzentrationen, Temperaturen, Drucke und Volumina in ihrer zeitlichen Änderung ermittelt. Man gelangt dabei zu Differentialgleichungen, die Rückschlüsse auf den Ablauf einer Reaktion gestatten [5]. Sehr wichtig ist die Bestimmung der Aktivierungsenergien aus der Arrheniusschen Gleichung

$$k = A \cdot \exp\,(-E/RT)$$

(mit E = Aktivierungsenergie,

$\quad k$ = Geschwindigkeitskonstante der betreffenden Reaktion bei der absoluten Temperatur T und

$\quad A$ = Häufigkeitsfaktor)

---

[1] Man spricht von der "ceiling temperature" T_c als der von der Monomerkonzentration abhängigen oberen Grenztemperatur, oberhalb der das betreffende Polymere nicht mehr thermodynamisch stabil ist, s. DAINTON, F. S., u. K. J. IVIN: Nature (London) **162**, 705 (1948); Quart. Rev. **12**, 61 (1958), vgl. die ionische Polymerisation von α-Methylstyrol, McCORMICK, H. W.: J. Polymer Sci. **25**, 488 (1957), siehe auch S. 118.

[2] Siehe Ausführungen S. 32.

[3] Siehe Ausführungen S. 56.

[4] Siehe Ausführungen S. 60.

[5] Siehe z. B. KÜCHLER, L.: *Polymerisationskinetik*, Berlin-Göttingen-Heidelberg: Springer-Verlag 1951; BURNETT, G. M.: *Mechanism of Polymer Reactions*, New York-London: Interscience Publ. Inc. 1954.

unter Einsetzung der Werte für die Geschwindigkeitskonstanten zu verschiedenen Temperaturen. Je größer die Aktivierungsenergien sind, desto stärker sind die Reaktionen von der Temperatur abhängig.

Um näheren Aufschluß über die Elektronenzustände kovalenter Bindungen und energiereicher Zwischenstufen zu erhalten, kann man mit Vorteil quantenmechanische Berechnungsmethoden heranziehen. Nach den zugrunde liegenden Theorien kommen den Elektronen bestimmte Aufenthaltsräume – sogenannte Orbitale – um die Atomkerne zu, innerhalb derselben sie jeweils mit einer bestimmten Wahrscheinlichkeit anzutreffen sind. Jedes Orbital kann maximal von zwei Elektronen entgegengesetzten Spins besetzt werden. Eine kovalente Bindung kommt zustande, wenn von zwei Atomen sich je ein Orbital mit je einem Elektron entgegengesetzten Spins „überlappt". Hierdurch entsteht ein Bindungsorbital. Beim Kohlenstoffatom verändern sich dabei die Ausgangsorbitale infolge gegenseitiger Beeinflussung – sie hybridisieren. Kovalente C,C-Einfachbindungen nennt man σ-Bindungen. Bei einer Doppelbindung besteht neben der σ- noch eine sogenannte π-Bindung, die besonders reaktiv ist[1].

2.1 Polymerisationen

Die kovalenten Bindungen der Grundbausteine in den Polymerketten entstehen über radikalische oder ionische Mechanismen. Voraus geht die Öffnung vorhandener Bindungen bei den Monomeren. Für Polymerisationen geeignet sind organische Verbindungen, die ungesättigt sind oder die kleine Ringe (meist mit Heteroatomen) bilden.

Trifft ein Radikal oder ein Ion I* auf ein solches Monomeres M, so mag es bei diesem eine Bindung öffnen und sich mit ihm verknüpfen: I* + M → I M*. Es bleibt dann an dem entstandenen größeren Molekül eine radikalische oder ionische Valenz übrig, die nun ihrerseits mit dem nächsten Monomeren in gleicher Weise reagiert. Diese (mehr oder weniger „freien") Valenzen bestimmen die energiereichen Zwischenstufen (Radikale oder Ionen) der Kettenreaktionen. Charakteristische Phasen der Kettenreaktionen sind der Kettenstart (Initiierung), das Kettenwachstum (mit häufig durchschnittlichen Zeitintervallen von 10^{-3} sec zwischen den einzelnen Wachstumsschritten) und der Abbruch der Kette. Wird eine Kette abgebrochen, während dadurch eine gleichartige energiereiche Zwischenstufe an anderer Stelle im Reaktionsgemisch entsteht und sich die Polymerisation dort fortsetzen kann, so spricht man von Kettenübertragung, zum Beispiel M_n—M* + M → M_n—M + M*. Im Extremfall kann sogar

---

[1] Literatur hierzu: STREITWIESER JR., A.: *Molecular Orbital Theory for Organic Chemists.* New York-London: John Wiley & Sons, Inc., 1961; BECKER, H.: *Einführung in die Elektronentheorie organisch-chemischer Reaktionen.* Berlin: Deutscher Verlag der Wissenschaften 1961; HARTMANN, H.: *Die chemische Bindung,* 2. Aufl. Berlin-Göttingen-Heidelberg: Springer-Verlag 1964.

jeder Wachstumsschritt von einer Kettenübertragung gefolgt sein[1]. Die kinetische Kettenlänge erfaßt den gesamten Polymerisationsvorgang von einer bestimmten Startreaktion bis zum endgültigen Abbruch unabhängig von Kettenübertragungen.

2.11 Radikalische Polymerisationen

Durch Bruch einer kovalenten Bindung zweier Atome können zwei Radikale entstehen. Umgekehrt (re)kombinieren die meisten Radikale sehr leicht unter Ausbildung einer kovalenten Bindung. Die Reaktivität der Radikale ist unterschiedlich, meist aber sehr groß. Entsprechend ist ihre Lebensdauer in einer Umgebung, mit der sie in Wechselwirkung treten können, sehr kurz.

Einer radikalischen Polymerisation geht die *Bildung der primären Radikale* voraus. So können einzelne Monomere direkt thermisch entsprechend in Radikale überführt werden, ein Vorgang, der auch oft unerwünscht Polymerisationen initiiert. Photochemische Initiierungen werden in der Regel nach Zusatz von Sensibilisatoren ausgeführt. Energiereiche Strahlen, vorwiegend γ-Strahlen, gewinnen steigende Bedeutung für Polymerisationsauslösungen an festen Monomeren, besonders bei tiefen Temperaturen. Beim Auftreffen dieser Strahlen auf die Monomere bilden sich aber nicht nur Radikale, sondern auch Ionen und Radikalionen. Initiierungen auf elektrochemischem Wege und als Folge mechanischer Krafteinwirkungen sind noch wenig untersucht.

Die wichtigste Methode der Polymerisationseinleitung besteht in der Zugabe radikalisch zerfallender Verbindungen (Initiatoren) zu den Monomeren. Diese Initiatoren müssen leichter in Radikale zerfallen und diese Radikale müssen schneller mit den Monomeren unter Start der Polymerisation reagieren, als die Monomere selbst thermisch angeregt werden. Durch den *Kettenstart* werden die Initiatorradikale $I^{\cdot}$ Bestandteile der sich bildenden Polymere: $I^{\cdot} + M \rightarrow I M^{\cdot}$

$$I M^{\cdot} + n M \rightarrow I M_n M^{\cdot}$$

Wichtigste Initiatoren sind Peroxide, wobei organische Peroxide (Dialkyl-, Diacylperoxide, Persäureester) wegen ihrer Löslichkeit in organischen Lösungsmitteln und ihrer Vielzahl von einzelnen Verbindungen mit unterschiedlicher Reaktivität hervortreten. Vielfach sind die Zerfallsmechanismen der Peroxide komplizierter als ein einfacher homolytischer Zerfall, indem zum Beispiel noch ein radikalisch induzierter oder ein ionischer Zerfall in unwirksame Produkte stattfindet.

---

[1] Man beachte den Unterschied zwischen der Reaktionskette, die einen Vorgang bezeichnet, und der Polymerkette, die das reale Molekül darstellt. Kettenübertragung bedeutet also den Abbruch des Wachstums einer bestimmten Polymerkette, wenigstens an einer bestimmten Stelle, während die Reaktionskette (kinetische Kette) sich fortsetzt, meist sogar ohne meßbare Geschwindigkeitsänderung.

Ist eine radikalische Polymerisation im Gange, so kann für die ersten Schritte beim *Kettenwachstum* ein gewisser Einfluß des Anfangsgliedes auf die Polymerisation angenommen werden. Schon nach wenigen Schritten wird jedoch die Reaktivität des Polymerradikals praktisch unabhängig von seiner Größe. Dadurch ist es möglich, alle Wachstumsschritte als die gleiche Reaktion zu betrachten.

Allerdings ist diese Betrachtungsweise nur dann mehr als eine statistisch gültige Näherung, wenn die Monomere sich in sterisch regelmäßiger Folge verknüpfen.

Da die Radikal-Kettenreaktionen nur geringe Aktivierungsenergien von gewöhnlich ungefähr 5 kcal/Mol erfordern, ist der Einfluß der Temperatur auf die Wachstumsgeschwindigkeit an sich nicht sehr groß. Auch bei tiefen Temperaturen können deshalb radikalische Polymerisationen ablaufen. Das Problem ist dann aber die Erzeugung der primären Radikale, die gewöhnlich durch eine hohe Aktivierungsenergie (und damit starke Temperaturabhängigkeit) belastet ist[1].

Die absoluten Geschwindigkeiten der Wachstumsreaktionen sind von den sehr unterschiedlichen Reaktivitäten der Polymerradikale abhängig. So nimmt die Reaktivität gegenüber ihren Monomeren in der Reihenfolge der Radikale von Polyvinylacetat, Polymethylmethacrylat, Polystyrol ab. Im Hinblick auf *Copolymerisate* ist aber auch das Verhalten bestimmter Polymerradikale gegenüber den verschiedensten Monomeren interessant. Um dieses Verhalten untersuchen zu können, nimmt man an, daß die Reaktivität eines Polymerradikals durch seinen letzten Grundbaustein (am radikalischen Ende) bestimmt wird, das heißt ein Copolymerisat, das zum Beispiel als letzten Grundbaustein Styrol enthält, wird bezüglich Reaktivität einem Polystyrolradikal gleichgesetzt. Diese Annahme ist nicht immer hinreichend, gewöhnlich aber annähernd richtig. Bei einem Copolymerisat mit zwei Monomerarten M_1 und M_2 liegen dann vier verschiedene Reaktionen[2] mit ihren zugehörigen Geschwindigkeitskonstanten vor:

Tabelle 1. Radikalische Copolymerisation

Wachstumsschritt	Geschwindig-keitskonstante	Geschwindigkeits-verhältnisse (Copolymerisations-parameter)
$P\,M_1^{\bullet} + M_1 \longrightarrow P\,M_1M_1^{\bullet}$	k_{11}	
$P\,M_1^{\bullet} + M_2 \longrightarrow P\,M_1M_2^{\bullet}$	k_{12}	$k_{11}/k_{12} = r_1$
$P\,M_2^{\bullet} + M_2 \longrightarrow P\,M_2M_2^{\bullet}$	k_{22}	$k_{22}/k_{21} = r_2$
$P\,M_2^{\bullet} + M_1 \longrightarrow P\,M_2M_1^{\bullet}$	k_{21}	

[1] Für diese Fälle ist z. B. Anregung durch UV-Bestrahlung günstig.
[2] Für n Monomerenarten gibt es n^2 verschiedene Wachstumsschritte.

Für ein Zeitintervall bei einer Copolymerisation, in dem die Monomerkonzentrationen als konstant angesehen werden können, gilt die folgende *Copolymerisationsgleichung*[1]:

$$\frac{d[M_1]}{d[M_2]} = \frac{[M_1]}{[M_2]} \cdot \frac{r_1[M_1] + [M_2]}{r_2[M_2] + [M_1]} \left(= \frac{M_1}{M_2} \right)$$

Sie drückt auch das Zahlenverhältnis M_1/M_2 der beiden Monomere (beziehungsweise Grundbausteine) im Copolymeren aus, wenn sich das Verhältnis $[M_1]/[M_2]$ der noch nicht umgesetzten Monomere nicht wesentlich veränderte.

Um nun nicht die Reaktivität jedes Monomeren mit jedem Polymerradikal messen zu müssen, ging man in der Praxis so vor, daß man Bezugsradikale und -monomere auswählte. Hatte man so die Geschwindigkeitskonstanten der Verknüpfungsreaktionen einer Reihe von Monomeren mit einem bestimmten Polymerradikal ermittelt und weiter die Geschwindigkeitskonstanten der Verknüpfungen eines bestimmten Monomeren mit einer Reihe von Polymerradikalen, so konnten in etwa die Copolymerisationsparameter r_i beliebiger Kombinationen von Monomeren vorausberechnet werden. Allerdings bestehen für dieses Verfahren ernsthafte Einschränkungen, und zwar besonders dann, wenn die zu copolymerisierenden Monomere schlecht homopolymerisieren. Hier spielen offenbar – neben sterischen Hinderungen – Ladungsverschiebungen durch Elektronen abziehende oder abgebende Substituenten eine große Rolle.

Das sogenannte Q-e-Verfahren von ALFREY und PRICE[2] versuchte nun – mit Erfolg –, auf empirischer Grundlage die Reaktivitäten in Resonanzfaktoren (P für Polymere und Q für Monomere), als Ausdruck der eigentlichen Reaktivität, und Polaritätsfaktoren (e) aufzuspalten, wobei letztere für ein Monomeres und dessen Polymerradikal (das heißt, bei dem der letzte Grundbaustein vom gleichen Monomeren gebildet wird) als gleich angenommen werden[3,4].

Man erhält so für jede der Geschwindigkeitskonstanten einen Ausdruck folgender Gestalt:

---

[1] MAYO, F. R., u. F. M. LEWIS: J. Am. Chem. Soc. **66**, 1594 (1944); ALFREY JR., T., u. G. GOLDFINGER: J. Chem. Phys. **12**, 205, 322 (1944); WALL, F. T.: J. Am. Chem. Soc. **66**, 2050 (1944); siehe auch MELVILLE, H. W., B. NOBLE u. W. F. WATSON: J. Polymer. Sci. **2**, 229 (1947); FINEMAN, M., u. S. D. ROSS: **5**, 259 (1950).

[2] ALFREY JR., T., u. C. C. PRICE: J. Polymer Sci. **2**, 101 (1947).

[3] Untersuchung der theoretischen Basis dieses Verfahrens, siehe EVANS, M. G., J. GERGELY u. E. C. SEAMAN: J. Polymer Sci. **3**, 866 (1948).

[4] HAYASHI, K., T. YONEZAWA, S. OKAMURA u. K. FUKUI: J. Polymer Sci. A **1**, 1405 (1963), Molekül-Orbital-Berechnungen der Q-Werte.

zum Beispiel

$$k_{11} = P_1 \cdot Q_1 \cdot \exp\left(-e_1{}^2\right)$$
$$k_{12} = P_1 \cdot Q_2 \cdot \exp\left(-e_1 \cdot e_2\right)$$

und daraus folgend

$$r_1 = \frac{k_{11}}{k_{12}} = \frac{Q_1}{Q_2} \cdot \exp\left[-e_1\left(e_1 - e_2\right)\right]$$

als Verhältnis der Geschwindigkeitskonstanten.

Die Q- und e-Werte können Tabellen entnommen werden.

Gehen wir zu den *Kettenabbruchreaktionen* über, so haben wir als einfachsten Fall die Kombination von Radikalen, zum Beispiel von zwei Polymerradikalen $2\,P^{\bullet} \to P{-}P$ oder von Polymerradikal mit Initiatorradikal. Daneben gibt es die Disproportionierung: ein Polymerradikal entreißt zum Beispiel dem vorletzten Kohlenstoffatom eines zweiten Polymerradikals ein Wasserstoffatom, wodurch es abgesättigt wird, während am Ende des zweiten Polymeren sich eine Doppelbindung ausbildet:

$$2\,P{-}CH_2{-}CH_2{}^{\bullet} \quad \longrightarrow \quad P{-}CH_2{-}CH_3 + P{-}CH{=}CH_2\,[1].$$

Sättigt sich ein Polymerradikal durch Abzug von Wasserstoffatomen oder sonstigen Radikalen von anderen Stellen seiner Umgebung ab, so findet entweder *Kettenübertragung* statt, wenn sich die Polymerisation an dem dabei neu geschaffenen Radikal fortsetzt, oder es tritt Inhibierung der Polymerisation ein, wenn das neue Radikal wenig reaktionsfähig ist.

Die Geschwindigkeit einer radikalischen Polymerisation (zum Beispiel gemessen durch die Abnahme der Monomerkonzentration in der Zeiteinheit: $-\dfrac{d\,[M]}{d\,t}$) ist von den Geschwindigkeiten des Kettenstarts, -wachstums und -abbruchs abhängig. Während die Konzentration an Polymerradikalen mit beginnender Initiierung zunächst anwächst, stellt sich bald ein konstanter Maximalwert ein (stationärer Zustand, stationärer Bereich der Polymerisation), da durch gleichzeitig anwachsenden Kettenabbruch schließlich so viele Radikale vernichtet wie gebildet werden.

Es ist dann die folgende Geschwindigkeitsgleichung erfüllt:

$$-\frac{d\,[M]}{d\,t} = \frac{k_w \cdot k_{st}^{1/2}}{k_{ab}^{1/2}}\,[I]^{1/2}\,[M]$$

(mit den Geschwindigkeitskonstanten des Kettenwachstums k_w, des Kettenstarts k_{st} und des Kettenabbruchs k_{ab}) vorausgesetzt, daß der Zerfall der Initiatoren I von 1. Ordnung, Wachstum und Abbruch von 2. Ordnung sind.

---

[1] Disproportionierungsabbruch führt zu einer etwas anderen Molekulargewichtsverteilung als Kombinationsabbruch. Verfahren zur Unterscheidung beider Reaktionen, siehe z. B. Henrici-Olivé, G., u. S. Olivé: Makromol. Chem. **68**, 120 (1963).

Für den *durchschnittlichen Polymerisationsgrad* $\bar{P}$[1], gilt im stationären Zustand

$$\bar{P} = k \, \frac{[M]}{[I]^{1/2}}$$

Das heißt, erhöhte Initiatorkonzentration führt zu kleinerem $\bar{P}$ und umgekehrt. So können mit wenig Initiator Molekulargewichte von über 10^6 leicht erhalten werden[2].

Dies gilt nur so lange, als – abgesehen von anderen Nebenreaktionen – keine Übertragungsreaktionen stattfinden, die zwar nicht die kinetische Kettenlänge, aber $\bar{P}$ stark verändern. Mit steigender Temperatur wird $\bar{P}$ kleiner (Geschwindigkeit von Kettenstart und -abbruch werden größer, während die Wachstumsgeschwindigkeit wenig zunimmt)[3].

Auf der Grundlage der besprochenen Eigentümlichkeiten radikalischer Polymerisationen sind die *Ausführungsformen* von großer Bedeutung. So ist zum Beispiel die Art und Weise, wie die Polymerisationswärme, die im allgemeinen zwischen 10 und 20 kcal/Mol liegt, abgeführt wird, wichtig. Neben der Polymerisation in Substanz kennt man die in Lösung und in Emulsion. Dabei können während der Polymerisation Phasentrennungen (Ausfällung von Polymerisat) eintreten oder unterbleiben. Eine besondere Form der Polymerisation in Substanz ist die Suspensionspolymerisation, wobei die Monomere in Form kleiner Tröpfchen, die gegebenenfalls durch Schutzkolloide an einer Vereinigung gehindert werden, in einer flüssigen Phase verteilt sind. Neueren Datums sind Polymerisationen im Verband des festen Monomeren.

Emulsionen sind von Anfang an mehrphasig[4]. Deshalb spielen die Gesetzmäßigkeiten der Phasenbildung, des Stoffaustausches von Phase zu Phase und Vorgänge an den Phasengrenzflächen eine große Rolle während einer Emulsionspolymerisation. Die eine Phase ist das flüssige Medium, das Wasser, in dem Emulgatoren von einer bestimmten Konzentration an

---

[1] SCHULZ, G. V., A. DINGLINGER u. E. HUSEMANN: Z. physik. Chem. B **43**, 385 (1939).

[2] SCHULZ, G. V., u. F. BLASCHKE: Z. Elektrochem. **47**, 749 (1941); ARNETT, L. M.: J. Am. Chem. Soc. **74**, 2027 (1952); BAYSAL, B., u. A. V. TOBOLSKY: J. Polymer Sci. **8**, 529 (1952); BURNETT, G. M., u. H. W. MELVILLE: Proc. Roy. Soc. (London) A **189**, 456, 494 (1947).

[3] Zusammenfassende Literatur zur radikalischen Polymerisation, z. B.: BAMFORD, C. H., W. G. BARB, A. D. JENKINS u. P. F. ONYON: *The Kinetics of Vinyl Polymerization by Radical Mechanisms.* London: Butterworths Publications Ltd. 1958; ALFREY, T., J. J. BOHRER u. H. MARK: *Copolymerization.* New York: Interscience Publ. Inc. 1952; WALLING, C.: *Free Radicals in Solution.* New York: John Wiley & Sons Inc. 1957; BEVINGTON, J. C.: *Radical Polymerization.* London - New York: Academic Press 1961.

[4] Zu diesem Thema siehe BOVEY, F. A., I. M. KOLTHOFF, A. J. MEDALIA u. E. J. MEEHAN: *Emulsion Polymerization.* New York-London: Interscience Publ. Inc. 1955; sowie GERRENS, H.: Fortschr. Hochpolym.-Forsch. **1**, 234–328 (1959).

(kritische Micellkonzentration) Micellen bilden. In den letzteren lösen sich die Monomere vorwiegend, weshalb die Polymerisation im wesentlichen innerhalb der Micellen stattfindet, wenigstens im ersten Zeitabschnitt. Es dürfte sich immer nur ein Polymerradikal in einer Micelle befinden, da bei den geringen Micelldimensionen das Hinzutreten eines weiteren Initiator-Radikals sofort zu einem entsprechenden Kettenabbruch führen sollte. Damit fehlten dort aber die anderen Kettenabbrucharten, nämlich der Abbruch durch Kombination von Polymerradikalen und der durch Disproportionierung.

Die radikalische Polymerisation ist praktisch auf Monomere mit Doppelbindungen – überwiegend solchen zwischen Kohlenstoffatomen – beschränkt. Styrol, Acrylsäureester, Vinylacetat, Vinylchlorid usw. sind hervortretende Beispiele dafür. Von rein aliphatischen Monomeren sind Äthylen, Butadien und Isopren zu erwähnen[1].

2.12 Ionische Polymerisationen

Statt nach radikalischem Mechanismus kann eine Polymerisation nach ionischem verlaufen. Ist das startende Ion ein Kation, so hat auch das wachsende Polymerion kationischen Charakter, die Polymerisation verläuft also *kationisch*; analog gibt es auch eine *anionische* Polymerisation. Da zu jedem Ion das Gegenion wegen der äußeren elektrostatischen Neutralität des Stoffgemisches gehört[2], eine Trennung der beiden aber hohen Energieaufwand erfordert, verbleibt das Gegenion in der Umgebung des Polymerions. Analog einer Radikalkettenreaktion wandert die Ladung des aktiven Polymerions von Grundbaustein zu Grundbaustein entsprechend folgendem Schema:

$$K^{\oplus}\cdots A^{\ominus} + nM \longrightarrow KM^{\oplus}\cdots A^{\ominus} + (n-1)M \longrightarrow KM_{n-1}M^{\oplus}\cdots A^{\ominus}$$

beziehungsweise

$$A^{\ominus}\cdots K^{\oplus} + nM \longrightarrow AM^{\ominus}\cdots K^{\oplus} + (n-1)M \longrightarrow AM_{n-1}M^{\ominus}\cdots K^{\oplus}$$

Es ist oft nicht leicht, ionische von radikalischen und kationische von anionischen Polymerisationen zu unterscheiden. Die Art des Initiators beziehungsweise Katalysators, die Größe der Temperaturabhängigkeit von Initiierung und Polymerisation, die Struktur und Eigenschaften der erhaltenen Polymere und die Art und Weise der möglichen Inhibierungen und des Kettenabbruchs sind Hinweise auf den Mechanismus.

---

[1] Die Besprechung der radikalischen Polymerisation im Hinblick auf die Synthese von Polymeren höherer Einheitlichkeit, s. S. 64ff.

[2] Völlig „freie" Ionen ohne Gegenion sind möglicherweise bei der Initiierung mit energiereichen Strahlen gegeben.

Zunächst seien die *Katalysatoren*[1] und die Reaktionen des *Kettenstarts* näher betrachtet.

Kationische Polymerisationen haben in den letzten Jahren sehr an Bedeutung zugenommen. Bereits „klassische" Katalysatoren sind die des Friedel-Crafts-Typs ($AlCl_3$, $AlBr_3$, BF_3, $TiCl_4$, $SnCl_4$, H_2SO_4), die starke Säuren im Sinne von G. N. LEWIS darstellen. Sie benötigen fast stets einen „Cokatalysator", der zumindest in Spuren anwesend ist. Dieser bildet mit dem Katalysator einen Komplex, der die Ionen liefert. Wichtige Cokatalysatoren sind Wasser, Alkohole, Phenole und gelegentlich die zu polymerisierenden Monomere selbst, zum Beispiel cyclische Äther auf dem Wege über Oxoniumkationen.

Ein Kettenstart sieht zum Beispiel für Äthylenoxid etwa folgendermaßen aus:

$$BF_3 + H_2O \longrightarrow H^{\oplus} (BF_3OH)^{\ominus}$$

$$H^{\oplus}\cdots(BF_3OH)^{\ominus} + CH_2\!-\!CH_2\big\backslash_{\!\!O} \longrightarrow HO\overset{\oplus}{\Big\langle}\!\!\begin{matrix}CH_2\\ | \\ CH_2\end{matrix}\!\!\cdots\cdots (BF_3OH)^{\ominus} \longrightarrow$$

$$HO\!-\!CH_2\!-\!CH_2^{\oplus}\cdots(BF_3OH)^{\ominus}$$

Die Friedel-Crafts-Katalysatoren werden in neuerer Zeit auch noch derart umgewandelt, daß teilweise an Stelle der Halogenatome organische Gruppen eingeführt werden und damit ihre Wirksamkeit verändert wird[2].

Besonders zugänglich für kationische Polymerisationen sind Isobutylen, Styrol, α-Methylstyrol, Vinyl-alkyläther, Formaldehyd, Trioxan, Tetrahydrofuran und andere cyclische Äther.

Ein sehr einfacher *anion*ischer Katalysator ist NaOH. Voraussetzung für seine Wirksamkeit ist sein ionischer Zerfall im betreffenden Medium. Das OH-Anion initiiert die Polymerisation, während das Kation Gegenion bleibt. Heute werden anionische Polymerisationen vorwiegend mit metallorganischen Verbindungen eingeleitet, zum Beispiel alkaliorganischen. Diese dissoziieren mehr oder weniger elektrolytisch, zum Beispiel Natriumamyl in Natriumkation und Amylanion. Bei lithiumorganischen Verbindungen liegt insofern eine Besonderheit vor, als sie etwa wie folgt assoziieren: $6\,RLi \rightleftharpoons (RLi)_6$.

---

[1] Zum Thema Initiator oder Katalysator: Ein aktives Molekül, das eine Polymerkette startet und zum Anfangsglied des Polymeren wird, ist nur ein Initiator, auch wenn es anscheinend wie ein Katalysator wirkt, der mit geringen Mengen eine Reaktion in Gang hält. Ist aber dieses aktive Molekül – hier wäre es das Gegenion – tatsächlich am Zustandekommen jedes Wachstumsschrittes und damit an unerhört vielen Einzelreaktionen beteiligt, so ist es gewiß ein Katalysator, während das startende Ion ein Initiator ist. Da das Gegenion bei ionischen Polymerisationen sehr häufig eine solche katalytische Wirkung ausübt, ist es gerechtfertigt, dort von Katalysator zu sprechen – auch wenn dieser bei einer Abbruchreaktion keineswegs unversehrt aus dem Gesamtgeschehen hervorgeht.

[2] Siehe z. B. S. 125.

Es ist anzunehmen, daß sie nur im monomolekularen Zustand zur Katalyse befähigt sind. Dadurch geht das Assoziations-Dissoziations-Gleichgewicht in die Polymerisationskinetik mit ein[1].

Die Verwendung der Alkalimetalle als solche ist auch üblich. Wahrscheinlich bilden sich dann aber intermediär alkaliorganische Verbindungen.

Andere häufig verwendete anionisch wirksame Katalysatoren sind Grignard-Verbindungen, Metallamide und Alkylhalogenmetallamide, Borsäureester, Aluminiumalkyle und -alkoxide, Zinkalkyle und andere. Auch organische, protonaktive Substanzen sind anionisch wirkende Initiatoren, wenn Monomere polymerisiert werden, die stets wieder protonaktive Zwischenstufen ergeben (zum Beispiel Epoxide)[2]. Diese Reaktionen werden durch Alkali, besonders aber durch starke Säuren beschleunigt. (Es ist im letzten Fall dann allerdings ein kationischer Mechanismus zum Beispiel über Oxoniumionen nicht ganz auszuschließen.)

Entsprechend der kleinen Aktivierungsenergien sowohl der Startreaktion als auch der Wachstumsschritte verlaufen kationische Polymerisationen bereits bei tiefen Temperaturen weit unter 0 °C mit hoher Geschwindigkeit bei kleinem Temperaturkoeffizienten, der manchmal sogar negativ sein kann[3]. Auch anionische Polymerisationen lassen sich bei tiefen Temperaturen ausführen. In beiden Fällen sind die Gegenionen von Bedeutung. Zunächst ist die elektrolytische Dissoziation der Ionenpaare am aktiven Polymerende bestimmend für die Geschwindigkeit des *Kettenwachstums*. So steigt zum Beispiel die Geschwindigkeit, wenn die Konzentration der aktiven Polymerenden erniedrigt wird, weil bei Verdünnung elektrolytische Dissoziationen zunehmen. Außerdem kennt man Beziehungen zwischen dem Solvatationsgrad der Alkalimetalle als positive Gegenionen (bei anionischem Wachstum) und der Polymerisationsgeschwindigkeit. Je größer die Solvatation der Alkalimetalle ist, desto stärker ist die Dissoziation in Ionen, desto größer ist die Polymerisationsgeschwindigkeit.

Auch eine Verminderung der Polymerisationsgeschwindigkeit durch Zugabe von Salzen mit dem gleichen Kation wie das Gegenion, womit die Dissoziation der Ionenpaare an den Polymerenden zurückgedrängt wird, ist in Tetrahydrofuran als Lösungsmittel gefunden worden[4]. Entsprechend wirkt sich die Dielektrizitätskonstante eines Lösungsmittels aus. So kann zum Beispiel Styrol in Nitromethan mit Chlorwasserstoff als

---

[1] Siehe z. B. EAST, G. C., P. F. LYNCH u. D. MARGERISON: Polymer **4**, 139 (1963).

[2] Siehe z. B. S. 138 u. S. 150.

[3] PLESCH, P. H.: J. Chem. Soc. (London) **1950**, 543, die Polymerisation von Isobutylen betreffend.

[4] Siehe z. B. ZILKHA, A., S. BARZAKAY u. A. OTTOLENGHI: J. Polymer. Sci. A **1**, 1813 (1963), Polymerisation von Styrol.

Initiator ionisch polymerisiert werden, nicht aber in Kohlenwasserstoffen[1]. Undissoziierte und dissoziierte Ionenpaare stehen in einem dynamischen Gleichgewicht miteinander, wobei in jedem der beiden Zustände Kettenwachstum stattfindet, aber mit erheblichen Geschwindigkeitsunterschieden.

Der unmittelbare Einfluß der Gegenionen auf die Wachstumsschritte ist naturgemäß ebenfalls für beide Zustände sehr verschieden. Bei starker Dissoziation kann ein quasi „freies" Kettenwachstum stattfinden, bei undissoziierten Ionenpaaren spielen koordinative Bindungen mit den Monomeren eine große Rolle.

An dieser Stelle sei erneut auf durch γ-Strahlen ausgelöste Polymerisationen verwiesen. Der Polymerisationsmechanismus ist dabei stark vom Lösungsmittel und dem Monomeren abhängig[2]. Besonders interessant sind Polymerisationen an kristallisierten Monomeren bei tiefen Temperaturen. Die Geschwindigkeit solcher Polymersynthesen ist stark davon bestimmt, ob die Monomere dabei eine große Lageveränderung im Kristall eingehen müssen oder nicht. So sollen die Moleküle des festen β-Propiolactons kaum ihre Lage verändern, wenn sie sich zu Polymeren verknüpfen, während bei Isobutylen und anderen Äthylen-Abkömmlingen wahrscheinlich größere Bewegungen notwendig sind[3]. Vorteile der Polymerisation in fester Phase können sein: Erhöhung der Lebensdauer der aktiven Polymerenden, Erniedrigung der Aktivierungsenergien der Wachstumsschritte und Vergrößerung des Häufigkeitsfaktors[4], weil das Monomere in der Regel im Kristall orientiert ist.

Im Gegensatz zur radikalischen Polymerisation findet bei der ionischen kein *Kettenabbruch* durch Kombination oder Disproportionierung zweier wachsender Polymere statt. Abbruch kann aber bei der Wechselwirkung des wachsenden Polymerions mit seinem Gegenion zustande kommen, wenn sich nach Zerfall des letzteren an Stelle der ionischen eine kovalente Bindung ergibt, zum Beispiel bei kationischer Polymerisation mit einem $BF_4^{\ominus}$-Gegenion:

$$R-(O-CH_2-CH_2-CH_2-CH_2)_n-O-CH_2-CH_2-CH_2-CH_2^{\oplus}\cdots BF_4^{\ominus} \longrightarrow$$

$$R-(O-CH_2-CH_2-CH_2-CH_2)-O-CH_2-CH_2-CH_2-CH_2-F + BF_3 \,.$$

Die Stabilität des Gegenions beeinflußt also unmittelbar den Polymerisationsgrad. Der abgespaltene Katalysator kann durchaus wieder mit einem Cokatalysator zum Ausgangspunkt eines neuen Kettenstarts werden, wodurch dann eine *Kettenübertragung* eingetreten ist. Ähnlich gelagert ist der

---

[1] Pepper, D. C.: Quart. Revs. (London) 8, 88 (1954). Überblick über ionische Polymerisation.

[2] Tsuda, Y.: J. Polymer Sci. 58, 289 (1962).

[3] David, C., F. Provoost u. G. Verduyn: Polymer 4, 391 (1963).

[4] Siehe S. 31.

Kettenabbruch, der zustande kommt, wenn das Gegenanion ein Proton beziehungsweise das Gegenkation ein Hydridion vom vorletzten Kohlenstoffatom des wachsenden Polymerions abzieht. Die Ketten enden dann mit einer Doppelbindung, während die „neutralisierten Gegenionen" wieder elektrolytisch dissoziieren und erneut eine Kette starten können.

Weitere, stark temperaturabhängige Abbruchreaktionen finden durch Abzug von Anionen (zum Beispiel $H^{\ominus}$, $Cl^{\ominus}$) beziehungsweise Kationen (zum Beispiel $H^{\oplus}$) aus dem Umgebungsmaterial (Monomere, Polymere, Lösungsmittel, Zusätze) statt, das heißt, hier ist es das Polymerion, das sich absättigt (ganz analog den Radikalprozessen). Das verbliebene Ion vermag bei ausreichender Reaktionsfähigkeit eine neue Kette zu starten, mitunter erst nach einer Zwischenreaktion[1].

Schließlich können noch andere Nebenreaktionen, zum Beispiel innere Zyclisierungen am aktiven Polymerende, Abbruch hervorrufen[2]. Sehr häufig finden bei ionischen Polymerisationen Kettenübertragungen auf das Monomere statt. Allgemein erniedrigen Kettenabbruch und -übertragung den durchschnittlichen Polymerisationsgrad, der mit steigender Temperatur immer kleiner wird.

Weiterhin ist mit Aufbau/Abbau-Gleichgewichten zu rechnen, die das Molekulargewicht begrenzen[3]. Sind die Abbauprodukte nicht nur die Monomere, so zeigt sich kein Gleichgewicht, sondern ein sichtbarer Abbau beziehungsweise das Entstehen von niedermolekularen Nebenprodukten (zum Beispiel Dioxan bei der Polymerisation des Äthylenoxids). Mit wachsender Dauer einer Polymerisation können auch Kettenspaltungen auftreten[4].

Trotz dieser Vielzahl von Möglichkeiten, die dem Kettenwachstum entgegenstehen, gibt es eine Reihe von Polymerisationen mit alkaliorganischen Initiatoren ohne Kettenabbruch und ohne Kettenübertragung. Die Aktivität der Polymerenden bleibt also erhalten, weshalb man von „lebenden" Polymeren ("living polymers") spricht. Sie sind im übrigen besonders gut geeignet zur Bestimmung der Geschwindigkeitskonstanten des Kettenwachstums, auch für die verschiedenen Monomere bei Copolymerisationen. Auf diesem Wege wurde gefunden, daß bei Copolymerisationen nach anionischem Mechanismus die Polarität der Comonomere ausschlaggebend für die Verhältnisse der Geschwindigkeitskonstanten ist, solange diese Polaritäten ähnlich sind. Andernfalls spielt die Natur des

---

[1] Siehe auch PLESCH, P. H.: J. Polymer Sci. **12**, 481 (1954), zur Entwicklung der theoretischen Vorstellungen bei kationischen Polymerisationen.

[2] Siehe z. B. für Polyacrylnitril: OTTOLENGHI, A., u. A. ZILKHA: J. Polymer Sci. A **1**, 687 (1963).

[3] Siehe z. B. WEISSERMEL, K., u. E. NÖLKEN: Makromol. Chem. **68**, 140 (1963), die Polymerisation von Tetrahydrofuran betreffend.

[4] Eingehende Diskussion dieser bisher keineswegs geklärten Vorgänge s. EASTHAM, A. M.: Fortschr. Hochpolym.-Forsch. **2**, 18—50 (1960).

endständigen Carbanions der wachsenden Polymerkette die Hauptrolle für die Reaktivität der Monomere[1,2].

Durch Zusatz von geeigneten Substanzen (zum Beispiel von Alkoholen) kann man vor allem bei den „lebenden" Polymeren absichtlich einen Kettenabbruch herbeiführen. Dieser kann dabei absolut oder relativ sein. Ist der Kettenabbruch relativ, so ist die Polymerisation nur in der gerade vorliegenden Art unterbunden und mag mit anderen Monomeren oder bei anderen Bedingungen (zum Beispiel andere Temperaturen, anderes Lösungsmittel) weitergehen[3,4].

Durch ionische Polymerisation können Polymere hergestellt werden, die Heteroatome in der Hauptkette besitzen. Bei solchen Stoffen finden gelegentlich Austauschreaktionen zwischen ihren Molekülen statt. Hierbei reagieren entweder noch aktive Polymerenden mit inneren Kettengliedern an den Heteroatomen, spalten die Kette und verknüpfen sich mit einem der beiden Kettenstücke, oder je zwei Makromoleküle spalten sich an inneren Heteroatomen, wonach je eines von zwei Teilstücken sich mit einem Teilstück eines anderen Polymermoleküls verbindet. Beispiele sind Umesterungen, Umätherungen, Umacetalisierungen zwischen entsprechenden Polymeren. Hat ein Polymergemisch eine Molekulargewichtsverteilung, die nicht der „wahrscheinlichsten Verteilung"[5] entspricht, so kann es durch Austauschreaktionen nachträglich eine solche erhalten, weil Austauschreaktionen statistisch ansetzen. Dabei bleibt das Zahlenmittel des Molekulargewichtes unverändert, weil sich die Endgruppenzahl nicht ändert[6].

2.13 Polymerisationen mit Ziegler-Katalysatoren und ähnlichen Systemen

Eine neue Variante in die Katalyse von Polymerisationsprozessen brachte die Entdeckung der „*Ziegler-Katalysatoren*"[7]. Es handelt sich dabei um Mischkatalysatoren, deren eine Komponente aus der ionischen Polymerisation bekannte, vorwiegend metallorganische Verbindungen von Elementen der I. bis III. Haupt- und Nebengruppe des Periodensystems sind. Die andere, den meistens heterogenen Charakter der Katalysatoren

---

[1] Smid, J., u. M. Szwarc: J. Polymer Sci. **61**, 31 (1962), zur Kinetik der anionischen Copolymerisation.

[2] Siehe auch Molekül-Orbital-Berechnungen der Reaktivitäten bei ionischen Copolymerisationen: Yonezawa, T., T. Higashimura, K. Katagiri, K. Hayashi, S. Okamura u. K. Fukui: J. Polymer Sci. **26**, 311 (1957).

[3] Brody, H., D. H. Richards u. M. Szwarc: Chem. and Ind. **45**, 1473 (1958).

[4] Eine zusammenfassende Darstellung von Abbruchsreaktionen in der anionischen Polymerisation gab Szwarc, M.: Fortschr. Hochpolym.-Forsch. **2**, 275—306 (1960).

[5] Siehe S. 60.

[6] Die Besprechung der ionischen Polymerisation im Hinblick auf die Synthese von Polymeren höherer Einheitlichkeit s. S. 85ff.

[7] Ziegler, K., E. Holzkamp, H. Breil u. H. Martin: Angew. Chem. **67**, 541 (1955).

bestimmende Komponente bilden vorwiegend halogenhaltige Verbindungen von Übergangselementen der IV. bis VIII. Nebengruppe (für die Polymerisation von Propylen und α-Olefinen solche der IV., V. und VI. Nebengruppe), wobei die Übergangselemente sich in geringeren als ihren höchsten Valenzstufen befinden. Besonders viel untersucht und verwendet wurden bisher Aluminiumalkyle und Aluminiumalkylchloride in Kombination mit Titan- und Vanadinchloriden.

Man kann mit Ziegler-Katalysatoren vor allem Olefine wie Äthylen, Propylen, α-Olefine, cyclische Olefine, Vinylcycloalkane und Diolefine unter milden Bedingungen – keine oder geringe Überdrucke, Temperaturen unter 100 °C – zu hochmolekularen Stoffen polymerisieren. Diese sind vielfach durch besondere Regelmäßigkeiten in der Anordnung ihrer Grundbausteine ausgezeichnet.

In ihrer Konstitution und ihrem Wirkungsmechanismus sind die Ziegler-Natta-Katalysatoren[1] immer noch nicht genügend definiert. Arbeiten zu diesem Thema sind deshalb oft schwer vergleichbar.

Zur *Herstellung der Katalysatoren* nach dem eigentlichen Zieglerschen Verfahren werden Verbindungen der Übergangsmetalle, die in ihrer höchsten Oxidationsstufe vorliegen, in Kohlenwasserstoffen gelöst. Durch Zugabe der metallorganischen Komponente werden die Übergangsmetallverbindungen reduziert und damit unlöslich. Es entsteht ein Niederschlag (oder eine kolloidale Lösung). Bei der Verwendung von zum Beispiel $Al(C_2H_5)_3$ und $TiCl_4$ im Molverhältnis zwischen 0,5 und 1,0 finden im wesentlichen folgende Reaktionen statt[2-5]:

$$TiCl_4 + Al(C_2H_5)_3 \quad = TiCl_3 + Al(C_2H_5)_2Cl + 1/2\,C_2H_4 + 1/2\,C_2H_6$$

$$TiCl_4 + Al(C_2H_5)_2Cl = TiCl_3 + Al(C_2H_5)Cl_2 + 1/2\,C_2H_4 + 1/2\,C_2H_6$$

Der entstandene braune Niederschlag ist dann in der Hauptsache β-$TiCl_3$.

---

[1] Die ersten Polymerisationen von Propylen und α-Olefinen mit Ziegler-Katalysatoren führten G. Natta und Mitarbeiter aus, s. Natta, G.: J. Polymer Sci. **16**, 143 (1955); Natta, G., P. Pino, P. Corradini, F. Danusso, E. Mantica, G. Mazzanti u. G. Moraglio: J. Am. Chem. Soc. **77**, 1708 (1955). Wegen der großen Bedeutung auch der späteren Nattaschen Arbeiten wird vielfach von „Ziegler-Natta-Katalysatoren" gesprochen. In diesem Buch werden beide Bezeichnungen mit dem gleichen Sinn nebeneinander verwendet, wie es der gegenwärtigen internationalen Gepflogenheit entspricht.

[2] Ziegler, K.: Angew. Chem. **68**, 581 (1956), s. auch Saltman, W. M., W. E. Gibbs u. J. Lal: J. Am. Chem. Soc. **80**, 5615 (1958), mit Hinweisen auf vorhergehende Arbeiten.

[3] Cooper, M. L., u. J. B. Rose: J. Chem. Soc. (London) **1959**, 795, mit ausführlichen Analysen.

[4] Murahashi, S., S. Nozakura, M. Sumi u. K. Hatada: Bull. Chem. Soc. Japan **32**, 1094 (1959). Das dabei freiwerdende Äthylen polymerisiert teilweise zu Polyäthylen. Entsprechend entsteht „Polymethylen", wenn Trimethylaluminium eingesetzt wird, s. auch Beermann, C., u. H. Bestian: Angew. Chem. **71**, 618 (1959).

[5] Kern, R. J., u. H. G. Hurst: J. Polymer Sci. **44**, 272 (1960), ziehen auch Reaktionen mit dem Lösungsmittel in Betracht.

Höhere Anteile von Aluminiumverbindungen reduzieren das Titantrichlorid gegebenenfalls weiter[1], und zwar ist überschüssiges $Al(C_2H_5)_3$ dazu in der Lage, dagegen $Al(C_2H_5)_2Cl$ und $Al(C_2H_5)Cl_2$ auch bei höherer Temperatur nicht. Die entstandenen Titanverbindungen bilden mit Aluminiumalkylen beziehungsweise -alkylchloriden feste Komplexe[2], während der Hauptteil der Aluminiumverbindungen aber gelöst bleibt[3].

Wie zum Beispiel die Aluminiumalkyle aus Aluminiumhydrid und Äthylen oder aus Aluminiumpulver, Wasserstoff und Äthylen entstehen[4], so können auch allgemein Hydride statt der Alkyle von Metallen der I. bis III. Hauptgruppe als Komponenten der Ziegler-Katalysatoren eingesetzt werden, ferner zum Beispiel Gemische aus Aluminiumpulver, $AlCl_3$ und $TiCl_4$ bei entsprechender thermischer Vorbehandlung in Kohlenwasserstoffen[5].

Offenbar gelangt man zu ganz ähnlichen Systemen, wenn zum Beispiel Titan- und Zirkonhalogenide mit metallischem Natrium oder mit Aluminium[6] oder wenn $AlCl_3$ mit durch Sauerstoff oder Peroxid aktiviertem Titan erhitzt werden[7]. Auch $AlCl_3$ und metallisches Kalium, suspendiert in Heptan in Gegenwart von Äthylen und $TiCl_4$, katalysieren die Äthylenpolymerisation[8].

Die metallorganischen Verbindungen üben eine Doppelfunktion aus, indem sie die Übergangsmetalle reduzieren und noch jeweils eine Komponente des Katalysators darstellen. Trennt man nämlich den Niederschlag nach der beschriebenen Reduktion des $TiCl_4$ vom Gelösten und wäscht ihn gründlich mit einem Kohlenwasserstoff (was nicht bedeutet, daß alles Aluminiumalkyl von der festen Komponente entfernt wurde), so stellt er praktisch keinen Katalysator für Polymerisationen dar[9]. Gibt man jedoch wieder metallorganische Verbindung zu, zum Beispiel $Al(C_2H_5)_3$, so hat

[1] BOLDYREVA, I. I., V. A. DOLGOPLOSK u. V. A. KROL': Vysokomol. soedin. 1, 900 (1959).

[2] SIMON, A., u. G. GHYMES: J. Polymer Sci. 53, 327 (1961), z. B. der Summenformel $Al_2Ti_5Cl_{19}(C_2H_5)_2$.

[3] SALTMAN, W. M.: J. Polymer Sci. A 1, 373 (1963). Bei dem System $Al(C_2H_5)_3/VCl_4$ sind die Verhältnisse ganz ähnlich, s. NATTA, G., L. PORRI, P. CORRADINI u. D. MORERO: Chim. e Ind. (Mailand) 40, 362 (1958), und NATTA, G., L. PORRI u. A. MAZZEI: 41, 116 (1959).

[4] ZIEGLER, K., H. G. GELLERT, K. ZOSEL, W. LEHMKUHL u. W. PFOHL: Angew. Chem. 67, 424 (1955).

[5] DBP. 874215 (BASF 1953), Erf.: FISCHER, M.: Äthylenpolymerisation bei rel. niederen Drucken und Temperaturen, JOYNER, F. B., N. H. SHEARER JR. u. H. W COOVER JR.: J. Polymer Sci. 58, 881 (1962).

[6] DBP. 1132506 (Farbenfabriken Bayer, 1957), s. auch Titanhalogenide zusammen mit metallischem Al, Mg oder Zn: FUKUI, K., T. KAGIYA, T. SHIMIDZU, T. YAGI, S. MACHI, S. YUASA, M. HIRATA u. S. KODOMA: J. Polymer Sci. 37, 341 (1959); FUKUI, K., T. KAGIYA, T. YAGI, T. SHIMIDZU u. S. YUASA: 37, 353 (1959).

[7] SISTRUNK, T. O., F. CONRAD, R. L. RAY u. G. T. STRICKLAND: Abstracts of Papers, S. 17R, 133rd Meeting Am. Chem. Soc., San Francisco 1958.

[8] VAN HELDEN, R., u. E. C. KOOYMAN: Elsevier Monographs 1960.

[9] YAMAZAKI, N., T. SUMINOE u. S. KAMBARA: Makromol. Chem. 65, 157 (1963).

man erneut ein hochaktives System zur Verfügung. Grundsätzlich läßt sich der Katalysator auch dadurch herstellen, daß man die Reduktion auf andere Weise ausführt und nachträglich die Aluminiumverbindung zusetzt[1].

Es sind zum Beispiel bisher vier Modifikationen des $TiCl_3$ bekannt, und zwar eine faserartige braune β- und drei schichtartige, nämlich die violetten α-, γ- und δ-Modifikationen[2]. Die β-Modifikation ist gleichsam ein lineares Polymeres und wird durch Reduktion des $TiCl_4$ bei niederen Temperaturen erhalten[3]. Die anderen drei sind einander sehr ähnlich. Die α-Form kann auf verschiedenen Wegen durch Reduktion von $TiCl_4$ bei hoher Temperatur, die γ-Form[4] durch Reduktion von $TiCl_4$ mit aluminiumorganischen Verbindungen zwischen 150 und 200 °C (sie enthält beträchtliche Mengen $AlCl_3$) und die δ-Form durch Mahlen der α- oder γ-Form erhalten werden[5]. All diese Modifikationen mit ihren unterschiedlichen Herstellungsweisen sind für Ziegler-Katalysatoren verwendbar.

Die Aktivität der Aluminiumalkyl/Titanhalogenid-Katalysatoren scheint allerdings bei Anwesenheit von Resten an $TiCl_4$ höher zu sein, als wenn das nicht mehr der Fall ist[6].

Die Frage nach dem *Mechanismus* der Ziegler-Polymerisation schließt die Frage nach der Natur der *aktiven Zentren* des Katalysators mit ein. Es liegt nahe, die aktiven Zentren in den genannten Komplexen aus Aluminium- und Titanverbindung zu suchen, soweit sie an der Oberfläche der Titanchloridkristalle liegen[7]. Die wachsenden Polymerenden sind in den Katalysator-Komplexen gebunden[8], wobei sich die Monomere während der Polymerisation in die Bindung zwischen Katalysator und Polymeres einschieben. Damit wachsen diese Polymere gleichsam aus dem Katalysator heraus, wobei man noch nicht sagen kann, ob sie sich sofort von dessen Oberfläche entfernen oder an dieser entlanggleiten. Alkylgruppen des Katalysators werden dabei zu Endgruppen der Polymermoleküle[9]. Bis heute ist nicht bewiesen, ob und wann die Monomere sich hier in eine Alkyl-Titan-[10] oder Alkyl-Aluminiumbindung einschieben. Bei Bemühungen zur Klärung dieser Fragen konnten nach der Umsetzung von $Al(CH_3)_3$ mit $TiCl_4$ titanorganische Verbindungen (CH_3TiCl_3) isoliert werden, die langsam zerfallen und (in Abwesenheit von Al-Verbindungen) Äthylen polymerisieren, sobald sich ihr Zerfallsprodukt – das heißt

[1] Natta, G.: Angew. Chem. **68**, 393 (1956).

[2] Natta, G., P. Corradini u. G. Allegra: J. Polymer Sci. **51**, 399 (1961)

[3] Natta, G., P. Corradini, I. W. Bassi u. L. Porri: Rend. Accad. Naz. Lincei [8] **24**, 121 (1958).

[4] Natta, G., P. Corradini u. G. Allegra: Rend. Accad. Naz. Lincei [8] **26**, 155 (1959).

[5] Siehe auch Korotkov, A. A., u. Li Tsun-chan: Vysokomol. soedin. **3**, 686, 691 (1961), thermische Umwandlung von $TiCl_3$ sowie Natta, G., I. Pasquon, A. Zambelli u. G. Gatti: J. Polymer Sci. **51**, 387 (1961).

[6] Martin, H., u. E. Blanck: Makromol. Chem. **69**, 1 (1963).

[7] Vielleicht in Verbindung mit Gitterfehlstellen, s. Saltman, W. M.: J. Polymer Sci. A **1**, 373 (1963).

[8] Siehe z. B. Carrick, W. L., A. G. Chasar u. J. J. Smith: J. Am. Chem. Soc. **82**, 5319 (1960), Vanadium als Übergangsmetall.

[9] Siehe Natta, G.: J. Polymer Sci. **34**, 21 (1959), Arbeit mit radioaktiv markierten Alkylgruppen.

[10] Smith, W. E., u. R. G. Zelmer: J. Polymer Sci. A **1**, 2587 (1963).

$TiCl_3$ – angereichert hat[1-4]. Auch kann man bei —70 °C Äthylen mit unversehrtem CH_3TiCl_3 zu Oligomeren umsetzen[5]. Gegebenenfalls anwesendes CH_3AlCl_2 steigert die Reaktionsgeschwindigkeit, die Einlagerung des Äthylens findet aber eindeutig am Titan-Atom statt, das seine Vierwertigkeit dabei nicht verliert. (Da es sich hierbei um homogene Systeme handelt, liegen damit direkte Übergänge zu den weiter unten noch zu erwähnenden löslichen Mischkatalysatoren vor.) Bemerkenswert ist der starke Lösungs-mitteleinfluß auf die katalytische Wirkung. Höhere Olefine reagieren wesentlich langsamer als Äthylen. Interessanterweise finden an diesen titanorganischen Katalysatoren bei tiefer Temperatur die gleichen Reaktionen statt, wie sie an aluminiumorganischen bei höheren Temperaturen ablaufen.

Es handelt sich bei letzteren um die von ZIEGLER und Mitarbeiter eingehend untersuchte „stufenweise metallorganische Synthese" von niedermolekularen Kohlenwasserstoffen mittels Aluminiumalkylen (oder Hydriden), wobei sich Äthylen zwischen das Metallatom und einen Alkylrest einschiebt[6]. Bei Temperaturen über 100 °C erfolgt dabei eine häufige „Verdrängung" von Alkylresten durch Äthylen, die der Kettenübertragung auf Monomeres bei anionischen Polymerisationen entspricht[7]:

$$al\text{-}R + CH_2{=}CH_2 \longrightarrow al\text{-}CH_2\text{-}CH_3 + CH_2{=}CH\text{-}R' \quad \text{beziehungsweise}$$

$$al\text{-}R \longrightarrow al\text{-}H + CH_2{=}CH\text{-}R'; \quad al\text{-}H + CH_2{=}CH_2 \longrightarrow al\text{-}CH_2\text{-}CH_3$$

Es gibt also Beispiele für Polymerisationen sowohl an Titan- als auch an Aluminiumatomen.

Die Endgruppenbildung, die Art der Kettenabbruch- und -übertragungsreaktionen (vor allem der durch Zusätze hervorgerufene Abbruch) und eine Reihe von Argumenten, die noch zu erwähnen sind, deuten auf einen *ionischen Mechanismus* (zumindest überwiegend *anionischen*) der Ziegler-Polymerisationen[8,9].

Ist es nun aber überhaupt möglich, alle Erscheinungen, die unter dem Begriff Ziegler-Natta-Katalysatoren verstanden werden können, einheitlich zu beschreiben? Diese Frage sei erst später beantwortet[10]. Hier soll nur

---

[1] BEERMANN, C., u. H. BESTIAN: Angew. Chem. **71**, 618 (1959).

[2] KARAPINKA, G. L., J. J. SMITH u. W. L. CARRICK: J. Polymer. Sci. **50**, 143 (1961).

[3] CARRICK, W. L., W. T. REICHLE, F. PENNELLA u. J. J. SMITH: J. Am. Chem. Soc. **82**, 3887 (1960), Vanadinverbindungen betreffend.

[4] Siehe auch VAN HELDEN, R., u. E. C. KOOYMAN: Elsevier Monographs 1960, die mit gereinigtem CH_3TiCl_3 kein Polyäthylen erhielten.

[5] BESTIAN, H., u. K. CLAUSS: Angew. Chem. **75**, 1068 (1963).

[6] ZIEGLER, K.: Angew. Chem. **64**, 323 (1952); Brennstoff-Chem. **33**, 193 (1952); Angew. Chem. **68**, 721 (1956).

[7] Bei Aluminiumverbindungen nimmt die Wirksamkeit als anionische Katalysatoren von AlR_3 über AlR_2Cl zum $AlRCl_2$ ab, während $AlCl_3$ rein kationisch polymerisiert.

[8] NATTA, G.: Makromol. Chem. **16**, 213 (1955); NATTA, G., F. DANUSSO u. D. SIANESI: Makromol. Chem. **28**, 253 (1958); NATTA, G.: J. Polymer Sci. **48**, 219 (1960) s. auch HUGGINS, M. L.: J. Polymer Sci. **48**, 473 (1960).

[9] Bemerkenswert ist auch, daß bei dem System $Al(CH_3)_3/TiCl_3$ etwa die Hälfte der Methylgruppen leicht gegen andere Alkylgruppen austauschbar ist, s. RODRIGUEZ, L., u. J. GABANT: J. Polymer Sci. **57**, 881 (1962).

[10] Siehe S. 157 ff.

soviel gesagt werden, daß immerhin die betroffenen Übergangsmetalle durchweg noch unvollständige d-Elektronenschalen haben und deshalb sich die Monomere besonders gut koordinativ unter Komplexbildung anlagern und (stärker) polarisieren können. Man spricht deshalb – nach NATTA – von einem *koordinativ anionischen Mechanismus* bei Ziegler-Polymerisationen.

Wie kompliziert die Dinge aber sind, ergibt sich auch aus der Bedeutung der näheren *Herstellungsbedingungen* der Katalysatoren. Innerhalb der einzelnen Verfahren wirken sich noch kleine Varianten aus. So erhält man bei der Zugabe von $Al(C_2H_5)_3$ zu $TiCl_4$ ein aktiveres System als bei umgekehrter Reihenfolge der Zugabe, wenn nicht vor Einsetzen der Reaktion vollständige Mischung der Komponenten erzielt wurde[1–3].

Ein besonderes Merkmal ist das *Altern* der Ziegler-Katalysatoren. Gibt man nämlich die Komponenten in Abwesenheit von Monomeren zusammen, so bilden sie zwar den Katalysator, dessen Aktivität fällt meist aber ziemlich rasch mit der Zeit ab[4–7] und kann vielfach (bei hohen anfänglichen Al/Ti-Molverhältnissen) durch weitere Aluminiumalkyl-Zugabe nicht mehr wiederhergestellt gemacht werden. Man nimmt an, daß dabei eine zur Oberflächenverminderung (und damit zu einem Aktivitätsverlust) führende Aggregation des $TiCl_3$ stattfindet oder daß die aktiven Zentren instabil sind[8–11]. Nach neueren Ergebnissen ist das nach längerer Alterung voll-

---

[1] LUDLUM, D. B., A. W. ANDERSON u. C. E. ASHBY: J. Am. Chem. Soc. **80**, 1380 (1958).

[2] Bei dem System $Al(C_2H_5)_3/TiCl_3$ ist es gerade umgekehrt: SCHNECKO, H., M. REINMÖLLER, K. WEIRAUCH, W. LINTZ u. W. KERN: Makromol. Chem. **69**, 105 (1963).

[3] Dasselbe bei $Al(i-C_4H_9)_3 / TiCl_4$: ORZECHOWSKI, A.: J. Polymer Sci. **34**, 65 (1959).

[4] YAMAZAKI, N., T. SUMINOE u. S. KAMBARA: Makromol. Chem. **65**, 157 (1963).

[5] SALTMAN, W. M.: J. Polymer Sci. A **1**, 373 (1963).

[6] SIMON, A., u. G. GHYMES: J. Polymer Sci. **53**, 327 (1961).

[7] Über eine zunächst bei der Alterung stattfindende Aktivitätserhöhung s. HOPKINS, E. A. H., u. M. L. MILLER: Polymer **4**, 75 (1963).

[8] Dies soll sogar allgemein für die heterogene Katalyse der Äthylenpolymerisation gelten: SMITH, W. E., u. R. G. ZELMER: J. Polymer Sci. A **1**, 2587 (1963). Nach dieser Arbeit nehmen die Aktivitäten in einer Reihe von Beispielen nach der 2. Ordnung bezüglich aktiver Zentren ab. Verglichen wurden:

$$CrO_3 \cdot SiO_2, \quad V_2O_5 \cdot SiO_2 + Al(i\text{-}C_4H_9)_3, \quad VOCl_3 + Al(C_2H_5)_2Cl$$
$$TiCl_4 + Al(C_2H_5)_3, \quad TiCl_4 + Al(i\text{-}C_4H_9)_3.$$

[9] JUNGHANNS, E., A. GUMBOLDT u. G. BIER: Makromol. Chem. **58**, 18 (1962): Beim Altern eines $VOCl_3/C_2H_5AlCl_2$-Katalysators fällt die Aktivität stark ab, wobei eine Reduktion des Vanadins zu V(II) erfolgt.

[10] Instabile Oberflächenkomplexe zwischen Aluminiumalkyl und festem Niederschlag werden von TEPENITSYNA, E. P., M. I. FARBEROV, A. M. KUT'YN u. G. S. LEVSKAYA: Vysokomol. soedin. **1**, 1148 (1959), angenommen.

[11] Verschieden starke Alterung je nach dem anschließend zu polymerisierenden Monomeren s. SCHNECKO, H., M. REINMÖLLER, W. LINTZ, K. WEIRAUCH u. W. KERN: Makromol. Chem. **84**, 156 (1965).

ständige Fehlen von $TiCl_4$ die Ursache der Aktivitätsabnahme, denn sowohl $TiCl_4$-Zugabe als auch schwache Aufoxidation von $TiCl_3$ durch geringe Mengen Sauerstoff führen zu erheblichen Aktivitätserhöhungen[1].

Die Alterung scheint temperaturabhängig zu sein[2].

Die *Zahl und die Konzentration der aktiven Zentren* hängen in hohem Maße vom Komponenten-Verhältnis ab[3-7] und zeigen mit steigendem Al/Ti-Verhältnis scharfe oder breite Maxima (Plateaus). Die Lage der Maxima ist temperaturabhängig.

Die maximal erreichbare Zahl aktiver Zentren ist offensichtlich vor allem durch die Titankomponente (den heterogenen festen Anteil) bestimmt, während die Aluminiumkomponente die Ausbildung der Zentren ermöglicht. Dabei spielt die Wertigkeit des Titans (III oder II) sowie dessen Dispersitätsgrad eine wichtige Rolle. Natürlich sind die Gegebenheiten für andere dieser so komplizierten Katalysatoren oft sehr verschieden[8-10].

Die Polymerisationen werden in Kohlenwasserstoffen als Dispergier- beziehungsweise Lösungsmittel ausgeführt. Die bisherigen Beobachtungen des *Polymerisationsverlaufs* durch die verschiedensten Autoren führten zu unterschiedlichen Ergebnissen und Deutungen. Aus der Abnahme der *Polymerisationsgeschwindigkeit* bei gleichen Temperaturen und gleichem Monomerdruck mit fortschreitender Polymerisationsdauer und aus der unterschiedlichen Lebensdauer der aktiven Zentren wird auf eine Desaktivierung

---

[1] MARTIN, H., u. E. BLANCK: Makromol. Chem. **69**, 1 (1963), s. auch LONG, W. P., u. D. S. BRESLOW: J. Am. Chem. Soc. **82**, 1953 (1960).

[2] So altert ein $TiCl_4$/$Al(C_2H_5)_3$-Katalysator bei 60 °C schnell, bei 30 °C aber nicht: NATTA, G., P. PINO, G. MAZZANTI u. P. LONGI: Gazz. chim. ital. **87**, 528 (1957), sowie insbesondere KODAMA, S., T. KAGIYA, S. MACHI, T. SHIMIDZU, S. YUASA u. K. FUKUI: J. Appl. Polymer Sci. **3**, 20 (1960).

[3] Siehe FELDMAN, C. F., u. E. PERRY: J. Polymer Sci. **46**, 217 (1960): In den untersuchten Fällen war die Konzentration der aktiven Zentren etwa 10^{-3} bis 10^{-4} Mol/Liter. Bestimmung mit tritiiertem Alkohol (ROT).

[4] FRIEDLANDER, H. N., u. K. OITA: Ind. Eng. Chem. **49**, 1885 (1957).

[5] LUDLUM, D. B., A. W. ANDERSON u. C. E. ASHBY: J. Am. Chem. Soc. **80**, 1380 (1958).

[6] ORZECHOWSKI, A.: J. Polymer Sci. **34**, 65 (1959).

[7] Bei $TiCl_3$/$Al(C_2H_5)_3$ 1—7 Mol-% bezogen auf $TiCl_3$ s. NATTA, G.: J. Polymer Sci. **34**, 21 (1959).

[8] Siehe z. B. betreffend LiR/$TiCl_4$-Systeme: FRIEDLANDER, H. N., u. K. OITA: Ind. Eng. Chem. **49**, 1885 (1957); LUDLUM, D. B., A. W. ANDERSON u. C. E. ASHBY: J. Am. Chem. Soc. **80**, 1380 (1958); FRANKEL, M., J. RABANI u. A. ZILKHA: J. Polymer Sci. **28**, 387 (1958).

[9] Betreffend $Zn(C_4H_9)_2$/$TiCl_4$ siehe McGOWAN, J. C., u. B. M. FORD: J. Chem. Soc. (London) **1958**, 1149; GILCHRIST, A.: J. Polymer Sci. **34**, 49 (1959).

[10] Betreffend KR/$TiCl_4$ siehe ZHILKA, A., A. OTTOLENGHI u. M. FRANKEL: J. Polymer Sci. **39**, 347 (1959).

des Katalysators geschlossen[1-4]. Umgekehrt benötigen manche Katalysatoren eine gewisse Zeit, bis sie volle Aktivität erreichen, vielleicht durch während der Polymerisation erfolgende feinere Verteilung (das heißt Oberflächenvermehrung der Kontaktsubstanz in den Polymerisatkörnern[5-9]) oder zeigen überhaupt eine ausgesprochene Induktionsperiode.

Für diese Fälle kann sogar angenommen werden, daß sie keinen kinetischen Abbruch kennen. Tatsächlich sind schon – nach Einstellung der vollen Aktivität – über viele Stunden konstante Polymerisationsgeschwindigkeiten gemessen worden[10]. Die Länge der einzelnen Makromoleküle wird dann durch Kettenübertragungsprozesse bestimmt, das heißt also Synthese mehrerer Makromoleküle am gleichen aktiven Zentrum[11] beziehungsweise an der gleichen Stelle der Oberfläche zum Beispiel eines Titanchloridkristalles[12].

Schließlich zeigte es sich, daß manche Ziegler-Katalysatoren nicht nur sehr lange ständig zuströmende Monomere polymerisieren können, sondern daß man auch die Polymerisation durch Entziehen von Monomeren für viele Stunden unterbrechen kann, ohne daß die Aktivität abnimmt[6]. Man kann hier sogar mit einem anderen Monomeren die Polymerisation fortsetzen und erhält Blockcopolymere, das heißt nicht nur der Katalysator,

---

[1] SMITH, W. E., u. R. G. ZELMER: J. Polymer Sci. A 1, 2587 (1963), bei Polyäthylen.

[2] NATTA, G., P. PINO, G. MAZZANTI u. P. LONGI: Gazz. chim. ital. 87, 528 (1957).

[3] KODAMA, S., T. KAGIYA, S. MACHI, T. SHIMIDZU, S. YUASA u. K. FUKUI: J. Appl. Polymer Sci. 3, 20 (1960), bei Polypropylen, $Al(C_2H_5)_3/TiCl_4$-Katalysator.

[4] FELDMAN, C. F., u. E. PERRY: J. Polymer Sci. 46, 217 (1960).

[5] NATTA, G., I. PASQUON u. E. GIACHETTI: Angew. Chem. 69, 213 (1957); Makromol. Chem. 24, 258 (1957).

[6] BIER, G., W. HOFFMANN, G. LEHMANN u. G. SEYDEL: Makromol. Chem. 58, 1 (1962).

[7] Andererseits wieder scheint eine gewisse Mindestgröße der Katalysatorteilchen erforderlich zu sein, um schnelle und stationäre Polymerisation zu bewirken: BRESLER, S. E., M. I. MOSEVITSKIJ, I. YA. PODDUBNYI u. SCHI GUAN-I.: J. Polymer Sci. 52, 317 (1961).

[8] NATTA, G., I. PASQUON, A. ZAMBELLI u. G. GATTI: J. Polymer. Sci. 51, 387 (1961).

[9] Bei der Propylen-Polymerisation mit $Al(C_2H_5)_3/\alpha\text{-}TiCl_3$ (70 °C) stellte sich wahrscheinlich eine bestimmte Aggregation des $TiCl_3$ nach einigen Minuten ein, unabhängig von seiner anfänglichen Verteilung, denn die Polymerisationsgeschwindigkeit nahm gleichen Wert bei großer Konstanz an: NATTA, G., I. PASQUON u. E. GIACHETTI: Chim. e Ind. (Mailand) 39, 1002 (1957).

[10] Bedingungen der Bildung eines Katalysators mit zeitlich konstanter Aktivität besprechen: NATTA, G., G. MAZZANTI, A. VALVASSORI, G. SARTORI u. BARBAGALLO: J. Polymer Sci. 51, 429 (1961); NATTA, G.: 34, 21 (1959), Polymerisation von Propylen in n-Heptan bei 70 °C, ca. 2 Atm. Propylen-Druck, Katalysator $Al(C_2H_5)_3/\alpha\text{-}TiCl_3$; BERGER, M. N., u. B. M. GRIEVESON: Makromol. Chem. 83, 80 (1965).

[11] NATTA, G., u. I. PASQUON: Advances in Catalysis 11, 1 (1959).

[12] Siehe jedoch Einwände: BIER, G.: Makromol. Chem. 70, 44 (1964).

sondern auch die Polymerketten bleiben aktiv („lebend") und es findet kaum Übertragung statt[1]. Die Polymerisationsgeschwindigkeit wird dann vielleicht eher durch nachlassende Wachstumsgeschwindigkeit der einzelnen Polymerketten als infolge Desaktivierung des Katalysators erniedrigt.

Nachlassende Wachstumsgeschwindigkeit mag nämlich dadurch hervorgerufen werden, daß bereits gebildete Polymere eine Art Käfig um den Katalysator bilden. Hierdurch dürfte dem Monomeren der Zutritt erschwert[2,3] und infolge lokaler Überhitzungen durch mangelnde Wärmeabführung die Löslichkeit des Monomeren in der Umgebung des Katalysators herabgesetzt werden[4].

Die Polymerisationsgeschwindigkeit steigt an sich mit dem Monomerdruck sowie mit der Katalysatorkonzentration an. Bei wachsendem Molverhältnis der Katalysator-Komponenten, zum Beispiel bei $AlR_3/TiCl_4$, erreicht sie in manchen Fällen ein Maximum[5]. Mit steigender Temperatur wird sie zunächst größer, dann kleiner.

Nun folge noch eine nähere Betrachtung der *Übertragungs- und Abbruchsreaktionen*: Übertragungen auf Monomeres dürften bei Polymerisationen mit Ziegler-Katalysatoren stets stattfinden[6], jedoch mit sehr unterschiedlicher Häufigkeit. Bei höherer Temperatur dürften sie vorwiegend nicht unmittelbar erfolgen, sondern zunächst im Zerfall der Metall-Kohlenstoffbindungen, also in einer Abbruchreaktion bestehen, wobei sich Metallhydrid und Olefin bildet[7]. Da das Metallhydrid sich mit Monomerem wieder verbinden kann, kann daraus eine Übertragungsreaktion werden. Die unmittelbaren und die mittelbaren Übertragungsreaktionen sind im Endergebnis gleich und nur reaktionskinetisch verschieden.

Abbruchreaktionen durch Kombination zweier wachsender Polymere, wie sie für Radikalreaktionen charakteristisch sind, wurden bei Polymerisationen mit Ziegler-Katalysatoren bisher nicht beobachtet. Neben dem erwähnten Kettenabbruch durch Zerfall der Metall-Kohlenstoffbindung mag ein solcher aber noch durch Austausch von Alkylgruppen, so zwischen

---

[1] NATTA, G.: J. Polymer Sci. **34**, 531 (1959).

[2] ALLEN, P. E. M., D. GILL u. C. R. PATRICK: J. Polymer Sci. C **4**, 127 (1963).

[3] LEHMANN, G., u. A. GUMBOLDT: Makromol. Chem. **70**, 23 (1964).

[4] MUSSA I. V., C.: J. Appl. Polymer Sci. **1**, 300 (1959).

[5] Für Äthylen, mit Triisobutylaluminium/$TiCl_4$ polymerisiert, lag das Maximum bei Al/Ti-Verhältnissen von 1,4 bis 2,8: ORZECHOWSKI, A.: J. Polymer Sci. **34**, 65 (1959); SCHNECKO, H., M. REINMÖLLER, K. WEIRAUCH, V. BEDNJAGIN u. W. KERN: Makromol. Chem. **73**, 154 (1964).

[6] NATTA, G., I. PASQUON, E. GIACHETTI u. F. SCALARI: Chim. e. Ind. (Mailand) **40**, 103 (1958); NATTA, G., I. PASQUON, E. GIACHETTI u. G. PAJARO: **40**, 267 (1958); NATTA, G.: J. Polymer Sci. **34**, 21 (1959).

[7] YAMAZAKI, N., T. SUMINOE u. S. KAMBARA: Makromol. Chem. **65**, 157 (1963).

gelöstem Aluminiumalkyl und Katalysator oder durch Austausch ganzer Aluminiumalkyle zwischen Lösung und Katalysatorsystem (oder zwischen inaktiven und aktiven Aluminiumalkylen innerhalb des Katalysatorsystems), falls die Ketten am Aluminiumatom wachsen, stattfinden[1,2]. All diese Reaktionen verursachen die festgestellte Abhängigkeit der Molekulargewichte von der Art des Katalysators, von den Katalysatorkonzentrationen und von der Temperatur. So führt beim Äthylen die Verwendung von $Al(C_2H_5)_3$ zu hohen, die von $Al(C_2H_5)_2Cl$ zu mittleren und die von $Al(C_2H_5)Cl_2$ zu niederen durchschnittlichen Molekulargewichten[3] – selbstverständlich alle drei Verbindungen mit $TiCl_4$ umgesetzt –, während die Molekulargewichtsverteilungen etwa die gleiche Gestalt haben[4]. Von kleinsten Katalysatorkonzentrationen her steigt das erzielte Molekulargewicht zunächst steil an, nimmt dann aber nach Erreichen eines Maximums ständig ab[5], das heißt die Übertragungsreaktionen nehmen zu. Hält man bei $Al(C_2H_5)_3/TiCl_4$ die Titanmenge konstant und steigert nur den Al-Anteil von kleinsten Mengen an, so steigt das durchschnittliche Molekulargewicht zunächst steil an und erreicht schließlich einen konstanten Wert[6], oder – in anderen Fällen – es nimmt ebenfalls ständig ab[7,8]. Die für höchste Molekulargewichte optimalen Komponentenverhältnisse sind temperaturabhängig.

Der Abbruch der Polymerisation durch bereits anwesende oder zugesetzte Fremdstoffe ist natürlich ebenfalls möglich. So beendet man eine Polymerisation durch Zusatz von Verbindungen mit aktivem Wasserstoff (zum Beispiel Alkohole), wobei der Wasserstoff an das Polymere geht (anionisches Wachstum!). Elementarer Wasserstoff führt zur Kettenüber-

---

[1] NATTA, G., I. PASQUON u. E GIACHETTI: Chim. e. Ind. (Mailand) **40**, 97 (1958); NATTA, G., I. PASQUON, E. GIACHETTI u. G. PAJARO: **40**, 267 (1958).

[2] Es wird auch an Ti-organische Verbindungen als Überträger gedacht: SCHNECKO, H., K. WEIRAUCH, M. REINMÖLLER, V. BEDNJAGIN u. W. KERN: Makromol. Chem. **82**, 156 (1965).

[3] YAMAZAKI, N., T. SUMINOE u. S. KAMBARA: Makromol. Chem. **65**, 157 (1963).

[4] Siehe auch FIRSOV, A. P., B. N. KASHPROV, YU. V. KISSIN u. N. M. CHIRKOV: J. Polymer Sci. **62**, S 104 (1962), wonach Metallalkyle mit wechselnden Metallen, die mit der gleichen Übergangsmetallverbindung kombiniert wurden, zu Polypropylen verschiedenen durchschnittlichen Molekulargewichtes führten.

[5] Bezüglich Polypropylen s. KODAMA, S., T. KAGIYA, S. MACHI, T. SHIMIDZU, S. YUASA u. K. FUKUI: J. Appl. Polymer Sci. **3**, 20 (1960), und NATTA, G.: J. Polymer Sci. **34**, 21 (1959).

[6] TEPENITSYNA, E. P., M. I. FARBEROV, A. M. KUTYN u. G. S. LEVSKAYA: Vysokomol. soedin. **1**, 1148 (1959).

[7] Besonders letzteres spricht für einen Kettenabbruch infolge Kettenübertragung auf inaktive Aluminiumalkyle: NATTA, G., I. PASQUON, A. ZAMBELLI u. G. GATTI: J. Polymer Sci. **51**, 387 (1961); NATTA, G., G. MAZZANTI, A. VALVASSORI, G. SARTORI u. D. FIUMANI: **51**, 411 (1961).

[8] Andere Befunde s. ROTHENBURG, R. A.: J. Polymer Sci. A **3**, 3038 (1965).

tragung, ist also ein Regler[1], ferner Sauerstoff und halogenhaltige organische Verbindungen[2]. In Halogenkohlenwasserstoffen als Lösungsmittel durchgeführte Ziegler-Polymerisationen von Äthylen ergeben deshalb niedermolekulares Polyäthylen.

Aufgrund der Gegebenheiten, wie sie soeben diskutiert wurden, sind die Molekulargewichtsverteilungen der mit Ziegler-Katalysatoren hergestellten Polymere in der Regel sehr breit[3,4].

Es ist noch ein Wort über Monomere zu sagen: Die analoge *Polymerisation von Vinylverbindungen*, die Estergruppen enthalten, ist mit Ziegler-Natta-Katalysatoren nicht ohne weiteres möglich[5]. Offenbar werden die Katalysatoren durch Estergruppen inaktiviert oder blockiert. Diesem Umstand kann aber auf zwei Wegen begegnet werden:

1. Man schützt den Katalysator durch Komplexbildung, indem man zum Beispiel Lösungsmittel wie Diäthyläther, Tetrahydrofuran und ähnliches verwendet[6], oder

2. man stattet das Monomere mit einer großen Estergruppe aus, die das Estercarbonyl abschirmt[7].

Analog gelten diese Gegebenheiten für andere stark polaren Monomere[8-10].

---

[1] NATTA, G.: Chem. and Ind. (London) **1957**, 296, 1520. Mit steigendem H_2-Partialdruck erniedrigt sich Molekulargewicht und Ungesättigtheit des Polymeren, s. auch SCHINDLER, A., u. R. B. STRONG: Makromol. Chem. **93**, 145 (1966).

[2] Verbindungen wie Alkylchlorid, Benzylchlorid, CCl_4 zeigten sich darin um so wirksamer, je besser sie mit der Organo-aluminiumkomponente reagierten: POZAMANTIR, A. G.: Vysokomol. soedin. **2**, 1026 (1960).

[3] Für Polyäthylen: WESSLAU, H.: Makromol. Chem. **20**, 111 (1956); **26**, 102 (1958); TUNG, L. H.: J. Polymer Sci. **24**, 333 (1957).

[4] Für Polypropylen: BIER, G., W. HOFFMANN, G. LEHMANN u. G. SEYDEL: Makromol. Chem. **58**, 1 (1962). Man kann ungefähr angeben $5 < M_w/M_n < 15$, also sehr große Uneinheitlichkeit.

[5] Über einen eventuell radikalischen Mechanismus bei einer Polymerisation von Methylmethacrylat, Vinylacetat und Acrylnitril zu nicht kristallisierenden Polymeren s. INOUE, S., T. TSURUTA u. J. FURUKAWA: Makromol. Chem. **49**, 13 (1961). Die Radikale, die bei Austauschreaktionen der Komponenten des Katalysators als Zwischenzustände entstehen, sollen wirksam sein.

[6] NATTA, G.: J. Polymer Sci. **48**, 219 (1960).

[7] HOPKINS, E. A. H., u. M. L. MILLER: Polymer **4**, 75 (1963), in dieser Arbeit wird die Polymerisation von tert.-Butylacrylat beschrieben.

[8] SOLOMON, O. F., M. DIMONIE, K. AMBROZH u. M. TOMESKU: J. Polymer Sci. **52**, 205 (1961), Polymerisation von Vinylcarbazol.

[9] ATTFIELD, D. J., K. BUTLER, A. T. RADCLIFFE, P. R. THOMAS, R. A. THOMPSON u. G. J. TYLER: Chem. and Ind. (London) **1960**, 263, Polymerisation von N,N-Dialkylacrylamid.

[10] CLARK, K. J., u. T. POWELL: Polymer **6**, 531 (1965), Polymerisation von halogenhaltigen Olefinen.

Es wurde bisher gesagt, daß die Ziegler-Katalysatoren in ihrem Hauptteil unlöslich sind. Man hat aber auch *lösliche* Katalysatoren mit den Übergangsmetallen meistens in ihren höchsten Wertigkeitsstufen gefunden, die bei Äthylen und einigen anderen Monomeren wirksam sind, und die in ihrer Zusammensetzung den Ziegler-Katalysatoren ähneln, zum Beispiel

$$Al(C_2H_5)_3/(C_5H_5)_2TiCl_2\,[1] \quad und \quad AlCl_3/VCl_4/Sn(C_6H_5)_4\,[2].$$

Der erstere ist weniger aktiv als heterogene Systeme der gleichen Metalle[3], doch können Zusätze aktivierend wirken[4,5].

Mit dem zweiten Katalysator erhält man Polyäthylen, das pro Molekül eine Phenyl- (als Endgruppe aus der Startreaktion) und eine Vinylgruppe (durch Kettenabbruch) enthält. Wiederholte geringe Sauerstoffzugabe erneuert den Katalysator. Danach müßten Vanadin-Phenyl-Bindungen aktiv sein, die sich nach der Aufoxidation durch Umsatz mit der Zinnverbindung bilden. In einem anderen Fall zeigte es sich, daß die Alkyl- und Arylgruppen von miteinander umgesetzten aluminium- und titanorganischen Verbindungen leicht ausgetauscht werden[6], wobei Alkylgruppen besser zum Start der Polymerketten geeignet sind als Phenylgruppen.

Äthylen kann auch mit (teilweise) löslichen Mischkatalysatoren unter Normaldruck und -temperatur polymerisiert werden, bei denen Titan als Chelat gebunden ist[7], zum Beispiel

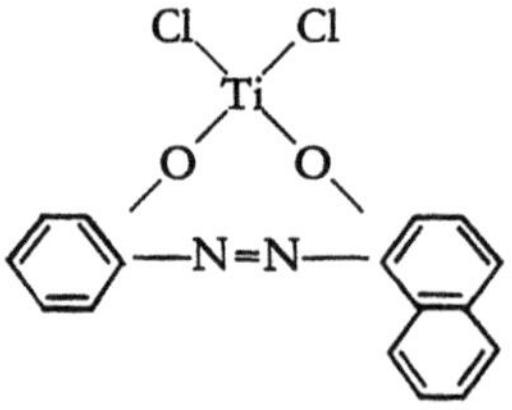

zusammen mit $Al(C_2H_5)_2Cl$.

---

[1] NATTA, G., P. PINO, G. MAZZANTI u. U. GIANNINI: J. Am. Chem. Soc. **79**, 2975 (1957); BRESLOW, D. S., u. N. R. NEWBURG: **81**, 81 (1959); CHIEN, J. C. W.: **81**, 86 (1959); ALLEN, P. E. M., u. R. M. S. OBAID: Makromol. Chem. **80**, 54 (1964), für Styrol.

[2] PHILLIPS, G. W., u. W. L. CARRICK: J. Polymer Sci. **59**, 401 (1962); CARRICK, W. L., R. W. KLUIBER, E. F. BONNER, L. H. WARTMAN, F. M. RUGG u. J. J. SMITH: J. Am. Chem. Soc. **82**, 3883 (1960).

[3] NATTA, G., P. PINO, E. MAZZANTI, U. GIANNINI, E. MANTICA u. M. PERALDO: J. Polymer Sci. **26**, 120 (1957).

[4] So sollen Spuren O_2 das System $Al(C_2H_5)_2Cl/(C_5H_5)_2TiCl_2$ aktivieren: BRESLOW, D. S., u. N. R. NEWBURG: J. Am. Chem. Soc. **79**, 5072 (1957), während $Al(C_2H_5)_3/(C_5H_5)TiCl_3$ durch HCl-Zusatz für Polyäthylen katalytisch wirksam wird: DRUCKER, A., u. J. H. DANIEL JR.: J. Polymer Sci. **37**, 553 (1959).

[5] Siehe auch kinetische Untersuchung BAWN, C. E. H., u. R. SYMCOX: J. Polymer Sci. **34**, 139 (1959).

[6] KARAPINKA, G. L., u. W. L. CARRICK: J. Polymer Sci. **55**, 145 (1961).

[7] TAYLOR, K. J.: Polymer **5**, 207 (1964).

Andere lösliche Katalysator-Systeme findet man in Patentschriften beschrieben[1].

2.14 Polymerisationen mit weiteren heterogenen Katalysatoren

Vor allem für die Polymerisation des Äthylens sind noch weitere heterogen wirksame Katalysatoren bekannt. Es sind dies insbesondere eine Reihe Oxide von Übergangsmetallen, die sich – wie bei den Ziegler-Katalysatoren – in einer etwas geringeren als der höchsten Valenzstufe befinden müssen. Außerdem müssen sie auf Trägermaterialien aufgebracht sein.

Bei den Übergangsmetallen handelt es sich vorwiegend um Molybdän, Nickel, Cobalt (Standard Oil-Verfahren)[2] und um Chromoxid (Phillips-Verfahren)[3], während die Trägermaterialien silikatische Stoffe, Aluminiumoxid, Zirkonoxid, bei NiO und CoO Aktivkohle und ähnliches sind. Letztere spielen wohl nicht nur die Rolle von reinen Trägern, die eine feine Verteilung des eigentlichen Katalysators zulassen, sondern beeinflussen unmittelbar die Polymerisation. Ein Chromoxid-Katalysator wird zum Beispiel durch Erhitzen von CrO_3 auf Aluminiumsilikat hergestellt. Die Anwesenheit des letzteren verzögert die thermische Reduktion des CrO_3. Mit der dabei erfolgenden Entwässerung des Silikates stellt sich dann die Aktivität des Katalysators ein. Etwa bei einem Cr^{VI}/Cr^{III}-Verhältnis 3:2 herrscht optimale Aktivität, die mit fallendem Cr^{VI}-Gehalt (bei weiterem Erhitzen bis auf 600 °C und mehr) zurückgeht und schließlich verschwindet[4]. Durch Aufoxidierung kann der Katalysator reaktiviert werden. Bei der Polymerisation kommen mittlere Drucke und etwas erhöhte Temperaturen zur Anwendung.

Äthylen polymerisiert an solchen Systemen weitaus am schnellsten, Propylen und (beim Phillips-Verfahren) einige höhere α-Olefine tun dies mit geringerer Geschwindigkeit. Bei höheren Temperaturen ceteris paribus sind die erreichten Molekulargewichte kleiner als bei tieferen.

Sowohl die Molekulargewichte der erhaltenen Polyäthylene als auch die Aktivität der Katalysatoren steigen – wenigstens über Teilbereiche – mit steigendem Äthylendruck. Eine Verwandtschaft zu den Ziegler-

---

[1] S. S. 384 ff. Die weitere Besprechung der Ziegler-Polymerisationen s. S. 157 ff.

[2] PETERS, E. F., A. ZLETZ u. B. L. EVERING: Ind. Eng. Chem. **49**, 1879 (1957); 100—250 °C, 50 atm, Lösungsmittel. – FIELD, E., u. M. FELLER: **49**, 1883 (1957). Die Katalysatoren müssen entweder mit Wasserstoff bei höherer Temperatur reduziert oder mit Promotoren wie Na, CaH_2, $LiAlH_4$ versehen werden, die reduzieren, Verunreinigungen entfernen und noch katalytisch wirken. Sehr störend ist Wasser: FELLER, M., u. E. FIELD: **51**, 155 (1959).

[3] CLARK, A., J. P. HOGAN, R. L. BANKS u. W. C. LANNING: Ind. Eng. Chem. **48**, 1152 (1956).

[4] TOPCHIEV, A. V., B. A. KRENTSEL, A. I. PERELMAN u. K. G. MIESSEROV: J. Polymer Sci. **34**, 129 (1959).

Katalysatoren kommt zustande, wenn Promotore wie Hydride und Alkyle von Elementen der I. bis III. Hauptgruppe des Periodensystems zugesetzt werden.

Auch Polyäthylen nach dem Phillips-Verfahren hat eine breite Molekulargewichtsverteilung, die offenbar mit dem heterogenen Charakter der Katalysatoren zusammenhängt. Wahrscheinlich ist dies vornehmlich auf Unterschiedlichkeit der aktiven Zentren der Katalysatoren zurückzuführen[1].

2.2 Polykondensationen

Bei Polykondensationen finden die Verknüpfungsreaktionen zwischen funktionellen Gruppen statt, zum Beispiel in folgender Weise:

$$HO-R-COOH + HO-R-COOH \longrightarrow HO-R-COO-R-COOH + H_2O$$

Da die funktionellen Gruppen (hier HO— und —COOH) den verschiedensten Molekülen angehören mögen, können Polykondensate von überragender Mannigfaltigkeit sein. Besonders durch Polykondensation entstehen *Polyester, Polyamide, Polysulfonamide, Polyäther, Polythioäther, Polyanhydride, Polyurethane* usw.

Für ein lineares Polykondensat mit chemisch einheitlichen Verknüpfungsgruppen (im obigen Beispiel die Estergruppen) sind die beiden funktionellen Gruppen seiner (bifunktionellen) Monomere meistens paarweise verschieden[2]. Dabei verteilen sich die funktionellen Gruppen entweder zu je einer auf alle Monomere (so zum Beispiel bei Hydroxycarbonsäuren und Aminosäuren) oder jeweils zu zwei gleichen auf jede Hälfte der Gesamtzahl der Monomere (so zum Beispiel bei Dicarbonsäuren, die mit Diaminen umgesetzt werden).

Die Aktivierungsenergien der Kondensationsreaktionen sind teilweise niedrig, teilweise aber sehr groß, so daß eine Katalyse von entscheidender Bedeutung wird.

Polyester werden vor allem durch Polykondensation von Monomeren, die Hydroxyl- und Carboxylgruppen enthalten, hergestellt.

Allgemein gilt für die Geschwindigkeit, mit der sich ein einfacher Ester RCOOR′ aus Carbonsäure RCOOH und Alkohol R′OH bildet, solange und soweit die Rückreaktion (Verseifung) nicht berücksichtigt zu werden braucht und bei gleichbleibender Katalyse die Gleichung:

$$\frac{d[ROOR']}{dt} = k[RCOOH][R'OH]$$

---

[1] Die weitere Besprechung der Polymerisationen mit solchen Katalysatoren s. S. 219 ff.

[2] Die Monomere sind hier nicht mit den Grundbausteinen der zugehörigen Polymere in der Zahl der Atome identisch, sondern sind um die abzuspaltende Gruppe größer.

Bei bifunktionellen Molekülen der Art HO—R—COOH kann man nun sowohl [RCOOH] als auch [R′OH] durch [HO—R—COOH] ersetzen, wodurch man als Geschwindigkeitsgleichung für die Bildung eines Polyesters erhält:

$$\frac{d[-R-COOR-]}{dt} = k\,[HO-R-COOH]^2$$

Im Falle der Umsetzung von HO—R′—OH mit HOOC—R—COOH lautet die Gleichung dagegen:

$$\frac{d[-RCOOR'-]}{dt} = k \cdot 4\,[HOOC-R-COOH][HO-R'-OH]\,,$$

weil jede Menge der Monomere der doppelten Menge funktioneller Gruppen entspricht, auf die es ja ankommt. Jede der beiden Konzentrationsangaben muß deshalb mit 2 multipliziert werden.

Veresterungen können durch Säuren und Basen katalysiert werden. Wird kein Katalysator zugesetzt, so findet Autokatalyse durch die Carboxylgruppen selbst statt. Da deren Konzentration sich aber während der Veresterung verringert, muß dies dann in der Geschwindigkeitsgleichung berücksichtigt werden.

Statt daß nun die funktionellen Gruppen bei den Monomeren als solche vorliegen, mögen zum Beispiel die Carboxylgruppen bereits mit einwertigen, niedersiedenden Alkoholen oder umgekehrt die Hydroxylgruppen mit niedersiedenden Monocarbonsäuren verestert sein. Die Polykondensation ist dann eine Umesterung[1].

Säurechloride sind besonders günstig für Polyestersynthesen, vor allem wenn die Reaktionspartner Phenole sind. Ein besonderes Beispiel dafür ist die Herstellung von Polycarbonaten aus Phosgen und 4,4′-Bis-hydroxyphenyl-2,2-propan in alkalischer Lösung[2].

Ähnlich vielfältig sind die Möglichkeiten zur Synthese von *Polyamiden*. Die technische Polyamidbildung aus Diaminen und Dicarbonsäuren verläuft über die Bildung von Ammoniumsalzen aus beiden Komponenten, wobei aus den Salzen thermisch Wasser abgespalten wird.

Ferner erhält man Polyamide aus Diaminen und Estern flüchtiger Alkohole von Dicarbonsäuren[3], aus Diisocyanaten und Dicarbonsäuren:

$$n\ O=C=N-R-N=C=O + n\ HOOC-R'-COOH \longrightarrow$$
$$[-CO-NH-R-NH-CO-R'-]_n + n\ CO_2\,,$$

aus Diaminen und Dichloriden und noch anderen Umsetzungen[4].

[1] Allgemeine Übersicht bei WILFONG, R. E.: J. Polymer Sci. **54**, 385 (1961); SCHNELL, H.: Kunststoffe-Plastics **7**, 305 (1960).

[2] SCHNELL, H.: Angew. Chem. **68**, 633 (1956).

[3] Auch mit Phenylestern, s. SPECK, S. B.: J. Am. Chem. Soc. **74**, 2876 (1952).

[4] Siehe z. B. MARK, H., u. G. S. WHITBY: *Collected Papers by Wallace Hume Carothers.* New York: Interscience Publishers 1940.

Die in der Natur vorkommenden Polymere mit Amidbindungen, die *(Poly)peptide* und die *Proteine (Eiweißverbindungen)* haben als kleinste Hydrolyseprodukte die Aminosäuren. Man kann deshalb solche Peptide, zumindest im Prinzip, durch Polykondensation von entsprechenden Aminosäuren herstellen[1].

Polythioäther sind leicht durch Umsetzung von α,ω-Alkyldibromiden mit Na_2S oder Dinatrium-bismercaptan zu gewinnen[2]:

$$Br-R-Br + Na_2S + Br-R-Br + Na_2S + Br-R-Br \longrightarrow$$

$$Br-R-S-R-S-R-Br \quad \text{usw.}$$

Grundsätzlich können Polykondensationen infolge der Bildung von ringförmigen Molekülen bei niederen Molekulargewichten stehenbleiben. Solche oligomeren Ringe können wiederum manchmal im Polymerisationsgleichgewicht mit nichtcyclischen Polymeren von wesentlich höherem Molekulargewicht stehen.

Polyanhydride von Dicarbonsäuren zum Beispiel kann man nur erhalten, wenn letztere nicht bevorzugt innere Anhydride bilden. Aus diesem Grunde sind starre gestreckte Dicarbonsäuren, wie Terephthalsäure und ähnliche aromatische Säuren, für die Polymerbildung am geeignetsten.

Sehr interessant ist folgendes Beispiel der *Polyurethanbildung*[3]:

$$\underset{\displaystyle Cl-\overset{\textstyle O}{\overset{\|}{C}}-O-(CH_2)_5-\overset{\oplus}{N}H_3\overset{\ominus}{O}_3S-\langle\!\!\bigcirc\!\!\rangle-CH_3}{} \xrightarrow{K_2CO_3} \left[-\overset{\textstyle O}{\overset{\|}{C}}-O-(CH_2)_5-NH-\right]_n.$$

Der Verknüpfungsvorgang besteht hier also gleichzeitig im Entfernen einer Schutzgruppe der einen Funktion und in der eigentlichen Kondensation. Die Verwendung von Schutzgruppen ist eine bei Polykondensationen häufig geübte Maßnahme zur Verhinderung von spontanen und unerwünschten Reaktionen.

Die drei wichtigsten *Verfahrensweisen* zur Polykondensation ist die Umsetzung in der Schmelze, in Lösung und in Grenzflächen von Lösungen. Schmelzkondensationen erfordern in der Regel wegen der sich ergebenden hohen Viskositäten und der häufig hohen Schmelzpunkte der Polykondensate hohe Temperaturen, um die Abspaltungsprodukte abtreiben zu können. Dadurch treten natürlich auch Nebenreaktionen stark in Erscheinung. Monofunktionelle Verbindungen begrenzen das durchschnittliche Molekulargewicht und müssen entsprechend beachtet werden.

Bei der Umsetzung von entgegengesetzt bifunktionellen Monomeren (a—R—a + b—R—b, mit a und b als funktionelle Gruppen) miteinander ist zur Erzielung höhermolekularer Produkte strenge Äquivalenz notwen-

---

[1] Siehe S. 230.
[2] Siehe z. B. MARVEL, C. S., u. A. KOTCH: J. Am. Chem. Soc. **73**, 481 (1951).
[3] SCHAEFGEN, J. R., F. H. KOONTZ u. R. F. TIETZ: J. Polymer Sci. **40**, 377 (1959).

dig, wenn keine der beiden Monomerarten flüchtig ist. Läßt sich die eine Monomerart aber leicht entfernen, so ist die Möglichkeit gegeben, sie anfänglich im Überschuß zu verwenden und damit die Umsetzung zu beschleunigen.

In Lösung durchgeführte Polykondensationen können wesentlich milder verlaufen. Sie sind vor allem dann geeignet, wenn die Monomere spontan reagieren (hier ist langsame Zugabe der einen Monomerart zur anderen zweckmäßig) und wenn die Abspaltungsprodukte gasförmig entweichen oder durch Zugabe von Stoffen gebunden werden können[1]. Das Lösungsmittel kann auch an der Polykondensation beteiligt sein, wie im Beispiel der kompliziert ablaufenden Synthese von Poly(methylen-bis-(4-phenyl)harnstoff)[2] in Dimethylsulfoxid:

$$OCN-\langle\bigcirc\rangle-CH_2-\langle\bigcirc\rangle-NCO \; + \; \langle\bigcirc\rangle-CO_2H \; + \; CH_3\overset{O}{\uparrow}S-CH_3 \longrightarrow$$

$$\left[-HN-\langle\bigcirc\rangle-CH_2-\langle\bigcirc\rangle-NH-\overset{O}{\overset{\|}{C}}-\right]_n + \langle\bigcirc\rangle-CO_2-CH_2-S-CH_3 + CO_2$$

Jüngeren Datums ist die Polykondensation in Lösungs-Grenzflächen[3]. Diese ist zunächst für entgegengesetzt bifunktionelle Monomere geeignet, die getrennt in zwei sich nicht mischenden Lösungsmitteln gelöst sind. Beim Zusammengeben beider Lösungen findet in deren Grenzfläche die Kondensation statt. Dabei kann die eine Lösung auch durch starkes Rühren in der anderen dispergiert werden. Anwendungsformen für Monomere, die je eine der beiden Funktionen enthalten, wurden auch entwickelt[4]. Diese Methode ist durchaus vielseitig, milde, stellt keine extremen Reinheitsanforderungen und läßt die Herstellung von sehr hohen Molekulargewichten zu (mehrere Hunderttausend), weil die Äquivalenz der Reaktionspartner an der Lösungsgrenzfläche durch Diffusion aufrechterhalten wird. Das gleiche Prinzip wurde auch inzwischen an Flüssigkeits/Gasgrenzflächen angewendet, wobei rasch hydrolisierende Verbindungen, wie zum Beispiel Oxalylchlorid, zur Kondensation von Polyamiden herangezogen werden können[5].

In allen Fällen von Polykondensationen, bei denen die funktionellen Gruppen unabhängig von der augenblicklichen Länge der Moleküle, an

---

[1] Siehe z. B. MORGAN, P. W.: J. Polymer Sci. C 4, 1075 (1963).

[2] SORENSON, W. R.: J. Org. Chem. 24, 978 (1959).

[3] WITTBECKER, E. L., u. P. W. MORGAN: J. Polymer Sci. 40, 289 (1959); MORGAN, P. W., u. S. L. KWOLEK: 40, 299 (1959); für Polyamide: BEAMAN, R. G., P. W. MORGAN, C. R. KOLLER, E. L. WITTBECKER u. E. E. MAGAT: 40, 329 (1959); für Polyurethane: WITTBECKER, E. L., u. M. KATZ: 40, 367 (1959).

[4] SCHAEFGEN, J. R., F. H. KOONTZ u. R. F. TIETZ: J. Polymer Sci. 40, 377 (1959).

[5] SOKOLOV, L. B.: J. Polymer Sci. 58, 1253 (1962).

denen sie sich befinden, gleich reaktiv sind und bei denen keine Diffusions-
behinderung besteht, stellt sich die „wahrscheinlichste Molekulargewichtsverteilung" (das heißt die wahrscheinlichste Anordnung der Grundbausteine zu verschieden großen Molekülen bei einer bestimmten Zahl von
Endgruppen) ein. Eine solche Verteilung kann sich auch dann einstellen,
wenn fertige chemisch gleichartige Polymere einer beliebigen, jedoch zunächst nicht der wahrscheinlichsten Verteilung, miteinander reagieren. Es
werden dann an den Verknüpfungsstellen der Grundbausteine bei durchweg gleicher Reaktivität Kettensegmente ausgetauscht, zum Beispiel durch
Umesterung, Umätherung, Umamidierung usw.

Bei Monomeren mit je einer der beiden funktionellen Gruppen im Molekül (zum
Beispiel $HO—CH_2—COOH$) leitet sich die Funktion der wahrscheinlichsten Verteilung
wie folgt ab[1]: p sei der Bruchteil aller funktionellen Gruppen der einen oder der anderen
Art, der zu einem bestimmten Zeitpunkt Bindungen eingegangen ist, $1-p$ somit der
Bruchteil der noch freien Gruppen der gleichen Art. Diese Bruchteile drücken auch die
Wahrscheinlichkeiten aus, mit der eine bestimmte funktionelle Gruppe zu diesem Zeit-
punkt reagiert oder nicht reagiert hat.

Nun ist der Bruchteil n_x linearer Moleküle mit x Grundbausteinen (die demnach
$x-1$ gebundene funktionelle Gruppen jeder Art und eine noch freie enthalten) beziehungsweise die Wahrscheinlichkeit, mit der sie sich gebildet haben, gleich dem Produkt
der Einzelwahrscheinlichkeiten, das heißt

$$n_x = \frac{N_x}{N} = (1 - p)\,p^{x-1}$$

(N = Zahl aller Moleküle verschiedenster Größe und
N_x = Zahl aller Moleküle des Molekulargewichtes x).

Berücksichtigt man, daß $N = N_0\,(1-p)$ ist (N_0 = Gesamtzahl der Grundbausteine)
und multipliziert man mit dem jeweiligen Molekulargewicht x, so erhält man als Mole-
kulargewichts-Verteilungsfunktion w_x in erster Näherung (die Endgruppen bleiben
unberücksichtigt)

$$w_x = x \cdot N_x/N_0 = x\,(1 - p)^2\,p^{x-1}$$

w_x gibt also für einen bestimmten Umsatzgrad p den Gewichtsanteil der Moleküle des
Molekulargewichtes x an[2].

Die gleiche Beziehung gilt, wenn die funktionellen Gruppen äquivalent paarweise
auf die Monomere verteilt sind[3].

2.3　Polyadditionen

Wie bereits erwähnt, entspricht eine Polyaddition einerseits sehr den
Polykondensationsreaktionen, weil die Verknüpfungsreaktionen relativ unabhängig zwischen einzelnen funktionellen Gruppen der Monomere ablau-

---

[1] FLORY, P. J.: J. Am. Chem. Soc. **58**, 1877 (1936); Chem. Revs. **39**, 137 (1946).
Ausführliche Behandlung: FLORY, P. J.: *Principles of Polymer Chemistry*, p. 318. Ithaca,
New York: Cornell University Press 1953.

[2] Experimentelle Bestätigung an Nylon: TAYLOR, G. B.: J. Am. Chem. Soc. **69**, 638
(1947).

[3] Die Besprechung von Polykondensationen setzt sich S. 223 fort.

fen, andererseits treten aber keine Abspaltungsprodukte auf. Man sieht leicht ein, daß damit einige Vorteile verbunden sind, besonders wenn die funktionellen Gruppen gut reagieren.

Die ältesten und vielseitigsten Beispiele für Polyadditionen sind solche von Diisocyanaten mit Verbindungen, die reaktionsfähigen Wasserstoff enthalten[1]. Hydroxylgruppen setzen sich leicht quantitativ mit Isocyanat unter Bildung von Urethanen um; entsprechend verläuft die Bildung der *Polyurethane*:

$$n \ HO-R-OH + n \ O=C=N-R'-N=C=O \longrightarrow$$

$$\left[-O-R-O-\underset{\underset{O}{\|}}{C}-NH-R'-NH-\underset{\underset{O}{\|}}{C}- \right]_n$$

Analog erfolgt die Addition von Aminogruppen, wodurch sich *Polyharnstoffe* und *Polysemicarbazide* bilden können:

$$n \ H_2N-R-NH_2 + n \ O=C=N-R'-N=C=O \longrightarrow$$

$$\left[-NH-R-NH-\underset{\underset{O}{\|}}{C}-NH-R'-NH-\underset{\underset{O}{\|}}{C}- \right]_n$$

$$n \ H_2N-NH_2 + n \ O=C=N-R'-N=C=O \longrightarrow$$

$$\left[-HN-NH-\underset{\underset{O}{\|}}{C}-NH-R'-NH-\underset{\underset{O}{\|}}{C}- \right]_n$$

Beabsichtigt oder als Nebenreaktionen bilden sich vielfach noch Carbonamid-, Biuret-, Allophanat-, Isocyanurat- und andere Gruppierungen aus (mit Wasser tritt Zersetzung der Isocyanatgruppen unter CO_2-Abspaltung ein).

Die Isocyanat-Gruppen können auch in geschützter – „verkappter" – Form zur Anwendung kommen. Der Verknüpfungsreaktion geht dann die Freilegung der Isocyanat-Gruppen durch thermische Spaltung voraus. Man ist dadurch in der Lage, die Temperaturbereiche für bestimmte Umsetzung zu verlegen. Allerdings begibt man sich damit auch wieder gegenüber der Kondensation des Vorteils, keine Abspaltungsprodukte zu haben. Im Grunde nutzt man bei einer solchen Verkappung die Unterschiede in der thermischen Stabilität aus, die zwischen verschiedenartigen Verknüpfungen mit den Isocyanat-Gruppen bestehen.

Ein ganz anderer Typ von Polyaddition liegt in der Umsetzung von Dithiolen mit Diolefinen zu *Polythioäthern* vor[2,3]. Besonders interessant

---

[1] Siehe z. B.: BAYER, O.: Angew. Chem. 59, 257 (1947); MÜLLER, E., O. BAYER, S. PETERSEN, H.-F. PIEPENBRINK, F. SCHMIDT u. E. WEINBRENNER: Angew. Chem. 64, 523 (1952).
[2] MARVEL, C. S., u. P. H. ALDRICH: J. Am. Chem. Soc. 72, 1978 (1950).
[3] Polyadditionen werden von S. 247 an weiter besprochen.

dabei ist der Verknüpfungsmechanismus. Er stellt nämlich eine radikalische Kettenreaktion dar, wie am Beispiel der Polyaddition von Diallyl mit Hexandithiol zu sehen ist:

$$\text{R}^\bullet + \text{HS}-(\text{CH}_2)_6-\text{SH} \longrightarrow \text{RH} + {}^\bullet\text{S}-(\text{CH}_2)_6-\text{SH}$$

$$\text{I}$$

$$\text{I} + \text{CH}_2\text{=CH}-\text{CH}_2-\text{CH}_2-\text{CH=CH}_2 \longrightarrow$$

$$\text{HS}-(\text{CH}_2)_6-\text{S}-\text{CH}_2-\overset{\bullet}{\text{C}}\text{H}-\text{CH}_2-\text{CH}_2-\text{CH=CH}_2$$

$$\text{II}$$

$$\text{II} + \text{HS}-(\text{CH}_2)_6-\text{SH} \longrightarrow$$

$$\text{HS}-(\text{CH}_2)_6-\text{S}-\text{CH}_2-\text{CH}_2-\text{CH}_2-\text{CH}_2-\text{CH=CH}_2 + {}^\bullet\text{S}-(\text{CH}_2)_6-\text{SH}$$

$$\longrightarrow \text{HS}-(\text{CH}_2)_6-\text{S}-(\text{CH}_2)_4-\overset{\bullet}{\text{C}}\text{H}-\text{CH}_2-\text{S}-(\text{CH}_2)_6-\text{SH} \quad \text{usw.}[1]$$

---

[1] Siehe auch Polyaddition von Dithiolen an N,N-Bisäthylenurethanen: IWAKURA, Y., M. SAKAMOTO u. Y. AWATA: J. Polymer Sci. A 2, 881 (1964), und an N,N-Bisäthylenharnstoff: IWAKURA, Y., M. SAKAMOTO u. M. YONEYAMA: A-1, 4, 159 (1966).

3 Die Gewinnung von einheitlichen und regelmäßigen Polymeren

Nunmehr sollen die Polymersynthesen daraufhin untersucht werden, wie man im Sinne der in Kapitel 1 diskutierten Gesichtspunkte zu einheitlichen und regelmäßigen Polymeren gelangen kann. Faßt man ein bestimmtes Polymeres ins Auge, so kann man sich seine unmittelbare Synthese aus Monomeren vorstellen. Man kann sich aber auch in vielen Fällen denken, daß man von anderen einheitlichen Polymeren ausgeht und diese chemisch entsprechend umwandelt. Meistens wird man jedoch die gewünschten Polymere weder durch unmittelbare Synthese noch durch chemische Umwandlung anderer sofort in befriedigender Weise einheitlich erhalten. Es bleibt dann noch der Versuch, mit Hilfe von weiteren chemischen Reaktionen und vor allem von physikalischen Isolierungsmethoden zum Ziel zu gelangen. Diese Konzeption bestimmt im großen die Einteilung des nun begonnenen Kapitels: zunächst werden die unmittelbaren Synthesen aus niedermolekularen Verbindungen behandelt, dann die Polymerumwandlungen und schließlich die Aufarbeitungen von Polymeren. In den Einzelfällen läßt sich eine solche getrennte Behandlung allerdings häufig nicht durchführen. Das gilt vor allem für den Abschnitt über kombinierte Syntheseverfahren.

3A Unmittelbare Synthesen aus niedermolekularen Verbindungen

Über die Ausführung des jetzt folgenden Abschnittes sei zu Beginn einiges gesagt. Während die Polyreaktionen in der gleichen Reihenfolge wie in Kapitel 2 besprochen werden – hinzu kommen nun noch enzymatische Synthesen und kombinierte Verfahren –, bestimmt die Reihenfolge der Gesichtspunkte in Kapitel 1 im Grunde auch die Untersuchung der experimentellen Beispiele auf Einheitlichkeit. Es ist allerdings weder notwendig noch möglich, dabei allzu streng vorzugehen. Die Auswahl der Polymerbeispiele wurde dergestalt getroffen, daß viele Vergleichsmöglichkeiten zwischen den Synthesemethoden entstanden, auch wenn gelegentlich der Erfolg der einen oder anderen Synthese im Sinne des Themas nicht gerade groß war. Manche Beispiele sind für die Abrundung des Gesamtbildes oder wegen des Syntheseprinzips beziehungsweise der Synthesemethode interessant, obwohl auch dort vielleicht noch keine besonders hohe Einheitlichkeit erreicht wurde.

3A.1 Polymerisationen

3A.11 Radikalische Polymerisationen[1]

3A.111 Grundzüge

Durch radikalische Polymerisationen gelangt man nur schwer zu unverzweigten Polymeren. Die häufig große Reaktivität von Radikalen und die Vielzahl von Stoffen, die mit Radikalen leicht reagieren, führen sehr oft zu Kettenübertragungen und damit zu Verzweigungen der Polymere.

Strebt man nun möglichst vollkommene *Linearität* der Polymere an, so hat man zunächst die Reaktivität der Initiator- und Polymerradikale gegenüber den Monomeren, den Polymeren und gegebenenfalls dem Lösungsmittel zu beachten, ferner die Konzentrationen der Radikale, der Monomere und der Polymere.

Es ist leicht einzusehen, daß Übertragungsreaktionen auf Polymere selten stattfinden, solange die Umsätze klein bleiben, denn einer bestimmten Menge von Radikalen bieten sich dann durchweg viele Monomere und wenige Polymere an. Es sollte also bis zum Abbruch der Polymerisation die Konzentration der Monomere gegenüber der des Polymeren groß bleiben. (Die Molekulargewichte werden dabei durch die Initiatorkonzentration gesteuert[2].) Da die Übertragungsreaktionen im allgemeinen eine höhere Aktivierungsenergie haben als die Wachstumsschritte, begünstigen niedere Temperaturen die letzteren, denn Reaktionen mit höherer Aktivierungsenergie treten bei höheren Temperaturen stärker hervor[3]. Je mehr die Aktivierungsenergien sich *relativ* unterscheiden, desto besser sind die verschiedenen Reaktionen durch Änderung der Temperatur zu trennen. Wird die Polymerisation thermisch ausgelöst, so lassen sich lineare Polymere leichter gewinnen, als wenn Initiatoren zugesetzt werden, deren Radikale hochreaktiv sind, vor allem, wenn die Polymerradikale ihrerseits nicht sehr reaktiv sind[4].

Besonders hohe Aktivierungsenergien für Übertragungsreaktionen bestehen dann, wenn die Substituenten der Polymerketten sehr fest gebunden sind, wie das beim Polytetrafluoräthylen der Fall ist. Dieses Polymere dürfte deshalb überhaupt praktisch unverzweigt sein.

---

[1] Siehe Einführung S. 33 ff.

[2] Vgl. S. 37.

[3] Vgl. S. 32.

[4] HENRICI-OLIVÉ, G., u. S. OLIVÉ: Makromol. Chem. 27, 166 (1958). Beispiel: Polystyrol.

Die Ausführungsform einer radikalischen Polymerisation kann sich auf die Linearität zusätzlich auswirken. Das gilt zum Beispiel in gewissem Umfang für die Emulsionspolymerisation, solange pro Emulgator-Tröpfchen jeweils nur ein Polymerradikal im Wachsen begriffen ist. Auf diese Weise sind die Polymermoleküle voneinander isoliert und Übertragungsreaktionen weitgehend unterdrückt.

Selbstverständlich ist die Natur der Monomere sehr wichtig. Solche mit mindestens zwei isolierten Doppelbindungen zum Beispiel führen fast stets zu Verzweigungen und Vernetzungen bei der Polymerisation. Sonderfälle sind manche zweifach ungesättigten Monomere, die eine alternierende Verknüpfung und Cyclisierung eingehen (*„Cyclopolymerisation"*). Bei diesen polymerisieren beide Doppelbindungen auf verschiedene Weise hintereinander in die gleiche Polymerkette ein, wodurch die Gesamtstruktur linear wird[1]. Cyclopolymerisationen sind besonders gut bei 1,6-Heptadienen zu beobachten[2,3]. Im gleichen Augenblick, in dem – wie hier – zwei unterschiedliche Reaktionsschritte bei unterschiedlichen Aktivierungsenergien nebeneinander erwünscht sind, läßt sich nicht mehr ohne weiteres sagen, daß tiefe Temperatur für die Linearität günstiger sei. Die optimalen Bedingungen stellen dann Kompromisse je nach den möglichen Konkurrenzreaktionen dar.

Die Frage *einheitlicher Endgruppen* hängt mit der Art der Polymerisationsauslösung und des Kettenabbruchs zusammen. Für Kettenstart mit Initiatoren ist es der Normalfall, daß sich die Initiatorradikale mit dem Polymeren fest verbinden. Bei reinem Kombinationsabbruch hat man dann tatsächlich zwei Initiator-Reste pro Molekül, bei reinem Disproportionierungsabbruch nur einen und dafür auch je eine endständige Doppelbindung. Beide Abbrucharten verschieben sich in ihrer Bedeutung mit der Temperatur.

Es ist dann weiter zu beachten, inwieweit die Initiatorradikale einheitlich sind. Dibenzoylperoxid und kernhalogenierte Derivate davon zum Beispiel können als Benzoyl- und als Phenylradikale Polymerisationen auslösen, wobei das Verhältnis beider wieder temperaturabhängig ist[4]. Schließlich sind noch die Bindungsfestigkeiten der Initiatorradikale mit den Polymeren unterschiedlich und natürlich ebenfalls temperaturabhängig. So sind die Radikale des p-Brombenzoylperoxids an Polystyrol fester als an

---

[1] Siehe S. 78.

[2] BUTLER, G. B.: J. Polymer Sci. **48**, 279 (1960); BUTLER, G. B., u. M. A. RAYMOND: A 3, 3413 (1965); MINOURA, Y., u. M. MITOH: A 3, 2149 (1965).

[3] MARVEL, C. S.: J. Polymer Sci. **48**, 101 (1960). Cyclopolymerisation erfolgt auch bei ionischen Polymerisationsmechanismen. Diese Arbeit gibt einen Überblick. Dabei werden iso- und heterocyclische Ringe mit Sauerstoff, Stickstoff, Phosphor, Silicium und Zinn besprochen.

[4] Siehe z. B. KERN, W., K. KOSSMANN u. M. RUGENSTEIN: Makromol. Chem. **14**, 122 (1954).

Polyvinylacetat und am schwächsten an Polyacrylnitril gebunden, weshalb sie in der Wärme bei letzterem abgespalten werden. Bei thermisch oder durch Strahlung initiierter Polymerisation kann eine Vielzahl von Initiatorradikalen vorliegen, aufgrund dessen mit solchen Methoden kaum Einheitlichkeit der Endgruppen erreicht werden mag. – Ganz allgemein wirken sich Verunreinigungen gerade auf die Endgruppen aus.

Die bisherigen Ausführungen über Linearität und Endgruppen gelten für Homopolymere und für Copolymere[1]. Die Aufmerksamkeit sei bei den Copolymeren nun aber auf die *Sequenz der Grundbausteine* gerichtet. Von Bedeutung ist vor allem die einfache (1:1)-*Alternierung* zweier Comonomere A und B unter Bildung des Copolymeren ···—A—B—A—B—A—B—··· Man kann sogar von einer gewissen Tendenz zur Alternierung bei der Copolymerisation sprechen. Diese Tendenz wurde der Resonanzstabilisierung des Komplexes aus Polymerradikal und angelagertem Monomeren im Übergangszustand eines Wachstumsschrittes zugeschrieben[2]. Molekül-Orbital-Berechnungen der Stabilisierungsenergien für Styrol/Maleinsäureanhydrid, Vinylchlorid/Maleinsäureanhydrid und Styrol/Fumaronitril ergaben gute Hinweise auf die Neigung zur Alternierung[3,4].

Man kann unabhängig vom Mechanismus des Vorgangs eine derartige Alternierung kinetisch erklären und aus der Copolymerisationsgleichung[5] ableiten. Ist nämlich die Neigung des zweiten der beiden Comonomeren M_2 zur Homopolymerisation sehr gering, so ist der Copolymerisationsparameter r_2 von Null nicht mehr sehr verschieden und man darf schreiben

$$\frac{M_1}{M_2} = 1 + r_1 \frac{[M_1]}{[M_2]}$$

Hält man nun eine große Konzentration $[M_2]$ gegenüber einer kleinen Konzentration $[M_1]$ aufrecht, so wird praktisch $M_1/M_2 = 1$ sein, das heißt beide Monomere liegen im Copolymerisat in gleicher Zahl vor. Wegen der schlechten Homopolymerisation des M_2 bedeutet dies aber ferner (1:1)-Alternierung der Grundbausteine.

Zeigen *beide* Comonomere schlechte Neigung zur Homopolymerisation, dagegen gute zur Copolymerisation ($r_1 \cdot r_2 \ll 1$), so werden beide Glieder mit den Copolymerisationsparametern praktisch Null. Man erhält nach

---

[1] Bei Butadien/Styrol-Copolymerisaten sollen z. B. keine Verzweigungen mehr vorkommen, wenn die Polymerisationstemperaturen unterhalb 15 °C liegen: Cragg, L. H., u. G. R. H. Fern: J. Polymer Sci. **10**, 185 (1953), die viskosimetrische Bestimmungen des Verzweigungsgrades vornahmen.

[2] Walling, C., E. R. Briggs, K. B. Wolfstirn u. F. R. Mayo: J. Am. Chem. Soc. **70**, 1537 (1948); Walling, C., D. Seymour u. K. B. Wolfstirn: J. Am. Chem. Soc. **70**, 1544 (1948).

[3] Hayashi, K., T. Yonezawa, C. Nagata, S. Okamura u. K. Fukui: J. Polymer Sci. **20**, 537 (1956).

[4] Siehe auch Levinson, G. S.: J. Polymer Sci. **60**, 43 (1962).

[5] Siehe S. 35.

Kürzungen wieder $M_1/M_2 = 1$, das heißt, es findet Alternierung der Comonomere sogar für annähernd beliebige Monomerkonzentrationen statt.

Bei der Berechnung der Copolymerisationsparameter wird der letzte Grundbaustein eines Polymerradikals gewertet[1]. Interessant ist nun der Versuch, nicht nur die Einwirkung der jeweils letzten Grundbausteine auf die Wachstumsschritte, sondern auch die von weiter zurückliegenden zu berücksichtigen, besonders im Zusammenhang mit eingenommenen Konformationen, und dabei einfache und kompliziertere Regelmäßigkeiten in der Sequenz der Grundbausteine zu erfassen[2].

Wie an sich zu erwarten, sind die mittleren Polymerisationswärmen bei der alternierenden Copolymerisation bedeutend größer als die der zugehörigen beiden Homopolymerisationen[3].

Nach dieser Betrachtungsweise wären die besonderen Reaktivitäten der Comonomere verantwortlich für die Alternierung[4,5]. Eine andere Vorstellung geht aber davon aus, daß die Monomere bereits paarweise Komplexe bilden, die dann sozusagen eine Homopolymerisation eingehen. Tatsächlich sind solche Komplexe bekannt, wie zum Beispiel der gefärbte, in Lösung hoch-dissoziierte Komplex von Styrol mit Maleinsäureanhydrid. Allerdings müßte dann die Zusammensetzung der Copolymerisate von der Monomerkonzentration abhängig sein, was dort nicht der Fall ist[6].

Überzeugender wird diese Annahme jedoch bei den alternierenden Copolymerisationen von Olefinen mit Schwefeldioxid[7] und mit Kohlenmonoxid diskutiert[8].

In der *Positionsfolge* ist bei der Homopolymerisation von Vinylverbindungen eindeutig die Kopf-Schwanz-Anlagerung bevorzugt[9]. Dieser

---

[1] Siehe S. 36.

[2] HAM, G. E.: J. Polymer Sci. **45**, 169, 177, 183 (1960); **54**, 1 (1961).

[3] JOSHI, R. M.: Makromol. Chem. **66**, 114 (1963).

[4] Siehe auch das kinetische Konzept von WALLING, C.: J. Polymer Sci. **16**, 315 (1955).

[5] Vgl. alternierende Copolymerisation von Tetrafluoräthylen mit Isobuten bei —78 °C und —45 °C, ausgelöst durch γ-Strahlen: TABATA, Y., K. ISHIGURE u. K. OSHIMA: Makromol. Chem. **85**, 91 (1965).

[6] MAYO, F. R., u. C. WALLING: Chem. Revs. **46**, 191—287 (1950), zusammenfassende Darstellung über Copolymerisation.

[7] Siehe S. 83.

[8] Siehe zusammenfassende Darlegung über Copolymerisation mit Kohlenmonoxid in HOUBEN-WEYL: *Methoden der organischen Chemie*, 4. Aufl., Bd. 14/1, S. 1154ff. Stuttgart: G. Thieme Verlag 1961. Als neuere Arbeit über strahleninduzierte Copolymerisation von Äthylen mit CO: COLOMBO, P., L. E. KUKACKA, J. FONTANA, R. N. CHAPMAN u. M. STEINBERG: J. Polymer Sci. A-1, **4**, 29 (1966).

[9] Nach neueren Messungen (Kernmagnetische Resonanz) sind aber auch in manchen radikalisch hergestellten Polymeren von Vinylverbindungen beträchtliche Kopf-Kopf-Verknüpfungen vorhanden z. B. bei Polyvinylidenfluorid im Ausmaß von 8—10%, s. NAYLOR JR., R. E., u. S. W. LASOSKI JR.: J. Polymer Sci. **44**, 1 (1960).

Tatbestand wurde zunächst qualitativ aufgrund besserer Resonanz-Stabilisierung der Polymerradikale durch die Substituenten in dieser Position und mit Hinweis auf sterische Gegebenheiten erklärt[1].

Japanische Autoren berechneten die Stabilisierungsenergien für die π-Bindung zwischen einem Monomeren und einem Radikal im Übergangszustand für die vier möglichen Verknüpfungen[2]. Danach wird bei Schwanz-Schwanz-Addition die größte Stabilisierungsenergie erhalten. Die nächst größte ist mit einer Kopf-Schwanz-Addition verbunden, während Kopf-Kopf- und Schwanz-Kopf-Additionen geringere ergeben und damit weniger wahrscheinlich sind. Nun kann auf eine Schwanz-Schwanz-Addition, die danach an sich die wahrscheinlichste ist, nicht gleich wieder dieselbe Verknüpfung folgen, denn das Polymerradikal endet zunächst ja auf Kopf. Der nächstwahrscheinliche Schritt ist die Kopf-Schwanz-Addition, die sich dann fortsetzt. Auf ähnliche Weise münden die beiden anderen Verknüpfungen, falls sie stattgefunden haben sollten, ebenfalls in die Kopf-Schwanz-Addition.

Findet bei einer Polymerisation eine streng einheitliche Kopf-Schwanz-Addition statt, so entsteht bei Abbruch durch Kombination von Polymerradikalen trotzdem eine Kopf-Kopf-Verknüpfung und von den Kettenenden her bis zu dieser „Nahtstelle" je eine gegenläufige Positionsfolge.

Betrachten wir nun die *Konfigurationen*, die sich bei radikalisch polymerisierten Vinylverbindungen ergeben. Die ursprüngliche Meinung, daß völlig unregelmäßige Konfigurationen die Regel seien, mußte inzwischen revidiert werden. Allerdings sind normalerweise bestimmte Monomeranordnung erzwingende Kräfte nur schwach ausgebildet. Die Polymerradikale wachsen meist annähernd frei. Energiereiche Zwischenstufen, wie Kohlenstoffradikale (sowie Carboniumionen und in einigen Fällen auch Carbanionen), halten zum Beispiel eine bestimmte Asymmetrie nicht aufrecht, solange sie frei, also weitgehend unbeeinflußt sind, sondern gehen ständig von einer in die andere Konfiguration über[3].

Festgelegt wird die Mikrostruktur eines Grundbausteins erst mit der Anknüpfung des nächsten. Die dabei möglichen Wachstumsschritte unterscheiden sich aber auch hier wenigstens etwas in ihren Aktivierungsenergien. Da diese Reaktionen bimolekular sind, werden ihre Aktivierungsenergien sowohl durch den Energieinhalt des Polymerradikals als auch durch den des

[1] FLORY, P. J.: J. Polymer Sci. **2**, 36 (1947).

[2] HAYASHI, K., T. YONEZAWA, C. NAGATA, S. OKAMURA u. K. FUKUI: J. Polymer Sci. **20**, 537 (1956); Molekül-Orbital-Berechnungen, ausgeführt für Butadien, Styrol, Acrylnitril und Vinylchlorid.

[3] LEFFLER, J. E.: *The Reactive Intermediates of Organic Chemistry*. New York-London: Taterscience Publ. Inc. 1956.

Monomeren beeinflußt. So haben Monomere, die cis-trans-isomer sind, – wie schon länger bekannt ist – unterschiedliche Aktivierungsenergien, wenn sie mit anderen Monomeren copolymerisieren[1,2].

Dasselbe gilt für Monomere, die mesomere oder tautomere Formen aufweisen. Das Polymere – andererseits – kann an seinem Radikal-Ende den gleichen Isomerien unterliegen. Schließlich betrifft dies auch Verknüpfungen von Polymerradikalen, die asymmetrische Zentren haben – gleichgültig, ob diese sich in optischer Aktivität bemerkbar machen oder nicht – mit Monomeren, die zur Ausbildung ebensolcher Zentren führen.

Die daraus resultierenden Aktivierungsenergien der verschiedenen möglichen Wachstumsschritte werden sich also unterscheiden und diese Wachstumschritte werden in Abhängigkeit von der Temperatur unterschiedlich häufig stattfinden.

Es folgt aus kernresonanzspektroskopischen Untersuchungen, daß zum Beispiel bei Methylmethacrylat und bei Trifluorchloräthylen die syndiotaktische gegenüber der isotaktischen Anlagerung bevorzugt ist[3]. Bei Polymethylmethacrylat drückt sich das in einer größeren Aktivierungsenthalpie, bei Polytrifluorchloräthylen in einer größeren (negativen) Aktivierungsentropie, in beiden Fällen also in einer größeren Aktivierungs*energie* des isotaktischen Schrittes aus.

Dies wird um so bedeutungsvoller, je größer und polarer die Substituenten sind[4]. Die geringere Aktivierungsenergie eines syndiotaktischen Schrittes wurde auch theoretisch für einige Polymere abgeleitet, wobei analog der Copolymerisation sterische und elektrostatische gegenseitige Beeinflussungen der Kettenglieder berücksichtigt wurden[5,6], während die Eigenschaften der Umgebung des Polymeren und dessen Polymerisationsgrad wahrscheinlich keine Rolle spielen[7]. Im allgemeinen betragen diese Differenzen der Aktivierungsenergien 0,5 bis 2 kcal/Mol (bei Polymethylmethacrylat $0,775 \pm 0,075$ kcal/Mol[8]).

---

[1] Lewis, F. M., u. F. R. Mayo: J. Am. Chem. Soc. **70**, 1533 (1948).

[2] Bevington, J. C., u. C. S. Brooks: Makromol. Chem. **28**, 173 (1958).

[3] Tiers, G. V. D., u. F. A. Bovey: J. Polymer Sci. A **1**, 833 (1963).

[4] Allerdings sollte man darin keine feste Regel sehen. So konnte von Menthylmethacrylat kein syndiotaktisches Polymeres erhalten werden: Sobue, H., K. Matsuzaki u. S. Nakano: J. Polymer Sci. A **2**, 3339 (1964).

[5] Fordham, J. W. L.: J. Polymer Sci. **39**, 321 (1959). Sterisch regelmäßige Polymerisation an frei wachsenden Polymeren.

[6] Ferstandig, L. L., u. F. C. Goodrich: J. Polymer Sci. **43**, 373 (1960). Am Beispiel des Polypropylens wird für radikalische und kationische (Kopf-Schwanz)-Addition der syndiotaktische, für anionische (Schwanz-Kopf)-Addition der isotaktische Wachstumsschritt als bevorzugt erwartet.

[7] Fox, T. G., u. H. W. Schnecko: Polymer **3**, 575 (1962).

[8] Bovey, F. A.: J. Polymer Sci. **46**, 59 (1960). Kernresonanzmessungen an Polymethylmethacrylat.

Will man die Unterschiede der Aktivierungsenergien berechnen, so ist zu beachten, ob am Ende des Polymerradikals nicht auch verschiedene stabile und metastabile Zustände möglich sind. Bei schnellen Polymerisationen mögen metastabile Zustände bis zur nächsten Verknüpfung erhalten bleiben, vor allem, wenn die Energiebarrieren zu stabileren Zuständen größer sind als die Aktivierungsenergien zur nächsten Verknüpfung. Für die Stereochemie der Verknüpfung ist dann allein die Art der Annäherung des Monomeren von Bedeutung. Die Aktivierungsenergie ist wiederum davon in ihrer Größe abhängig, welche Verschiebungen der Elektronenzustände – so einer Änderung der sp^3-Hybridisierung des Radikals – im Übergangszustand der Polymer/Monomer-Verknüpfung stattfinden[1].

Die geringere Aktivierungsenergie bedeutet wieder, daß die festgestellte Bevorzugung der syndiotaktischen Verknüpfung mit sinkender Polymerisationstemperatur noch größer wird, vorausgesetzt, daß nicht neue Bedingungen auftreten, die Einfluß auf die Aktivierungsenergien haben.

In diesem Sinne ist es auch gelungen, eine Reihe von Polymeren bei tiefen Temperaturen derart weitgehend sterisch regelmäßig herzustellen, daß sie kristallisieren (zum Beispiel Polymethylmethacrylat, Polyvinylformiat, Polyvinylchlorid und andere).

Man kann das Entstehen der sterischen Konfigurationen im Sinne einer Copolymerisation behandeln. Vorausgesetzt wird hier, daß die Neigung einer wachsenden Kette, das nächste Vinylmonomere in einem isotaktischen Schritt (d auf d oder l auf l) oder einem syndiotaktischen (d auf l oder l auf d) anzulagern, nur durch die Stereochemie (dd oder dl beziehungsweise ll oder ld) des letzten Kettengliedes beeinflußt wird[2]. Man hat dann zwei Typen von Polymerenden und vier mögliche nächste Reaktionsschritte, ganz analog der Copolymerisation zweier Monomere:

$$-M_i^\cdot(\text{dd oder ll}) + M \xrightarrow{k_{ii}} --M_i^\cdot(\text{ddd oder lll}) \qquad (1)$$

$$-M_i^\cdot(\text{dd oder ll}) + M \xrightarrow{k_{is}} --M_s^\cdot(\text{ddl oder lld}) \qquad (2)$$

$$-M_s^\cdot(\text{dl oder ld}) + M \xrightarrow{k_{ss}} --M_s^\cdot(\text{dld oder ldl}) \qquad (3)$$

$$-M_s^\cdot(\text{dl oder ld}) + M \xrightarrow{k_{si}} --M_i^\cdot(\text{dll oder ldd}) \qquad (4)$$

Gleichung (1) ergibt isotaktische Einheiten I, Gleichung (3) syndiotaktische Einheiten S, und die beiden Gleichungen (2) und (4) beschreiben die Bildung heterotaktischer Einheiten H, wobei alle Einheiten aus drei Grundbausteinen bestehen.

---

[1] Siehe BAWN, C. E. H., W. H. JANES u. A. M. NORTH: J. Polymer Sci. C 4, 427 (1963).

[2] WALLING, C., u. D. D. TANNER: J. Polymer Sci. A 1, 2271 (1963).

Führt man auch hier die Verhältnisse der Geschwindigkeitskonstanten ein:

$$\frac{k_{ii}}{k_{is}} = r_i \qquad \frac{k_{ss}}{k_{si}} = r_s$$

so kann man für den Bereich des sonst unbeeinflußten Kettenwachstums im stationären Zustand (Zahl der entstehenden Radikale = Zahl der verschwindenden[1]) die Bruchteile i, s und h der Einheiten I, S und H im gesamten Polymeren in folgenden Beziehungen finden:

$$\frac{s}{i} = \frac{r_s}{r_i}, \quad \frac{h}{i} = \frac{2}{r_i}, \quad i + s + h = 1$$

Es läßt sich nun noch der Spezialfall annehmen, daß die Bindung des letzten Grundbausteins zum vorletzten keinen Einfluß auf die nun zu knüpfende Bindung des folgenden Wachstumsschrittes hat, das heißt $k_{ii} = k_{si}$ und $k_{ss} = k_{is}$.

Damit wird

$$r_s = \frac{1}{r_i} \quad \text{und} \quad \frac{s}{i} = r_s^2, \quad \frac{h}{i} = 2\,r_s, \quad i^{1/2} + s^{1/2} = 1$$

Die Anteile i, s und h der taktischen Einheiten I, S und H lassen sich durch Messung der kernmagnetischen Resonanz angeben[2]. Sie beschreiben die Taktizität eines Polymeren. Man hat dadurch die Möglichkeit, die Mikrostruktur eines Polymeren zu kennzeichnen, obwohl man von einer Einheitlichkeit darin unter Umständen noch weit entfernt ist[3].

Da man ferner auf diese Weise die Parameter r_i und r_s ermitteln kann, hat man auch eine Möglichkeit zur Berechnung der Unterschiede in den Aktivierungsenergien der verschiedenen Wachstumsschritte, zum Beispiel[4]:

$$r_i = \frac{k_{ii}}{k_{is}} = \exp\{-(E_{ii} - E_{is})/RT\}$$

Exakte *iso*taktische Anlagerungen von Monomeren können nun als ddd...- oder lll... -Sequenzen erscheinen. Jeder Übergang von der einen zur anderen bedeutet einen syndiotaktischen Schritt, der bei strenger stereospezifischer Polymerisation nicht stattfindet. Welche Sequenzen also auftreten, hängt dann vom ersten Wachstumsschritt ab. Ist der Initiator von symmetrischer Struktur, so kann er keinen Einfluß auf die erste isotaktische Verknüpfung ausüben. Damit starten ddd... -Ketten und lll... -Ketten mit gleicher Wahrscheinlichkeit. Ist der Initiator aber selbst asymmetrisch,

---

[1] Vgl. S. 36.

[2] BOVEY, F. A., u. G. V. D. TIERS: J. Polymer Sci. **44**, 173 (1960).

[3] MILLER, R. L., u. L. E. NIELSEN: J. Polymer Sci. **46**, 303 (1960); mit Theorie zur Charakterisierung der Mikrostruktur von Polymeren.

[4] Siehe S. 31, bezüglich des Zusammenhangs zwischen Geschwindigkeitskonstanten einer Reaktion und ihrer Aktivierungsenergie. Das Verhältnis der Häufigkeitsfaktoren kann hier gleich 1 gesetzt werden.

so mag er gelegentlich einen dirigierenden Einfluß auf die Konfiguration des ersten Grundbausteins ausüben. Man kann nun aber nicht erwarten, daß sich solche Einflüsse bei einer freien radikalischen Polymerisation wirklich bemerkbar machen, denn hier gibt es bisher kein Beispiel einer strengen stereospezifischen Verknüpfung.

Die Situation wird aber wesentlich anders, wenn sich auf jeden Wachstumsschritt der gleiche dirigierende Einfluß eines unveränderlichen Asymmetriezentrums im vorhergehenden Kettenglied auswirkt. Dieser Fall ist bei der Copolymerisation von optisch aktivem l-α-Methylbenzyl-methacrylat[1] oder -vinyläther[2] mit Maleinsäureanhydrid gegeben. Bei alternierender Folge der Grundbausteine sieht dies wie folgt aus:

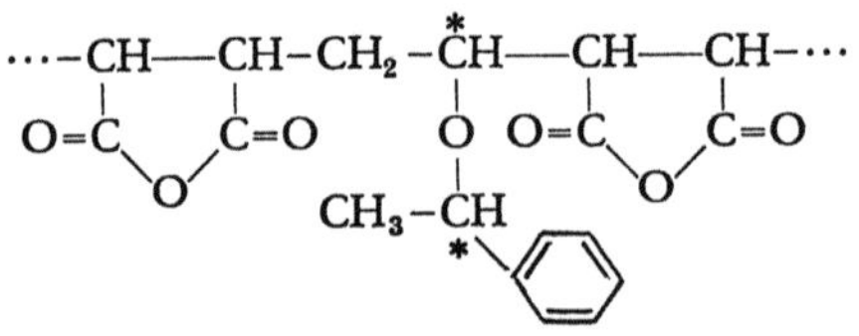

$$\cdots-CH-CH-CH_2-\overset{*}{C}H-CH-CH-\cdots$$

* Asymmetriezentrum

(Durch die Copolymerisation entstehen echte asymmetrische Kohlenstoffatome auch in der Hauptkette, was bei einer Homopolymerisation des Vinyläthers beziehungsweise des Methacrylates nicht der Fall wäre.) Bei wenigstens überwiegender isotaktischer ddd- oder lll-Verknüpfung müßten deshalb diese Kohlenstoffatome optische Aktivität ergeben. Nun sind diese Polymere in der Tat schon deshalb optisch aktiv, weil sie entsprechende Seitenketten enthalten. Es ist aber gelungen, diese Seitenketten vollständig abzuspalten. Interessanterweise zeigten die erhaltenen Polymere danach noch starke optische Aktivität (im entgegengesetzten Drehungssinn), die auf die Hauptkettenatome bezogen werden muß. Das besagt also, daß die einheitlichen Asymmetriezentren in den Seitenketten der betreffenden Monomere bei der Polymerisation einen dirigierenden gleichgerichteten Einfluß auf die spezielle isotaktische Verknüpfung (d oder l) ausgeübt haben.

Bisher wurde angenommen, daß die Polymerradikale frei wachsen, daß also außer durch das hinzutretende Monomere keine nennenswerten Kräfte „von außen" auf sie wirken. Nun gibt es aber auch andere Fälle. So ist es interessant, daß in Gegenwart einiger Aldehyde bei der Polymerisation von Vinylchlorid[3] und Acrylnitril[4] selbst bei 50 °C kristalline, wahrscheinlich syndiotaktische Polymere erhalten werden. Dies ist zur Zeit nur zu verstehen, wenn man einen unmittelbaren Einfluß des Aldehyds am Radikal-Ende, eventuell durch Assoziation annimmt.

---

[1] BEREDJICK, N., u. C. SCHUERCH: J. Am. Chem. Soc. **80**, 1933 (1958).
[2] SCHMITT, G. J., u. C. SCHUERCH: J. Polymer Sci. **45**, 313 (1960).
[3] Siehe S. 81.
[4] ROSEN, I., u. P. H. BURLEIGH: J. Polymer Sci. **62**, S 160 (1962); 10% Umsatz, Azodiisobutyronitril als Initiator.

Bei Polymerisationen im Verband des kristallisierten monomeren Methylmethacrylats (Initiierung durch Bestrahlung) entsteht bei sehr tiefen Temperaturen unerwartet das isotaktische Polymere. Hier muß also das Kristallgitter des Monomeren Bedingungen schaffen, durch die die Aktivierungsenergie der zum isotaktischen Polymeren führenden Reaktion geringer als die der syndiotaktischen Verknüpfung geworden ist.

Ebenfalls durch Strahlung (Elektronen-, γ- und Röntgenstrahlen) initiierte Polymerisation von Monomeren in Kanaleinschlußverbindungen, sogenannte Kanalpolymerisationen, sollen noch erwähnt werden[1-3]. Diese Kanaleinschlußverbindungen entstehen, wenn die Monomere – wie auch verschiedene Lösungsmittel – mit feinstgepulvertem Harnstoff oder Thioharnstoff (in Gegenwart von etwas Methanol) geschüttelt werden. Es tritt dabei eine Strukturänderung des Harnstoffs und des Thioharnstoffs ein, indem sich röhrenförmige Kanäle ausbilden, in die die Monomere eingelagert sind (Abb. 17).

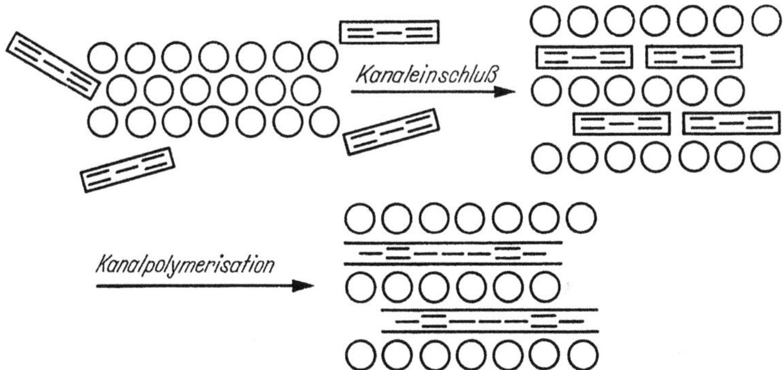

Abb. 17. Kanalpolymerisation, schematisch[1]

Eine beschränkte Zahl von Monomeren, so 2,3-Dimethylbutadien, 2,3-Dichlorbutadien, 1,3-Cyclohexadien und Vinylidenchlorid (mit guten Ausbeuten kristalliner Polymere), Cyclopentadien, Cyclohexadien-monoxid, 2-Chlorpropen, 2-Brompropen und Isobutylen (mit schlechten Ausbeuten), konnte in Thioharnstoff eingelagert und polymerisiert werden, wobei Temperaturen zwischen —78 und + 30 °C gleiche Ergebnisse lieferten. In Harnstoff gelang die Polymerisation mit 1,3-Butadien, Acrylnitril,

---

[1] CLASEN, H., Z. Elektrochem. **60**, 982 (1956).

[2] BROWN JR., J. F., u. D. M. WHITE: J. Am. Chem. Soc. **82**, 5671 (1960); WHITE, D. M.: **82**, 5678 (1960).

[3] GLAVATI, O. L., u. L. S. POLAK: Neftekhimiya 2, 318 (1962) bzw. (in Englisch) Petroleum Chem. **2**, 201 (1963); zur Theorie: TEMKIN, A. YA.: Neftekhimiya 2, 324 (1962) bzw. (in Englisch) Petroleum Chem. **2**, 210 (1963).

Vinylchlorid, Acrolein und einigen anderen Monomeren bei tiefen Temperaturen. Die hexagonalen Kanäle haben bestimmte Dimensionen, in die sich nur Monomere geeigneter Größe einlagern[1]. Die Einschränkung des Raumes zwingt dabei zu einer besonderen, regelmäßigen Anordnung der Monomere, die sich auf das Polymere auswirkt und regelmäßige Mikrostrukturen ergibt.

So wurden zum Beispiel in Thioharnstoff trans-1,4-Poly-2,3-dimethylbutadien von Smp. 267—272 °C[2], kristallines trans-1,4-Poly-2,3-dichlorbutadien und trans-1,4-Poly-cyclohexadien-1,3 erhalten. Der Thioharnstoff bildet also eine Art *Matrize* für die betreffenden Polymere.

Wie steht es nun mit der Erzielung *einheitlicher Molekulargewichte?*

Liegt eine Polymerisation mit reinem Kombinationsabbruch[3] und ohne Übertragungsreaktionen vor und ist man im stationären Bereich der Polymerisation, also bei nicht zu hohen Umsätzen und Viskositäten, so bietet sich die Möglichkeit, durch ständiges Nachschleusen von Monomerem oder Initiator das im Polymerisationsgefäß befindliche Gemisch der beiden im konstanten Konzentrations-Verhältnis zu halten[4,5]. Da der durchschnittliche Polymerisationsgrad dann konstant bleibt, ist gleichzeitig für eine Verengung der Molekulargewichtsverteilung gesorgt, es sind aber damit nicht alle Ursachen der Uneinheitlichkeit im Molekulargewicht beseitigt.

In der Regel ist die Initiierungsgeschwindigkeit wesentlich kleiner als die Wachstumsgeschwindigkeit, weil ihre Aktivierungsenergie wesentlich größer ist. Bei strahlenchemischem Kettenstart kann man aber bei tiefen Temperaturen arbeiten und dadurch die Wachstumsgeschwindigkeit sowohl absolut als auch im Verhältnis zur Startgeschwindigkeit sehr verringern sowie Übertragungsreaktionen einschränken.

Praktisch werden dann die Polymerketten gleichzeitig gestartet. Gelingt es noch, die Kettenreaktionen kontrolliert und gleichzeitig abzubrechen, so hat man die Möglichkeit, im Molekulargewicht einheitliche Polymere herzustellen.

Ein solcher Fall des gleichzeitigen Starts und kontrollierten, gleichzeitigen Kettenabbruchs wurde bei der Emulsionspolymerisation zu realisieren versucht.

---

[1] SCHLENK JR., W.: Ann. **573**, 142 (1951).

[2] Dasselbe mit Ziegler-Katalys. Siehe YEN, T. F.: J. Polymer Sci. **38**, 272 (1959).

[3] $\dfrac{\overline{P}_w}{\overline{P}_n}$ hat dann den Betrag 1,5. Bei reinem Disproportionierungsabbruch gilt $\dfrac{\overline{P}_w}{\overline{P}_n} = 2{,}0$, siehe SCHULZ, G. V., G. HENRICI-OLIVÉ u. S. OLIVÉ: Z. physik. Chemie (Frankfurt) **27**, 1 (1961).

[4] Siehe S. 37. Selbstverständlich müssen auch die dort noch genannten Voraussetzungen erfüllt sein.

[5] HOFFMAN, R. F., S. SCHREIBER u. G. ROSEN: Ind. Eng. Chem. **56**, 51 (1964); Verengung der Molekulargewichtsverteilung durch „Batch"-Polymerisation.

Die am Beispiel des Styrols wiedergegebene Methode soll nach Meinung der Autoren auf viele andere Monomere anwendbar sein[1]: Styrol und Azodiisobutyronitril wird in eine wäßrige Emulgatorlösung von niederer Temperatur gegeben. Durch kurzzeitige Belichtung (UV) wird der Initiator teilweise in Radikale gespalten. Diese diffundieren in die Emulgatormicellen, die das Styrol enthalten. Dort kommt jeweils eine Polymerkette pro Micelle zum Wachstum[2]. Da in der Dunkelperiode keine neuen Initiator-Radikale entstehen, die Polymerradikale aber durch die Micellen voneinander getrennt gehalten werden, findet kein Kettenabbruch statt. Erst mit einer neuen kurzen Belichtung werden neue Initiator-Radikale erzeugt, die in die Micellen diffundieren, die Polymerketten abbrechen und jeweils wieder – falls sie in der Menge dazu ausreichen – eine einzige Kette pro Micelle starten. Wenn die Dunkelzeiten gleich gehalten werden, könnten im Idealfall Polymere einheitlichen Molekulargewichtes entstehen.

Eine neue, sehr eingehende Untersuchung hat allerdings ergeben, daß die Molekulargewichtsverteilung der auf diesem Wege bisher synthetisierten Polymerisate sehr breit ist und mehrere Maxima aufweist[3]. Drei Effekte bewirken dies:

1. Die in den Micellen wachsenden Polymerradikale überleben teilweise den vorgesehenen Abbruch, wodurch sie zu Polymermolekülen doppelten, dreifachen und mehrfachen Polymerisationsgrades führen.

2. Übertragungsreaktionen können nicht ganz ausgeschlossen werden.

3. Auch außerhalb der eigentlichen Micellen finden in „Mikroteilchen" Polymerisationen statt, die offensichtlich langsamer verlaufen, wodurch erhebliche Mengen kleinerer Polymere entstehen.

3A.112 Verschiedene Polymere im einzelnen

Über die allgemeinen Grundzüge hinaus sollen hier jetzt einige Polymere etwas ausführlicher besprochen werden. Außerdem wird auf Besonderheiten hingewiesen.

Polyäthylen[4]

Sehr hochmolekulares Polyäthylen mit verhältnismäßig guter *Linearität* wird durch Polymerisation des Monomeren in wäßriger Silbersalzlösung bei normalen Temperaturen erhalten[5]. So wurden zwischen 3 und 12 Methylgruppen pro 1000 Kohlenstoffatome festgestellt. Allerdings ist Langkettenverzweigung offenbar häufig. Speziell in $AgClO_4$-Lösung hergestelltes

---

[1] BIANCHI, J. P., F. P. PRICE u. B. H. ZIMM: J. Polymer Sci. **25**, 27 (1957).

[2] Siehe S. 38.

[3] SCHULZ, G. V., u. J. ROMATOWSKI: Makromol. Chem. **85**, 195 (1965).

[4] Vgl. S. 170 (Polymerisation mit Ziegler-Katalysatoren) und S. 219 (Polymerisation mit heterogenen Katalysatoren).

[5] BIER, G., G. MESSWARB, E. NÖLKEN, M. LEDERER, W. EICHHORN u. K. HOFMANN: Angew. Chem. **74**, 977 (1962).

Polyäthylen enthält bei Verwendung von sehr reinem Äthylen keine IR-spektroskopisch nachweisbaren Fremdsubstanzen und nur sehr geringfügig C,C-Doppelbindungen[1].

Zum Verständnis der Polymerisation ist folgendes zu sagen: Durch Bildung reversibler π-Komplexe des Äthylens mit Silberionen, wobei ein Monoaquo-Monoäthylen-Ag^+-Ion entsteht, wird das Monomere wasserlöslich, und es kann dadurch in Lösung hochkonzentriert werden. Mit Peroxyverbindungen, die das Silber zum zweiwertigen Kation aufoxidieren, läßt sich die Polymerisation bei normalen Temperaturen einleiten[2]. Man darf wohl annehmen, daß dabei radikalische Zwischenverbindungen entstehen, die die Kettenreaktion initiieren.

Diese Polymerisationsmethode ist anscheinend praktisch auf das Äthylen beschränkt.

Polybutadien[3]

Bei der Emulsionspolymerisation von Butadien nimmt mit abnehmender Polymerisationstemperatur die *Linearität* und der Gehalt an *trans-Konfigurationen* zu, während sowohl die *cis-Konfiguration* als auch der Anteil von Vinylgruppen zurückgeht[4].

Ganz allgemein ist bei Polymeren von Diolefinen besonders interessant, daß mehrere mesomere Grenzformen ihrer aktiven Enden eine vergleichbare Reaktivität besitzen: die cis-, trans- und Vinylform, letztere noch in d- und l-Konfiguration. Ohne Beachtung der d- und l-Konfiguration sei das wie folgt dargestellt:

$$
\begin{array}{ccc}
\underset{\text{(I)}}{P-CH_2\diagup\overset{\displaystyle CH=CH}{}\diagdown \overset{\bullet}{C}H_2}
&\longleftrightarrow&
\underset{\text{(II)}}{P-CH_2\diagup\overset{\displaystyle CH=CH\diagup\overset{\bullet}{C}H_2}{}}
\end{array}
$$

$$
P-CH_2-\overset{\bullet}{C}H-CH=CH_2 \quad \text{(III)}
$$

I = cis-Form
II = trans-Form
III = Vinyl-Form

Von diesen Grenzformen kommt der cis-Struktur der größte Energieinhalt zu, wie sich aus Molekül-Orbital-Berechnungen ergab[5,6]. Damit ist auch die

---

[1] 0,02 bis 0,1 interne trans-Doppelbindungen, 0,04 Vinyl-, 0,06 bis 0,1 Methylenseitengruppen, alles bezogen auf 1000 C-Atome.

[2] UV- und γ-Strahlung ist ebenfalls wirksam.

[3] Vgl. S. 111 (ionische Polymerisation), S. 190 (Polymerisation mit Ziegler-Katalysatoren) und S. 221 (Polymerisation mit heterogenen Katalysatoren).

[4] Siehe CONDON, F. E.: J. Polymer Sci. **11**, 139 (1953), als Zusammenfassung von Ergebnissen verschiedener Arbeiten.

[5] YONEZAWA, S., K. HAYASHI, C. NAGATA, S. OKAMURA u. K. FUKUI: J. Polymer Sci. **14**, 312 (1954).

[6] HAYASHI, K., T., YONEZAWA, C. NAGATA, S. OKAMURA u. K. FUKUI: J. Polymer Sci. **20**, 537 (1956).

Aktivierungsenergie ihrer Verknüpfung mit einem neuen Monomeren am größten, und entsprechend gewinnt sie mit steigender Polymerisationstemperatur an Bedeutung[1].

Polystyrol[2]

Durch thermische Polymerisation hergestelltes Polystyrol ist nur wenig verzweigt; es besteht also sehr weitgehend *Linearität*[3]. Bei normalen Temperaturen kann man durch Emulsionspolymerisation von Styrol mit Persulfat zu hochmolekularem Polystyrol gelangen, das zwei Initiator-Bruchstücke pro Molekül enthält[4], das heißt, der Kettenabbruch erfolgt durch Rekombination der Polymerradikale. (Zusätze von m-Dinitrobenzol als Verzögerer verändern allerdings das Bild, und es tritt Disproportionierungsabbruch in den Vordergrund.) Kombinationsabbruch scheint bei Polystyrol an sich für normale Temperaturen die Regel zu sein[5-8]. In diesen Fällen sind dann also auch *einheitliche Endgruppen* vorhanden, während die Position der Grundbausteine durch zwei gegenläufige Kopf-Schwanz-Folgen gekennzeichnet sein dürfte.

Die Bemühungen um engere Molekulargewichtsverteilungen bei der Emulsionspolymerisation mit intermittierter Katalysatorzersetzung wurde bereits besprochen[9].

Polymethacrylsäure

Bei der Polymerisation der Methacrylsäure in wäßrigen Systemen wird die Konfiguration der Grundbausteine durch den pH-Wert der Lösung merklich beeinflußt[10]. Ein höherer pH-Wert begünstigt *syndiotaktisches* Wachstum, wahrscheinlich dadurch, daß die coulombsche Abstoßung zwischen den Acrylationen am Polymerradikal und an den Monomeren die Aktivierungsenergie für isotaktische Schritte vergrößert.

---

[1] Über teilweise cyclische Strukturen der Grundbausteine s. BINDER J. L.: J. Polymer Sci. B **4**, 19 (1966).

[2] Vgl. S. 114 (ionische Polymerisationen) und S. 209 (Polymerisation mit Ziegler-Katalysatoren).

[3] CANTOW, M., G. MEYERHOFF u. G. V. SCHULZ: Makromol. Chem. **49**, 1 (1961).

[4] KOLTHOFF, I. M., P. R. O'CONNOR u. J. L. HANSEN: J. Polymer Sci. **15**, 459 (1955).

[5] SMITH, W. V.: J. Am. Chem. Soc. **71**, 4077 (1949).

[6] Siehe auch HENRICI-OLIVÉ, G., u. S. OLIVÉ: Makromol. Chem. **68**, 120 (1963); Polymerisationen in Substanz (Initiator Azodiisobutyronitril), Temp. 40—70 °C.

[7] BEVINGTON, J. C., H. W. MELVILLE u. R. P. TAYLOR: J. Polymer Sci. **12**, 449 (1954); bei 25 °C ebenfalls nur Kombinationsabbruch.

[8] KÄMMERER, H., W. SCHMIEDER u. K.-G. STEINFORT: Makromol. Chem. **72**, 86 (1964); Polymerisation mit Diacylperoxiden. $\dfrac{\overline{P}_w}{\overline{P}_n} = 2$ für unfraktionierte Polymerisate.

[9] Siehe S. 75.

[10] BOVEY, F. A.: J. Polymer Sci. A **1**, 843 (1963).

Polyacrylsäure- und Polymethacrylsäureanhydrid

Die Polymerisation von Acrylsäure- und Methacrylsäureanhydrid sollte zu Vernetzungen führen, da beide Monomere zwei gleichwertige, isolierte Doppelbindungen enthalten. Tatsächlich können aber vollkommen lösliche, also unvernetzte Polymere hoher *Linearität* hergestellt werden[1-3]. Es handelt sich um einen Fall einer alternierenden inter- und intramolekularen Verknüpfung mit folgendem vollständigen Wachstumsschritt:

$$P^{\cdot} + \underset{\underset{\displaystyle O}{\diagdown \diagup}}{\overset{\displaystyle CH_2=CH \qquad CH=CH_2}{\underset{\displaystyle O=C \qquad\quad C=O}{|\qquad\qquad\quad|}}} \longrightarrow \underset{\underset{\displaystyle O}{\diagdown \diagup}}{\overset{\displaystyle P-CH_2-CH \overset{CH_2}{\underset{}{\diagdown\!\!=}} CH}{\underset{\displaystyle O=C \qquad\quad C=O}{|\qquad\qquad\quad|}}} \longrightarrow \underset{\underset{\displaystyle O}{\diagdown \diagup}}{\overset{\displaystyle P-CH_2-CH \overset{CH_2}{\diagup\diagdown} HC^{\cdot}}{\underset{\displaystyle O=C \qquad\qquad C=O}{|\qquad\qquad\qquad|}}}$$

Allerdings verbleiben bei beiden Polymeren stets auch freie Doppelbindungen, wobei das Polymethacrylsäureanhydrid einheitlicher in der cyclischen Struktur der Grundbausteine ist als das Polyacrylsäureanhydrid. Letzteres ergibt nur lösliche Polymere, wenn es in Lösung polymerisiert wird, und dann dürfen keine stark polaren Lösungsmittel verwendet werden oder die Umsätze sind klein zu halten[4]. Die Cyclisierung wird mit Erhöhung der Polymerisationstemperatur begünstigt, da sie gegenüber dem direkten Wachstum eine etwas größere Aktivierungsenergie aufweist[5].

Man erkennt an der asymmetrischen Substitution von Hauptketten-C-Atomen dieser Polymere, daß isotaktische und syndiotaktische Verknüpfungen möglich sind. Tatsächlich scheint eine *sterische Regelmäßigkeit* vorzuherrschen, die offenbar durch den Cyclisierungsvorgang begünstigt wird. Möglicherweise spielt die Konformation der die Cyclen verbindenden Methylengruppen dabei eine wichtige Rolle[3]. Bei tiefen Polymerisationstemperaturen (—50 °C) gewonnene Polymere scheinen vorwiegend *syndiotaktisch* beziehungsweise disyndiotaktisch („syndio-duotaktisch") zu sein[6], jedoch besteht darüber noch keine Klarheit. Auch hier wird offenbar mit steigender Herstellungstemperatur die isotaktische Anlagerung bedeutungsvoller[7].

---

[1] CRAWSHAW, A., u. G. B. BUTLER: J. Am. Chem. Soc. **80**, 5464 (1958).

[2] JONES, J. F.: J. Polymer Sci. **33**, 15 (1958).

[3] MILLER, W. L., W. S. BREY JR. u. G. B. BUTLER: J. Polymer Sci. **54**, 329 (1961); betr. magnetische Kernresonanzstudien der Mikrostruktur von Polymethacrylsäureanhydrid.

[4] HWA, J. C. W., W. A. FLEMING u. L. MILLER: J. Polymer Sci. A **2**, 2385 (1964); betr. Acrylsäureanhydrid und Polymere davon.

[5] MERCIER, J., u. S. SMETS: J. Polymer Sci. A **1**, 1491 (1963); infrarotspektroskopische und chemische Analyse.

[6] HWA, J. C. W.: J. Polymer Sci. **60**, S 12 (1962); die sterische Konfiguration von Polymethacrylsäureanhydrid und seiner Derivate betreffend.

[7] MERCIER, J., u. G. SMETS: J. Polymer Sci. A **1**, 1491 (1963).

Polymethylmethacrylat[1]

Die Kettenübertragung im Innern der Polymethylmethacrylat-Moleküle ist nur schwach ausgeprägt[2]. Es können deshalb je nach den Herstellungsbedingungen auch bei üblichen Temperaturen praktisch unverzweigte Polymere, also von annähernd vollständiger *Linearität*, synthetisiert werden, vor allem, wenn die Umsätze klein gehalten werden. Als Abbruchreaktionen sind Disproportionierungs- und Kombinationsabbruch zu beachten, die mit wechselndem Anteil beide vorliegen. Dabei hat der Disproportionierungsabbruch eine um ca. 4,6 kcal/Mol höhere Aktivierungsenergie[3], nimmt also mit fallender Temperatur an Bedeutung ab.

Selbst bei höheren Temperaturen hergestelltes Polymethylmethacrylat ist nicht vollständig ataktisch, sondern enthält einen großen Anteil *syndiotaktischer* Sequenzen[4] mit etwa 75 % aller Grundbausteine. Durch Erniedrigung der Polymerisationstemperatur steigt der syndiotaktische Anteil im Normalfall weiter an[5-9].

Polymerisationen in verschiedenen Lösungsmitteln ergaben durchweg vorwiegend syndiotaktische Polymere[10].

Interessant ist die Einwirkung des Druckes auf das Verhältnis der verschieden taktischen Schritte: Bei der Polymerisation des Methylmethacrylats nimmt mit steigendem Druck der syndiotaktische Anteil von etwa 75 auf 62 % ab, was auf ein etwas größeres Volumen des Übergangszustandes beim syndiotaktischen als beim isotaktischen Schritt schließen läßt[11].

---

[1] Vgl. S. 119 (ionische Polymerisationen).

[2] HENRICI-OLIVÉ, G., S. OLIVÉ u. G. V. SCHULZ: Makromol. Chem. **23**, 207 (1957).

[3] SCHULZ, G. V., G. HENRICI-OLIVÉ u. S. OLIVÉ: Z. physik. Chem. (Frankfurt) **27**, 1 (1961).

[4] GALL, W. G., u. N. G. McCRUM: J. Polymer Sci. **50**, 489 (1961); Vergleich der inneren Reibung, Dichten und Infrarotabsorptionen verschieden hergestellter Polymethylmethacrylate.

[5] BOVEY, F. A.: J. Polymer Sci. **46**, 59 (1960); mit Auswertung kernresonanzspektroskopischer Messungen.

[6] Fox, T. G., B. S. GARRETT, W. E. GOODE, S. GRATCH, J. F. KINCAID, A. SPELL u. J. D. STROUPE: J. Am. Chem. Soc. **80**, 1768 (1958).

[7] STROUPE, J. D., u. R. E. HUGHES: J. Am. Chem. Soc. **80**, 2341 (1958).

[8] GARRETT, B. S., W. E. GOODE, S. GRATCH, J. F. KINCAID, C. L. LEVESQUE, A. SPELL, J. D. STROUPE u. W. H. WATANABE: J. Am. Chem. Soc. **81**, 1007 (1959).

[9] Fox, T. G., W. E. GOODE, S. GRATCH, C. M. HUGGETT, J. F. KINCAID, A. SPELL u. J. D. STROUPE: J. Polymer Sci. **31**, 173 (1958).

[10] BAWN, C. E. H., W. H. JANES u. A. M. NORTH: J. Polymer Sci. **58**, 335 (1962). Als Initiator wurde Silberäthyl verwendet, das bei Temperaturen beträchtlich unter 0 °C in Silber und Äthylradikal zerfällt.

[11] Drucke bis 8000 kg/cm², Temperatur 51 °C, 1% Benzoylperoxid als Initiator: WALLING, C., u. D. D. TANNER: J. Polymer Sci. A 1, 2271 (1963); Apparatur beschrieben bei WALLING, C., u. J. PELLON: J. Am. Chem. Soc. **79**, 4776, 4786 (1957); s. auch ZUBOV, V. P., V. A. KABANOV, V. A. KARGIN u. A. A. SHCHETININ: Vysokomol. soedin. **2**, 1722 (1960).

Kondensiert man Methylmethacrylat-Dampf zusammen mit metallischem Magnesium auf eine mit flüssigem Stickstoff gekühlte Oberfläche und läßt langsam erwärmen, so setzt zwischen —100 und —110 °C radikalische Polymerisation ein, bei der *isotaktisches* Polymeres entsteht[1]. Da an sich bei tiefen Temperaturen ja die syndiotaktische Struktur bevorzugt ist, muß diese Umkehrung der Verhältnisse auf die Auswirkungen der Kristallstruktur des festen Monomeren zurückgeführt werden, wodurch eine bestimmte Vororientierung für die Polymerisation gegeben ist.

Die Herstellung von isotaktischem Polymethylmethacrylat bei Zimmertemperatur aus mit Zinkchlorid gesättigter Monomer-Flüssigkeit[2] konnte bisher leider noch nicht bestätigt werden. Aus ihr ginge die große Bedeutung koordinativer Bindungen für eine sterisch regelmäßige Polymerisation hervor.

Polyvinylester

Vollkommen *lineares* Polyvinylacetat wird wahrscheinlich erhalten, wenn die Polymerisationstemperaturen unter —30 °C liegen[3] oder die Umsätze sehr klein bleiben[4-6]. Die anomale Kopf-Kopf-Verknüpfung findet bei 25 °C zu etwa 1 % statt[7].

Die mit sinkender Polymerisationstemperatur sich verstärkende Neigung der Grundbausteine zur Einnahme einer *einheitlichen Positionsfolge* und dabei *syndiotaktischen* Mikrostruktur ist bei Polyvinylformiat größer als bei Polyvinylacetat[8-10]. Es wurde eine Zunahme der sterischen Regelmäßigkeit – im Sinne syndiotaktischer Anlagerung – in der Reihenfolge Acetat <

---

[1] KARGIN, V. A., V. A. KABANOV u. V. P. ZUBOV: Vysokomol. soedin. **2**, 303 (1960). Die Radikale, die die Polymerisation auslösen, entstehen vermutlich durch Wechselwirkung von Magnesium und Methylmethacrylat noch in der Gasphase vor der Kondensation.

[2] KARGIN, V. A., V. A. KABANOV u. V. P. ZUBOV: Vysokomol. soedin. **2**, 765 (1960); s. auch Einflüsse auf die Mikrostruktur, die den Initiatoren (Metallcarbonylen) zugeschrieben werden: BAMFORD, C. H., M. S. BLACKIE u. C. A. FINCH: Chem. and Ind. (London) **1962**, 1763.

[3] BURNETT, G. M., M. H. GEORGE u. H. W. MELVILLE: J. Polymer Sci. **16**, 31 (1955).

[4] WHEELER, O. L., S. L. ERNST u. R. N. CROZIER: J. Polymer Sci. **8**, 409 (1952).

[5] MATSUMOTO, M., u. Y. OHYANAGI: J. Polymer Sci. **46**, 520 (1960).

[6] Siehe auch PATAT, F. u. J. A. POTCHINKOV: Makromol. Chem. **23**, 54 (1957).

[7] FLORY, P. J., u. F. S. LEUTNER: J. Polymer Sci. **3**, 880 (1948).

[8] Polymerisation in Substanz unterhalb 0 °C mit Azodiisobutyronitril, das durch UV-Licht aktiviert wurde, bei Umsätzen bis 30%: ROSEN, I., G. H. McCAIN, A. L. ENDREY u. C. L. STURM: J. Polymer Sci. A **1**, 951 (1963); s. auch Beispiel (1), S. 337.

[9] FUJII, K., S. IMOTO, J. UKIDA u. M. MATSUMOTO: Kobunshi Kagaku **19**, 575 (1962); s. auch Makromol. Chem. **51**, 225 (1962).

[10] Bei Polymerisaten von Vinylformiat in festem Zustand bei —78 °C, ausgelöst durch γ-Strahlen, tritt offenbar Stereoblockbildung ein: FUJII, K., K. NAGOSHI, J. UKIDA u. M. MATSUMOTO: Makromol. Chem. **65**, 81 (1963).

Monochloracetat < Di- und Trichloracetat < Trifluoracetat gefunden[1]. Angaben anderer Autoren bestätigen das Ergebnis jedoch bezüglich Polyvinyltrifluoracetat nicht[2].

Polyvinylchlorid[3]

Bei —40 °C unter geringem Umsatz hergestelltes Polyvinylchlorid ist im Gegensatz zu dem bei +45 °C gewonnenen praktisch vollständig *linear*[4]. *Kopf-Schwanz-Position* dürfte weitgehend vorliegen. Außerdem ergaben sich – unabhängig von den radikalischen Initiatoren – mit sinkender Polymerisationstemperatur verstärkt *syndiotaktische* Verknüpfungsfolgen[5,6]. Die Aktivierungsenergie des isotaktischen Schrittes ist entsprechend etwa 0,5 kcal/Mol größer als die des syndiotaktischen.

Hochinteressant ist nun der Einfluß von verschiedenen Aldehyden als Lösungsmittel auf die Mikrostruktur des PVC. So erhält man selbst bei 50 °C hochkristalline Polymere, wenn Vinylchlorid zum Beispiel in Butyraldehyd (80 % Kristallinität) oder in Dichloracetaldehyd (40 % Kristallinität) polymerisiert wird (bei 10 % Kristallinität in Abwesenheit von Aldehyden, gleiche Temperatur)[7,8]. Die wahrscheinlich *syndiotaktischen* Polymere sind allerdings bei etwa folgender Zusammensetzung

$$C_3H_7CO(CH_2CHCl)_nH$$

mit meistens n < 60 nicht hochmolekular.

Eine kinetische Untersuchung einer solchen Polymerisation, wobei als Lösungsmittel Tetrahydrofuran mit Zusatz von Acetaldehyd verwendet wurde, ergab, daß die Reaktionsgeschwindigkeit der Monomerkonzentration und der Quadratwurzel der Initiatorkonzentration proportional, der Acetaldehydkonzentration umgekehrt proportional ist[9]. Dabei steigt die Kristallinität der erhaltenen Polymere mit der Menge des eingesetzten Acetaldehyds an.

---

[1] FORDHAM, J. W. L., G. H. McCAIN u. L. E. ALEXANDER: J. Polymer Sci. 39, 335 (1959).

[2] CHATANI, Y., I. TAGUCHI, T. SANO u. T. TAKIZAWA: Vortrag gehalten anläßlich des Symposiums für Polymerchemie, Nagoya, 1957; BOHN, C. R., J. R. SCHAEFGEN u. W. O. STATTON: J. Polymer Sci. 55, 531 (1961); s. auch FUJII, K., T. MOCHIZUKI, S. IMOTO, J. UKIDA u. M. MATSUMOTO: A 2, 2327 (1964).

[3] Vgl. S. 126 (ionische Polymerisationen).

[4] GEORGE, M. H., R. J. GRISENTHWAITE u. R. F. HUNTER: Chem. and Ind. (London) 1958, 1114; in beiden Fällen Umsätze bis etwa 20 %.

[5] FORDHAM, J. W. L., P. H. BURLEIGH u. C. L. STURM: J. Polymer Sci. 41, 73 (1959).

[6] ASAHINA, M., u. K. OKUDA: Chem. High Polymers (Tokio) 17, Nr. 186, 612 (1960).

[7] BURLEIGH, P. H.: J. Am. Chem. Soc. 82, 749 (1960); ROSEN, I., P. H. BURLEIGH u. J. F. GILLESPIE: J. Polymer Sci. 54, 31 (1961).

[8] MINSKER, K. S., A. G. KRONMAN, B. F. TEPLOV, E. E. RYLOV u. D. N. BORT: Vysokomol. soedin. 4, 383 (1962); s. auch IMOTO, M.: Makromol. Chem. 50, 161 (1961).

[9] IMOTO, M., K. TAKEMOTO u. Y. NAKAI: Makromol. Chem. 48, 80 (1961); Initiator: Azodiisobutyronitril, Temp. 50 °C.

Zur Erklärung dieser Erscheinung werden Assoziationen zwischen den Aldehyden und dem Polymerradikal[1] oder dem Monomeren[2] angenommen, die durch ihre Anordnung eine sterische Regelung erzwingen sollen[3,4].

Copolymere von Derivaten der Maleinsäure beziehungsweise Fumarsäure

Die alternierende Copolymerisation von Derivaten der Maleinsäure und der Fumarsäure mit verschiedenen Monomeren betrifft sowohl Fälle, in denen das Copolymere selbst gut, als auch solche, in denen dieses ebenfalls schlecht für sich polymerisiert. Zu den ersteren gehört die Copolymerisation mit Styrol. Etwa ab Molverhältnis Maleinsäureanhydrid zu Styrol wie 1:9 ist das 1:1-Verhältnis der Grundbausteine bereits stark angenähert[5]. Trotz der guten Eigenpolymerisation des Styrols ist also die Alternierung so sehr bevorzugt (das heißt, auch der Copolymerisationsparameter r_{Styrol} ist recht klein), daß sie auch noch bei erheblichem Styrolüberschuß stattfindet.

Andere Beispiele sind die Monomerpaare Maleinimid/Styrol und Fumarylchlorid/Styrol[6]. Die gleichen Monomere bilden auch mit α-Methylstyrol (1 : 1)-alternierte Copolymere.

Schlecht homopolymerisierende Monomere sind Stilben[7], Allylacetat, Allylchlorid, Vinyl-n-butyläther[8], die ebenfalls mit Maleinsäureanhydrid-(1:1)-alternierte Copolymere ergeben, wobei die Molverhältnisse der Monomergemische in weiten Verhältnissen schwanken können[9].

Auch eine Reihe von Olefinen, die radikalisch nicht polymerisierbar sind, gehen alternierende Copolymerisation mit Maleinsäureanhydrid nach radikalischem Mechanismus ein, so Propylen[10], Octen-1[11], Dodecen-1[12],

---

[1] ROSEN, I., P. H. BURLEIGH u. J. F. GILLESPIE: J. Polymer Sci. **54**, 31 (1961).

[2] RAZUVAEV, G. A., K. S. MINSKER, A. G. KRONMAN, YU. A. SANGALOV u. D. N. BORT: Dokl. Akad. Nauk. SSSR **143**, 1116 (1962).

[3] Kernresonanzspektren s. TINCHER, W. C.: Makromol. Chem. **85**, 20 (1965).

[4] Neuerdings wird auch angenommen, daß kein besonderer Aldehydeffekt besteht, sondern die Kristallinität allein auf den geringen Polymerisationsgrad zurückzuführen ist, s. BÖCKMAN, O. CHR.: J. Polymer Sci. A **3**, 3399 (1965).

[5] Siehe z. B. ANG, T. L., u. H. J. HARWOOD: Vortrag, gehalten auf der Tagung der Am. Chem. Ges. in Philadelphia, Polymer Preprints Bd. 5, S. 306 (1964).

[6] JOSHI, R. M.: Makromol. Chem. **66**, 114 (1963).

[7] WAGNER-JAUREGG, TH.: Ber. dtsch. chem. Ges. **63**, 3213 (1930).

[8] BARTLETT, P. D., u. K. NOZAKI: J. Am. Chem. Soc. **68**, 1495 (1946).

[9] Siehe auch BALDWIN, M. G.: J. Polymer Sci. A **3**, 703 (1965); mit Untersuchungen zur Polymerisationskinetik der Systeme Vinyl-isobutyläther/Diäthylfumarat bzw. Maleinsäureanhydrid und Octen-1/Maleinsäureanhydrid.

[10] AP. 2378629 (Du Pont, 1945), Erf.: W. E. Hanford; AP. 2396785 (Du Pont, 1946), Erf.: W. E. Hanford.

[11] AP. 2698316 (Socony-Vacuum Oil, 1954), Erf.: J. J. Giammaria.

[12] AP. 2542542 (Standard Oil Development, 1951), Erf.: S. B. Lippincott, L. A. Mikeska.

einige ω-Phenylalkene[1], Isobuten, n-Buten, trans-Buten-2 und cis-Buten-2[2].

Copolymere des Schwefeldioxids

Bei der UV-Bestrahlung von Lösungen von Olefinen wie Propen, Buten-1, Isobutylen, Hexen-1, Hexadecen-1, cis-Buten-2, trans-Buten-2, Cyclopenten und anderen in flüssigem Schwefeldioxid entstehen (1:1)-alternierte Copolymerisate[3-5]. Allerdings muß man dabei unterhalb der ceiling-Temperaturen T_c[6] bleiben, die hier im Bereich normaler bis sogar recht tiefer Temperaturen liegen[7].

Radikalische Polymerisation in flüssigem SO_2 von Styrol, p-Brom- und p-Methylstyrol ergibt Copolymere im Molverhältnis 2:1, die folgendermaßen angeordnet sein dürften[8-10]:

$$\left[-CH_2-CH\underset{\underset{\displaystyle X}{|}}{} -\overset{\overset{\displaystyle O}{\|}}{\underset{\underset{\displaystyle O}{\|}}{S}}-CH_2-CH\underset{\underset{\displaystyle X}{|}}{} - \right]_n$$

Die Substituenten sind also ohne Einfluß auf die Sequenz der Grundbausteine. Bei der Polymerisation von p-Isopropylstyrol in flüssigem SO_2 (bei 50 °C, Initiator: Azodiisobutyronitril) liegt eine solche (2:1)-Copolymerisation neben einer kationischen Homopolymerisation des Styrolderivates vor. Durch Zusatz von Dimethylformamid konnte aber letztere vollständig unterdrückt werden[11].

Es wird angenommen, daß Styrol/SO_2-(1:1)-Komplexe mit Styrol reagieren. Bei tieferer Temperatur reagieren dann vorwiegend die Komplexe miteinander, so daß mehr SO_2 eingebaut wird (während aber das (1:1)-Verhältnis nicht erreicht wird)[12,13].

[1] MARTIN, M. M., u. N. P. JENSEN: J. Org. Chem. 27, 1201 (1962).

[2] OTSU, T., A. SHIMIZU u. M. IMOTO: J. Polymer Sci. B 2, 973 (1964).

[3] SNOW, R. D., u. F. E. FREY: Ind. Eng. Chem. 30, 176 (1938).

[4] SNOW, R. D., u. F. E. FREY: J. Am. Chem. Soc. 65, 2417 (1943).

[5] Siehe auch GLAVIS, F. J., L. L. RYDEN u. C. S. MARVEL: J. Am. Chem. Soc. 59, 707 (1937).

[6] Siehe S. 31.

[7] COOK, R. E., F. S. DAINTON u. K. J. IVIN: J. Polymer Sci. 26, 351 (1957); 29, 549 (1958); mit Untersuchung des Einflusses der Olefinstruktur auf die ceiling-Temperatur der zugehörigen Polysulfone.

[8] BARB, W. G.: Proc. Roy. Soc. (London) A 212, 66 (1952); hohe SO_2-Konzentration, +20 °C.

[9] TOKURA, N., u. M. MATSUDA: Kogyo Kagaku Zasshi 64, 501 (1961); MATSUDA, M., M. INO u. N. TOKURA: Makromol. Chem. 52, 98 (1962).

[10] TOKURA, N., M. MATSUDA u. Y. OGAWA: J. Polymer Sci. A 1, 2965 (1963).

[11] TOKURA, N., M. MATSUDA u. K. ARAKAWA: J. Polymer Sci. A 2, 3355 (1964).

[12] BARB, W. G.: Proc. Roy. Soc. (London) A 212, 66 (1952).

[13] BARB, W. G.: J. Polymer Sci. 10, 49 (1953).

Neuerdings wird davon berichtet, daß auch Diallylamin-Hydrochlorid mit SO_2 alternierend copolymerisiert und dabei im Sinne einer Cyclopolymerisation Piperidin-Ringe bildet[1]:

3A.113 Vergleichender Rückblick

Eine genaue Durchsicht der besprochenen radikalischen Reaktionen zeigt bereits eindeutig, daß der Herstellung von einheitlichen Polymeren an sich keine prinzipiellen Hindernisse entgegenstehen. Die bei einer solchen Synthese erfolgende Abnahme der Entropie ist zwar um so größer, je einheitlicher die Polymere sind, sie ist aber möglich, weil all diese Reaktionen in thermodynamisch *„offenen"* Systemen ablaufen[2]. Die Probleme bestehen in der Auswahl der richtigen Methoden und der Einstellung optimaler Bedingungen.

Da die verschiedenen möglichen Reaktionsarten – einschließlich Neben-, Folge- und Rückreaktionen – sich fast stets durch ihre Aktivierungsenergien unterscheiden, ist die Polymerisationstemperatur so bedeutungsvoll. Je geringer sie ist, desto einheitlicher ist der Reaktionsverlauf. Ferner spielt die Polymerisationsgeschwindigkeit, die vor allem von der Temperatur und der Konzentration der Reaktionspartner abhängig ist, eine große Rolle. Bei kleiner Polymerisationsgeschwindigkeit können sich die für regelmäßige Verknüpfungen notwendigen Ordnungszustände nacheinander einstellen. Damit verbunden ist auch der zeitliche Verlauf des Energietransports vom und zum aktiven Polymerende. Verläuft die Polymerisation zu schnell, kann wahrscheinlich die freiwerdende Energie gar nicht schnell genug weggeführt werden, das heißt, in Wahrheit laufen die Reaktionen bei höherer Temperatur ab, als nach außen in Erscheinung tritt.

Hohe Reinheit und geringe Zahl von verschiedenen Reaktionspartnern sind selbstverständlich anzustreben, wenn einheitliche Polymere hergestellt werden sollen. Desgleichen ist es ein Vorteil, wenn eine Monomerart

---

[1] HARADA, S., u. M. KATAYAMA: Makromol. Chem. **90**, 177 (1966).

[2] Mit dem Begriff des „offenen" Systems verweist die Thermodynamik darauf, daß die Reaktionen in diesem System nicht isoliert gesehen werden dürfen, sondern in Wechselwirkung mit ihrer Umwelt, z. B. auch mit dem Experimentator, stehen. Insgesamt wird deshalb der zweite Hauptsatz mit seiner Folgerung, daß die Entropie eines „abgeschlossenen" Systems nicht abnimmt, allerhöchstens gleichbleibt, normalerweise aber eine ständige Zunahme erfährt und daß damit dieses System eine zeitlich gerichtete, unwiderrufliche Veränderung nach ungeordneten Zuständen hin erfährt, in keiner Weise verletzt.

praktisch nur ganz wenige definierte Reaktionen eingeht. Je stärker die richtenden Einflüsse von Grundbaustein zu Grundbaustein sind – seien sie nun räumlich (sterische Hinderung) bedingt oder elektrostatischer Natur –, desto mehr unterscheiden sich die Aktivierungsenergien verschieden möglicher Reaktionsschritte und desto leichter ist Regelmäßigkeit zu erzielen. Besonders eindrucksvoll ist das Thema der asymmetrischen Synthese unter dem Einfluß von anderen Asymmetriezentren, zum Beispiel im Initiator.

Gingen diese Betrachtungen von jeweils festliegenden Aktivierungsenergien aus, so zählt natürlich auch jede Maßnahme, die die Aktivierungsenergien bestimmter Reaktionen erniedrigt (also echte Katalyse) und die der unerwünschten Reaktionen vielleicht sogar erhöht. So sind Komplexbildungen an radikalischen Polymer-Enden geeignet, bestimmte Strukturen in den Zwischenstufen und Übergangszuständen zu stabilisieren. Hier liegt wohl noch ein weites Feld offen.

Matrizen-Wirkung liegt dann vor, wenn sich ein Polymeres in einem festen Verband des Monomeren oder eines fremden Stoffes von regelmäßiger (Kristall-)Struktur bildet. Hier ist der Energieaufwand für manche Reaktionen zu groß, für die der zur Verfügung stehende Raum zu beengt ist, so daß sie nicht mehr stattfinden. Die Wachstumsschritte werden also einheitlicher.

Einheitlichkeit in den Molekulargewichten ist nur zu erreichen, wenn kein statistischer Kettenabbruch erfolgt. Ist dies der Fall, könnte man sich denken, daß aus irgendeinem Grund das Wachstum einer Polymerkette sprunghaft durch eine wesentlich höhere Aktivierungsenergie belastet wird, wenn ein bestimmtes Molekulargewicht erreicht ist. Dafür gibt es aber noch kein Beispiel in der radikalischen Polymerisation. Man ist vielmehr auf programmierte Maßnahmen angewiesen, nämlich auf den gleichzeitigen, von außen provozierten Kettenabbruch. Soweit dieser wahllos alle Polymerketten trifft, erhält man selbstverständlich nur dann einheitliche Molekulargewichte, wenn auch der Kettenstart gleichzeitig erfolgt und alle Polymerketten mit gleicher Geschwindigkeit wachsen.

3A.12 Ionische Polymerisationen[1]

3A.121 Grundzüge

Die *Linearität* von Polymeren ist durch ionische Polymerisation deshalb recht gut zu erzielen, weil Kettenübertragungen auf Polymere fast stets eine sehr viel höhere Aktivierungsenergie haben als die häufig geringen Aktivierungsenergien der Start- und Wachstumsreaktionen. In vielen Fällen finden überhaupt keine Kettenabbruch- und Kettenübertragungsreaktionen statt. Die ionischen Polymerisationen können auch leicht bei

---

[1] Siehe Einführung S. 38 ff.

niederen und sogar sehr tiefen Temperaturen (bis unter —100 °C) durchgeführt werden, bei denen die meisten Nebenreaktionen keine Rolle mehr spielen[1].

Zumindest in dem Maße, in dem die Gegenionen einen schützenden und richtenden Einfluß sowohl auf die aktiven Polymerenden als auch auf die hinzutretenden Monomere ausüben, ist im allgemeinen Linearität gegeben. Bei heterogenen Katalysatoren verstärken sich diese Einflüsse häufig noch, während bei Polymerisationen an festen Monomeren sich deren Kristallgitter als Ordnungsfaktor auswirkt. Diese Erscheinungen werden in Zusammenhang mit der Herstellung strukturell einheitlicher Polymere weiter unten näher diskutiert

Die Häufigkeit von Verzweigungen richtet sich selbstverständlich auch sehr nach der Art des Monomeren. Linear sind in der Regel Polymere von cyclischen Äthern, Lactonen und Lactamen, dann die Polymerisationsprodukte des Diazomethans und anderer Diazoverbindungen[2]. Bei Olefinen und Vinylverbindungen treten dagegen häufiger Verzweigungen auf, die vorwiegend auf dem Wege der Copolymerisation entstehen, indem aus Abbruchreaktionen hervorgegangene Polymere mit Vinylendgruppen als Comonomere fungieren. Diolefine können auch mit ihrer zweiten Doppelbindung polymerisieren. Ihre Polymere weisen deshalb stets gelartige Anteile auf, die aber auch durch nachträgliche Reaktionen entstehen können[3]. Die Polymerisation von Monomeren mit mehreren Funktionen ist grundsätzlich problematischer als die von einfachen Monomeren.

Selbstverständlich muß das Lösungsmittel indifferent und sehr rein sein und die Reaktionsmischung darf auch nicht während der Polymerisation verunreinigt werden (zum Beispiel durch zugegebene unreine Monomere). Es können sonst zum Beispiel auch radikalische Reaktionen einsetzen (Luftsauerstoff, der Peroxide bildet[4]), die zu Verzweigungen und Vernetzungen des Polymeren führen.

Die Frage nach *einheitlichen Endgruppen* ist dann recht leicht zu beantworten, wenn bei dem betreffenden System praktisch keine Übertragungs- und Abbruchreaktionen stattfinden. Metallorganische Katalysatoren bringen nämlich in der Regel ihre organischen Gruppen einheitlich als Anfangsglieder (beziehungsweise Endgruppen der einen Seite) der wachsenden Polymerionen ein. Das Polymerwachstum kann dann mit bekannten Substanzen gezielt abgebrochen („getötet") werden, wodurch auch die End-

---

[1] So wird z. B. mit BF_3-Ätherat bei —78 °C ein wahrscheinlich unverzweigtes Polyisobutylen erhalten: BACSKAI, R., u. S. J. LAPPORTE: J. Polymer Sci. A 1, 2225 (1963).

[2] Siehe S. 105 ff.

[3] Siehe z. B. Poly-(1-cyano-butadien-1,3): GIANNINI, U., M. CAMBINI u. A. CASSATA: Makromol. Chem. **61**, 246 (1963).

[4] Siehe z. B. NAKAYAMA, Y., T. TSURUTA u. J. FURUKAWA: Makromol. Chem. **40**, 79 (1960).

gruppen an den vorher aktiven Polymerenden unter sich gleich werden. So entsteht zum Beispiel durch Zugabe von Wasser oder einer anderen protonaktiven Substanz am (anionischen) Ende einer Polymerkette ein Wasserstoffatom, mit Kohlendioxid und Wasser eine Carboxylgruppe, mit Äthylenoxid und Wasser eine Hydroxyl-[1] (beziehungsweise Hydroxy-äthoxy-)gruppe, usw. Wurden die Polymere durch Dianionen (zum Beispiel $\overset{\oplus}{N}a\overset{\ominus}{R}$—$\overset{\ominus}{R}\overset{\oplus}{N}a$) gestartet, wodurch sie nach zwei Richtungen wachsen konnten, so sind die Endgruppen unter Umständen nicht nur paarweise, sondern völlig gleich; dafür enthalten die Polymere dann den Initiatorteil im Innern[2]. Im übrigen sind häufig Vinylendgruppen anzutreffen.

Die *Einheitlichkeit der Grundbausteine* kann stark beeinträchtigt werden, wenn die gleichen Monomere auf verschiedene Weise polymerisieren. Man erhält dann selbst bei der Polymerisation nur einer Monomerart gegebenenfalls praktisch Copolymerisate. Solche Erscheinungen findet man einmal an manchen Monoolefinen, die insbesondere tertiäre Kohlenstoffatome enthalten. Bei diesen erfolgt nach der Verknüpfung eines Monomeren eine innere Übertragung des Ionenzustandes, bevor sich das nächste Monomere addiert. Die verschiedenen, zumindest im letzten Grundbaustein isomeren Polymerionen zeichnen sich, wie zu erwarten ist, durch unterschiedliche Energieinhalte aus. Deshalb ist die Wahrscheinlichkeit, daß diese oder jene Form durch eine weitere Verknüpfung endgültig festgelegt wird, temperaturabhängig. Bei tiefen Temperaturen sind diejenigen Übergangszustände[3] bevorzugt, die den geringsten Energieinhalt haben. Beispiele sind die kationischen Polymerisationen von 3-Methylbuten-1, 4-Methylpenten-1 und 5-Methylhexen-1[4], von Vinylcyclohexan[5], Allylbenzol[6], sowie von β-Pinen[7]. Bei letzterem erfolgt eine Umlagerung, bei ersteren eine Hydridionenverschiebung. Ebenfalls Wasserstoffverschiebung, aber als Proton, tritt bei der anionischen Polymerisation des Acrylamids zu Poly-β-alanin auf[8]:

$$\text{\small\leadsto}(NH)^{\ominus} + CH_2=CH-CO-NH_2 \longrightarrow \text{\small\leadsto}NH-CH_2-(CH)^{\ominus}-CO-NH_2$$
$$\longrightarrow \text{\small\leadsto}NH-CH_2-CH_2-CO-(NH)^{\ominus}$$

---

[1] HAYASHI, K., u. C. S. MARVEL: J. Polymer Sci. A 2, 2571 (1964).

[2] Beispiele s. S. 118. Vergleiche auch S. 103.

[3] Gemeint sind die aktivierten Komplexe aus Polymerion und Monomerem.

[4] Siehe S. 108.

[5] KENNEDY, J. P., J. J. ELLIOTT u. W. NAEGELE: J. Polymer Sci. A 2, 5029 (1964).

[6] KENNEDY, J. P.: J. Polymer Sci. A 2, 5171 (1964); MURAHASHI, S., S. NOZAKURA, K. TSUBOSHITA u. Y. KOTAKE: Bull. Chem. Soc. Japan 37, 708 (1964).

[7] Siehe S. 110.

[8] BRESLOW, D. S., G. E. HULSE u. A. S. MATLOCK: J. Am. Chem. Soc. 79, 3760 (1957).

Bei konjugierten Diolefinen (zum Beispiel Butadien[1] und Isopren[2]) besteht die Alternative der 1,2- (beziehungsweise 3,4-) und der 1,4-Verknüpfung. Hier werden im letzten Grundbaustein des wachsenden Polymerions nur Elektronen verschoben. Liegen isolierte Doppelbindungen im Monomeren vor, können innere Cyclisierungen stattfinden, wie zum Beispiel beim Myrcen[3].

Besonders interessant ist das Dimethylketen, das nicht nur an einer seiner beiden Doppelbindungen, sondern auch in (1 : 1)-alternierender Folge an je einer der beiden Doppelbindungen polymerisiert und Polyester ergibt[4]. Außerdem tritt eine solche *alternierende Copolymerisation* des Dimethylketens auch mit wirklich fremden Monomeren ein, nämlich Aldehyden und Ketonen. Die Alternierung ist in allen Fällen offensichtlich hauptsächlich dadurch bedingt, daß die Homopolymerisation der einzelnen Comonomere beziehungsweise der Doppelbindungen unter den vorgegebenen Bedingungen praktisch nicht stattfindet. Dies schließt nicht aus, daß besonders günstige Komplexbildungen mit je einem der beiden Comonomere am Katalysator erfolgen[5,6].

Einheitliche Position der Grundbausteine in den Polymerketten ist offensichtlich bei der ionischen Polymerisation zuverlässiger gegeben als bei der radikalischen. Dies ist dadurch bedingt, daß die Polarität und die Polarisierbarkeit eines Monomeren strukturabhängig sind. Wegen des ionischen Polymerisationsmechanismus ist damit aber auch die Position eines sich anlagernden Monomeren bestimmt. Es ist meistens dann zu erwarten, daß ein Monomeres eher überhaupt nicht polymerisiert als in wechselnder Position. Ein zweiter Grund ist das Fehlen des Kettenabbruchs durch Kombination aktiver Polymerenden. Bei Monomeren mit mehreren Funktionen kann die Situation aber wieder sehr kompliziert werden. In solchen Fällen

---

[1] Siehe S. 111.

[2] Siehe S. 112.

[3] Siehe S. 111.

[4] Siehe S. 136.

[5] Wenn sich der Mechanismus noch bestätigen sollte, wäre die folgende (1 :1)-alternierende Copolymerisation, die bei Einleitung von Isobutylen in α-Cyano-acrylat entsteht, besonders interessant:

$$\underset{CH_3}{\overset{CH_3}{C}}{=}CH_2 \;+\; CH_2{=}\underset{CN}{\overset{COOCH_3}{C}} \longrightarrow \;{}^{(\delta^-)}\underset{CH_3}{\overset{CH_3}{C}}{-}CH_2{-}CH_2{-}\underset{CN}{\overset{COOCH_3}{C}}{}^{(\delta^+)}$$

Beide Monomere polymerisieren nicht für sich unter denselben Bedingungen. Man hätte so also zunächst die Bildung von hochpolaren Dimeren als erste Stufe, die sich polyaddieren, s. SZWARC, M., Makromol. Chem. **35**, 132 (1960).

[6] Siehe auch (1 :1)-alternierte Copolymere von 2-Vinylpyridin und α-Stilbazol, die drei asymmetrische Kohlenstoffatome in der Hauptkette pro Struktureinheit (gebildet aus je einem der beiden Grundbausteine) aufweisen: NATTA, G., P. LONGI u. U. NORDIO: Makromol. Chem. **83**, 161 (1965).

sind für die Einheitlichkeit der Polymermoleküle die orientierenden Einflüsse der Umgebungsbedingungen, unter Umständen auch die der einzelnen Kettensegmente selbst von entscheidender Bedeutung. Die gleichen Einflüsse wirken sich dann aber auch auf die *Einheitlichkeit in der Konfiguration* der Grundbausteine aus.

So hat man Beispiele für den Einfluß der Lösungsmittel in der anionischen Polymerisation verschiedener N,N-disubstituierter Acrylamide (N,N-Di-n-propylacrylamid, N,N-Diphenylacrylamid, N,N-Di-n-butylacrylamid und N-Acryloyl-morpholin). In Toluol erhält man kristalline isotaktische Polymere, in Äther dagegen ist die sterische Regelmäßigkeit gering[1].

Wie ist dieser Unterschied zu erklären?

Die nächstliegende Erklärung ist die, daß er mit der vom Lösungsmittel abhängigen elektrolytischen Dissoziation der Ionenpaare an den wachsenden Polymerenden verbunden ist[2]. Bei starker elektrolytischer Dissoziation wachsen die Polymerionen praktisch frei und mit höherer Geschwindigkeit. Es herrscht dann an sich unregelmäßiges Wachstum vor mit einer Neigung zur syndiotaktischen Verknüpfung (falls d,l-Isomerien bestehen), die mit sinkender Temperatur an Bedeutung gewinnt.

Die Polymerisation an undissoziierten Ionenpaaren ist dagegen nicht nur langsamer, sondern wegen der anderen Reaktionsbedingungen vom „freien" Wachstum verschieden. Es ist durchaus verständlich, daß isotaktisches Wachstum diesen Bedingungen mehr entspricht, da man sich den Einfluß der Ionenpaare sehr wohl als stets gleichgerichtet vorstellen kann. Mit steigender Temperatur wird dann allerdings dieser Einfluß durch die größere thermische Bewegung der beteiligten Moleküle kompensiert, und ataktisches Wachstum tritt in den Vordergrund. (Auch die Molekulargewichte gehen mit steigender Temperatur zurück, vor allem als Folge zunehmender Übertragungs- und Abbruchreaktionen, bei einigen Polymeren wegen Annäherung an die "ceiling"-Temperatur[3].)

Die Ionisierungsneigung einer Bindung[4] ist bestimmt durch ihre *Polarität* und durch die *Solvatisierungstendenz* der Ionen. Allgemein ist für die Fälle der anionischen Polymerisation mit Carbanion und einem Metall-Kation die Polarität der Kohlenstoff-Metall-Bindung vor allem abhängig

---

[1] BUTLER, K., P. R. THOMAS u. G. J. TYLER: J. Polymer Sci. **48**, 357 (1960). Die taktischen Polymere schmelzen über 300 °C. Die Polymerisationen waren homogen katalysiert, z. B. mit Äthyllithium. – Dasselbe mit N,N-Dimethylacrylamid: PASIKA, W. M., u. R. BRANDON: Polymer 6, 503 (1965).

[2] Siehe S. 90 sowie DAS, K. S., M. FELD u. M. SZWARC: J. Am. Chem. Soc. **82**, 1506 (1960).

[3] Siehe S. 31.

[4] Die Kohlenstoff-Metall-Bindungen mögen durchaus eigentlich kovalenter Natur sein, jedoch stark polarisiert.

vom *Ionisierungspotential* des Metalls[1]. Bei den Alkalimetallen fällt dieses von Lithium über Natrium zum Kalium ab:

	Li	Na	K
Ionisierungspotential:	5,37	5,09	4,32 eV

Entsprechend ist die Polarität der Bindungen in gleicher Richtung ansteigend.

Weiterhin sind die Niveaus der Valenzelektronen und die Ionenradien von Bedeutung, da die Solvatisierungs- und Komplexbildungstendenzen der Metallionen um so größer sind, je tiefer die Elektronenniveaus und je kleiner die Ionenradien sind; im gleichen Sinne steigt auch die Ionisierung an. Die Reihenfolge abnehmender Ionenradien bei den Alkalimetallen ist umgekehrt der der Ionisierungspotentiale gerichtet:

	K	Na	Li	
Ionenradius:	1,33	0,95	0,6	Å

Mitbestimmend bei der Stärke der Solvatisierung ist das Lösungsmittel, gegebenenfalls aber auch das Monomere.

Die Gegenläufigkeit der beiden genannten Reihenfolgen führt zu Resultaten, die sich aus beiden konkurrierenden Einflüssen ergeben.

In der Reihe der Alkalimetalle als positive Gegenionen bei anionischen Polymerisationen nimmt die Dissoziation der Ionenpaare, die die aktiven Polymerenden bilden, in Kohlenwasserstoffen vom Lithium[2] über Natrium, Kalium nach Rubidium zu. Bei gleicher Temperatur ist bei Rubidium-Gegenionen die Polymerisationsgeschwindigkeit am größten, die sterische Regelmäßigkeit der Verknüpfung am geringsten; bei Lithium ist es umgekehrt. Will man für die genannten Gegenionen im gleichen Lösungsmittel die gleiche Stereospezifität erzielen, muß man entsprechend die Temperatur senken, die also bei Lithium am höchsten, bei Rubidium am tiefsten sein muß[3,4]. In Tetrahydrofuran als Lösungsmittel sind dagegen Rubidium-Polymer-Ionenpaare weniger dissoziiert als die Lithium-Polymer-Ionenpaare. Hier macht sich die stärkere Solvatation des Lithiums

---

[1] MEDVEDEV, S. S., u. A. R. GANTMAKHER: J. Polymer Sci. C 4, 173 (1963).

[2] Hier besteht noch die Besonderheit starker Assoziation sowohl der Li-Alkyl- als auch Li-Polymer-Ionenpaare. Die Ansichten gehen auseinander, ob die Assoziate oder die Monoformen reaktiv sind. SPIRIN, YU. L., A. A. AREST-YAKUBOVICH, D. K. POLYAKOV, A. R. GANTMAKHER u. S. S. MEDVEDEV: J. Polymer Sci. 58, 1181 (1962), z. B. nehmen an, daß nur die Monoform der Li-Polymer-Ionenpaare reagiert, s. aber auch S. 96.

[3] Siehe z. B. die Polymerisation von Styrol S. 114.

[4] Siehe auch Deutungen der Polymerisationen von Butadien und Isopren in bezug auf 1,4-cis und -trans sowie 1,2- bzw. 3,4-Addition: SZWARC, M.: J. Polymer Sci. 40, 583 (1959).

geltend, die mit sinkender Temperatur noch zunimmt[1]. Damit werden also die Reihenfolgen fallender Polymerisationsgeschwindigkeit und steigender Stereospezifität gerade umgedreht[2].

Für ein bestimmtes Ionenpaar ist die elektrolytische Dissoziation um so größer, je stärker die Solvatisierungstendenz des Lösungsmittels ist, und diese steigt im allgemeinen mit der Dielektrizitätskonstante (DK) des Lösungsmittels an. Deshalb ist sterisch regelmäßiges Wachstum in unpolaren Lösungsmitteln bevorzugt, in polaren an sich benachteiligt und nur noch bei tiefen Temperaturen mehr oder weniger gegeben. Ein sehr instruktives weiteres Beispiel dafür ist die Polymerisation des Methylmethacrylates bei —60 °C mit dem gleichen Lithium-Katalysator. In Hexan entsteht isotaktisches Polymeres, in Dimethoxyäthan – weil die Temperatur tief genug ist – syndiotaktisches[3]. Bereits der Zusatz von polaren, am Gegenion komplexierenden Substanzen kann solche Veränderungen bewirken und isotaktisches Wachstum unterdrücken, während – bezogen auf die gleiche Temperatur – die Polymerisationsgeschwindigkeit ansteigt[4].

Noch nicht ganz klar ist die Bedeutung heterogener, insbesondere fester Phasen des Gegenions. Es ist aber immer wieder festzustellen, daß durch die feste Phase die stereospezifische Polymerisation begünstigt wird. So wurde mit einem so einfachen System wie metallisches Natrium in Toluol im heterogenen Bereich kristallines Polystyrol erhalten – allerdings nur bei geringen Monomerkonzentrationen –, während im homogenen Bereich ausschließlich nichtkristallisierbares Produkt entstand[5]. Überhaupt werden mit löslichen Katalysatoren im allgemeinen nur unterhalb 0 °C sterisch regelmäßige Polymere erhalten, während bei höheren Temperaturen heterogene Katalysatoren notwendig sind[6]. Erfolgt als erste Stufe eines Wachstumsvorganges eine Monomeradsorption an den Katalysator, so kann man sich aber gut vorstellen, wie an festen Oberflächen die Beweglichkeiten von Monomeren stark eingeschränkt sind zugunsten bestimmter Lagen, besonders wenn es sich um Kristalloberflächen handelt mit ihrem hohen Ordnungsgrad. Es geht dann also der Verknüpfung eines Monomeren mit dem wachsenden Polymeren seine Orientierung (und natürlich Aktivierung) voraus und es kommt dadurch eine regelmäßige Mikrostruktur zustande. Weitere Aspekte werden noch weiter unten diskutiert.

---

[1] BHATTACHARYYA, D. N., C. L. LEE, J. SMID u. M. SZWARC: Polymer **5**, 54 (1964).
[2] Siehe S. 120, Polymerisation von Methylmethacrylat.
[3] Siehe S. 119.
[4] Über Zusammenhang zwischen Taktizität eines Polymeren und elektrischer Leitfähigkeit der Katalysatorlösungen s. TSURUTA, T., T. MAKIMOTO u. Y. NAKAYAMA: Makromol. Chem. **90**, 12 (1966).
[5] OKAMURA, S., u. T. HIGASHIMURA: J. Polymer Sci. **46**, 539 (1960).
[6] HIGASHIMURA, T., T. WATANABE, K. SUZUOKI, S. OKAMURA u. I. IWASA: J. Polymer Sci. C **4**, 361 (1963).

Bei einem gelösten Katalysator nimmt man aber auch in ähnlicher Weise an, daß die Monomere zunächst an die undissoziierten Ionenpaare koordinativ gebunden werden. Entstehen dabei definierte Verbindungen, so ist das Monomere damit nicht nur in einer bestimmten Weise gebunden, sondern auch zum Polymerion orientiert, das ja hauptvalenzmäßig zur gleichen (beim Kettenstart entstandenen) Verbindung gehört. Damit sich dies auf die Wachstumsschritte auswirkt, sind offenbar meistens zwei Bindungsstellen im Monomeren notwendig: neben der zur Polymerisation notwendigen Doppelbindung, die über ihre π-Elektronen gebunden wird, noch eine weitere Funktion mit einem freien Elektronenpaar (zwecks Donator-Acceptor-Bindung) oder mit π-Elektronen[1]. Diese Funktion kann zum Beispiel Äther-, Carbonyl- oder Carboxylsauerstoff, Amin-, Amid- oder Nitrilstickstoff sein oder eine zweite Doppelbindung.

So kann man zum Beispiel Vinylalkyläther, Alkenyl-alkyläther, Alkoxystyrole, Vinylcarbazole und β-Chlorvinyläther kationisch, Butadien, Isopren, Styrol, 2-Vinylpyridin, Sorbinsäureester, Acrylate und andere Verbindungen anionisch in sterisch regelmäßige Polymere überführen. Ein Beweis für die Notwendigkeit solcher zweifach koordinativer Bindungen ergibt sich vielleicht daraus, daß zugesetzte Komplexbildner, die (in geringer Menge) lediglich in eine mit dem Monomeren konkurrierende Bindung zum Katalysator treten, die Stereospezifität einer Polymerisation je nach ihrer Basizität teilweise oder ganz beseitigen, während die Aktivität des Katalysators noch (geschwächt) erhalten bleibt und ataktische Polymere entstehen[2]. (Da durch die gleiche Maßnahme verstärkte elektrolytische Dissoziation der Ionenpaare hervorgerufen wird, die sich allerdings dann in besonderer Aktivität zu äußern pflegt, ist dieser Beweis noch nicht ganz zwingend.)

Interessanterweise kann man auch o-Methoxystyrol, bei dem also der koordinierende Sauerstoff nicht mehr unmittelbar mit der Vinylgruppe verbunden ist, mit löslichen Katalysatoren kationisch in isotaktische Polymere überführen[3]. Bei p-Methoxystyrol ist das allerdings nicht gelungen. Bei diesen Monomeren muß aber auch die starre Atomanordnung durch den Benzolring beachtet werden, die nicht viel Spielraum für räumliche Änderungen durch Drehung zuläßt.

---

[1] Siehe NATTA, G.: Angew. Chem. **71**, 205 (1959): Stereospezifische Polymerisation von Vinyl-isobutyl-äther mit $AlCl(C_2H_5)_2$ bei —78 °C zu einem isotaktischen Polymeren.

[2] Siehe z. B. NATTA, G., G. MAZZANTI, P. LONGI, G. DALL'ASTA u. F. BERNARDINI: J. Polymer Sci. **51**, 487 (1961); die stereospezifische Polymerisation von 2-Vinylpyridin betreffend.

[3] NATTA, G., G. DALL'ASTA, G. MAZZANTI u. A. CASALE: Makromol. Chem. **58**, 217 (1962); Polymerisation ausgeführt bei —78 °C in Toluol, langsame Monomerzugabe in viel Lösungsmittel, Katalysatoren: $AlCl_2(C_2H_5)$, $AlCl(C_2H_5)_2$, $TiCl_2acetat_2$, $TiCl_2(O-n-butyl)_2$. Mit $AlCl_2(C_2H_5)$ wurde das sterisch regelmäßige Poly-o-methoxystyrol erhalten, das aber als solches nicht kristallisierte, sondern erst nach Hydrierung.

Da auch mit steigender Temperatur eine Abschwächung der Stereospezifität von ionischen Katalysatoren festgestellt wird, kann man annehmen, daß dies – wenigstens teilweise – auf eine schwächer werdende koordinative Bindung der Monomere zurückzuführen ist. Andererseits nimmt aber auch in der gleichen Richtung die Polymerisationsgeschwindigkeit zu, die die Stereospezifität verringert (vielleicht, weil die Monomere im Mittel weniger Zeit zur Orientierung haben). Das zeigt sich nämlich dann, wenn die Polymerisationsgeschwindigkeit nicht durch Temperatursteigerung, sondern durch Erhöhung der Monomerkonzentration erhöht wird.

Bei dem derzeitigen Stand der Forschung ist es noch nicht möglich, hier eine genaue Aussage zu machen, zumal man noch nicht die Lagen der Dissoziationsgleichgewichte der Ionenpaare bei verschiedenen Temperaturen kennt[1].

So überzeugend die Vorstellung der koordinativen Bindungen der Monomere an das Gegenion ist, kann sie jedoch nicht oder nur bedingt in allen Fällen, die stereoregulär verlaufen, angewendet werden (zum Beispiel kaum bei der Polymerisation von Styrol mit Butyl-Lithium, der von Vinyläther mit BF_3-Ätherat und in anderen Fällen). Dort dürften sterische Hinderungen der Substituenten an den Atomen der Doppelbindungen, Einwirkungen von Grundbaustein zu Grundbaustein, wie sie für das Wachstum an praktisch „freien" Ionen (und Radikalen) bereits gelten, und Wechselwirkungen zwischen den wachsenden Polymerketten und den Gegenionen den Ausschlag geben[2].

Damit ist die Frage aufgeworfen, inwieweit überhaupt ein wachsendes Polymerion die Anknüpfung eines neuen Monomeren steuern kann. Nun, man kann sich zum Beispiel denken, daß ein Polymeres in schlechten Lösungsmitteln eine bestimmte Konformation einnimmt, zum Beispiel eine Helix bei isotaktischem Polymerem, und daß diese Helix rückwirkend nur Mikrostrukturen eines neuen anpolymerisierenden Monomeren zuläßt, die sich voll einordnen[3]. Wird aber doch einmal eine „falsche" Mikrostruktur

---

[1] Wahrscheinlich verstärkt sich die elektrolytische Dissoziation mit abnehmender Temperatur, siehe z. B. BHATTACHARYYA, D. N., C. L. LEE, J. SMID u. M. SZWARC: Polymer **5**, 54 (1964).

[2] HIGASHIMURA, T., T. WATANABE, K. SUZUOKI, S. OKAMURA u. I. IWASA: J. Polymer Sci. C **4**, 361 (1963); OHSUMI, Y., T. HIGASHIMURA, S. OKAMURA: J. Polymer Sci. A **3**, 3729 (1965).

[3] SZWARC, M.: Chem. and Ind. (London) **1958**, 1589. Siehe z. B. die Herstellung von kristallisierbarem Polystyrol mit Triphenylmethylkalium in Hexan, während in Benzol mit demselben Katalysator amorphes Produkt entsteht: WILLIAMS, J. L. R., T. M. LAAKSO u. W. J. DULMAGE: J. Org. Chem. **23**, 638 (1958). Diese Autoren verweisen aber darauf, daß der Katalysator in Hexan unlöslich, in Benzol dagegen löslich ist, und sehen darin die Unterschiede begründet.

gebildet, so mag die Polymerisation so lange verzögert sein, bis sich wieder eine kurze Helix gebildet hat.

Vielleicht ist die Bildung bestimmter Konformationen an festen Oberflächen begünstigt – wenigstens für eine gewisse, vom aktiven Ende gerechnete Länge des Polymeren –, selbst wenn das Polymere an sich in dem betreffenden Lösungsmittel gut löslich ist.

Die regelnde Wirkung von räumlich ausgedehnten Substituenten zeigt sich bei der Polymerisation von verschiedenen Estern der Acrylsäure und Methacrylsäure. Während bei Initiierung mit Lithium-Dispersion im reinen oder in Hexan gelöstem Monomeren bei vergleichsweise so hohen Temperaturen wie 50 °C von den Methyl-, n-Butyl-, sek.-Butyl- und Isobutylestern keine kristallinen Polymere erhalten wurden, gelang dies bei den tert.-Butylestern[1,2]. Aber bereits bei der Methylmethacrylat-Polymerisation bestehen unterschiedliche Aktivierungsenergien, je nachdem, ob auf einen isotaktischen Schritt ein isotaktischer oder ein syndiotaktischer folgt usw.

Hat man ein Monomeres vorliegen, das bei der stereospezifischen Polymerisation Asymmetriezentren mit optischer Aktivität ausbildet, so wird man normalerweise dennoch keine optische Aktivität messen, da beide Konfigurationen gleich häufig vorkommen und sich kompensieren. Es ist dann notwendig, eine asymmetrische Beeinflussung der Polymerisation herzustellen, damit wenigstens überschüssige Mengen von Polymermolekülen mit einer bestimmten einheitlichen d- oder l-Konfiguration entstehen. Eine solche asymmetrische Beeinflussung ist möglich, wenn man metallorganische Katalysatoren verwendet, die optisch aktive, also asymmetrische Organylreste besitzen[3-5]. Diese vermögen wahrscheinlich als die Ketten startenden Endgruppen ihre Asymmetrie der wachsenden Kette aufzuprägen, wobei dieser Einfluß von Grundbaustein zu Grundbaustein weitergegeben wird. Die optische Aktivität nimmt dann aber mit fortschreitender Polymerisation ab, da zufällige Konfigurations-Umkehrungen diesen Effekt mit der Zeit neutralisieren.

Beispiele sind die Polymerisation von Sorbinsäure-methyl- und -butylester sowie von β-Styryl-acrylsäurebutylester mit (R)2-Methylbutyllithium

[1] MILLER, M. L., u. C. E. RAUHUT: J. Am. Chem. Soc. 80, 4115 (1958); lange Induktionsperioden, je nach Reinheitsgrad des Monomeren.

[2] Siehe auch GARRETT, B. S., W. E. GOODE, S. GRATCH, J. F. KINCAID, C. L. LEVESQUE, A. SPELL, J. D. STROUPE u. W. H. WATANABE: J. Am. Chem. Soc. 81, 1007 (1959).

[3] NATTA, G., M. FARINA, M. DONATI u. M. PERALDO: Chim. e Ind. (Mailand) 42, 1363 (1960).

[4] NATTA, G., M. FARINA u. M. DONATI: Makromol. Chem. 43, 251 (1961).

[5] SCHULZ, R. C., u. E. KAISER: Fortschr. Hochpolym.-Forsch. 4, 236—315 (1965), „Synthese und Eigenschaften von optisch aktiven Polymeren".

in Toluol bei —40 °C[1]. Die optische Aktivität des Polymeren übersteigt bei weitem die der Endgruppen (von denen eine auf 150–250 Grundbausteine kommt). Weitere Beispiele sind bei Polypropylenoxid zu finden[2].

In einem zweiten Fall verwendet man übliche stereospezifische Katalysatoren, die keine asymmetrischen Organylgruppen enthalten, die jedoch mit optisch aktiven Lewis-Basen komplex gebunden sind[3]. Auf diese Weise kommt eine Asymmetrie in das Gegenion[4], die nicht im Laufe der Polymerisation neutralisiert werden kann und entsprechend nachhaltiger ist[5].

Beispiele hierfür sind die Polymerisationen von Sorbinsäuremethylester und -butylester, sowie von β-Styryl-acrylsäureester mit Butyllithium, das mit (—)Menthyl-äthyläther komplexiert ist[1], und die Polymerisation von Benzofuran mit $AlCl_3$/β-Phenylalanin[6]. In all diesen Fällen waren die Polymere optisch aktiv.

Hieraus kann man aber auch den ganz allgemeinen Schluß ziehen, daß eine stereospezifische Polymerisation (an undissoziierten Ionenpaaren) zu isotaktischen Polymeren selbst mit symmetrischen Katalysatoren deshalb möglich ist, weil beim Kettenstart eine bestimmte Asymmetrie durch den ersten Grundbaustein des wachsenden Polymeren, das ja ebenfalls Substituent, vielleicht sogar Komplexbildner am Gegenion ist, in das Ionenpaar eingebracht wird. Diese Asymmetrie bestimmt (in den günstigen Fällen) darüber, ob die isotaktische Verknüpfung der weiteren Grundbausteine im Sinne von ddd... oder lll... erfolgt, solange, bis eine auf Grund irgendwelcher sonstiger Einflüsse hervorgerufene Umkehr der Konfiguration eintritt. Man erhält so isotaktische Sequenzen, die durch syndiotak-

---

[1] NATTA, G., M. FARINA u. M. DONATI: Makromol. Chem. **43**, 251 (1961). Die Poly-sorbinsäureester sind erythro-diiso-trans-taktisch, wobei folgende beiden enantiomorphen Strukturen in Frage kommen, von denen die eine vorherrschen muß, damit optische Aktivität eintritt:

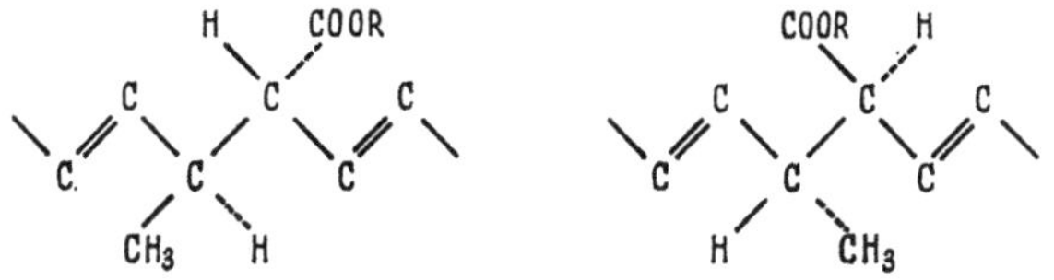

[2] Siehe S. 142.

[3] NATTA, G., M. FARINA, M. PERALDO u. G. BRESSAN: Chim. e Ind. (Mailand) **43**, 161 (1961); Makromol. Chem. **43**, 68 (1961).

[4] FARINA, M. u. G. BRESSAN: Makromol. Chem. **61**, 79 (1963).

[5] Wie eine solche Asymmetrie auch durch bereits fertiges isotaktisches Polymeres dem Gegenion aufgeprägt werden kann, zeigen Ergebnisse bei der Benzofuran-Polymerisation, s. S. 128.

[6] Siehe S. 128.

tische Schritte unterbrochen sind. Im Normalfall ist die Chance, daß der erste Grundbaustein nach d oder l orientiert ist, gleich wahrscheinlich. Das Wechselspiel zwischen Polymerion und Gegenion ist damit von grundsätzlicher Bedeutung, unabhängig davon, ob das Monomere an letzteres koordinativ gebunden wird oder nicht.

Auch bei der Polymerisation von Diolefinen mit konjugierten Doppelbindungen[1,2] nimmt man an, daß einem Verknüpfungsschritt die Koordinierung eines Monomeren am Ionenpaar des aktiven Polymerendes vorausgeht, soweit das Ionenpaar elektrolytisch undissoziiert vorliegt. Man kann sich dann beispielsweise vorstellen, daß Monomere wie Butadien und Isopren mit einem solchen einen aktivierten Koordinationskomplex als energetisch günstigen Sechsring in cis-Stellung bilden:

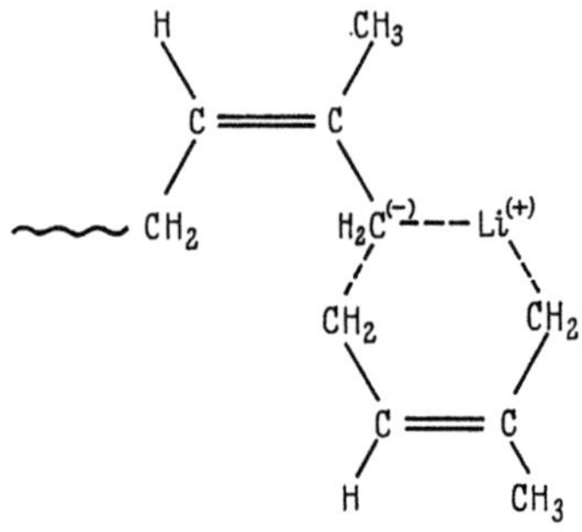

$$
\begin{array}{c}
H \qquad\qquad CH_3 \\
\backslash \qquad\quad / \\
C = C \\
/ \qquad\quad \backslash \\
\sim\!\!\sim CH_2 \qquad H_2C^{(-)} \text{---} Li^{(+)} \\
/ \qquad\qquad \backslash \\
CH_2 \qquad\qquad CH_2 \\
\backslash \qquad\quad / \\
C = C \\
/ \qquad\quad \backslash \\
H \qquad\qquad CH_3
\end{array}
$$

Das Monomere wäre damit konfigurativ bereits für die Verknüpfung mit dem Polymeren vorbereitet[3]. Tatsächlich erhält man unter den diskutierten Bedingungen, die die Existenz solcher Komplexe zulassen – gut komplexbildendes Gegenion (Li^+), unpolare Lösungsmittel, Abwesenheit fremder komplexierender Zusätze, nicht zu hohe Temperaturen –, wenigstens beim Polyisopren fast reine cis-Konfigurationen.

Obwohl die Katalysatoren mehrfach als unter diesen Bedingungen heterogen vorliegend bezeichnet wurden, scheinen nur homogen gelöste lithiumorganische Verbindungen wirksam zu sein[4,5]. Da dieselben in Kohlenwasserstoffen außerdem Assoziate bilden, ergibt sich weiter die Frage, welche Bedeutung den *Assoziat-* und den *Monomerformen* zukommt. Nun geht die cis-Konfiguration mit steigender Katalysatorkonzentration zurück, weshalb der Assoziatform die Bildung der trans-1,4- und der 3,4-Verknüp-

---

[1] Polyisopren s. S. 112.

[2] STEARNS, R. S., u. L. E. FORMAN: J. Polymer Sci. **41**, 381 (1959).

[3] Siehe auch SINN, H., C. LUNDBORG u. O. T. ONSAGER: Makromol. Chem. **70**, 222 (1964); PATAT, F., u. H. SINN: Angew. Chem. **70**, 496 (1958).

[4] MINOUX, J., B. FRANCOIS u. C. SADRON: Makromol. Chem. **44—46**, 519 (1961).

[5] Eine zusammenfassende Darstellung von Polymerisationen mit Lithium und seinen Verbindungen s. BYWATER, S.: Fortschr. Hochpolym.-Forschung **4**, 66—110 (1965).

fung zugeschrieben wird[1]. Die Monomerform soll die cis-1,4-Verknüpfung bedingen[2,3].

Mit Natrium und Kalium als Gegenionen oder in polaren Lösungsmitteln erhält man keine cis-Konfigurationen, dagegen mehr oder weniger trans-1,4- und 1,2- beziehungsweise 3,4-Verknüpfungen. Damit verbunden ist eine Erhöhung der Polymerisationsgeschwindigkeit, die sich aus einer verringerten Aktivierungsenergie ergibt (Tabelle 2. Die angegebenen Aktivierungsenergien sind Durchschnittswerte für alle möglichen Verknüpfungen). Dies läßt zumindest darauf schließen, daß die cis-Komplexe im Übergangszustand nicht mehr gebildet werden, während man noch nicht sagen kann, inwieweit die elektrolytische Dissoziation der Ionenpaare dafür verantwortlich ist[4] und Polymerisation an freien Polymer-Ionen stattfindet.

Tabelle 2. *Scheinbare Aktivierungsenergien der Wachstumsschritte von Butadien und Isopren bei der Polymerisation nach ionischem Mechanismus*[3]

Monomere	Lösungsmittel	Aktivierungsenergie $kcal \cdot mol^{-1}$
Butadien	n-Hexan	$21,5 \pm 0,3$
	Tetrahydrofuran	$6,1 \pm 0,05$
Isopren	n-Hexan	$22,6 \pm 0,3$
	Tetrahydrofuran	$6,8 \pm 0,1$

Der Temperatureinfluß auf die Mikrostrukturen ist in allen Fällen gering, während sich die Monomerart stark auswirkt[5].

Stellen nun die Katalysatoren selbst wieder Komplexe oder Assoziate dar, so kann ein Monomeres (und auch das wachsende Polymerende) an mehreren Metallionenzentren koordinieren. Solche *„multizentrischen" Komplex-Katalysatoren* zeigen in einigen Beispielen bei Estern der Acryl-[6] und der Methacrylsäure[7] ausgezeichnete Wirkungen in bezug auf Aktivität und

---

[1] STEARNS, R. S., u. L. E. FORMAN: J. Polymer Sci. **41**, 381 (1959).

[2] MINOUX, J., B. FRANCOIS u. C. SADRON: Makromol. Chem. **44—46**, 519 (1961).

[3] MORTON, M., E. E. BOSTICK, R. A. LIVIGNI u. L. J. FETTERS: J. Polymer Sci. A 1, 1735 (1963).

[4] TOBOLSKY, A. V., D. J. KELLEY, K. F. O'DRISCOLL u. C. E. ROGERS: J. Polymer Sci. **28**, 425 (1958).

[5] Siehe z. B. den Unterschied zwischen cis- und trans-1-Cyanobutadien-1,3 (die sich leicht voneinander trennen lassen) bei der Polymerisation mit Butyllithium in Kohlenwasserstoffen bei —78 °C. Ersteres gibt kristallines, das zweite amorphes trans-Polymeres: GIANNINI, U., M. CAMBINI u. A. CASSATA: Makromol. Chem. **61**, 246 (1963).

[6] FURUKAWA, J., T. TSURUTA u. T. MAKIMOTO: Makromol. Chem. **42**, 165 (1960); MAKIMOTO, T., T. TSURUTA u. J. FURUKAWA: Makromol. Chem. **50**, 116 (1961).

[7] KAWASAKI, A., J. FURUKAWA, T. TSURUTA, S. INOUE u. K. ITO: Makromol. Chem. **36**, 260 (1960).

Stereospezifität selbst bei Raumtemperatur (s. Tabelle 3). Außerdem sind sie gegenüber Umgebungsbedingungen nicht so empfindlich wie hinsichtlich der Art des Lösungsmittels usw. [1,2].

Tabelle 3. *Multizentrische Katalysatoren und ihre stereospezifische Wirkung bei der Polymerisation von Estern der Acryl- und der Methacrylsäure* [1]

Katalysatorkomplex	Lösungsmittel	Mikrostruktur der Polymere
$LiAlH_4$	Äther, Toluol	isotaktisch
$LiBH_4$	Äther	isotaktisch
$LiAlH_4/Zn(C_2H_5)_2$ $Cd(C_2H_5)_2$ $Al(C_2H_5)_3$	Äther, Toluol	isotaktisch
Ca/, Sr/, Ba/$Zn(C_2H_5)_2$	Äther, Toluol	isotaktisch
LiR/$Al(C_2H_5)_3$	Äther, Toluol	syndiotaktisch

Eine wieder etwas andere Art von heterogenen Katalysatoren sind die sogenannten *„Alfin"*-*Katalysatoren*. Sie sind zusammengesetzt aus einer Mischung von Natriumallyl, -benzyl oder -xylyl, Natriumalkoxid und Natriumchlorid [3]. So wird zum Beispiel Amylchlorid mit überschüssigem Natriumgrieß in einem gesättigten Kohlenwasserstoff zu Amylnatrium umgesetzt, wonach Isopropanol oder Methyl-phenyl-carbinol (im Unterschuß) zugegeben wird, so daß Amylnatrium, Natriumalkoxid und NaCl nebeneinander vorliegen. Anschließend wird zum Beispiel Propylen eingeleitet oder Toluol, Xylol und ähnliches zugegeben, wodurch anstelle von Amylnatrium Allyl- beziehungsweise Benzyl- oder Xylyl-Natrium entstehen.

Mit diesen Systemen erfolgt eine heftige Polymerisation von Butadien, Isopren und Styrol.

Möglicherweise sind die Katalysatoren folgendermaßen strukturiert [4] (als mögliche Ionenformeln geschrieben):

---

[1] FURUKAWA, J.: Polymer **3**, 487 (1962). Zusammenfassende Darstellung der Polymerisation von stark polaren Monomeren.

[2] TSURUTA, T., R. FUJIO u. J. FURUKAWA: Makromol. Chem. **80**, 172 (1964); Vinyl₂ketone betreffend. Methylvinylketon bildet jedoch bereits mit $Al(C_2H_5)_3$, $Zn(C_2H_5)_2$ oder $Cd(C_2H_5)_2$ kristalline Polymere.

[3] MORTON, A. A., E. E. MAGAT u. R. L. LETSINGER: J. Am. Chem. Soc. **69**, 950, (1947). Der Name „Alfin" ist zusammengezogen aus Alkyl und Olefin; MORTON, A. A., F. D. MARSH, R. D. COOMBS, A. L. LYONS, S. E. PENNER, H. E. RAMSDEN, V. B. BAKER, E. L. LITTLE u. R. L. LETSINGER: J. Am. Chem. Soc. **72**, 3785 (1950).

[4] MORTON, A. A., u. R. A. FINNEGAN: J. Polymer Sci. **38**, 19 (1959). Das Metallierungsprodukt von Methylcyclohexen kann Alfin-Katalysator bilden, nicht aber das des Cyclohexens, das keinen solchen Sechsring bildet.

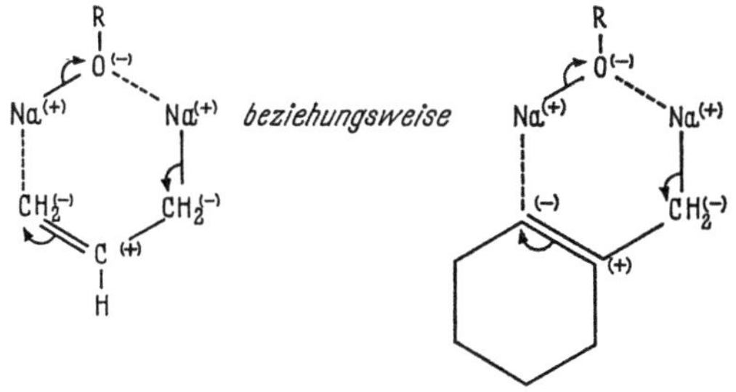

beziehungsweise

Zur stereospezifischen Polymerisation müssen die Alfinkatalysatoren anscheinend feste Partikelchen enthalten[1]. Dabei gibt es Unterschiede, insofern manche Katalysatoren zwar eine schnelle Polymerisation, aber keine stereospezifische bewirken, andere polymerisieren Styrol stereospezifisch, wieder andere Butadien. Deshalb mag die Oberfläche der festen Partikelchen in ihrer Chemisorption und Geometrie bestimmend sein bei der Polymerisation. Es wurde aber auch festgestellt, daß bei der stereospezifischen Styrolpolymerisation NaCl nicht notwendig ist[2]. Außerdem ist bemerkenswert, daß die beiden notwendigen Bestandteile der Alfin-Katalysatoren – Natriumalkyl und -alkoholat – im Prinzip für sich allein auch bei anderen Monomeren als Butadien, Isopren und Styrol Katalysatoren sind, mit zum Teil stereospezifischer Wirkung.

Sehr interessante ionische Polymerisationen sind die *Aldehyd-Polymerisationen* zu Polyacetalen. Unter Verwendung von zum Beispiel Metallalkoxiden erhält man bei tiefen Temperaturen kristalline Polymere von Acetaldehyd und höheren Aldehyden[3], die wegen der Asymmetrie der Grundbausteine *regelmäßige Mikrostrukturen* haben müssen[4]. Nun sind Metallalkoxide (zum Beispiel Aluminiumalkoxide) dafür bekannt, daß sie Tetramere, bei tiefen Temperaturen auch noch höhere Assoziate bilden. Man kann deshalb annehmen, daß auch die Aldehyde als Monomere zunächst an das katalytische System koordinieren und entsprechend definierte Verbindungen ergeben. Die Hauptreaktion besteht dann im Übergang von der koordinierten zur kovalenten (Hauptvalenz-)Bindung.

Allerdings gibt es dabei verschiedene Möglichkeiten, wie sie in Abb. 18 zusammengestellt wurden[5]. So kann ein einfacher Wasserstoff-Austausch eintreten, der den koordinierten Aldehyd zur Alkoxygruppe, die Alkoxygruppe

[1] MORTON, A. A., u. L. D. TAYLOR: J. Polymer Sci. **38**, 7 (1959).

[2] Siehe BRAUN, D., M. HERNER u. W. KERN: Makromol. Chem. **36**, 232 (1960).

[3] VOGL, O.: J. Polymer Sci. **46**, 261 (1960).

[4] Siehe auch Polymerisationen unter sehr hohem Druck: NOVAK, A., u. E. WHALLEY: Can. J. Chem. **37**, 1710, 1718 (1959). In diesen Fällen waren die Polymere des Acetaldehyds, Propionaldehyds, n-Butyraldehyds und n-Valeraldehyds amorph, die des Isobutyraldehyds und des n-Heptaldehyds kristallin.

[5] FURUKAWA, J., T. SAEGUSA u. H. FUJII: Makromol. Chem. **44—46**, 398 (1961).

zum Aldehyd werden läßt (I, II). Dies ist die bekannte Oppenauer-Oxidation, die bei normalen Temperaturen geschieht. Bei tieferer Temperatur verläuft die Reaktion jedoch etwas anders, indem sich über ein Acetal ein Ester bildet (I, III, IV, V). Bei tiefen Temperaturen sind dann diese Nebenreaktionen mit offensichtlich höheren Aktivierungsenergien zugunsten einer fortlaufenden Polyacetalbildung ausgeschaltet (I, III, IV, VI, VII)[1,2].

Die anionische Polymerisation von Aldehyden mit langen Seitenketten (zum Beispiel n-Heptaldehyd) gibt praktisch vollständig kristalline Polymere, während der unter den gleichen Bedingungen polymerisierte Acetaldehyd noch lösliche Fraktionen enthält. Offensichtlich verbessert also die Raumbeanspruchung der Alkylketten die Stereoregularität. Andererseits sind Substituenten in den Alkylgruppen auch geeignet, die Polymerisation überhaupt zu verhindern. So polymerisierten 2-Äthylbutyraldehyd, 2-Äthylhexanal und Cyclohexanal nicht oder sehr schlecht[3].

Sehr wichtig sind die Lösungsmittel bei der anionischen Aldehydpolymerisation. Am schnellsten und weitesten verläuft die Polymerisation in Lösungsmitteln niedriger DK, so in Kohlenwasserstoffen, während sie in solchen hoher DK nicht stattfindet. Die Temperaturen müssen schon deshalb stets sehr tief sein, weil die ceiling-Temperaturen tief liegen[4].

Die Polymerisation kristallisierter Monomere[5–7] ist in bezug auf die Synthese von einheitlichen Polymeren, besonders was die chemische und strukturelle Einheitlichkeit anbelangt, schon deshalb so sehr interessant, weil Kristallisation ja bereits hohe Ordnung bedeutet und die Monomere also in einem Zustand gleichmäßiger Orientierung zur Polymerisation gelangen. Bis jetzt sind allerdings noch nicht genügend Untersuchungen bekannt, um ein Urteil darüber abzugeben, wie die Hoffnungen auf besondere Einheitlichkeit erfüllt werden. Man kann aber sogleich erkennen, daß die Orientierung der Monomere im Kristall nur dann wirklich bedeutungsvoll wird, wenn die Volumenänderung bei der Polymerisation nicht groß ist. Bei übermäßiger Kontraktion der Polymere werden nämlich die Abstände zwischen den aktiven Polymerenden und dem nächsten Monomeren im Kristall zu groß, als daß eine Reaktion normal fortgesetzt werden könnte[8]. Es wird dann entweder das Polymere aktiv festgehalten – eine

---

[1] Der mögliche Kettenabbruch VII, VIII wirkt sich praktisch als Übertragung auf Monomeres aus.

[2] Zum Mechanismus der Aldehydpolymerisation s. auch VOGL, O., u. W. M. D. BRYANT: J. Polymer Sci. A 2, 4633 (1964).

[3] VOGL, O.: J. Polymer Sci. A 2, 4607 (1964).

[4] Siehe S. 133.

[5] MAGAT, M.: Polymer 3, 449 (1962). Der Autor gibt einen allgemeinen Überblick!

[6] Siehe auch Ausführungen Seite 73.

[7] GARRATT, P. G.: Polymer 3, 323 (1962); mit Überblick über strahlungsinduzierte Polymerisation an festen Monomeren.

[8] HIRSHFELD, F. L., u. G. M. J. SCHMIDT: J. Polymer Sci. A 2, 2181 (1964).

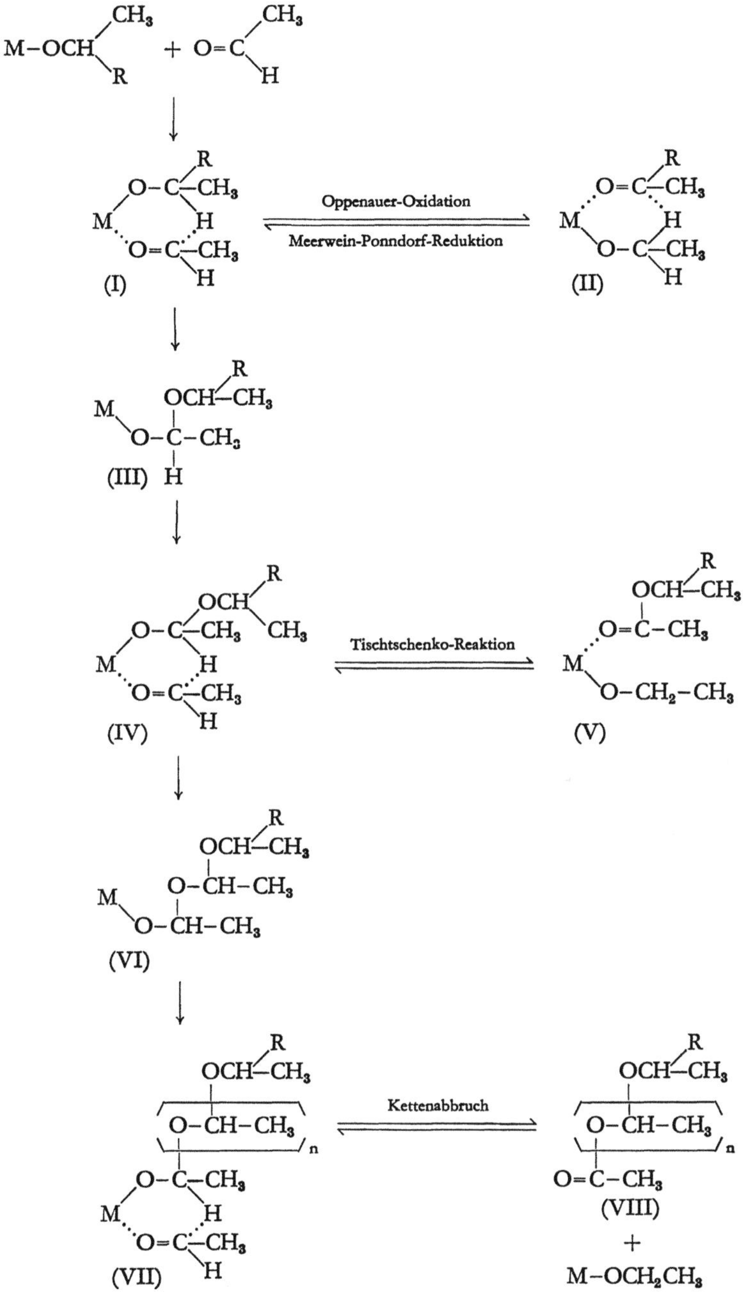

$$M-OCH\underset{R}{\overset{CH_3}{|}} \quad + \quad O=C\underset{H}{\overset{CH_3}{|}}$$

(I) $\xrightleftharpoons[\text{Meerwein-Ponndorf-Reduktion}]{\text{Oppenauer-Oxidation}}$ (II)

(III)

(IV) $\xrightleftharpoons{\text{Tischtschenko-Reaktion}}$ (V)

(VI)

(VII) $\xrightleftharpoons{\text{Kettenabbruch}}$ (VIII)

$+$

$M-OCH_2CH_3$

Abb. 18. Schema verschiedener Aldehydreaktionen

Polymerisation mag dann beim Aufschmelzen plötzlich fortgesetzt werden[1] oder es finden verschiedenartige Abbruchprozesse statt – oder die Polymerisation wird diffusionskontrolliert.

Dabei dürfte der letztere Vorgang, also die Diffusion von Monomeren zum aktiven Polymerende, durchaus der häufigere Fall sein. Die Geschwindigkeit des Kettenwachstums ist dann von der Beweglichkeit der Monomere im Kristall abhängig.

Normalerweise wird bei der Polymerisation im festen Monomer-Kristall stets ein mehr oder weniger großer Diffusionseinfluß bestehen. Entsprechend ist der Einfluß der Kristallstruktur geringer oder größer. Dabei spielen Temperatur, Vorgang und Intensität der Initiierung, Umfang der Polymerisation[2] und Verunreinigungen im Kristall eine schwer ganz überschaubare Rolle.

Zweckmäßiger ist die Betrachtung von Vorgängen, die nicht diffusionsbestimmt sind. Dieser Fall liegt zum Beispiel dann vor, wenn ein Monomeres durch Rotation an das aktive Polymerende einschwenken kann. Vielleicht ist derartiges bei der strahlungsinduzierten Polymerisation von Diacetylen-dicarbonsäure der Fall[3].

Bei der Polymerisation von festem Trioxan geht der Monomerring auf und füllt die Lücke aus, die sonst durch den Verknüpfungsvorgang bei der Polymerisation entstünde. Dadurch entsteht ein kristallines Polyoxymethylen, dessen Ketten in der Richtung der trigonalen Achse des Monomerkristalls angeordnet sind[4]. Ähnliches geschieht wahrscheinlich bei der Polymerisation der ringförmigen, kristallinen Monomere Diketen, β-Propiolacton und Bischlormethyl-oxacyclobutan zu ebenfalls kristallisierten Polymeren. Bei den gleichen Polymeren besteht eine interessante Abhängigkeit des Polymer-Schmelzpunktes von der Größe der Monomer-Einkristalle, wobei erstere um so höher sind, je größer die Einkristalle waren[5,6].

Am Schmelzpunkt herrscht der Übergang von der ihren richtenden Einfluß ausübenden Monomerkristall-Phase zu der höhere Beweglichkeit ermöglichenden flüssigen Phase. Daß dieser Übergang an der Oberfläche

[1] MAGAT, M.: Polymer 3, 449 (1962).

[2] Die meisten Polymerisationen gehen nicht über bestimmte niedere Umsatzmengen hinaus. Wahrscheinlich wird der Monomerkristall durch das gebildete Polymere so stark „verunreinigt", daß die Polymerisation erliegt. In anderen Fällen sind strahlungsbedingte Abbauvorgänge die Ursache. Andererseits zeigen manche Monomere (z. B. Acrylamid) sehr hohe Umsätze. Dort findet die Polymerisation an der Grenze zwischen kristallinem Monomerem und amorphem Polymerem statt.

[3] DUNITZ, J. D., u. J. M. ROBERTSON: J. Chem. Soc. (London) 1947, 1145.

[4] LANDO, J., N. MOROSOFF, H. MORAWETZ u. B. POST: J. Polymer Sci. 60, S 24 (1962).

[5] HAYASHI, K., Y. KITANISHI, M. NISHII u. S. OKAMURA: Makromol. Chem. 47, 237 (1961).

[6] Siehe auch OKAMURA, S., K. HAYASHI u. Y. KITANISHI: J. Polymer Sci. 58, 925 (1962). Die Polymerisationen haben ionischen Mechanismus.

schmelzender Kristalle günstige Auswirkungen haben kann, zeigt die Polymerisation von Acetaldehyd, die am Schmelzpunkt schneller und vollständiger geht als in der flüssigen oder festen Phase allein[1,2].

Die Auswirkungen geordneter Kristallinnenräume auf die Polymerisation zeigt sich sehr instruktiv bei den Thioharnstoff- und Harnstoff-Kanal-Komplexen, die bereits besprochen wurden[3].

Einheitliche Molekulargewichte können an sich erwartet werden, wenn alle wachsenden Polymerketten gleichzeitig gestartet werden (das heißt für die Praxis, wenn die Geschwindigkeit des Kettenstarts größer als, oder wenigstens etwa gleich groß wie die Wachstumsgeschwindigkeit ist) und Kettenabbruch sowie Nebenreaktionen bei gleichbleibenden Polymerisationsbedingungen vermieden werden können. Nach Szwarc[4] findet bei der mit verschiedenen alkali-organischen Verbindungen (zum Beispiel mit Na- und Li-Naphthalin-Komplexen, Biphenylnatrium, α-Methylstyrolnatrium, Phenanthrennatrium) gestarteten anionischen Polymerisation mancher Monomere dann kein Kettenabbruch und keine -übertragung statt, wenn in nicht-aciden, gut solvatisierenden Lösungsmitteln gearbeitet wird[5]. Der Einfluß des Lösungsmittels ist auch wegen der durch dasselbe bedingten unterschiedlichen elektrolytischen Dissoziation der Ionenpaare an den wachsenden Polymerenden sehr groß. Durch Zusatz von Salzen mit dem gleichen Kation wie das Polymergegenion können die Dissoziationen zurückgedrängt werden. Das Kettenwachstum findet dann angenähert einheitlich an Polymeren mit undissoziierten Ionenpaaren statt[6].

Nebenreaktionen (und eventuelle Depolymerisationen) werden durch Einhaltung tiefer Temperaturen vermieden. Der durchschnittliche Polymerisationsgrad ergibt sich dann unmittelbar aus dem Verhältnis der Konzentration der verbrauchten Monomere zur Katalysatorkonzentration (bei doppelt initiierenden Dianionen wie Na-Naphthalin: $^1/_2$ Katalysator-Konzentration[7]).

In der Praxis entstehen allerdings erhebliche Schwierigkeiten[8], die mit ansteigendem Molekulargewicht der hergestellten Polymere anwachsen.

---

[1] Letort M., u. A. J. Richard: J. Chim. Phys. **57**, 752 (1960). Temp.: —123,3 °C.

[2] Chachaty, C.: J. Chim. Phys. **59**, 427 (1962).

[3] Siehe S. 73.

[4] Szwarc, M., M. Levy u. R. Milkovitch: J. Am. Chem. Soc. **78**, 2656 (1956); Szwarc, M.: Nature **178**, 1168 (1956); Waack, R., A. Rembaum, J. D. Coombes u. M. Szwarc: J. Am. Chem. Soc. **79**, 2026 (1957), Polystyrol in Tetrahydrofuran, 0 °C.

[5] Über die Molekulargewichtsverteilung, wenn zwar kein Kettenabbruch, aber Übertragung auf Monomeres stattfindet, s. Litt, M., u. M. Szwarc: J. Polymer Sci. **42**, 159 (1960).

[6] Siehe weiter S. 117.

[7] Szwarc, M.: Makromol. Chem. **35**, 132 (1960).

[8] Über Prüfung des Verfahrens an Polystyrol, Polybutadien und Polyisopren s. Brody, H., M. Ladacki, R. Milkovitch u. M. Szwarc: J. Polymer Sci. **25**, 221 (1957).

So ist das Verfahren außerordentlich empfindlich gegen Verunreinigungen[1]. Ferner kann die Mischgeschwindigkeit der Reaktionspartner von Einfluß sein. Im allgemeinen ist es aber möglich, durch zum Beispiel extreme Reinigung und Anwendung eines Düsenmischers für die Mischung der Reaktionspartner diese Einflüsse auszuschalten[2].

Andere Autoren wendeten folgende Mischungsverfahren an[3,4]: Wenn sowohl die Initiierung als auch das Kettenwachstum sehr schnell waren, wurde Monomeres unter schnellem Rühren zur Initiator Lösung tropfenweise zugegeben. War die Initiierungsgeschwindigkeit schnell, die Wachstumsgeschwindigkeit dagegen langsam, so wurden Initiator und Monomeres in gewöhnlicher Weise sorgfältig vermischt und damit letzteres zur Polymerisation gebracht. War jedoch die Wachstumsgeschwindigkeit schnell gegen die Initiierung, so unterteilten sie das Verfahren in zwei Stufen: Zunächst wurde der Initiator mit einer geringen Menge Monomeres vermischt, um eine „Saatpolymerisation" einzuleiten, danach wurde die Hauptmenge des Monomeren zugegeben und die eigentliche Polymerisation ablaufen gelassen (Vorstartverfahren)[5]. Auf diese Weise konnten bei Polystyrol, Polyisopren und Polybutadien $\overline{M}_w/\overline{M}_n$-Verhältnisse bis herab zu 1,05 erzielt werden.

Solange die Polymere „lebend" sind, kann sich bei entsprechenden Polymer/Monomer-Konzentrationsverhältnissen die Depolymerisation bemerkbar machen, etwa derart, daß sich Gleichgewichtspolymerisation einstellt. In diesem Fall ändert sich das durchschnittliche Molekulargewicht nicht mehr, die Verteilung geht jedoch von einem annähernd einheitlichen Molekulargewicht in die wahrscheinlichste (das heißt breite) Verteilung über (bei gleicher Endgruppenzahl)[6]. Es ist also auch notwendig, eine einmal erreichte molekulare Einheitlichkeit durch „Tötung" der Polymerionen zu stabilisieren.

Polymerisationen ohne Abbruch sind auch die mit Alkyl-Lithium initiierten von Styrol, Butadien und Isopren in Benzol, Hexan, Tetrahydrofuran und ähnlichen Lösungsmitteln[7,8]. Dabei bestehen insofern Unter-

---

[1] Szwarc, M., u. M. Litt: J. Phys. Chem. **62**, 568 (1958).

[2] Figini, R. V., H. Hostalka, K. Hurm, G. Löhr u. G. V. Schulz: Z. physik. Chem. (Frankfurt) **45**, 269 (1965).

[3] Morton, M., R. Milkovich, D. B. McIntyre u. L. J. Bradley: J. Polymer Sci. A **1**, 443 (1963).

[4] Siehe auch Wenger, F.: Makromol. Chem. **64**, 151 (1963). Die Polymerisation von Styrol in Tetrahydrofuran betreffend, Na-Naphthalin als Initiator.

[5] Vorstartverfahren für Polymere mit niedriger ceiling-Temperatur, s. S. 118 (Poly-α-methylstyrol).

[6] Brown, W. B., u. M. Szwarc: Trans. Faraday Soc. **54**, 416 (1958).

[7] Morton, M., A. A. Rembaum u. J. L. Hall: J. Polymer Sci. A **1**, 461 (1963); für Polystyrol $\overline{M}_w/\overline{M}_n$ = 1,05—1,1.

[8] Morton M., E. E. Bostick u. R. G. Clarke: J. Polymer Sci. A **1**, 475 (1963); für Polyisopren in n-Hexan z. B. $\overline{M}_w/\overline{M}_n$ = 1,08 (mit „Vorstartverfahren").

schiede, als in Kohlenwasserstoffen die aktiven Polymerenden (mit dem Li[+]) assoziiert sind – was kinetisch zu einer 1/2ten Ordnung der Wachstumsgeschwindigkeit bezüglich der wachsenden Polymerenden führt –, während in Tetrahydrofuran keine Assoziation vorliegt (entsprechend kinetisch die 1. Ordnung), jedoch eine Solvatation des wachsenden Polymerendes durch Tetrahydrofuran in Form eines Monosolvates[1-3].

Andere Verfahren, bei denen mit protonaktiven Substanzen cyclische Verbindungen mit Heteroatomen im Ring aufgespalten und damit Polymerisationen ausgelöst werden, führen zum Beispiel beim Äthylenoxid[4] und beim Sarcosin-N-carbonsäureanhydrid[5] ebenfalls zu engen Molekulargewichtsverteilungen. Nach FLORY handelt es sich in all diesen Fällen um Poisson-Verteilungen[6]. Er macht dabei die Voraussetzung, daß alle Reaktionsschritte die gleiche Geschwindigkeit besitzen. Von anderen Autoren wurden unterschiedliche Reaktionsgeschwindigkeiten berücksichtigt, so bei vollkommen unterschiedlichen Reaktionsschritten[7] (anzuwenden auf Oligomere) oder bei den unterschiedlichen Reaktionsschritten des Kettenstartes und des Kettenwachstums[8,9]. Je gleichzeitiger die Initiierung aller Polymerketten erfolgt, desto mehr nähern sich diese Verteilungen naturgemäß einander an.

3A.122 Verschiedene Polymere im einzelnen

Polymethylen[10]

Bei diesem Polymeren (Smp. 136 °C) liegt praktisch vollkommene *Linearität* vor[11]. Polymerisiert wird Diazomethan unter Stickstoffabspal-

---

[1] MORTON, M., E. E. BOSTICK, R. A. LIVIGNI u. L. J. FETTERS: J. Polymer Sci. A 1, 1735 (1963); zur Kinetik der Butadien- und Isopren-Polymerisation.

[2] WORSFOLD, D. J., u. S. BYWATER: Can. J. Chem. 38, 1891 (1960); zur Kinetik der Styrolpolymerisation.

[3] MORTON, M., u. L. J. FETTERS: J. Polymer Sci. A 2, 3311 (1964).

[4] Siehe S. 139.

[5] Siehe S. 150.

[6] FLORY, P. J.: J. Am. Chem. Soc. 62, 1561 (1940). Zu den mathematischen Grundlagen einer Poisson-Verteilung s. z. B. LINDER, A.: Statistische Methoden für Naturwissenschafter, Mediziner und Ingenieure, 3. Auflage, S. 67, 350 ff. Basel-Stuttgart: Birkhäuser Verlag 1960.

[7] NATTA, G., u. E. MANTICA: J. Am. Chem. Soc. 74, 3152 (1952).

[8] WEIBULL, B., u. B. NYCANDER: Acta chim. scand. 8, 847 (1954); teilweise Bestätigung einer Poisson-Verteilung für Polyäthylenoxid, das mit protonaktiven Verbindungen gestartet wurde; GOLD, L.: J. Phys. Chem. 28, 91 (1958).

[9] MAGET, H. J. R.: J. Polymer Sci. 57, 773 (1962); s. auch FIGINI, R. V.: Z. physik. Chem. (Frankfurt) 38, 341 (1963). Berücksichtigung stereospezifischer Monomer-Anlagerung: FIGINI, R. V.: Makromol. Chem. 88, 272 (1965).

[10] Vgl. Polyäthylen S. 170; s. Rezeptur Nr. 3 S. 337; Patente S. 380.

[11] Siehe aber HINKAMP, P. E., u. L. H. TUNG: Polymer 6, 512 (1965).

tung in einer Kettenreaktion. Der Polymerisationsmechanismus ist mit Sicherheit ionischer Art. So üben zum Beispiel radikalische Inhibitoren keinen Einfluß aus. Gute Katalysatoren sind Borverbindungen, wie Borsäureester[1], Boralkyle[1] und Borhalogenide[2]. Dabei sind die Halogenide am besten, die Alkyle weniger und die Ester sehr viel weniger wirksam[3]. Man gelangt zu Molekulargewichten von 500000 und mehr. Das Molekulargewicht steigt proportional zur Monomer-Konzentration und umgekehrt proportional zur Katalysator-Konzentration an. Es bleibt bei höheren Temperaturen kleiner. Der Polymerisationsmechanismus ist im einzelnen noch nicht genügend aufgeklärt, einige Argumente sprechen aber für eine bei Borverbindungen etwas ungewöhnliche Wirkungsweise:

$$BF_3 + CH_2N_2 \longrightarrow F_3\overset{(-)}{B}-CH_2\cdot\overset{(+)}{N_2} \xrightarrow{-N_2} F_3\overset{(-)}{B}-\overset{(+)}{CH_2} \longrightarrow F_2B-CH_2F$$

$$F_2B-CH_2F + CH_2N_2 \longrightarrow F_2\overset{(-)}{B}\diagup\overset{\overset{(+)}{CH_2N_2}}{CH_2F} \xrightarrow{-N_2} F_2B-CH_2-CH_2F$$

$$\xrightarrow[-N_2]{+\,CH_2N_2} F_2B-(CH_2)_2-CH_2F \text{ etc.}$$

Während Abbruch- und Übertragungsreaktionen prinzipiell stattfinden, wobei wahrscheinlich Vinyl-Endgruppen entstehen, kommt den Polymer/ Borverbindungen eine große Stabilität zu, die nach Art der „lebenden“ Polymere ihre Aktivität längere Zeit beibehalten, ungeachtet von Wasch- und Fällungsoperationen[4].

Polyäthyliden

Analog dem Polymethylen wird das *lineare* Polymere aus Diazoäthan erhalten, und zwar ebenfalls mit Borverbindungen als Katalysatoren.

Bei normalen Temperaturen kommt man zu Molekulargewichten von nur etwa 5000, bei sehr tiefen Temperaturen jedoch bis gegen 20000. Offensichtlich finden Übertragungsreaktionen statt, die bei tiefen Temperaturen eine geringere Rolle spielen, die an sich aber durch das gegenüber dem Methylen verlängerte Alken begünstigt sind[5].

[1] BUCKLEY, G. D., u. N. H. RAY: J. Chem. Soc. (London) 1952, 3701; KORSHAK, V. V., u. V. A. SERGEYEV: Dokl. Akad. Nauk SSSR 115, 308 (1957); MEERWEIN, H.: Angew. Chem. 60, 78 (1948).

[2] KANTOR, S. W., u. R. C. OSTHOFF: J. Am. Chem. Soc. 75, 931 (1953).

[3] BAWN, C. E. H., A. LEDWITH u. P. MATTHIES: J. Polymer Sci. 34, 93 (1959).

[4] Kristallmodifikationen s. MAGILL, J. H., S. S. POLLACK u. D. P. WYMAN: J. Polymer Sci. A 3, 3781 (1965).

[5] Diazoalkane mit höherem Alken verhalten sich ähnlich. BAWN, C. E. H., A. LEDWITH u. P. MATTHIES: J. Polymer Sci. 34, 93 (1959).

Setzt man einer ätherischen Lösung des Diazoäthans einige Tropfen einer ätherischen Goldchloridlösung zu, so wird das Goldsalz zu kolloidalem Gold reduziert, während sich das Diazoäthan unter Stickstoffentwicklung zersetzt. Mit Fortschreiten der Reaktion scheiden sich blaue Flocken kristallinen Polyäthylidens, die Goldpartikel umgeben, ab. Durch Eingießen der Lösung in überschüssiges Methanol kann weiteres Polymeres, das jedoch amorph ist, ausgefällt werden. Dabei sind die Ausbeuten an kristallinem, nur in heißen Lösungsmitteln wie Xylol löslichem Polymeren ungefähr 5 %, die an amorphem etwa 35 %[1]. Es konnte festgestellt werden, daß diese katalytische Wirkung von dem metallischen Gold ausgeht[2].

Kinetische Untersuchungen ergaben, daß die Polymerisation in den gemessenen Bereichen von 1. Ordnung bezüglich Katalysator und von 0. bezüglich Diazoäthan ist, bei Aktivierungsenergien von 12 kcal/Mol für das amorphe und 8 kcal/Mol für das kristalline Polymere[3]. Entsprechend nimmt der kristalline Anteil relativ mit sinkender Temperatur zu und dürfte bei —50 °C einen dem amorphen gleichen Betrag ausmachen.

Für das kristalline Polymere ist eine *syndiotaktische* Mikrostruktur am wahrscheinlichsten[4]. Im Kristallverband schließt es das kolloidale Gold derart schützend ein, daß es nicht aggregieren kann und seine katalytische Aktivität beibehält. Dadurch kann die Polymerisation auch nach Unterbrechung wieder fortgesetzt werden, offenbar aber verbunden mit neuem Kettenstart.

Die Unabhängigkeit der Reaktionsgeschwindigkeit von der Diazoäthan-Konzentration läßt darauf schließen, daß in allen Fällen sämtliche aktiven Zentren, die trotz Kettenübertragung unverändert bleiben, in Anspruch genommen wurden.

Bisher wurde nur mit Gold kristallines Polyäthyliden erhalten (während aufgedampfte Filme anderer Metalle teilweise zu amorphen Polymeren führten). Dabei besteht eine geringe Abhängigkeit vom Lösungsmittel. Pro gebildeter Polymerkette scheinen etwa 2 Doppelbindungen vorzuliegen.

Der Bildungsmechanismus des Polyäthylidens an Goldoberflächen dürfte etwa so aussehen[5]: Diazoäthan wird an dem Kohlenstoffatom, das mit dem Stickstoff verbunden ist, chemisorbiert. Dabei wird die Bindung zum Stickstoff geschwächt und dieser molekular abgespalten. Ein zweites adsorbiertes Äthyliden schiebt sich zwischen das erste und die Goldober-

[1] Saini G., u. A. G. Nasini: Atti Accad. Sci. Torino **90**, 586 (1955—56).

[2] Nasini, A. G., G. Saini, L. Trossarelli u. E. Campi: J. Polymer Sci. **48**, 435 (1960).

[3] Trossarelli, L., M. Guaita, G. Pegone u. A. Priola: J. Polymer Sci. C **4**, 157 (1963).

[4] Nasini, A. G., L. Trossarelli u. G. Saini: Makromol. Chem. **44—46**, 550 (1961).

[5] Nasini, A. G., u. L. Trossarelli: J. Polymer Sci. C **4**, 167 (1963).

fläche, wobei das erste sich zur Vinylgruppe stabilisiert. Weitere Einschiebungen von Äthylidenresten führen zur Polymerisation:

$$\begin{array}{ccccccc}
CH_3 & & & & & & CH_3 \\
| & & & & & & | \\
CH & + & CH_3-CH-N_2 & \longrightarrow & H & + & CH_2=CH-CH & + & N_2 \\
|| & & | & & | & & | \\
\overline{Au} & & & & \overline{Au} & & \overline{Au}
\end{array}$$

Als Übertragungsreaktion ist eine solche mit Diazoäthan vorstellbar[1]. Dieses verdrängt das Polymere aus der Chemisorption, während das Polymere sein nunmehr freies Kettenende durch Bildung einer zweiten Vinylgruppe stabilisiert.

Polybenzyliden

Zersetzung von Phenyldiazomethan mit BF_3-Ätherat bei —80 °C in Toluol ergibt mit ca. 80 %iger Ausbeute Polybenzyliden mit *linearer* Hauptkette und dem durchschnittlichen Polymerisationsgrad $\bar{P} = 30$—35[2]:

$$\cdots\cdots CH\text{———}CH\text{———}CH\text{———}CH\text{———}CH\cdots\cdots$$

Poly-3-methylbuten-1, -4-methylpenten-1 und -5-methylhexen-1 [3]

Bei der kationischen Polymerisation von 3-Methylbuten-1 bei —130 °C mit $AlCl_3$ und anderen Lewis-Säuren in Halogen-Kohlenwasserstoffen als Lösungsmittel entsteht ein farbloses kristallines Produkt, Schmelzpunkt ~55 °C, löslich in Kohlenwasserstoffen und Äthern, von folgender Struktur[4]:

$$\left(-CH_2-CH_2-\overset{\overset{\displaystyle CH_3}{|}}{\underset{\underset{\displaystyle CH_3}{|}}{C}}- \right)_n$$

Demnach ist also das 3-Methylbuten-1 nicht in 1,2-, sondern in 1,3-Stellung polymerisiert. Dies ist über einen Hydridionen-Wanderungsmechanismus erklärbar:

[1] NASINI, A. G., u. L. TROSSARELLI: Makromol. Chem. **61**, 40 (1963).

[2] BAWN, C. E. H., A. LEDWITH u. P. MATTHIES: J. Polymer Sci. **33**, 21 (1958).

[3] Vgl. S. 182. Siehe Rezeptur Nr. 4 S. 338; Patente S. 380.

[4] KENNEDY, J. P., u. R. M. THOMAS: Makromol. Chem. **53**, 28 (1962); **64**, 1 (1963).

$$\text{\textasciitilde\textasciitilde CH}_2^{(+)} + n\ \underset{CH_3\ \ CH_3}{\overset{CH_2=CH}{CH}} \longrightarrow$$

$$\left[\text{\textasciitilde\textasciitilde CH}_2-CH_2-\underset{\underset{CH_3\ \ CH_3}{CH}}{CH}^{(+)}\right] \longrightarrow \underset{\underset{CH_3\ \ CH_3}{C^{(+)}}}{\text{\textasciitilde\textasciitilde CH}_2-CH_2-CH_2} + (n-1)\ \underset{CH_3\ \ CH_3}{\overset{CH_2=CH}{CH}}$$

$$\longrightarrow \text{\textasciitilde\textasciitilde CH}_2\left(-CH_2-CH_2-\underset{CH_3}{\overset{CH_3}{C}}-\right)_{n-1}CH_2-CH_2-\underset{CH_3}{\overset{CH_3}{C^{(+)}}}$$

Der Energiegewinn soll dabei mindestens 11 kcal/Mol betragen[1]. Die obige Struktur ist durch kernmagnetische Resonanzmessungen bewiesen worden, die das theoretische Verhältnis der in CH_3- und CH_2-Gruppen gebundenen Wasserstoffatome ergaben[2,3].

Das folglich im Grundgerüst *lineare* Polymere aus einheitlichen Grundbausteinen bildet zwei kristalline Phasen, die α- und die β-Modifikation, wobei erstere die stabilere ist[4].

Da bei höheren Polymerisations-Temperaturen als —130 °C keine kristallinen Produkte erhalten werden, ist anzunehmen – wie auch Pyrolyse-Versuche bestätigen –, daß dann die 1,2-Verknüpfung zunimmt.

Das gleiche Polymere konnte auch durch Polymerisation von 1,1-Dimethyl-cyclopropan mit $AlBr_3$ erhalten werden[5]:

$$\underset{CH_2}{\overset{CH_3}{\underset{\diagdown}{CH_2-\overset{|}{C}}-CH_3}} \longrightarrow \left(-CH_2-CH_2-\underset{CH_3}{\overset{CH_3}{C}}-\right)_n$$

Dies ist zusätzlich ein Strukturbeweis für das polymere 1,3-verknüpfte 3-Methylbuten-1[6].

Analoges Verhalten wurde bei 4-Methylpenten-1 und 5-Methylhexen-1 gefunden, die bei —73 °C mit $AlCl_3$ als Katalysator polymerisiert

---

[1] KENNEDY, J. P., u. A. W. LANGER JR.: Fortschr. Hochpolym.-Forsch. 3, 508 (1964).

[2] KENNEDY, J. P., L. S. MINCKLER JR., G. G. WANLESS u. R. M. THOMAS: J. Polymer Sci. C 4, 289 (1963).

[3] Weitere Untersuchungen hierzu, insbesondere kinetische Messungen s. KENNEDY, J. P., L. S. MINCKLER JR. u. R. M. THOMAS: J. Polymer Sci. A 2, 367 (1964); KENNEDY, J. P.: A 2, 381 (1964); KENNEDY, J. P., W. W. SCHULZ, R. G. SQUIRES u. R. M. THOMAS: Polymer 6, 287 (1965). Pyrolyse- und Depolymerisationsversuche: KENNEDY, J. P., L. S. MINCKLER JR., G. G. WANLESS u. R. M. THOMAS: J. Polymer Sci. A 2 1441 (1964); spektroskopische Untersuchungen: A 2, 2093 (1964).

[4] KENNEDY, J. P., u. R. M. THOMAS: Makromol. Chem. 64, 1 (1963).

[5] KETLEY, A. D.: J. Polymer Sci. B 1, 313 (1963).

[6] Siehe dagegen mit Ziegler-Katalysatoren.

vorwiegend Polymere ergaben, deren Grundbausteine 1,4- beziehungsweise 1,5-verknüpft waren[1]. Bei 0 °C hergestellt lag diese Struktur vermischt mit der normalen 1,2-Verknüpfung vor[2]. Nach anderen Autoren kann 4-Methylpenten-1 mit weiteren kationisch wirksamen Katalysatoren (auch mit typischen Ziegler-Katalysatoren) über 0 °C in n-Heptan als Lösungsmittel mit hohem Anteil von 1,4-Verknüpfung polymerisiert werden[2].

Eine Arbeit neuesten Datums zeigt allerdings, daß (auch nach Polymerisationen bei tiefen Temperaturen) nicht nur 1,4-Verknüpfungen für Poly-4-methylpenten-1 und 1,5-Verknüpfungen für Poly-5-methylhexen-1, sondern neben den 1,2- auch alle dazwischen liegenden Möglichkeiten auftreten[3]. Die einzelnen Verknüpfungen sollen im Verhältnis zueinander abhängig sein von Temperatur und Lösungsmittel, während das Molekulargewicht von Poly-4-methylpenten-1 sich als abhängig von Lösungsmittel, Temperatur und Katalysator erwies[4].

Polymere des β-Pinens

β-Pinen polymerisiert mit Friedel-Crafts-Katalysatoren bei 40—45 °C in Toluol (unter besseren Umsätzen und zu höher erweichenden Produkten als das α-Pinen)[5]. Dabei wird ein Polymeres mit (vielleicht ausschließlich) monocyclischen, einfach ungesättigten Grundbausteinen erhalten, dessen Bildung aufgrund folgenden Mechanismus zu verstehen ist:

$$R^{(+)} + n\ CH_2{=}\!\!\langle\text{(Pinen)}\rangle \longrightarrow \left[R-CH_2^{(+)}\!\!\langle\text{(Pinen)}\rangle\right] R-CH_2{-}\langle\text{(cyclohexen)}\rangle^{(+)} + (n-1)\ CH_2{=}\!\!\langle\text{(Pinen)}\rangle$$

$$\longrightarrow R\left(-CH_2{-}\langle\text{(cyclohexen)}\rangle\right)_{n-1} CH_2{-}\langle\text{(cyclohexen)}\rangle^{(+)}$$

Nach jeder Verknüpfung erfolgt also eine Isomerisierung. Wahrscheinlich beruht die besondere Reaktionsfreudigkeit des β-Pinens – auch im Vergleich

[1] EDWARDS, W. R., u. N. F. CHAMBERLAIN: J. Polymer Sci. A 1, 2299 (1963).

[2] GOODRICH, J. E., u. R. S. PORTER: J. Polymer Sci. B 2, 353 (1964).

[3] KETLEY, A. D.: J. Polymer Sci. B 2, 827 (1964); WANLESS, G. G., u. J. P. KENNEDY: Polymer 6, 111 (1965); im Gegensatz dazu soll unter gleichen experimentellen Bedingungen 4-Methyl-hexen-1 vollständige 1,4-Verknüpfung eingehen: KENNEDY, J. P., W. NAEGELE u. J. J. ELLIOTT: J. Polymer Sci. B 3, 729 (1965).

[4] Siehe auch Polymerisationen von Monomeren, die die tertiären Kohlenstoffatome als Glieder des Cyclopentan- bzw. Cyclohexanringes besitzen: KETLEY, A. D., u. R. J. EHRIG: J. Polymer Sci. A 2, 4461 (1964), und die Polymerisation von 3-Chloro-3-methylbuten-1 bei Temperaturen unter —30 °C mit teilweise 1,3-Verknüpfung unter Chloridionenwanderung: KENNEDY, J. P., P. BORZEL, W. NAEGELE u. R. G. SQUIRES: Makromol. Chem. 93, 191 (1966).

[5] ROBERTS, W. J., u. A. R. DAY: J. Am. Chem. Soc. 72, 1226 (1950).

zum Methen-cyclohexan – darauf, daß durch diese Isomerisierung bei jedem Wachstumsschritt die Ringspannung des Vierringes aufgehoben werden kann.

Das offenbar gleiche Polymere wird bei der Polymerisation des Myrcens erhalten (Katalysator BF_3-Ätherat):

$$\underset{H_3C}{\overset{H_3C}{{>}}}C=CH-CH_2-CH_2-\overset{\overset{CH_2}{\|}}{C}-CH=CH_2$$

Dabei sollte auf eine 1,4-Verknüpfung Cyclisierung folgen, wobei sich der Sechsring bildet:

Polybutadien[1]

Bei der kationischen Butadien-Polymerisation mit Friedel-Crafts-Katalysatoren treten keine einheitlichen Mikrostrukturen auf[2]. Anionisch, zum Beispiel mit Lithium oder Lithiumalkylen in Kohlenwasserstoffen hergestelltes Polybutadien enthält demgegenüber vermehrt *cis*-Strukturen, während in Tetrahydrofuran oder bei Zusatz anderer, stark das Lithium-Kation solvatisierender Lösungsmittel bis zu 87 % *1,2-Verknüpfungen* erzielt werden[3]. In letzterem Fall ist sowohl eine homogene Lösung des Katalysators gegeben als auch die verstärkte Dissoziation des Polymeranion-Lithiumkation-Ionenpaars anzunehmen[4].

Auch die durch Lithium-Naphthalin in Tetrahydrofuran bei —78 °C ausgelöste Polymerisation von Butadien führt – nach IR-Untersuchungen – zu über 90 % 1,2-Verknüpfung. Da Lithium mit Naphthalin eine dianio-

---

[1] Vgl. S. 76 (radikalische Polymerisationen), S. 190 (Polymerisationen mit Ziegler-Katalysatoren), S. 221 (Polymerisation mit heterog. Katalysatoren), Patente S. 380.

[2] RICHARDSON, W. S.: J. Polymer Sci. **13**, 325 (1954); FERINGTON, T. E., u. A. V. TOBOLSKY: J. Polymer Sci. **31**, 25 (1958); Polymerisation bei —78 °C, geringe Strukturabhängigkeit von Lösungsmittel und von anderen Variablen.

[3] KUNTZ I., u. A. GERBER: J. Polymer Sci. **42**, 299 (1960); daneben 7 % trans- und 6 % cis-1,4-Struktur.

[4] Mit Alfin-Katalysatoren werden trans-1,4- neben 1,2-Strukturen auch in Pentan als Lösungsmittel bei normalen Temperaturen erhalten, s. MORTON, A. A., u. L. D. TAYLOR: J. Polymer Sci. **38**, 7 (1959). Dabei ist das Verhältnis beider Strukturen von der Art der natriumorganischen Katalysator-Komponente abhängig. cis-1,4-Strukturen sind kaum vorhanden.

nische Verbindung als Initiatorkomponente ausbildet, wachsen die Polymere nach zwei Richtungen. Für den gemessenen Molekulargewichtsbereich von 1700 bis 100000 gilt in der Tat die Beziehung $\overline{MW} = [\text{Monomer}]/$ $^1/_2$ [Katal.], das heißt, es findet weder Kettenübertragung noch -abbruch statt[1,2]. Damit handelt es sich hier um „lebende" Polymere. Durch absichtlichen Kettenabbruch erhalten diese *einheitliche Endgruppen*. So wurden zum Beispiel nach obiger Methode Molekulargewichte von 800 bis 4500 durch entsprechende Dosierung des Katalysators hergestellt. Nach Zugabe von Äthylenoxid im Überschuß, mehrtägige Reaktion bei Zimmertemperatur und anschließende Behandlung mit Wasser entstand ein Polymeres mit OH-Endgruppen.

Polyisopren[3]

Die ionische Polymerisation von Isopren ist bezüglich der Mikrostrukturen der Polymere besser beeinflußbar als die von Butadien. Die folgende Tabelle 4[4] gibt näheren Aufschluß über Ergebnisse, die durch Polymerisationen mit verschiedenen Katalysatoren in verschiedenen Lösungsmitteln bei normalen Temperaturen erhalten wurden[5].

Tabelle 4. *Polymerisation des Isoprens*

| Katalysator | Lösungsmittel | Polym. Temp. [°C] | Mikrostruktur | | | |
			1,2	3,4	trans-1,4	cis-1,4
n-Butyllithium	Heptan	42	0	9	0	91
	Benzol	42	0	9	0	91
	Äther	30,5	7	69	24	0
	Tetrahydrofuran	30,5	31	69	0	0
Phenyllithium	Äther/Heptan	25	3	29	68	0
	Äther	25	7	61	32	0
	Tetrahydrofuran	25	33	61	7	0
	Äther/Dioxan	25	25	70	5	0
	N-Dimethylanilin	0	11	83	6	0
Phenylnatrium	Heptan	40	10	83	7	0
	Tetrahydrofuran	40	12	9	79	0
Benzylnatrium	Heptan	40	12	70	18	0
	Tetrahydrofuran	40	9	8	83	0
Benzylkalium	Dioxan	40	24	60	16	0

---

[1] BRODY, H., M. LADACKI, R. MILKOVICH u. M. SZWARC: J. Polymer Sci. **25**, 221 (1957).

[2] HAYASHI, K., u. C. S. MARVEL: J. Polymer Sci. A **2**, 2571 (1964); mit weiteren Reaktionen an Polymeren.

[3] Vgl. S. 202 u. 222. Siehe Rezeptur Nr. 5 S. 338; Patente S. 380.

[4] Nach MORITA, H., u. A. V. TOBOLSKY: J. Am. Chem. Soc. **79**, 5853 (1957).

[5] Siehe auch Tabellen bei TOBOLSKY, A. V., u. C. E. ROGERS: J. Polymer Sci. **40**, 73 (1959), und STEARNS, R. S., u. L. E. FORMAN: J. Polymer Sci. **41**, 381 (1959).

Weitere Ergebnisse lauten wie folgt: mit Lithium hergestelltes Polyisopren, das über 80 % cis-Struktur aufwies, war nur geringfügig verzweigt[1]. Mit Lithium[2] (das sich mit Monomeren zu einer di-anionischen Verbindung umsetzt, die nach zwei Richtungen polymerisiert[3]) und lithiumorganischen Verbindungen in Kohlenwasserstoffen (bei strenger Ausschließung von Sauerstoff enthaltenden Substanzen) gewonnenes Polyisopren zeigte bei *98 % Ungesättigtheit 93—95 % cis-1,4-* und 7—5 % 3,4-Verknüpfungen. Im Vergleich dazu besitzt der Naturkautschuk (Hevea) 96 % Ungesättigtheit und dabei 98 % cis-1,4- und 2 % 3,4-Strukturen. Es besteht also große Ähnlichkeit zwischen beiden Typen.

Nun soll nicht zum Beispiel Lithiumbutyl unmittelbar die Polymerisation auslösen, sondern Lithium-polyisoprenyl (als lebendes Polymeres). Die sehr langsam verlaufende Umsetzung des ersteren in das zweite soll die (allerdings nicht stets eindeutig beobachtete) Induktionsperiode bei der Isoprenpolymerisation mit Lithiumbutyl hervorrufen[4,5].

Aus der Tabelle ersieht man ferner, daß mit Lithiumverbindungen in polaren Lösungsmitteln sowie mit Natriumverbindungen in Heptan hohe Anteile von 3,4-Verknüpfungen erzielt werden. Praktisch *einheitliche 3,4-Verknüpfung* erfolgt bei ätherfreiem Arbeiten mit magnesiumorganischen Verbindungen als Katalysatoren bei erhöhten Polymerisationstemperaturen[6]. Allerdings tritt etwas Verlust an Ungesättigtheit durch Nebenreaktionen auf.

Der Polymerisationsverlauf bei Verwendung von Alfin-Katalysatoren[7] ist dem des im nächsten Abschnitt beschriebenen Styrols analog.

Die Gewinnung von Polyisopren mit recht *einheitlichem Molekulargewicht* wurde bereits besprochen[8]. In Tetrahydrofuran als Lösungsmittel ist die Molekulargewichtsverteilung etwas breiter als in Kohlenwasserstoffen. Es findet offensichtlich etwas Kettenabbruch mit Lösungsmittel statt[9]. Die

---

[1] PODDUBNYI, I. YA., u. E. G. EHRENBURG: J. Polymer Sci. 57, 545 (1962).

[2] STAVELY, F. W.: Ind. Eng. Chem. 48, 778 (1956); s. auch HSIEH, H., D. J. KELLEY u. A. V. TOBOLSKY: J. Polymer Sci. 26, 240 (1957); MINOUX, J., B. FRANCOIS u. C. SADRON: Makromol. Chem. 44—46, 519 (1961).

[3] MINOUX, J.: Makromol. Chem. 61, 22 (1963); Benzol als Lösungsmittel.

[4] SINN, H., C. LUNDBERG u. O. T. ONSAGER: Makromol. Chem. 70, 222 (1964).

[5] Weitere Arbeiten zur Kinetik der mit Li-Butyl gestarteten Polymerisation: KOROTKOV, A. A., N. N. CHESNOKOVA u. L. B. TRUKHMANOVA: Vysokomol. soedin. 1, 46 (1959); SINN, H., u. O. T. ONSAGER: Makromol. Chem. 55, 167 (1962); s. auch REICH, L., u. S. S. STIVALA: 53, 173 (1962).

[6] WAN FO SUN, B. A. DOLGOPLOSK u. B. L. ERUSALIMSKIJ: Vysokomol. soedin. 2, 541 (1960).

[7] CLELAND, R. L., R. L. LETSINGER, E. E. MAGAT u. W. H. STOCKMAYER: J. Polymer Sci. 39, 249 (1959); zur Kinetik der Polymerisation; Aktivierungsenergie des Kettenwachstums: 10 kcal/Mol.

[8] Siehe S. 104.

[9] SINN, H., u. F. PATAT: Angew. Chem. 75, 805 (1963); SINN, H., C. LUNDBORG u. O. T. ONSAGER: Makromol. Chem. 70, 222 (1964).

Herstellung eines „Polyisoprenglykols", also mit je zwei OH-Endgruppen, erfolgte ganz analog dem Vorgehen bei Polybutadien mit lebenden Enden[1].

Polystyrol[2]

Wichtige, anionisch wirksame Katalysatoren für die Polymerisation des Styrols sind alkaliorganische Verbindungen. In allen Fällen sind tiefere Temperaturen notwendig, wenn ein Polymeres mit regelmäßiger Mikrostruktur angestrebt wird. So entsteht bei Zimmertemperatur mit n-Butyllithium in Benzol nur ataktisches Polymeres[3], während bei —30 °C mit dem gleichen Katalysator in Kohlenwasserstoffen kristallines *isotaktisches* Polystyrol (neben amorphem) erhalten wird[4,5].

Selbst geringe Mengen von Äthern oder Aminen beschleunigen die Polymerisation erheblich, während Zink- und Aluminiumalkyle sie verringern[6,7]. Die Beschleunigung ist sicherlich auf Erhöhung der elektrolytischen Dissoziation zurückzuführen, während gleichzeitig die Stereospezifität verschwindet.

Die Stereospezifität hängt auch vom Alkylrest im Lithiumkatalysator ab, indem dieser linear sein muß[8]. Bei Natriumalkyl-Katalysatoren wurde dergleichen jedoch nicht gefunden.

Sind die Temperaturen genügend tief, so läßt sich mit allen alkaliorganischen Verbindungen stereospezifisch polymerisieren. Um jedoch den gleichen Effekt zu erzielen, den man mit zum Beispiel Natriumverbindungen bei —20 °C erreicht, muß man bei Kalium —60 und bei Rubidium —80 °C einstellen[9]. Grundsätzlich nimmt die Stereospezifität parallel zur Erhöhung

---

[1] Siehe S. 112.

[2] Vgl. S. 77 u. 209. Siehe Rezepturen Nr. 6 und 7 S. 338; Patente S. 380.

[3] WELCH, F. J.: J. Am. Chem. Soc. **81**, 1345 (1959); die Geschwindigkeit des Kettenstarts beträgt nur $1/_5$ der des Kettenwachstums. – Unter diesen Bedingungen ist die Polymerisation von 1. Ordnung bezüglich Styrol. Aktivierungsenergie des Kettenstarts: 18 kcal/Mol, des Kettenwachstums: 14,3 kcal, s. WORSFOLD, D. J., u. S. BYWATER: Can. J. Chem. **38**, 1891 (1960).

[4] KERN, R. J.: Nature (London) **187**, 410 (1960); anwesendes Butylhalogenid verringert den kristallisierbaren Anteil. BRAUN, D., W. BETZ u. W. KERN: Makromol. Chem. **42**, 89 (1960).

[5] Nach anderen Autoren soll aber syndiotaktisches Polystyrol entstehen, wenn völlige Wasserfreiheit herrscht. Bereits Spuren von Wasser würden den Katalysator so verändern, daß die Mikrostruktur isotaktisch wird (!): WORSFOLD, D. J., u. S. BYWATER: Makromol. Chem. **65**, 245 (1963).

[6] WELCH, F. J.: J. Am. Chem. Soc. **82**, 6000 (1960).

[7] O'DRISCOLL, K. F., u. A. V. TOBOLSKY: J. Polymer Sci. **35**, 259 (1959); Zusatz von Tetrahydrofuran. SPIRIN, YU. L., D. K. POLYAKOV u. A. R. GANTMAKHER: J. Polymer Sci. **53**, 233 (1961).

[8] BRAUN, D., W. BETZ u. W. KERN: Makromol. Chem. **42**, 89 (1960).

[9] Mit Triphenylkalium und Diphenylhexylmethylkalium wurden aber noch bei +68 °C taktische Polymere erhalten, s. WILLIAMS, J. L. R., TH. M. LAAKSO u. W. J. DULMAGE: J. Org. Chem. **23**, 638 (1958).

der Polymerisationsgeschwindigkeit ab. Außerdem drängt steigender Umsatz die kristallisierbaren Anteile zurück, vielleicht infolge Überdeckung der stereospezifisch wirksamen aktiven Zentren durch Polymeres[1-3].

Entsprechend dem anionischen Polymerisationsmechanismus wird offensichtlich je ein Alkylrest des Katalysators in jedes Polymermolekül als Endgruppe eingeführt[4]. 70—100 % der Polymere bleiben während der Dauer der Polymerisation (mit Amylnatrium) aktiv („lebend"), so daß also das andere Ende der Polymere zumindest überwiegend metallorganischer Natur ist, solange kein Kettenabbruch vollzogen wird[5].

Die Natriumalkyle sind in Kohlenwasserstoffen heterogen[6]. Ebenfalls mit einem heterogenen System, nämlich Calciumzinktetraäthyl in Benzol, erhält man bei normalen Temperaturen zum Beispiel 13 % einer in heißem Methyl-äthylketon unlöslichen Fraktion, die kristallisiert und vermutlich isotaktisch ist[7].

Mit den heterogenen Alfinkatalysatoren in Kohlenwasserstoffen polymerisiert erhält man in einigen Fällen unlösliche Anteile, die ebenfalls kristallisieren und isotaktisches Polystyrol darstellen[8]. Dabei entstehen kristallisierbare Anteile in Pentan, Benzol, Cyclohexan und Triäthylamin als Lösungsmittel, nicht aber in Äther, Dimethoxäthan und Pyridin, wobei in letzteren die Polymerisationsgeschwindigkeit jedoch größer ist. (Die Verhältnisse sind also sehr ähnlich der Polymerisation mit Natriumalkylen allein. Tatsächlich ist für eine stereospezifische Polymerisation die Anwesenheit von NaCl nicht notwendig[2].)

Etwa jede Polymerkette enthält – soweit Allylnatrium dem Katalysator angehört – eine Allylgruppe[9]. Da die Molekulargewichte – bei breiter Verteilung – weitgehend unabhängig von Monomer- und Katalysatorkonzen-

---

[1] KERN, W., D. BRAUN u. M. HERNER: Makromol. Chem. **28**, 66 (1958).

[2] BRAUN, D., M. HERNER u. W. KERN: Makromol. Chem. **36**, 232 (1960).

[3] BRAUN, D., u. W. KERN: J. Polymer Sci. C 4, 197 (1963).

[4] BRAUN, D., H. HINTZ u. W. KERN: Makromol. Chem. **68**, 48 (1963). Nachweis mit optisch aktiven Alkylgruppen in Natriumalkylen. Kettenabbruch mit Michlers Keton, wodurch ein Diarylalkylcarbinol entsteht, das mit $FeCl_3$ in Tetrahydrofuran in ein Farbsalz umgewandelt werden kann, Methode nach TROTMAN, J., u. M. SZWARC: **37**, 39 (1960).

[5] Nach neuesten Ergebnissen bleiben alle Polymere lebend bis zum Kettenabbruch (mit Michlers Keton): BRAUN, D., u. W. FISCHER: Makromol. Chem. **85**, 155 (1965).

[6] Siehe auch Herstellung von isotaktischem Polystyrol in Toluol bei 30 °C mit metallischem Natrium: OKAMURA, S., u. T. HIGASHIMURA: J. Polymer Sci. **46**, 539 (1960).

[7] INOUE, S., T. TSURUTA u. J. FURUKAWA: Makromol. Chem. **32**, 97 (1959).

[8] MORTON, A. A., u. L. D. TAYLOR: J. Polymer Sci. 38, 7 (1959); s. auch WILLIAMS, J. L. R., J. VAN DEN BERGHE, K. R. DUNHAM u. W. J. DULMAGE: J. Am. Chem. Soc. 79, 1716 (1957), die im Gegensatz zu den erstgenannten Autoren auch mit Allylnatrium/Natriumisopropylat/NaCl, Temperaturen zwischen —20 und gegen +40 °C, isotaktisches Polystyrol erhielten.

[9] MORTON, A. A., u. E. J. LANPHER: vorgetragen auf der Gordon Conference on High Polymers, 1954.

8*

tration sind, ist eine Kettenabbruchreaktion anzunehmen, die mit dem Wachstum konkurriert. Allerdings hängen die Molekulargewichte vom Verhältnis der Katalysatorkomponenten ab und sind um so größer, je größer der Alkoholat-Gehalt ist.

Die Brutto-Polymerisationsgeschwindigkeit wird beschrieben durch

$$- \frac{dM}{dt} = k \cdot C' \cdot M$$

(mit M = Monomerkonzentration,
C′ = effektive Katalysatorkonzentration)

bei einer Aktivierungsenergie von etwa 12 kcal/Mol[1].

Allgemein lassen sich Gemische von isotaktischen und ataktischen Polymeren durch Behandlung mit siedendem Heptan trennen, indem sich die ataktischen lösen und die isotaktischen kristallisieren. Letztere (Smp. 210—218 °C) schmelzen etwa 100 °C höher, als erstere erweichen[2,3]. Reines isotaktisches, aber amorphes Polymeres von höherem Molekulargewicht läßt sich durch Tempern zum Kristallisieren bringen.

Die Herstellung von weitgehend im *Molekulargewicht einheitlichem* Polystyrol wurde bereits im größeren Zusammenhang besprochen[4]. Nun sollen noch mehr auf das Polystyrol bezogene Arbeiten Erwähnung finden.

Eine Reihe von Katalysatoren, die die notwendigen Bedingungen schneller Initiierung zu im Vergleich dazu langsameren Wachstumsreaktionen und fehlenden Kettenabbruch bei Polystyrol mehr oder weniger gut ermöglichen, wurden bereits genannt[5]. In jüngster Zeit wurde empfohlen, Butyllithium mit trans-Stilben in Benzol als Lösungsmittel bei 65—70 °C umzusetzen[6], wobei nach Disproportionierung von Zwischenverbindungen unter anderem eine Di-lithiumverbindung entsteht, die als Dianion Styrol schnell zur Polymerisation anregt:

$$\begin{array}{ccccc} & Ph & H & Ph & H \\ & | & | & | & | \\ C_4H_9- & C- & C- & C- & C-Li \\ & | & | & | & | \\ & H & Ph & Li & Ph \end{array} \cdot$$

Bei 40 °C ausgeführte Polymerisationen von Styrol in Benzol führten zu einzelnen Polymerisaten mit Molekulargewichten im Bereich von 8000 bis

[1] CLELAND, R. L., R. L. LETSINGER, E. E. MAGAT u. W. H. STOCKMAYER: J. Polymer Sci. **39**, 249 (1959). Die Kinetik ähnelt der der Propylen-Polymerisation mit Aluminiumalkyl/Titanchloriden. – MORTON, A. A., u. E. GROVENSTEIN JR.: J. Am. Chem. Soc. **74**, 5434 (1952).

[2] BRAUN, D., M. HERNER u. W. KERN: J. Polymer Sci. **51**, S 2 (1961).

[3] BRAUN, D., H. HINTZ u. W. KERN: Makromol. Chem. **65**, 1 (1963). S. dort noch weitere Ausführungen.

[4] Siehe S. 104.

[5] Siehe auch Verwendung von Biphenyl-Natrium bei —78 °C in Tetrahydrofuran, $\overline{M}_w/\overline{M}_n = 1{,}02$: WENGER, F.: Makromol. Chem. **36**, 200 (1960).

[6] WYMAN, D. P., u. T. ALTARES JR.: Makromol. Chem. **72**, 68 (1964).

80000, für die durchweg $\overline{M}_w/\overline{M}_n = 1,10—1,15$ gemessen wurden, also von recht guter Einheitlichkeit im Molekulargewicht[1].

Eine andere eingehende Untersuchung[2], die sich auch auf substituierte Styrole (α-Methylstyrol sowie m- und p-Vinyltoluol) erstreckte, zeigte, daß die Wahl des Lösungsmittels einen großen Einfluß auf den Verlauf der Polymerisation und auf die Temperatur hat, bei welcher es zur Bildung von Polymeren enger Verteilung kommt. Die Reihenfolge für die Erzielung eines raschen Kettenstarts und langsamen Kettenwachstums ist bei nachstehenden Lösungsmitteln die folgende: Dioxan > Tetrahydrofuran > Äthylenglykoldimethyläther > Diäthylenglykoldimethyläther. In Dioxanlösung wurde bei variierten Versuchsbedingungen monodisperses Polymeres hergestellt, während entsprechendes in Diäthylenglykoldimethyläther nie gelang. Dies dürfte auf die unterschiedliche Dissoziation der Ionenpaare an den wachsenden Kettenenden zurückzuführen sein[3]. Bestätigt wird das durch die Abhängigkeit der Geschwindigkeitskonstante des Kettenwachstums von der Konzentration der Ionenpaare (= Initiatorkonzentration) und des Gegenions allein[4], da der Anstieg der beiden Konzentrationen zu geringerer Dissoziation führt[5]. Es werden Angaben gemacht über die Wachstumskonstanten k_p für „lebendes" Polystyrol in Tetrahydrofuran mit 100 bis 200 l/Mol·sec für undissoziierte Ionenpaare und 65000 l/Mol·sec für die freien Polymerionen bei 25 °C mit Na^+-Gegenionen[6,7]. Auch das Alter der Katalysatoren erwies sich als wichtig, denn gealterte lieferten Polymere mit breiterer Verteilung; zum gleichen Ergebnis führten verschiedene Verunreinigungen und Stoffe, die Kettenübertragungen hervorriefen (zum Beispiel Toluol).

Schließlich können Blockierungen des Polymerions eintreten, wie die des Polystyrolanions durch Anthracen, wodurch ein vorübergehend

---

[1] Siehe auch Morton, M., A. A. Rembaum u. J. L. Hall: J. Polymer Sci. A 1, 461 (1963). Katalysator: Äthyl- und Butyllithium, Lösungsmittel: Benzol oder Tetrahydrofuran, Temperaturen 0 °C (Benzol), 25° und —80 °C (Tetrahydrofuran).

[2] Brower, F. M., u. H. W. McCormick: J. Polymer Sci. A 1, 1749 (1963).

[3] Geacintov, C., J. Smid u. M. Szwarc: J. Am. Chem. Soc. 83, 1253 (1961).

[4] Hostalka, H., R. V. Figini u. G. V. Schulz: Makromol. Chem. 71, 198 (1964). Durch Zusatz von Tetraphenylbornatrium wird die Dissoziation eines Polystyrol-Na-Ionenpaares vollständig zurückgedrängt.

[5] Berechnung der Geschwindigkeitskonstante des Übergangs von dissoziiertem in den undissoziierten Zustand aus der Verteilung der Polymerisationsgrade: Figini, R. V.: Makromol. Chem. 71, 193 (1964); Löhr, G., u. G. V. Schulz: Makromol. Chem. 77, 240 (1964); s. auch Figini, R. V., G. Löhr u. G. V. Schulz: J. Polymer Sci. B 3, 985 (1965); Hostalka, H., u. G. V. Schulz: Z. physik. Chem. (Frankfurt) 45, 2656 (1965).

[6] Bhattacharyya, D. N., C. L. Lee, J. Smid u. M. Szwarc: Polymer 5, 54 (1964). Toelle, K. J., J. Smid u. M. Szwarc: J. Polymer Sci. B 3, 1037 (1965); vgl. Hostalka, H., u. G. V. Schulz: B 3, 1043 (1965); Barnikol, W. K. R., u. G. V. Schulz: Z. physik. Chem. (Frankfurt) 47, 89 (1965).

[7] Eine andere Auffassung vertreten: Korotkov, A. A., u. A. F. Podolsky: Z. Polymer Sci. B 3, 901 (1965).

inaktives („schlafendes") Polymerion entsteht[1,2]. In diesen Fällen können natürlich keine im Molekulargewicht einheitlichen Polymere entstehen[3].

Ein Polystyrol mit sehr enger Molekulargewichtsverteilung, dessen Synthese durch Initiierung mit α-Phenyläthyl-kalium ausgeführt wurde, besitzt insofern eine ideale Struktur, als es nur aus einer einzigen Art von Grundbausteinen besteht, einschließlich des Startgliedes[4]. Erfolgt der Kettenabbruch durch Protonen, so kommt dem Polymeren folgende Formulierung zu:

$$H(-CH_2-CH-)_nH$$
$$\overset{|}{C_6H_5}$$

Poly-α-methylstyrol[5]

Da α-Methylstyrol eine niedrige „ceiling"-Temperatur[6] besitzt, sind noch bei —40 °C meßbare Monomermengen im Gleichgewicht mit Polymeranionen[7]. Eine besondere Technik zur Erzielung eines gleichzeitigen Kettenstarts mit Na-Naphthalin besteht nun darin, den Katalysator oberhalb der ceiling-Temperatur zuzugeben, wobei ein kurzkettiges Na-Naphthalin-Dianion entsteht (mit höherer ceiling-Temperatur), und auf tiefe Temperatur (—78 °C) abzukühlen[8]. Auf diese Weise können praktisch monodisperse Polymergemische hergestellt werden. So wurde $\overline{M}_w/\overline{M}_n$ = 1,03 gemessen[9-12].

[1] KHANNA, S. N., M. LEVY u. M. SZWARC: Trans. Faraday Soc. **58**, 747 (1962).

[2] ASAMI, R., S. N. KHANNA, M. LEVY u. M. SZWARC: Trans. Faraday Soc. **58**, 1821 (1962).

[3] Über die dann vorliegende Molekulargewichtsverteilung s. SZWARC, M., u. J. J. HERMANS: J. Polymer Sci. B **2**, 815 (1964).

[4] SHIAO-PING SIAO YEN: Makromol. Chem. **81**, 152 (1964); $\overline{M}_w/\overline{M}_n$ = 1,06.

[5] Vgl. S. 211 (Ziegler-Polymerisation).

[6] Siehe S. 31.

[7] WORSFOLD, D. J., u. S. BYWATER: J. Polymer Sci. **26**, 299 (1957).

[8] WORSFOLD, D. J., u. S. BYWATER: Can. J. Chem. **36**, 1141 (1958); WENGER, F.: J. Am. Chem. Soc. **82**, 4281 (1960).

[9] WENGER, F.: Makromol. Chem. **37**, 143 (1960); hier wurde bei +30 °C Natrium direkt auf das Monomere in Tetrahydrofuran einwirken gelassen, wobei ebenfalls Dianion entsteht und gleichzeitig Verunreinigungen beseitigt werden. Danach Abkühlung auf —78 °C zur Polymerisation; McCORMICK, H. W.: J. Polymer Sci. **41**, 327 (1959); dort auch Beschreibung einer Molekulargewichtsverteilung mit zwei Maxima, die den dianionischen Wachstumsmechanismus bestätigt.

[10] Kernresonanzspektroskopische Untersuchungen zur Mikrostruktur s. BRAUN, D., G. HEUFER, U. JOHNSEN u. K. KOLBE: Ber. Bunsenges. **68**, 959 (1964); RAMEY, K. C., u. G. L. STATTON: Makromol. Chem. **85**, 287 (1963).

[11] Polymerisation durch Bestrahlung mit Elektronen s. BRAUN, D., G. HEUFER u. W. SEUFERT: Kolloid-Z. **194**, 2 (1964).

[12] Verwendung von n-Butyl-Li: FUJIMOTO, T., N. OZAKI u. M. NAGASAWA: J. Polymer Sci. A **3**, 2259 (1965).

Poly-2-vinylpyridin

Bei der Polymerisation von 2-Vinylpyridin in Toluol zwischen —20 und +70 °C werden mit Katalysatoren, die Organyle und Organylamide von Beryllium und Aluminium sind, Polymere erhalten, die schwache kristallisierbare Anteile haben. Mit den gleichen Verbindungen des Magnesiums $((C_2H_5)_2Mg, (C_6H_5)_2Mg, C_6H_5MgBr, (C_2H_5)_2NMgBr$ und ähnliches) erhält man aber solche, die kristallisierbare Anteile von über 90 % aufweisen[1]. Dieselben sind in siedenden aliphatischen Kohlenwasserstoffen, Aceton und Diäthyläther unlöslich (Smp. 185—215 °C in Abhängigkeit von der sterischen Reinheit) und haben *isotaktische* Mikrostruktur. Der Polymerisationsmechanismus ist offensichtlich anionisch, denn zumindest teilweise werden die organischen Reste der Katalysatoren als Endgruppen in die Polymere eingebaut.

Die Monomere werden dann zwischen Metallatom und Kohlenstoffatom der Bindung am Katalysator eingeschoben, wobei das Monomere zuvor koordinativ gebunden wird. Dies wird wieder dadurch deutlich, daß man die Stereospezifität wie auch die Wirksamkeit der homogen gelösten Katalysatoren durch Komplexbildner wie Diäthyläther und Pyridin unterdrücken kann. Die Bedeutung einer koordinativen Bindung von Monomeren zur stereospezifischen Polymerisation ergibt sich auch daraus, daß die besten Katalysatoren durch Metalle mit stärkerer Elektropositivität bei kleinem Ionenradius gebildet werden.

Polymethylmethacrylat[2]

Organische Lithiumverbindungen sind gut für die anionische Polymerisation von Methylmethacrylat geeignet[3], da sie – im Gegensatz zu analogen Verbindungen des Natriums und Kaliums – kaum mit den Carbonylgruppen reagieren[4]. Besonders günstig sind Lithiumalkoholate, wenn auch die Polymerisationen langsamer vor sich gehen als mit Lithiumalkylen. Es entstehen fast durchweg *isotaktische* Mikrostrukturen, die sich bei höheren Umsätzen anteilmäßig verringern[5].

Mit n-Butyllithium und anderen Lithiumorganylen werden in unpolaren Lösungsmitteln wie Hexan, Petroläther und Toluol (bei Temperaturen

---

[1] NATTA, G., G. MAZZANTI, P. LONGI, G. DALL'ASTA u. F. BERNARDINI: J. Polymer Sci. **51**, 487 (1961). 4-Vinylpyridin liefert unter den gleichen Bedingungen nur amorphe, nicht kristallisierbare Polymere. Siehe Rezeptur Nr 8 S. 339.

[2] Vgl. S. 79 (radikalische Polymerisationen); s. Rezepturen 9 und 10 S. 339 u. 340.

[3] Zu Kinetik und Mechanismus s. KOROTKOV, A. A., S. P. MITSENGENDLER u. V. N. KRASULINA: J. Polymer Sci. **53**, 217 (1961); GLUSKER, D. L., I. LYSLOFF u. E. STILES: J. Polymer Sci. **49**, 315 (1961); WILES, D. M., u. S. BYWATER: Polymer 3, 175 (1962).

[4] Siehe auch KAWABATA, N., u. T. TSURUTA: Makromol. Chem. **86**, 231 (1965).

[5] TREKOVAL, J., u. D. LIM: J. Polymer Sci. C 4, 333 (1963); tertiäre Alkoholate als Katalysatoren, kinetische Messungen.

unterhalb —50 °C) weitgehend isotaktische Polymere erhalten[1-4]. Dagegen verändert der Zusatz von polaren Lösungsmitteln wie Dimethoxyäthan und Pyridin bei gleichen tiefen Temperaturen die sterische Regelmäßigkeit, indem mit steigender Dielektrizitätskonstante des Lösungsmittelgemisches *syndiotaktische* Wachstumsschritte in den Vordergrund treten und die Polymerisationsgeschwindigkeit größer wird.

Während in unpolaren Lösungsmitteln syndiotaktische Wachstumsschritte in der Reihenfolge Li+, Na+, K+ zunehmen, ist das in polaren Lösungsmitteln umgekehrt[2,5] (Abb. 19). Dies entspricht der Tatsache, daß bei Kalium als Gegenion die elektrolytische Dissoziation in unpolaren Lösungsmitteln wegen dessen größerer Elektropositivität größer ist als beim Lithium. In polaren Lösungsmitteln gibt dagegen die stärkere Solvatation des Lithiums den Ausschlag, weswegen dieses jetzt stärker dissoziiert[6].

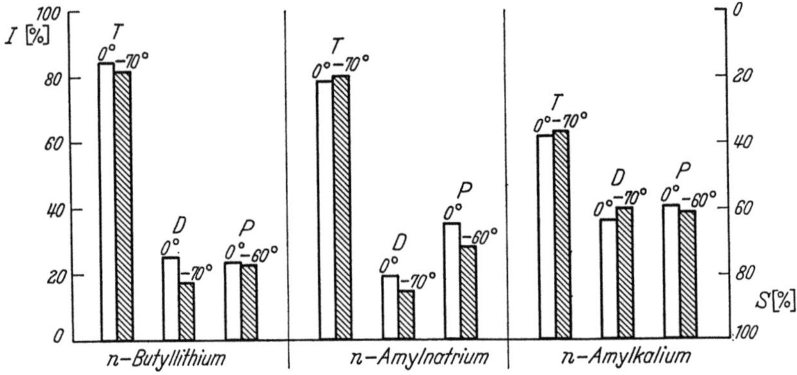

Abb. 19. Polymerisation von Methylmethacrylat mit alkalimetallorganischen Verbindungen. Einfluß von Katalysator, Lösungsmittel und Temperatur (in °C) auf die Taktizität der Polymerisate[2]. T = Toluol; D = Dimethoxyäthan; P = Pyridin

[1] Fox, T. G., B. S. Garrett, W. E. Goode, S. Gratch, J. F. Kincaid, A. Spell u. J. D. Stroupe: J. Am. Chem. Soc. **80**, 1768 (1958); isotaktisches Polymeres mit 9-Fluorenyl-lithium in Toluol, syndiotaktisches in 1,2-Dimethoxyäthan, beide bei —60 °C (in dieser Arbeit fälschlich umgekehrt angegeben); Stroupe, J. D., u. R. E. Hughes: **80**, 2341 (1958).

[2] Braun, D., M. Herner, U. Johnsen u. W. Kern: Makromol. Chem. **51**, 15 (1962).

[3] Korotkov, A. A., S. P. Mitsengendler, V. N. Krasulina u. L. A. Volkova: Vysokomol. soedin. **1**, 1319 (1959).

[4] Goode, W. E., F. H. Owens, R. P. Fellmann, W. H. Snyder u. J. E. Moore: J. Polymer Sci. **46**, 317 (1960).

[5] Graham R. K., D. L. Dunkelberger u. J. R. Panchak: J. Polymer Sci. **59**, S 43 (1962).

[6] Vgl. auch Tsuruta, T., T. Makimoto u. Y. Nakayama: Makromol. Chem. **90**, 12 (1966).

Nun wurde bereits mehrfach davon gesprochen, daß jedem Wachstumsschritt eine eigene Aktivierungsenergie entspricht. Ändern sich aber die Anteile der verschiedenen taktischen Schritte im Polymeren, obwohl die gleichen Polymerisationstemperaturen vorliegen, so müssen sich auch die Differenzen ihrer Aktivierungsenergien geändert haben. Diese Differenzen lassen sich aber mittels der Geschwindigkeitskonstanten der Wachstumsreaktionen errechnen[1]. In der folgenden Tabelle 5 sind Differenzen von Aktivierungsenergien eingetragen, die für drei verschiedene Katalysatoren und drei verschiedene Lösungsmittel errechnet wurden. Es handelt sich um die Differenzen der Aktivierungsenergien 1. allgemein von isotaktischen und syndiotaktischen Schritten (E_i—E_s), 2. von auf einen isotaktischen Schritt folgenden isotaktischen und syndiotaktischen Schritten (E_{ii}—E_{is}) und 3. von auf einen syndiotaktischen Schritt folgenden isotaktischen und syndiotaktischen Schritten (E_{si}—E_{ss}). Die Geschwindigkeitskonstanten sind aufgrund kernresonanzspektroskopischer Bestimmung der Taktizitäten ermittelt worden[2,3], wobei vorausgesetzt wurde, daß die Geschwindigkeitskonstanten $k_{si} = k_{is}$ sind (das heißt, die Folge eines syndiotaktischen Schrittes auf einen isotaktischen sei genau so häufig wie die eines isotaktischen auf einen syndiotaktischen).

Tabelle 5. *Polymerisation von Methylmethacrylat mit alkalimetallorganischen Katalysatoren. Differenzen der Freien Energien für die taktischen Polymerisationsschritte in cal/Mol*[4]

Katalysator	Lösungsmittel	E_i — E_s	E_{ii} — E_{is}	E_{si} — E_{ss}
n-Butyl-lithium	Toluol	—620 ± 35	—900 ± 100	—100 ± 10
	Dimethoxyäthan	+500 ± 90	+180 ± 50	+775 ± 75
	Pyridin	+460 ± 70	+385 ± 35	+630 ± 100
n-Amyl-natrium	Toluol	—520 ± 10	—695 ± 25	—115 ± 8
	Dimethoxyäthan	+710 ± 10	+430 ± 8	+780 ± 50
	Pyridin	+360 ± 20	+330 ± 30	+380 ± 40
n-Octyl-Kalium	Toluol	—123 ± 8	—260 ± 5	— 55 ± 10
	Dimethoxyäthan	+250 ± 35	+290 ± 2	+260 ± 60
	Pyridin	+250 ± 30	+380 ± 40	+175 ± 50

Man erkennt in der Tabelle 5 einmal, daß tatsächlich die Differenzen der Aktivierungsenergien von isotaktischen und syndiotaktischen Schritten sich sehr unterscheiden, je nachdem der vorhergehende Wachstumsschritt isotaktisch oder syndiotaktisch ist. Das heißt also, daß die Konfiguration

---

[1] Siehe S. 31.

[2] Siehe auch NISHIOKA, A., H. WATANABE, I. YAMAGUCHI u. H. SHIMIZU: J. Polymer Sci. 45, 232 (1960).

[3] Bezüglich IR-Messungen s. z. B. BAUMANN, U., H. SCHREIBER u. K. TESSMAR: Makromol. Chem. 36, 81 (1960); UV-Spektren s. D'ALAGNI, M., P. DESANTIS, A. M. LIQUORI u. M. SAVINO: J. Polymer Sci. B 2, 925 (1964).

[4] BRAUN, D., M. HERNER, U. JOHNSEN u. W. KERN: Makromol. Chem. 51, 15 (1962).

eines Grundbausteins etwas dadurch bestimmt wird, wie die Konfiguration des vorhergehenden ist. Dabei haben die syndiotaktischen Schritte in Toluol eine größere Aktivierungsenergie – sind also weniger häufig – als die isotaktischen, während es in den stark polaren Lösungsmitteln gerade umgekehrt ist. Ferner folgt in Toluol auf einen isotaktischen Schritt leichter wieder ein isotaktischer als ein syndiotaktischer, es bilden sich also isotaktische Sequenzen aus. Weniger deutlich gilt dies auch für syndiotaktisches Wachstum. In Dimethoxyäthan und in Pyridin ist insgesamt das syndiotaktische Wachstum bevorzugt. Mit steigender Elektropositivität des Alkalimetallions werden aber die Differenzen kleiner, das heißt, für beide Wachstumsschritte besteht annähernd gleiche Wahrscheinlichkeit und das Polymere wird dadurch ataktisch.

Bei hohen Katalysator-Konzentrationen und niederen Monomerkonzentrationen sind in der mit Lithiumbutyl katalysierten Polymerisation „lebende" Polymere vorhanden, die also bis zum Reaktionsende aktiv bleiben[1]. Auch im allgemeineren Fall ist die Konzentration der aktiven Zentren auf lange Zeit konstant. Bei der Startreaktion findet eine 1,4-Addition der Lithiumverbindung an ein Monomeres statt[1,2]:

$$RLi + n\,CH_2\!=\!C\underset{CH_3}{\overset{C-OCH_3\;(O)}{\Big\backslash}}$$

$$\longrightarrow R-CH_2-\underset{CH_3}{\overset{OCH_3}{C}}\!=\!C\overset{O^{\ominus}}{\underset{Li^{\oplus}}{}} + (n-1)\;CH_2\!=\!\underset{CH_3}{C}\overset{O}{\underset{}{C}}\!-OCH_3$$

$$\longrightarrow R\!\left(\!-CH_2-\underset{CH_3}{\overset{C=O\;(OCH_3)}{C}}\!\right)_{\!n-1}\!\!-CH_2-\underset{CH_3}{\overset{OCH_3}{C}}\!=\!C\overset{O^{\ominus}}{\underset{Li^{\oplus}}{}}$$

Polymerisationen bei tiefen Temperaturen (zum Beispiel —78 °C) mit Strontium- oder Calcium-zinktetraäthyl (als heterogene Katalysatoren) in Toluol ergaben nicht nur isotaktisches Polymethylmethacrylat, sondern auch isotaktische Polymere des n-Butyl-, Isobutyl- und sek. Butylacrylates[3].

---

[1] Korotkov, A. A., S. P. Mitsengendler u. V. N. Krasulina: J. Polymer Sci. 53, 217 (1961); Kinetik der Methylmethacrylat-Polymerisation mit Butyllithium als Katalysator.

[2] Glusker, D. L., E. Stiles u. B. Yoncoskie: J. Polymer Sci. 49, 297 (1961).

[3] Furukawa, J., T. Tsuruta u. T. Makimoto: Makromol. Chem. 42, 165 (1960); Kawasaki, A., J. Furukawa, T. Tsuruta, G. Wasai u. T. Makimoto: 49, 76 (1961); Makimoto, T., T. Tsuruta u. J. Furukawa: 50, 116 (1961).

Teilweise kristalline Polymere wurden mit den genannten Katalysatoren auch bei Polymerisationen von Thioacrylsäureestern erhalten[1,2].

Mehrfach untersucht wurden Polymerisationen mit Grignardverbindungen als Katalysatoren[3-5]. Enthalten diese zum Beispiel verzweigte Alkylgruppen (Isobutyl, sek. Butyl usw.), so entstehen zwischen —80 und +25 °C sehr weitgehend isotaktische Polymere. Zum gleichen Ergebnis gelangt man mit Phenylmagnesiumbromid bei Zimmertemperatur, wobei pro Makromolekül eine Phenylgruppe als Endgruppe auftritt. Stets sind während dieser Polymerisation auch in geringem Maße Nebenreaktionen an der Carbonylgruppe des Monomeren – also die normale Grignardreaktion – zu beobachten, die zu Ketonen und Kohlenwasserstoffen führen. – Die Herstellung von syndiotaktischen Polymeren wird in anderen Fällen beschrieben[4,6].

Trotz der langen Lebensdauer der aktiven Polymerenden – fehlende Kettenübertragung und anscheinend seltener irreversibler Kettenabbruch – ist die *Einheitlichkeit im Molekulargewicht* aller besprochenen Polymethylmethacrylate sehr gering. Neben einem bei Lithiumkatalysatoren im Vergleich zum Kettenwachstum langsamen Kettenstart mag das auf teilweise reversiblen Abbruchreaktionen beruhen, die zum Beispiel in einer Cyclisierung am Kettenende bestehen[3].

Daneben wird aber auch eine anionische Polymerisation des Methylmethacrylates mit engerer Molekulargewichtsverteilung ($\overline{M}_w/\overline{M}_n \sim 1,5$) beschrieben[7]. Gearbeitet wurde mit Kalium- und Natriumamid in flüssigem Ammoniak.

Polyvinyläther[8]

Die Polymerisation von Vinylisobutyläther mit BF_3-Ätherat bei tiefen Temperaturen führt zu einem nichtklebrigen, kautschukartigen *isotaktischen* Polymeren, das zum Beispiel unlöslich in kaltem Methyläthylketon ist. Dies

[1] KAWASAKI, A., J. FURUKAWA, T. TSURUTA, Y. NAKAYAMA u. G. WASAI: Makromol. Chem. **49**, 112, 136, 153 (1961); unterschiedliche Ergebnisse.

[2] Siehe auch FURUKAWA, J.: Polymer **3**, 487 (1962).

[3] GOODE, W. E., F. H. OWENS u. W. L. MYERS: J. Polymer Sci. **47**, 75 (1960); auch Polymerisation von Isopropylacrylat, Äthylacrylat und Methylacrylat.

[4] Siehe auch SCHULZ, G. V., W. WUNDERLICH u. R. KIRSTE: Makromol. Chem. **75**, 22 (1964).

[5] NISHIOKA, A., H. WATANABE, K. ABE u. Y. SONO: J. Polymer Sci. **48**, 241 (1960); rein syndiotaktisches Polymeres wurde hier nicht erhalten.

[6] MILLER, R. G. J., B. MILLS, P. A. SMALL, A. TURNER JONES u. D. G. M. WOOD: Chem. and Ind. (London) **1958**, 1323, und GALL, W. G., u. N. G. MCCRUM: J. Polymer Sci **50**, 489 (1961). Herstellung mit Natrium-Dispersion in Hexan bei Zimmertemperatur.

[7] GOODE, W. E., W. H. SNYDER u. R. C. FETTES: J. Polymer Sci. **42**, 367 (1960).

[8] Vgl. S. 212 (Ziegler-Polymerisationen) und S. 222 (Polymerisationen mit heterogenen Katalysatoren). Siehe Rezeptur Nr. 11 S. 340; Patente S. 381.

war an sich das erste Polymere, das als sterisch regelmäßig gedeutet wurde[1,2]. Der Katalysator und das (gelatinös um diesen) entstehende Polymere waren bei der damaligen Untersuchung nicht gelöst. Es zeigte sich

$$CH_2{=}CH{-}O{-}CH_2{-}\underset{\underset{CH_3}{|}}{\overset{\overset{CH_3}{|}}{CH}}$$

aber in späteren Arbeiten, daß isotaktisches Polymeres auch mit gelöstem BF_3-Ätherat[3] und anderen kationischen Katalysatoren (sowie löslichen Ziegler-, aber auch verschiedenen anderen heterogenen Katalysatoren) hergestellt werden kann[4,5].

Es ist fraglich, inwieweit die heterogene Katalyse hier einen Vorteil gegenüber der homogenen aufweist[6]. Ganz ähnlich verhält sich die Polymerisation von tert. Butylvinyläther:

$$CH_2{=}CH{-}O{-}\underset{\underset{CH_3}{|}}{\overset{\overset{CH_3}{|}}{C}}{-}CH_3$$

ebenfalls mit BF_3-Ätherat bei tiefen Temperaturen und in Lösungsmitteln niedriger Dielektrizitätskonstante[7]. Die Ätherbindungen gehen bei der Polymerisation nicht auf. Mit steigender Monomerkonzentration, Dielektrizitätskonstante und Temperatur nimmt die strukturelle Einheitlichkeit ab[8].

---

[1] SCHILDKNECHT, C. E., S. T. GROSS, H. R. DAVIDSON, J. M. LAMBERT u. A. O. Zoss: Ind. Eng. Chem. **40**, 2104 (1948); SCHILDKNECHT, C. E., S. T. GROSS u. A. O. Zoss: **41**, 1998 (1949); SCHILDKNECHT, C. E., A. O. Zoss u. F. GROSSER: **41**, 2891 (1949).

[2] NATTA, G.: Makromol. Chem. **16**, 213 (1955).

[3] Vinylisobutyläther, mit flüssigem Propan verdünnt, polymerisiert bei —70 bis —78 °C von der flüssigen Phase des Katalysators aus, indem sich gequollenes festes Polymeres bildet: SCHILDKNECHT, C. E., u. P. H. DUNN: J. Polymer Sci. **20**, 597 (1956).

[4] Beim Vinylmethyläther sind Mischlösungsmittel wie n-Hepten mit Chloroform notwendig, um kristalline Polymeres zu erhalten, s. OKAMURA, S., T. HIGASHIMURA u. H. YAMAMOTO: J. Polymer Sci. **33**, 510 (1958).

[5] Isotaktischer Polyvinylbenzyläther mit BF_3 bei —78 °C s. MURAHASHI, S., H. YUKI, T. SANO, U. YONEMURA, H. TADOKORO u. Y. CHATANI: J. Polymer Sci. **62**, S 77 (1962).

[6] Siehe auch OKAMURA, S., T. HIGASHIMURA u. I. SAKURADA: J. Polymer Sci. **39**, 507 (1959); nach diesen Autoren besteht kein Unterschied in der Stereospezifität der homogenen zur heterogenen Katalyse, jedoch KETLEY, A. D.: **62**, S 81 (1962), verweist auf seine Ergebnisse, nach denen die Kristallinität des Polymeren ansteigt, wenn das Gegenion sich an einer Phasengrenzfläche befindet.

[7] OKAMURA, S., T. KODAMA u. T. HIGASHIMURA: Makromol. Chem. **53**, 180 (1962). Das Polymere ist ebenfalls isotaktisch. Temp. —78 °C in Toluol. In Methylenchlorid mit Nitroverbindungen bei —78 °C Übergang zu syndiotaktischer Struktur: HIGASHIMURA, T., K. SUZUOKI u. S. OKAMURA: **86**, 259 (1965).

[8] Siehe auch Verwendung von Aluminiumfluorid-Katalysatoren, die zu sterisch regelmäßigem (isotaktischem) Polymethyl-, Polyisobutyl- und Poly-tert.-butylvinyläther führen: KERN, R. J., J. J. HAWKINS u. J. D. CALFEE: Makromol. Chem. **66**, 126 (1963).

Weitere kationische Polymerisationen in homogener Phase – ebenfalls bei tiefen Temperaturen – gelangen mit „modifizierten" Friedel-Crafts-Katalysatoren. Dabei ist bei den Halogeniden der mehrwertigen Metalle in ihrer höchsten Valenzstufe ein Teil der Halogenatome durch organische Gruppen wie Acetyl (Acyl), Alkoxyl oder Alkyl ersetzt, deren Funktion in der Verminderung der Acidität und der dadurch bedingten Herabsetzung der kationischen Aktivität und damit der Polymerisationsgeschwindigkeit besteht[1].

Ebenfalls mit kationischem Mechanismus kann Vinylisobutyläther polymerisiert werden, wenn Systeme von Aluminiumtrialkyl mit Wasser und weiteren Cokatalysatoren zur Anwendung gelangen[2]. Dabei waren als Cokatalysatoren Acetylchlorid, CH_3OCH_2Cl, $(CH_3)_3CCl$ und Essigsäureanhydrid erfolgreich. In Methylenchlorid als Lösungsmittel konnten amorphe, in Toluol jedoch teilweise kristalline Polymere erhalten werden. Sowohl das IR-Spektrum als auch das Röntgenbeugungsdiagramm der in Methyl-äthylketon unlöslichen Fraktion wiesen wiederum auf das isotaktische Polymere[3].

Katalysatoren, die Komplexe aus Schwefelsäure und Sulfaten (des Aluminiums, Magnesiums und Chroms) darstellen, ergeben in unpolaren Lösungsmitteln bereits bei Zimmertemperatur Polyvinylisobutyläther, der teilweise kristallin und isotaktisch ist[4, 5]. Auch hier nimmt die sterische Regelmäßigkeit mit steigender Monomerkonzentration und mit steigender Polarität des Lösungsmittels ab, jedoch nicht mit steigender Temperatur.

Poly-alkenyl-alkyläther

Die kationische Polymerisation von Alkenyl-alkyläthern der allgemeinen Form $R—CH=CH—O—R'$ führt zu verschiedenen Polymeren, je nachdem das cis- oder trans-Isomere verwendet wird[6]. Das läßt vermuten,

---

[1] NATTA, G., G. DALL'ASTA, G. MAZZANTI, U. GIANNINI u. S. CESCA: Angew. Chem. **71**, 205 (1959); BASSI, I. W., G. DALL'ASTA, U. CAMPIGLI u. E. STREPPAROLA: Makromol. Chem. **60**, 202 (1963). Größere Stereospezifität wird besserer Bildung eines Koordinationskomplexes mit Monomeren zugeschrieben. Angaben zur Kristallstruktur von isotaktischem Polyvinyl-tert.-butyläther.

[2] SAEGUSA, T., H. IMAI u. J. FURUKAWA: Makromol. Chem. **64**, 224 (1963); IMAI, H., T. SAEGUSA u. J. FURUKAWA: **81**, 92 (1964). Zusammenhang von Wirksamkeit und Säurestärke.

[3] Vgl. NATTA, G., G. DALL'ASTA, G. MAZZANTI, U. GIANNINI u. S. CESCA: Angew. Chem. **71**, 205 (1959); NATTA, G., I. W. BASSI u. P. CORRADINI: Makromol. Chem. **18/19**, 455 (1956).

[4] OKAMURA, S., T. HIGASHIMURA u. T. WATANABE: Makromol. Chem. **50**, 137 (1961). Die Stereospezifität dieser Katalysatoren soll besser sein als die des BF_3-Ätherats bei tiefen Temperaturen. Möglicherweise liegt eine kationische, heterogene Katalyse vor.

[5] Siehe auch LAL, J., u. J. E. McGRATH: J. Polymer Sci. A **2**, 3369 (1964).

[6] NATTA, G., M. FARINA, M. PERALDO, P. CORRADINI, G. BRESSAN u. P. GANIS: Rend. Accad. Naz. Lincei [8] **28**, 442 (1960). Polymerisation bei —78 °C mit $Al(C_2H_5)_2Cl$.

daß nach Öffnung der π-Bindung im Monomeren im Augenblick vor der nächsten Verknüpfung keine weitere Umlagerung stattfindet, die die konfigurativen Unterschiede beseitigt (sogenannte cis-Öffnung). Die Polymere der trans-Monomere haben einheitlich 1,2-Position, threo-diisotaktische Mikrostruktur und sind kristallin, während die Polymere der cis-Monomere nicht kristallisierten, was jedoch keine sterische Unregelmäßigkeit bedeuten muß.

Poly-β-chlorvinyläther

Auch bei der Polymerisation von β-Chlor-vinyläthern erhält man Polymere verschiedener Mikrostruktur, je nachdem man vom cis- oder vom trans-Monomeren ausgeht[1]. Kristalline Polymere wurden von cis- und trans-β-Chlorvinylbutyläther sowie von trans-β-Chlorvinyl-isobutyläther erhalten. Dabei konnte für den Poly-(trans-β-chlorvinyl-butyläther) die *threo-di-isotaktische*, für den Poly-(cis-β-chlorvinylbutyläther) die *erythro-di-isotaktische* Mikrostruktur ermittelt werden.

Polyvinylchlorid[2]

Auf dem Wege der anionischen Polymerisation mit tert. Butylmagnesiumchlorid in Tetrahydrofuran konnte Vinylchlorid in ein kristallines, jedoch nicht sehr hochmolekulares Polymeres übergeführt werden[3]. Pro Molekül wurde eine Doppelbindung festgestellt, weshalb dem Polymeren folgende Gestalt zugeschrieben wird:

$$(CH_3)_3-C(-CHCl-CH_2)_n-CH=CH_2$$

Es wird angenommen, daß die Doppelbindung durch Chlorabspaltung beim Kettenabbruch entsteht:

$$R(CHClCH_2)_n-CHCl-CH_2^{\ominus}\cdots\overset{\oplus}{M}gCl \longrightarrow$$
$$R(CHCl-CH_2)_n-CH=CH_2 + MgCl_2$$

Polybenzofuran[4]

Die Auffassung, daß isotaktische Polymere von cyclischen Monomeren optisch aktiv sein können[5], wurde bei der Polymerisation von Benzofu-

---

[1] NATTA, G., M. PERALDO, M. FARINA u. G. BRESSAN: Makromol. Chem. **55**, 139 (1962). Polymerisation bei —78 °C in Toluol, Katalysatoren: BF$_3$-Ätherat, $(C_2H_5)AlCl_2$, $(C_2H_5)_2AlCl$.

[2] Vgl. S. 81 (radikalische Polymerisation) und S. 212 (Polymerisation mit Ziegler-Katalysatoren). Patente S. 381.

[3] GUYOT, A., u. PHAM QUANG THO: Compt. rend. **256**, 165 (1963); kinetische Untersuchung dazu: GUYOT, A., u. PHAM QUANG THO: J. Polymer Sci. C **4**, 299 (1963).

[4] Siehe Rezeptur Nr. 12 S. 340.

[5] ARCUS, C. L.: J. Chem. Soc. (London) **1955**, 2801.

ran mit kationischen Katalysatoren bestätigt. Hierfür wurde $AlCl_3$ oder $Al(C_2H_5)Cl_2$ in Toluol mit optisch aktiven Verbindungen – Aminosäuren, Sulfonsäuren, tetrasubstituierten Ammoniumsalzen, Alkaloiden usw. –

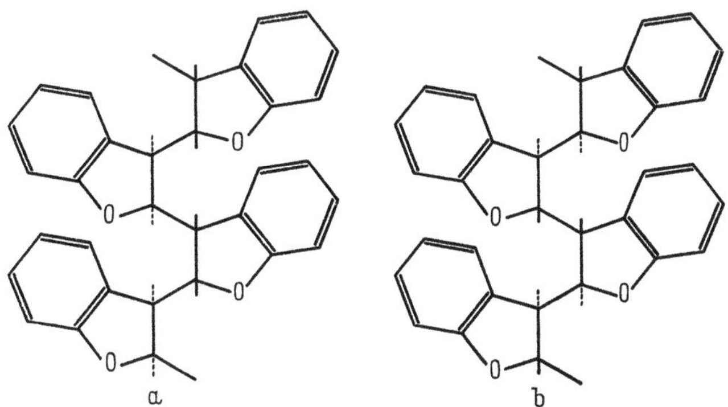

zusammengebracht, wobei eine Komplexbildung erfolgte. Diese Systeme katalysierten die Polymerisation des Benzofurans in Toluol bei tiefen Temperaturen (zum Beispiel —75 °C) und ergaben amorphe Polymere von starker optischer Aktivität, obwohl die Polymere (zumindest praktisch) keine aus dem Katalysator stammenden optisch aktiven Gruppen enthielten[1,2].

Zwar ist es bisher nicht gelungen, die Polymere kristallisieren zu lassen, sie dürften aber *di-isotaktisch* sein, da di-syndiotaktische Mikrostrukturen innere Kompensation der optischen Aktivität bedingte. Die folgende Abb. 20 zeigt schematisch die zwei möglichen erythro- und threo-di-isotaktischen Mikrostrukturen, und zwar jeweils in Gestalt einer der beiden zueinander gehörigen spiegelbildlichen Anordnungen.

Abb. 20. Polybenzofuran[3], a erythro-di-isotaktisch, b threo-di-isotaktisch

Man erkennt pro Grundbaustein zwei asymmetrische Kohlenstoffatome.
Diese Erscheinung der Ausbildung eines optisch aktiven Polymeren läßt sich am besten verstehen, wenn man annimmt, daß die asymmetrischen

---

[1] NATTA, G., M. FARINA, M. PERALDO u. G. BRESSAN: Makromol. Chem. **43**, 68 (1961); vgl. TAKEDA, Y., Y. HAYAKAWA, T. FUENO u. J. FURUKAWA: **83**, 234 (1965).

[2] Siehe auch die analoge Polymerisation von Naphthofuran: BRESSAN, G., M. FARINA u. G. NATTA: Makromol. Chem. **93**, 283 (1966).

[3] Nach FARINA, M., u. G. BRESSAN: Makromol. Chem. **61**, 79 (1963). Zur Beschreibung der absoluten Konfiguration der asymmetrischen C-Atome reichen die Regeln von CAHN, INGOLD und PRELOG (s. S. 12) nicht aus. Die Autoren machen deshalb Vorschläge hierzu.

Verbindungen am Gegenion einen ständigen Einfluß auf die Wachstumsschritte nehmen. Dadurch wird die Bildung einer der beiden enantiomorphen Formen (sei sie dabei nun erythro- oder threo-di-isotaktisch) bevorzugt, so daß sie sich nicht in ihrer optischen Aktivität von Sequenz zu Sequenz oder von Makromolekül zu Makromolekül kompensieren können, wie es normalerweise der Fall ist.

In der ersten Polymerisationsperiode (bei Verwendung von $AlCl_3/(+)\beta$-Phenylalanin) beobachtet man außerdem eine Zunahme der spezifischen optischen Aktivität, die – wie weitere Untersuchungen ergaben – auf die Einwirkung bereits vorhandener optisch aktiver Polybenzofuran-Moleküle zurückzuführen ist (Tabelle 6). Die fertigen Polymere treten offenbar mit dem Katalysator in Wechselwirkung und verbessern die asymmetrische Synthese.

Tabelle 6. *Autokatalytischer Effekt bei der asymmetrischen Polymerisation von Benzofuran in Gegenwart von $AlCl_3/(+)\beta$-Phenylalanin*[1]

Versuch	W (*)	[α]	Δ(W[α])/ΔW (**)
A	1,48	31,0	
	2,30	46,7	75
	2,72	52,7	88
B	1,22	50,2	
	4,60	76,3	86
C	0,68	51,5	
	2,30	69,3	77

(*) W = g Polymeres/mMol Phenylalanin.
(**) Δ(W[α])/ΔW = optische Aktivität des zwischen zwei aufeinanderfolgenden Entnahmen gebildeten Polymeren.

Polyoxymethylen[2]

Als Monomere zur Synthese von Polyoxymethylen dienen Formaldehyd und Trioxan, wobei Trioxan leichter zu reinigen und zu handhaben ist als der Formaldehyd[3].

Die grundlegenden Arbeiten der Formaldehydpolymerisation wurden bereits von H. STAUDINGER und seiner Schule in den 20er Jahren ausgeführt[4]. Technisch brauchbarer Polyformaldehyd wurde dagegen erst in den letzten Jahren entwickelt. Das gasförmige, sehr weitgehend wasserfreie Monomere (Wasser wirkt als Kettenüberträger) kann durch Einleiten in einen Kohlenwasserstoff als Lösungsmittel mit anionisch und kationisch wirksamen Katalysatoren polymerisiert werden. Das beim Erhitzen stark

---

[1] FARINA, M., G. NATTA u. G. BRESSAN: J. Polymer Sci. C **4**, 141 (1963).
[2] Siehe Patente S. 381.
[3] KUCERA, M., u. E. SPOUSTA: J. Polymer Sci. A **2**, 3431, 3443 (1964).
[4] Siehe KERN, W., in: H. STAUDINGER, Die hochmolekularen organischen Verbindungen, S. 224 ff., Berlin-Göttingen-Heidelberg: Springer-Verlag (Neudruck) 1960.

zur Depolymerisation neigende Polymerisat wird danach stabilisiert, indem die Halbacetal-Endgruppen zum Beispiel in Carbonsäureester überführt werden[1,2].

Die Polymerisation des Trioxans, als eines cyclischen Acetals, erfolgt dagegen nur kationisch. Dabei kann es gelöst in verschiedenen Lösungsmitteln (Äthern, Chlorkohlenwasserstoffen, Kohlenwasserstoffen, besonders Cyclohexan) oder in Suspension sowie in fester Phase vorliegen. Als Katalysatoren zeigten sich zum Beispiel Metallhalogenide, Bortrifluorid und deren Komplexe mit Äthern oder Diazoniumsalzen, Borsäureamide, Amine, Phosphine, Arsine, Stibine, Mineralsäuren, organische Säuren und metallorganische Verbindungen geeignet. Cokatalysatoren schienen nicht erforderlich zu sein[3].

In Lösung erhält man nur niedere Molekulargewichte. Dagegen werden hochmolekulare Polymere gewonnen, wenn die Polymerisation in fester Phase ausgeführt wird[4]. Dabei kann das Monomere sublimiert oder aus einer Lösung heraus in fester Phase abgeschieden werden. Ein Beispiel ist die Polymerisation von Trioxan-Einkristallen, um die herum sich eine gesättigte Lösung von Trioxan befindet[5]. Durch graduelle Abkühlung der Lösung (Paraffinöl) wird Trioxan veranlaßt auszukristallisieren, verbleibt aber suspendiert, so daß sich keine Kristallagglomerate bilden. Zusatz einer geringen Menge BF_3-Ätherat setzt die kationische Polymerisation in Gang, während mit vergleichbarer Geschwindigkeit – bei gelindem Rühren der Suspension – frisches Monomeres ankristallisiert. Der durchschrittene Temperaturbereich liegt zwischen dicht oberhalb des Trioxan-Schmelzpunktes (62 °C) und Zimmertemperatur.

Interessanterweise bildet sich dabei eine Mischung zweier hochmolekularer Modifikationen: einer faserigen vom Schmelzpunkt 186—187 °C mit einer Kristallinität von 97—98 %, wobei die Kristallite in Richtung der

---

[1] KERN, W., H. CHERDRON u. V. JAACKS: Angew. Chem. **73**, 177 (1961).

[2] Untersuchungen zur Blockierung der Endgruppen durch Acetylierung a) mit Acetanhydrid s. MEJZLIK, J., u. L. JANECKOVA: Makromol. Chem. **82**, 238 (1965); b) mit Keten s. MEJZLIK, J., M. LESNA, P. OSECKY, I. SRACKOVA u. E. SAZOVSKA: **82**, 253 (1965).

[3] Nach KUCERA, M., u. E. SPOUSTA: Makromol. Chem. **82**, 60 (1965), wirkt aber Wasser in geringer Konzentration zumindest in manchen Fällen als Cokatalysator. Sie nehmen an, daß Trioxan in einem von Wasser bzw. von Verbindungen mit hoher Dielektrizitätskonstante und mit großer Solvatationsfähigkeit ganz freien Milieu nicht polymerisiert. Auch nach JAACKS, V., u. W. KERN: **62**, 1 (1963), wirkt Wasser als Cokatalysator bei der Polymerisation von Trioxan mit $SnCl_4$. Über die nachteilige Wirkung größerer Wassermengen, s. BAADER, H., V. JAACKS u. W. KERN: **82**, 213 (1965).

[4] Siehe auch OKAMURA, S., E. KOBAYASHI, K. TAKEDA, M. TOMIKAWA u. T. HIGASHIMURA: J. Polymer Sci. C **1**, 827 (1963); OKAMURA, S., E. KOBAYASHI u. T. HIGASHIMURA: Makromol. Chem. **88**, 1 (1965); RAKOVA, G. V., L. M. ROMANOV u. N. S. ENIKOLOPYAN: Vysokomol. soedin. **6**, 2178 (1964).

[5] BACCAREDDA, M., E. BUTTA u. P. GIUSTI: J. Polymer Sci. C **4**, 953 (1963); MORELLI, F., G. MASETTI, E. BUTTA u. M. BACCAREDDA: A **3**, 2441 (1965).

Faserachse orientiert sind, und einer pulvrigen, unorientierten mit 90 % Kristallinität, Schmelzpunkt 178—180 °C[1]. Auch die thermische Stabilität der letzteren ist geringer.

Die Gesamtausbeute und das Mengenverhältnis beider Modifikationen ist sehr abhängig von der Rührgeschwindigkeit, der Abkühlungsgeschwindigkeit, der Konzentration der Ausgangslösung, der Viskosität des Lösungsmittels, der Anfangs- und Endtemperatur und der Katalysator-Konzentration.

Die Polymerisation des Trioxans führt zunächst zu Oligomeren, die teilweise und sehr schnell Formaldehyd abgeben. Erst wenn sich die Gleichgewichtskonzentration des Formaldehyds eingestellt hat, setzt die Bildung hochmolekularer Produkte ein[2].

Der Reaktionsmechanismus läßt sich wie folgt beschreiben:

$$R^{\oplus} + n \begin{array}{c} O \\ CH_2 \quad CH_2 \\ O \qquad O \\ CH_2 \end{array} \longrightarrow$$

$$\left[\begin{array}{c} O \\ CH_2 \quad CH_2 \\ R-O^{\oplus} \qquad O \\ CH_2 \end{array} \right] \longrightarrow R-O-CH_2-O-CH_2-O-\overset{\oplus}{C}H_2 + (n-1) \begin{array}{c} O \\ CH_2 \quad CH_2 \\ O \qquad O \\ CH_2 \end{array}$$

$$\longrightarrow R-(-O-CH_2-O-CH_2-O-CH_2-)_{\overline{n-1}}O-CH_2-O-CH_2-O-\overset{\oplus}{C}H_2$$

Kettenübertragung auf Polymeres kann bei Polyoxymethylen dergestalt ablaufen, daß dabei die Polymerketten aufgespalten werden (Trans- oder Umacetalisierung)[3]. Der Vorgang ist nachstehend dargestellt.

$$P-O-CH_2-O-\overset{\oplus}{C}H_2 + P'-O-CH_2-O-CH_2-P'' \longrightarrow$$

$$P-O-CH_2-O-CH_2-O-CH_2-P'' + P'-O-\overset{\oplus}{C}H_2$$

[1] Siehe ferner CARAZZOLO, G. A.: J. Polymer Sci. A 1, 1573 (1963); CARAZZOLO, G., u. M. MAMMI: A 1, 965 (1963); Polytrioxan kristallisiert normalerweise hexagonal, ansonsten orthorhombisch unter Helixbildung.

[2] KERN, W., H. CHERDRON u. V. JAACKS: Angew. Chem. **73**, 177 (1961).

[3] WEISSERMEL, K., E. FISCHER, K. GUTWEILER u. H. D. HERMANN: Kunststoffe **54**, 410 (1964). In dieser Arbeit wird besonders die Copolymerisation des Trioxans mit Epoxiden behandelt. Letztere führen zu Bindungen mit den Polyformaldehyd-Segmenten, die wesentlich thermostabiler sind als die des Polyformaldehyds und wirken sich damit als Endgruppenstabilisierung aus, da ein Abbau an ihnen zum Stehen kommt.

Kettenübertragungen dieser Art können auch auf niedermolekulare Verbindungen wie Äther (zum Beispiel Dibenzyläther, Diallyläther usw.) und Acetale (zum Beispiel Dimethylformal) erfolgen, wodurch stabile Endgruppen entstehen[1]:

$$P-O-CH_2^{\oplus} + O{<}{{\scriptstyle CH_2-O-CH_3}\atop{\scriptstyle CH_3}} \longrightarrow P-O-CH_2-O-CH_3 + CH_3-O-CH_2^{\oplus}$$

Die genannten Übertragungsreaktionen führen zu keinen Kettenverzweigungen. Insofern sollten Polyoxymethylene vollkommen *linear* sein. Neuerdings werden aber auch intramolekulare Hydridionen-Verschiebungen diskutiert, die unter anderem auch zu Verzweigungen führen[2].

Kettenabbruch mag zum Beispiel durch ein $OH^{\ominus}$ hervorgerufen werden[3]. Allerdings fehlt in der Regel ein wirksamer kinetischer Kettenabbruch, weshalb sich kein stationärer Zustand einstellt und die Polymerisation infolge fortgesetzten – an sich langsamen – Kettenstarts stark beschleunigt wird[4].

Die endgültige Bildung der Halbacetal-Endgruppen der „toten" Polymeren erfolgt vielleicht erst mit der Aufarbeitung.

Polyacetaldehyd[5]

Die Bildung makromolekularen, nicht kristallisierenden, *linearen* Polyacetaldehydes wurde bereits vor längerer Zeit beim Aufschmelzen von kristallisiertem Acetaldehyd festgestellt[6,7]. Das Polymere ist ein Polyacetal mit Methylseitengruppen, die in regelmäßigen oder unregelmäßigen Mikrostrukturen angeordnet sein können (Abb. 21). Der nichtkristallisierende Polyacetaldehyd ist demnach – zumindest weitgehend – ataktisch.

Jüngeren Datums ist die Katalyse mit Lewis-Säuren[8], Aluminiumoxid[9] und mit tert. Phosphinen (in Pentan)[10], wobei ebenfalls lineare, amorphe, ataktische Polymere, jedoch mit BF_3-Ätherat teilweise kristallisierbare,

[1] KERN, W., H. CHERDRON u. V. JAACKS: Angew. Chem. **73**, 177 (1961); JAACKS, V., H. BAADER u. W. KERN: Makromol. Chem. **83**, 56 (1965).

[2] HERMANN, H. D., E. FISCHER u. K. WEISSERMEL: Makromol. Chem. **90**, 1 (1966).

[3] Siehe auch KUCERA, M., u. E. SPOUSTA: Makromol. Chem. **90**, 215 (1965).

[4] KERN, W., u. V. JAACKS: J. Polymer Sci. **48**, 399 (1960); siehe aber auch LEESE, L., u. M. W. BAUMBER: Polymer **6**, 269 (1965).

[5] Siehe Rezeptur Nr. 13 S. 341. Patente S. 383.

[6] LETORT, M.: Compt. rend. **202**, 767 (1936); neuere Arbeit hierüber s. z. B. LETORT, M., u. A. J. RICHARD: J. chim. phys. **57**, 752 (1960).

[7] TRAVERS, M. S.: Trans. Faraday Soc. **32**, 246 (1936).

[8] VOGL, O.: J. Polymer Sci. **46**, 261 (1960); A **2**, 4591 (1964).

[9] SAEGUSA, T., Y. FUJII, H. FUJII u. J. FURUKAWA: Makromol. Chem. **55**, 232 (1962).

[10] KORAL, J. N., u. B. W. SONG: J. Polymer Sci. **54**, S 34 (1961), desgl. mit höheren Aldehyden.

9*

isotaktische, in Methanol unlösliche Polymere entstehen[1]. Besonders günstig für die Synthese von isotaktischem Polyacetaldehyd ist die Verwendung von Metallalkylen und Metallalkoholaten als Katalysatoren, zum Beispiel Aluminiumtrialkyl, Aluminiumtrialkyl zusammen mit Wasser (optimal ist das Molverhältnis 1 : 0,5 bei 2 Gew.- % Katalysator, bezogen auf Mono- meres) und schließlich Aluminiumalkoholat.

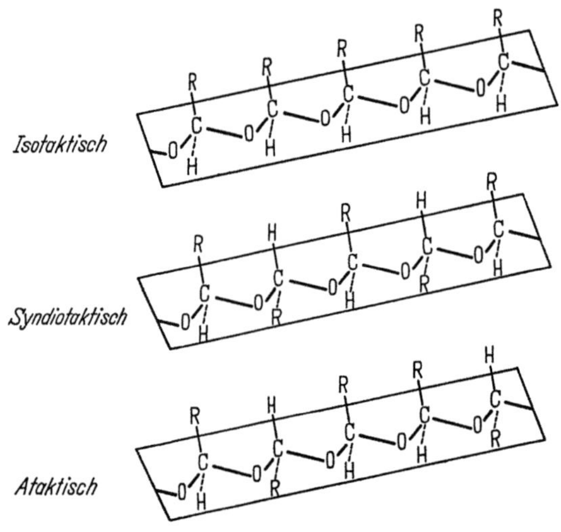

Abb. 21. Mikrostrukturen von Polyaldehyden[2]

Neben den methanolunlöslichen (in Chloroform teilweise löslichen) enthält das Polymere stets auch methanollösliche Anteile. In allen genann- ten Fällen liegen die Polymerisationstemperaturen tief (meist —78 °C)[3-6].

Auch im Fall des Aluminiumtrialkyls ist letztlich ein Aluminiumalkyl- alkoxid oder Alkyl-aluminiumoxid der Katalysator, da sich diese durch Umsetzung des Trialkyls mit Acetaldehyd beziehungsweise anwesendem

[1] VOGL, O.: J. Polymer Sci. A **2**, 4607 (1964).

[2] Nach NATTA, G., P. CORRADINI u. I. W. BASSI: J. Polymer Sci. **51**, 505 (1961).

[3] NATTA, G., G. MAZZANTI, P. CORRADINI u. I. W. BASSI: Makromol. Chem. **37**, 156 (1960); Lösungsmittel: n-Heptan oder Toluol, andere Katalysatoren außer den genann- ten: $Zn(C_4H_9)_2$ und $Al(C_2H_5)_2Cl$; NATTA, G., G. MAZZANTI, P. CORRADINI, P. CHINI u. I. W. BASSI: Rend. Accad. Naz. Lincei (8) **28**, 539 (1960); NATTA, G.: Chim. e Ind. (Mailand) **42**, 1207 (1960).

[4] FURUKAWA, J., T. SAEGUSA, H. FUJII, A. KAWASAKI, H. IMAI u. Y. FUJII: Makro- mol. Chem. **37**, 149 (1960).

[5] FURUKAWA, J., T. SAEGUSA u. H. FUJII: Makromol. Chem. **44—46**, 398 (1961).

[6] ISHIDA, S.: J. Polymer Sci. **62**, 1 (1962); die Polymerisation erfolgt rascher, wenn der Katalysator bei Zimmertemperatur zugesetzt wird und nicht erst bei der tiefen Polymerisationstemperatur.

Wasser bilden[1]. Die Alkoxidreste wirken sich auf die Stereospezifität aus, insofern Diäthyl-aluminium-alkoxidverbindungen mit Äthoxy-, n-Propoxy-, n-Butoxy-, i-Butoxy- und n-Octyloxygruppen eine niedrigere Stereospezifität besitzen als solche mit iso-Propoxy- und sek.-Butoxygruppen. Die höchste Stereospezifität besitzt Diäthyl-aluminium-tert.-butoxid. Es wirken sich also Grad der Verzweigung und Länge der Alkoxygruppen aus, wobei ersteres wichtiger ist[2].

Die Polymerisationen müssen unterhalb —40 °C ausgeführt werden, da offensichtlich dort die ceiling-Temperatur liegt. Die Stereospezifität der Katalysatoren zeigte sich bisher unabhängig davon, ob dieselben homogen oder heterogen waren, je nach Natur des Lösungsmittels. Mit sinkender Temperatur nimmt der kristalline Anteil zu. Eine gewisse Assoziierung der Katalysatoren (zum Beispiel zum Tetra- und Hexameren) ist stets anzunehmen, polymeres Alkylaluminium-oxid ($-Al-O-)_n$ ist aber katalytisch

$$\underset{\displaystyle C_2H_5}{\overset{\displaystyle |}{}}$$

wenig wirksam und ergibt keinen kristallinen Polyacetaldehyd.

Die Prüfung einer Reihe von anderen metallorganischen Verbindungen ergab, daß Diäthylzink, Äthylmagnesiumbromid und die Mischung aus Diäthylzink und Wasser ausgezeichnete stereospezifisch wirksame Katalysatoren sind[3]. Letzterer liegt in Form folgender Verbindungen vor:

$$C_2H_5ZnO(ZnO)_nZnC_2H_5, \quad C_2H_5OZnO(ZnO)_nZnC_2H_5, \quad \text{oder}$$

$$C_2H_5OZnO(ZnO)_nZnOC_2H_5.$$

Von Alkoxiden zeigten sich bei dieser Untersuchung Alkalialkoxide als unwirksam, während solche von Metallen der II. und III. Gruppe des Periodensystems wirksam sind. Interessanterweise ist auch Tetraäthoxyzinn ein guter Katalysator, das Zinn-tetraäthyl aber nicht. Letzteres setzt sich auch nur schwer mit Aldehyden zu Alkoxiden um. Ferner sind noch als stereospezifische Katalysatoren Tetraäthoxy-titan, Triäthoxy-eisen und Magnesium-tetraäthoxy-aluminat zu nennen.

Von anderer Seite wurden jetzt aber auch Alkalialkyle, -alkoxide und analoge Verbindungen wirksam gefunden, soweit sie im Reaktionsmedium löslich sind (zum Beispiel nicht Natrium- und Lithiummethylat). Sie sind sogar besser als die Aluminiumverbindungen. Die Natur des organischen

---

[1] FURUKAWA, J., T. SAEGUSA u. H. FUJII: J. Polymer Sci. C **4**, 281 (1963); FUJII, H., I. TSUKUMA, T. SAEGUSA u. J. FURUKAWA: Makromol. Chem. **82**, 32 (1965).

[2] Siehe nun auch TANI, H., T. AOYAGI u. T. ARAKI: J. Polymer Sci. B **2**, 921 (1964); Verwendung von Katalysatoren, die Reaktionsprodukte von AlR_3 und Alkalimetall-Hydroxid sind; TANI, H., H. YASUDA u. T. ARAKI: B **2**, 933 (1964); Verwendung der Systeme AlR_3-Keton-Wasser und AlR_3-Amid-Wasser; s. weiter TANI, H., u. N. OGUNI: B **3**, 123 (1965); TANI, H., T. ARAKI, N. OGUNI u. T. AOYAGI: B **4**, 97 (1966).

[3] FURUKAWA, J., T. SAEGUSA u. H. FUJII: Makromol. Chem. **44—46**, 398 (1960); die gleichen Katalysatoren wirken auch bei Propionaldehyd und bei Chloral.

Restes spielt dabei eine große Rolle. (Am besten ist Kaliumtriphenylmethylat.) Die Polymere sind teilweise isotaktisch, wenn das Lösungsmittel eine geringe Dielektrizitätskonstante aufweist – eine stets gültige Voraussetzung[1].

In kristallisiertem Zustand bildet der isotaktische Polyacetaldehyd Helices mit vier Grundbausteinen pro Identitätsperiode, deren Länge 4,8 Å beträgt. Die folgende Abb. 22 bringt eine Seitendarstellung und eine Aufsicht in Richtung der Hauptachse.

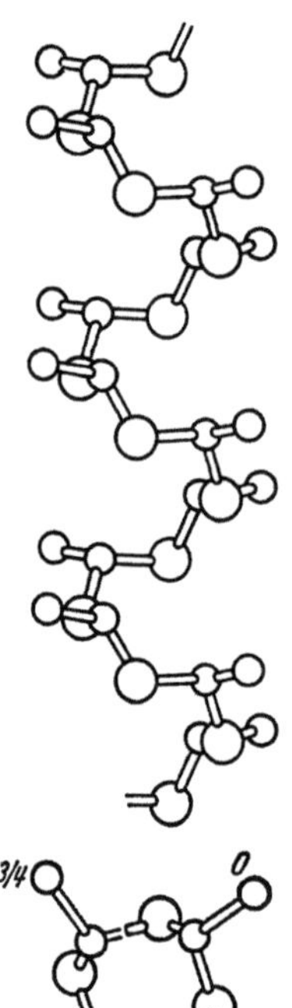

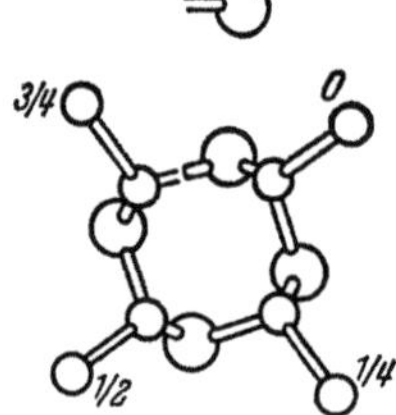

Abb. 22
Helix von isotaktischem Polyacetaldehyd. Projektion
von der Seite und in Richtung der Faserachse[2]

Polybutyraldehyd[3]

Hochmolekulare kristalline, *isotaktische* Polymere konnten bei —78 °C unter Normaldruck in n-Heptan hergestellt werden, wobei kleine Mengen von $Al(C_2H_5)_3$, $Zn(C_4H_9)_2$ und $Al(C_2H_5)_2Cl$ als Katalysatoren dienten[4]. Die bei der Polymerisation gleichzeitig anfallenden amorphen Anteile lassen sich durch siedendes Aceton extrahieren. Systematische Untersuchungen

---

[1] VOGL, O.: J. Polymer Sci. A 2, 4607 (1964).

[2] Nach NATTA, G., P. CORRADINI u. I. W. BASSI: J. Polymer Sci. 51, 505 (1961).

[3] Siehe Patente S. 383.

[4] NATTA, G., G. MAZZANTI, P. CORRADINI u. I. W. BASSI: Makromol. Chem. 37, 156 (1960); Synthese von isotaktischem Poly-iso- und -n-butyraldehyd, auch Polypropionaldehyd und andere Polyaldehyde.

mit einer Reihe von metallorganischen Katalysatoren ergaben, daß die Wachstumsgeschwindigkeit bei Poly-n-butyraldehyd mit steigender Elektropositivität des Metalls zunimmt[1]. Die kristallinen Anteile nehmen in der Reihenfolge Al > Zn > Mg, Cd ab, das heißt, sowohl die Elektropositivität als auch die Ionenradien der Metalle wirken sich auf die sterische Regelmäßigkeit der Mikrostrukturen des Poly-n-butyraldehyds aus.

Auch mit typisch kationischen Katalysatoren ($AlBr_3$, $AlCl_2(C_2H_5)$, BF_3-Ätherat) gelang es, Butyraldehyd (und andere Aldehyde) in kristallisierende Polymere umzuwandeln[2].

Eine Darstellung der Helix des isotaktischen Poly-n-butyraldehyds in kristallinem Zustand (tetragonales Gitter) bringt Abb. 23. Die Identitätsperiode besteht aus vier Grundbausteinen und hat die Länge 4,8 Å.

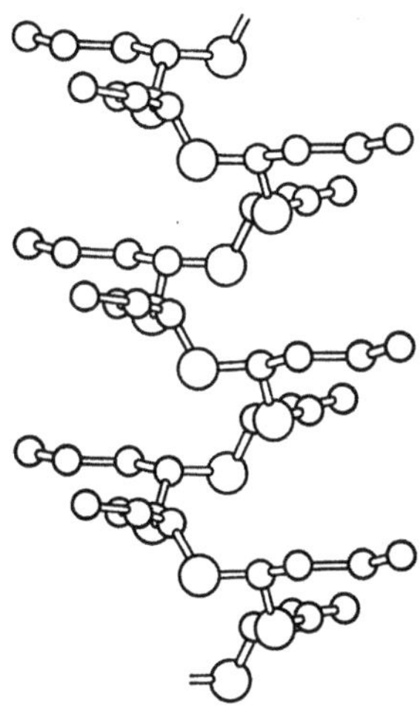

Abb. 23. Helix von isotaktischem Polybutyraldehyd. Projektion von der Seite und in Richtung der Faserachse[3]

[1] SOBUE, H., u. H. KUBOTA: J. Polymer Sci. C 4, 147 (1963).
[2] NATTA, G., G. MAZZANTI, P. CORRADINI u. I. W. BASSI: Makromol. Chem. 37, 156 (1960).
[3] Nach NATTA, G., P. CORRADINI u. I. W. BASSI: J. Polymer Sci. 51, 505 (1961).

Polyaceton

Polyaceton als solches ist sehr instabil. Zusammen mit Propylen konnte jedoch Aceton mittels metallorganischer Katalysatoren unterhalb —70 °C zu einem stabilen, kristallinen Copolymeren – mit 84 % Aceton einpolymerisiert – umgesetzt werden[1]. Die Polyaceton-Blöcke des Polymeren haben Ketal-Struktur:

$$-\overset{\overset{\displaystyle CH_3}{|}}{\underset{\underset{\displaystyle CH_3}{|}}{C}}-O-\overset{\overset{\displaystyle CH_3}{|}}{\underset{\underset{\displaystyle CH_3}{|}}{C}}-O-\overset{\overset{\displaystyle CH_3}{|}}{\underset{\underset{\displaystyle CH_3}{|}}{C}}-O- \; ,$$

wie nach IR-Untersuchungen festgestellt werden konnte; es schmilzt bei 58—60 °C ohne besondere Zersetzung und ist löslich in Wasser, Alkohol, Chloroform und anderen polaren Lösungsmitteln. Im Kristallinitätsgrad ist es mit Polyacetaldehyd vergleichbar und liegt damit wesentlich höher als isotaktisches Polypropylen. Kristallisiert bildet es eine Helix mit 7 Grundbausteinen pro Identitätsperiode[2].

Polymere von Dialkylketenen[3]

Ketene können an ihren beiden verschiedenen Doppelbindungen polymerisieren. Tun sie das an der C,C-Doppelbindung, so entstehen Polyketone[4]:

$$n \; \overset{\overset{\displaystyle R}{|}}{\underset{\underset{\displaystyle R'}{|}}{C}}=\overset{\overset{\displaystyle O}{\|}}{C} \longrightarrow -\overset{\overset{\displaystyle R}{|}}{\underset{\underset{\displaystyle R'}{|}}{C}}-\overset{\overset{\displaystyle O}{\|}}{C}-\left[\overset{\overset{\displaystyle R}{|}}{\underset{\underset{\displaystyle R'}{|}}{C}}-\overset{\overset{\displaystyle O}{\|}}{C}\right]_{n-2}-\overset{\overset{\displaystyle R}{|}}{\underset{\underset{\displaystyle R'}{|}}{C}}-\overset{\overset{\displaystyle O}{\|}}{C}- \; .$$

Tritt Verknüpfung an den C,O-Doppelbindungen ein, so erhält man Polyacetale:

$$-\overset{\overset{\displaystyle R\diagdown \; \diagup R'}{C}}{\underset{\|}{C}}-O-\left[-\overset{\overset{\displaystyle R\diagdown \; \diagup R'}{C}}{\underset{\|}{C}}-O-\right]_{n} -\overset{\overset{\displaystyle R\diagdown \; \diagup R'}{C}}{\underset{\|}{C}}-O- \; ,$$

bei Copolymerisation beider Formen jedoch Polyester (siehe unten).

---

[1] FURUKAWA, J., T. SAEGUSA, T. TSURUTA, S. OHTA u. G. WASAI: Makromol. Chem. **52**, 230 (1962); FURUKAWA, J.: Polymer **3**, 495 (1962).

[2] Siehe auch KARGIN, V. A., P. KABANOV, V. P. ZUBOV u. I. M. PAPISOV: Dokl. Akad. Nauk SSSR **134**, 1098 (1960); OKAMURA, S., K. HAYASHI u. S. MORI: Isotopes and Radiation (Japan) **4**, 70 (1961).

[3] Siehe Rezepturen Nr. 14 und 15 S. 341.

[4] Sofern dabei R′= H, sollte ein Gleichgewicht zwischen obiger Keto- und der nachfolgenden Enolform bestehen:

$$-\overset{\overset{\displaystyle R}{|}}{C}=\overset{\overset{\displaystyle OH}{|}}{C}-\left[\overset{\overset{\displaystyle R}{|}}{C}=\overset{\overset{\displaystyle OH}{|}}{C}\right]_{n-2}-\overset{\overset{\displaystyle R}{|}}{C}=\overset{\overset{\displaystyle OH}{|}}{C}-$$

Amorphe Polymere von Dimethylketen wurden bereits vor längerer Zeit gewonnen, indem bei —80 °C mit Trimethylamin polymerisiert wurde[1]. Ähnlich wirken andere Lewis-Basen.

In Analogie zu aliphatischen Aldehyden konnten in neuerer Zeit nach kationischem Mechanismus mit Verbindungen des Aluminiums folgender Beschaffenheit:

$$\text{Al } X_n \, R_{3-n}, \text{ (wobei } X = \text{Halogen}, \; R = \text{Alkyl oder Aryl}, \text{ mit } n = 1, 2, 3)$$

ebenfalls Polymere erhalten werden[2]. Dasselbe gelang mit anionisch wirksamen Katalysatoren, und zwar metallorganischen Verbindungen von sehr elektropositiven Metallen, die kleinen Ionenradius haben, wie $Al(C_2H_5)_3$, $Be(C_2H_5)_2$ und LiC_2H_5.

Alle Polymerisationen wurden unterhalb 0 °C ausgeführt, jedoch nicht unter —80 °C, da dann die Umsetzungsgeschwindigkeiten zu klein sind. Stets entstanden amorphe Produkte, in einigen Fällen daneben auch kristalline[3], die sich dann durch Extraktion der amorphen Anteile mit heißem Lösungsmittel abtrennen ließen. Kristallisierende Polymere können mit C_6H_5MgBr, $AlBr_3$-Ätherat, $AlBr_3/C_2H_5Br$, $AlBr_3$ und $Al(C_2H_5)_3$ hergestellt werden.

Mit $AlBr_3$ polymerisiertes Dimethylketen hat einen kristallinen Anteil von 60—80 %, der ein Polymeres mit *einheitlichen Grundbausteinen*, und zwar ein Polyketon darstellt (nachgewiesen durch alkalische Alkoholyse).

Das gleiche Monomere, anionisch mit $Al(C_2H_5)_3$ polymerisiert, führt zu einem kristallinen Anteil von 50—70 %, vom Schmelzpunkt 160—170 °C. Hier handelt es sich um einen Polyester, der durch (1:1)-alternierende Verknüpfung der beiden Doppelbindungen entsteht:

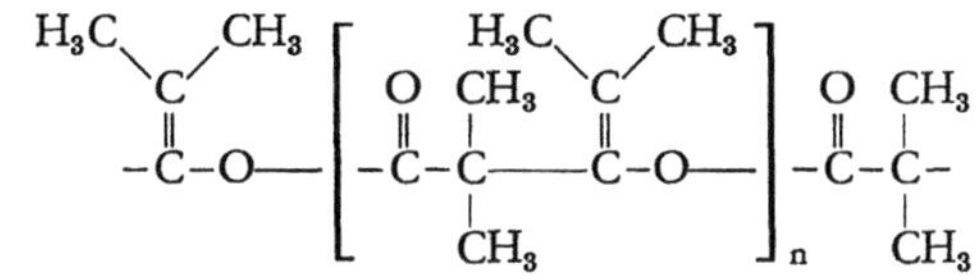

$$
\begin{array}{ccccc}
\mathrm{H_3C} \diagdown \diagup \mathrm{CH_3} & & \mathrm{H_3C} \diagdown \diagup \mathrm{CH_3} & & \\
\qquad \mathrm{C} & \mathrm{O} \;\; \mathrm{CH_3} & \qquad \mathrm{C} & \mathrm{O} \;\; \mathrm{CH_3} \\
\quad \| & \| \;\;\; | & \quad \| & \| \;\;\; | \\
-\mathrm{C}-\mathrm{O}- & -\mathrm{C}-\mathrm{C}\!\!-\!\!\!-\!\!\!-\mathrm{C}-\mathrm{O}- & -\mathrm{C}-\mathrm{C}- \\
& \quad\quad | & & \quad | \\
& \quad\quad \mathrm{CH_3} & \Big]_n & \quad \mathrm{CH_3}
\end{array}
$$

Die Polymerisationskatalysatoren sind Verbindungen, die bei anderen Temperaturen an die Doppelbindungen der Monomere addieren oder sonstwie damit reagieren. Daraus läßt sich der Schluß ziehen, daß einem Wachstumsschritt die Koordinierung eines Monomeren an den Katalysator vorausgeht. Bei der letztgenannten Polymerisation koordinieren vielleicht

---

[1] STAUDINGER, H.: Helv. Chim. Acta **8**, 306 (1925).

[2] NATTA, G., G. MAZZANTI, G. F. PREGAGLIA u. M. BINAGHI: Makromol. Chem. **44** bis **46**, 537 (1961).

[3] Die Wachstumsgeschwindigkeiten der amorph bleibenden Polymere sind immer größer als die der kristallisierbaren.

zwei Monomere pro Katalysatorion, wobei das eine bezüglich einer Addition der C,C-, das andere bezüglich einer Addition der C,O-Doppelbindung orientiert und aktiviert wird.

Polymere von Monoisocyanaten[1]

Die Polymerisation von Monoisocyanaten ist nach anionischem Mechanismus möglich. Dabei erfolgt die Verknüpfung entweder durch Öffnung der C,N-Doppelbindung:

$$n\,R-N{=}C{=}O \longrightarrow \left[\begin{array}{c} -N-C- \\ \mid \quad \parallel \\ R \quad O \end{array} \right]_n \text{ oder der C,O-Doppelbindung.}$$

Bei Temperaturen zwischen —20 und —100 °C wurden mit verschiedenen Natrium-Katalysatoren hochmolekulare, amorphe Produkte erhalten[2].

Die strahlungsinduzierte Polymerisation von n-Butylisocyanat[3] im festen Zustand sowie die durch Lithium- und Natriumalkyl in Lösungsmitteln induzierte von n-Butylisocyanat und Phenylisocyanat[4] ergeben aber kristalline Polymere von regelmäßiger Struktur. Asymmetrie der Hauptkettenatome ist nicht vorhanden. Die Kristallinität dürfte deshalb allein auf der *Einheitlichkeit der Grundbausteine* beruhen. Wahrscheinlich erfolgt einheitliche Öffnung der N,C-Doppelbindungen.

Polyäthylenoxid[5]

Die Polymere des Äthylenoxids sind wahrscheinlich vollkommen *linear*[6]. Mit wachsendem Molekulargewicht erhöht sich ihr Schmelzpunkt bis auf 66 °C (bei Molekulargewichten von mehreren Millionen). Nach Röntgen- und Kernresonanzmessungen beträgt der Kristallisationsgrad um 95 %[7].

Die ältere Synthese-Methode verwendet zum Start der anionisch verlaufenden Polymerisation protonaktive Verbindungen, wie zum Beispiel Alkohole, katalysiert durch Alkali oder Säuren.

---

[1] Siehe Rezeptur Nr. 16 S. 341.

[2] SHASHOUA, V. E., W. SWEENY u. R. F. TIETZ: J. Am. Chem. Soc. **82**, 866 (1960).

[3] TABATA, Y., M. HIRAOKA u. H. SOBUE: Vortrag, gehalten auf dem Jahrestreffen der Strahlungschemie in Japan, Tokio, 1960; SOBUE, H., Y. TABATA, M. HIRAOKA u. K. OSHIMA: J. Polymer Sci. C **4**, 943 (1963).

[4] NATTA, G., J. DiPIETRO u. M. CAMBINI: Makromol. Chem. **56**, 200 (1962); Lösungsmittel: Toluol, Tetrahydrofuran, Schwefelkohlenstoff, Methylenchlorid, Aceton.

[5] Vgl. S. 214 (Polymerisation mit Ziegler-Katalysatoren) und S. 222 (Polymerisation mit heterogenen Katalysatoren); s. Rezepturen Nr. 17 und 18 S. 342. Patente S. 383.

[6] Dies geht auch daraus hervor, daß sie noch mit einem Molekulargewicht von 400000 kristalline Komplexe mit Thioharnstoff und Harnstoff geben. (Auf diese Weise kann z. B. einer (Benzol-)Lösung das gesamte Polyäthylenoxid entzogen werden.) Siehe BAILEY JR., F. E., u. H. G. FRANCE: J. Polymer Sci. **49**, 397 (1961).

[7] SMITH, K. L., u. R. VAN CLEVE: Ind. Eng. Chem. **50**, 12 (1958).

In neuerer Zeit wurden hierzu eingehende kinetische Untersuchungen bei Polymerisation in Substanz ausgeführt. Die Kinetik läßt sich gut interpretieren, wenn ternäre Komplexe, zum Beispiel zwischen je einem Molekül Äthylenoxid, Alkohol und Alkoholat angenommen werden[1,2]. Im Zustand der Aktivierung spaltet der Epoxidring auf und die Verknüpfung mit dem Alkohol findet statt, wodurch für das sich anschließend bildende Polyäthylenoxid das eine Kettenende entstanden ist[3]. Die den Wachstumsschritten vorhergehenden Bildungen der ternären Komplexe werden als Gleichgewichtsreaktionen in Analogie zu Enzymreaktionen aufgefaßt. Bei großer Reinheit der Substanzen können hochmolekulare Polymere hergestellt werden. Dem sonst unkomplizierten Verlauf der Polymerisation bei schnellem Kettenstart, fehlender Kettenübertragung und fehlendem Kettenabbruch entspricht eine enge Molekulargewichtsverteilung[4]. Die gleiche Polymerisation, ausgeführt in Lösung (niedere Polymerisationsgrade), wurde von anderen Autoren jedoch auf Grund eines einfachen anionischen Wachstumsmechanismus unter Annahme einer nur teilweisen Dissoziation der Ionenpaare an den Polymerenden diskutiert[5].

Sehr hochmolekulare Polymerisate werden gewonnen, wenn Calcium-, Strontium- und Barium-Carbonat sorgfältig gereinigt und bis auf einen Feuchtigkeitsgehalt zwischen 0,1 und 0,4 % getrocknet als Katalysatoren verwendet werden. Auch das Monomere muß sehr rein sein (weniger als 50 ppm Acetaldehyd). Die Polymerisation zwischen 70 und 110 °C zeigt dann noch eine Induktionsperiode und läuft vielleicht anionisch ab[6,7].

Andere Katalysatoren sind Metallhalogenide, zum Beispiel $FeCl_3$. Man nimmt an, daß sich dabei in erster Stufe zunächst Metallalkoxide bilden (bei $FeCl_3$ in Form des $ClFe(OR)_2$)[8]. Die Metalloxide dürften dann bei höheren Temperaturen im Zuge der Polymerisation weitere Monomere fortgesetzt koordinativ binden und in die Metall/Sauerstoffbindung einschieben[9]:

---

[1] WOJTECH, B.: Makromol. Chem. **66**, 180 (1963).

[2] PATAT, F., u. B. WOJTECH: Makromol. Chem. **37**, 1 (1960).

[3] Eine bei höhermolekularen Polyäthylenoxiden merkbare Kettenübertragung faßt MÜH, G.: Makromol. Chem. **77**, 64 (1964), ins Auge; allerdings handelt es sich hier um Resultate von technischen Produkten (mit teilweise sehr enger Molekulargewichtsverteilung).

[4] Zum Beispiel $\overline{M}_w/\overline{M}_n = 1{,}1$ für Molekulargewicht 44 100.

[5] GEE, G., W. C. E. HIGGINSON, P. LEVESLEY u. K. J. TAYLOR: J. Chem. Soc. (London) **1959**, 1338; GEE, G., W. C. E. HIGGINSON u. G. T. MERRALL, **1959**, 1345.

[6] HILL, F. N., F. E. BAILEY JR. u. J. T. FITZPATRICK: Ind. Eng. Chem. **50**, 5 (1958).

[7] BAILEY JR., F. E., G. M. POWELL u. K. L. SMITH: Ind. Eng. Chem. **50**, 8 (1958).

[8] PRICE, C. C., u. M. OSGAN: J. Am. Chem. Soc. **78**, 4787 (1956).

[9] COLCLOUGH, R. O., G. GEE, W. C. E. HIGGINSON, J. B. JACKSON u. M. LITT: J. Polymer Sci. **34**, 171 (1959).

$$ClFe(OR)_2 + CH_2\text{—}CH_2 \longrightarrow RO\text{—}Fe\text{—}OR \longrightarrow RO\text{—}Fe$$

Nach diesem Mechanismus sind zwei Polymerketten pro Eisenatom zu erwarten, da entsprechend je zwei Alkoxigruppen vorhanden sind. Tatsächlich werden je zwei Polymerketten gefunden, die mit einem Eisenatom verbunden sind, daneben aber noch andere ohne Eisengehalt, weshalb eine Übertragungsreaktion angenommen werden muß[1].

In analoger Weise dürfte die Wirkung von Katalysatoren wie Aluminiumalkoholaten und Aluminiumalkylen, die wiederum Alkoholate ergeben, erklärbar sein[2]. Nach Polymerisation – in Substanz bei meist 80 °C – aufgearbeitete Polymere hatten pro Moleküle eine Doppelbindung und keine Hydroxylendgruppen. Eine Steigerung der Aktivität von Aluminiumalkoholat läßt sich noch durch partielle Hydrolyse erreichen[3]. Dibutylzink katalysiert die Polymerisation von Äthylenoxid zu hochmolekularen kristallinen Polymeren als $R(ZnO)_nR'$ (R = Alkyl oder Alkoxy, R'= Alkyl). Zu dessen Bildung sind Cokatalysatoren wie Alkohole, Aldehyde, Wasser (letzteres ist am wirksamsten) und auch Luftsauerstoff notwendig[4,5].

Polybuten-2-oxid

Reines trans-Buten-2-oxid (trans-2,3-Epoxybutan) läßt sich mit Aluminiumalkyl/Wasser als katalytisches System bei —78 °C fast quantitativ in schneller Reaktion zu kristallinen, erythro-diisotaktischen Polymeren umsetzen (Schmelzpunkte 90 °C und höher bis 114 °C)[6]. Reines cis-Buten-2-oxid und das Gemisch aus beiden Isomeren geben unter diesen Bedingungen nur amorphe Polymerisate. Dem gleichen Autor ist jedoch mit einem System aus Aluminiumalkyl/Wasser/Acetylaceton bei 65 °C auch die Polymerisation des cis-Buten-2-oxids zu kristallinen, stereoregulären Polymeren gelungen, die Schmelzpunkte von 130 °C bis hinauf zu 162 °C zeigen und unlöslich in den üblichen Lösungsmitteln sind[7].

---

[1] GEE, G., W. C. E. HIGGINSON u. J. B. JACKSON: Polymer **3**, 231 (1962).

[2] MILLER, R. A., u. C. C. PRICE: J. Polymer Sci. **34**, 161 (1959).

[3] ISHII, Y., Y. YAMASHITA u. S. SUMI: Chem. High Polymers (Tokyo) **20**, 403 (1963).

[4] GARTY, K. T., T. B. GIBB JR. u. R. A. CLENDINNING: J. Polymer Sci. A **1**, 85 (1963); BRUCE, J. M., u. D. M. FARREN: Polymer **6**, 509 (1965).

[5] Siehe auch Aluminiumoxid als Katalysator: MATSUI, Y., M. YOKOO, H. TANABE, T. SAEGUSA u. J. FURUKAWA: Makromol. Chem. **93**, 180 (1966).

[6] VANDENBERG, E. J.: J. Polymer Sci. **47**, 489 (1960); J. Am. Chem. Soc. **83**, 3538 (1960); J. Polymer Sci. B **2**, 1085 (1964).

[7] Kristallines Poly-(trans-buten-2-oxid) kann auch mit $FeCl_3$ und $SnCl_4$, kristallines Poly-(cis-buten-2-oxid) mit $FeCl_3$ als Katalysatoren hergestellt werden. Hinweise hierauf und Strukturbestimmungen s. BARLOW, M.: J. Polymer Sci. A-2, **4**, 121 (1966).

Während das cis-Buten-2-oxid eine einzige meso-Form darstellt, existieren vom trans-Buten-2-oxid zwei enantiomere Formen, die optisch aktiv sind (Abb. 24).

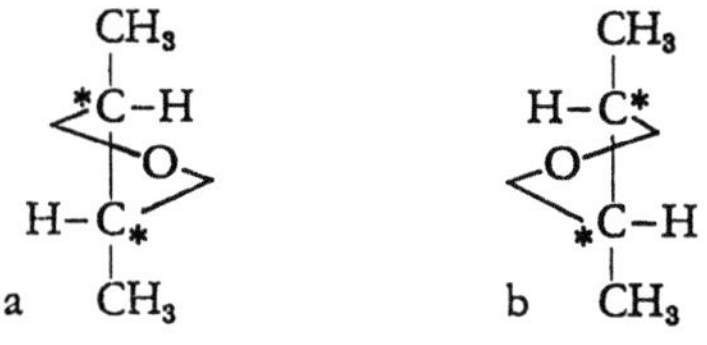

Abb. 24. a) D(+)-2,3-Epoxybutan, b) L(—)-2,3-Epoxybutan

Das D(+)-2,3-Epoxybutan, wie oben polymerisiert, ergab ein hochkristallines, in Heptan unlösliches Polymeres (Smp. 96 °C), das jedoch praktisch nicht optisch aktiv war[1]. Es entspricht weitgehend dem aus dem Racemat des trans-Monomeren hergestellten.

Polycyclohexenoxid

Schnelle, stark exotherme Polymerisation des Cyclohexenoxids zu einem hochmolekularen Polymeren erfolgte mit $Al(C_2H_5)_3$ als Katalysator in n-Hexan bei —60°[2]. (Das Monomere war nach gaschromatographischer Untersuchung vollkommen rein.) 92 % des erhaltenen Polymeren waren in Methanol unlöslich. (Dagegen konnten im gleichen Temperaturbereich mit BF_3-Ätherat keine in Methanol unlöslichen Polymerisate erhalten werden.) Nach Kernresonanzuntersuchungen ist das unlösliche Polymere sehr wahrscheinlich Poly-trans-cyclo-hexenoxid[3]. Im Vergleich dazu polymerisieren Cyclopentenoxid und Cycloheptenoxid schlechter und ergeben geringere Molekulargewichte. Bei der Verwendung von $Al(C_6H_5)_3$ wird kein Phenyl in das Polymere eingebaut, weshalb die Polymerisation nach Meinung des Autors wie folgt ablaufen soll:

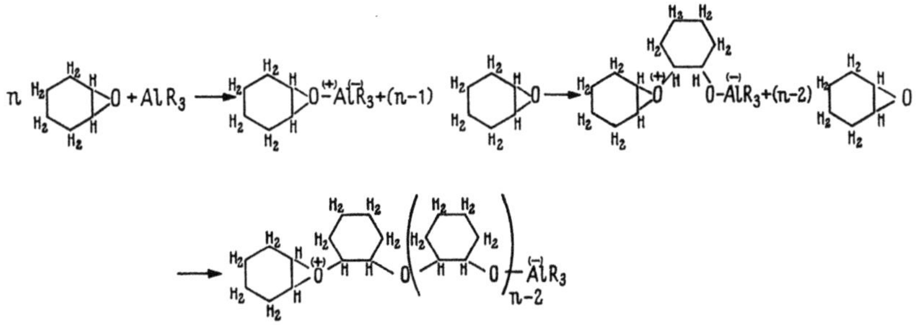

---

[1] VANDENBERG, E. J.: J. Am. Chem. Soc. **83**, 3538 (1961).

[2] BACSKAI, R.: J. Polymer Sci. A **1**, 2777 (1963).

[3] Siehe auch VANDENBERG, E. J.: J. Polymer Sci. **47**, 489 (1960); Polymerisation mit Aluminiumalkyl/Wasser-Systemen ergab amorphe Polymere.

Polypropylenoxid[1]

Monosubstituierte Äthylenoxide ergeben – wie monosubstituierte Äthylene – Makromoleküle mit unterschiedlicher Mikrostruktur. Bei Vorliegen großer sterischer Regelmäßigkeit sind die Polymere kristallisierbar. So besitzt Propylenoxid

$$H_2C \underset{O}{\diagdown\diagup} \overset{\overset{\displaystyle CH_3}{|}}{C}H$$

je ein asymmetrisches C-Atom, ist deshalb optisch aktiv und kann wegen seines asymmetrischen Aufbaus nach beiden Antipoden getrennt hergestellt werden. Sterisch regelmäßige Polymere davon enthalten diese asymmetrischen C-Atome ebenfalls, so daß auch von ihnen optische Aktivität erwartet werden kann.

Nun ergibt die Polymerisation von racemischem Propylenoxid mit festem Kaliumhydroxid[2] als Katalysator bei Zimmertemperatur amorphes, inaktives Polymerisat, während D-Propylenoxid zu optisch aktivem, isotaktischem Polymeren mit scharfem Schmelzpunkt (55,5—56,5 °C) polymerisiert[3]. Stereoselektiv (aber für beide Antipoden in gleichem Umfang) wirkendes Eisen(III)-chlorid/Propylenoxid ergibt sehr hochmolekulare, diesmal aber in beiden Fällen (neben amorph bleibendem Produkt) kristallisierende Polymere. Hiervon sind die aus D-Propylenoxid hergestellten optisch aktiv, die aus Monomer-Racemat inaktiv, aber in Schmelzpunkt (70—75°C) und Röntgendiagramm identisch[3-5]. Letztere sind offenbar Racemate von optisch aktiven Polymeren. Die Unterschiede der Schmelzpunkte von mit KOH und mit dem Eisenkatalysator hergestellten Polymeren dürften nur auf unterschiedlichem Molekulargewicht beruhen.

Katalysatoren für Propylenoxid (und andere Epoxide) sind weitere Metallhalogenide[6] und die Alkyle von Aluminium, Zink und Magnesium[7,8]. Es zeigte sich, daß FeCl$_3$ und die genannten Alkyle durch Zugabe von

---

[1] Siehe S. 222 sowie Rezepturen Nr. 19 und 20 S. 342. Patente S. 383.

[2] Siehe hierzu STEINER, E. C., R. R. PELLETIER u. R. O. TRUCKS: J. Am. Chem. Soc. **86**, 4678 (1964).

[3] PRICE, C. C., u. M. OSGAN: J. Am. Chem. Soc. **78**, 4787 (1956). Von verschiedenen Alkali-Verbindungen zeigte sich nur festes KOH bei Zimmertemperatur wirksam.

[4] PRICE, C. C., M. OSGAN, R. E. HUGHES u. C. SHAMBELAN: J. Am. Chem. Soc. **78**, 690 (1956).

[5] NATTA, G., P. CORRADINI u. G. DALL'ASTA: Rend. Accad. Naz. Lincei [8] **20**, 408 (1956).

[6] COLCLOUGH, R. O., G. GEE, W. C. E. HIGGINSON, J. B. JACKSON u. M. LITT: J. Polymer Sci. **34**, 171 (1959).

[7] EBERT, P. E., u. C. C. PRICE: J. Polymer Sci. **34**, 157 (1959).

[8] KAMBARA, S., u. M. HATANO: J. Polymer Sci. **27**, 584 (1958).

Wasser stark aktiviert werden[1, 2-5], ja daß völlig wasserfreie nicht mehr stereospezifisch wirken. Die optimale Wassermenge ist etwa ein Mol pro Metall-Atom für Magnesium- und Zinkalkyl[6] und 0,5 Mol für Aluminium-alkyl (das als einziges in Kohlenwasserstoffen dann noch voll löslich ist)[7]. Die Wirkung des letzteren wird weiter durch den Komplexbildner Acetyl-aceton gesteigert. Damit wird wieder die Bedeutung von Metall/Sauerstoff-bindungen klargelegt, zwischen die sich das Monomere – noch Koordi-nierung – einschiebt, aber nicht nur in bezug auf die Polymerisationswirk-samkeit – so beim Äthylenoxid–, sondern auch auf die sterisch regelmäßige Anordnung der Grundbausteine mit asymmetrischen Kohlenstoffatomen.

Die Prüfung der Frage, inwieweit eine isotaktische Polymerkette die Verknüpfung der weiteren Monomere selektiv steuert, erfolgte mit drei katalytischen Systemen, die D-(+)-Propylenoxid zu Poly-D-propylenoxid polymerisieren können[8]. Es handelt sich um Aluminiumisopropylat/Zink chlorid[9], Eisen(III)-chlorid/Propylenoxid[10] und Diäthylzink/Wasser[11].

Mit diesen Katalysatoren wurde zunächst etwas D-Propylenoxid zu Poly-D-propylenoxid polymerisiert, danach wurden Gemische aus D- und L-Propylenoxid im Molverhältnis 1:1 zugegeben. In keinem der Fälle wurde aber D-Monomeres selektiv polymerisiert.

Mehr Erfolg hatte die Anwendung des Prinzips der asymmetrischen Induktion.

Hierzu wurde der Katalysator (Diäthylzink, dem etwas Wasser und Alkohol zugegeben wurde) unter Verwendung von optisch aktiven Alko-holen hergestellt, und zwar (+)-Borneol und (—)-Menthol[12]. (Es entstehen

---

[1] COLCLOUGH, R. O., G. GEE, W. C. E. HIGGINSON, J. B. JACKSON u. M. LITT: J. Polymer Sci. **34**, 171 (1959).

[2] FURUKAWA, J., T. TSURUTA, R. SAKATA, T. SAEGUSA u. A. KAWASAKI: Makromol. Chem. **32**, 90 (1959).

[3] VANDENBERG, E. J.: J. Polymer Sci. **47**, 486 (1960).

[4] COLCLOUGH, R. O., G. GEE u. A. H. JAGGER: J. Polymer Sci. **48**, 273 (1960).

[5] BOOTH, C., W. C. E. HIGGINSON u. E. POWELL: Polymer **5**, 479 (1964).

[6] Siehe auch Diäthylzink/Alkohol-Systeme: ISHIMORI, M., u. T. TSURUTA: Makro-mol. Chem. **64**, 190 (1963).

[7] Bei Verwendung des ternären Systems Aluminiumtriäthyl/Wasser/Pyridin nimmt die Ausbeute an Polymerem mit zunehmender Pyridinmenge ab. Stereoregularität und Molekulargewicht erreichen ein Maximum, wenn die Pyridinmenge im Bereich des Neu-tralpunktes des Katalysators liegt. Andere Amine nehmen den gleichen Einfluß: IMAI, H., T. SAEGUSA u. J. FURUKAWA: Makromol. Chem. **82**, 25 (1965).

[8] CHU, N. S., u. C. C. PRICE: J. Polymer Sci., A **1**, 1105 (1963).

[9] OSGAN, M., u. C. C. PRICE: J. Polymer Sci. **34**, 153 (1959).

[10] AP. 2706181 (für Dow Chemical Co., 1955) Erf.: PRUITT, M. E., u. J. M. BAGGETT.

[11] FURUKAWA, J., T. TSURUTA, T. SAEGUSA u. G. KAKOGAWA: J. Polymer Sci. **36**, 541 (1959); FURUKAWA, J., T. TSURUTA, R. SAKATA, T. SAEGUSA u. A. KAWASAKI: Makro-mol. Chem. **32**, 90 (1959).

[12] TSURUTA, T., S. INOUE, M. ISHIMORI u. N. YOSHIDA: J. Polymer Sci. C **4**, 267 (1963); INOUE, S., T. TSURUTA u. J. FURUKAWA: Makromol. Chem. **53**, 215 (1962); TSURUTA, T., S. INOUE, N. YOSHIDA u. J. FURUKAWA: **55**, 230 (1962).

dabei entsprechende Zinkdialkoxide.) Das erhaltene Polymere ist dem optisch aktiven isotaktischen Polypropylenoxid, das durch Polymerisation von D-(+)-Propylenoxid mit KOH[1] gewonnen wird, ähnlich.

Aus der negativen optischen Drehung des verbliebenen Monomergemisches geht klar hervor, daß in beiden Fällen das D-(+)-Propylenoxid bevorzugt polymerisiert (Tabelle 7).

Tabelle 7. *Polymerisation von Propylenoxid mit Diäthylzink/(+)-Borneol* [a] [2]

Nr.	Polymerisationszeit (h)	Umsatz (%)			$[\alpha]$ D		$[\eta]$	
		kristallin	amorph	gesamt	Monomeres [b]	kristallines Polymeres [c]	kristallines [d]	amorphes
1	5,5	0,994	0,789	1,783	—0,08	3	0,68	0,50
2	14,5	1,15	1,24	2,39	—0,24	2,5	0,20	0,38
3	23,0	3,29	8,28	11,57	—0,98	3,5	0,16	0,20
4	40,5	2,98	3,21	6,19	—0,62	2,1	0,15	0,42
5	72,0	16,1	20,8	36,9	—2,69	2,2	0,32	0,27
6	160,0	7,22	25,0	32,2	—1,28	2,8	1,06	0,76
7	48,0	4,45	13,8	18,2	—0,58	3,5	1,60	2,34
8	216,0	5,08	15,8	20,9	—1,10	4,0	0,48	0,18

[a] Reaktionsbedingungen: Propylenoxid: 35 ml; Toluol: 35 ml; $Zn(C_2H_5)_2$: 2,4 ml; (+)-Borneol: 7,1 g; unter N_2 bei 70 °C.
[b] Ohne Lösungsmittel.   [c] In Chloroform.   [d] In Benzol bei 30 °C.

Neuerdings gelang auch die selektive Polymerisation von L-Propylenoxid unter ähnlichen Bedingungen[3].

Was den Polymerisationsmechanismus betrifft, so gibt es an sich zwei Möglichkeiten bei Propylenoxid: Entweder es wird die Bindung des Sauerstoffs zum β-Kohlenstoffatom geöffnet:

$$\begin{array}{ccc} & CH_3 & \\ \beta \quad \alpha| * & & \\ CH_2 - CH & \longrightarrow & -CH_2 - CH - O - \\ \diagdown O \diagup & & \end{array}$$

(L)   (L)

wobei die Asymmetrie des α-Kohlenstoffatoms unberührt bleibt, oder die Bindung des Sauerstoffs zum α-Kohlenstoffatom wird geöffnet:

$$\begin{array}{ccc} & CH_3 & \\ \beta \quad \alpha| & & \\ CH_2 - CH & \longrightarrow & -O - CH_2 - CH - \\ \diagdown O \diagup * & & * \end{array}$$

(D oder L)   (zum Beispiel L)

---

[1] PRICE, C. C., u. M. OSGAN: J. Am. Chem. Soc. **78**, 4787 (1956).

[2] Nach TSURUTA, T., S. INOUE, M. ISHIMORI u. N. YOSHIDA: J. Polymer Sci. C **4**, 267 (1963).

[3] INOUE, S., Y. YOKOTA, N. YOSHIDA u. T. TSURUTA: Makromol. Chem. **90**, 131 (1966).

In diesem Fall wird die Konfiguration des tertiären C-Atoms erst bei Anlagerung des nächsten Monomeren endgültig festgelegt, da ja leicht noch Umlagerungen am Polymerion stattfinden könnten und somit prinzipiell beide Monoformen – D und L – in Frage kommen. Stimmt die erste Annahme, so muß man das an einer verbleibenden optischen Aktivität des ursprünglich racemischen Monomergemisches feststellen, da das andere Monomere ja selektiv polymerisiert wird. Tatsächlich wird das Monomergemisch dabei optisch aktiv.

Bei der Polymerisation von D-Propylenoxid mit Aluminium-isopropylat/ Zinkchlorid-Katalysator bleibt der durchschnittliche Polymerisationsgrad zeitlich konstant. Es liegt also fortwährend Initiierung und Terminierung vor. Die Mechanismen der Initiierung und der Wachstumsschritte sind ziemlich klar[1,2] (Abb. 25).

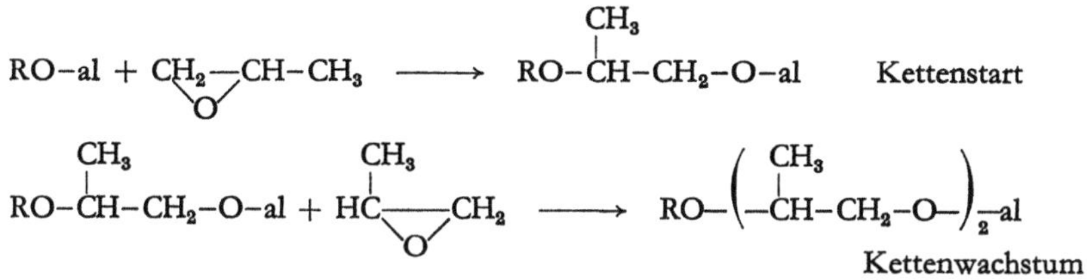

$$\text{RO–al} + \underset{\displaystyle\diagdown\!\!O\!\!\diagup}{CH_2}\!\!-\!\!CH\!-\!CH_3 \longrightarrow RO\!-\!\underset{\displaystyle CH_3}{CH}\!-\!CH_2\!-\!O\!-\!al \qquad \text{Kettenstart}$$

$$RO\!-\!\underset{\displaystyle CH_3}{CH}\!-\!CH_2\!-\!O\!-\!al + \underset{\displaystyle\diagdown\!\!O\!\!\diagup}{HC}\!\!-\!\!-\!\!CH_2 \longrightarrow RO\!-\!\left(\!-\!\underset{\displaystyle CH_3}{CH}\!-\!CH_2\!-\!O\!-\!\right)_{\!2}\!al$$

$$\text{Kettenwachstum}$$

Abb. 25. Schema von Kettenstart und -wachstum der mit Aluminiumalkoholat initiierten Polymerisation des Propylenoxids

Die Vorgänge des Kettenabbruchs und der Übertragungsreaktionen sind jedoch noch ungeklärt[3,4]. Es werden zahlenmäßig weniger Polymere gebildet, als Metallatome des Katalysators anwesend sind[5]. Dieser Befund stützt die Theorie, daß der Katalysator aggregiert ist, wobei die Metallatome im eigentlichen Katalysator durch Sauerstoffatome verbunden sein sollen[6].

Polypropylensulfid[7]

Die anionische Polymerisation von Propylensulfid mit Naphthalin-Natrium führt zu lebenden Polymeren mit enger Molekulargewichtsverteilung[8], wobei der durchschnittliche Polymerisationsgrad gut der Beziehung

[1] Ebert, P. E., u. C. C. Price: J. Polymer Sci. 46, 455 (1960).

[2] Osgan, M., u. C. C. Price: J. Polymer Sci. 34, 153 (1959).

[3] Miller, R. A., u. C. C. Price: J. Polymer Sci. 34, 161 (1959).

[4] Zur Erklärung gewisser Ungesättigtheit der Polymere s. Simons, D. S., u. J. J. Verbant: J. Polymer Sci. 44, 303 (1960).

[5] Chu, N. S., u. C. C. Price: J. Polymer Sci. A 1, 1105 (1963), s. auch bei Verwendung von Diäthylzink als Katalysator.

[6] Sakata, R., T. Tsuruta, T. Saegusa u. J. Furukawa: Makromol. Chem. 40, 64 (1960).

[7] Siehe Rezeptur Nr. 21 S. 343.

[8] Boileau, S., G. Champetier u. P. Sigwalt: Makromol. Chem. 69, 180 (1963).

$$\bar{P}_n = \frac{[M]}{\frac{1}{2}[C]} \quad \begin{array}{l} [M] = \text{Monomerkonzentration} \\ [C] = \text{Katalysatorkonzentration} \end{array}$$

gehorcht. Da diese Beziehung den theoretischen Erwartungen entspricht, muß die Polymerisation also ohne Terminierung und ohne Kettenübertragung verlaufen.

Poly-phenylglycidyläther[1]

Die (sehr langsame) Polymerisation von Phenylglycidyläther gelingt bei normalen und erhöhten Temperaturen mit anionischen Katalysatoren[2]. Aluminium-isopropylat/Zinkchlorid-Systeme führen zu Polymeren, die sich

nach Löslichkeitsunterschieden auftrennen lassen. Ein Teil ist löslich in Benzol, der sich wiederum aus einem festen amorphen und einem flüssigen Anteil zusammensetzt. Der nur in einigen heißen Lösungsmitteln wie Cyclohexanon und Dimethylformamid lösliche Anteil ist kristallin und damit von regelmäßiger (*isotaktischer*) Mikrostruktur. Er zeigt Schmelzpunkte von 180 bis 190 °C und von 205 bis 210 °C[3].

Poly-3,3-bischlormethyl-oxacyclobutan[4]

Sowohl in Substanz als auch in Lösung (in Benzol, Äther, besser aber tiefer siedenden Lösungsmitteln wie Methylchlorid) läßt sich 3,3-Bischlormethyl-oxacyclobutan

kationisch mit BF_3 polymerisieren[5]. Bei völligem Wasserausschluß findet keine Polymerisation statt[6], während mehr als sehr geringe Wassermengen

[1] Siehe Rezeptur Nr 22 S. 343. Vgl. S. 214 (Polymerisation mit Ziegler-Katalysatoren).

[2] NOSHAY, A., u. C. C. PRICE: J. Polymer Sci. **34**, 165 (1959).

[3] Siehe auch Herstellung von hochmolekularen Polymeren mit $Zn(C_2H_5)_2/H_2O$ oder $Al(C_2H_5)_3/H_2O$: VANDENBERG, E. J.: J. Polym. Sci. **47**, 486, 489 (1960); GARTY, K. T., T. B. GIBB JR. u. R. A. CLENDINNING: A **1**, 85 (1963).

[4] Siehe Rezeptur Nr. 23 S. 343, Patente S. 384.

[5] FARTHING, A. C., u. R. J. W. REYNOLDS: J. Polymer Sci. **12**, 503 (1954); Polymerisation in siedenden Lösungsmitteln, Polymeres scheidet sich aus.

[6] Siehe auch die Polymerisation von Oxacyclobutan: ROSE, J. B.: J. Chem. Soc. (London) **1956**, 542, 546.

die Molekulargewichte und die Polymerisationsgeschwindigkeiten herab-
drücken[1]. Das Polymere schmilzt bei 180°C und ist hochkristallin (löslich
erst ab 100°C in Kohlenwasserstoffen, Chlorkohlenwasserstoffen, Aminen
und Estern).

Außer Wasser können Propylenoxid und Epichlorhydrin noch Cokatalysatoren sein (Polymerisation bei —78 °C in Methylenchlorid), auch zusammen mit $SnCl_4$ und $AlCl_3$ anstatt BF_3 (Polymerisation bei nicht so tiefen
Temperaturen)[2].

Andere Katalysatoren sind Verbindungen des Aluminiums wie zum
Beispiel Trialkylverbindungen, die allerdings in reiner Form erst bei Temperaturen über 90 °C wirksam werden[3]. Sie werden durch den Zusatz von
verschiedenen Verbindungen und von Wasser sehr verbessert: Während
zwischen 0 und 30 °C mit $Al(C_2H_5)_3$, $Al(C_2H_5)_2Cl$ und $Al(C_2H_5)Cl_2$ allein
keine Polymerisation erfolgt, ist das nach Zugabe von Epichlorhydrin,
Propylenoxid, β-Propiolacton und α-Chlordimethyläther unter guten Umsätzen der Fall[4]. Es ist nun bemerkenswert, daß diese Zusätze in Gegenwart
des Monomeren vorgenommen werden müssen, andernfalls sie keinen
Effekt zeigen. Danach sind instabile Zwischenverbindungen, aber nicht die
Endprodukte aus den Umsetzungen zwischen den Katalysatoren und den
genannten zugesetzten Verbindungen wirksam. Ebenfalls – bei gleichen
Bedingungen – unwirksam sind im Prinzip ähnliche metallorganische Systeme, die Katalysatoren bei der Aldehyd- und Alkylenoxid-Polymerisation
darstellen (wie zum Beispiel Diäthylzink mit und ohne Wasserbeigabe,
Aluminiumtriäthyl/Alkohol, Aluminium-isopropylat usw.). Deshalb wird
für die Polymerisation des 3,3-Bischlormethyl-oxacyclobutans auch in den
hier genannten Fällen ein kationischer Mechanismus angenommen.

Setzt man Aluminiumtriäthyl Wasser zu, so entstehen Verbindungen
der allgemeinen Form:

$$\begin{matrix} C_2H_5 \diagdown \\ {} \\ C_2H_5 \diagup \end{matrix} Al-O-\left(-\underset{\underset{C_2H_5}{|}}{Al}-O-\right)_n-Al \begin{matrix} \diagup C_2H_5 \\ {} \\ \diagdown C_2H_5 \end{matrix} \quad n = 0, 1, 2, 3 \dots$$

Als eigentlichen Katalysator sieht man jedoch nur die mit $n = 0$ einfachste
Form an. Er wird mit Epichlorhydrin, Propylenoxid und β-Propiolac-
ton verbessert, so daß bereits bei —78 °C in Methylenchlorid beträchtliche
Umsätze erzielt werden.

Die durch γ-Strahlen ausgelöste Polymerisation verläuft am festen
Monomeren schneller als am gelösten und ist um so rascher, je besser die

[1] PENCZEK, I., u. S. PENCZEK: Makromol. Chem. 67, 203 (1963); Untersuchung der
Polymerisationskinetik, Aktivierungsenergie: 18,0 kcal/Mol.
[2] SAEGUSA, T., H. IMAI u. J. FURUKAWA: Makromol. Chem. 54, 218 (1962).
[3] HATANO, M., u. S. KAMBARA: J. Polymer Sci. 35, 275 (1959).
[4] SAEGUSA, T., H. IMAI u. J. FURUKAWA: Makromol. Chem. 65, 60 (1963).

Kristallorientierung ist[1]. Ferner wächst die Polymerisationsgeschwindigkeit mit der Kristallgröße, Die Aktivierungsenergien betragen zwischen dem Schmelzpunkt des Monomeren bei 19 °C und —30 °C 4,1 kcal/Mol, unterhalb —100 °C 0,3 kcal/Mol.

Polytetrahydrofuran[2]

Die Polymerisation des Tetrahydrofurans gelingt mit Oxoniumsalzen[3], so mit

$$[(C_2H_5)_3O]\,SbCl_6\,; \qquad\qquad [(C_2H_5)_3O]\,BF_4\,;$$

$$[(C_2H_5)_3O]\,FeCl_4\,; \qquad\qquad [(C_2H_5)_3O]\,AlCl_4\,.$$

Dabei startet ein Oxoniumkation die Kettenreaktion, die über Oxoniumionen und Carboniumionen am Tetrahydrofuran weiterläuft (Abb. 26).

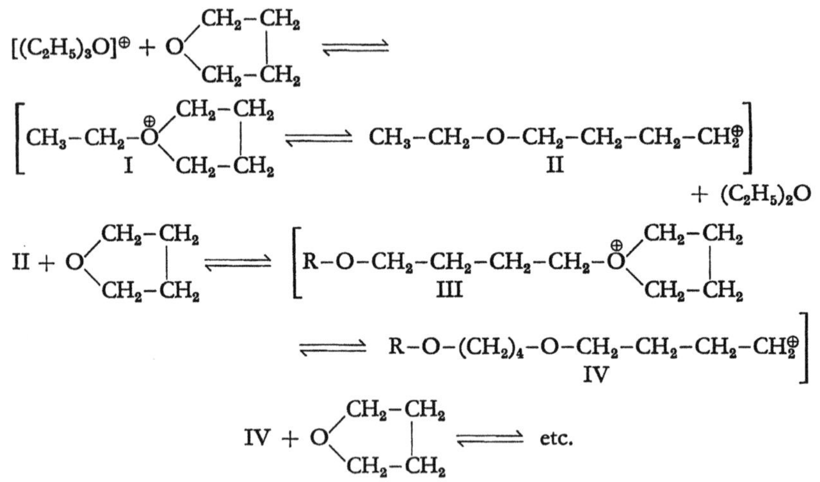

Abb. 26. Schema der Polymerisation des Tetrahydrofurans

Bei großem Tetrahydrofuran-Überschuß führt die Folge reversibler Reaktionen zur Bildung von Polymeren (bei Mangel an Monomeren auch wieder zur Depolymerisation, solange das Polymerende aktiv – „lebend" – ist). Polymerisationsauslösend wirken auch die Kombinationen von Lewis-Säuren (BF_3, $AlCl_3$, $SnCl_4$, $SbCl_5$, $FeCl_3$) mit einer Reihe von Epoxiden[3] (Äthylenoxid, Propylenoxid, Butylenoxid, Epichlorhydrin etc.) und anderen, zum größten Teil selbst mit Lewis-Säuren kationisch polymerisierbaren Verbindungen[4] (3,3-Bischlormethyl-oxacyclobutan, β-Propiolacton,

[1] NAKASHIO, S., M. KONDO, H. TSUCHITA u. M. YAMADA: Makromol. Chem. **52**, 79 (1962).

[2] Siehe Patente S. 384.

[3] MEERWEIN, H., D. DELFS u. H. MORSCHEL: Angew. Chem. **72**, 927 (1960).

[4] SAEGUSA, T., H. IMAI u. J. FURUKAWA: Makromol. Chem. **54**, 218 (1962).

Diketen, Trioxan etc.). Zunächst bilden sich also die den als Cokatalysatoren wirkenden fremden Monomeren charakteristischen Zwischenstufen (Carboniumkationen) ihrer eigenen Polymerisation. Diese Zwischenstufen sind dann in der Lage die Polymerisation des Tetrahydrofurans einzuleiten[1,2].

Ebenfalls Katalysatoren für die Tetrahydrofuran-Polymerisation sind Verbindungen, die Protonen liefern und ein genügend stabiles Anion aufweisen, wie $H(ClO_4)$, $H(JO_3)$, $H(BF_4)$ und $H_2(SnCl_6)$. Die Protonen bilden mit Monomerem Oxoniumionen, die zu Carboniumionen aufspalten, während die Anionen je nach Stabilität den Kettenabbruch bestimmen[3].

Da die Polymerionen zum großen Teil erst bei der Aufarbeitung „getötet" werden, indem sie auf ihr Umgebungsmaterial alkylierend wirken, werden die Endgruppen sehr uneinheitlich. Durch gezielten Abbruch, zum Beispiel durch Zugaben von Aminen oder Phenolen, können einheitliche Endgruppen eingeführt werden[3].

Die Polymerisation mit Aluminiumalkylen ist weitgehend analog der des 3,3-Bischlormethyl-oxacyclobutans[4]. Mit $Al(C_2H_5)_3$ allein erfolgt sie allerdings auch bei höherer Temperatur nicht[5]. Wiederum ist der Zusatz (in Gegenwart des Monomeren) von verschiedenen Verbindungen: Epichlorhydrin, Propylenoxid, Acetylchlorid, α-Chlordimethyläther notwendig[6]. Besonders gute Umsätze werden erzielt, wenn dem $Al(C_2H_5)_3$ noch etwas Wasser zugesetzt wurde[7].

Die Molekulargewichtsverteilung wird nicht nur durch die Depolymerisation, sondern auch durch Umätherungsreaktionen in Form von Kettenübertragungen unter Spaltung von Polymerketten an ihren Sauerstoffatomen beeinflußt[5]. Hierbei reagiert also ein Polymercarboniumion mit irgendeinem Sauerstoffatom innerhalb einer benachbarten Polymerkette, bildet eine Ätherbindung und läßt das verdrängte Polymerstück mit endständigem Carboniumion zurück (im Grunde der analoge Vorgang zur Depolymerisation)[8].

---

[1] Siehe auch Polymerisation mit großen Mengen BF_3 allein: BURROWS, R. C., u. B. F. CROWE: J. Appl. Polymer Sci. **6**, 465 (1962).

[2] Vgl. auch Triphenylcarboniumsalze: BAWN, C. E. H., R. M. BELL, C. FITZSIMMONS u. A. LEDWITH: Polymer **6**, 661 (1965).

[3] MEERWEIN, H., D. DELFS u. H. MORSCHEL: Angew. Chem. **72**, 927 (1960).

[4] Siehe S. 146.

[5] WEISSERMEL, K., u. E. NÖLKEN: Makromol. Chem. **68**, 140 (1963).

[6] SAEGUSA, T., H. IMAI u. J. FURUKAWA: Makromol. Chem. **65**, 60 (1963).

[7] Dabei besteht ein direkter Zusammenhang zwischen Wirksamkeit der Systeme und ihrer Säurestärke. Durch Pyridin kann die Polymerisation ganz unterdrückt werden, d. h. die sauren Zentren des Katalysators werden neutralisiert, s. IMAI, H., T. SAEGUSA u. J. FURUKAWA: Makromol. Chem. **81**, 92 (1964).

[8] Untersuchungen zur Struktur s. IMADA, K., T. MIYAKAWA, Y. CHATANI, H. TADOKORO u. S. MURAHASHI: Makromol. Chem. **83**, 113 (1965); CESARI, M., G. PEREGO u. A. MAZZEI: **83**, 196 (1965).

Polymere des Trimethyl-lävoglucosans

Die Polymerisation der 1,6-Anhydro-2,3,4-trimethyl-β-D-glucopyranose (Trimethyl-lävoglucosan) in Toluol mit BF_3-Ätherat verläuft teilweise stereospezifisch. Es wurden kristalline Anteile mit einer hohen optischen Drehung $[\alpha]_D = 197\text{---}199°$, die ein Überwiegen der α-Form anzeigt, nachgewiesen. Bei langsamer Polymerisation in Gegenwart von Wasser oder besonders Isopropylalkohol steigt der Anteil der α-Form noch an[1,2].

Polypeptide als Polymere von Leuchs-Anhydriden[3]

Innere Anhydride von α-Aminosäure-N-carbonsäuren ($=$ Aminosäure NCA) sind die sogenannten Leuchsanhydride. Bei Zugabe von protonaktiven Substanzen (Alkoholen, Wasser, Aminen) spalten sie CO_2 ab. Das dabei entstandene Wasserstoffatom am Aminostickstoff wirkt nun ebenfalls spaltend auf ein anderes Molekül Anhydrid und es erfolgt Polymerisation (in Abb. 27 am Beispiel des Sarcosin-carbonsäureanhydrids $=$ „Sarcosin NCA" (I) gezeigt[4]) zu *linearen* Polymeren[5]:

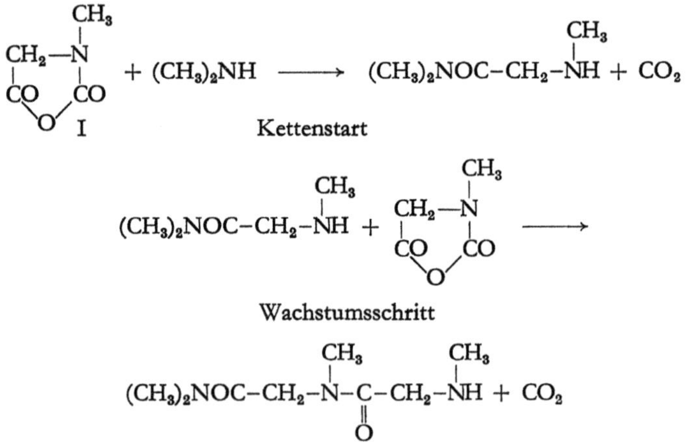

$$\text{Kettenstart}$$

$$\text{Wachstumsschritt}$$

Abb. 27. Schema der Polymerisation von Sarcosin NCA

Einmal gestartet verläuft die Polymerisation ohne Kettenabbruch[6] (in Acetophenon oder Nitrobenzol), bis alles Anhydrid verbraucht ist und setzt

<hr>

[1] KORSHAK, V. V., O. P. GOLOVA, V. A. SERGEEV, N. M. MERLIS u. R. YA. SHNEER: Vysokomol. soedin. **3**, 477 (1961).

[2] CHEN-CHUAN TU u. C. SCHUERCH: J. Polymer Sci. B **1**, 163 (1963).

[3] Siehe Rezeptur Nr. 24 S. 344.

[4] WALEY, S. G., u. J. WATSON: Proc. Roy. Soc. (London) A **199**, 499 (1949).

[5] Siehe auch Polymerisation und Copolymerisation von L-Prolin-N-carbonsäureanhydrid: FASMAN, G. D., u. E. R. BLOUT: Biopolymers **1**, 3 (1963); **1**, 99 (1963).

[6] Über mögliche Abbruchreaktionen s. HARGITAY, B., A. J. HUBERT u. R. BUYLE: Makromol. Chem. **56**, 104 (1962).

sich fort, sobald neues Anhydrid zugesetzt wird. (Bei Start durch Alkohol sind Nebenreaktionen mit den Estergruppen möglich, weshalb der Amin-Start vorzuziehen ist.) Da die Startreaktionen schnell erfolgen[1] und die Ketten mit im Vergleich zueinander derselben Geschwindigkeit wachsen, ist hohe *Einheitlichkeit im Molekulargewicht*, ausgedrückt durch eine enge Molekulargewichtsverteilung, zu erwarten. In der Tat wird eine Poisson-Verteilung festgestellt.

Die Polymerisation ist allerdings komplizierter, wenn sie nicht durchweg homogen verläuft. So steigt die Polymerisationsgeschwindigkeit plötzlich stark an, wenn sich gebildetes Polymeres ausscheidet (bei Verwendung von Benzol als Lösungsmittel)[2].

Wird das Ausscheiden von Polymeren vermieden, indem ein gutes Lösungsmittel wie Dimethylformamid verwendet wird, so ist die Polymerisationsgeschwindigkeit bis zu einer gewissen Grenze um so größer, je höher der Polymerisationsgrad von bereits anwesendem Polymerem ist (gefunden an γ-Benzyl-L-glutamat NCA). Dieser Effekt ist besonders deutlich bei kleiner Monomerkonzentration und wird durch die Annahme erklärt, daß sich Monomeres an Polymeres adsorbiere und dort schneller reagiere[3]. Die Molekulargewichtsverteilung ist bei diesen Bedingungen wieder eng[4].

Andere Autoren fanden nach Polymerisation in Dioxan als Lösungsmittel breite Molekulargewichtsverteilungen[5]. Weitere Untersuchungen ergaben, daß zwei Bereiche der Polymerisationsgeschwindigkeit bestehen, indem sich nach Bildung von Polymeren mit etwa 8 Grundbausteinen plötzlich die Geschwindigkeit stark erhöht[4]. Da die Mindestgröße zur Helixbildung bei 7 bis 10 Grundbausteinen liegt, nehmen sie an, daß die Geschwindigkeitserhöhung auf eine Helixbildung zurückzuführen ist[6]. In Dimethylformamid findet dieser Sprung der Geschwindigkeitskonstanten nicht statt.

Hochinteressant ist weiter, daß die Geschwindigkeit des Wachstums von L-Isomeren an ein Polymeres aus 20 der gleichen L-Grundbausteine etwa 5 mal schneller verläuft als an Polymere aus den D-Isomeren[4]. (Dasselbe gilt natürlich auch umgekehrt.) Daraus ergibt sich, daß die einzelnen Polymerketten, falls sich einheitliche Sequenzen von einigen L- oder D-

---

[1] D. h. zumindest mit primären und sekundären Aminen ist der Start schnell, verglichen mit dem Wachstum, s. RITSCHARD, W. J.: Makromol. Chem. **29**, 141 (1959).

[2] BALLARD, D. G. H., u. C. H. BAMFORD: J. Chem. Soc. (London) **1959**, 1039.

[3] BALLARD, D. G. H., C. H. BAMFORD u. A. ELLIOTT: Makromol. Chem. **35**, 222 (1960).

[4] LUNDBERG, R. D., u. P. DOTY: J. Am. Chem. Soc. **79**, 3961 (1957).

[5] MITCHELL, J. C., A. E. WOODWARD u. P. DOTY: J. Am. Chem. Soc. **79**, 3955 (1957).

[6] Siehe auch IDELSON, M., u. E. R. BLOUT: J. Am. Chem. Soc. **79**, 3948 (1957).

Grundbausteinen gebildet haben, dann stark selektiv die gleichen L- oder D-Monomeren aus deren racemischen Gemischen heraus anpolymerisieren. Allerdings ist die Selektivität nicht so stark, daß nicht immer wieder einmal ein „falsches" Monomeres verknüpft wird. Die Wachstumsgeschwindigkeit des betreffenden Polymermoleküls wird dann so lange klein sein, bis sich wieder eine genügend lange einheitliche Sequenz der gleichen Isomere eingestellt hat.

Selektivität ist ebenfalls festzustellen, wenn optisch aktive Alkohole wie (+)Borneol und (—)Menthol zum Kettenstart verwendet werden, denn das erhaltene Polymere (Polyalanin) ist optisch aktiv, auch wenn von einem racemischen Monomergemisch ausgegangen wird[1]. Das Polymere setzt sich aus einem wasserlöslichen und einem wasserunlöslichen Anteil zusammen, wobei letzterer sehr viel stärker optisch aktiv ist.

Wasserunlösliches Polyalanin konnte auch durch Polymerisation des Monomer-Racemats (DL-Alanin NCA), ausgelöst mittels Metallorganylen oder Metallorganylen/Alkohol-(oder Metallorganylen/Wasser-)Systemen, hergestellt werden[1,2]. Dabei sind $Al(C_2H_5)_3$, $Al(C_2H_5)_3/3\ CH_3OH$ und $Al(O\text{-}iC_3H_7)_3$ wirksam. $Al(C_2H_5)_3/(+)$Borneol ergibt optisch aktives Polyalanin.

Etliche andere Metallorganyle ergaben wasserlösliche Polymere. Letztere unterscheiden sich deutlich von den wasserunlöslichen im Röntgendiagramm[3].

Polyester als Polymere von Lactonen[4]

Die ringöffnende Polymerisation von Lactonen ähnelt derjenigen von Epoxiden und cyclischen Äthern sowie von Lactamen. Zwei Arten der kationischen Ringöffnung sind ins Auge zu fassen: die zwischen Carbonylgruppe und Sauerstoff (Acylspaltung, I)[5] und die zwischen Ringsauerstoff und benachbarter CH_2-Gruppe (Alkylspaltung, II)[6]:

---

[1] Tsuruta, T., S. Inoue u. K. Matsuura: Makromol. Chem. **63**, 219 (1963); **80**, 149 (1964).

[2] Ishida, S., u. J. Takeda: Vortrag, gehalten auf der Versammlung der japanischen Gesellschaft für Wissenschaft der Polymere in Osaka, Japan, 1962.

[3] Siehe auch größere zusammenfassende Arbeit über dieses Polymere: Szwarc, M.: Fortschr. Hochpolym.-Forsch. **4**, 1—65 (1965).

[4] Siehe Patente S. 384.

[5] Cherdron, H., H. Ohse u. F. Korte: Makromol. Chem. **56**, 179 (1962).

[6] Stannett, V., u. M. Szwarc: J. Polymer Sci. **10**, 587 (1953); eine Betaïnbildung wurde für die Polymerisation von β-Lactonen mit tertiären Aminen angenommen:

$$R_3N + \underset{\displaystyle O\!-\!-\!-\!C=O}{\overset{\displaystyle CH_2-CH_2}{|\qquad\ |}} \longrightarrow R_3\overset{\oplus}{N}-CH_2-CH_2-\overset{\displaystyle O}{\overset{\|}{C}}-O^{\ominus}$$

Tatsächlich kann man mit zugesetzten Betaïnen, z. B. dem Trimethylbetaïn des Glycins, auch die Polymerisation starten, s. Etienne, Y., u. R. Soulas: J. Polymer Sci. C 4, 1061 (1963).

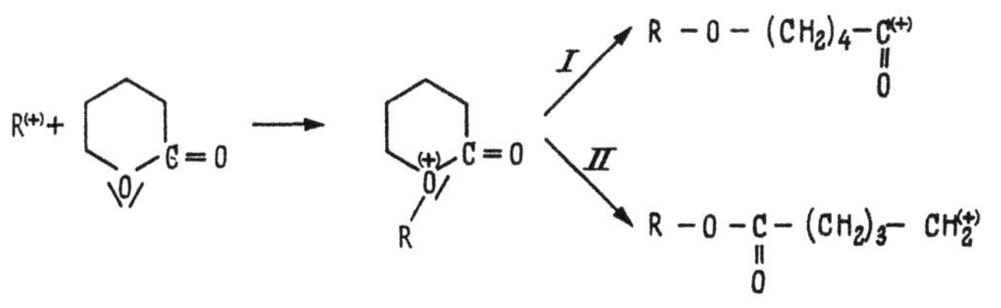

Die anionische Ringspaltung kann analog erfolgen:

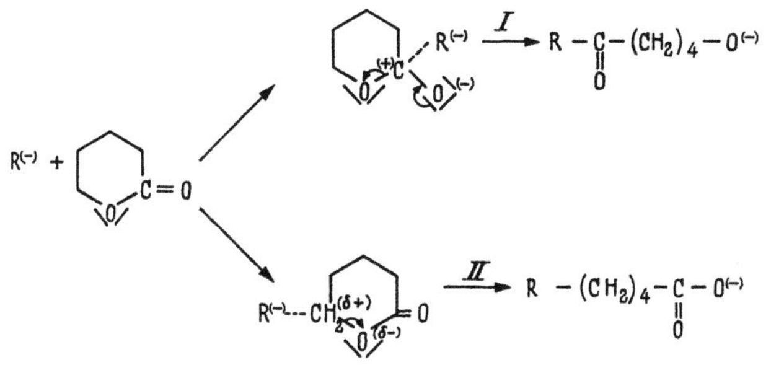

Zwischen diesen Mechanismen kann noch nicht entschieden werden, da nicht genügend Untersuchungsmaterial vorliegt.

Mit kationisch wirksamen Katalysatoren wie Trifluoressigsäure, Trifluoressigsäureanhydrid/AlCl$_3$ (Molverhältnis 1 : 2) und Acetylperchlorat lassen sich zum Beispiel δ-Valerolacton, ε-Caprolacton und β-Propiolacton (in der Reihenfolge abnehmender Reaktionsfreudigkeit) zu hochmolekularen, hochkristallinen Polyestern ($\overline{M}$ bis 100000) polymerisieren, während AlCl$_3$, TiCl$_4$ und BF$_3$-Ätherat wenig wirksam sind[1].

Anionische Katalysatoren sind starkes Alkali, LiC$_4$H$_9$, metallisches Natrium, Naphthalin-Na, Aluminiumalkyle, Aluminiumalkyle + Wasser, Metallalkoxide[2,3]. Ebenfalls wirksam sind γ-Strahlen an festen Monomeren.

Polyester als Copolymere von Epoxiden und cyclischen Anhydriden[4]

Die Copolymerisation von Epoxiden mit cyclischen Anhydriden, katalysiert durch tert. Amine, führt in einigen Fällen zu linearen Polyestern[5]. Bei langsamer Umsetzung etwa bei 100 °C herrscht in Gemischen aus Epichlorhydrin und zum Beispiel Phthalsäureanhydrid ungefähr im Molver-

[1] CHERDRON, H., H. OHSE u. F. KORTE: Makromol. Chem. **56**, 179 (1962).

[2] CHERDRON, H., H. OHSE u. F. KORTE: Makromol. Chem. **56**, 187 (1962); die Lactone müssen sehr rein sein, Polymerisation bei Zimmertemperatur.

[3] INOUE, S., Y. TOMOI, T. TSURUTA u. J. FURUKAWA: Makromol. Chem. **48**, 229 (1961); Polymerisation von Propiolacton durch Organometall-Katalysatoren.

[4] Siehe Rezeptur Nr. 25 S. 344.

[5] FISCHER, R. F.: J. Polymer Sci. **44**, 155 (1960).

hältnis 1 : 1 offensichtlich strenge *alternierende Copolymerisation*. Es wurden Molekulargewichte bis gegen 20000 gemessen. Dabei spielt die Reinheit der Monomere die ausschlaggebende Rolle.

Der diskutierte Mechanismus dieser Polymerisationen ist in Abb. 28 dargestellt.

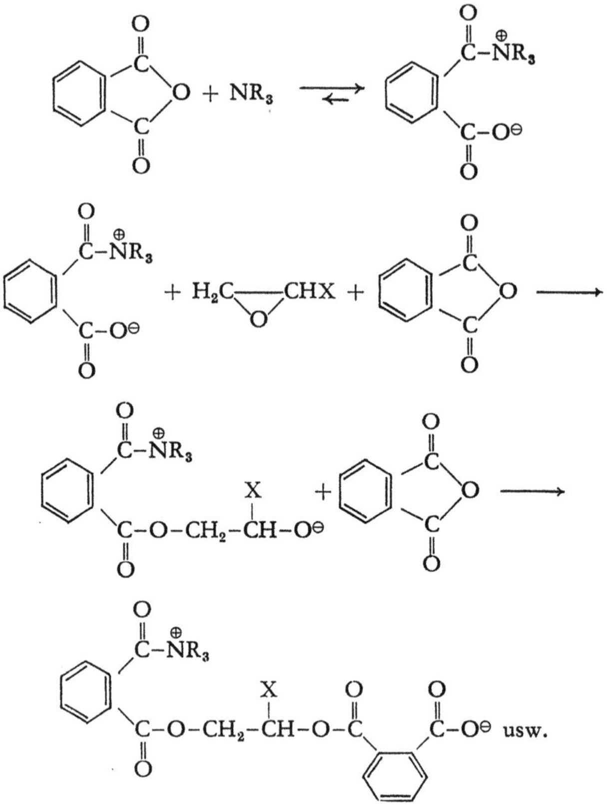

Abb. 28. Schema der (1 : 1)-alternierenden Copolymerisation von Epoxid und Phthalsäureanhydrid

Auch mit metallorganischen Systemen kann eine solche alternierende Copolymerisation eingeleitet werden[1]. Mit Diäthyl-zink/(+)-Borneol (1:2) als Katalysator ist es sogar gelungen, aus racemischen Gemischen von Propylenoxid und 3-Phenyl-Δ^4-tetrahydrophthalsäureanhydrid optisch aktives Polymeres herzustellen[2]. Von den nicht umgesetzten Monomeren

---

[1] TSURUTA, T., K. MATSUURA u. S. INOUE: Makromol. Chem. 75, 211 (1964).

[2] MATSUURA, K., T. TSURUTA, Y. TERADA u. S. INOUE: Makromol Chem. 81, 258 (1964).

war aber nur das Anhydrid optisch aktiv, nicht das Propylenoxid, so daß die Selektivität sich nur auf ersteres bezog. Offenbar geht die auswählende Wirkung vornehmlich vom Katalysator aus.

Polyester als Copolymere von Dimethylketen[1]

Dimethylketen polymerisiert mit überschüssigen Molmengen *Aceton* bei —60 °C in Toluol, wenn Lithiumbutyl als Katalysator verwendet wird, zu einem *(1:1)-alternierten Copolymeren*, das einen Polyester darstellt[2]:

$$\left(\begin{array}{c} CH_3 \quad O \quad CH_3 \\ | \qquad || \quad | \\ -C-O-C-C- \\ | \qquad\qquad | \\ CH_3 \qquad CH_3 \end{array}\right)_n$$

Dieser Polyester ist hochkristallin und muß deshalb sehr regelmäßige Struktur besitzen.

Vergleicht man dieses Ergebnis mit der anionischen Polymerisation von Dimethylketen allein, so erkennt man, daß hier nur dessen C,C-Doppelbindung polymerisiert, während dort das Keten selbst mit seiner Carbonyl-Doppelbindung als Copolymeres für eine alternierende Folge wirkt. Das Dimethylketen hat also offenbar keine Neigung, nach anionischem Mechanismus Verknüpfungen über die gleiche Doppelbindung einzugehen, während das Aceton ebenfalls unter diesen Bedingungen nicht homopolymerisiert. Dadurch kommt es zur Alternierung.

Die entsprechend alternierende Copolymerisation von Dimethylketen mit *Aldehyden* führt zu Polyestern, die asymmetrische Kohlenstoffatome enthalten:

$$\left(\begin{array}{c} CH_3 \quad O \qquad R \\ | \qquad || \qquad |* \\ -C—C-O-C- \\ | \qquad\qquad | \\ CH_3 \qquad\quad H \end{array}\right)_n$$

Die Polymerisation muß also dann nicht nur alternierend, sondern auch sterospezifisch sein, wenn kristallisierbare Polymere entstehen sollen. Wieder mit anionischen Katalysatoren ist es tatsächlich gelungen, bei tiefen Temperaturen einige Aldehyde (Benzaldehyd, o- und p-Chlorbenzaldehyd, p-Methoxybenzaldehyd, m-Nitrobenzaldehyd und Furfurol), die selbst unter diesen Bedingungen nicht polymerisieren, mit Dimethylketen zu copolymerisieren[3]. Bereits an den direkt anfallenden Produkten ist Rönt-

---

[1] Siehe Rezeptur Nr. 26 S. 344.

[2] NATTA, G., G. MAZZANTI, G. PREGAGLIA u. M. BINAGHI: J. Am. Chem. Soc. **82**, 5511 (1960). Der Polyester wird aus dem Reaktionsgemisch durch Fällung mit Methylalkohol abgetrennt.

[3] NATTA, G., G. MAZZANTI, G. F. PREGAGLIA u. G. POZZI: J. Polymer Sci. **58**, 1201 (1962); Ausführung in Toluol bei Temperaturen zwischen —12 und —78 °C, hohe Ausbeute bei Benzaldehyd und p-Chlorbenzaldehyd, hohe Polymerisationsgeschwindigkeiten.

genkristallinität feststellbar. Katalysatoren sind Natrium-, besonders aber Lithiumalkyle oder -alkoholate, wobei auch die Alkyle mit Aldehyd dann Alkoholate bilden.

Durch Extraktion mit Lösungsmitteln wurden kristalline Anteile zwischen 30 und 80 % der erhaltenen Produkte gewonnen, die hohe Schmelzpunkte aufweisen (Copolymeres mit Benzaldehyd: Smp. 280—290 °C).

Die Autoren nehmen an, daß die Comonomere gleichzeitig am Lithiumalkoholat (wo das wachsende Polymere den Alkylrest darstellt) koordinativ gebunden und durch Bildung eines Sechsringes zum Polymeren hin orientiert werden. Danach öffnet sich der Ring zwischen dem wachsenden Polymeren und dem Metall, und die Monomere bilden ihre ionischen Bindungen zu kovalenten aus. Anschließend beginnt das Spiel wieder mit erneuter Koordinierung zweier Comonomere.

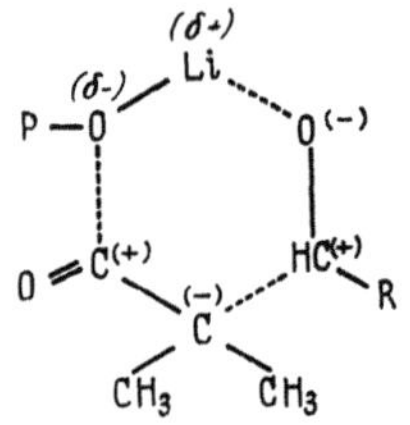

3A.123 Vergleichender Rückblick

Die ionische Polymerisation weist hinsichtlich der Herstellung von nach bestimmten Gesichtspunkten einheitlichen Polymeren gegenüber der radikalischen Polymerisation eine Reihe von Vorteilen auf. Diese bestehen einmal in der sehr geringen Neigung, Übertragungsreaktionen auf Polymere einzugehen, was der Linearität der Polymere zugute kommt. Man muß also nicht unbedingt bei geringen Umsätzen verbleiben. Ferner erhält man wegen des fehlenden Kombinationsabbruches sowohl durchgehend einheitliche Positionsfolgen der Grundbausteine als auch häufig langlebige Polymerionen. In den beschriebenen Fällen, in denen sogar praktisch jegliche Kettenübertragung fehlt, erlaubt dies auch die Einführung bestimmter einheitlicher Endgruppen. Die Gegenionen an den wachsenden Polymerenden – soweit beide elektrolytisch undissoziierte Ionenpaare darstellen – haben häufig eine beträchtliche Neigung, andere Verbindungen koordinativ zu binden und überhaupt Komplexe zu bilden. Bereits bei der Betrachtung der radikalischen Polymerisation konnte festgestellt werden, daß diese Tendenz sich auf regelmäßige Verknüpfungen der Monomere günstig auswirkt. Dasselbe gilt für die Polymerisation an Phasengrenzflächen, insbesondere fest/flüssig, die hier wesentlich häufiger gegeben ist.

Sehr deutlich kann man bei der ionischen Polymerisation die richtenden Einflüsse der Grundbausteine aufeinander sehen, die offenbar besonders ausgeprägt sind, wenn die Polymere während des Wachstums eine bestimmte Konformation, zum Beispiel eine Helix ausbilden.

Schließlich lassen sich ionische Polymerisationen sehr viel leichter als radikalische bei tiefen Temperaturen auslösen. Wiederum sind geringe Wachstumsgeschwindigkeiten zur Erzielung regelmäßiger Strukturen vorzuziehen. Besondere Reinheit der Substanzen ist erforderlich, um möglichst definierte, einheitliche Polymere herstellen zu können.

Ionische Initiierungen können in einer Reihe von Fällen ziemlich gleichzeitig durchgeführt werden. Bei (lang-)lebenden Polymerionen ohne Kettenübertragung werden dadurch einheitliche Molekulargewichte erhalten, soweit die Wachstumsgeschwindigkeiten von Molekül zu Molekül gleich sind. Bestimmend für die Länge der Polymere ist dabei das Angebot an Monomeren.

Bemerkenswert ist noch der große Einfluß, den Lösungsmittel und Zusätze durch ihre Polarität auf den Verlauf ionischer Polymerisationen ausüben.

3A.13 Polymerisationen mit Ziegler-Katalysatoren und ähnlichen Systemen[1]

3A.131 Grundzüge

Die Bildung relativ stabiler Komplexe aus beiden Katalysator-Komponenten darf man wohl als Eigentümlichkeit der Ziegler-Katalysatoren im weiteren Sinne bezeichnen, gleichgültig, ob dieselben unlöslich oder gelöst sind und in welcher Wertigkeitsstufe sich das Übergangsmetall befindet[2,3]. Die Komplexe unterscheiden sich jedoch in ihrem Wirkungsmechanismus: So mag die katalytische Aktivität einer Alkylbindung zum Übergangsmetall zukommen, die durch Alkylierung gebildet wurde und nun durch die Komplexbildung stabilisiert ist[4]. (Es ist nicht ausgeschlossen, daß auch bei unlöslichen Systemen Alkylbindungen zum Übergangsmetall in dessen höchster Wertigkeitsstufe vorliegen, obwohl eine Reduktion vorausgegangen ist. Es wären dann zum Beispiel Reste von Ti^{IV} an der Oberfläche von $TiCl_3$-Kristallen nach Alkylierung und Komplexbildung die aktiven Zentren des Katalysators. Daß in der Regel noch Ti^{IV} zurückbleibt, wurde

---

[1] Siehe Einführung S. 43 ff.

[2] Gemeint ist hier ein Übergangsmetall der IV. bis VIII. Nebengruppe des Periodensystems entsprechend der Natur der einen Katalysatorkomponente, s. S. 44.

[3] MEDVEDEV, S. S., u. A. R. GANTMAKHER: J. Polymer Sci. C 4, 173 (1963); s. auch COSSEE, P.: Tetrahedron Letters 17, 12 (1960).

[4] Siehe z. B. PATAT, F., u. HJ. SINN: Angew. Chem. 70, 496 (1958).

mehrfach nachgewiesen[1], und daß die Anwesenheit von Ti^{IV} offenbar zur Aktivitätssteigerung führt, wurde bereits erwähnt[2].)

Eine andere – wahrscheinlich die häufigste – Wirkungsweise kann darauf beruhen, daß die Metalle in den Komplexen in bezug auf die Polymerisation ziemlich gleichwertig sind. Ist der Komplex so beschaffen, wie nachfolgend schematisch dargestellt:

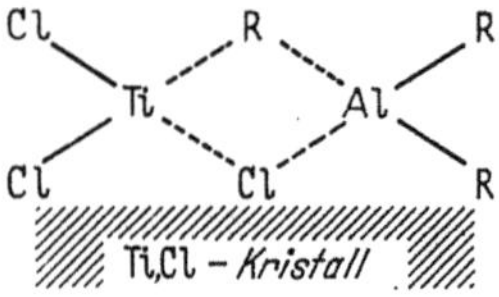

so mag die Polymerisation an den Elektronenmangelbindungen dieses Komplexes einsetzen. Schließlich dürfte in anderen Fällen die Polymerisation am Metall der metallorganischen Verbindungen stattfinden und nunmehr der Übergangsmetallverbindung eine sekundäre Rolle im Komplex zukommen, zum Beispiel eine aktivierende, indem durch die Chemisorption des Metallalkyls an die kristalline Phase die Alkyl-Metall-Bindungen geschwächt und damit polymerisationsbereit werden[3]. Da es sich dabei immer um bi- oder multizentrische Systeme handelt, kann man sich besonders gut koordinative Bindungen der Monomere vor dem Polymerisationsschritt mit einer Orientierung zum Polymeren hin vorstellen[4]. In manchen Fällen mag sogar die Wirkung der zweiten Komponente, insbesondere die des Übergangsmetalls, allein darin bestehen, solche Monomerkoordinierungen zu ermöglichen[5].

Daß den Ziegler-Katalysatoren – im engeren oder weiteren Sinne – von Fall zu Fall einer dieser Mechanismen oder eine Zwischenform zukommt, ist viel wahrscheinlicher als ein einheitlicher Mechanismus[6].

Angesichts der unerhörten Vielfalt solcher Systeme ist die Vielseitigkeit der Mechanismen auch durchaus verständlich. So sind variierbar:

1. Die Metalle der eingesetzten Verbindungen.

2. Die Wertigkeiten der Übergangsmetalle.

---

[1] Siehe z. B. JONES, M. H., U. MARTIUS u. M. P. THORNE: Can. J. Chem. **38**, 2303 (1960).

[2] Siehe S. 46.

[3] Siehe z. B. SALTMAN, W. M.: J. Polymer Sci. **46**, 375 (1960).

[4] Siehe z. B. NATTA, G.: J. Polymer Sci. **48**, 219 (1960); mit allgemeiner Betrachtung der stereospezifischen Polymerisation.

[5] Siehe z. B. S. 214, Polymerisation von Epoxiden.

[6] Theorien zum Mechanismus der Ziegler-Polymerisation werden auch in folgenden Veröffentlichungen besprochen: NATTA, G., u. L. PASQUON: The Kinetics of the Stereospecific Polymerization of α-Olefins. In: Advances in Catalysis and Related Subjects. New York: Academic Press 1959; UELZMANN, H.: J. Polymer Sci. **32**, 457 (1958); ROHA, M., L. C. KREIDER, M. R. FREDERICK u. W. L. BEEARS: **38**, 51 (1959).

3. Die eingebrachten Alkyle (beziehungsweise Aryle).

4. Die weiteren Substituenten der Metallatome (Halogenatome, Estergruppen, Amidgruppen usw.).

5. Die Zahl der Komponenten.

6. Die Molverhältnisse der Komponenten.

7. Die Zusätze von Verbindungen, die koordinative Bindungen zum Katalysator eingehen.

8. Gelegentlich die Zusätze von Trägermaterialien für das Katalysatorsystem.

9. Die Herstellungsbedingungen und eventuelle Alterung der Katalysatoren. Dazu kommen bei einer Polymerisation als Parameter noch Katalysatorkonzentration, Monomerkonzentration, Temperatur, Lösungsmittel und sonstige Umgebungsbedingungen.

Berücksichtigt man noch den Unterschied zwischen heterogener und homogener Katalyse und die Tatsache, daß die eigentlichen Katalysatoren selten eindeutig definiert sind, so begreift man die Schwierigkeiten, die Polymerisationsmechanismen selbst in Einzelfällen klarzulegen. Ungeklärt ist ferner die Frage, inwieweit eine elektrolytische Dissoziation der Komplexe und der Ionenpaare Polymerion/Katalysator (ionischer Wachstumsmechanismus!) stattfindet und ins Gewicht fällt[1].

Diese Vielfalt erschwert bereits die Beschreibung der katalytischen Systeme. Man folgt deshalb dabei inzwischen gewissen Gewohnheiten. Bevor man die Angaben in der Literatur richtig verstehen kann, muß man diese Gewohnheiten kennen und wissen, daß zum Beispiel ein System wie $Al(C_2H_5)_3/TiCl_4$ zunächst mit sich reagiert, einen Niederschlag bildet, und daß sich die Komponenten – je nach dem Molverhältnis – umwandeln[2], während $Al(C_2H_5)_3/\beta\text{-}TiCl_3$ schon weitgehend stabil ist.

Bei Homopolymeren, die mit Ziegler-Katalysatoren hergestellt wurden, ist chemische Einheitlichkeit und im engeren Sinne *Linearität* recht gut gegeben. Abweichungen davon können folgende Gründe haben: Die im Katalysator bereits vorhandenen Alkylgruppen können teilweise in die Polymerisation als Monomere mit eintreten, da sie als Olefine vom Katalysator abgespalten beziehungsweise vom Monomeren verdrängt werden können, und zwar mit steigender Temperatur stärker[3].

Verwendet man zum Beispiel Aluminium-triäthyl als metallorganische Komponente des Katalysators zur Polymerisation von α-Olefinen, so spaltet dieses – besonders bei Temperaturen über 80 °C – Äthylen ab, das leicht

---

[1] Erste Ergebnisse in dieser Richtung s. NICOLESCU, I. V., u. E. M. ANGELESCU: J. Polymer Sci. A 3, 1227 (1965); BUSHICK, R. D., u. R. S. STEARS: A-1, 4, 215 (1966).

[2] Siehe S. 44.

[3] ZIEGLER, K., W. R. KROLL, W. LARBIG u. O. W. STEUDEL: Liebigs Ann. Chem. 629, 53 (1960).

polymerisiert und mit Polyäthylen beziehungsweise Polyäthylen-Blöcken verunreinigte Polmerisate ergibt[1]. Solche Verunreinigungen können vermieden werden, wenn das aus dem Aluminiumalkyl verdrängte Olefin entweder mit dem Monomeren identisch ist oder schlecht polymerisiert (wie zum Beispiel Isobutylen).

Noch mit dem Katalysator verbundene Polymere von Äthylen und anderen Olefinen stellen nun auch Alkylgruppen dar, die als langkettige „α-Olefine" vom Katalysator abgespalten werden können. Treten sie danach quasi als Monomere in die Polymerisation ein, kommt man zu Langkettenverzweigungen[2].

Einheitliche Endgruppen vollkommen unverzweigter Polymere werden einseitig von den durch den Katalysator eingebrachten Alkylgruppen gebildet – soweit der Polymerisationsmechanismus anionisch ist (was in den weitaus meisten Fällen der Fall sein dürfte). Die anderen Endgruppen hängen davon ab, inwieweit Kettenübertragung und Kettenabbruch erfolgen. Es können dadurch, wie bereits angedeutet, Vinylendgruppen entstehen. Erfolgt keine Übertragung und kein Abbruch oder nur zwischen oder innerhalb der metallorganischen Katalysatorkomponenten, so lassen sich auch dort einheitliche Endgruppen durch Umsatz mit entsprechenden Substanzen, am besten mit aliphatischen Alkoholen oder Wasserstoff einführen.

Von Olefinen mit innenständiger Doppelbindung, auch von cyclischen Olefinen, sind die meisten nicht in der Lage, für sich zu polymerisieren[3]. Cyclopropen und Cyclobuten homopolymerisieren im Gegensatz zu ihren höheren Homologen jedoch leicht. Dies dürfte folgende Gründe haben[4]:

1. Die Kohlenstoffringe von Cyclopropen und Cyclobuten haben planare Konformation, die höheren Ringolefine aber nicht. Der Übergang in das gesättigte Homopolymere ermöglicht bei Cyclobuten nicht-planare Konformation, welche gegenüber den höhergliedrigen Ringen zu einem weit größeren Energiegewinn führt.

2. Die sterische Hinderung ist an den Kohlenstoffatomen der kleineren Ringe viel geringer.

---

[1] KETLEY, A. D., u. J. D. MOYER: J. Polymer Sci. A 1, 2467 (1963). Der relative Grad der Verdrängung des Äthylens aus der Al-Bindung durch Monomere ist etwa: 3-Methylbuten-1 = Vinylcyclohexan > 3,3-Dimethylhepten-1 = 3,3-Dimethylbuten-1 > Buten-1 = Penten-1, Hexen-1, Hepten-1, Octen-1. In verdünnten Lösungen (inerte Lösungsmittel) findet Verdrängung des Äthylens auch bei tieferen Temperaturen statt.

[2] NATTA, G.: Chem. u. Ind. (London) 1957, 1520.

[3] Solche Monomere können aber unter dem Einfluß der Ziegler-Katalysatoren zu α-Olefinen isomerisieren und polymerisieren, s. SYMCOX, R. O.: J. Polymer Sci. B 2, 947 (1964); SHIMIZU, A., T. OTSU u. M. IMOTO: B 3, 449, 1031 (1965).

[4] NATTA, G., G. DALL'ASTA u. G. MAZZANTI: Angew. Chem. 76, 765 (1964).

Die Copolymerisation auch von cis- und trans-Buten-2[1], Penten-2[2], Cyclopenten[3], Cyclohexen[2,4], Cyclohepten[5] und cis-Cyclooocten[6] mit Äthylen, das nur wenig Raumbedarf hat und sich zwischen die Comonomere einschiebt, ist aber gelungen, wobei das Äthylen in starkem Unterschuß gehalten wurde. Teilweise sind die Folgen der Comonomere *(1:1)-alterniert*[7]. Bei der Copolymerisation von Cyclopropen und Cyclobuten mit Äthylen erhält man dagegen Copolymere mit statistischer Anordnung der Grundbausteine[6].

Cyclopenten, Cyclohepten und cis-Buten-2 copolymerisieren wesentlich schneller als Cyclohexen, cis-Cyclooocten und trans-Buten-2. Auch dieser Unterschied hängt bei den Cycloolefinen sicherlich mit ihrer Konformation zusammen, die bei Cyclopenten und -hepten flacher ist und geringere sterische Hinderung für die Koordinierung an den Katalysator bedingt als bei Cyclohexen und cis-Cyclooocten[6]. Sehr deutlich ist das auch bei cis- und trans-Buten-2 zu sehen: Ersteres bietet eine von Substituenten freie Seite und damit geringere sterische Hinderung für eine Koordinierung als trans-Buten-2.

Einheitliche Positionsfolge ist die erste Voraussetzung dafür, daß Polymere mit Asymmetriezentren in den Grundbausteinen kristallisieren. Es handelt sich fast stets um Kopf-Schwanz-Positionen. (Der Polymerisationsvorgang selbst besteht aus Schwanz-Kopf-Verknüpfungen, indem die Monomere mit Kopf-Seite an das Polymeranion herantreten.) Bei amorphen Polymeren wird man gelegentlich uneinheitliche Positionsfolgen antreffen. Auf Basis einheitlicher Positionsfolgen sind nun *regelmäßige Konfigurationen* der Grundbausteine besonders häufig bei Polymerisationen mit Ziegler-Katalysatoren zu finden. Es bilden sich aber praktisch immer nebenher Polymere von unregelmäßiger Mikrostruktur, die nicht kristallisieren. Hier drängt sich die Frage auf, ob nun die sterisch regelmäßigen und die sterisch unregelmäßigen an verschiedenartigen aktiven Zentren entstehen oder an gleichartigen, an denen infolge anderer Einflüsse einmal stereospezifische, ein anderes Mal unregelmäßige Polymerisation einsetzt. Für beide Möglichkeiten gibt es Argumente, die noch diskutiert werden.

Zunächst sei die Stereospezifität in Abhängigkeit von der Beschaffenheit der Katalysatoren besprochen. Von besonderer Bedeutung sind die Übergangsmetalle. Titan und Vanadium sind die bisher am meisten verwendeten, weil sie dreiwertig als in Kohlenwasserstoffen unlösliche

---

[1] Siehe S. 216.
[2] NATTA, G.: Pure Appl. Chem. **4**, 363 (1962).
[3] Siehe S. 217.
[4] NATTA, G., G. DALL'ASTA, G. MAZZANTI, I. PASQUON, A. VALVASSORI u. A. ZAMBELLI: Makromol. Chem. **54**, 95 (1962).
[5] NATTA, G. G. DALL'ASTA u. G. MAZZANTI: Chim. e Ind. (Mailand) **44**, 1212 (1962).
[6] DALL'ASTA, G., u. G. MAZZANTI: Makromol. Chem. **61**, 178 (1963).
[7] Siehe auch S. 218: Butadien/Äthylen.

Halogenide bei Äthylen und α-Olefinen bisher am wirkungsvollsten waren und darüber hinaus bei einer großen Zahl von Polymerisationen weiterer ungesättigter Kohlenwasserstoffe (Vinylcycloalkane, Cycloalkene, Styrol und Derivate davon, Vinylnaphthalin, Diolefine usw.) eine wichtige Rolle spielen. Dabei öffnen sich die Doppelbindungen der Monomere in den bisher daraufhin untersuchten Fällen (sieht man von der 1,4-Verknüpfung bei Diolefinen ab), ohne danach Umordnungen einzugehen (also *cis-Öffnung*). Bei Anwesenheit von tertiären Kohlenstoffatomen findet keine Verschiebung des Ionenzustandes innerhalb eines Grundbausteines während eines Wachstumsschrittes statt, sondern erfolgt die Verknüpfung nur an der Doppelbindung[1].

In der Tabelle 8 sind eine Reihe von Polyolefinen, die mit heterogenen Katalysatoren erhalten wurden, zusammengestellt, während Tabelle 9 über ebenfalls normal gebildete Polymere von Cyclohexyl- und Cyclopentylalkenen Auskunft gibt. Die Substituenten und die Wertigkeit der Übergangsmetalle entscheiden darüber, ob die Systeme als solche löslich oder unlöslich sind.

Tabelle 8. *Eigenschaften einiger Polymere von α-Olefinen, die mit heterogenen Ziegler-Katalysatoren gewonnen wurden*[2]

		Identitätsperiode Å	Zahl der Grundbausteine pro Identitätsperiode	Schmelzpunkte °C	Dichte g/cm³
Polypropylen	it	6,50	3	160—170	0,92
	at	—	—	—	0,85
Poly-buten-1	I it	6,50	3	126—128	0,91
	II it	6,85	4	—	—
	at	—	—	—	0,87
Poly-penten-1	I it	6,60	—	75—80	0,87
	II it	—	—	max. ~130	—
Poly-3-methylbuten-1		6,84	4	245	0,90
Poly-4-methylpenten-1		13,85	7	205	0,83
Poly-4-methylhexen-1		14,0	7	188	0,86
Poly-5-methylhexen-1		6,50	3	130	0,85
Poly-allyltrimethylsilan[3]		6,50	3	350—360	0,875

[1] Vgl. dagegen ionische Polymerisationen, S. 87.

[2] NATTA, G.: Angew. Chem. **68**, 393 (1956); DANUSSO, F., u. G. GIANOTTI: Makromol. Chem. **61**, 164 (1963).

[3] NATTA, G., G. MAZZANTI, P. LONGI u. F. BERNARDINI: J. Polymer Sci. **31**, 181 (1958); polymerisiert bei 60—70 °C, Al(C_2H_5)$_3$/violettes $TiCl_3$.

Mit gelösten Katalysatoren können α-Olefine in der Regel nicht in isotaktische Polymere überführt werden. Dagegen läßt sich mit ungelösten Systemen bis zu Temperaturen von 100 °C gut stereospezifisch polymerisieren. Möglicherweise üben die Kristalloberflächen eine abschirmende Wirkung aus, die den willkürlichen Zutritt der Monomere – wie auch den von Lösungsmittel – zu den aktiven Zentren behindert.

Tabelle 9. *Polymere von Cyclohexyl- und Cyclopentylalkenen, die aus Polymerisationen mit einem heterogenen Ziegler-System hervorgingen*[*][1]

Monomeres	Smp. °C	$[\eta]$[**]	Kristalli-nität	Unlösliche Anteile in Äther %	in Pentan %
Vinylcyclohexan	383	5,02	+	93,2	90,3
Allylcyclohexan	214	2,50	+	68,4	6,8
Vinylcyclopentan	292		+	100,0	91,2
Allylcyclopentan	210	1,94	+	74,3	53,1
4-Cyclohexylbuten-1	138	3,73	—	94,0	92,4
5-Cyclohexylpenten-1	123		—	85,0	51,6

[*] Katalysator: $Al(C_2H_5)_2Cl/TiCl_3$, Temp.: 40 °C.
[**] Gemessen an 1%-iger Lösung in Chloroform oder Toluol bei 25 °C.

Eine derartige Abschirmung ist offenbar bei α-Olefinen besonders notwendig, wenn sie sich zu geordneter Folge verknüpfen sollen.

Man kann ins Auge fassen, daß die heterogenen Übergangsmetallverbindungen als Adsorbentien für die Monomere dienen. Selbst bei einheitlich gerichteten Chemisorptionen müssen die Monomere aber an die aktiven Zentren herankommen und damit wieder ihre Plätze wechseln, so daß man auf diese Weise nicht die Stereospezifität erklären kann. Etwas anderes ist die Koordinierung der Monomere unmittelbar an den aktiven Zentren. Doch dazu bedarf es an sich nicht unbedingt großer Phasengrenzflächen, und tatsächlich sind ja inzwischen zahlreiche stereospezifische Polymerisationen an löslichen Katalysatoren bekannt.

Von erheblicher Bedeutung ist die Art des Übergangsmetalls und sein Verbindungstyp bei der Polymerisation von Cyclobuten und Cyclopenten. Diese beiden Monomere können nicht nur an den Doppelbindungen, sondern auch durch Öffnung ihrer Kohlenstoffringe reagieren. Hier zeigen sich auch Chrom-, Molybdän- und Wolframverbindungen wirksam. Lösliche (und unlösliche) Kobaltverbindungen spielen bei stereospezifischen Butadienpolymerisationen eine besondere Rolle (weniger bei Isopren).

---

[1] KETLEY, A. D., u. R. J. EHRIG: J. Polymer Sci. A 2, 4461 (1964).

11*

Asymmetriegruppen an den Übergangsmetallen können zur Bevorzugung bestimmter d- oder l-Anordnungen entsprechender Grundbausteine führen und optische Aktivitäten von Polymeren hervorbringen[1].

Während sich die Wirkungen der Ziegler-Systeme an sich auf Olefine und diesen sehr nahestehende Vinylverbindungen beschränken, sind doch auch stereospezifische Polymerisationen von Epoxiden bekannt, die mit Mischkatalysatoren formal ähnlicher Art ausgelöst werden[2]. Es handelt sich dabei um Mischungen aus Aluminiumalkylen und Chelaten des Nikkels und des Kobalts. Hier wirkt sich wohl die Koordinationsfreudigkeit der Übergangsmetalle aus, während die eigentliche Katalyse vermutlich am Aluminium erfolgt.

Die Bedeutung der *metallorganischen Komponenten* bei der Polymerisation ist um so größer, je mehr ihre verschiedenen Funktionen zur Anwendung kommen. Bei der Polymerisation von α-Olefinen wird das Ausmaß der Stereospezifität ziemlich davon beeinflußt, ob die metallorganischen Verbindungen nur Alkylgruppen oder daneben Halogenatome enthalten. Änderungen der Molverhältnisse zwischen den Katalysatorkomponenten wirken sich oft über größere Bereiche hin wenig auf die Stereospezifität aus[3], mehr dagegen auf die Aktivitäten. Maximale stereospezifische Wirkungen fallen dabei nicht mit maximalen Aktivitäten zusammen.

Besonderen Einfluß hat die metallorganische Komponente bei der Polymerisation von Diolefinen, wo sie sehr über die Bildung bestimmter Mikrostrukturen entscheidet, sowohl von ihrer Natur her als jetzt auch durch das Molverhältnis zur Übergangsmetallverbindung. Möglicherweise ändert sich bei geringen Molverhältnissen der allgemeinere anionische Mechanismus in einen kationischen, was sich unmittelbar in der Konfiguration der Grundbausteine niederschlägt.

Verschiedene Alkylgruppen in der metallorganischen Komponente scheinen sich ziemlich gleich zu verhalten, solange sie nicht zu starke Unterschiede aufweisen. Dann aber können erhebliche Auswirkungen auf die Struktur des Polymeren entstehen. Dies zeigt sich zum Beispiel besonders bei der Verwendung optisch aktiver Alkylgruppen, die teilweise in der Lage sind, einer wachsenden Polymerkette eine bestimmte Asymmetrie aufzuprägen, falls in dieser Asymmetriezentren vorhanden sind beziehungsweise entstehen. Derartiges erfolgt bei anionischem Mechanismus, indem die optisch aktiven Alkylgruppen jeweils die eine Endgruppe bildet. Eine solche Einwirkung deutet auch klar darauf hin, daß die Grundbausteine einer bereits begonnenen Kette richtend auf neu anzuknüpfende Monomere wirken, denn der Einfluß des Endgliedes muß ja durch die folgenden Grundbausteine weitergegeben werden.

---

[1] Siehe auch Pino, P., F. Ciardelli u. P. Lorenzi: J. Polymer Sci. C 4, 21 (1963).
[2] Siehe S. 214.
[3] Größere Auswirkung der Molverhältnisse s. bei Norbornen, S. 189.

Möglicherweise bestimmen die Mikrostrukturen der ersten Kettenglieder bei einer Polymerisation durch Einnahme ausgezeichneter Konformationen besonders nachhaltig über die weitere sterische Anordnung. Wahrscheinlich sind solche ausgezeichneten Konformationen (insbesondere Helices[1]) gerade an Phasengrenzflächen, vor allem an der Grenzfläche fest/flüssig, sehr gut möglich. Es müßte andererseits also dann eine längere Polymerkette von unregelmäßiger Mikrostruktur wachsen, wenn aus irgendwelchen momentanen Gründen der Kettenstart zu unregelmäßig angeordneten Grundbausteinen gleich zu Anfang der Ketten geführt hat. Nach dieser Vorstellung können die aktiven Zentren eines Katalysators im Prinzip sogar alle untereinander gleich sein, trotzdem entstehen taktische und ataktische Polymerketten nebeneinander.

Damit ist aber auch der allgemeinen Struktur und Beschaffenheit der Grundbausteine beziehungsweise der Monomere eine große Bedeutung und großer Einfluß auf die möglichen sterischen Regelmäßigkeiten der sich bildenden Polymere zuzuschreiben. Größere Seitengruppen mögen zum Beispiel den Monomeren den kontrollierten Zutritt zum Katalysator erschweren. Immerhin ergaben Untersuchungen, die mit dem System $Al(C_2H_5)_3/VCl_3$ (ohne Lösungsmittel) durchgeführt wurden, für eine Reihe von Polymeren abnehmende Kristallisierbarkeit in der gleichen Richtung, in der die Seitengruppen der zugehörigen Monomere größer wurden[2,3].

Es handelt sich um folgende Monomere:

$$CH_2=CH \qquad R = \ -CH_3, \ -CH(CH_3)_2, \ -C(CH_3)_3,$$
$$\begin{array}{l} | \\ (CH_2)_n \qquad\qquad -C_6H_5, \ -C_6H_{11} \\ | \\ R \qquad\qquad n = 0,\ 1,\ 2,\ 3 \end{array}$$

Die Polymerisierbarkeit von cyclischen Olefinen wurde bereits im Zusammenhang mit ihrer Struktur besprochen. Ihre Konformationen (als Monomere) wirken sich offensichtlich auch auf ihre Konfiguration (als Grundbausteine ihrer Polymere und Copolymere) aus. So ergeben die flacheren Monomere Cyclopenten und Cyclohepten im Copolymerisat mit Äthylen auf der Grundlage konstanter cis-Öffnung der Doppelbindungen erythrodiisotaktische Mikrostrukturen, während Cyclohexen und cis-Cycloocten mit ihren stark aus einer Ebene heraustretenden Konformationen keine regelmäßigen Polymerstrukturen ergeben[4]. Ähnlich interessant ist der Unterschied zwischen cis- und trans-Buten-2[5].

---

[1] HAM, G. E.: J. Polymer Sci. **46**, 475 (1960); **61**, 9 (1962).

[2] DUNHAM, K. R., J. VAN DEN BERGHE, J. W. H. FABER u. L. E. CONTOIS: J. Polymer Sci. A **1**, 751 (1963).

[3] Siehe auch CAMPBELL, T. W., u. A. C. HAVEN JR.: J. Appl. Polymer Sci. **1**, 73 (1959); NATTA, G., P. CORRADINI e I. W. BASSI: Gazz. chim. ital. **89**, 784 (1959).

[4] DALL'ASTA, G., u. G. MAZZANTI: Makromol. Chem. **61**, 178 (1963); vgl. S. 217.

[5] Siehe S. 216.

Ist damit der Einfluß der Monomerstrukturen deutlich geworden, so beeindruckt andererseits die Vielzahl von Monomeren, die sich mit dem gleichen System stereospezifisch polymerisieren lassen. Die folgende Tabelle 10 gibt eine Auswahl von (vermutlich durchweg isotaktischen) polymeren Styrolderivaten wieder, die unter gleichen Polymerisationsbedingungen entweder direkt kristallin erhalten wurden oder nach thermischer Behandlung kristallisierten (ungeachtet weiterer Polymere, die bisher amorph blieben, was nicht bedeutet, daß sie nicht doch stereoregulär aufgebaut sind)[1].

Tabelle 10[2-5]. *Stereospezifische Polymerisation von Styrol und Derivaten davon**

Monomeres	Schmelzpunkt des Polymeren °C	Umsatz %
Styrol	240	43,7
o-Methylstyrol	360	4,6
m-Methylstyrol	215	22,7
p-Methylstyrol	—	49,3
2,4-Dimethylstyrol	310	4,4
2,5-Dimethylstyrol	330	1,6
3,4-Dimethylstyrol	240	21,2
3,5-Dimethylstyrol	290	12,4
o-Fluorstyrol	270	4,1
m-Fluorstyrol	—	24,9
p-Fluorstyrol	265	39,7
2-Methyl-4-fluorstyrol	>360	4,3
1-Vinylnaphthalin	~360	12,9

* Polymerisationsbedingungen: $2 \cdot 10^{-3}$ Mol $TiCl_4$, $6 \cdot 10^{-3}$ Mol $Al(C_2H_5)_3$, $80 \cdot 10^{-3}$ Mol Monomeres, 35 cm³ Benzol, 7 Stunden bei 70 °C.

Nach NATTA[6] besteht eine Beziehung zwischen der Reaktivität der substituierten Styrole und den Hammett-Konstanten σ[7] der Substituenten,

---

[1] Siehe auch kristalline Polymere von 2-Allyl-p-xylol, 4-Allyl-o-xylol, 5-Allyl-m-xylol, 4-(o-Tolyl)-buten-1 und 4-(p-Tolyl)-buten, mit Aluminiumtriisobutyl/TiCl₃ hergestellt: PRICE, J. A., M. R. LYTTON u. B. G. RANBY: J. Polymer Sci. **51**, 541 (1961); Polymerisation von Vinylcarbazol zu hochkristallinen Polymeren mit Li-C₄H₉/TiCl₄ bei normalen und erhöhten Temperaturen: SOLOMON, O. F., M. DIMONIE, K. AMBROZH u. M. TOMESKU: **52**, 205 (1961).

[2] Nach NATTA, G., F. DANUSSO u. D. SIANESI: Makromol. Chem. **28**, 253 (1958); **30**, 238 (1959).

[3] Siehe auch HOHENSTEIN, W. P.: J. Polymer Sci. **53**, 255 (1961).

[4] MUSAHASHI, S., S. NOZAKAWA u. H. TADOKORO: Bull. Chem. Soc. Japan **32**, 534 (1959).

[5] WOOTEN JR., W. C., u. H. W. COOVER JR.: J. Polymer Sci. **37**, 560 (1959).

[6] NATTA, G., F. DANUSSO u. D. SIANESI: Makromol. Chem. **30**, 238 (1959).

[7] HAMMETT, L. P.: Physical Organic Chemistry, S. 184—207. New York: McGraw-Hill 1940.

und zwar soll die Reaktivität der substituierten Monomere größer werden, je größer die Elektronendichte an der Doppelbindung wird. Dagegen ist also die Stereospezifität viel allgemeingültiger, was man nur verstehen kann, wenn der Einwirkung der Grundbausteine aufeinander erhebliche Bedeutung zukommt[1].

Faßt man aber die verschiedenen diskutierten Argumente zusammen, so kommt man zur Vorstellung eines Wechselspieles mit verschiebbaren Accenten zwischen dem Katalysator, dem mit diesem verbundenen Polymeren und den Monomeren. Dabei erfolgt in erster Stufe eine Koordinierung eines Monomermoleküls an den Komplex aus Katalysator und Polymerem, sowie in nachfolgenden Stufen die Verknüpfung des Monomeren mit dem Polymeren über definierte Zwischenstufen beziehungsweise Übergangszustände.

Die einander zugeordnete Bedeutung aller genannten Faktoren geht noch einmal aus der Polymerisation von Olefinen, die mit der Trifluormethylgruppe substituiert sind, hervor[2]. So konnten mit einem $Al(i\text{-}C_4H_9)_3/$ VCl_3-Katalysator

3,3,3-Trifluorpropen nicht, jedoch

4,4,4-Trifluorbuten-1

5,5,5-Trifluorpenten-1

3-Trifluormethyl-buten-1 und

4-Trifluormethyl-penten-1

zu kristallinen Polymeren umgesetzt werden.

Die Polymerisation gelang nicht mit $Al(i\text{-}C_4H_9)_3/VCl_4$ beziehungsweise $VOCl_3$, $TiCl_3$ oder $TiCl_4$ und ebenfalls nicht mit $Zn(C_2H_5)_2/VCl_3$; sie war andererseits um so besser, je weiter die Trifluormethylgruppe von der Doppelbindung entfernt war.

Man sieht, daß sowohl die Monomerstruktur als auch die Beschaffenheit der Katalysatoren einen wesentlichen Einfluß auf die sterische Regelmäßigkeit der erhaltenen Polymere ausübt.

Am Beispiel der stereospezifischen Polymerisation des trans-Pentadien-1,3 mit dem System $Al(C_2H_5)_3/Ti(O\text{-}nC_4H_9)_4$ (zu isotaktischem cis-1,4-Polypentadien)[3,4] wurde ein möglicher Wachstumsschritt schematisch dargestellt (in Abb. 29 wiedergegeben)[5]. Danach wird das Monomere

---

[1] Sogar bei amorphem, an sich ataktischem Polystyrol bestehen kurze Helices, so stark ist die richtende Kraft der starren Benzolkerne: KILIAN, H. C., u. K. BOUEKE: J. Polymer Sci. **58**, 311 (1962).

[2] OVERBERGER, C. G., u. E. B. DAVIDSON: J. Polymer Sci. **62**, 23 (1962); Polymerisationstemperatur 75 bis 100 °C.

[3] Siehe S. 205.

[4] Ähnlich interessant ist die Polymerisation von trans-1-Methoxybutadien zu einem kristallinen Polymeren vom Schmelzpunkt 118 °C, unlöslich in Aceton, Methanol, Heptan, Benzol und Dioxan: HECK, R. F., u. D. S. BRESLOW: J. Polymer Sci. **41**, 521 (1959).

[5] Nach NATTA, G., L. PORRI u. A. CARBONARO: Makromol. Chem. **77**, 126 (1964).

zuerst an einer Doppelbindung koordinativ gebunden, worauf es mit der freien Doppelbindung zur sterisch regelmäßigen Verknüpfung einschwenkt.

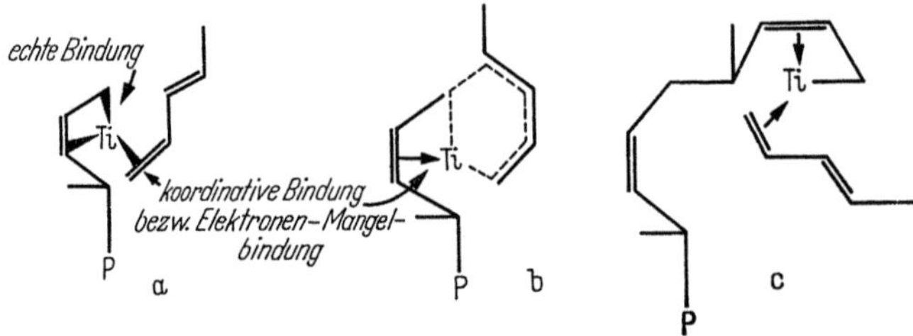

Abb. 29. Schematisch dargestellte Vorstellung über stereospezifische Polymerisation von 1,3-Pentadien an löslichem Ti-Al-Katalysator. a Polymeres an Ti gebunden, Monomeres koordiniert; b Übergangszustand des Wachtumsschrittes; c Verknüpfung ist erfolgt, neues Monomeres ist koordiniert[1]

Von den *weiteren Polymerisationsbedingungen*, die auch die Stereospezifität beeinflussen, ist zunächst die Temperatur zu nennen. Mit sinkender Temperatur nimmt im allgemeinen die sterische Regelmäßigkeit der Polymere zu[2]. Dasselbe gilt an sich für abnehmende Polymerisationsgeschwindigkeit. Bei der Propylen-Polymerisation mit dem System $Al(C_2H_5)_2Cl/\alpha\text{-}TiCl_3$ wurde aber beobachtet, daß drastische Erniedrigung des Propylendruckes und damit stärkere Erniedrigung der Polymerisationsgeschwindigkeit entgegen den Erwartungen vermehrt ataktisches Polymeres liefert. Gleichzeitig sind die Molekulargewichte geringer.

Auch erhöhte Konzentration von Aluminiumverbindung vermehrt den ataktischen Anteil und erniedrigt das Molekulargewicht[2-4]. Dies deutet auf einen Übertragungsvorgang, der die Stereoregularität insgesamt herabsetzt, und zwar mit einer Geschwindigkeit, die unabhängig vom Monomerdruck ist (das heißt bei langsamerem Wachstum infolge verringertem Monomerdruck stärker ins Gewicht fällt). Wenn nun umgekehrt bei lang anhaltendem Kettenwachstum insgesamt die sterisch regelmäßigen Anteile größer werden[5], so läßt das den Schluß zu, daß regelmäßige Polymere „ihre" aktiven Zentren stabilisieren und dadurch Kettenabbruch beziehungsweise -übertragungen seltener werden lassen. Allerdings gehört zu dieser Schlußfolgerung noch die Voraussetzung, daß bei jeder Übertragungsreaktion eine gewisse Wahrscheinlichkeit sowohl für den Beginn eines regelmäßigen als auch eines unregelmäßigen Wachstums besteht.

[1] NATTA, G., L. PORRI u. A. CARBONARO: Makromol. Chem. **77**, 126 (1964).

[2] Für Polypropylen s. z. B. NATTA, G.: Rend. Accad. Naz. Lincei (8) **24**, 246 (1958).

[3] NATTA, G., u. I. PASQUON: Rend. Accad. Naz. Lincei (8) **26**, 617 (1959).

[4] NATTA, G., I. PASQUON u. E. GIACHETTI: Makromol. Chem. **24**, 258 (1957).

[5] Siehe auch BIER, G., A. GUMBOLDT u. G. SCHLEITZER: Makromol. Chem. **58**, 43 (1962).

Man kann darin auch wieder ein Argument dafür sehen, daß die gleichen aktiven Zentren stereospezifisch und unspezifisch wirken können. Man überblickt aber nicht, wie die Kettenübertragungen im einzelnen vor sich gehen und kann deshalb nicht wissen, ob die gleichen Zentren wieder entstanden sind. Ähnlich unentschieden bleibt diese Frage, wenn man die Auswirkung des Zusatzes von Elektronendonatoren zu Ziegler-Systemen auf die Stereospezifität betrachtet[1]. Es ist sowohl möglich, daß diese Verbindungen unstereospezifische Zentren blockieren, lediglich die Stereospezifität gleichgearteter aktiver Zentren unterstützen als auch Einfluß auf die metallorganischen Verbindungen und damit auf die Beschaffenheit der aktiven Zentren nehmen. Wiederum ist es die Vielfalt der Parameter, die es notwendig erscheinen lassen, allen Möglichkeiten einen Platz einzuräumen, wobei wieder eine Accentverschiebung im Einfluß der einzelnen Erscheinungen von Fall zu Fall anzunehmen ist.

Nun noch ein Wort zur *Einheitlichkeit im Molekulargewicht*. Die mit Ziegler-Katalysatoren hergestellten Polymere sind fast stets im Molekulargewicht sehr uneinheitlich, weil der Kettenstart für die einzelnen Moleküle nicht gleichzeitig stattfindet[2]. Weiterhin ist die Wachstumsgeschwindigkeit nicht für alle Polymermoleküle gleich, zumindest nicht für sterisch regelmäßige gegenüber unregelmäßigen. Schließlich sind die aktiven Zentren häufig unterschiedlich stabil[3]. Die Einheitlichkeit im Molekulargewicht ist von der Katalysatorkonzentration, dem Verhältnis der Komponenten des Katalysators[4], wie auch von der Temperatur, von der Polymerisationszeit und den Verunreinigungen abhängig, weil eben damit die Häufigkeit von statistisch verlaufenden Abbruch- und Übertragungsreaktionen verbunden ist.

Solche statistischen Kettenübertragungen verhindern allerdings nicht nur eine enge Molekulargewichtsverteilung, sondern sie wirken auch wieder etwas ausgleichend, da sie extremen Molekulargewichten entgegenstehen.

Sind die Molekulargewichtsverteilungen im allgemeinen sehr breit, so können bei guter Übereinstimmung und gleichzeitiger Entwicklung der aktiven Zentren sowie bei Polymerisation mit löslichen Katalysatoren und womöglich auch sich lösendem Polymerem aber engere Molekulargewichtsverteilungen erhalten werden; insbesondere gilt das, wenn die aktiven Zentren stabil sind und Übertragungsreaktionen unterdrückt werden können. Tatsächlich kommt es sehr auf die Wahl der Katalysator-Komponenten, sowohl der Metalle, als auch der Substituenten, sowie der Methodik

---

[1] Siehe z. B. S. 174.

[2] Siehe nähere Erläuterungen S. 103.

[3] Nach FELDMAN, C. F., u. E. PERRY: J. Polymer Sci. **46**, 217 (1960), sind auch bei der Polymerisation von Äthylen mit einem aus $Al(i\text{-}C_4H_9)_3/TiCl_4$ hergestellten Katalysator die aktiven Zentren um so stabiler, je länger die daran wachsenden Polymerketten bereits sind.

[4] CHIEN, J. C. W.: J. Polymer Sci. A **1**, 1839 (1963).

der Katalysator-Herstellung an. Allerdings sind all diese Einflüsse bisher nur empirisch faßbar. Der Vorteil der löslichen Katalysatoren liegt sicherlich darin, daß sie naturgemäß besser definiert sind.

Es wurden auch Versuche unternommen, die Ursachen breiter Molekulargewichtsverteilungen ausschließlich der Unlöslichkeit entsprechender Katalysatoren zuzuschreiben[1]. Danach soll das wachsende Polymere nicht nur chemisch am aktiven Polymerende, sondern auch physikalisch an verschiedenen Punkten der Polymerkette an den Katalysatorkristall gebunden sein. Diese Bindungen sollen sich mit der Zeit lösen und wieder herstellen. Wären sie gerade alle gelöst, so träte eine Abdiffusion des Polymeren vom Katalysator ein und das Wachstum der betreffenden Kette sei beendet. Unterschiedlichkeit der aktiven Zentren wird zugelassen, sie spiele aber keine Rolle, weil das wachsende Polymerende beim Lösen und Wiederanknüpfen sie abwechselnd alle zur Weiterpolymerisation benutze. Natürlich erklärt eine solche Betrachtungsweise breite Molekulargewichtsverteilungen, bringt aber im übrigen sehr große theoretische Schwierigkeiten ein.

3A.132 Verschiedene Polymere im einzelnen

Polyäthylen[2]

Mit Ziegler-Katalysatoren hergestelltem Polyäthylen kommt meistens hohe *Linearität* zu, das heißt im allgemeinen wird nur eine geringe Verzweigung gefunden. Bei hohen Al/Ti^{IV}-Molverhältnissen treten allerdings starke Verzweigungen oder selbst Vernetzungen auf[3]. Polymerisationen zwischen —75 und 55 °C mit Systemen aus lithiumorganischen Verbindungen und $TiCl_4$ führten zu Methylgruppengehalten von nur 0,3 bis 0,5 %[4].

Lösliche Katalysatoren sind offenbar hier besonders günstig: Das System Triäthylaluminium/Bis-cyclopentadienyl-titandichlorid erlaubt die Synthese von sehr weitgehend linearem Polyäthylen (jedoch von geringem Molekulargewicht)[5]. Ebenfalls sehr weitgehend lineares Polymeres erhält man unter Verwendung von $AlBr_3$, $Sn(C_6H_5)_4$ und etwas Vanadin(IV)-halogenid (das im Gemisch zur zweiwertigen Stufe des Vanadins reduziert wird)[6].

Die *Endgruppen* sollen im letzteren Fall *einheitlich* je eine Phenyl- und eine Vinylgruppe sein. Nach den Vorstellungen der Autoren bildet sich als

---

[1] Gordon, M., u. R.-J. Roe: Polymer **2**, 41 (1961).

[2] Vgl. S. 75 (radikalische Polymerisation); S. 219 (Polymerisation mit heterogenen Katalysatoren); s. Rezepturen Nr. 27 S. 344 und Nr. 28 S. 345; Patente S. 384.

[3] Orzechowski, A.: J. Polymer Sci. **34**, 65 (1959).

[4] Kocheshkov, K. A., V. A. Kargin, O. A. Paljev, T. V. Talalajeva u. T. I. Sogolova: J. Polymer Sci. **34**, 121 (1959).

[5] Natta, G., P. Pino, G. Mazzanti, U. Giannini, E. Mantica u. M. Peraldo: J. Polymer Sci. **26**, 120 (1957).

[6] Phillips, G. W., u. W. L. Carrick: J. Polymer Sci. **59**, 401 (1962).

eigentlicher Katalysator zunächst $(C_6H_5)_3VCl$ (der allerdings nochmals komplex gebunden ist), bei dem sich das Äthylen zwischen Phenylrest und das Vanadinatom einschiebt. Als Abbruchreaktion soll das Polymerion vom Vanadin zum Aluminium wandern. Durch den Zerfall dieser Bindung soll dann die Vinylgruppe entstehen.

Eindeutig bilden jedenfalls stets Alkyl- oder Arylgruppen, die aus den Katalysatorkomponenten stammen, eine der beiden Endgruppen eines linearen Polyäthylens[1,2]. Dergleichen gilt für die eigentlichen (unlöslichen) Ziegler-Katalysatoren wie auch für lösliche.

Problematischer ist allgemein die zweite Endgruppe, da Abbruch- und Übertragungsreaktionen stark vom Katalysator, von der Temperatur usw. abhängen, wie bereits dargelegt wurde[3]. Soweit Polymer/Metall-Bindungen erhalten sind, besteht die Möglichkeit, durch Zugabe von diese Bindung zersetzenden Stoffen einheitliche Endgruppen auch an dieser Stelle der Polyäthylenketten herzustellen.

Die Polymerisationsgeschwindigkeit von Äthylen mit $AlR_3/TiCl_4$-Systemen als Katalysatoren ist 1. oder 2. Ordnung bezüglich Monomerem, abhängig vom Bereich des Äthylendruckes[4].

Mit einem gealterten $Al(C_2H_5)_2Cl/TiCl_4$-Katalysator ergab sich ebenfalls die 2. Ordnung bezüglich Monomerem[5]. Der Autor führt das auf eine bimolekulare Abbruchreaktion zwischen den aktiven Zentren zurück. Die Druckabhängigkeit der Polymerisationsgeschwindigkeit sowie den mit abnehmendem Äthylenpartialdruck zunehmenden Methylgehalt erklärt er damit, daß eine geschwindigkeitskontrollierende Adsorption von Monomerem und Desorption von Polymerem am Katalysator vorliegt, während das Kettenwachstum sehr schnell verläuft. Die desorbierten Polymere wirken als Comonomere, soweit sie Vinylendgruppen haben, und sind die Ursache für die gemessenen Methylgruppen (als Endgruppen der Verzweigungen).

Man kann bei der Polymerisation von Äthylen nicht erkennen, wie das Kettenwachstum im einzelnen geschieht, das heißt ob das Monomere über eine „cis"- oder „trans"-Öffnung der Doppelbindung[6] oder willkürlich nach beiden Möglichkeiten eingebaut wird. Teilweise Substitution der H-Atome durch Deuterium gibt aber eine gewisse Chance, die Regelmäßigkeit des Polymerisationsmechanismus auch beim Polyäthylen an etwaigen regelmäßigen Konfigurationen zu prüfen[7]. So wurden trans- und cis-1,2-Dideu-

---

[1] NATTA, G.: Makromol. Chem. **16**, 213 (1955).
[2] NATTA, G., P. PINO, G. MAZZANTI, U. GIANNINI, E. MANTICA u. M. PERALDO: J. Polymer Sci. **26**, 120 (1957) und viele andere Arbeiten, s. auch S. 46.
[3] Siehe S. 169 u. S. 51.
[4] SCHINDLER, A.: J. Polymer Sci. C **4**, 81 (1963).
[5] SCHINDLER, A.: Makromol. Chem. **70**, 94 (1964).
[6] NATTA, G.: J. Polymer Sci. **48**, 219 (1960).
[7] IKEDA, S., A. YAMAMOTO u. H. TANAKA: J. Polymer Sci. A **1**, 2925 (1963).

teroäthylen mit dem System $Al(C_2H_5)_3/TiCl_4$ (im Molverhältnis $Al/Ti = 2,3$) in Kohlenwasserstoffen polymerisiert. Die Infrarotspektren der beiden Polymere wiesen charakteristische Unterschiede auf, während die Röntgenbeugungsdiagramme dem des normalen Polyäthylens nahezu gleich waren. Daraus kann zunächst auf einen einheitlichen Öffnungsmechanismus der Äthylen-Doppelbindung geschlossen werden.

Die Berechnung der Normalschwingungsfrequenzen sowohl der erythro- als auch der threo-diisotaktischen Struktur eines solchen Polymeren und der Vergleich der berechneten mit den beobachteten Frequenzen ergaben folgendes[1]: Das Poly-trans-1,2-dideuteroäthylen besteht hauptsächlich aus threo-diisotaktischen und disyndiotaktischen Anteilen, dagegen das Polymere des cis-Monomeren hauptsächlich aus erythro-diisotaktischen und disyndiotaktischen Anteilen. Damit wäre die cis-Öffnung der Doppelbindung bei der Polymerisation bevorzugt.

Bei heterogenen Ziegler-Katalysatoren hängt die Breite der *Molekulargewichts*verteilung offenbar vor allem vom Katalysator selbst ab[2]. So konnte eine etwas engere Verteilung ($\overline{M}_w/\overline{M}_n = 3$ bis 5) dadurch erzielt werden, daß im System $AlRX_2/TiCl_3/$überschüssiges TiX_4 die Substituenten X nur teilweise als Halogen, im übrigen als Alkoxy- und Aroxygruppen eingeführt wurden[3].

Ebenfalls von Bedeutung für die Molekulargewichtsverteilung scheint es zu sein, ob der Katalysator heterogen oder homogen vorliegt. So ergab die Untersuchung von Polyäthylenen, die mit dem löslichen Katalysatorkomplex $(CH_3)_2AlCl/(C_5H_5)_2TiCl_2$ hergestellt wurden, Werte für $\overline{M}_w/\overline{M}_n$ zwischen 2 und 5[4]. Dabei verändert sich die Uneinheitlichkeit im Molekulargewicht mit Fortschreiten der Polymerisation stark, indem sie zunächst abnimmt, dann aber wieder zunimmt. Mit steigender Polymerisationstemperatur fällt $\overline{M}_w/\overline{M}_n$ ab, hohe Katalysatorkonzentration ergibt breite Verteilung, höheres Al/Ti-Verhältnis dagegen engere. Es stellt sich die Frage, inwieweit dieses Verhalten auch bei heterogenen Katalysatoren zu finden ist. Das andere bereits mehrfach erwähnte lösliche System mit den Metallen Vanadin, Zinn und Aluminium[5] führt bei 65 °C zu Polyäthylen mit ungewöhnlich enger Verteilung: $\overline{M}_w/\overline{M}_n = 1,5$[6].

[1] TASUMI, M., T. SHIMANOUCHI, T. TANAKA u. S. IKEDA: J. Polymer Sci. A 2, 1607 (1964). Wird als Katalysator das System $Al(i\text{-}C_4H_9)_3/TiCl_4$ verwendet, so findet ein gewisser H/D-Austausch am Polymeren statt. Die Autoren weisen auf die Nützlichkeit der Berechnung von Normalschwingungen zur Aufklärung nicht nur von Konformationen, sondern auch – wie hier – von Konfigurationen hin.

[2] Vgl. z. B. GRIEVESON, B. M.: Makromol. Chem. 84, 93 (1965).

[3] WESSLAU, H.: Makromol. Chem. 26, 102 (1958).

[4] CHIEN, J. C. W.: J. Polymer Sci. A 1, 1839 (1963).

[5] Siehe z. B. S. 54.

[6] CARRICK, W. L., R. W. KLUIBER, E. F. BONNER, L. H. WARTMAN, F. M. RUGG u. J. J. SMITH: J. Am. Chem. Soc. 82, 3883 (1960).

Polypropylen[1]

Propylen ist in der Reihe der monoalkylsubstituierten Äthylene der einfachste Kohlenwasserstoff, weshalb seine Polymere in bezug auf regelmäßige Mikrostruktur bereits sehr eingehend untersucht wurden. Bisher hat sich gezeigt, daß man überwiegend auf heterogene kristalline Ziegler-Natta-Katalysatoren angewiesen ist, wenn man weitgehend *isotaktisches* Polypropylen herstellen will. Es führen auch Systeme aus einer metallorganischen und einer Übergangsmetall-Komponente, die für sich nicht stereospezifisch polymerisieren, nach Adsorption an eine kristalline Phase zum Beispiel zu isotaktischem Polymeren, dagegen nur geringfügig nach Adsorption an eine amorphe Phase[2,3]. In der Regel sind die Übergangsmetallverbindungen selbst kristallin. Dabei kommt es nicht nur auf den Verbindungstyp, sondern auch auf die Kristallmodifikation und auf die Teilchengröße an. Die ein Schichtgitter aufweisende violette α-Modifikation des $TiCl_3$ ist dabei günstiger als die braune β-Modifikation, die kein Schichtgitter besitzt. (Ähnlich wie die α-Form verhalten sich auch die γ- und δ-Formen.) Die Tabelle 11 gibt darüber Aufschluß.

Tabelle 11. *Polymerisation von Propylen bei 70—80 °C in n-Heptan. Katalytische Systeme: Titanverbindung* $+ Al(C_2H_5)_3$[4]

Titanverbindung	% sterisch regelmäßiges Polypropylen (nicht extrahierbar in siedendem n-Heptan)
α-$TiCl_3$	80—90
β-$TiCl_3$	40—50
$Ti(OC_3H_7)_4$	(Spuren)
$Ti(OC_3H_7)_4$ auf SiO_2—Al_2O_3	0—10
$Ti(OC_3H_7)_4$ auf $CoCl_2$	35—45

Weiterhin ergeben zum Beispiel Katalysatoren aus $Al(C_2H_5)_2Cl/VCl_4$, die bei der Vereinigung ihrer Komponenten nichtkristalline, in Kohlenwasserstoffen lösliche Niederschläge (Gemische von Verbindungen des Vanadiums mit verschiedenen Wertigkeiten) bilden, kein kristallisierbares

---

[1] Vgl. S. 220 (Polymerisation mit heterogenen Katalysatoren); s. Rezeptur Nr. 29 und Nr. 30 S. 345; Patente S. 386.

[2] NATTA, G., P. PINO, G. MAZZANTI u. P. LONGI: Gazz. chim. ital. **87**, 570 (1957).

[3] In diesem Zusammenhang ist auch eine jüngste Veröffentlichung interessant, nach der wasserfreie Salze ($CoCl_2$, $MgCl_2$ usw.) mit Titan-, Vanadin- und Zirkonfilmen überzogen wurden. Durch Zugabe von Alkylaluminiumverbindungen entstanden Katalysatoren zur Herstellung von weitgehend isotaktischem Polypropylen: SHORT, G. A., u. E. C. SHOKAL: J. Polymer Sci. B **3**, 859 (1965); s. auch HEWETT, W. A.: B **3**, 855 (1965).

[4] Nach NATTA, G.: J. Polymer Sci. **34**, 21 (1959).

Polypropylen[1]. Dagegen stellen die kristallinen, in Kohlenwasserstoffen unlöslichen VCl_3 und $TiCl_3$ zusammen mit $Al(C_2H_5)_3$ oder $Al(C_2H_5)_2Cl$ Systeme dar, die nicht nur sehr stabil sind, sondern auch weitgehend stereospezifisch polymerisieren[2]. Die nicht extrahierbaren, weitgehend kristallinen Polypropylen-Anteile, die zwischen 30 und 90 °C Polymerisationstemperatur (unter im übrigen konstanten Bedingungen) entstehen, sind nur wenig verschieden voneinander, nehmen jedoch im Molekulargewicht ab, je höher die Polymerisationstemperatur ist[3].

Nicht nur die Übergangsmetallverbindung ist von Bedeutung für die Stereospezifität des Katalysators, sondern auch dessen metallorganische Komponente. So erhält man höhere isotaktische Anteile, wenn $Al(C_2H_5)_2Cl$ oder $Al(C_2H_5)_2Br$ statt $Al(C_2H_5)_3$ mit violettem $TiCl_3$ zusammengegeben werden[4]. Noch günstiger ist die Verwendung von $Al(C_2H_5)_2J$ [5]. Bei der Kombination mit VCl_3 ist umgekehrt $Al(C_2H_5)_3$ besser als $Al(C_2H_5)_2Cl$. Unwirksam sind zunächst $Al(C_2H_5)Cl_2$ und $Al(C_2H_5)Br_2$ zusammen mit violettem $TiCl_3$; es läßt sich daraus aber durch Zusatz von Hexamethylphosphoramid, Triphenylphosphin, Amiden, Aminen und Äthern, also Elektronendonatoren, ein (außer für Propylen auch für höhere α-Olefine) hochstereospezifisches System herstellen[4]. Die Autoren nehmen an, daß die Elektronendonatoren (D) das $Al(C_2H_5)X_2$ zu einer Disproportionierung (Dismutation) in Tri- und Monohalogenid veranlassen, wobei letzteres zusammen mit dem $TiCl_3$ stereospezifisch wirkt[6,7]:

$$2\,(AlRX_2)_2 + 2\,D \;\rightleftharpoons\; 2\,(AlX_3 \cdot D) + (AlXR_2)_2 \,.$$

Es handelt sich dabei um Dismutationsgleichgewichte.

Nun sind in der folgenden Tabelle 12 Ergebnisse wiedergegeben, die mit Mischungen des Mono- und des Dichlorids erhalten wurden. Man erkennt, daß steigender Anteil von Monochlorid zu größeren Polymerisationsgeschwindigkeiten führt bei etwa gleicher Stereospezifität.

[1] BIER, G., A. GUMBOLDT u. G. SCHLEITZER: Makromol. Chem. 58, 43 (1962).

[2] NATTA, G., G. MAZZANTI, D. DE LUCA, U. GIANNINI u. F. BANDINI: Makromol. Chem. 76, 54 (1964).

[3] Von isotaktischem Polypropylen sind drei Kristallmodifikationen bekannt: die monokline α-, die hexagonale β- und die der α-Form ähnliche γ-Form, s. ADDINK, E. J., u. J. BEINTEMA: Polymer 2, 185 (1961); JONES, A. T., J. M. AIZLEWOOD u. D. R. BECKETT: Makromol. Chem. 75, 134 (1964); AWAYA, H.: J. Polymer Sci. B 4, 127 (1966).

[4] NATTA, G., I. PASQUON, A. ZAMBELLI u. G. GATTI: J. Polymer Sci. 51, 387 (1961).

[5] NATTA, G., I. PASQUON, A. ZAMBELLI u. G. GATTI: Makromol. Chem. 70, 191 (1964).

[6] ZAMBELLI, A., J. DI PIETRO u. G. GATTI: J. Polymer Sci. A 1, 403 (1963).

[7] Diese Art der Deutung wird von McCONNELL, R. L., M. A. McCALL, G. O. CASH JR., F. B. JOYNER u. H. W. COOVER JR.: J. Polymer Sci. A 3, 2135 (1965), abgelehnt.

Tabelle 12. *Propylen-Polymerisation zu isotaktischem Polymeren mit* $Al(C_2H_5)Cl_2/Al(C_2H_5)_2$
$Cl/\delta\text{-}TiCl_3$ [*][1]

$Al(C_2H_5)Cl_2$ mMole	$Al(C_2H_5)_2Cl$ mMole	$\dfrac{Al(C_2H_5)_2Cl}{Al(C_2H_5)Cl_2}$	Polymer-Ausbeute		$[\eta]$ [**] (100 ml/g)
			(g)	% Unlösliches in siedendem n-Heptan	
0	15,56	∞	128,0	97	6,8
7,78	15,56	2	34,4	97,5	5,3
15,56	23,34	1,5	18,7	97	5,2
15,56	15,56	1	11,2	96	4,2
23,34	15,56	0,66	6,6	92	4,3
15,56	7,78	0,5	5,1	89	3,5
15,56	0	0	0	—	—

[*] δ-TiCl$_3$: 7,78 mMol, n-Heptan: 200 ml, Druck: 5 Atm, t = 50 °C, Zeit: 5 Stunden.
[**] gemessen in Tetrahydronaphthalin bei 135 °C.

Wenn die Zusätze von Lewis-Basen die angeführten Dismutationsgleichgewichte beeinflussen, sollte durch sie ebenfalls nur die Aktivität,
nicht aber die Stereospezifität verändert werden. Tatsächlich ist dies auch
der Fall, wie aus den Tabellen 13 und 14 hervorgeht[1,2].

Tabelle 13. *Propylen-Polymerisation zu isotaktischem Polymerem mit* $Al(C_2H_5)Cl_2/$
Hexamethylphosphoramid (HMPA)/δ-TiCl$_3$ [*][1]

$Al(C_2H_5)Cl_2$ (mMole)	HMPA (m Mole)	HMPA/Al	Polymer-Ausbeute		$[\eta]$ [**] (100 ml/g)
			(g)	% Unlösliches in siedendem n-Heptan	
15,56	0	0	∼0	—	—
15,56	3,89	0,25	13,0	97	8,5
15,56	7,78	0,50	47,0	98	5,9
15,56	10,0	0,65	15,8	98	6,2
15,56	15,56	1,0	∼0	—	—
$Al(C_2H_5)_2Cl$					
15,56	0	0	128,0	97	6,8

[*] δ-TiCl$_3$: 7,78 mMole, n-Heptan: 200 ml., Druck: 5 Atm, t = 50 °C, Zeit: 5 Stunden.
[**] gemessen in Tetralin bei 135 °C.

[1] Natta, G., A. Zambelli, I. Pasquon, G. Gatti u. D. De Luca: Makromol. Chem.
70, 206 (1964).
[2] Vgl. Coover jr., H. W., u. F. B. Joyner: J. Polymer Sci. A **3**, 2407 (1965).

Tabelle 14. *Stereospezifität der katalytischen Systeme $Al(C_2H_5)Cl_2$/Lewis-Base/violettes $TiCl_3$*[1]

Lewis-Base	Lewis-Base/Al (Mole)	% Unlösliches in siedendem n-Heptan
HMPA	0,5	94—95
Pyridin	0,5	94—95
Pyridin	1	keine Polymerisation
Methylal	$^1/_3$	94—95
Äthyläther	0,5	94—95
Anisol	1	94—95
Anisol	1,25	94—95

* Die Ergebnisse stellen Durchschnittswerte von Polymerisationen bei 70 °C, Drucke von 4 bis 6 Atm., dar. Verwendung fanden α-, γ- oder δ-$TiCl_3$ entweder rein oder mit $AlCl_3$ in fester Lösung.

Nur wenn die Lewis-Base zu stark ist und in zu großer Menge eingesetzt wird, komplexiert sie auch das $Al(C_2H_5)_2Cl$ und hindert es an der Bildung eines aktiven, stereospezifischen Katalysators (Tabelle 15). Mit Trialkylaminen findet keine Polymerisation mehr statt.

Tabelle 15. *Propylen-Polymerisation zu isotaktischem Polymeren mit $Al(C_2H_5)_2Cl$/Lewis-Base/violettes $TiCl_3$* *

Lewis-Base	Lewis-Base/Al	Polymer-Ausbeute (g)	% Unlösliches in n-Heptan
Ohne	—	9,8	94
Pyridin	1	~0	—
Pyridin	$^1/_2$	6,7	89
Pyridin	$^1/_3$	3,6	90
Trimethylamin	1	~0	—
Triäthylamin	1	~0	—
Isopropyläther	1	1,5	94
Anisol	1	4,9	81

* $TiCl_3$: 0,5 g, $Al(C_2H_5)_2Cl$: $7 \cdot 10^{-3}$ Mol, Toluol: 200 ml, t = 70 °C, Druck: 2000 mm Hg, Zeit: 1 Stunde.

Eine weitere, noch eingehendere Untersuchung war dem $[Al(C_2H_5)_2X]_2$, wieder zusammen mit violettem $TiCl_3$, gewidmet, indem X (siehe unten) variiert und Aktivität wie auch Stereospezifität erneut bei Zusatz von Lewis-Basen nachgeprüft wurden[2]. Die Autoren gingen von der Vorstellung aus, daß nur die Monomerformen der aluminiumorganischen Verbindungen aktive Zentren bilden können. Je stärker dieselben assoziiert sind, desto

[1] NATTA, G., A. ZAMBELLI, I. PASQUON, G. GATTI u. D. DE LUCA: Makromol. Chem 70, 206 (1964).

[2] PASQUON, I., A. ZAMBELLI u. G. GATTI: Makromol. Chem. 61, 116 (1963).

schwächer sei also auch ihre Wirksamkeit. Nun nimmt die Assoziations-neigung dieser Verbindungen in der nachfolgenden Reihenfolge möglicher Substituenten X zu:

$$X = C_2H_5, \ I < Br < Cl < F, \ SeC_6H_5 < SC_6H_5 < OC_6H_5 < NC_5H_{10}$$

Verbindungen mit Substituenten links von SeC_6H_5 sind schwach genug assoziiert, um zum Beispiel mit Trimethylamin aufgespalten und damit wirksam zu werden (Tabelle 16).

Tabelle 16. *Polymerisation von Propylen mit dem System* $Al(C_2H_5)_2X/violettes\ TiCl_3$*[1]

X	mittlere Polymerisations-geschwindigkeit (g Polymeres/h)	% Unlösliches in n-Heptan	Stabilität des $(Al(C_2H_5)_2X)_n$ gegenüber $N(CH_3)_3$
C_2H_5 **	33	83	zersetzt
F **	10	83	zersetzt
Cl **	11	93	zersetzt
Br **	11	95	zersetzt
J **	3	98	zersetzt
OC_6H_5	~0	—	nicht zersetzt
SC_6H_5	0,08	95	zersetzt
SeC_6H_5	0,4	94	zersetzt
NC_5H_{10}	~0	—	nicht zersetzt

* $p_{C_3H_6} = 2000$ mm Hg, t: 70 °C, Al/Ti = 1,5—2, $TiCl_3$ = 4 g/l, Verdünnungs-mittel: Toluol, Polymerisationsdauer: 3 Stunden.
** das $TiCl_3$ enthält noch 4,6% Al als $AlCl_3$ in fester Lösung.

Ähnliches gilt auch für Komplexe wie $KCl \cdot Al(C_2H_5)_3$, $NaF \cdot Al(C_2H_5)_3$ usw., die erst nach Zusatz von Diäthyläther oder Trimethylamin aktiv wer-den. Allerdings werden solche Gegebenheiten auch noch anders gedeutet. So wurde von dem System $Zn(C_2H_5)_2/TiCl_3$ (großes Zn/Ti-Molverhältnis) ausgegangen, dem Amine mit verschiedenen Substituenten zugesetzt wur-den[2]. Nun bildet $Zn(C_2H_5)_2$ keinen Komplex mit Aminen, die deshalb am Titan (beziehungsweise am Katalysator-Komplex) Einfluß nehmen sollten.

Der erste Zusatz eines Amins, zum Beispiel $(C_2H_5)_3N$, führt zu einem starken Abfall der katalytischen Aktivität und einem starken Anstieg der Stereospezifität[3]. Weiterer Aminzusatz steigert dann wieder die Aktivität bei ungefähr gleicher Stereospezifität. Durch überschüssiges Amin nimmt die Aktivität erneut ab[4].

---

[1] PASQUON, I., A. ZAMBELLI u. G. GATTI: Makromol. Chem. **61**, 116 (1963).
[2] BOOR JR., J.: J. Polymer Sci. **62**, S 45 (1962).
[3] BOOR JR., J.: J. Polymer Sci. C **1**, 257 (1963).
[4] Analoge Untersuchungen mit einer großen Anzahl von Elektronendonatoren: Azulene, ungesättigte Verbindungen, Aromaten, substituierte Pyridine und Chinoline, Cyclopentadienylverbindungen von Vanadin, Chrom, Nickel, Kobalt u. a. zeigten ver-gleichbare Ergebnisse: BOOR JR., J.: J. Polymer Sci. A **3**, 995 (1965).

Die Befunde sind also teilweise dieselben wie bei den Katalysatoren mit aluminiumorganischen Verbindungen. Der Autor deutet dies aber in bezug auf die aktiven Zentren für unregelmäßiges und regelmäßiges Wachstum. Erstere seien die acideren und exponierteren und würden deshalb zuerst blockiert. Allerdings ergibt sich jetzt keine direkte Erklärung für die Steigerung der stereospezifischen Aktivität bei weiterem Aminzusatz.

Bei Mischkatalysatoren ebenfalls aus $TiCl_3$ verschiedener Herstellung und Aluminiumchlorid, die anfänglich also kein Alkyl enthielten, zeigte sich nun noch folgendes (Polymerisation von Propylen in Heptan, Temperatur: 50 °C): Die Polymerisation führt sehr langsam zu amorphem Polymerem; setzt man Amine zu (auch n-But$_3$P), so wird sie zwar noch langsamer (über Tage gehend), führt aber ausschließlich zu kristallinem (isotaktischem) hochmolekularem Polymerem[1]. Der Effekt ist abhängig von der Größe der Amin-Substituenten und der Basizität des Amins. Ist die Base zu schwach oder sind die Substituenten zu groß, so tritt unregelmäßige Polymerisation in den Vordergrund, starke Basen und solche mit kleinen Substituenten blockieren jedoch die Bildung von ataktischem Polymeren vollständig.

Die Metalle der metallorganischen Komponenten wirken sich ebenfalls auf die Stereospezifität eines Katalysators aus, wahrscheinlich infolge unterschiedlicher Neigung zur Komplexbildung mit dem Übergangsmetallhalogenid. So nehmen die isotaktischen Anteile bei Polypropylen ab, wenn unter gleichen Bedingungen zusammen mit $TiCl_3$ die Äthyl-Verbindungen folgender Elemente in der folgenden Reihenfolge verwendet werden: Be, Al, Mg und Zn[2,3].

Geringere Temperatur begünstigt die Stereospezifität (zum Beispiel 50 gegenüber 100 °C)[3].

Die Molverhältnisse der Komponenten wirken sich verhältnismäßig wenig auf die Stereospezifität aus. So ergab zum Beispiel die Variation des Molverhältnisses Amylnatrium/Titantetrachlorid zwischen 50 und 3 stets isotaktische Anteile von 70 bis 80%, während allerdings die Polymerisationsgeschwindigkeiten dabei sehr unterschiedlich waren[4]. Für n-Butyllithium/$TiCl_4$ ist der isotaktische Anteil bei Molverhältnissen Li/Ti von 4 bis 1,8 stets 60%, bei Li/Ti = 1 allerdings nur noch 10%; die Ausbeuten sind innerhalb der gleichen Reaktionszeit stark unterschiedlich.

---

[1] BOOR JR., J., u. E. A. YOUNGMAN: J. Polymer Sci. B 2, 265 (1964).

[2] NATTA, G.: J. Polymer Sci. 34, 21 (1959).

[3] NATTA, G., I. PASQUON, A. ZAMBELLI u. G. GATTI: J. Polymer Sci. 51, 387 (1961); Makromol. Chem. 70, 191 (1964).

[4] ZILKHA, A., N. CALDERON, A. OTTOLENGHI u. M. FRANKEL: J. Polymer Sci. 40, 149 (1959).

Zur Beantwortung der Frage, ob Propylen durch cis- oder trans-Öffnung polymerisiert, wurden Propylen-$1d_1$-cis und Propylen-$1d_1$-trans getrennt polymerisiert[1]. Die polarisierten Infrarotspektren beider Polymere sind sehr verschieden voneinander[2], es sind also Unterschiede in der Struktur der Polymere vorhanden. Aus der Übereinstimmung zwischen beobachteten und berechneten Frequenzen wird geschlossen, daß ersteres erythro-, letzteres threodiisotaktische Struktur besitzt. Dies bedeutet, daß auch das Propylen mit Ziegler-Katalysatoren – wie das Äthylen – durch cis-Öffnung polymerisiert[3].

Über die Unterschiede zwischen den aktiven Zentren, die isotaktisches oder ataktisches Polypropylen bilden, ist wenig bekannt. Bei Verwendung von $Al(C_2H_5)_2Cl$/violettes $TiCl_3$ in Heptan ist die Wachstumsreaktion von 1. Ordnung bezüglich der Monomere und der aktiven Zentren[4,5]. Die Aktivierungsenergie beträgt 13 kcal/Mol. Während bei der Polymerisation zu amorphen Polymeren eine häufige Kettenübertragung stattfindet, ist das bei der zu isotaktischen Polymeren führenden nicht der Fall. Je nach dem Katalysator-System sind die aktiven Zentren mehr oder weniger stabil. Die folgende Abb. 30 gibt das Beispiel des Systems $Al(C_2H_5)_2Cl$/VCl_3 mit (nach der Induktionsperiode) konstanter Aktivität für einen größeren Temperaturbereich wieder[6]. Dagegen nimmt die Aktivität sehr stark ab, wenn anstelle des Monochlorids das $Al(C_2H_5)_3$ verwendet wird, weil diese Verbindung das VCl_3 zu VCl_2 reduziert.

Mit Katalysatoren aus kohlenwasserstoff-löslichen Vanadium-Verbindungen (Acetylacetonate oder Vanadiumtetrachlorid) und Dialkylaluminiumchlorid erhält man bei niedrigen Temperaturen (zum Beispiel —70 °C) mehr oder weniger kristalline Polymere mit *syndiotaktischer Mikrostruktur* (Identitätsperiode: 7,4 Å mit vier Grundbausteinen)[7]. Neben einer tiefen Temperatur sind in manchen Fällen enge Molverhältnisse der Katalysatorkomponenten einzuhalten.

So gewinnt man mit dem System Aluminiumdialkylmonochlorid/Vanadiumtriacetylacetonat syndiotaktisches Polymeres nur bei einem Molverhältnis $Al/V = 5$ (Temperaturen unter 0 °C). In Kombination mit VCl_4 sind die Molverhältnisse weniger wichtig, am besten aber zwischen 3 und 10. Außerdem steigert sich die Stereospezifität beim Übergang von $Al(C_2H_5)_2Cl$ zu $Al(CH_2C(CH_3)_3)_2Cl$ oder $Al(CH_2CH(CH_3)_2)_2Cl$. ($Al(C_2H_5)_2Br$ oder $Al(C_2H_5)_2J$ sind unwirksam.)

---

[1] NATTA, G., M. FARINA u. M. PERALDO: Rend. Accad. Naz. Lincei (8) **25**, 424 (1958).

[2] PERALDO, M., u. M. FARINA: Chim. e Ind. (Mailand) **42**, 1349 (1960).

[3] MIYAZAWA, T., u. Y. IDEGUCHI: J. Polymer Sci. B **1**, 389 (1963).

[4] CHIEN, J. C. W.: J. Polymer Sci. A **1**, 425 (1963).

[5] Zur Kinetik s. auch COOVER, H. W.: J. Polymer Sci. C **4**, 1511 (1963).

[6] NATTA, G., G. MAZZANTI, D. DeLUCA, U. GIANNINI u. F. BANDINI: Makromol. Chem. **76**, 54 (1964).

[7] NATTA, G., I. PASQUON u. A. ZAMBELLI: J. Am. Chem. Soc. **84**, 1488 (1962).

Eine große Zahl von löslichen Katalysatoren wurden wieder in Gegenwart von Lewis-Basen hergestellt und auf ihre Wirksamkeit geprüft[1]. So ergab sich zum Beispiel bei dem System VCl_4/Anisol/AlR_2Cl eine Abhängigkeit der sterischen Regelmäßigkeit von der Sperrigkeit des Alkylrestes R, vom Verhältnis Al/V und V/Anisol, von der Polymerisationstemperatur und von der Polymerisationsdauer. Allerdings können aus den erhaltenen Polymeren keine höherkristallinen Anteile abgetrennt werden, so daß im Grunde keine strukturell einheitlichen Polymere vorliegen. Es wird ein anionisch-koordinativer Mechanismus angenommen.

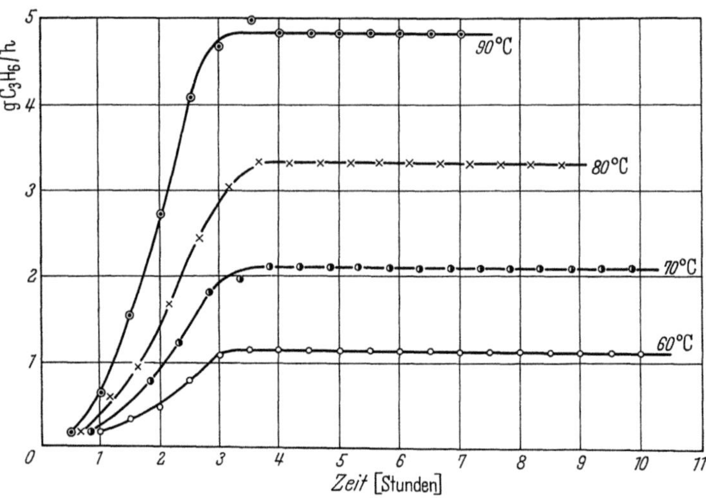

Abb. 30. Propylen-Polymerisation bei verschiedenen Temperaturen, aber konstantem Propylen-Druck mit dem System $Al(C_2H_5)_2Cl$/VCl_3. (Lösungsmittel: 200 ml n-Heptan; $Al(C_2H_5)_2Cl$: $12{,}72 \cdot 10^{-3}$ Mol; VCl_3: $3{,}18 \cdot 10^{-3}$ Mol; Propylen: 1,785 Mol/l.)[2]

Bei höheren Temperaturen (zum Beispiel 70 °C) erhält man jedoch auch syndiotaktisches Polypropylen, wenn man mit verschiedenen heterogenen Katalysatoren (auf Basis von Titanverbindungen, zum Beispiel LiC_4H_9/α-$TiCl_3$) arbeitet[3,4], und zwar in geringen Anteilen neben iso- und ataktischen Polymeren, von denen es abgetrennt werden muß[5].

[1] ZAMBELLI, A., G. NATTA u. I. PASQUON: J. Polymer Sci. C 4, 411 (1963). Siehe auch NATTA, G., A. ZAMBELLI, G. LANZI, I. PASQUON, E. R. MOGNASCHI, A. L. SEGRE u. P. CENTOLA: Makromol. Chem. 81, 161 (1964).

[2] NATTA, G., G. MAZZANTI, D. DE LUCA, U. GIANNINI u. F. BANDINI: Makromol. Chem. 76, 54 (1964).

[3] NATTA, G., I. PASQUON, P. CORRADINI, M. PERALDO, M. PEGORARO u. A. ZAMBELLI: Rend Accad. Naz. Lincei (8) 28, 539 (1960).

[4] LONGI, P., u. A. ROGGERO: Ann. Chim. 51, 1013 (1961).

[5] Siehe auch Infrarotspektren: GRANT, I. J., u. I. M. WARD: Polymer 6, 223 (1965); Kernresonanzspektren: OHNISHI, S., u. K. NUKADA: J. Polymer Sci. B 3, 1001 (1965).

Polybuten-1[1]

Das Polymere ist zu 98 % unlöslich in siedendem Äthyläther, wenn es mit $Al(C_2H_5)_2J/\gamma\text{-}TiCl_3$ bei 70 °C polymerisiert wurde[2], und weist isotaktische Mikrostruktur auf[3,4].

Die Geschwindigkeit der Polymerisation mit Aluminiumtrialkyl/Titantetrachlorid-Systemen (Alkyl = Methyl, Äthyl und Isobutyl) hat ein scharfes Maximum bei einem Molverhältnis Al/Ti = 1,5—1,7. An der gleichen Stelle sind die kristallisierbaren Anteile im Polybuten-1 am geringsten (ca. 37 % bei Alkyl = Isobutyl, 41 % bei Alkyl = Äthyl und 62 % bei Alkyl = Methyl)[5]. Der Einfluß der Temperatur auf die isotaktischen Anteile ist zwischen —20 °C und +80 °C bemerkenswert klein. Anfänglich ist die Polymerisationsgeschwindigkeit von 1. Ordnung bezüglich des Monomeren, nimmt dann aber ziemlich plötzlich stärker ab. Dabei scheinen physikalische Behinderungen eher gegeben zu sein als chemische, während der Katalysator seine Aktivität unabhängig davon lange beibehält. Mit steigendem Umsatz nehmen die ataktischen Anteile etwas zu[6,7].

Polypenten-1

Die Synthesemethode ist dieselbe wie bei Polybuten-1[8]. Man kann die Systeme $Al(C_2H_5)_3/TiCl_4$ und $Al(C_2H_5)_2Cl/\beta\text{-}TiCl_3$ durch Zusatz geringer Mengen von Diphenylamin und p-Tolylmercaptan in ihrer Aktivität steigern, während große Mengen davon den gegenteiligen Effekt haben. Das Polymere kann durch Fällfraktionierung aus Äther mit Methanol fraktioniert werden, obwohl es im Festzustand hochkristallin ist. Diese Möglichkeit ist durch die Bildung von metastabilen Lösungen in Äther (und anderen schlecht solvatisierenden Lösungsmitteln) gegeben, vermutlich wegen geringer Kristallisationsgeschwindigkeit[9].

[1] Siehe Patente S. 391.

[2] NATTA, G., I. PASQUON, A. ZAMBELLI u. G. GATTI: J. Polymer Sci. **51**, 387 (1961).

[3] NATTA, G.: Makromol. Chem. **16**, 213 (1955).

[4] Über verschiedene Kristallmodifikationen s. DANUSSO, F., G. GIANOTTI u. G. POLIZZOTTI: Makromol. Chem. **80**, 13 (1964).

[5] MEDALIA, A. I., A. ORZECHOWSKI, J. A. TRINCHERA u. J. P. MORLEY: J. Polymer Sci. **41**, 241 (1959).

[6] Thermoanalytische Untersuchungen an Polybuten-1 s. WILSKI, H., u. T. GREWER: J. Polymer Sci. C 6, 33 (1964); CLAMPITT, B. H., u. R. H. HUGHES: C 6, 43 (1964); GEACINTOV, C., R. S. SCHOTLAND u. R. B. MILES: C 6, 197 (1964); RUBIN, I. D.: A 3, 3803 (1965).

[7] Zur Umwandlung der Kristall-Modifikationen – dilatometrische Messungen: DANUSSO, F., u. G. GIANOTTI: Makromol. Chem. **88**, 149 (1965).

[8] DANUSSO, F., u. G. GIANOTTI: Makromol. Chem. **61**, 164 (1963); s. auch JONES, A., u. J. M. AIZLEWOOD: J. Polymer Sci. B 1, 471 (1963).

[9] KOROTKOV, A. A., I. S. LISHANSKII u. L. S. SEMENOVA: Vysokomol. soedin. **1**, 1821 (1959) bzw. Polymer Sci. USSR **2**, 175 (1961).

Polymere von α-Olefinen mit verzweigtem Alkyl[1]

Bei der Polymerisation des 3-Methylbuten-1 mit $Al(C_2H_5)_3/TiCl_3$ gewinnt man im Gegensatz zur kationischen Tieftemperatur-Polymerisation[2] ein normal in Kopf-Schwanz-Position 1,2-verknüpftes hochkristallines isotaktisches Polymeres[3]:

$$(-CH_2-CH-)_n$$
$$|$$
$$C$$
$$H_3C \diagup H \diagdown CH_3$$

Auch die unter vergleichbaren Bedingungen verlaufende Polymerisation von 4-Methylpenten-1 führt zu diesem Resultat[4]:

$$(-CH_2-CH-)_n$$
$$|$$
$$CH_2$$
$$|$$
$$H_3C-CH-CH_3$$

Dieselbe 1,2-Verknüpfung tritt auch bei anderen verzweigten α-Olefinen mit tertiären Kohlenstoffatomen ein. Monomere dieser Art sind optisch aktiv, wenn ihre tertiären Kohlenstoffatome asymmetrisch sind. Da bei einer 1,2-Verknüpfung kein Anlaß zu einer Racemisierung gegeben ist, sollte die Polymerisation der reinen optischen Antipoden optisch aktive Polymere ergeben.

Tatsächlich wurden von

> (S)-3-Methyl-penten-1,
> (S)-4-Methyl-hexen-1 und
> (S)-5-Methyl-hepten-1

mit dem katalytischen System $Al(i-C_4H_9)_3/TiCl_3$ bei Temperaturen unter 100 °C in Abwesenheit von Lösungsmittel Polymere mit amorphen und kristallinen Anteilen erhalten, die sämtlich optisch aktiv waren[5,6]. Wenigstens das kristalline Poly-(S)-4-methyl-hexen-1 dürfte isotaktische Mikrostruktur haben.

Eine Abhängigkeit der optischen Aktivität vom Verhältnis Monomeres/ Katalysator wurde bei Polymeren des (R)(—)-3,7-Dimethylocten-1 gefun-

---

[1] Siehe Rezeptur Nr. 31 S. 345 und Nr. 32 S. 346. Patente S. 391.

[2] Siehe S. 108.

[3] NATTA, G.: Angew. Chem. **68**, 393 (1956).

[4] WATT, W. R.: J. Polymer Sci. **45**, 509 (1960).

[5] PINO, P., G. P. LORENZI u. L. LARDICCI: J. Polymer Sci. **53**, 340 (1961); PINO, P., u. G. P. LORENZI: J. Am. Chem. Soc. **82**, 4745 (1960).

[6] Siehe auch BAILEY, W. J., u. E. T. YATES: J. Org. Chem. **25**, 1800 (1960).

den[1] (Katalysator: $LiAlH_4$, mit Monomerem umgesetzt, zusammen mit $TiCl_4$), und zwar wurde die optische Aktivität um so größer, je größer die Makromoleküle waren. Die Verfasser nehmen an, daß in Lösung ein sich schnell einstellendes dynamisches Gleichgewicht[2] verschiedener Konformationen des (wahrscheinlich isotaktischen) Polymeren besteht. Je nach Temperatur mag dann ein bestimmter Anteil einer die optische Aktivität beeinflussenden asymmetrischen Konformation eingestellt werden, wodurch reproduzierbare optische Aktivitäten resultieren.

Besonders interessant ist die Polymerisation der Monomer-Racemate. Polymere von 3-Methyl-penten-1 und 4-Methyl-hexen-1, die mit $Al(i\text{-}C_4H_9)_3/$ $TiCl_3$ aus den Racematen hergestellt worden waren, konnten durch chromatographische Trennmethoden (Verwendung von optisch aktiven Poly-α-olefinen als Adsorbentien) in Fraktionen zerlegt werden, die optische Aktivität verschiedenen Vorzeichens aufwiesen.[3] Dabei wurden Fraktionen von 30 % und mehr optischer Reinheit isoliert, das heißt, mindestens ein Teil der Polymermoleküle hatte (R)- beziehungsweise (S)-Monomere bevorzugt angelagert, obwohl das Katalysator-System ursprünglich kein Asymmetriezentrum enthielt. Es handelt sich dabei um ataktische, Stereoblock- und isotaktische Polymere.

Wie verläuft nun die Polymerisation bei asymmetrischer Induktion?

Mit Systemen aus Tris-((S)-2-methyl-butyl-)aluminium, und analogen Zn- und Li-Verbindungen mit $TiCl_3$ beziehungsweise $TiCl_4$ konnte bei der Polymerisation von racemischem 4-Methyl-hexen-1 keine Selektivität festgestellt werden[4].

Es wurde dann dasselbe an racemischen 3-Methyl-penten-1 und 3,7-Dimethyl-octen-1 untersucht[5]. Katalysator war (+)Bis-[(S)-2-methyl-butyl-]zink/$TiCl_4$.

In diesen beiden Fällen konnte eine Selektivität festgestellt werden. Sowohl die verbliebenen Monomere als auch die Polymere zeigten optische Aktivität, die bei letzteren mit steigendem Molekulargewicht ansteigt. Daraus ist zu schließen, daß mit dem verwendeten Katalysator Racemate von optisch aktiven α-Olefinen dann selektiv polymerisiert

---

[1] Goodman, M., K. J. Clark, M. A. Stake u. A. Abe: Makromol. Chem. **72**, 131 (1964).

[2] Vgl. Pino, P., F. Ciardelli, G. P. Lorenzi u. G. Montagnoli: Makromol. Chem. **61**, 207 (1963).

[3] Pino, P., F. Ciardelli, G. P. Lorenzi u. G. Natta: J. Am. Chem. Soc. **84**, 1487 (1962); Pino, P., G. Montagnoli, F. Ciardelli u. E. Benedetti: Makromol. Chem. **93**, 158 (1966).

[4] Pino, P., F. Ciardelli u. G. P. Lorenzi: J. Polymer Sci. C**4**, 21 (1963); Natta, G., I. Pasquon u. L. Giuffré: Chim. e Ind. (Mailand) **43**, 871 (1961); Natta, G., P. Pino, E. Mantica, F. Danusso, G. Mazzanti u. M. Peraldo: **38**, 124 (1956).

[5] Pino, P., F. Ciardelli u. G. P. Lorenzi: Makromol. Chem. **70**, 182 (1964).

werden, wenn die asymmetrischen C-Atome der Monomere in α-Stellung zur Doppelbindung stehen, nicht aber, wenn sie sich in β-Stellung befinden.

Polyvinylcyclopropan[1]

Vinylcyclopropan läßt sich mit Triisobutylaluminium/Titantrichlorid (4:1) in Heptan polymerisieren[2]. Bei einem Umsatz von 35 % zeigt das anfallende Polymere Röntgen-Kristallinität. Es löst sich zu über 60 % nicht in Äther und Benzol. Nach Tempern bei 200 °C ist es hochkristallin.

Polyvinylcyclobutan

Kristallines Polymeres wurde nur erhalten, nachdem das Monomere (gaschromatographisch) hochgereinigt worden war[3]. Die Polymerisation, die über mehrere Tage ging, wurde in n-Heptan bei 75 °C unter Stickstoff mit dem System Triisobutylaluminium/Titantetrachlorid (Molverhältnis 2:1,1) ausgeführt. Abgebrochen wurde mit methanolischer Salzsäure. Bei einem Umsatz von 24 % blieben 66 % des erhaltenen Polymeren bei der Benzolextraktion unlöslich. Dieser Anteil löste sich in heißem Dekahydronaphthalin, hatte einen Erweichungspunkt von 228 °C und erwies sich als hochkristallin.

Polyvinylcyclopentan

Mit Triisobutylaluminium/Titantetra- und -trichlorid-Katalysatoren konnte Vinylcyclopentan mit Umsätzen von 7—14 % polymerisiert werden[2]. Nach Ätherextraktion blieben 88 % ungelöst. Das hier Ungelöste ist jedoch benzollöslich und nach Tempern hochkristallin.

Polyvinylcyclohexan

Mit dem System Triisobutylaluminium/Titantetrachlorid wird bei 80 °C ein hochkristallines, in Äther unlösliches, in heißem Tetrahydronaphthalin lösliches Polymeres (vom Smp. 320—325 °C) erhalten, das mit hydriertem isotaktischem Polystyrol identisch ist[2,4,5]. Das isotaktische Polyvinyl-

---

[1] Siehe Rezeptur Nr. 33 S. 33.

[2] OVERBERGER, C. G., A. E. BORCHERT u. A. KATCHMAN: J. Polymer Sci. 44, 491 (1960).

[3] OVERBERGER, C. G., H. KAYE u. G. WALSH: J. Polymer Sci. A 2, 755 (1964). Die Ansätze wurden im kleinen Maßstab (~0,5 g) gehalten.

[4] MUSHINA, E. A., A. I. PERELMAN, A. V. TOPCHIEV u. B. A. KRENTSEL: J. Polymer Sci. 52, 199 (1961).

[5] Siehe auch Polymerisation des 2-, 3- und 4-Methylvinylcyclohexans zu teilweise kristallinen Produkten: OVERBERGER, C. G., u. J. E. MULVANEY: J. Am. Chem. Soc. 81, 4697 (1959).

cyclohexan bildet im kristallinen Zustand eine vierfache Helix mit einer Identitätsperiode entlang der Faser-Achse von 6,5 Å[1, 2].

Polyvinylcycloheptan

Mehrtägige Polymerisation von Vinylcycloheptan bei 72 °C in n-Heptan als Lösungsmittel mit dem katalytischen System Triisobutylaluminium/Titantetrachlorid im Molverhältnis 4,1 : 2,8 ergab bei einem Umsatz von 9,8 % einen ätherunlöslichen, hochkristallinen Anteil von 59 % des Gesamt-Polymerisats[3]. Er schmilzt oberhalb 300 °C.

Polymere des Cyclobutens

Während Cyclopropen bereits bei —80 °C spontan polymerisiert[4], ist das Cyclobuten verhältnismäßig stabil und einer geregelten Polymerisation zugänglich. Grundsätzlich kann Cyclobuten auf zwei Wegen polymerisieren[5]: unter Öffnung der Doppelbindung oder des aliphatischen Ringes.

Bei Öffnung der Doppelbindungen erhält man Polycyclobuten (Polycyclobutyl-enamer). Dabei können regelmäßige Konfigurationen auftreten, wie sie in Abb. 31 dargestellt sind.

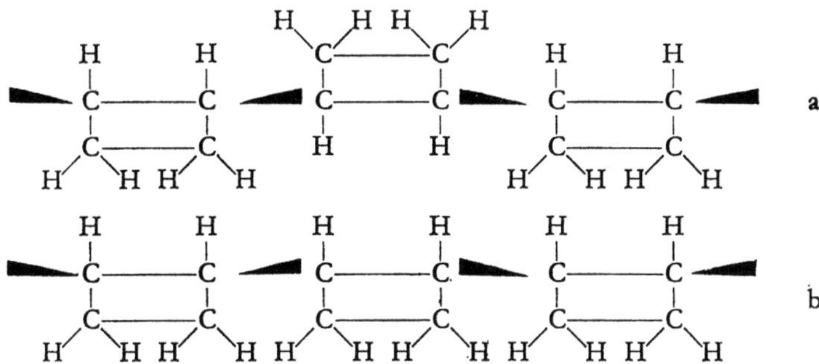

Abb. 31. Konfigurationen von regelmäßig verknüpftem Polycyclobuten; a erythro-diisotaktische; b erythro-disyndiotaktische Anordnung

Öffnet sich jedoch der Ring des Monomermoleküls, so entsteht Polybutadien (Polybutenamer) als cis-1,4- oder trans-1,4-Polymeres.

[1] NATTA, G., P. CORRADINI u. I. W. BASSI: Makromol. Chem. 33, 247 (1959).

[2] KENNEDY, J. P., J. J. ELLIOTT u. W. NAEGELE: J. Polymer Sci. A 2, 5029 (1964); bei kationischer Polymerisation findet Hydridionenverschiebung statt.

[3] OVERBERGER, C. G., H. KAYE u. G. WALSH: J. Polymer Sci. A 2, 755 (1964); Mengen unter 1 g, Abbruch der Polymerisation mit methanolischer Salzsäure.

[4] WIBERG, K. B., u. W. J. BARTLEY: J. Am. Chem. Soc. 82, 6375 (1960).

[5] NATTA, G., G. DALL'ASTA, G. MAZZANTI u. G. MOTRONI: Makromol. Chem. 69, 163 (1963); DALL'ASTA, G., G. MAZZANTI, G. NATTA u. L. PORRI: 56, 224 (1962).

Tabelle 17. *Anionisch-koordinative Polymerisation von Cyclobuten* [*1]

Katalytisches System				Lösungs-mittel	Tempe-ratur °C	Erhaltenes Polymeres			
						Umsatz %	%-Gehalt Grundbausteine im Sinne von		
Übergangs-metall I	Metallorganische Komponente II	Molver-hältnis II/I	Molver-hältnis Mono-meres/I				Poly-cyclo-butyl-enamer	cis-Poly-buten-amer	trans-Poly-buten-amer
YCl_3	$Al(C_2H_5)_3$	5	7	Toluol	$+45$	0	—	—	—
$3\ TiCl_3 \cdot AlCl_3$	$Al(C_2H_5)_3$	3	7	n-Heptan	$+45$	100	40	20	40
$TiCl_4$	$Al(C_2H_5)_3$	2	13	Toluol	-10	100	5	30	65
$V(acac)_3$ **	$Al(C_2H_5)_2Cl$	5	20	Toluol	-50	100	100	0	0
VCl_4	$Al(C_2H_5)_3$	2,5	20	n-Heptan	-20	100	99	0	1
$Cr(acac)_3$ **	$Al(C_2H_5)_2Cl$	7	7	Toluol	-20	100	100	0	0
$MoCl_3$	$Al(C_2H_5)_3$	2,5	13	Toluol	$+45$	3	10	60	30
$MoCl_5$	$Al(C_2H_5)_3$	3	7	Toluol	-20	5	30	30	40
$MoO_2(acac)_2$ **	$Al(C_2H_5)_2Cl$	5	20	Toluol	-10	55	10	45	45
WCl_6	$Al(C_2H_5)_3$	3	7	Toluol	-20	100	40	30	30
UF_4	$Al(C_2H_5)_3$	3	7	Toluol	-20	0	—	—	—
UO_2Cl_2	$Al(C_2H_5)_3$	3	7	Toluol	-20	0	—	—	—
$MnCl_2$	$Al(C_2H_5)_3$	3	7	Toluol	-20	0	—	—	—
$FeCl_3$	$Al(C_2H_5)_3$	3	7	Toluol	-20	0	—	—	—
$FeCl_3$	$Al(C_2H_5)(OC_2H_5)Cl$	3	7	Toluol	$+25$	0	—	—	—
$CoCl_2$	$Al(C_2H_5)_2Cl$	5	180	Benzol	$+25$	0	—	—	—

* Polymerisationszeit: etwa 20 Stdn.   ** acac = Acetylacetonat.

[1] Nach NATTA, G., G. DALL'ASTA, G. MAZZANTI u. G. MOTRONI: Makromol. Chem. **69**, 163 (1963).

In einer Reihe von Versuchen wurde Cyclobuten mit Ziegler-Katalysatoren polymerisiert, wobei als metallorganische Komponente $Al(C_2H_5)_3$ oder $Al(C_2H_5)_2Cl$ zusammen mit verschiedenen Verbindungen von Übergangsmetallen verwendet wurden (Tabelle 17 mit einigen Beispielen)[1].

Aus der Tabelle ersieht man, daß starke Unterschiede bestehen, je nachdem welches Übergangsmetall verwendet wurde. Mit den löslichen Verbindungen Vanadintriacetylacetonat, Vanadintetrachlorid und Chromtriacetylacetonat, zusammen mit den Aluminiumverbindungen, konnte reines kristallines Polycyclobuten erhalten werden. In den anderen Fällen handelt es sich wahrscheinlich um Gemische von chemisch und strukturell einheitlichen Polymeren, also von Polycyclobuten, cis-1,4- und trans-1,4-Polybutadien, da auch sie hochkristallin sind.

In den katalytischen Systemen, die zur Polymerisation führten, war die Gegenwart von Halogen notwendig. Der Valenzzustand des Übergangsmetalls ist nicht sehr wichtig. Das Polycyclobuten gehört meist einem bestimmten Typ an, der ein anderer ist, wenn der Katalysator (bei gleichen Metallen) heterogen ist, wie zum Beispiel $Al(C_2H_5)_3/VCl_3$. Die Chromkatalysatoren verhalten sich analog.

Diese beiden Polymer-Typen weisen wahrscheinlich *erythro-diisotaktische* (vermutlich die mit hererogenen Katalysatoren erhaltenen) und *erythrodisyndiotaktische* Konfigurationen auf.

Das gleiche kristalline Polymere, das hier als erythro-di-isotaktisch bezeichnet wird, erhält man auch mit Rhodiumtrichlorid in einem wäßrigen System (Wasser mit Natriumdodecylbenzolsulfonat, Verhältnis Monomeres: $RhCl_3 = 200$, Temperatur $+50\,°C$, Reaktionszeit 40 Stunden) bei 10%-igem Umsatz[2]. Womöglich bilden $RhCl_3$ und andere Metallsalze gegen Wasser stabile metallorganische Verbindungen, die dann nach ganz ähnlichem Mechanismus wie die obengenannten Ziegler-Katalysatoren Polymerisationen auslösen[3,4].

Polymere des Cyclopentens

Polymerisationsversuche an Cyclopenten (Tabelle 18) ergaben, daß dieses Monomere sich sehr verschieden verhält, je nachdem welche Übergangsmetallverbindungen in den Ziegler-Katalysatoren verwendet werden[5]. Katalysatoren mit Chrom lösen keine Polymerisation aus, während bei Anwesenheit von Vanadin sogar Äthylen, das aus der metallorganischen Komponente abgespalten wird, zur alternierenden Copolymerisation mit

[1] NATTA, G., G. DALL'ASTA, G. MAZZANTI u. G. MOTRONI: Makromol. Chem. **69**, 163 (1963).

[2] NATTA, G., G. DALL'ASTA u. G. MOTRONI: J. Polymer Sci. B **2**, 349 (1964).

[3] Siehe auch NATTA, G., G. DALL'ASTA u. L. PORRI: Makromol. Chem. **81**, 253 (1964).

[4] Vgl. S. 200.

[5] NATTA, G., G. DALL'ASTA u. G. MAZZANTI: Angew. Chem. **76**, 765 (1964).

dem Cyclopenten gelangt; Homopolymerisation findet nicht statt. Die Titan- oder Zirkonverbindungen enthaltenden Katalysatoren führen zu trans-Polypentenamer, das völlig frei ist von cyclischen Grundbausteinen, die durch direkte Polymerisation der Doppelbindung entstehen könnten. Allerdings sind in all diesen Fällen die Ausbeuten sehr klein.

Höhere Ausbeuten werden aber mit Katalysatoren, die Molybdän und Wolfram enthalten, erzielt (Tabelle 19).

Tabelle 18. *Polymerisation von Cyclopenten*[*1]

Katalysatorsystem	Ausbeute an Polymerem (%)	Röntgen- unter- suchung	Chemische Struktur des Polymeren
$TiCl_4 + Al(C_2H_5)_3$	1	kristallin	trans-Polypentenamer
$TiBr_4 + Al(C_2H_5)_3$	2	kristallin	trans-Polypentenamer
$ZrCl_4 + Al(C_2H_5)_3$	1	kristallin	trans-Polypentenamer
$VCl_4 + Al(C_2H_5)_3$	1	kristallin	⎫ alterniertes Äthylen/
$VOCl_3 + Al(C_2H_5)_2Cl$	3	kristallin	⎬ Cyclopenten-Copoly-
$V(triacac)** + Al(C_2H_5)_2Cl$	1,5	kristallin	⎭ meres

* Polymerisationsbedingungen: —30 °C während 6 Stdn., dann +20 °C während 14 Stdn.; Molverhältnis Cyclopenten : Übergangsmetall = 30 : 1; alle Proben ohne Verdünnungsmittel.
** (triacac) = Triacetylacetonat.

Tabelle 19. *Polymerisation von Cyclopenten*[*1]

Katalysator- system	Aus- beute an Poly- merem (%)	IR-Analyse d. Polymeren Cyclo- pentyl- enamer- einheiten (Mol%)	Penten- amer- ein- heiten (Mol%)	Röntgen- unter- suchung	Chemische Struktur des Polymeren
$MoCl_5 + Al(C_2H_5)_3$	21	0	100	amorph	cis-Polypen- tenamer
$WCl_6 + Al(C_2H_5)_3$	39	0	100	kristallin	trans-Polypen- tenamer

* Polymerisationsbedingungen: —30 °C während 4 Stdn., dann 0 °C während 14 Stdn.; Molverhältnis Cyclopenten: Übergangsmetall = 30 : 1; alle Proben ohne Verdünnungsmittel.

Derartige Polymerisationen erfolgen unter Öffnung einfacher Bindungen in den Ringen der Monomermoleküle. Die Verknüpfung könnte dann in Kopf-Kopf- oder Kopf-Kopf-Schwanz-Schwanz-Position eingetreten

---

[1] Nach NATTA, G., G. DALL'ASTA u. G. MAZZANTI: Angew. Chem. **76**, 765 (1964).

sein. Dabei sind verschiedene Polymere vorauszusehen, die sich in der Zahl der Methylengruppen zwischen den Doppelbindungen unterscheiden. Reine Kopf-Schwanz-Verknüpfung führt einheitlich zu drei Methylengruppen zwischen zwei Doppelbindungen. Im anderen Fall tritt ein Wechsel zwischen sechs und null Methylengruppen ein, wenn der Monomer-Ring sich benachbart zur Doppelbindung öffnet, oder zwischen vier und zwei Methylengruppen, wenn die Öffnung nicht benachbart zur Doppelbindung erfolgt. Nach spektroskopischen und chemischen Untersuchungen ist wenigstens für den Fall des trans-Polypentenamers eine Kopf-Schwanz-Verknüpfung eingetreten:

$$-CH=CH-CH_2-CH_2-CH_2-CH=CH-CH_2-CH_2-CH_2-CH=CH-$$

Die cis- und trans-Polypentenamere sind in aromatischen, cycloaliphatischen und chlorierten Kohlenwasserstoffen löslich, in Alkoholen, aliphatischen Ketonen und aliphatischen Äthern dagegen unlöslich. Das trans-Polymere schmilzt bei 23 °C, das cis-Polymere unterhalb 0 °C.

Der Polymerisationsmechanismus ist wahrscheinlich anionisch-koordinativ. Der Monomerring öffnet sich vermutlich benachbart zur Doppelbindung. Dies wird vor allem dadurch nahegelegt, daß aus der cis-Doppelbindung des Monomeren überwiegend eine trans-Doppelbindung im Polymeren wird – eine Isomerisierung also, die besonders gut zu verstehen ist, wenn das Kohlenstoffatom an der Doppelbindung während eines Wachstumsschrittes zwischenzeitlich eine freie Bindung besitzt.

Polymere des Norbornens[1]

Die Polymerisation von Norbornen (Bicyclo[2,2,1]-hepten-2) mit Systemen aus Lithium-aluminium-tetraheptyl und Titantetrachlorid bei Zimmertemperatur führt zu zwei verschiedenen Polymertypen, je nach den Molverhältnissen der Katalysatorkomponenten[2]. Bei 100 %igem Überschuß der Molmenge der metallorganischen Komponente über die Titankomponente entsteht ein Polymeres, das noch Doppelbindungen enthält. Es wurden dabei Kristallinitäten bis 55 % gemessen, so daß offenbar eine wenigstens teilweise stereospezifisch verlaufende Polymerisation unter Ringöffnung in folgender Weise beim Monomeren stattfindet:

---

[1] Siehe Rezeptur Nr. 34 S. 346.

[2] TRUETT, W. L., D. R. JOHNSON, I. M. ROBINSON u. B. A. MONTAGUE: J. Am. Chem. Soc. **82**, 2337 (1960); SARTORI, G., F. CIAMPELLI u. N. CAMELI: Chim. e Ind. (Mailand) **45**, 1478 (1963).

Das Polymere soll alternierend die Cyclopentan-Ringe in cis-Konfiguration und die Doppelbindungen in trans-Konfiguration enthalten.

Von anderen Autoren wurden derartige Umsetzungen unter Zusatz von Aminen ausgeführt[1]. Das erhaltene Polymergemisch extrahierten sie mit Toluol. Die in Toluol löslichen Anteile – in einigen Fällen war dies das gesamte Polymerisat – hatten meistens die für ein durch Ringöffnung entstandenes Polymeres theoretisch mögliche Ungesättigtheit.

Polybutadien[2]

Die Polymerisation von Butadien zu Polymeren von regelmäßiger Mikrostruktur ist besonders abhängig von der Zusammensetzung der Ziegler-Katalysatoren. Bei der 1,4-Verknüpfung ist *trans-Konfiguration* um so stärker anzutreffen, je stärker kationisch die metallorganische Komponente des Katalysators ist. Da durch die Reduktion des $TiCl_4$ mit $Al(C_2H_5)_3$ zu $TiCl_3$ während der Bildung des Katalysators der Halogengehalt der Aluminiumverbindung und entsprechend deren kationische Wirkungsweise steigt, wenn das Molverhältnis Al/Ti kleiner wird, ist der trans-Gehalt des damit hergestellten 1,4-Polybutadiens von diesem Molverhältnis abhängig. So ist bei Al/Ti = 1 bereits bevorzugt trans-Konfiguration vorhanden, die sich mit abnehmendem Molverhältnis und Temperaturen um 0 °C bis auf 99 % erhöht[3,4]. Daß auch die Temperatur von Bedeutung ist, ergibt sich aus Versuchen bei 25 °C, die unter sonst gleichen Bedingungen nur zu maximal 82 % trans-Konfiguration führten.

Anstelle von Aluminiumverbindungen wirkt Cadmiumdiäthyl zusammen mit Titantetrachlorid (nach Bildung eines braunen feindispergierten Niederschlags) bei 0 °C ähnlich[5]. Mit Vanadin als Übergangsmetall lassen sich ebenfalls hohe trans-Gehalte erreichen, so mit den Systemen $Al(C_2H_5)_3$/VCl_3[6] oder $Al(C_2H_5)_3$/VCl_4 oder $Al(C_2H_5)_3$/$VOCl_3$[7]. Nach Extraktion mit Diäthyläther und mit Di-isopropyläther, die amorphes Polymerisat entfernen, verbleibt reines kristallines trans-1,4-Polybutadien.

---

[1] SAEGUSA, T., T. TSUJINO u. J. FURUKAWA: Makromol. Chem. **78**, 32 (1964); TSUJINO, T., T. SAEGUSA u. J. FURUKAWA: **85**, 71 (1965).

[2] Vgl. S. 76 (radikalische Polymerisation), S. 111 (ionische Polymerisation) und S. 221 (Polymerisation mit heterogenen Katalysatoren); s. Rezeptur Nr. 35 S. 346. Patente S. 391.

[3] NATTA, G., L. PORRI, A. MAZZEI u. D. MORERO: Chim. e Ind. (Mailand) **41**, 398 (1959).

[4] GAYLORD, N. G., T.-K. KWEI u. H. F. MARK: J. Polymer Sci. **42**, 417 (1960); zur Kinetik der Butadien-Polymerisation.

[5] FURUKAWA, J., T. TSURUTA, T. SAEGUSA, A. ONISHI, A. KAWASAKI u. T. FUENO: J. Polymer Sci. **28**, 450 (1958).

[6] NATTA, G., L. PORRI, P. CORRADINI u. D. MORERO: Chim. e Ind. (Mailand) **40**, 362 (1958).

[7] NATTA, G., L. PORRI u. A. MAZZEI: **41**, 116 (1959); Kohlenwasserstoffe als Lösungsmittel.

Während also mit abnehmendem Al/Ti-Verhältnis der trans-Gehalt zunimmt, erhält man mit dem System $Al(C_2H_5)_3/TiCl_4$ bei Al/Ti $= 2$ neben trans-1,4-Polybutadien abtrennbare Anteile von cis-1,4-Polybutadien[1]. Verwendet man statt $TiCl_4$ das weniger elektrophile TiJ_4, so bilden sich sogar bis 94 % *cis-Konfigurationen*[2-5].

Sehr wirkungsvoll für die Synthese von cis-1,4-Polybutadien sind Mischkatalysatoren, die Kobaltverbindungen enthalten, besonders als Alkohol- und Pyridinkomplexe (Temperaturen von —30 °C an). AlR_2Cl – als zweite Komponente – und die Cobaltverbindungen bilden Komplexe, die sich dabei nicht verändern. Man kann darüber diskutieren, ob diese Katalysatoren unter die Ziegler-Katalysatoren einzureihen sind oder nicht, zumal gerade im Fall der Butadienpolymerisation noch andere, ganz ähnliche Systeme, die mit Sicherheit nicht zu den Ziegler-Katalysatoren gehören, vergleichbare Effekte erzielen. In der nachfolgenden Tabelle 20 sind diesbezügliche Ergebnisse eines sowjetischen Arbeitskreises wiedergegeben[6].

cis-Polybutadien erhält man auch mit dem System Kobaltchlorid, Triäthylaluminium und Aluminiumchlorid in Benzol. Langzeitalterungen des Katalysators (bis fast zwei Jahre!) zeigten nur geringen Einfluß auf seine Stereospezifität[7,8].

In neuerer Zeit wurden auch Mischkatalysatoren lediglich aus $CoCl_2$ und $AlCl_3$ (beide Verbindungen verschmolzen oder $AlCl_3$ aus der Dampfphase heraus an $CoCl_2$ chemisorbiert) in verschiedenen Mischungsverhältnissen zur Polymerisation von Butadien verwendet[9] (in Benzol bei etwas erhöhten Temperaturen). In völliger Abwesenheit von aromatischem Kohlenwasserstoff, mit dem sie sich verbinden, sind sie keine stereospezifischen Katalysatoren. Zusammen mit einem solchen aber ergeben sie Lösungen, die teilweise zu cis-Polybutadien führen. Setzt man Thiophen zu, so werden

---

[1] NATTA, G., L. PORRI, A. MAZZEI u. D. MORERO: Chim. e Ind. (Mailand) **41**, 398 (1959).

[2] Belg. P. 551851 (Phillips Petroleum Comp., 1956) System $Al(C_2H_5)_3/TiJ_4$.

[3] Can. Pat. 628151 (1961) Erf.: STEWART, R. A., u. L. A. McLEOD, System $Al(C_2H_5)_3/TiJ_4/(iso-C_3H_7)_2O$.

[4] HENDERSON, J. F.: J. Polymer Sci. C **4**, 233 (1963).

[5] Siehe auch Verwendung der ternären Systeme Aluminiumhydrid/$TiCl_4$/AlJ_3. Es entsteht vorwiegend cis-Konfiguration: MARCONI, W., A. MAZZEI, M. ARALDI u. M. DE MALDÉ: J. Polymer Sci. A **3**, 735 (1965).

[6] Siehe auch VAN DE KAMP, F.-P.: Makromol. Chem. **93**, 202 (1966).

[7] McINTOSH, C. R., W. D. STEPHENS u. C. O. TAYLOR: J. Polymer Sci. A **1**, 2003 (1963).

[8] Siehe auch PORRI, L. u. A. CARBONARO: Makromol. Chem. **60**, 236 (1963).

[9] SCOTT, H., R. E. FROST, R. F. BELT u. D. E. O'REILLY: J. Polymer Sci. A **2**, 3233 (1964); s. weiter hierzu O'REILLY, D. E., C. P. POOLE JR., R. F. BELT u. H. SCOTT: A **2**, 3257 (1964); BALAS, J. G., H. E. DE LA MARE u. D. O. SCHISSLER: A **3**, 2243 (1965); SCOTT, H.: B **4**, 105 (1966).

sogar bis zu 99% cis-Konfigurationen erhalten. Das Thiophen bildet dabei offenbar eine Endgruppe des Polymeren. Ähnlich hohe cis-Anteile werden auch erhalten, wenn statt Thiophen Spuren von Aluminium-, Magnesium- oder Zinkpulver dem Katalysatorgemisch in Toluol oder Xylol zugesetzt werden, wobei ölartige Systeme entstehen.

Tabelle 20. *Struktur von Polybutadienen in Abhängigkeit vom Katalysator*[1]

Katalytisches System	Polybutadien			Lit.
	1,4-cis	1,4-trans	1,2	
$Al(C_4H_9)_2Cl + CoCl_2$ *	97	2	1	2
$Al(C_4H_9)_2Cl + CoCl_2$ **	92	4	4	2
$Al(C_2H_5)_2Cl + CoCl_2$ *	93	3	4	2
$Al(C_2H_5)_2Cl + CoCl_2$ **	93	3	4	2
$Al(C_2H_5)_2Cl + CoCl_2$ ***	87	7	6	3
$Al(C_2H_5)_2Cl + CoBr_2$ ***	90	5	5	3
$Al(C_2H_5)_2Cl + Co_3O_5$ ***	91	4	5	4
$Al(C_2H_5)_2Cl + Co(CO_4)$ ***	86	8	6	5

* Alkohol-Komplex,   ** Pyridin-Komplex,   *** heterogen.

Es ist natürlich noch nicht möglich, diese Katalysator-Systeme den vorher genannten einwandfrei zuzuordnen. Auffallend ist aber, daß offenbar vor Einsetzen einer stereospezifischen Polymerisation Reaktionen des Katalysators mit anderen organischen Substanzen notwendig sind. Man wird abzuwarten haben, wie sich diese Zusammenhänge weiter aufklären.

Nachfolgend sind weitere Tabellen angeführt, die nochmals Polymerisationen von Butadien mit Kobaltchlorid als Pyridinkomplex oder Kobalt-Acetylacetonat und einer größeren Zahl verschiedener Aluminiumverbindungen wiedergeben (alles lösliche Systeme). Man sieht aus den Tabellen, daß die Art der metallorganischen Komponente darüber entscheidet, ob das Polymere vorwiegend cis-1,4- oder auch syndiotaktische 1,2-Strukturen aufweist.

---

[1] Nach DOLGOPLOSK, B. A., B. L. ERUSSALIMSKIJ, E. N. KROPATSHEVA u. E. I. TINYAKOVA: J. Polymer Sci. **58**, 1333 (1962).

[2] DOLGOPLOSK, R. A., E. N. KROPATCHEVA, E. K. KHRENNIKOVA, K. A. GOLODOVA u. E. I. KUSNETSOVA: Dokl. Akad. Nauk SSSR **135**, 847 (1960).

[3] KOVALEVSKAYA, B. N., E. I. TINYAKOVA u. B. A. DOLGOPLOSK: Vysokomol. soedin. **4**, 1338 (1962).

[4] TINYAKOVA, E. I., B. A. DOLGOPLOSK, R. N. KOVALEVSKAYA, T. G. ZHURAVLEVA u. T. N. KURENGINA: Dokl. Akad. Nauk. SSSR **129**, 1068 (1959).

[5] TINYAKOVA, E. I., B. A. DOLGOPLOSK u. T. N. KURENGINA: Vysokomol. soedin. **4**, 828 (1962).

Tabelle 21. *Polymerisation von Butadien zu cis-1,4-Polybutadien* [*][1]

Al-Komponente	Mole $\times 10^2$	Co-Komponente	Mole $\times 10^5$	Polymerisationsdauer (h)	Umsatz (%)	Gelanteile (%)	Mikrostruktur		
							cis-1,4 (%)	trans-1,4 (%)	1,2 (%)
$(C_2H_5ClAl)_2O$	1,26	$CoCl_2 \cdot 2\,Py$ [**]	9,23	2,75	99,9	0	97,6	1,1	1,3
$(C_2H_5ClAl)_2O$	1,26	$CoCl_2 \cdot 2\,Py$	7,7	2,75	87,5	0	97,5	1,1	1,4
$(C_2H_5ClAl)_2O$	1,26	$CoCl_2 \cdot 2\,Py$	7,7	2,75	97,3	1	97,9	1,5	1,6
$(C_2H_5ClAl)_2O$	1,26	$Co(acetylacetonat)_2$	6,15	4,5	81,2	1,5	96,7	1,9	1,4
$Al(C_2H_5)_2Cl$	1,45	$Co(acetylacetonat)_2$	6,15	1,33	96,2	0	97	1,2	1,8
$(C_2H_5ClAl)_2O$	1,26	$Co(acetylacetonat)_2$	7,7	7,5	79	2,5	96,9	1,4	1,7
$Al(C_2H_5)_2Cl$	1,45	$Co(acetylacetonat)_2$	7,7	1,5	95	3,0	96,8	1,4	1,8

[*] in 500 ml Benzol bei 15 °C.   [**] Py = Pyridin.

[1] Nach LONGIAVE, C., u. R. CASTELLI: J. Polymer Sci. C **4**, 387 (1963).

Tabelle 22. *Polymerisation von Butadien zu cis-1,4-Polybutadien* [*][1]

Al-Komponente	Mole $\times 10^2$	Co-Komponente	Mole $\times 10^5$	Polymeri-sations-dauer (h)	Umsatz (%)	Gel-anteil (%)	Mikrostruktur		
							cis-1,4 (%)	trans-1,4 (%)	1,2 (%)
$\left(\begin{smallmatrix}C_2H_5\\ Cl\end{smallmatrix}{>}Al\right)_2 NC_6H_5$	1,83	$CoCl_2 \cdot 2\,Py$[**]	10,8	7,5	97	1	97	1,4	1,6
$\left(\begin{smallmatrix}C_2H_5\\ Cl\end{smallmatrix}{>}Al\right)_2 NC_6H_5$	1,24	$CoCl_2 \cdot 2\,Py$	7,7	10,75	75	0	96,6	1,4	2,0
$\left(\begin{smallmatrix}C_2H_5\\ Cl\end{smallmatrix}{>}Al\right)_2 NC_6H_5$	1,83	$CoCl_2 \cdot 2\,Py$	9,23	8	94,6	0	97,1	1,5	1,4
$Al(C_2H_5)_2Cl$	1,45	$CoCl_2 \cdot 2\,Py$	9,23	2	100	1	96,7	1,3	2,0
$\left(\begin{smallmatrix}C_2H_5\\ Cl\end{smallmatrix}{>}Al\right)_2 NC_6H_5$	1,83	$Co(acetyl\text{-}acetonat)_2$	9,23	9,75	91	0	96,6	1,8	1,6
$Al(C_2H_5)_2Cl$	1,45	$Co(acetyl\text{-}acetonat)_2$	9,23	2,5	98,7	0,5	96,9	1,1	2,0
$\left(\begin{smallmatrix}C_2H_5\\ Cl\end{smallmatrix}{>}Al\right)_2 NC_6H_5$	1,83	$Co(acetyl\text{-}acetonat)_2$	9,23	10	94	1	96,6	1,9	1,5
$Al(C_2H_5)_2Cl$	1,45	$Co(acetyl\text{-}acetonat)_2$	9,23	2,75	98,2	0	97	1,3	1,7

[*] in 500 ml Benzol bei 15 °C.   [**] Py = Pyridin.

[1] Nach LONGIAVE, C., u. R. CASTELLI: J. Polymer Sci. C **4**, 387 (1963).

Tabelle 23. *Polymerisation von Butadien zu cis-1,4- und syndiotaktischem 1,2-Polybutadien*[1]

Al-Komponente	Mole $\times 10^2$	$CoCl_2 \cdot$ 2 Py** Mole $\times 10^5$	C_4H_6 (g)	Umsatz (%)	Kristal- linität des Rohpoly- meren (%)	Benzolextraktion Extrakt (%)	Rück- stand (%)	Mikrostruktur des Benzolextraktes cis- 1,4 (%)	trans- 1,4 (%)	1,2 (%)	Kristalli- nität des Rück- standes (1,2 syn- diotakt.)
$(C_2H_5)_2Al$	1,83	7,7	52	75	17,2	49,6	50,4	90,9	4,0	5,1	54,4
$N-AlC_2H_5Cl$	1,83	10,8	35	44,3	22,5	31,3	68,7	89,3	4,2	6,5	71,1
C_6H_5											

* in 500 ml Benzol bei 15 °C.   ** Py = Pyridin.

Tabelle 24. *Polymerisation von Butadien zu syndiotaktischem 1,2-Polybutadien*[1]

Al-Komponente	Mole $\times 10^2$	$CoCl_2 \cdot$ 2 Py Mole $\times 10^5$	Polymeri- sations- dauer (h)	Umsatz (%)	Mikrostruktur	Kristalli- nität (%)
$((C_2H_5)_2Al)_2O$	1,77	7,7	2	45,5	syndiotaktisch-1,2	78
$((C_2H_5)_2Al)_2O$	1,77	6,15	5	52,5	syndiotaktisch-1,2	75
$((C_2H_5)_2Al)_2O$	2,18	7,7	6,5	70	syndiotaktisch-1,2	68,4
$((C_2H_5)_2Al)_2NC_6H_5$	1,54	9,23	9	26	syndiotaktisch-1,2	66,2

* in 500 ml Benzol bei 15 °C.

[1] Nach LONGIAVE, C., u. R. CASTELLI: J. Polymer Sci. C **4**, 387 (1963).

Tabelle 25. *Polymerisation von Butadien zu syndiotaktischem 1,2-Polybutadien*[1]

Al-Kompo-nente	(mMole)	Co-Verbindung	(mMole)	Al/Co-Mol-Verhältnis	Poly-meres (g)	Röntgen-kristalli-nität (%)	syndio-taktisch 1,2 (%)	unlös-licher Rück-stand (%)
$Al(C_2H_5)_3$	14,3	$CoSO_4$	42,1	0,34	18,6	75	>98	92
$Al(i-C_4H_9)_3$	14,3	$CoSO_4$	42,1	0,34	20,5	73	>98	91
$Al(i-C_4H_9)_3$	14,3	$Co_3(PO_4)_2$	42,1	0,34	15,6	72	>98	91
$Al(C_2H_5)_3$	14,3	Co-Stearat	42,1	0,34	12	56	>98	87,5
$Al(C_2H_5)_3$	14,3	$CoCl_2$	42,1	0,34	51	75	>98	96,5

* Polymerisationsbedingungen: Benzol: 1000 ml; Butadien: 100 g; Temperatur: 16 °C; Zeit: 15 Stunden.

[1] Nach Susa, E.: J. Polymer Sci. C **4**, 399 (1963).

Tabelle 26. *Polymerisation von Butadien zu syndiotaktischem 1,2-Polybutadien*[*][1]

Al-Komponente	(mMole)	Co-Verbindungen	(mMole)	Al/Co-Ver-hältnis	Poly-meres (g)	Röntgen-kristalli-nität (%)	syndio-taktisch 1,2 (%)	unlös-licher Rück-stand (%)
$Al(C_2H_5)_3$	33,4	Co-Stearat·2 Pyridin	16,7	20	8	55	—	86,5
$Al(C_2H_5)_3$	33,4	$CoCl_2$·2 Pyridin	0,187	178	37,6	85,5	>98	97,5
$Al(C_2H_5)_3$	33,4	CoJ_2·2 Pyridin	0,187	178	38	75	>98	97,5
$Al(C_2H_5)_3$	33,4	$CoCl_2$·2 $P(C_2H_5)_3$	0,167	200	25	88,5	—	97,5
$Al(i-C_4H_9)_3$	33,4	Co-Stearat·2 Pyridin	0,058	575	21	73	>98	96
$Al(C_2H_5)_3$	33,4	Co-Stearat·2 Pyridin	0,058	575	38	76	>98	97,5
$Al(C_2H_5)_3$	33,4	Co-Acetylacetonat	0,058	575	14	73,5	>98	89,5
$Al(C_2H_5)_3$	37	$CoCl_2$·2 Pyridin	0,0615	600	31	76,5	>98	97,5

* Polymerisationsbedingungen: Benzol: 1000 ml; Butadien: 100 g; Temperatur: 16 °C; Zeit: 15 Stunden.

[1] Nach Susa, E.: J. Polymer Sci. C **4**, 399 (1963).

Tabelle 27. *Polymerisation von Butadien zu syndiotaktischem 1,2-Polybutadien*[*][1]

Al-Komponente	(mMole)	Al-Komponente	(mMole)	Al/Co-Verhältnis	Poly-meres (g)	syndio-taktisch 1,2 (%)	Rönt-gen-kri-stalli-nität (%)
$Al(i\text{-}C_4H_9)_3$	33,4	—	—	430	7,2	>98	75
$Al(i\text{-}C_4H_9)_3$	16,7	$Al(i\text{-}C_4H_9)_2Cl$	16,7	430	39,5	>98	80
$Al(i\text{-}C_4H_9)_3$	20,9	$Al(C_2H_5)_2Cl$	12,5	430	47,5	>98	84
$Al(C_2H_5)_3$	18,3	$Al(i\text{-}C_4H_9)_2Cl$	15,1	430	28,2	>98	79
$Al(i\text{-}C_4H_9)_3$	16,7	$Al(C_2H_5)_2Cl$	16,7	430	34	>98	84
$Al(i\text{-}C_4H_9)_3$	18,3	$Al(C_2H_5)_2Cl$	15,1	430	41	>98	84

* Polymerisationsbedingungen:　$CoCl_2 \cdot 2\,C_5H_5N$: 0,077 mMole; Benzol: 1000 ml; Butadien: 100 g; Temperatur 16 °C; Zeit: 1 Stunde.

[1] Nach Susa, E.: J. Polymer Sci. C 4, 399 (1963).

Tabelle 28. *Polymerisation von Butadien zu syndiotaktischem-1,2- und cis-1,4-Polybutadien*[*][1]

| Al-Komponente | | Al/Co-Verhältnis | Polymeres (g) | Mikrostruktur | | syndiotaktisch 1,2 (%) | Röntgen-kristalli-nität (%) |
Al(C$_2$H$_5$)$_3$ (mMole)	Al(C$_2$H$_5$)$_2$Cl (mMole)			trans-1,4 (%)	cis-1,4 (%)		
33,4	—	430	20,5	—	—	>98	77
29,3	4,1	430	29,1	—	—	>98	79
25	8,4	430	31,3	—	—	>98	83
18,3	15,1	430	35	—	—	>98	87,5
16,7	16,7	430	36,4	—	—	>98	91
15,8	17,6	430	30,4	—	—	>98	90
15,3	18,1	430	10,4	—	—	>98	71
13,1	20,3	430	34,1	6,2	81	12,8	amorph
11,6	21,8	430	55,2	5,1	86	8,1	amorph
8,3	25,1	430	79	3,2	90	6,8	amorph
5	28,4	430	88	2,1	95	2,9	amorph
—	33,4	430	98	2,1	96	1,9	amorph

[*] Polymerisationsbedingungen: CoCl$_2\cdot$2 C$_5$H$_5$N; 0,077 mMole; Benzol: 1000 ml, Butadien: 100 g; Temperatur 16 °C; Zeit: 1 Stunde.

[1] Nach SuSA, E.: J. Polymer Sci. C **4**, 399 (1963).

Den Einfluß der metallorganischen Komponente erkennt man auch aus den Tabellen 25—28. Danach führt die Verwendung von Aluminiumtrialkylen, zusammen mit den verschiedensten, löslichen oder unlöslichen Kobaltsalzen, bei gewöhnlichen Temperaturen in Benzol zu fast reinem 1,2-syndiotaktischem Polybutadien[1]. Verschiedenste Molverhältnisse sind zulässig. Es muß jedoch eine Alterung der Katalysatoren vermieden werden, da dadurch die 1,4-cis-Struktur gefördert wird. Am besten werden also die Katalysatorkomponenten stets in Gegenwart von Monomerem zusammengegeben.

Zusammenfassend läßt sich also von Aluminiumtrialkylen und Aluminiumdialkylmonohalogeniden sagen, daß letztere zu cis-1,4-Polybutadien[2], erstere und Mischungen beider zu syndiotaktischem 1,2-Polybutadien führen.

Insgesamt zeigen die bisherigen Ergebnisse, daß sowohl das Übergangselement und in manchen Fällen sein Verbindungstyp, als auch die metallorganische Verbindung Stereospezifitäten in bezug auf bestimmte Polymer-Strukturen bedingen. Es ist dabei eindrucksvoll, in wie vielen Fällen regelmäßige Strukturen bevorzugt sind. Weitere Beispiele für Katalysatoren, die zu syndiotaktischem 1,2-verknüpftem Polybutadien führen, sind $Al(C_2H_5)_3/V(acetylacetonat)_3$ (bei einem Molverhältnis Al/V > 9) mit 95 %[3] und $Al(C_2H_5)_3/Cr(acetylacetonat)_3$ (bei Al/Cr = 2) mit 90 % dieser Bindungsart[4]. Wird bei letzterem System das Al/Cr-Molverhältnis auf 10 gesteigert, so erhält man ein Polybutadien mit 90 % 1,2-Verknüpfung der Grundbausteine, nunmehr aber von isotaktischer Mikrostruktur!

In Abb. 32 sind die Kettenkonformationen der vier stereoisomeren Polybutadiene dargestellt, während in Tabelle 29 Eigenschaften derselben genannt werden.

trans-1,4-Polybutadien hoher struktureller Einheitlichkeit (bis 99 %) wird auch mit Rhodium(III)-salzen als Katalysatoren in Wasser, Alkohol oder Dimethylformamid, mit oder ohne Zusatz von Emulgatoren gewonnen[5]. Beispiele der Rhodiumsalze sind Rhodiumchlorid·3 H_2O, Rhodiumnitrat·2 H_2O, Ammonium-chlororhodat·1,5 H_2O. Die Reaktionstemperaturen schwanken zwischen 5 und 80 °C. Die notwendigen und optimalen Bedingungen einer Polymerisationsauslösung sind aber für die einzelnen Rhodiumverbindungen verschieden. Je geringer die Katalysator-Mengen und die Temperaturen sind, desto höher wird das Molekulargewicht der

---

[1] Susa, E.: J. Polymer Sci. C 4, 399 (1963).

[2] Siehe auch Childers, C. W.: J. Am. Chem. Soc. 85, 229 (1963) und Cooper, W., D. E. Eaves u. G. Vaughan: Makromol. Chem. 67, 229 (1963).

[3] Natta, G., L. Porri, G. Zanini u. L. Fiore: Chim. e Ind. (Mailand) 41, 526 (1959).

[4] Natta, G., L. Porri, G. Zanini u. A. Palvarini: Chim. e Ind. (Mailand) 41, 1165 (1959).

[5] Rinehart, R. E., H. P. Smith, H. S. Witt u. H. Romeyn jr.: J. Am. Chem. Soc. 83, 4864 (1961); 84, 4145 (1962).

Polymerisate. Der Reaktionsmechanismus ist noch nicht aufgeklärt, nebenher etwa radikalisch verlaufende Polymerisationen werden aber von den
Rhodiumsalzen inhibiert. Deshalb nehmen die Autoren an, daß die Rhodiumsalze infolge Komplexbildung besondere Verhältnisse an den Polymerenden schaffen, wobei die Monomere vor einem Wachstumsschritt zunächst koordinativ gebunden werden[1].

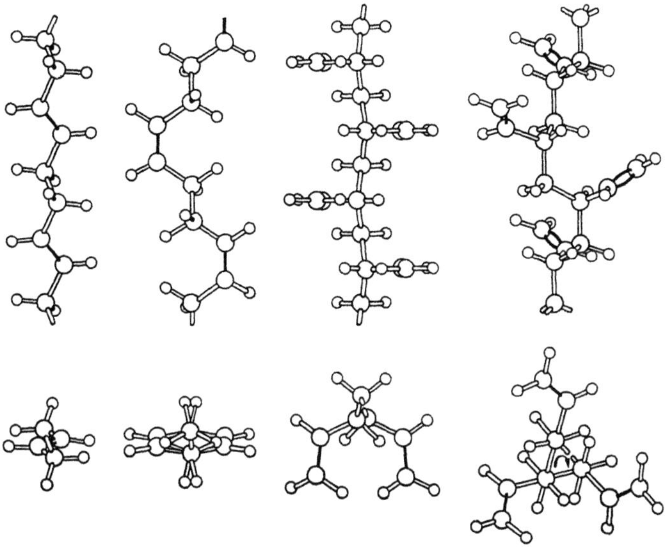

Abb. 32. Seitenansicht und Draufsicht der Kettenkonformationen von a trans-1,4-,
b cis-1,4-, c syndiotaktisch-1,2-, d isotaktisch-1,2-Polybutadien[2]

Tabelle 29. *Physikalische Eigenschaften der vier sterisch regelmäßigen Butadien-Polymere*[2]

Polymeres (IR-Analyse)	Fp (°C)	Identitätsperiode (Å)	Dichte (g/ml)
trans-1,4 (99—100%)	146*	4,85 (Mod. I) 4,65 (Mod. II)	0,97 0,93
cis-1,4 (98—99%)	2	8,6	1,01
isotaktisch-1,2 (99% 1,2-Einheiten)	126	6,5	0,96
syndiotaktisch-1,2 (99% 1,2-Einheiten)	156	5,14	0,96

* trans-1,4-Polybutadien existiert in zwei kristallinen Modifikationen: Modifikation I
ist unterhalb 75 °C stabil. Modifikation II zwischen etwa 75 °C und dem Schmelzpunkt.

---

[1] Vgl. S. 187.
[2] Nach NATTA, G.: Angew. Chem. **76**, 553 (1964), Nobelvortrag.

Zu erwähnen ist noch, daß dieselben Katalysatoren auch cis- zu trans-Struktur isomerisieren.

Polyisopren[1]

Unter sonst gleichen Bedingungen erhält man mit dem System α-TiCl$_3$/Al(C$_2$H$_5$)$_3$ überwiegend *trans*-1,4-Polyisopren, mit β-TiCl$_3$/Al(C$_2$H$_5$)$_3$ *cis*-1,4-Polyisopren[2-5]. Nun wird bei der Umsetzung von TiCl$_4$ mit Al(C$_2$H$_5$)$_3$ das β-TiCl$_3$ gebildet. Hier zeigt sich aber wieder die Bedeutung der Al/Ti-Molverhältnisse, indem nur wenn Al/Ti > 1 vorwiegend cis-, wenn aber Al/Ti $\leqslant$ 1 sowohl trans-1,4- als auch 1,2-Polyisoprene entstehen. Bei großen Überschußmengen Aluminiumtrialkyl fällt die Ausbeute an sterisch regelmäßigen hochmolekularen Polymerisaten ab. Eigentlich wichtig für cis-1,4-Polyisopren scheint AlR$_2$Cl zu sein, während das Dichlorid zu harzigen Polymerisaten hoher trans-Struktur führt.

Es ist offenbar gleichgültig, ob die Alkylgruppen in den Aluminiumverbindungen Äthyl, Butyl usw. sind (abgesehen von längeren Alkylresten, die vielleicht besonders einwirken), es ist wahrscheinlich aber nicht gleichgültig, welches Halogenatom anwesend ist.

Fast durchweg sehr hohe cis-Gehalte ergeben Polymerisationen des Isoprens mit Systemen aus Aluminiumhalogenhydrid (meist Monohydrid) und TiCl$_4$, die also zunächst keine Alkylgruppen enthalten[6]. Auch hier wird das TiCl$_4$ zu β-TiCl$_3$ reduziert. Sowohl Abwandlungen der Halogenatome, der Al/Ti-Molverhältnisse, des Lösungsmittels, Komplexbildung mit Äther und Trimethylamin sowie Herstellung direkter Al—N und Al—O-Bindungen anstelle derer mit Halogen (Temperaturen meist um Zimmertemperatur) haben einen bemerkenswert geringen Einfluß auf die Mikrostruktur (jedoch erheblichen Einfluß auf die Polymerisationsgeschwindigkeit).

Ein dem Naturkautschuk sehr ähnliches cis-1,4-Polyisopren erhält man auch durch Verwendung von Cadmiumdiäthyl in Kombination mit Titantetrachlorid (in Hexan, 40 °C)[7]. Dies ist um so interessanter, als das gleiche System beim Butadien die trans-Konfiguration bevorzugt.

Die Isoprenpolymerisation mit dem heterogenen System Al(C$_2$H$_5$)$_3$/VCl$_3$ (eingesetztes Al/V-Molverhältnis 2 : 1), wobei die an VCl$_3$ adsorbierte

---

[1] Siehe S. 112 u. 222. Rezeptur Nr. 36 S. 347. Patente S. 395.

[2] NATTA, G., L. PORRI u. L. FIORE: Gazz. chim. ital. **89**, 761 (1959).

[3] YAMAZAKI, N., T. SUMINOE u. S. KAMBARA: Makromol. Chem. **65**, 157 (1963).

[4] SALTMAN, W. M.: J. Polymer. Sci. A **1**, 373 (1963); Verwendung von Aluminiumtriisobutyl. – SALTMAN, W. L., W. E. GIBBS u. J. LAL: J. Am. Chem. Soc. **80**, 5615 (1958).

[5] ADAMS, H. E., R. S. STEARNS, W. A. SMITH u. J. L. BINDER: Ind. Eng. Chem. **50**, 1507 (1958).

[6] MARCONI, W., A. MAZZEI, S. CUCINELLA u. M. DE MALDÉ: Makromol. Chem. **71**, 118, 134 (1964).

[7] FURUKAWA, J., T. TSURUTA, T. SAEGUSA, A. ONISHI, A. KAWASAKI u. T. FUENO: J. Polymer. Sci. **28**, 450 (1958).

Menge $Al(C_2H_5)_3$ 0,025 bis 0,10 Mol pro Mol VCl_3 beträgt, verläuft nach einer von der Rührgeschwindigkeit abhängigen Induktionsperiode mit ziemlich konstanter Geschwindigkeit. Die Zahl der Metall/Polymerbindungen erhöht sich dabei aber ständig. Dies läßt den Schluß zu, daß eine Abbruchreaktion durch Überführung einer aktiven in eine inaktive Metall-Polymerbindung stattfindet, zum Beispiel durch Austausch von aktiven mit inaktiven Zentren oder durch eine Umlagerung an den aktiven Zentren. Da bei Beendigung der Polymerisation alle Polymermoleküle eine Metall/Kohlenstoffbindung besitzen, finden offenbar keine anderweitigen Abbruch- oder Übertragungsreaktionen statt[1].

Das heißt aber auch, daß ständig neue aktive Zentren gebildet werden, wahrscheinlich durch Aufsprengen der VCl_3-Kristalle beziehungsweise deren Aggregate. Die Zahl aktiver Zentren ist im Vergleich zu den Vanadin-Atomen stets nur sehr gering. Zugesetzte Verbindungen, die Elektronendonatoren sind, beeinflussen die Polymerisation. Starke Elektronendonatoren vermögen zu inhibieren.

Poly-2-tert.-butyl-butadien-1,3

Die Polymerisation des 2-tert.-Butyl-butadien-1,3 wurde mit verschiedenen Ziegler-Katalysatoren ausgeführt, wobei teilweise kristalline Polymere (Smp. 103—106 °C) gewonnen wurden, deren Grundbausteine, vorwiegend 1,4-verknüpft, *cis-konfiguriert* sind[2]. Die folgende Tabelle 30 gibt

Tabelle 30. *Polymerisation von 2-tert.-Butyl-butadien-1,3 mit $Al(C_2H_5)_3/TiCl_4$*[2]

Al/Ti-Mol-verhält-nis	Lösungsmittel	Polymeri-sations-zeit, h	Ausbeute %	Röntgen-kristallinität %	$[\eta]$**
0,6	n-Heptan	17	6	gering	—
0,8	n-Heptan	17	23	66	1,21
1	n-Heptan	17	47	46	1,70
1,2	n-Heptan	17	13	40	—
1,4	n-Heptan	17	6	gering	—
0,8	Benzol	62	70	55	1,49
1	Benzol	62	56	44	1,34

* 7,4 g Monomeres, $0,6 \cdot 10^{-3}$ Mol $TiCl_4$, 30 ml Lösungsmittel, Polymerisationstemperatur: 15 °C.

** gemessen bei 30 °C in Toluol, dl/g.

[1] COOPER, W., D. E. EAVES, G. D. T. OWEN u. G. VAUGHAN: J. Polymer Sci. C 4, 211 (1963); Abbruch der Polymerisation mit tritiiertem Methanol und Bestimmung der Aktivität nach der Methode von BEVINGTON, J. C., u. D. E. EAVES: Makromol. Chem. **36**, 145 (1960) (Verbrennung des Polymeren und Einwirkung des gebildeten Wassers auf CaC_2, Aktivitätsmessung am gebildeten Acetylen).

[2] MARCONI, W., A. MAZZEI, S. CUCINELLA u. M. CESARI: J. Polymer Sci. A 2, 4261 (1964).

Aufschluß über die Ergebnisse bei Verwendung von $Al(C_2H_5)_3/TiCl_4$ als Katalysator. Während dieses System bei der Polymerisation von Diolefinen zu verschiedenen Polymerstrukturen führt, je nachdem wie groß die Al/Ti-Molverhältnisse sind, besteht hier kein derartiger Einfluß im Bereich von Al/Ti = 0,5 bis 1,5. Darüber oder darunter werden allerdings keine kristallinen Polymere gebildet. Sehr abhängig vom Al/Ti-Verhältnis ist aber die Ausbeute.

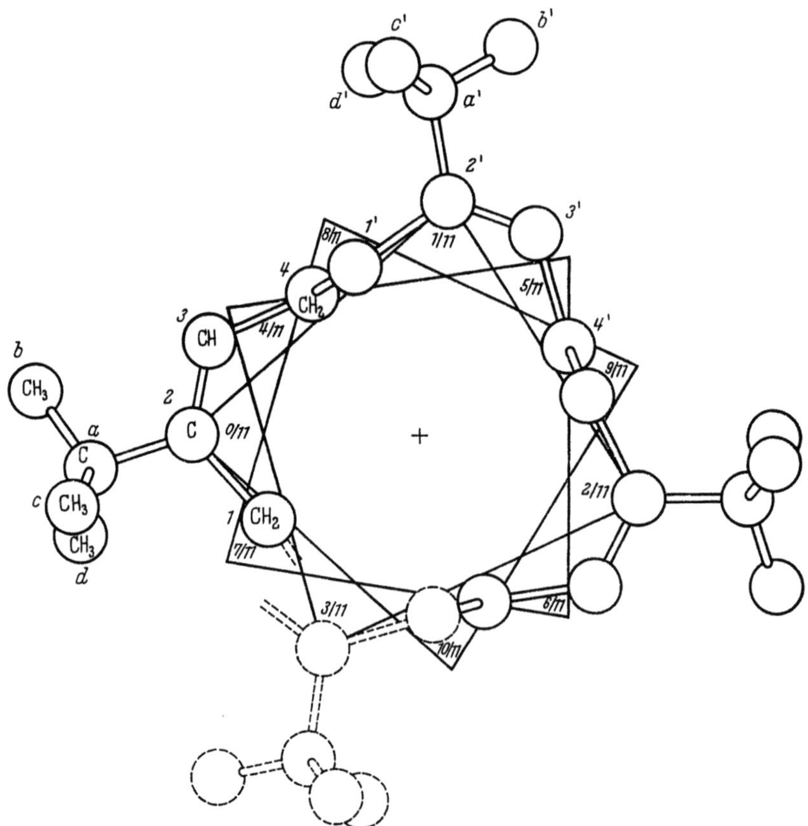

Abb. 33. Helix von Poly-1,4-cis-(2-tert.-butyl-butadien-1,3), Projektion senkrecht zur Hauptachse[1]

Tabelle 31 bringt Ergebnisse, die bei Verwendung von Aluminiumhydriden erhalten wurden.

Das Polymere löst sich vollständig bei Zimmertemperatur in Äther, Schwefelkohlenstoff, Benzol, n-Heptan, Chloroform und Tetrachlorkohlen-

___

[1] Nach Marconi, W., A. Mazzei, S. Cucinella u. M. Cesari: J. Polymer. Sci. A 2, 4261 (1964).

stoff. Mit Aceton läßt sich eine ölige Fraktion extrahieren (10 bis 25 %), wonach die Kristallinität des Rückstandes ansteigt.

Tabelle 31. *Polymerisation von 2-tert.-Butyl-butadien-1,3 mit Al-Hydrid/TiCl₄*[*][1]

Aluminium-hydrid	Mol · 10³	Al/Ti-Molver-hältnis	Polymeri-sations-zeit h	Aus-beute %	Rönt-gen-kri-stalli-nität %	$[\eta]$[**]
AlHCl₂·O(C₂H₅)₂	0,97	1,6	1,30	48	50	2,37
AlHCl₂·N(CH₃)₃	0,9	1,5	66	74,5	60	1,79
AlH₂N(CH₃)₂	0,36	0,6	1,30	65	50	2,95
AlH₃·N(CH₃)₃	0,24	0,4	65	41	50	1,56

[*] 10 ml Monomeres; 30 ml Benzol; 0,6·10⁻³ Mol TiCl₄, Polymerisationstemperatur: 15 °C.

[**] gemessen bei 30 °C in Toluol, dl/g.

Im kristalinen Bereich sind die 1,4-cis-strukturierten Polymerketten als Helices angeordnet, wobei 11 Monomereinheiten auf eine Identitätsperiode (drei Windungen) von der Länge 15,3 Å kommen (Abb. 33).

Poly-2,3-dimethyl-butadien-1,3

Mit dem System Triisobutylaluminium/Titantetrachlorid läßt sich 2,3-Dimethylbutadien-1,3 polymerisieren, wobei fast ausschließlich 1,4-Verknüpfungen auftreten. Dabei erhält man bei einem Al/Ti-Molverhältnis von 0,25 das *trans-*[2], bei Al/Ti = 1 das *cis*-Polymere[3] (in Heptan bei 25 °C). Ersteres ist ein kristallines Pulver und hat nach Benzolextraktion und Umkristallisation in Tetralin einen Schmelzbereich von 253—259 °C, letzteres ist ebenfalls kristallin und schmilzt zwischen 189 und 198 °C.

Polypentadien-1,3[4]

Die 1,4-Polymeren des Pentadien-1,3 setzen sich aus Grundbausteinen zusammen, die zweifache Isomerie aufweisen: cis-, trans-Isomerie an den verbleibenden Doppelbindungen und die d,l-Isomerie der Methyl-Seitengruppen, wie man an dem nachstehenden Polymerabschnitt erkennen kann:

[1] Nach MARCONI, W., A. MAZZEI, S. CUCINELLA u. M. CESARI: J. Polymer. Sci. A 2, 4261 (1964).

[2] TEH FU YEN: J. Polymer Sci. 38, 272 (1959).

[3] TEH FU YEN: J. Polymer Sci. 35, 533 (1959).

[4] Siehe Rezepturen Nr. 37—39 S. 347 u. 348. Patente S. 395.

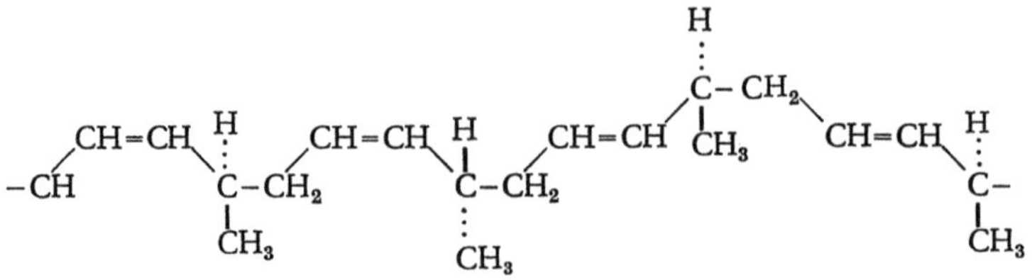

$$-CH-CH=CH-C(CH_3)H-CH_2-CH=CH-C(CH_3)H-CH_2-CH=CH-C(CH_3)H-CH_2-CH=CH-C(CH_3)H-$$

Entsprechend sind eine Reihe regelmäßiger (in Kopf-Schwanz-Position verknüpfter), kristallisierbarer Polymere möglich: trans-1,4-isotaktische, cis-1,4-isotaktische, trans-1,4-syndiotaktische und cis-1,4-syndiotaktische.

Ataktisches amorphes *trans-1,4-Polypentadien-1,3*, ausgehend von trans-Pentadien-1,3, kann mit Hilfe von (unlöslichen, kristallinen) $Al(C_2H_5)_3/TiCl_3$- und $Al(C_2H_5)_3/VCl_3$-Katalysatoren erhalten werden, wobei letzterer besonders stereospezifisch ist und auch zu *isotaktischem* kristallinem (ätherunlöslichem) trans-1,4-Polypentadien führt[1]. Ausgehend von Monomeren, die Mischungen aus cis- und trans-Pentadien-1,3 sind, erhält man ebenfalls teilweise kristallines trans-1,4-Polypentadien, jedoch schlechter.

Offensichtlich sind die einzelnen aktiven Zentren selektiv bezüglich bestimmter Isomere, das heißt, sie ziehen diese Monomere vor und die Polymerisation geht damit schneller. Betrachtet man eine bestimmte wachsende Kette, so ist das jeweils bevorzugte isomere Monomere durch den (gleichen) Isomeriecharakter des letzten Grundbausteines der Kette festgelegt.

Mit optisch aktiven Al-Alkyl$/VCl_3$-Katalysatoren können auch *optisch aktive trans-1,4-Polypentadiene* erhalten werden.

Die Synthese von *isotaktischem cis-1,4-Polypentadien-1,3* durch Polymerisation des trans-Pentadien-1,3 gelingt mit (löslichen) Katalysatoren, die aus Aluminiumtrialkyl und Titan-tetraalkoxiden hergestellt werden[2]. In Methyläthylketon unlösliche Polymer-Anteile haben bis 85 % cis-Struktur. Da hier die unmittelbare Umgebung der durch Methylgruppen substituierten Kohlenstoffatome asymmetrisch ist:

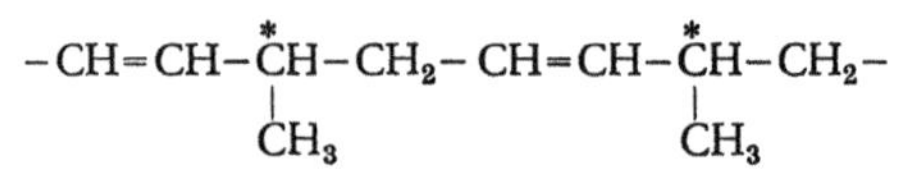

$$-CH=CH-\overset{*}{C}H-CH_2-CH=CH-\overset{*}{C}H-CH_2-$$
$$\qquad\qquad\quad CH_3 \qquad\qquad\qquad CH_3$$

kann optische Aktivität erwartet werden, wenn sich reines d- oder l-isotaktisches cis- oder trans-1,4-Polypentadien-1,3 gewinnen läßt. Im Normalfall liegen die d- und l-Formen als Racemate vor.

---

[1] NATTA, G., L. PORRI, P. CORRADINI, G. ZANINI u. F. CIAMPELLI: J. Polymer Sci. **51**, 463 (1961).

[2] NATTA, G., L. PORRI, G. STOPPA, G. ALLEGRA u. F. CIAMPELLI: J. Polymer Sci. B **1**, 67 (1963). – Nähere Angaben siehe NATTA, G., L. PORRI, A. CARBONARO u. G. STOPPA: Makromol. Chem. **77**, 114 (1964).

Das syndiotaktische cis-1,4-Polypentadien-1,3 ist mit Systemen aus Aluminiumalkylchloriden und Verbindungen von Übergangsmetallen der 8. Gruppe des Periodensystems, zum Beispiel Kobaltverbindungen, herstellbar[1]. cis-1,4-Strukturen bis zu 90% der möglichen Menge werden gefunden.

Die folgende Tabelle 32 gibt Eigenschaften der beschriebenen Polymere wieder, während diese selbst in Abb. 34 an Hand von Modellzeichnungen dargestellt sind[2].

Tabelle 32. *Einige physikalische Eigenschaften der drei bisher bekannten sterisch regelmäßigen Poly-1,3-pentadien-Isomere*

Polymeres	IR-Analyse (Reinheit)	Identitäts-periode (Å)	Fp (°C)	Dichte (g/ml)
isotaktisch, trans-1,4	98—99% trans-1,4	4,85	96	0,98
isotaktisch, cis-1,4	85% cis-1,4	8,1	44	0,97
syndiotaktisch, cis-1,4	90% cis-1,4	8,5	53	1,01

Versuche mit Katalysatoren des Typs $AlR_3/Ti(OR)_4$, die selbst Asymmetriezentren enthalten, zeigten folgendes Ergebnis[3]:

1. Befand sich das Asymmetriezentrum in den Alkylsubstituenten des Aluminiums ((+)Tri-(2-methylbutyl)aluminium/Titan-tetrabutoxid), so konnte keine optische Aktivität in den hergestellten hochmolekularen Polymeren festgestellt werden.

2. Mit einem Katalysator (Triäthylaluminium/(—)Titantetramenthoxid), der das Asymmetriezentrum im Substituenten des Titans enthielt, wurde optisch aktives cis-1,4-Polypentadien-1,3 (bis zu 80% cis) gewonnen. Daraus geht hervor, daß die sterische Regelmäßigkeit durch die Verbindungen des Übergangsmetalls bestimmt wird, entweder, indem das Polymere direkt am Übergangsmetall wächst oder indem das Monomere zunächst dort vor der Einführung in die wachsende Kette adsorbiert und orientiert wird.

Außer den genannten 1,4-Polymerisaten sind noch folgende, jedoch bisher nicht gewonnene regelmäßige Polymere denkbar[2]:

Bei 1,2-Verknüpfung je ein isotaktisches und je ein syndiotaktisches Polymeres mit einer cis- oder einer trans-Doppelbindung in der Seitenkette.

Bei 3,4-Verknüpfung ein erythro-diisotaktisches, ein threo-diisotaktisches und ein syndiotaktisches Polymeres.

---

[1] NATTA, G., L. PORRI, A. CARBONARO, F. CIAMPELLI u. G. ALLEGRA: Makromol. Chem. **51**, 229 (1962).

[2] Nach NATTA, G.: Angew. Chem. **76**, 553 (1964).

[3] NATTA, G., L. PORRI u. S. VALENTI: Makromol. Chem. **67**, 225 (1963).

Insgesamt kann man sich also 11 regelmäßige Pentadien-Polymere vorstellen.

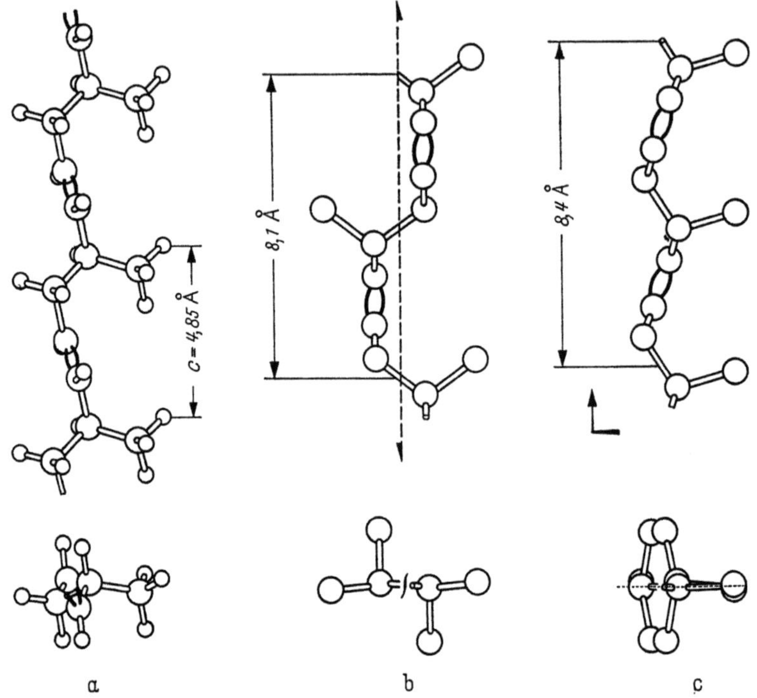

Abb. 34. Seitenansicht und Draufsicht von a kristallinem isotaktischem trans-Polypentadien, sowie von b isotaktischem cis-1,4-Polypentadien und c syndiotaktischem cis-1,4-Polypentadien[1]

Polymere des Hexadien-1,5[2]

Das mit Ziegler-Katalysatoren polymerisierte 1,5-Hexadien ergibt ein lösliches Polymeres, das kaum noch Ungesättigtheit (5—8 %) enthält[3]. Damit liegt eine alternierende intra-intermolekulare Verknüpfung (Cyclo-Polymerisation) vor[4], wohl in folgender Weise:

$$P + n \begin{array}{c} CH_2 \quad\quad CH_2 \\ \| \quad\quad\quad \| \\ CH \quad\quad CH \\ \backslash \quad\quad / \\ CH_2 - CH_2 \end{array} \longrightarrow P \left[\begin{array}{c} CH_2 \quad CH_2 \\ / \quad\quad \backslash \\ CH \quad\quad CH \\ \backslash \quad\quad / \\ CH_2 - CH_2 \end{array} \right]_{n-1} \begin{array}{c} CH_2 \quad CH_2 \\ / \quad\quad \backslash / \\ CH \quad\quad CH \\ \backslash \quad\quad / \\ CH_2 - CH_2 \end{array}$$

---

[1] Nach NATTA, G.: Angew. Chem. **76**, 553 (1964).

[2] Siehe Rezeptur Nr. 40 S. 348.

[3] MARVEL, C. S., u. J. K. STILLE: J. Am. Chem. Soc. **80**, 1740 (1958). Verwendung von Triisobutylaluminium/Titantetrachlorid. Ebenfalls untersucht wurden 1,6-Heptadien und 2,5-Dimethyl-1,5-hexadien, die auch teilweise cyclopolymerisieren.

[4] BUTLER, G. B., u. R. J. ANGELO: J. Am. Chem. Soc. **79**, 3128 (1957).

Detaillierte Untersuchungen dieser Polymerisation (mit $Al(C_2H_5)_3/TiCl_4$ beziehungsweise $TiCl_3$ bei verschiedenen Al/Ti-Verhältnissen und verschiedenen Katalysatorkonzentrationen in Chlorbenzol oder n-Heptan bei Temperaturen meist zwischen 40 und 100 °C) führten zu kristallinen Polymeren, die in verschieden gut lösliche Fraktionen zerlegbar waren, jedoch sich offensichtlich nur im Molekulargewicht unterschieden[1]. Nach ihren Röntgenstrukturanalysen und Dichtemessungen kamen die Autoren zu dem Schluß, daß es sich tatsächlich um ein Polymeres mit dem angenommenen Grundbaustein handelt, wobei die Methylengruppen an den Cyclopentanringen in cis-Stellung stehen. Der Cyclopentanring soll eine „Briefkuvert"-(„Envelop")-Konformation[2] einnehmen. Die Identitätsperiode des kristallinen Polymeren beträgt 4,80 Å. Allerdings ist diese Mikrostruktur nicht einheitlich, sondern von nichtcyclisierten Grundbausteinen unterbrochen.

Polystyrol[3]

Bei der Polymerisation von Styrol mit einem Aluminiumalkyl/Titanhalogenid-Katalysator erhielt man erstmalig einen Anteil von *Kopf-Schwanz-verknüpftem isotaktischem* Polystyrol[4-7].

$Al(C_2H_5)_3$ ergibt zusammen mit α-$TiCl_3$ hinsichtlich Aktivität und der Bildung von regelmäßigen Polymeren einen besseren Katalysator als $Al(C_2H_5)_2Cl$ (oder Bromid)[8]. Es werden Anteile des isotaktischen Polymeren von über 90 % erreicht.

Verwendet man $Al(C_2H_5)_3/TiCl_4$, so ist das günstigste Molverhältnis Al/Ti $= 3$[9]. (Von Al/Ti $= 0$ bis etwa 2 bilden sich große Mengen ataktischen Materials von niederem Molekulargewicht.)

---

[1] MAKOWSKI, H. S., B. K. C. SHIM u. Z. W. WILCHINSKY: J. Polymer Sci. A **2**, 1549 (1964).

[2] Siehe BRUTCHER JR., F. V., T. ROBERTS, S. J. BARR u. N. PEARSON: J. Am. Chem. Soc. **81**, 4915 (1959).

[3] Vgl. S. 77 (radikalische Polymerisation) und S. 114 (ionische Polymerisation); s. Rezeptur Nr. 41 S. 348. Patente S. 395.

[4] NATTA, G., u. P. CORRADINI: Makromol. Chem. **16**, 77 (1955).

[5] NATTA, G.: J. Polymer Sci. **16**, 143 (1955).

[6] Verwendung von $Al(i-C_4H_9)_3/TiCl_4$ oder $/TiCl_3$ s. OVERBERGER, C. G., F. ANG u. H. MARK: J. Polymer Sci. **35**, 381 (1959); neuere Arbeiten dieser Schule s. OVERBERGER, C. G., u. P. A. JAROVITZKY: C **4**, 37 (1964); C **12**, 3 (1966); s. auch OTTO, F. D., u. G. PARRAVANO A **2**, 5131 (1964); Kinetik der Polymerisation mit $Al(C_2H_5)_3/TiCl_3$ und $Al(C_2H_5)_3/VCl_3$.

[7] Zur Abtrennung des isotaktischen, kristallisierenden von dem amorphen Anteil (s. S. 116) ist noch folgendes zu sagen: Auch Methyläthylketon ist ein selektives Lösungsmittel. Ataktisches Polystyrol ist immer löslicher als isotaktisches, auch wenn letzteres im nicht kristallinen, metastabilen Zustand vorliegt: DANUSSO, F., u. G. MORAGLIO: J. Polymer Sci. **24**, 161 (1957).

[8] BURNETT, G. M., u. P. J. T. TAIT: Polymer **1**, 151 (1960); Polymerisation in Heptan, Temp. zwischen 30 und 70 °C.

[9] KERN, R. J., H. G. HURST u. W. R. RICHARD: J. Polymer Sci. **45**, 195 (1960).

Da ja hier zunächst die Reduktion des Titantetrachlorids stattfindet, ist es ratsam, das Monomere erst nach Bildung der TiCl$_3$-Kristalle zuzugeben, denn sonst setzt schnelle Polymerisation zu ataktischem Polymeren ein, statt der langsamen stereospezifischen[1]. (Interessanterweise ist auch das TiCl$_3$ für sich in der Lage, in äußerst fein verteilter Form die schnelle Polymerisation des Styrols zu amorphem Polymeren einzuleiten.)

Die Polymerisation ist (bei nicht zu kleinen Styrol-Konzentrationen) von 1. Ordnung sowohl bezüglich Monomerem als auch Katalysator, die Aktivierungsenergie beträgt um 10 kcal/Mol.

Mit n-Butyllithium/TiCl$_4$ in n-Heptan bei 40 und 80 °C ergab sich, daß isotaktisches Polystyrol sich nur zwischen Li/Ti = 1,75 bis 3,0 bildet[2]. Oberhalb und unterhalb dieses Bereiches bildet sich nur amorphes Polymeres, das teilweise recht niedermolekular ist. Eine Nebenreaktion ist hier die Entstehung von trans-Stilben.

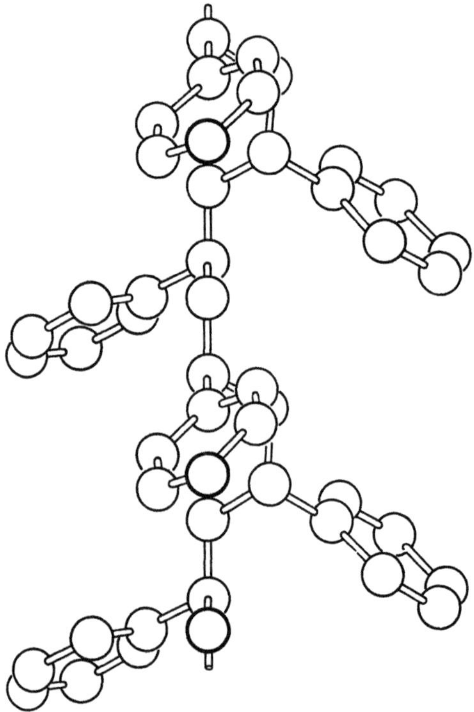

Abb. 35. Helixkonformation von kristallisiertem isotaktischem Polystyrol[3]

[1] Kabanov, V. A., V. P. Zubov u. V. A. Kargin: Vysokomol. soedin. 1, 1422 (1959).
[2] Tsou, K. C., J. F. Megee u. A. Malatesta: J. Polymer Sci. 58, 299 (1962).
[3] Nach Bunn, C. W., u. E. R. Howells: J. Polymer, Sci. 18, 307 (1955).

Die Kombinationen von Grignardverbindungen mit Titantetrachlorid beziehungsweise Butyl-o-titanat bilden Katalysatoren, die zunächst nur ataktisches Polymeres liefern. Drastische Erhitzung – zum Beispiel auf 150° C – vermindert zwar die Aktivität der Katalysatoren beträchtlich, führt aber zu erheblichen Anteilen von hochmolekularem kristallinem Polymerisat[1].

Im kristallinen Zustand nimmt isotaktisches Polystyrol Helixkonformation an, wobei je drei Grundbausteine pro Identitätsperiode im Winkel von 120° zueinander um die Faserachse angeordnet sind (Abb. 35). Die Winkel der Kohlenstoffatome in der Hauptkette betragen etwa 116°, sind also etwas aufgeweitet. Je zwei benachbarte Kohlenstoffatome weisen bezüglich ihrer Verbindungsachse eine Verdrehung von 60° gegeneinander auf.

Poly-α-methylstyrol[2]

α-Methylstyrol unterscheidet sich von den bisher in diesem Abschnitt besprochenen Monomeren dadurch, daß es an einem Kohlenstoffatom der Doppelbindung zweifach substituiert ist. Mit Ziegler-Katalysatoren des Typs $Al(C_2H_5)_3/TiCl_4$ läßt es sich polymerisieren, wobei die Molverhältnisse $Al/Ti = 1$ bis 1,2 am günstigsten sind[3]. Es muß unbedingt $TiCl_4$ auch nach der Reduktion durch die Aluminiumverbindung noch anwesend sein, denn anstelle von $TiCl_4$ eingebrachtes $TiCl_3$ führt zu keiner Polymerisation. $Al(C_2H_5)_3$ allein polymerisiert nicht, jedoch Aluminium-alkyl-halogenid, und zwar durchweg bei —78 °C in Toluol/Hexan-Gemischen. Die Polymerisation soll kationisch verlaufen.

Die Ziegler-Katalysatoren sind unter diesen Bedingungen sehr wirksam und führen zu sterisch regelmäßigen, offensichtlich *isotaktischen* Polymeren. Vergleiche mit anderen Systemen ergaben folgende Reihenfolge in der Stereospezifität:

$$Al(C_2H_5)_3/TiCl_4 > BF_3 \cdot O(C_2H_5)_2 > TiCl_4 > Na \geq K$$

Vielleicht ist der katalytisch wirksamste Anteil ein (löslicher) Komplex mit einem $(TiCl_3)^+$-Kation. Daneben aus der Reduktion des $TiCl_4$ bei 0 °C entstandenes $Al(C_2H_5)_2Cl$[4] scheint selbständig zu polymerisieren, weshalb die Molekulargewichtsverteilung des entstandenem Polymeren in diesem Fall breit ist und zwei Maxima aufweist. Ist kein $Al(C_2H_5)_2Cl$ vorhanden, so entsteht eine engere Molekulargewichtsverteilung.

---

[1] ALLEN, P. E. M., u. J. F. HARROD: Makromol. Chem. **32**, 153 (1959).

[2] Vgl. S. 118 (ionische Polymerisation); s. Rezeptur Nr. 42 S. 349.

[3] SAKURADA, Y.: J. Polymer Sci. A **1**, 2407 (1963); SAKURADA, Y., u. M. UEDA: Chem. High Polymers (Tokio) **20**, Nr. 219, 417 (1963), ref. in Makromol. Chem. **68**, 234 (1963).

[4] Die Reduktion findet bei der Polymerisationstemperatur von —78° C nicht statt.

14*

Polyvinylchlorid[1]

Die Polymerisation von Vinylchlorid durch Ziegler-Katalysatoren des Typs Aluminiumverbindung/Ti(O-nBut)$_4$ gelingt bei 30 °C in langsamer Polymerisation (n-Hexan als Lösungsmittel)[2,3]. Die Aktivität der Katalysatoren – die bei —78 °C in Gegenwart des Monomeren gebildet wurden – nimmt in der folgenden Reihenfolge verwendeter Aluminiumverbindungen ab:

$$Al(C_2H_5)Cl_2 > Al(C_2H_5)_2Cl \gg Al(OC_2H_5)(C_2H_5)_2, \; Al(C_2H_5)_3, \; AlCl_3.$$

Das Aktivitätsmaximum entspricht einem Molverhältnis Al/Ti = 1,75, wenn Al(C$_2$H$_5$)Cl$_2$ eingesetzt wird.

Die Aktivität läßt sich durch Zusatz von Komplexbildnern wie Tetrahydrofuran oder Triäthylamin noch steigern. Der Chlorgehalt des Polymeren entspricht nahezu dem theoretischen. Die Autoren nehmen koordinativ-anionischen Mechanismus an.

Polyvinyläther[4]

Monomere dieses Typs sind durch titan- und aluminiumhaltige Mischkatalysatoren, die im Reaktionsmedium löslich sind, bei tiefen Temperaturen polymerisierbar. Die Katalysatoren sind: (C$_5$H$_5$)$_2$TiCl$_2$AlCl$_2$, (C$_5$H$_5$)$_2$TiCl$_2$AlClC$_2$H$_5$ und (C$_5$H$_5$)$_2$TiCl$_2$Al(C$_2$H$_5$)$_2$[5].

Die katalytische Aktivität dieser Komplexe gegenüber Vinyläthern nimmt mit Verminderung der sauren Natur ab (gegenüber Äthylen ist das umgekehrt).

Auch durch das Zusammengeben von Al(C$_2$H$_5$)$_3$ und SnCl$_4$ entstehen in Toluol lösliche Systeme, die – besonders wenn die beiden Komponenten im Molverhältnis 1 : 1 vereinigt sind – bei —70 °C für Vinyl-isobutyläther ausgezeichnete stereospezifische Katalysatoren sind und hohe *Isotaktizität* ergeben[6]. Die genannten Verbindungen bilden zunächst AlCl$_3$ und

---

[1] Vgl. S. 81 (radikalische Polymerisation) und S. 126 (ionische Polymerisation).

[2] YAMAZAKI, N., K. SASAKI u. S. KAMBARA: J. Polymer Sci. B **2**, 487 (1964).

[3] Siehe auch Polymerisation mit Al(C$_2$H$_5$)$_3$/TiCl$_3$ mit Zusätzen von Diäthyläther, Diphenylamin oder Triäthylamin: ETLIS, V. S., K. S. MINSKER, E. E. RYLOV u. D. N. BORT: Vysokomol. soedin. **1**, 1403 (1959); RAZUVAEV, G. A., K. S. MINSKER, A. I. GRAEVSKIJ, Z. S. SMOLYAN, G. T. FEDOSEEVA u. O. N. BORT: **5**, 1030 (1963); ASHIKARI, N.: Chem. High Polymers (Tokio) **19**, Nr. 212, 728 (1962), ref. in Makromol. Chemie **63**, 228 (1963).

[4] Vgl. S. 123 (ionische Polymerisation) und S. 222 (Polymerisation mit heterogenen Katalysatoren).

[5] NATTA, G., G. DALL'ASTA, G. MAZZANTI, U. GIANNINI u. S. CESCA: Angew. Chem. **71**, 205 (1959).

[6] NAKANO, S., K. IWASAKI u. H. FUKUTANI: 10. Symposium über Polymerchemie in Tokio, 1961.

$Sn(C_2H_5)_3Cl$, die assoziieren. Aus den Assoziaten entstehen Ionen, die beide Metalle enthalten, das heißt, mehrzentrisch sind[1].

Schließlich gelang mit $AlR_3/TiCl_4$ bei —78 °C die stereospezifische Polymerisation von Vinyl-isobutyl- und anderen Vinylalkyläthern[2].

Ein Katalysator, der sehr wirkungsvoll bei Zimmertemperatur eine Reihe von Alkylvinyläthern weitgehend stereospezifisch polymerisiert, wird folgendermaßen hergestellt[3]: Durch Umsetzung von Aluminiumtriäthyl und Vanadintetrachlorid (Al/V Molverhältnis = 0,36) in Heptan entsteht zunächst ein Reaktionsprodukt, das kein Alkyl mehr und das Vanadin größtenteils in dreiwertiger, etwas in zweiwertiger Form enthält. Danach erfolgt Zugabe von Aluminium-triisobutyl (Molverhältnis Al/V = 2), von dem nach kurzer Alterung der heptanunlösliche Teil abzentrifugiert wird. Dieser enthält 0,21 Mol Aluminium pro Mol Vanadin und 1,4 Mol Isobutyl pro Mol Aluminium.

Mit dem heterogenen System kann bei 30 °C in Äther Methyl-, Äthyl-, Isopropyl-, Isobutyl-, tert. Butyl- und Neopentylvinyläther zu hochkristallinen, wahrscheinlich isotaktischen Polymeren von hohen Molekulargewichten polymerisiert werden. Die folgende Tabelle 33 gibt einige physikalische Daten von diesen und anderen Polyvinyläthern wieder.

Tabelle 33. *Kristalline Polyvinyläther*[4]

Alkyl des Vinyläthers	Smp. [°C]	Löslichkeit bei 25 °C unlöslich	löslich
Methyl	144	Wasser, Methanol, Heptan	
Äthyl	86	Methanol, Heptan	
n-Propyl	76	Heptan, Aceton	
Isopropyl	190	Methanol, Heptan, Aceton	
n-Butyl	64	Heptan	
Isobutyl	165	Heptan, Benzol	
tert.-Butyl	240—60	Heptan, Benzol	
Neopentyl	216	Heptan, Benzol	
Benzyl	162	Aceton, Äther	
2-Chloräthyl	150	Aceton	
2-Methoxyäthyl	73	Äther	Wasser
2,2,2-Trifluoräthyl	128	Heptan, Benzol, Dioxan	

[1] TAKEDA, Y., T. OKUYAMA, T. FUENO u. J. FURUKAWA: Makromol. Chem. **76**, 209 (1964); selbst in Benzol ist die elektrische Leitfähigkeit dieser Katalysatorsysteme bemerkenswert hoch.

[2] LAL, J.: J. Polymer Sci. **31**, 179 (1958); BOGDANOVA, A. V.: Vysokomol. soedin. **2**, 576 (1960).

[3] VANDENBERG, E. J.: J. Polymer Sci. C **1**, 207 (1963).

[4] Nach VANDENBERG, E. J., R. F. HECK u. D. S. BRESLOW: J. Polymer Sci. **41**, 519 (1959).

Der geringe Alkylanteil läßt auf einen kationischen Polymerisationsmechanismus schließen. Sowohl Monomeres als auch die wachsenden Polymerenden mögen über ihre Sauerstoffatome an den Katalysator koordinativ gebunden sein.

Die stereoreguläre Vinylätherpolymerisation soll dadurch bedingt sein, daß infolge Wechselwirkung des Carboniumions mit dem Äthersauerstoff des vorletzten Gliedes sich ein wachsendes Oxoniumion als sechsgliedriger Ring ausbildet[1].

trans-Poly-acetylen

Auch Acetylen kann mit Ziegler-Natta-Katalysatoren polymerisiert werden. Während mit $Al(i\text{-}C_4H_9)_3/TiCl_4$ niedermolekulare, teilweise cyclische Verbindungen erhalten werden[2], führt die Verwendung von $Al(C_2H_5)_3/Ti(OC_3H_7)_4$ zwischen —20 und 80 °C in Heptan bei Normaldruck in stereospezifischer Polymerisation zu Polymeren mit 90—95 % Kristallinität und *trans-Konfiguration* an den Doppelbindungen[3]. Andere, in gleicher Weise stereospezifische Katalysatoren bilden sich aus $LiBH_4$ und Komplexen von Nickel- und Kobaltsalzen, zum Beispiel

$$[(n\text{-}C_4H_9)_3P]_2 \cdot NiCl_2 ,$$
$$[(C_3H_7)_3P]_2 \cdot NiBr_2 , \quad [(C_6H_5)_3P]_2 \cdot NiCl_2 ,$$
$$[(C_6H_5)_3P]_2 \cdot Ni(SCN)_2 , \quad [(C_6H_5)_3P]_2 \cdot CoCl_2 .$$

Die Polymerisationen werden zum Beispiel in Tetrahydrofuran oder Äthanol unter Einleiten von Acetylen ausgeführt[4,5]. Neben stereoregulären, fast schwarzen unlöslichen Polymeren entstehen noch niedermolekulare Produkte. Monosubstituierte Acetylene geben beträchtliche Mengen an Nebenprodukten, disubstituierte polymerisieren schlecht.

Polyepoxide[6]

Wie bereits früher beschrieben, kann man mit Aluminiumtriäthyl Epoxide polymerisieren, wobei zum Beispiel Wasserzusatz eine starke Verbes-

[1] CRAM, D. J., u. K. R. KOPECKY: J. Am. Chem. Soc. **81**, 2748 (1959).

[2] FRANZUS, B., P. J. CANTERINO u. R. A. WICKLIFFE: J. Am. Chem. Soc. **81**, 1514 (1959).

[3] NATTA, G., G. MAZZANTI u. P. CORRADINI: Rend. Accad. Naz. Lincei [8] **25**, 3 (1958). Siehe auch den Zusammenhang zwischen Aktivität und elektrischer Leitfähigkeit eines solchen Katalysatorsystems unter derartigen Bedingungen: NICOLESCU, I. V., u. EM. ANGELESCU: J. Polymer Sci. A **3**, 1227 (1965).

[4] GREEN, M. L. H., M. NEHME u. G. WILKINSON: Chem. and Ind. (London) **1960**, 1136.

[5] LUTTINGER, L. B.: Chem. and Ind. (London) **1960**, 1135; außer von Ni und Co sind noch Verbindungen des Ru, Os, Pt und Pd wirksam, sowie andererseits $LiAlH_4$, Diboran und weitere Alkaliborhydride. J. Org. Chem. **27**, 1591 (1962).

[6] Vgl. S. 138 (ionische Polymerisation) und S. 222 (Polymerisation mit heterogenen Katalysatoren).

serung des Katalysators bedingt[1]. Nun läßt sich der gleiche Katalysator auch durch Zusatz von Chelaten des Nickels, des Kobalts und anderer Übergangsmetalle wesentlich verbessern. Man erhält so hochmolekulare, hochkristalline Polymere des Äthylenoxids, Propylenoxids, Epichlorhydrins, Isobutylenoxids, 2-Chlormethyl-propylenoxids, Styroloxids und des Phenylglycidyläthers[2,3]. Es wird angenommen, daß die Übergangsmetalle eine Funktion als Koordinationszentren für Monomere und Polymere haben und daß dadurch die Stereospezifität unterstützt wird, während der Polymerisationsmechanismus grundsätzlich dem ohne Chelate entspricht.

In der folgenden Tabelle 34 sind einige Ergebnisse wiedergegeben.

Tabelle 34. *Polymerisation verschiedener Epoxide mit* $Al(C_2H_5)_3$/*Ni- oder Co-Chelaten*[a,3]

| Monomeres | Katalysator | | Polymerisations-temperatur (°C) | Ausbeute[d] (%) | | Smp. von I (°C) |
	Chelat[b]	Al/M[c]		I	II	
Äthylenoxid	Ni(dmg)$_2$	3	30	ca. 100		71— 72
Epichlorhydrin	Ni(dmg)$_2$	3	60	20,5	5,0	130—135
	Ni(dmg)$_2$	3	30	10,0	4,5	127—131
Isobutylenoxid	Ni(dmg)$_2$	4	—78	7,0	1,5	151—154
	Co(salim)$_2$	3	—78	30,5	2,2	150—152
2-Chlormethyl-propylenoxid	Co(sal)$_2$	3	—78	24,0	27,0	119—123
	Ni(dmg)$_2$	3	30	8,5	35,6	120—122
Styroloxid	Ni(dmg)$_2$	3	30	8,0	29,7	120—132
	Co(acac)$_3$	3	30	21,2	8,7	135—140

a Polymerisationsbedingungen: 5 ml Monomeres; 2 Mol-% Chelat, bezogen auf Monomeres, 15 ml Heptan, Reaktionszeit: 48 Stunden.

b Bedeutung der Abkürzungen: dmg = Dimethylglyoxim, salim = Salicylaldehydimin, sal = Salicylaldehyd, acac = Acetylaceton.

c Molverhältnis $Al(C_2H_5)_3$/Metall des Chelats.

d I: in Methanol unlöslich, II: in Methanol löslich.

Besonders gut untersucht wurde die Polymerisation des Phenylglycidyläthers (s. Tabelle 35).

In Toluol sind Katalysator und Monomeres löslich, in n-Heptan dagegen nicht, so daß dort die Polymerisation von Beginn an heterogen verläuft. Die Polymerisationsgeschwindigkeit wie auch die erzielten Molekulargewichte steigen bis zu einem Grenzwert mit der Temperatur an, wobei

[1] Siehe S. 140.

[2] KAMBARA, S., M. HATANO u. K. SAKAGUCHI: J. Polymer Sci. **51**, S 7 (1961); KAMBARA, S., u. A. TAKAHASHI: Makromol. Chem. **58**, 226 (1962).

[3] Nach KAMBARA, S., u. A. TAKAHASHI: Makromol. Chem. **63**, 89 (1963).

erstere noch mit der Katalysatorkonzentration ansteigt. Das Molverhältnis beider Katalysatorkomponenten ist ebenfalls von Bedeutung für den Umsatz (in allen Einzelfällen wird angenommen, daß maximaler Umsatz, das heißt der Gleichgewichtspunkt der Polymerisation erreicht wurde) und für das Molekulargewicht.

Das weiße Polymere löst sich in üblichen, kalten organischen Lösungsmitteln nicht, jedoch in heißem o-Dichlorbenzol, Dimethylformamid und Xylol bei 140—150 °C.

Tabelle 35. *Polymerisation von Phenylglycidyläther mit Al(C$_2$H$_5$)$_3$/Metallchelaten* [a][1]

Metall-chelat[b]	Al/M[c]	Lösungsmittel	Umsatz %	Schmelzpunkt d. Polymeren °C	Lösungs-viskosität d. Poly-meren[d] [η]
Co(dbm)$_2$	3	n-Heptan	95,0	196—203	1,70
Co(dbm)$_2$	3	Toluol	100,0	194—203	1,70
Co(dmg)$_3$	4	n-Heptan	62,1	196—199	—
Co(dmg)$_3$	4	Toluol	85,5	192—198	1,22
Co(8-hoq)$_2$	3	n-Heptan	74,6	190—196	—
Co(sal)$_2$	3	Toluol	84,4	188—196	1,35
Co(salim)$_2$	3	Toluol	83,7	195—201	2,0
Ni(α-bd)$_2$	3	Toluol	81,3	201—204	1,70
Ni(cdd)$_2$	3	Toluol	73,0	197—203	2,0
Ni(dmg)$_2$	3	Toluol	80,0	199—201	1,90
Ni(dmg)$_2$	3	Benzol	87,3	190—196	1,80
Ni(saldox)$_2$	3	Toluol	67,2	193—197	1,25
Cr(acac)$_3$	4	Toluol	96,1	195—200	0,69
V(acac)$_3$	4	Toluol	91,4	193—198	0,88
VO(acac)$_2$	4	Toluol	98,1	195—197	0,94

a Polymerisationsbedingungen: 2 ml Monomeres auf 6 ml Lösungsmittel, 2 Mol-% Chelat, bezogen auf Monomeres, Temperatur 100 °C, Reaktionszeit: 48 Stunden.

b Bedeutung der Abkürzungen: dbm = Dibenzoylmethan, dmg = Dimethylglyoxim, 8-hoq = 8-Hydroxy-chinolin, sal = Salicylaldehyd, salim = Salicylaldehydimin, α-bd = α-Benzyldioxim, cdd = Cyclohexandion-dioxim, saldox = Salicylaldoxim, acac = Acetylaceton.

c Molverhältnis Al(C$_2$H$_5$)$_3$/Metall des Chelats.

d Messung bei 120 °C, Konzentration nicht angegeben.

Copolymere von Äthylen und Buten-2[2]

cis- und trans-Buten-2 polymerisieren nicht mit den verwendeten Ziegler-Natta-Katalysatoren, sie sind jedoch in der Lage, mit Äthylen Copoly-

[1] Nach TAKAHASHI, A., u. S. KAMBARA: Makromol. Chem. **72**, 92 (1964).
[2] Siehe Rezeptur Nr. 43 S. 349.

mere zu bilden[1]. Voraussetzung ist hohe Buten-, aber geringe Äthylenkonzentration. Dabei ist die Copolymerisationsgeschwindigkeit bei cis-Buten-2 höher als bei trans-Buten-2. Umsetzungen wurden mit folgenden Systemen ausgeführt: $Al(hexyl)_3/VCl_4$, $Al(C_2H_5)_2Cl/V(acetylacetonat)_3$ und $Al(C_2H_5)_3/$ δ-$TiCl_3$. Als Lösungsmittel dienten n-Heptan und Toluol, Temperaturen waren —30 °C und 0 °C.

Während das Copolymere mit trans-Buten-2 keine Kristallinität zeigte, konnte das mit cis-Buten-2 durch Extraktion mit siedendem Äther und n-Hexan in Fraktionen zerlegt werden, wovon zwei 50 beziehungsweise 49 Mol-% Buten enthielten und teilweise kristallin waren. (Allerdings sind die Molekulargewichte nicht hoch.) Entsprechend ist diesen Polymeren eine große Einheitlichkeit zuzusprechen, die zunächst in der *(1:1)-alternierten* Folge der beiden Grundbausteine besteht. Die Auswertung der Röntgen-Beugungsspektren ergab zudem, daß dem Copolymeren eine *erythrodiisotaktische* Mikrostruktur zukommt[2].

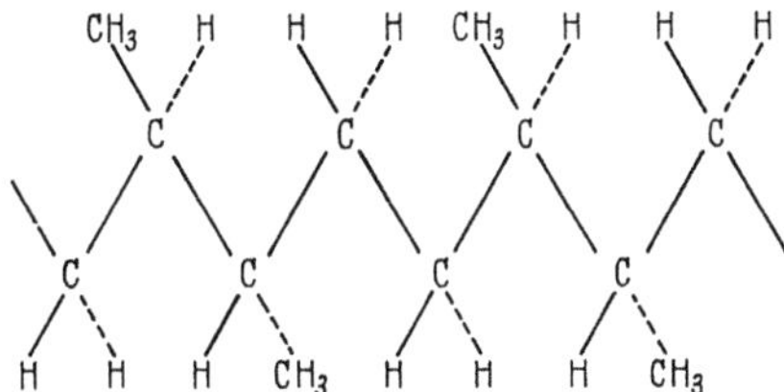

Hiernach erfolgt die Polymerisation stets durch cis-Öffnung der Doppelbindung des Butens.

Copolymere von Äthylen und Cyclopenten[3]

Wegen der sterischen Hinderungen, die an der Doppelbindung im Cyclopenten bestehen, findet keine Homopolymerisation an den Doppelbindungen statt, wie bereits ausgeführt wurde[4]. In Gegenwart von Äthylen erfolgt aber Copolymerisation, und zwar ausgelöst durch heterogene wie auch homogen gelöste Katalysatorsysteme (zum Beispiel $Al(hexyl)_3/VCl_4$ in Heptan, $Al(C_2H_5)_2Cl/V(acetylacetonat)_3$ in Toluol)[5]. Bei geringem Äthylen-Partialdruck erhält man annähernd ein (1:1)-alterniertes hochkristallines Copolymeres. Durch Extraktion mit siedenden Lösungsmitteln kann

---

[1] NATTA, G., G. DALL'ASTA, G. MAZZANTI, I. PASQUON, A. VALVASSORI u. A. ZAMBELLI: J. Am. Chem. Soc. **83**, 3343 (1961); NATTA, G., G. DALL'ASTA, G. MAZZANTI u. F. CIAMPELLI: Kolloid-Z. **182**, 50 (1962).

[2] CORRADINI, P., u. P. GANIS: Makromol. Chem. **62**, 97 (1963).

[3] Siehe Rezeptur Nr. 44 S. 349.

[4] Siehe S. 161.

[5] NATTA, G., G. DALL'ASTA, G. MAZZANTI, I. PASQUON, A. VALVASSORI u. A. ZAMBELLI: Makromol. Chem. **54**, 95 (1962); NATTA, G.: Pure Appl. Chem. **4**, 363 (1962).

man daraus ein reines Polymeres mit 50 Mol-% Äthylen isolieren, das bei 183—185 °C schmilzt und wahrscheinlich *erythro-diisotaktisch* ist:

$$\left[\begin{array}{c} -CH_2-CH_2-CH\!-\!\!-\!\!-CH- \\ \quad\ |\qquad\quad | \\ \quad\ CH_2\quad\ CH_2 \\ \quad\ \backslash\quad\ / \\ \qquad CH_2 \end{array} \right]_n$$

Copolymere von Äthylen und Butadien

Durch Zusammengeben von $Al(i\text{-}C_4H_9)_3$, $Al(i\text{-}C_4H_9)_2Cl$, VCl_4 und Anisol (am besten im Molverhältnis 2 : 2 : 1 : 2) in Toluol bei —78 °C entsteht ein anscheinend gelöstes katalytisches System, das bei —25 °C Butadien langsam, Äthylen schnell polymerisiert[1]. Sind diese beiden Monomere zusammen anwesend (ersteres gelöst, letzteres durchströmend), so entstehen Copolymere (die allerdings nicht sehr hochmolekular sind). Durch Extraktion mit siedendem Diäthyläther, n-Pentan und n-Hexan kann man Fraktionen erhalten, die alle Butadien – vorwiegend in trans-Konfiguration – und Äthylen einpolymerisiert enthalten und die teilweise kristallin sind. Die Kristallitschmelzpunkte liegen zwischen 60 und 65 °C. Besonders stark ist die Kristallinität bei einer Fraktion mit 50 Mol-% Äthylen. Insgesamt gewinnt man den Eindruck, daß hier *(1:1)-alternierte* Copolymere aus Butadien und Äthylen vorliegen:

$$\begin{array}{c} H \\ | \\ -CH_2-C\!=\!C-CH_2-CH_2-CH_2- \\ \qquad\quad | \\ \qquad\quad H \end{array}$$

3A.133 Vergleichender Rückblick

Infolge ihres ionischen Wachstumsmechanismus fügen sich die mit Hilfe von Ziegler-Katalysatoren ausgelösten Polymerisationen durchaus in das Bild, das im vorangegangenen Abschnitt von den ionischen Polymerisationen gezeichnet werden konnte. Man sieht das insbesondere an den Bedingungen des linearen Kettenwachstums, der Endgruppenbildung, der Einstellung bestimmter Positionsfolgen der Grundbausteine und auch noch teilweise in der Art der Übertragungs- und Abbruchreaktionen. Bei den eigentlichen Ziegler-Katalysatoren ist nun charakteristisch, daß sie heterogen auftreten. In früher besprochenen Fällen kam Heterogenität eines Katalysators seiner Stereospezifität zugute. Hier sind es zudem kristalline Partikel, die die Heterophasen bilden. An ihren geordneten Oberflächen können sich deshalb Oberflächenkomplexe bilden. Bereits bei der radikalischen Polymerisation sahen wir, wie durch Komplexbildung am wachsenden

---

[1] NATTA, G., A. ZAMBELLI, I. PASQUON u. F. CIAMPELLI: Makromol. Chem. **79**, 161 (1964).

Polymerende die regelmäßige Verknüpfung der Monomere bevorzugt wird. Es ist deshalb durchaus zu verstehen, wenn Heterogenität und Komplexbildung zusammen bei Ziegler-Katalysatoren eine so ausgeprägte Stereospezifität (bei einheitlicher Öffnung von Doppelbindungen) ergeben.

Auch hier erfolgt nebenher unregelmäßiges Wachstum, und zwar wieder mit höherer Geschwindigkeit als regelmäßiges. Die günstigen Temperaturen für regelmäßiges Wachstum an ungelösten Katalysatoren liegen wieder in höheren Bereichen, als dies an gelösten der Fall ist.

Nachteilig bei Ziegler-Katalysatoren ist, daß sie im allgemeinen nicht exakt definiert hergestellt werden können. Außerdem gehen sie meistens leicht Veränderungen ein, auch während der Polymerisation. Zu diesem Bild passen die breiten Molekulargewichtsverteilungen. Die Gewinnung von durchweg einheitlichen Polymeren ist deshalb noch auf zusätzliche Maßnahmen angewiesen, wie sie besonders später im Rahmen der physikalischen Isolierungsmethoden besprochen werden.

3A.14 Polymerisationen mit weiteren heterogenen Katalysatoren

3A.141 Einzelfälle

Polymonoolefine (beziehungsweise hochmolekulare Paraffine) [1]

Nach dem Phillips-Verfahren unter Verwendung von CrO_3 auf Aluminiumsilikat wird ein Polyäthylen erhalten, das praktisch nur eine Methylgruppe pro Makromolekül enthält, die vorhandene Ungesättigtheit fast ausschließlich in Vinylendgruppen besitzt und so gut wie unverzweigt ist. Es besteht also gute *Linearität* und *Einheitlichkeit der Endgruppen*.

Entsprechend sind Dichte und Schmelzpunkt wegen des hohen Grades der Kristallinität bei solchem Polyäthylen besonders hoch [2].

Der Kettenstart ist schwierig zu verstehen. Irgendwoher muß ein Wasserstoffatom beziehungsweise -ion kommen, damit die Methylgruppe entstehen kann. Das Kettenwachstum erfolgt dann wieder durch Einschieben von Äthylen in eine Metall-Kohlenstoffbindung. Kettenabbruch und Kettenübertragung sind wie folgt gut zu beschreiben: Das Polymere bricht vom Katalysator ab, hinterläßt ein Wasserstoffatom und besitzt danach eine Vinylendgruppe. Äthylen kann an die Metall-Wasserstoffbindung wieder addieren, und die Polymerisation erfolgt von neuem [3].

Absichtlicher Kettenabbruch einer Polymerisation läßt sich durch Zusatz von Sauerstoff, Wasser und einigen anderen polaren Substanzen herbeiführen.

---

[1] Siehe Rezepturen Nr. 45—48 S. 349—350.

[2] Vgl. S. 75 (radikalische Polymerisation), S. 170 (Polymerisation mit Ziegler-Katalysatoren).

[3] WERBER, F. X.: Fortschr. Hochpolym.-Forsch. 1, 180—191 (1959).

Auch Propylen kann zu teilweise kristallinen isotaktischen Polymeren polymerisiert werden (Tabelle 36)[1], und zwar besonders günstig, wenn Aluminiumalkyl zugesetzt wird[2].

Höhere und tiefere Temperaturen als 105 °C ergeben geringere Ausbeuten an festem Polypropylen. Offensichtlich finden nebeneinander Reaktionen am Aluminiumsilikat und an durch CrO_3 + $Al(i\text{-}C_4H_9)_3$ auf dem Aluminiumsilikat gebildeten aktiven Zentren statt. Mit den gleichen Katalysatoren konnten auch kristallines Polyvinylcyclohexan, Polyallylcyclohexan[3], Polyallylbenzol und Poly-4-phenylbuten-1 hergestellt werden.

Tabelle 36. Polymerisation von Propylen[1]

Katalysator	Reaktions-bedingungen	Polymeres		
		nieder-molekular (%)	hochmolekular amorph (%)	kristallin (%)
Aluminiumsilikat	105°, 35—40 atm	100	0	0
Aluminiumsilikat + CrO_3	105°, 35—40 atm	60	25	15
Aluminiumsilikat + CrO_3 + $Al(i\text{-}C_4H_9)_3$	105°, 35—40 atm	25	25	50

Das Polyvinylcyclohexan entspricht dem hydrierten isotaktischen Polystyrol[4]. Auch hier ruft die Zugabe von $Al(i\text{-}C_4H_9)_3$ zum Chromoxid eine beträchtliche Steigerung der Ausbeute hervor, ohne die Struktur zu ändern. Die Polymerisationen wurden bei 80 °C in n-Heptan ausgeführt (in Benzol wurden keine kristallinen Polymere erhalten)[5].

Allgemein können nichtcyclische α-Olefine mit Chromoxid-Katalysatoren polymerisiert werden, soweit sie keine Verzweigungen näher als das 4. C-Atom zur Doppelbindung und insgesamt nicht mehr als 8 C-Atome haben[6]. Styrol – als aromatisch substituiertes Olefin – ließ sich bisher nicht

---

[1] TOPCHIEV, A. V.: J. Polymer Sci. **53**, 195 (1961) mit Hinweis auf N. H. Friedlander (USA), optimale Bedingungen für kristallines Polypropylen: 8% CrO_3 auf Träger, $Al(i\text{-}C_4H_9)_3$: CrO_3 = 3 : 1, Temp. 105°C (danach starker Abfall).

[2] Vgl. S. 173 (Polymerisation mit Ziegler-Katalysatoren).

[3] TOPCHIEV, A. V., E. A. MUSHINA, A. I. PERELMAN u. B. A. KRENTSEL: Dokl. Akad. Nauk SSSR **130**, 344 (1960).

[4] MUSHINA E. A., A. I. PERELMAN, A. V. TOPCHIEV u. B. A. KRENTSEL: J. Polymer Sci. **52**, 199 (1961); vgl. NATTA, G.: Makromol. Chem. **33**, 247 (1959).

[5] Vgl. S. 184 (Polymerisation mit Ziegler-Katalysatoren).

[6] CLARK, A., J. P. HOGAN, R. L. BANKS u. W. C. LANNING: Ind. Eng. Chem. **48**, 1152 (1956).

an CrO_3-Kontakten polymerisieren. Die Reaktionsfreudigkeit steigt jedoch, wenn der Benzolring weiter von der Doppelbindung entfernt ist, was bei Allylbenzol und 4-Phenylbuten-1 der Fall ist.

Ebenfalls lineares Polyäthylen und Polypropylen mit in Heptan unlöslichen, kristallisierenden Anteilen wird mit einem Katalysator hergestellt, der aus Siliciumdioxid, Aluminiumdioxid, Titandioxid (durch Hydrolyse und Glühen aus Alkoholat beziehungsweise Estern gewonnen) und Triäthylaluminium besteht[1]. Dabei genügen geringe Monomerdrucke und Temperaturen bis 100 °C.

Die Äthylenpolymerisation in Benzol unter Druck bei 200 bis 275 °C mit Molybdänoxid-Aluminiumoxid-Katalysator, der mit Wasserstoff reduziert und mit Natrium aktiviert wurde, erfolgt bei gleichbleibendem Monomerdruck und gleicher Temperatur mit gleicher Geschwindigkeit. Mit steigender Temperatur geht die Polymerisationsgeschwindigkeit bei 235 °C durch ein Maximum[2]. Je höher die Temperatur ist, desto geringer sind die Molekulargewichte.

Bei der Hochdruckbehandlung (1000 atm) von Gemischen aus Kohlenoxid und Wasserstoff (Molverhältnis $H_2/CO = 2$) in Gegenwart von Rutheniumdioxid, das in Nonan suspendiert wird, läßt sich in langsamer Umsetzung ein Gemisch von Paraffinen gewinnen[3]. Besondere Präparation macht es möglich, bei Temperaturen unterhalb 140 °C zu arbeiten. Das Rutheniumdioxid wird zu Beginn der Umsetzung reduziert. Im Gemisch der Paraffine befinden sich auch hochmolekulare Anteile (zum Beispiel M = 65000) von sehr linearer Struktur, die als Polymethylene bezeichnet werden können. Tiefere Temperaturen und längere Umsetzungszeiten führen zu höheren Molekulargewichten.

Da als Zwischenprodukt Alkyl-rutheniumcarbonyle gefunden werden konnten, wird die nachstehende Reaktionsfolge angenommen:

$$R-Ru(CO)x \xrightarrow{+CO} R-CO-Ru(CO)x \xrightarrow[-H_2O]{+2H_2} R-CH_2-Ru(CO)x \xrightarrow{+CO} \dots$$

Polydiolefine

An Chromoxid auf Aluminiumsilikat – aktiviert in trockener Luft bei 500—550 °C – wird in Toluol bei 80 °C Butadien zu *trans-1,4-Polybutadien* polymerisiert[4]. Das Polymere enthält praktisch keine cis-1,4- oder 1,2-Verknüpfungen (nach IR-Adsorption).

---

[1] FURUKAWA, J., T. SAEGUSA, T. TSURUTA, S. ANZAI, T. NARUMIYA u. A. KAWASAKI: Makromol. Chem. **41**, 17 (1960).

[2] FRIEDLANDER, H. N.: J. Polymer Sci. **38**, 91 (1959).

[3] PICHLER, H., B. FIRNHABER, D. KIOUSSIS u. A. DAWALLU: Makromol. Chem. **70**, 12 (1964).

[4] TINYAKOVA, E. N., B. A. DOLGOPLOSK, T. G. ZHURAVLEVA, R. N. KOVALEVSKAYA u. T. N. KURENGINA: J. Polymer Sci. **52**, 159 (1961).

Mit *Isopren* erfolgt unter den gleichen Bedingungen ebenfalls 1,4-Verknüpfung[1]. Das Polymere ist dem Guttapercha ähnlich und besitzt bei einer Ungesättigtheit, die dem theoretischen Wert entspricht, zu 99 % *trans-Strukturen.*

Schließlich ergibt das *Pentadien-1,3* ein amorphes Polymeres, das aber ebenfalls praktisch nur *1,4-Verknüpfungen* mit überwiegend *trans-Konfigurationen* an den Doppelbindungen aufweist[1].

Polyvinylisobutyläther[2]

Mit einer Ausbeute von 32 % kann man Vinylisobutyläther bei 80 °C während 3 Stunden in Toluol polymerisieren, wenn CrO_3 (2 Stunden in trockener Luft bei 100 °C erhitzt) als Katalysator ohne Träger verwendet wird[3]. Wenn während der Polymerisation gerührt wird, lassen sich aus dem erhaltenen Polymeren 20 bis 30 % eines kristallinen Anteils durch Extraktion mit Methyläthylketon abtrennen, sonst weniger. Offenbar ist die Herstellung frischer Oberfläche des heterogenen Katalysators durch Rühreffekte wichtig.

Poly-epoxide[4]

Äthylenoxid, Propylenoxid und Butadienoxid lassen sich bei Zimmertemperatur mit Aluminiumoxid oder Aluminiumoxid/Siliciumdioxid polymerisieren. Die Molekulargewichte der Polymere und die Ausbeuten werden aber wesentlich höher, wenn gleichzeitig metallorganische Verbindungen wie Zinkdiäthyl, Cadmiumdiäthyl, Aluminiumtriäthyl und Lithiumbutyl anwesend sind[5].

Dasselbe gilt für Mischkatalysatoren aus Zinkdiäthyl und Oxiden wie Bi_2O_3, MgO, CaO, BaO usw. (geprüft an der Polymerisation von Propylenoxid)[6].

3A.142 Vergleichender Rückblick

Die heterogenen oxidischen Katalysatoren unterstreichen die Wirksamkeit von Phasengrenzflächen fest/flüssig für eine einheitliche Verknüpfung der Monomere. Es ist bezeichnend, daß die Übergangsmetalle in ihren

---

[1] TINYAKOVA, E. N., B. A. DOLGOPLOSK, T. G. ZHURAVLEVA, R. N. KOVALEVSKAYA u. T. N. KURENGINA: J. Polymer Sci. **52**, 159 (1961).

[2] Vgl. S. 123 (ionische Polymerisation) und S. 212 (Polymerisation mit Ziegler-Katalysatoren); s. Rezeptur Nr. 49 S. 351.

[3] IWASAKI, K.: J. Polymer Sci. **56**, 27 (1962).

[4] Vgl. S. 138 (ionische Polymerisation) und S. 214 (Polymerisation mit Ziegler-Katalysatoren); s. Rezeptur Nr. 50 S. 351.

[5] FURUKAWA, J., T. SAEGUSA, T. TSURUTA u. G. KAKOGAWA: Makromol. Chem. **36**, 25 (1960).

[6] OKAZAKI, K.: Makromol. Chem. **43**, 84 (1961).

Verbindungen wieder etwas reduziert vorliegen müssen und auch zugesetzte
metallorganische Verbindungen verbessernd wirken. Prinzipiell hat man
hier also wohl dieselben Vorgänge anzunehmen, wie sie zum Beispiel bei
den Ziegler-Katalysatoren besprochen wurden: Monomerkoordinierung,
Einschiebung der Monomere zwischen Katalysator und wachsender Polymerkette, enge Wechselwirkung in den dort vorliegenden Komplexen
zwischen Katalysator, Monomerem und Polymerkette, sowie Abbruchreaktionen durch Bruch der Polymerbindungen zu den Katalysatoren. Auch
die Breite der Molekulargewichtsverteilungen deutet auf sehr ähnliche Verhältnisse. Es fehlt offenbar jegliche Kontrolle der Katalysatoren oder
eventuell zugeordneter Systeme über die Länge der entstandenen Moleküle,
obwohl man sich im grunde etwas Derartiges vorstellen kann. So könnten die
Dimensionen der festen Oberflächen dabei eine Rolle spielen. Allerdings
müßten bereits diese vollkommen einheitlich strukturiert sein, bevor man
eine wirklich stichhaltige Aussage machen kann, ob eine Kontrolle stattfindet oder nicht.

3A.2 Polykondensationen[1]
3A.21 Allgemeines

Polykondensationen verlaufen häufig recht übersichtlich. Ferner ist
man in der günstigen Lage, die verschiedenen Umsetzungsmöglichkeiten
an niedermolekularen Modellsubstanzen leicht und genau studieren zu
können. Dabei findet man, daß die verschiedenen möglichen Reaktionen
sich meist erheblich in ihren Aktivierungsenergien unterscheiden, wodurch
man sie dann an sich gut voneinandeɪ getrennt halten kann. Ein Nachteil
bei Polykondensationen ist das Auftreten von Abspaltungsprodukten. Man
muß sie in der Regel entfernen, um Gleichgewichtseinstellungen auszu-
weichen. Bei hochviskosen Polymerschmelzen oder -lösungen können dann
zu ihrer Entfernung Energiezufuhren notwendig werden, die zu Nebenreaktionen Anlaß geben. Durch den Kondensationsvorgang entstehen in
den Polymeren Verknüpfungsgruppen zwischen den Grundbausteinen, die
meistens selbst noch recht reaktiv sind. Über Folgereaktionen an diesen
Verknüpfungsgruppen können deshalb bereits erzielte Einheitlichkeiten
– zum Beispiel der Molekulargewichte – wieder zerstört werden.

Durch Verfeinerung der Methodik und Auswahl spezieller Reagentien
bietet die Polykondensation aber insgesamt besondere Möglichkeiten für
gezielte Umsetzungen und für die Herstellung einheitlicher, dabei kompliziert aufgebauter Polymere. Während man bisher überwiegend in Lösungen und in Schmelzen kondensiert, gewinnen jetzt auch Umsetzungen an
festen Monomeren Bedeutung[2]. Dort sind Nebenreaktionen gegebenenfalls

---

[1] Siehe Einführung S. 56 ff.
[2] Siehe z. B. LENZ, R. W., C. S. HANDLOVITS u. H. A. SMITH: J. Polymer Sci. **58**,
351 (1962); MORAWETZ, H.: C **12**, 79 (1966).

noch besser ausgeschaltet. Sehr wichtig ist es, daß man die funktionellen Gruppen vielfältig abwandeln kann. Aus schlecht reagierenden können hochreaktive gemacht werden, andere können ganz beseitigt und wieder andere neu eingebracht werden. Beliebig lange Polymerteile können verbunden, andere gespalten werden. Schließlich ist es möglich, die normalerweise statistisch verlaufenden, stufenweise zu höhermolekularen Gebilden führenden Verknüpfungsreaktionen zugunsten jeweils eines einzigen bestimmten Wachstumsschrittes oder einer einzigen bestimmten Reaktionsstufe zu unterdrücken. Es finden dann *definierte schritt- und stufenweise Synthese* statt.

Man kann dabei zwischen solchen Methoden unterscheiden, bei denen bestimmte Verknüpfungsstellen besonders zur Reaktion vorbereitet beziehungsweise konkurrierende ausgeschlossen werden (Weg A) und solchen, bei denen lediglich die Wahrscheinlichkeit unerwünschter Weiterreaktionen mehr oder weniger stark verringert wird (Weg B).

In der Laboratoriumspraxis ist man allerdings fast stets gezwungen, zwischen die Einzelschritte Reinigungsoperationen einzuschalten. Im Detail sieht der Weg A folgendermaßen aus:

Je zwei, drei oder mehrere Moleküle reagieren an bestimmten Stellen und unter definierten Bedingungen und bilden ein einziges Polymeres. Danach erfolgt die Abtrennung des gewünschten Polymeren von Ausgangsverbindungen oder Zwischengliedern, da eine vollständige Umsetzung stöchiometrischer Mengen von Reaktanten kaum zu erwarten ist. Nunmehr wird das reine Polymere für eine nächste Umsetzung vorbereitet. Dies kann darin bestehen, daß Schutzgruppen von funktionellen Gruppen, die in ungeschützter Form bei der ersten Stufe mitreagiert hätten, entfernt werden. Oder aber es wird jetzt erst eine im Sinne der geplanten nächsten Stufe reaktionsfähige Stelle eingebracht, zum Beispiel eine OH-Gruppe in Halogen umgewandelt usw. Eventuell ist jetzt nochmalige Reinigung notwendig. Schließlich kann das Polymere mit einem weiteren Molekül (oder auch zwei oder mehreren Molekülen) reagieren, und es entsteht ein höheres Polymeres.

Die Begrenzung dieses Verfahrens liegt an den Vorbereitungs- und Reinigungsreaktionen. Man wird aber gerade bezüglich Reinigung um so günstigere Bedingungen haben, je größer und tiefgreifender die einzelnen Wachstumsschritte sind, da die dann nebeneinander vorliegenden Moleküle – gewünschtes Polymeres, unvollständiges Polymeres und Ausgangsverbindungen – um so besser voneinander zu trennen sind, je stärker sie sich im Molekulargewicht (und natürlich auch chemisch und strukturell) unterscheiden.

Dasselbe gilt natürlich auch für den Weg B. Dieser kann dann eingeschlagen werden, wenn Monomere mit je zwei entgegengesetzten Funktionen reagieren sollen, also zum Beispiel a—R—a mit b—R'—b, wobei a

und b funktionelle Gruppen sind, die sich zu ab (= ba) als Verknüpfungsgruppen umsetzen. Gibt man einen großen Überschuß zum Beispiel von
b—R'—b zu a—R—a, so entstehen vorwiegend oder praktisch ausschließlich Moleküle der Form I (die Abspaltungsprodukte sind weggelassen)[1]:

$$b-R'-b + a-R-a + b-R'-b \longrightarrow b-R'-ba-R-ab-R'-b \qquad (1)$$
$$I$$

Nachdem Verbindung I isoliert und gereinigt wurde, kann ein großer
Überschuß des anderen Monomeren zugegeben werden:

$$a-R-a + I + a-R-a \longrightarrow a-R-ab-R'-ba-R-ab-R'-ba-R-a \qquad (2)$$
$$II$$

In dieser Weise läßt sich fortfahren. Allerdings dauert es bei solchen
kleinen Schritten sehr lange, bis man höhere Molekulargewichte erreicht.
Es ist deshalb schon aus Gründen der Beschleunigung der Synthese häufig
sinnvoller, nachdem kleine oder größere Polymerstücke hergestellt sind,
dieselben dann miteinander zu verbinden. Das Polymerwachstum erfolgt
jetzt in größeren Stufen. Ein solches Verfahren ist das sogenannte *Duplikationsverfahren*. Hierbei läßt man, etwa im Sinne des Weges B, die oben
genannten Verbindungen nach der Synthese von I nun anders weiter-
reagieren:

$$I + a-R-a + I \longrightarrow$$
$$b-R'-ba-R-ab-R'-ba-R-ab-R'-ba-R-ab-R'-b \qquad (2a)$$
$$III$$

Es wird also diesmal die Verbindung I im Überschuß angesetzt und man
erhält für III sofort ein höheres Molekulargewicht als für II.

Das erste konkrete Beispiel für ein Duplikationsverfahren war die Synthese eines Polyäthylenglykols vom Molekulargewicht 8202 (Polymerisationsgrad 186)[2]. Dort wurde Hexaäthylenglykol zum Dichlorid umgesetzt
und dieses mit dem Mono-alkoholat des gleichen Glykols kondensiert:

$$2\,HO-(CH_2-CH_2)_5-CH_2-CH_2-OK + Cl-(CH_2-CH_2-O)_5-CH_2-CH_2-Cl$$
$$\longrightarrow HO-(CH_2-CH_2-O)_{17}-CH_2-CH_2-OH + 2\,KCl$$

Danach wurde das neue Glykol in das Monoalkoholat überführt und
mit dem gleichen Dichlorid kondensiert. Nach vier Stufen ergab sich das

---

[1] Man kann auch von einem monofunktionellen Monomeren, z. B. R''—a ausgehen.
Die Polymere wachsen dann einseitig: R''-ab-R'-ba-R-a usw.

[2] FORDYCE, R., E. L. LOVELL u. H. HIBBERT: J. Am. Chem. Soc. **61**, 1905 (1939);
FORDYCE, R., u. H. HIBBERT: **61**, 1910, 1912 (1939); LOVELL, E. L., u. H. HIBBERT:
61, 1916 (1939); s. auch eine neuere Arbeit: HOBIN, T. P.: Polymer **6**, 403 (1965).

oben genannte Polyäthylenglykol. Mit jeder Stufe wurde also mehr als das doppelte Molekulargewicht erhalten. Wäre das jeweilige Glykol aus jeder Stufe zum Dichlorid umgesetzt und verwendet worden, so hätte sich das Molekulargewicht stets sogar verdreifacht.

Ebenfalls definierte schritt- und stufenweise vorgenommene Verknüpfungen gelingen bei der sauren oder alkalischen Kondensation von p-Kresol mit Formaldehyd (beziehungsweise Trioxan). Grundsätzlich bildet letzteres mit Phenolen unter diesen Bedingungen in o- und p-Stellung zur Hydroxylgruppe Methylolgruppen, die für sich oder nach Umwandlung zu Chlormethylgruppen mit weiterem Phenol an den gleichen Stellen unter Ausbildung von Methylenbrücken kondensieren. Ist die p-Stellung bereits durch nichtreaktive Substituenten besetzt, so werden die Polykondensate linear. Im Bereich der Oligomeren können struktur- und molekulareinheitliche Verbindungen hergestellt werden, wenn die einzelnen Stufen isoliert und so zur Verknüpfung vereinigt werden, daß nur bestimmte Reaktionen ablaufen[1]. Teilweise muß dazu auch je eine o-Stellung blockiert werden, zum Beispiel mit Halogen, das auch wieder entfernt werden kann[2].

Ein Beispiel ist in Abb. 36 skizziert.

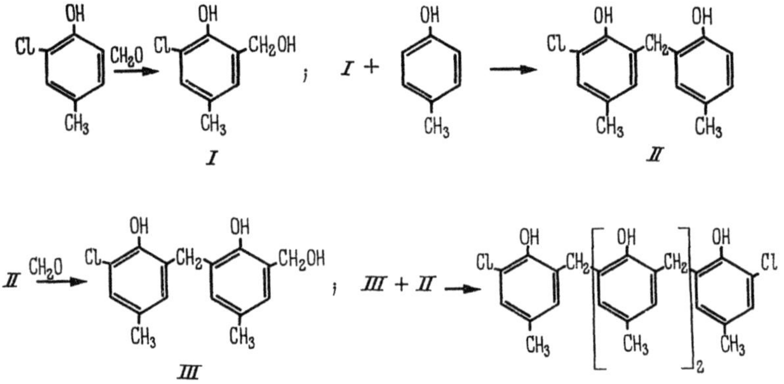

Abb. 36. Schema einer schritt- und stufenweisen Polymersynthese

Auf solche und ähnliche Weise wurden Oligomere mit maximal zwölf Benzolkernen synthetisiert, die auf Grund ihrer Einheitlichkeit definierte Schmelzpunkte besitzen.

---

[1] Siehe z. B. KÄMMERER, H., u. W. RAUSCH: Makromol. Chem. 18/19, 9 (1956); KÄMMERER, H., W. RAUSCH u. H. SCHWEIKERT: 56, 123 (1962); KÄMMERER, H., u. H.-G. HAUB: 59, 150 (1963).
[2] Vergleiche die Synthese von linearen, hochmolekularen Polymeren aus p-Chlorphenol und Formaldehyd: BURKE, W. J., W. E. CRAVEN, A. ROSENTHAL, S. H. RUETMAN, C. W. STEPHENS u. C. WEATHERBEE: J. Polymer Sci. 20, 75 (1956).

3A.22 Polyester[1]

Erste Voraussetzung dafür, daß die Polyester *linear* anfallen, ist die Bifunktionalität der Monomere. Danach ist die Kondensationstemperatur[2] sowie die Art des Katalysators sehr wichtig. Letzterer darf nicht zu anderen Abspaltungsreaktionen als denen, die die Verknüpfungen begleiten, führen. Dies hängt natürlich auch von den Monomeren ab, die entsprechend stabil sein müssen[3]. Ferner müssen Umsetzungen mit dritten Stoffen, wie zum Beispiel Lösungsmittel, ausgeschlossen sein. Während diese Bedingungen oft zu erfüllen sind, was sich durch die große Zahl bekannter Polyester mit definierten Schmelzpunkten beweist[4], kann die Bildung von ringförmigen Oligomeren bei den üblichen Verfahren nicht prinzipiell verhindert werden.

Gestreckte Monomere mit geringer Flexibilität, die die funktionellen Gruppen in entgegengesetzten Lagen besitzen, sind vorteilhafter als andere. Die Struktur der Monomere kann umgekehrt eine Kondensation zu linearen Polymeren behindern oder ausschließen, wenn ihre Flexibilität zu groß ist oder die funktionellen Gruppen so angeordnet sind, daß nur eine Ringbildung möglich ist.

Man denke als günstige Fälle an die Terephthalsäure und die Bisphenole mit den Hydroxygruppen in p-Stellung. Beide Monomertypen zeichnen sich durch gestreckte Gestalt, entfernteste Lage der funktionellen Gruppen, geringe Flexibilität und geringe Neigung zu Reaktionen anderer Art als die der normalen Kondensation aus. Entsprechend ermöglichen sie die Synthese von linearen Polymeren.

Einheitliche Endgruppen entstehen bei eindeutig verlaufenden Polykondensationen mit den Monomeren des ab-Typs. Die Endgruppen werden durch die funktionellen Gruppen gebildet. Kondensiert man Monomere mit je zwei entgegengesetzten Funktionen (a—R—a mit b—R′—b), so hat man im allgemeinen eine statistische Verteilung beider Funktionen als Endgruppen. Verwendet man aber eine Monomerart im Überschuß, so bestimmt diese hauptsächlich die Endgruppen.

Bei den Polycarbonaten aus Bisphenolen und Phosgen erhält man, soweit nicht Kettenabbrecher wie Phenol zugesetzt sind, einheitliche Hydroxylendgruppen, weil durch Wassereinwirkung aus bereits gebildeten Chlorameisensäureestern die instabilen Kohlensäure-monoester entstehen:

$$\text{mw}\!\!-\!\!\phenyl\!-\!\!\underset{\underset{O}{\|}}{O\overset{}{C}}\!-\!Cl \xrightarrow[-HCl]{H_2O} \text{mw}\!\!-\!\!\phenyl\!-\!\!\underset{\underset{O}{\|}}{O\overset{}{C}}OH \longrightarrow \text{mw}\!\!-\!\!\phenyl\!-\!OH + CO_2$$

---

[1] Siehe Rezeptur Nr. 51 S. 351.

[2] BATZER, H., H. HOLTSCHMIDT, F. WILOTH u. B. MOHR: Makromol. Chem. **7**, 82 (1951).

[3] Bei thermolabilen Monomeren ist Kondensation in Lösung vorzuziehen: BATZER, H., u. H. LANG: Makromol. Chem. **15**, 211 (1955).

[4] Siehe z. B. WILFONG, R. E.: J. Polymer Sci. **54**, 385 (1961); zusammenfassende Arbeit.

15*

Mit anderen Säuredichloriden als Phosgen sind die Verhältnisse meistens viel ungünstiger, indem teilweise gebildete freie Säuregruppen unter den gleichen Bedingungen nicht mehr reagieren oder die Hydroxylgruppen der Gegenmonomere (insbesondere bei Glykolen) durch Chlor ersetzt werden, das in dieser Bindung reaktionsträge ist.

Die Reinheit der Monomere und etwaiger anderer zugesetzter Stoffe ist besonders im Hinblick auf einheitliche Endgruppen bei Polykondensaten sehr notwendig.

Copolymere mit alternierter Folge von Grundbausteinen werden im Normalfall von Monomer-Gemischen des Typs a–R–a und b–R′–b gebildet, soweit alle –R– beziehungsweise –R′– unter sich gleich sind. Sind letztere aber nicht unter sich gleich, so führt das in der Regel zu Copolymeren mit statistischer Verteilung der Grundbausteine. Es besteht also kein auswählender Einfluß der Grundbausteine eines Polymerstückes in bezug auf neu anzuknüpfende Monomere oder anderer Polymerstücke. Dies ist darauf zurückzuführen, daß eben die funktionellen Gruppen relativ unabhängig von dem zugehörigen Molekülrumpf reagieren. Doch gibt es auch hier Einschränkungen. So können sich erhebliche sterische Hinderungen bemerkbar machen, die bestimmte Verknüpfungen nicht oder nur schwer zulassen.

Die *Position* der Grundbausteine ist bei Monomeren des ab-Typs einheitlich. Das gleiche gilt für symmetrische Monomere mit je zwei gleichen Funktionen. Sind diese jedoch unsymmetrisch aufgebaut, so entsteht unter den üblichen Polykondensationsbedingungen keine einheitliche Positionsfolge. Damit ist aber auch bereits die Konfiguration der Grundbausteine mit einbezogen, die durch die Verknüpfung unter milden Bedingungen meist nicht beeinflußt wird. Das gilt insbesondere für d,l-Isomerien[1], während die cis,trans-Isomerien an Doppelbindungen häufiger während der Polykondensation zugunsten stabilerer trans-Konfigurationen geändert werden[2].

Zur Herstellung von Polyestern mit *einheitlicher Sequenz* verschiedener Grundbausteine, *einheitlichen Konfigurationen* und insbesondere *einheitlichen Molekulargewichten* ist man wohl aber ganz auf die *schrittweise Synthese* angewiesen, bei der die funktionellen Gruppen teilweise durch leicht wieder entfernbare Schutzgruppen blockiert werden. So konnten homologe Reihen von Polyäthylenterephthalat hergestellt werden[3]. Dabei ließ sich der Benzylrest als Schutzgruppe für die Alkohol- und für die Säurefunktion

---

[1] KLEINE, J., u. H.-H. KLEINE: Makromol. Chem. **30**, 23 (1959); über optisch aktive Polyester der Milchsäure; DOAK, K. W., u. H. N. CAMPBELL: J. Polymer Sci. **18**, 215 (1955); SOGOMONYANTS, ZH. S., u. M. V. VOLKENSTEIN: Bull. Acad. Sci. USSR, Cl. Sci. chem. **1957**, 623; OVERBERGER, C. G., S. OZAKI u. D. M. BRAUNSTEIN: Makromol. Chem. **93**, 13 (1966).

[2] Siehe auch S. 297.

[3] ZAHN, H., C. BORSTLAP u. G. VALK: Makromol. Chem. **64**, 18 (1963).

verwenden. Die betreffenden Benzyläther beziehungsweise -ester lassen sich durch Hydrogenolyse (H_2/Pd) oder mit wasserfreiem Aluminiumchlorid spalten, ohne daß die anderen Esterbindungen angegriffen werden. Bis jetzt ist man damit aber noch nicht zu hochmolekularen Polymeren vorgedrungen[1].

3A.23 Polyamide und Polypeptide[2]

Bei der Synthese von Polyamiden können zu Verzweigungen und Vernetzungen führende Nebenreaktionen an den Amidstickstoffatomen auftreten, wenn diese noch ein Wasserstoffatom gebunden haben. Zur Vermeidung der auf diese Weise entstehenden Imide ist es auch hier wieder besser, die Temperatur niedrig zu halten, da die Substitution des zweiten Wasserstoffs mit einer höheren Aktivierungsenergie verbunden ist. In Gegenwart von Säureacceptoren sind dann Umsetzungen von Säurechloriden mit Diaminen gut geeignet, *lineare* und *regelmäßige* Homopolymere und auch Copolymere herzustellen, besonders mit der Methode der Grenzflächenpolykondensation[3]. Dabei enthält die wäßrige Phase das Diamin und den Säureacceptor (der stärker basisch ist als das Diamin), die nichtwäßrige, nicht mit Wasser mischbare Phase das Säuredichlorid. Bei schneller Reaktion erfolgt praktisch keine Verseifung.

Die Herstellung von Copolymeren mit zum Beispiel zwei verschiedenen Diaminen in regelmäßig wechselnder Folge wäre nicht möglich, wenn man alle Komponenten gleichzeitig miteinander reagieren ließe. Man kann es jedoch auf dem Umweg über Zwischenverbindungen erreichen. Dies sei am Beispiel eines Polyharnstoffes (der ja ein Polyamid der Kohlensäure ist) gezeigt[4]:

Aus Piperazin und Phosgen wurde 1,4-Piperazin-dicarbonsäurechlorid hergestellt. Mittels Grenzflächenpolykondensation konnte das dann mit Hexamethylendiamin zu einem Polyharnstoffderivat umgesetzt werden, in dem der Piperazin-Rest mit dem Hexamethylendiamin-Rest alterniert:

---

[1] Siehe auch jüngste Arbeiten mit anderen Kondensationsmethoden: ZAHN, H., E. MERASKENTIS u. G. VALK: Makromol. Chem. **91**, 281 (1966).

[2] Siehe Rezeptur Nr. 52 S. 352.

[3] BEAMAN, R. G., P. W. MORGAN, C. R. KOLLER, E. L. WITTBECKER u. E. E. MAGAT: J. Polymer Sci. **40**, 329 (1959); KATZ, M.: **40**, 337 (1959), mit o-Phthalsäuredichlorid und Piperazin, das folgende Polymere ergibt:

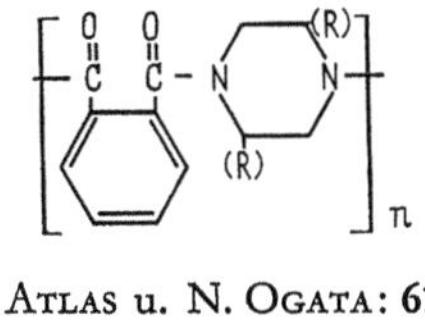

$$\left[\underset{\text{(Benzolring)}}{\overset{O}{\underset{\parallel}{C}}-\overset{O}{\underset{\parallel}{C}}-N\underset{(R)}{\overset{(R)}{\bigcirc}}N} \right]_{n}$$

Siehe auch MARK, H. F., S. M. ATLAS u. N. OGATA: **61**, S 53 (1962).

[4] LYMAN, D. L., u. S. L. JUNG: J. Polymer Sci. **40**, 407 (1959).

Polyamide und Polypeptide, die in ihrer Zusammensetzung streng definiert und von einheitlicher Struktur sind, erfordern besonders milde Reaktionsbedingungen, wenn die Monomere empfindliche Substanzen darstellen. Neben der speziellen Katalyse spielt dabei die Aktivierung der funktionellen Gruppen, das heißt ihre Umwandlung in solche Gruppen, die leicht im gewünschten Sinne reagieren, die Hauptrolle. An verschiedenen Peptidsynthesen sei das näher besprochen:

Man hat bei Aminosäuren oder Oligopeptiden zu unterscheiden zwischen der Aktivierung der Carboxyl- und derjenigen der Aminogruppen. Wird die Carboxylgruppe aktiviert, so heißt dies, daß spezielle Substituenten an ihrem Kohlenstoffatom eingeführt werden, wie sie in Gestalt der Alkoxygruppen und Halogenatome bereits mehrfach genannt wurden.

Substituenten – in einer Reihe zunehmender Aktivierung – können sein[1]:

$$-O-Alkyl; \quad -OC_6H_5; \quad -SAlkyl; \quad -SC_6H_5; \quad -O-C(OR)=CH_2;$$

$$-O-CH_2-R; \quad -O-C_6H_4(p)NO_2; \quad -S-C_6H_4(p)NO_2;$$

$$-N_3; \quad -OSO_3^{(-)}; \quad -Hal.$$

Die Aktivierung durch Veresterung mit Alkoholen ist nicht sehr günstig. So geben die Methylester freier Aminosäuren und von Dipeptiden hauptsächlich Dioxopiperazine. Die Ester von Tri- und höheren Oligopeptiden lassen sich dann aber bei 110 °C zu einem Gemisch aus Polypeptiden mit bis zu 25 Grundbausteinen kondensieren. Thiophenylester reagieren in Lösung schon bei Zimmertemperatur unter Abspaltung von Thiophenol zu Polypeptidthiophenylestern. So wurde zum Beispiel Glycyl-

---

[1] WIELAND, TH.: Angew. Chem. **71**, 417 (1959); Makromol. Chem. **35 A**, 65 (1960).

valyl-isoleucylthiophenol als Hydrobromid hergestellt, das in Wasser oder Dimethylsulfoxid nach Zusatz einer Base zu Polypeptiden aus 50 bis 60 Aminosäuren kondensierte, in denen die Grundbausteine in regelmäßiger Anordnung wiederkehren[1].

Da sich Thioester auch leicht bilden, können Oligopeptide (oder Aminosäuren) mit SH-Gruppen geradezu andere Oligopeptide zunächst als Thioester „einfangen" und dann nach p_H-Änderung durch Umacylierung peptidartig verknüpfen[2]:

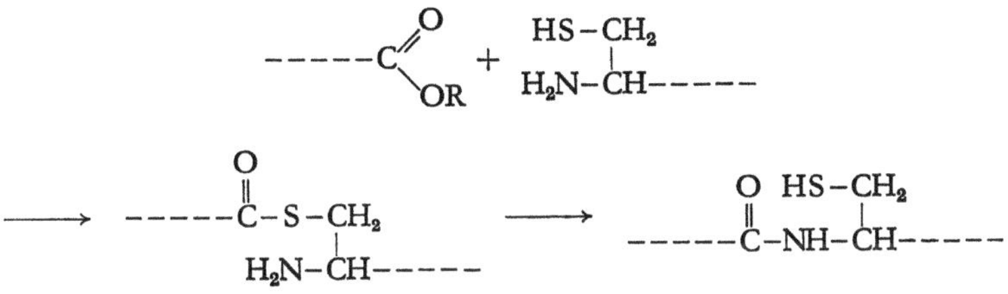

$$-----C\!\!\begin{array}{c}\nearrow O\\ \searrow OR\end{array} + \begin{array}{c}HS-CH_2\\ |\\ H_2N-CH-----\end{array}$$

$$\longrightarrow \quad -----\overset{O}{\overset{\|}{C}}-S-CH_2 \quad \longrightarrow \quad \begin{array}{cc}O & HS-CH_2\\ \| & |\\ -----C-NH-CH-----\end{array}$$
$$\qquad\qquad\quad \underset{H_2N-CH-----}{|}$$

Auch mit stärker aktivierten Aziden und Chloriden von Aminosäuren und Peptiden werden Polykondensationen vorgenommen. So wurde unter anderem aus Triglycinacid Polyglycin hergestellt[3].

Werden Aminosäuren oder Peptide, die optisch aktiv sind, auf dieselbe Weise polykondensiert, so besteht meistens die Gefahr der Racemisierung. Nach bisherigen Erfahrungen ist diese Gefahr wesentlich geringer, wenn statt der Carboxylgruppe die Aminogruppe aktiviert wird. Hierfür verwendet man zum Beispiel Verbindungen des dreiwertigen Phosphors:

Bei der Phosphorazo-Methode wird die Aminogruppe mit Phosphortrichlorid zur Phosphorazogruppe

$$R-N=P-NHR$$

umgesetzt[4].

Diese reagiert danach mit der Carboxylgruppe, indem sich ein Säureamid ausbildet.

Die Aktivierung der Aminogruppe kann auch durch Umsetzung mit Phosphorigsäure-diäthylester-chlorid oder Tetraäthylpyrophosphit erfolgen[5]. Dabei entstehen Amide der phosphorigen Säure, die sich ebenfalls ohne Racemisierung mit Carboxylgruppen umsetzen, wodurch die Peptid-Bindung hergestellt und Diäthylphosphit abgespalten wird.

[1] WIELAND, TH., u. B. HEINKE: Angew. Chem. 69, 362 (1957).
[2] WIELAND, TH.: Makromol. Chem. 35 A, 65 (1960).
[3] MAGEE, M. Z., u. K. HOFMANN: J. Am. Chem. Soc. 71, 1515 (1949).
[4] GOLDSCHMIDT, ST., u. H. LAUTENSCHLAGER: Liebigs Ann. Chem. 580, 68 (1953).
[5] ANDERSON, G. W., J. BLODINGER, R. W. YOUNG u. A. D. WELCHER: J. Am. Chem. Soc. 74, 5304 (1952); ANDERSON, G. W., u. R. W. YOUNG: 74, 5307 (1952); ANDERSON, G. W., J. BLODINGER u. A. D. WELCHER: 74, 5309 (1952).

Besonders günstig ist eine Verfahrensweise, bei der Phosphorpentoxid in Diäthyläther gelöst wird, wobei sich Polyphosphorsäureester bilden. Gibt man hierzu ein tertiäres Amin und danach die Aminosäure, so entstehen hochmolekulare Polypeptide einheitlicher Struktur[1]. Intermediär bilden sich dabei Phosphoramidbindungen, deren Natur jedoch noch nicht näher aufgeklärt wurde.

In den beschriebenen Fällen wurde zwar chemische und strukturelle Einheitlichkeit, aber keine Einheitlichkeit im Molekulargewicht erzielt. Deshalb wird der definiert schritt- und stufenweisen Synthese in der Polyamid-[2,3] und Polypeptidchemie immer mehr Aufmerksamkeit zugewendet. Hochmolekulare Polymere wurden auf diese Weise aber noch nicht hergestellt.

Soll nun eine bestimmte Aminosäure mit der Aminogruppe einer anderen Aminosäure reagieren, so muß ihre eigene Aminogruppe (wie auch gegebenenfalls eine vorhandene OH- oder SH-Gruppe) geschützt sein. Hierzu eignet sich der Carbobenzoxyrest als solcher oder mit Substituenten besonders gut[4]. Durch katalytisch erregten Wasserstoff, mit Na in flüssigem NH_3 oder mit HBr in Eisessig kann er in der Kälte wieder entfernt werden. Damit können also aktivierte und an der Aminogruppe geschützte Aminosäuren sich mit einer ungeschützten Aminogruppe einer Aminosäure oder eines Peptides verbinden, wonach die geschützte Aminogruppe freigesetzt wird und das Spiel von neuem beginnen kann[5].

Die Umsätze liegen in günstigen Fällen zwischen 70 und 90 %, weshalb nach jeder Stufe eine Reinigung des Peptides erforderlich ist[6]. Werden zur Synthese reine optisch aktive Substanzen verwendet – von den natürlich vorkommenden Aminosäuren bildet nur das Glycin keine sterischen Isomeren –, so können auf diese Weise hergestellte Polypeptide nunmehr miteinander identisch sein.

---

[1] SCHRAMM, G., u. H. WISSMANN: Chem. Ber. **91,** 1073 (1958).

[2] Siehe z. B. ZAHN, H., u. D. HILDEBRAND: Chem. Ber. **90,** 320 (1957); **92,** 1963 (1959); ZAHN, H., u. W. LAUER: Makromol. Chem. **23,** 85 (1957). Übersichtsbericht: ZAHN, H., u. G. B. GLEITSMANN: Angew. Chem. **75,** 772 (1963).

[3] Siehe auch die Synthese von einheitlichen cyclischen Oligoamiden: ROTHE, M.: Makromol. Chem. **60,** 183 (1960); ROTHE, I., u. M. ROTHE: **68,** 206 (1963); ROTHE, M., u. R. HOSSBACH: **70,** 150 (1964); ROTHE, M., I. ROTHE, H. BRÜNIG, R. HOSSBACH u. K.-D. SCHWENKE: **75,** 122 (1964); ROTHE, M., u. K. GEHRKE: **83,** 1 (1965).

[4] BERGMANN, M., u. L. ZERVAS: Ber. dtsch. chem. Ges. **65 B,** 1192 (1932).

[5] Zusammenfassende Darstellungen über Peptidsynthesen: z. B. GRASSMANN, W., u. E. WÜNSCHE: Fortschr. Chem. org. Naturstoffe **13,** 544 (1956); GOODMAN, M., u. W. E. KENNER: Advances Protein Chemistry (New York: Acad. Press) **12,** 465 (1957); WIELAND, TH., u. B. HEINKE, Angew. Chem.: **63,** 7 (1951); **66,** 507 (1954); **69,** 362 (1957). Beachte dazu auch COHEN, L. A., u. B. WITKOP: Angew. Chem. **73,** 253 (1961), betr. Umlagerungen in der Chemie der Aminosäuren und Peptide.

[6] Häufigste Reinigungsoperationen basieren auf Kristallisation, Gegenstromverteilung, Elektrophorese und chromatographischer Trennung.

Ähnliches gilt bei der Verwendung anderer Schutzgruppen[1], zum Beispiel der Trityl-[2] und der Formylgruppen[3], die ebenfalls leicht entfernbar sind, und zwar die Tritylgruppe durch verdünnte Essigsäure, durch die äquivalente Menge Chlorwasserstoffsäure, durch Natrium in flüssigem Ammoniak oder durch katalytische Hydrierung, die Formylgruppe durch milde Säuren-Hydrolyse[4].

Die Verhältnisse werden schwieriger, wenn außer der einen geschützten Aminogruppe noch andere Amino-, Sulfhydryl- und weitere Gruppen geschützt sind. Hierbei müssen die Schutzgruppen so gewählt werden, daß die vorgesehene Gruppe selektiv freigesetzt werden kann.

Grundsätzlich wichtige Faktoren, die die Auswahl der Schutz- und Aktivierungsgruppen bestimmen, sind die Löslichkeiten, die optischen Reinheiten und die Ausbeuten der gewünschten Produkte. Die Schwierigkeiten wachsen naturgemäß mit wachsender Länge der Polypeptide, was auch mit deren Reinigung zusammenhängt, die ja in der gleichen Richtung schwieriger wird. Niedere Oligomere fallen oft kristallin an, höhere aber amorph, wodurch sie viel umständlicher abzutrennen sind.

Allerdings muß der Gefahr der Racemisierung durch Auswahl der Methode und des Lösungsmittels begegnet werden[5]. Ein zweckmäßiger und gebräuchlicher Weg bei der Synthese höherer Peptide ist zum Beispiel die Verknüpfung größerer Bausteine an Glycylbindungen, da das Glycin nicht racemisieren kann. Solche kürzeren Peptidketten kristallisieren noch gut und sind deshalb gut zu reinigen. Sie werden dann zu dem angestrebten großen Peptid zusammengefügt. Sind keine solchen Teilstücke mit Glycin am Ende möglich, so kann man nur bei Verwendung der Azid-Methode sicher sein, daß keine Racemisierung eintritt[1]. Die Wahl des richtigen Lösungsmittels bereitet Schwierigkeiten. Am besten ist Wasser oder eine wasserhaltige Flüssigkeit. (Die Geschwindigkeit der dabei möglichen Hydrolyse der aktivierten Carboxylgruppen ist sehr viel kleiner als die der Peptidbildung).

Ist statt der Carboxyl- die Aminogruppe aktiviert, so muß umgekehrt die Carboxylgruppe der Aminosäure (oder des Peptides) mit der aktivierten Aminogruppe geschützt werden, zum Beispiel durch Veresterung.

---

[1] WIELAND, TH., u. H. DETERMANN: Angew. Chem. **75**, 539 (1963).

[2] ZERVAS, L., u. D. M. THEODOROPOULOS: J. Am. Chem. Soc. **78**, 1359 (1956); Trityl = Triphenylmethyl.

[3] SHEEHAN, J. C., u. D.-D. H. YANG: J. Am. Chem. Soc. **80**, 1154 (1958).

[4] Siehe auch KATSOYANNIS, P. G.: J. Polymer Sci. **49**, 51 (1961) mit weiteren Hinweisen und größerer Literaturübersicht.

[5] Eine elegante Methode zur Prüfung auf noch vorliegende einheitliche L-Zusammensetzung besteht in der Einwirkung von Leucinaminopeptidase, die die Peptidkette vom Aminoende her sukzessiv abbaut, wenn sie aus L-Bausteinen besteht: SPACKMAN, D. H., E. L. SMITH u. D. M. BROWN: J. Biol. Chem. **212**, 255 (1955).

In der Tabelle 37 sind die zwanzig wichtigsten, in der Natur vorkommenden Aminosäuren zusammengestellt. Diese werden auch vornehmlich für Peptidsynthesen verwendet, da sie leicht zugänglich sind und man zur Zeit hauptsächlich bestrebt ist, in der Natur vorkommende Peptide im Laboratorium herzustellen.

Tabelle 37. *Die zwanzig wichtigsten in der Natur vorkommenden Aminosäuren*[1]

Aminosäure	Strukturformel	Formelsymbol
Glykokoll (Glycin)	$CH_2(NH_2)COOH$	Gly
Alanin	$CH_3CH(NH_2)COOH$	Ala
Valin	$(CH_3)_2CHCH(NH_2)COOH$	Val
Leucin	$(CH_3)_2CHCH_2CH(NH_2)COOH$	Leu
Isoleucin	$CH_3CH_2CH(CH_3)CH(NH_2)COOH$	Ile
Serin	$HO-CH_2CH(NH_2)COOH$	Ser
Threonin	$CH_3CH(OH)CH(NH_2)COOH$	Thr
Cystein	$HS-CH_2CH(NH_2)COOH$	Cys
Cystin	$HOOC-CH(NH_2)CH_2S-SCH_2CH(NH_2)COOH$	Cys–S–S–Cys
Methionin	$CH_3-S-CH_2CH_2CH(NH_2)COOH$	Met
Phenylalanin	$C_6H_5-CH_2CH(NH_2)COOH$	Phe
Tyrosin	$HO-C_6H_4-CH_2CH(NH_2)COOH$	Tyr
Asparaginsäure	$HOOC-CH_2CH(NH_2)COOH$	Asp
Glutaminsäure	$HOOC-CH_2CH_2CH(NH_2)COOH$	Glu
Lysin	$H_2N-CH_2CH_2CH_2CH_2CH(NH_2)COOH$	Lys
Arginin	$HN{=}C-NH-CH_2CH_2CH_2CH(NH_2)COOH$ mit NH_2	Arg
Histidin	Imidazol-Ring: $N{-}C-CH_2CH(NH_2)COOH$, CH, CH, NH	His
Tryptophan	Indol-Ring: $C-CH_2CH(NH_2)COOH$, CH, NH	Try
Prolin	Pyrrolidin-Ring: $CH_2{-}CH_2$, CH_2, $CH-COOH$, NH	Pro
Hydroxyprolin	$HO-CH{-}CH_2$, CH_2, $CH-COOH$, NH	Hypro

[1] Nach BRAND, E., u. J. T. EDSALL: Ann. Rev. Biochem. **16**, 224 (1947).

Schema 1:

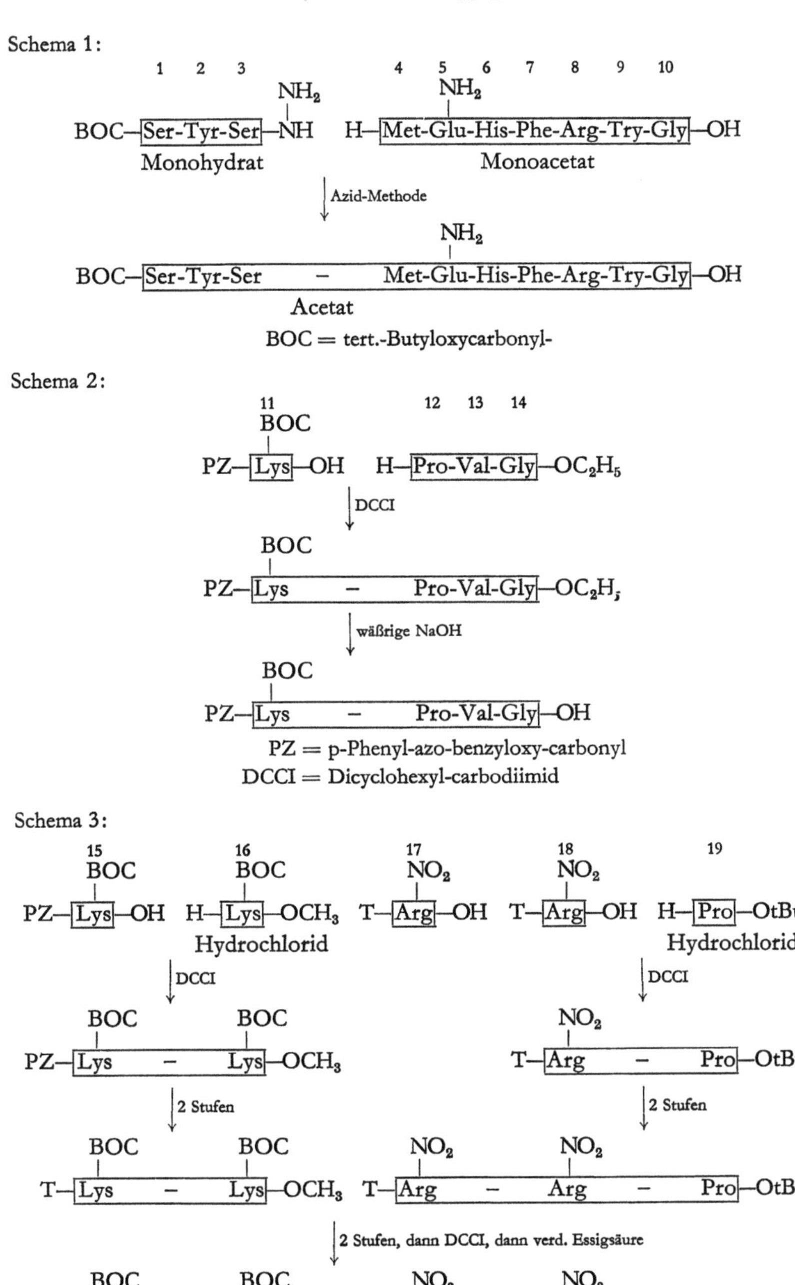

PZ = p-Phenyl-azo-benzyloxy-carbonyl
DCCI = Dicyclohexyl-carbodiimid

T = Trityl-   OtBu = tert.-Butoxy-

Nunmehr sei ein genaues Beispiel einer definiert schritt- und stufen-weisen Peptidsynthese wiedergegeben, und zwar die eines Nonadeka-peptides[1], das biologisch die N-terminale Hälfte des β-Corticotropin-Moleküls (aus Hypophyse) darstellt und noch corticotrope Wirkung zeigt (Glut-amin steht für Glutaminsäure):

$$
\begin{array}{c}
NH_2 \\
| \\
H-Ser-Tyr-Ser-Met-Glu-His-Phe-Arg-Try-Gly-Lys-Pro- \\
123456789101112 \\
-Val-Gly-Lys-Lys-Arg-Arg-Pro-OH \\
13141516171819
\end{array}
$$

$$\beta^{1-19}\text{-Corticotropin-Glu}^5\text{-}\gamma\text{-amid}$$

Auf der vorhergehenden Seite sieht man, welche Symbolik man für die Niederschrift solcher Synthesen gewählt hat. Mit wenigen Ausnahmen ver-wendet man die ersten drei Buchstaben des Namens einer Aminosäure als Formelzeichen (Tabelle 37). Die Kettenenden mit freien Aminogruppen stehen links, mit Carboxylgruppen rechts. Die natürliche L-Form der Grundbausteine wird vorausgesetzt, andernfalls erfolgt Hinweis.

Zunächst wurden 3 Peptide der Sequenz 1—10 (Schema 1), 11—14 (Schema 2) und 15—19 (Schema 3) hergestellt[2].

Danach wurden das Tetrapeptid-Derivat (Sequenz 11—14) mit dem Pentapeptid-Derivat (Sequenz 15—19) kondensiert (Methode der gemisch-ten Anhydride), die Phenylazo-benzyloxycarbonylgruppe abgespalten und die beiden Nitro-Gruppen katalytisch hydriert. Nach Überführung in das Tritoluolsulfonat, Vermischung mit dem Acetat des Dekapeptid-Derivates und Vertreibung der Essigsäure wurde unter der Wirkung von Dicyclo-hexyl-carbodiimid zum Nonadekapeptid-Derivat kondensiert. Die Ab-spaltung der Schutzgruppen erfolgte mit Trifluoressigsäure und die Reini-gung durch Elektrophorese[3].

Noch ein Wort zur schematischen Darstellung von Peptidsynthesen. Sehr praktisch ist eine Darstellungsweise, bei der die Bezeichnungen der Aminosäuren nur am Kopf (und gegebenenfalls am Fuß) von senkrechten Strichen eingetragen werden, während durch waagerechte Striche erfolgte Verknüpfungen angezeigt werden[4]. Am Beispiel der Synthese eines Pentapeptides (H·L-Tyr-L-Leu-Gly-L-Glu-L-Phe·OH) sei das wiederge-geben[5]:

---

[1] SCHWYZER, R., W. RITTEL, H. KAPPELER u. B. ISELIN: Angew. Chem. **72**, 915 (1960).

[2] Zur Schreibweise s. SCHWYZER, R.: Chimia **12**, 53 (1958).

[3] Siehe z. B. auch Synthese der Insulin B-Kette: ZAHN, H., J. MEIENHOFER u. H. KLOSTERMEYER: Z. Naturforsch. **19 b**, 110 (1964), Sequenz 1—8; MEIENHOFER, J.: **19 b**, 114 (1964), Sequenz 9—20; SCHNABEL, E.: **19 b**, 120 (1964), Sequenz 21—30; KATSO-YANNIS, P. G., K. FUKUDA, A. TOMETSKO, K. SUZUKI u. M. TILAK: J. Am. Chem. Soc. **86**, 930 (1964). Insulin A-Kette: KATSOYANNIS, P. G., A. TOMETSKO u. K. FUKUDA: **85**, 2863 (1963).

[4] Siehe BOISSONNAS, R. A., ST. GUTTMANN, J.-P. WALLER u. P.-A. JAQUENOUD: Ex-perientia **12**, 446 (1956).

[5] Nach DETERMANN, H., O. ZIPP u. TH. WIELAND: Liebigs Ann. Chem. **651**, 172 (1962).

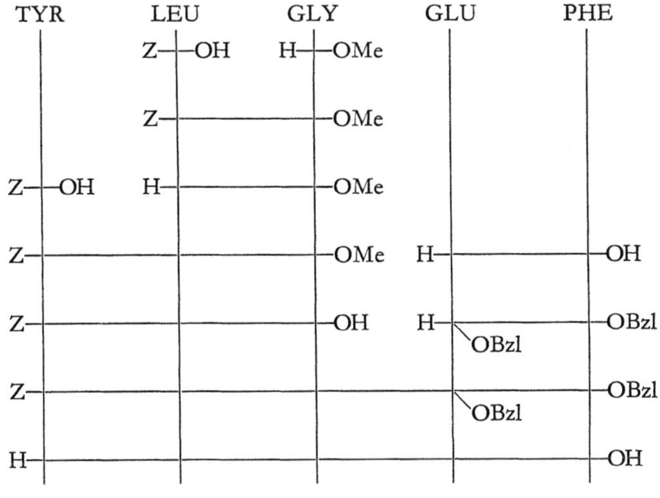

Z = Carbobenzoxy   Bzl = Benzyl   Me = Methyl   Tos = Tosyl

Nach dem beschriebenen Stand der definiert schritt- und stufenweisen Peptidsynthesen[1] sind die Aussichten dafür, daß in Zukunft auch wirklich hochmolekulare Stoffe hergestellt werden können, allerdings nicht besonders günstig. Bereits die notwendigen und mit wachsendem Molekulargewicht immer problematischer werdenden Reinigungsoperationen scheinen der Methode eine verhältnismäßig enge Grenze zu setzen. In jüngster Zeit ist aber ein interessanter Aspekt hinzugekommen. Führt man die Peptidsynthesen dergestalt aus, daß die erste Aminosäure einer jeden wachsenden Peptidkette einseitig mit einem unlöslichen Stoff, zum Beispiel einem geeigneten Netzpolymeren verknüpft ist, so hat man wesentlich bessere Reinigungsmöglichkeiten[2]. An den Netzpolymeren sind dann die Peptide gleichsam wie Fäden aufgehängt, können mit dem ganzen Netzwerk abfiltriert und mit beliebigen Mengen Waschflüssigkeit gewaschen werden. Außerdem ist es möglich, bei der schrittweisen Verlängerung der Peptidketten (heterogene Reaktionen!) die Monomere und weiteren Reagenzien im Überschuß anzusetzen. Dadurch werden die Umsetzungen vollständig und alle Peptidketten einheitlich. Voraussetzung für das endgültige Gelingen der Methode („*solid-phase peptide synthesis*") ist allerdings,

---

[1] Einen größeren Überblick über Peptidsynthesen mit historischen Hinweisen und großer Literaturzusammenstellung s. HOFMANN, K., u. P. G. KATSOYANNIS in: H. NEURATH, The Proteins 2. Aufl., Bd. 1, S. 53—188. New York-London: Academic Press 1963.

[2] MERRIFIELD, R. B.: Fed. Proc. **21**, 412 (1962); MERRIFIELD, R. B.: J. Am. Chem. Soc. **85**, 2149 (1963); LETSINGER, R. L., u. M. J. KORNET: J. Am. Chem. Soc. **85**, 3045 (1963).

daß sich die Peptidketten nach Beendigung ihrer Synthese von ihrem unlöslichen Träger ungeschädigt entfernen lassen. Die eigentliche Schwierigkeit der Methode besteht denn wohl auch darin, einen geeigneten Träger zu finden und an demselben die Abtrennung der fertigen Peptide durchzuführen. Verwendet wurde ein Copolymeres aus 98 % Styrol und 2 % Divinylbenzol als unlösliches Polymeres. Durch Chlormethylierung wurden reaktive Gruppen in dem mit Methylenchlorid stark gequollenen Polymer-Gel geschaffen. Die Chlormethylgruppen setzen sich mit dem Triäthyl-ammoniumsalz einer geschützten Aminosäure um, wodurch die Aminosäure als erstes Glied der zu bildenden Peptidkette mit dem Gel verestert wird:

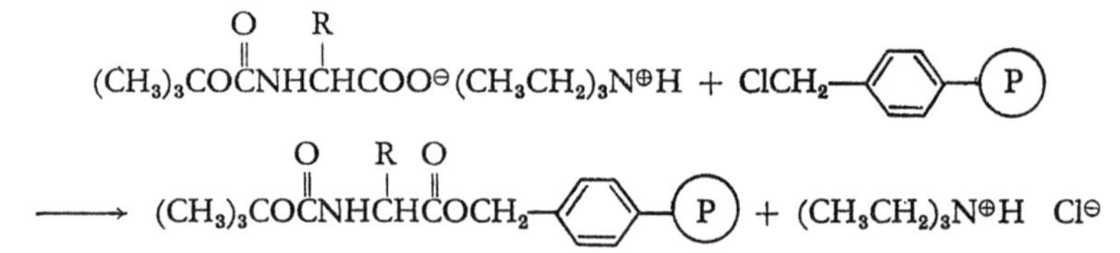

$$(CH_3)_3CO\overset{\overset{\displaystyle O}{\|}}{C}NH\overset{\overset{\displaystyle R}{|}}{CH}COO^{\ominus}(CH_3CH_2)_3N^{\oplus}H \; + \; ClCH_2\text{—}\langle\text{—}\rangle\text{—}\bigcirc\!P$$

$$\longrightarrow (CH_3)_3CO\overset{\overset{\displaystyle O}{\|}}{C}NH\overset{\overset{\displaystyle R}{|}}{CH}\overset{\overset{\displaystyle O}{\|}}{C}OCH_2\text{—}\langle\text{—}\rangle\text{—}\bigcirc\!P \; + \; (CH_3CH_2)_3N^{\oplus}H \;\; Cl^{\ominus}$$

Die Estergruppen erwiesen sich als stabil genug, um die nachfolgenden Peptidsynthesen zu überdauern, lassen sich andererseits aber nachher durch Verseifung, beispielsweise mit wasserfreier HBr in Eisessig entfernen, ohne daß die Peptidketten gespalten oder racemisiert werden. Als Schutzgruppe der Aminogruppen wurde meistens die tert.-Butyloxycarbonyl-Gruppe verwendet, die vor jedem weiteren Wachstumsschritt durch Abtrennung mit HCl entfernt werden konnte. Die Aminogruppen wurden dann mit überschüssigem Triäthylamin freigesetzt und mit der im Überschuß angesetzten nächsten Aminosäure vollständig umgesetzt:

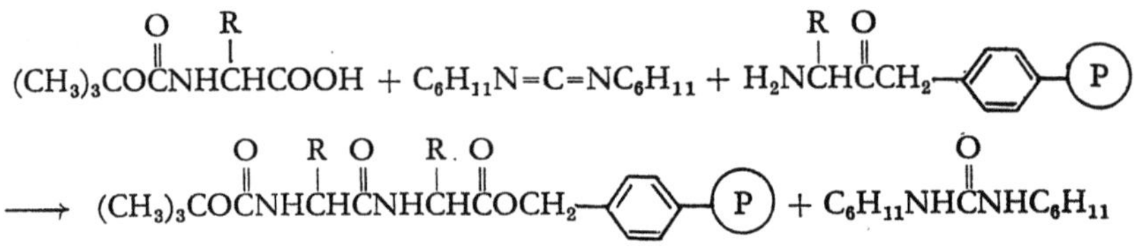

$$(CH_3)_3CO\overset{\overset{\displaystyle O}{\|}}{C}NH\overset{\overset{\displaystyle R}{|}}{CH}COOH + C_6H_{11}N{=}C{=}NC_6H_{11} + H_2N\overset{\overset{\displaystyle R}{|}}{CH}\overset{\overset{\displaystyle O}{\|}}{C}CH_2\text{—}\langle\text{—}\rangle\text{—}\bigcirc\!P$$

$$\longrightarrow (CH_3)_3CO\overset{\overset{\displaystyle O}{\|}}{C}NH\overset{\overset{\displaystyle R}{|}}{CH}\overset{\overset{\displaystyle O}{\|}}{C}NH\overset{\overset{\displaystyle R}{|}}{CH}\overset{\overset{\displaystyle O}{\|}}{C}OCH_2\text{—}\langle\text{—}\rangle\text{—}\bigcirc\!P + C_6H_{11}NH\overset{\overset{\displaystyle O}{\|}}{C}NHC_6H_{11}$$

Nach Filtration und Waschung mit Äthanol und Eisessig war das Gel mit den Peptiden wieder bereit zur nächsten Synthese.

Auf diese Weise wurden bereits in der Natur vorkommende Oligopeptide wie das Bradykinin (mit neun Aminosäureresten)[1] hergestellt, die biologische Aktivität zeigten.

---

[1] MERRIFIELD, R. B.: Biochemistry 3, 1385 (1964).

Die Methode eignet sich für eine automatische Durchführung und verspricht – nach Meinung der Autoren – für die Zukunft schnelle und exakte Ausführbarkeit, vielleicht auch bei der Synthese von höhermolekularen Polypeptiden[1].

3A.24 Polysaccharide

Monosaccharide mit freier Carbonylfunktion reagieren in einem inerten Lösungsmittel und in Gegenwart von Polyphosphorsäureestern zu hochmolekularen Polyglykosiden, in denen die Zuckerreste überwiegend *linear* aneinandergereiht und *konfigurativ einheitlich* verknüpft sind[2]. So entsteht aus Glucose in Formamid mit 15 % Ausbeute ein phosphatfreies Polyglucosid mit 1,4-glykosidischer Verknüpfung.

Dabei dürfte eine Zwischenverbindung der folgenden Art bestehen:

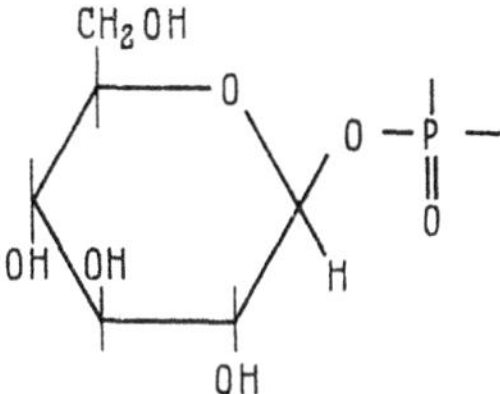

die noch nicht vollständig bekannt ist. Es kann sich jedoch nicht einfach um Glucose-1-phosphat handeln, da dieses unter den gegebenen Bedingungen nicht reagiert.

Die folgende Tabelle 38 bringt noch weitere Ergebnisse.

Tabelle 38. *Synthese von Polysacchariden mit Polyphosphorsäureestern*[3]

Monosaccharid	Polysaccharid	Durchschnittliches Molekulargewicht
Glucose	Polyglucosid ($\beta\ 1 \rightarrow 4$)	50 000
Ribose	Polyribosid ($\alpha\ 1 \rightarrow 5$)	40 000
Fructose	Polyfructosid	40 000

Das Verfahren bedeutet einen erheblichen Fortschritt, da die bisherige saure Polykondensation von Zuckern nur dann einigermaßen regelmäßig

---

[1] MERRIFIELD, R. B., u. J. M. STEWART: Nature **207**, 522 (1965); MERRIFIELD, R. B.: Science **150**, 178 (1965). Siehe auch ROTHE, M., u. HJ. SCHNEIDER: Angew. Chem. **78**, 390 (1966).

[2] SCHRAMM, G., H. GRÖTSCH u. W. POLLMANN: Angew. Chem. **73**, 619 (1961).

[3] Nach SCHRAMM, G., H. GRÖTSCH u. W. POLLMANN: Angew. Chem. **74**, 53 (1962).

verlief, wenn die Hydroxylgruppen, die nicht an der Verknüpfung teilnehmen sollten, vorher methyliert wurden[1].

3A.25 Polynucleotide[2]

Die Synthese von *Polynucleotiden* hat ein besonderes Interesse gefunden, weil die natürlichen Polynucleotide, die *Nucleinsäuren*, in der lebenden Natur so bedeutungsvoll sind. Man ist heute bemüht, unabhängig von den Aufbauvorgängen in den Zellen der Lebewesen, beziehungsweise unabhängig von aus diesen isolierten Wirkstoffen zu gleichen und ähnlichen Polymeren zu gelangen. Als *Nucleotide* bezeichnet man Verbindungen aus je einem Molekül Phosphorsäure, einem Zucker und einer heterocyclischen Base. Im natürlichen Vorkommen sind die Zucker Ribose oder $2'$-Desoxyribose als β-D-Furanosen in cyclischer Halbacetalform, die Basen Adenin und Guanin (Derivate des Purins) sowie Cytosin, Thymin und Uracil (Derivate des Pyrimidins) (s. Abb. 37).

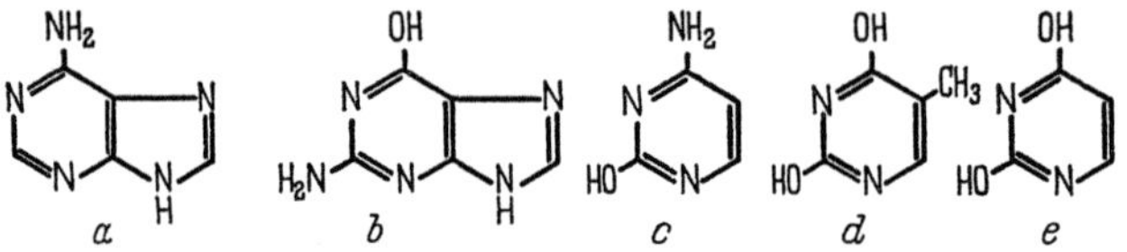

Abb. 37. Purinbasen a Adenin, b Guanin;
Pyrimidinbasen c Cytosin, d Thymin, e Uracil

Die Basen sind dabei mit den Zuckermolekülen in C_1'-Stellung durch Glykosid-Bindung (N-glykosidisch) verknüpft, die Phosphorsäuren an C_3' oder C_5' als Ester gebunden, wie man in Abb. 38 am Beispiel des Nucleotids Adenylsäure sehen kann.

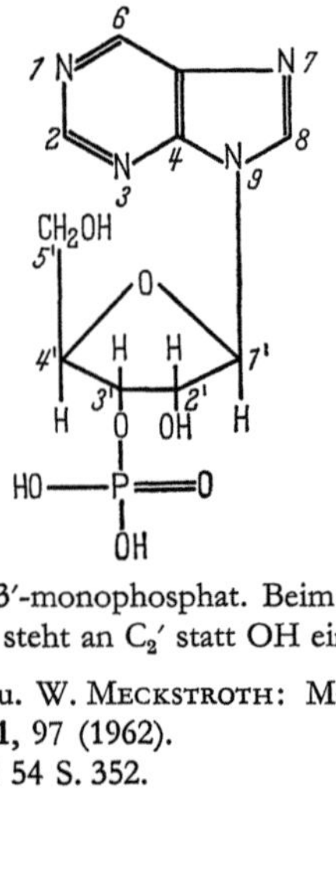

Abb. 38. Adenylsäure (Adenosin-$3'$-monophosphat. Beim $2'$-Desoxy-adenosin-$3'$-monophosphat steht an C_2' statt OH ein H)

---

[1] MICHEEL, F., A. BÖCKMANN u. W. MECKSTROTH: Makromol. Chem. **48**, 1 (1961); MICHEEL, F., u. A. BÖCKMANN: **51**, 97 (1962).
[2] Siehe Rezepturen Nr. 53 und 54 S. 352.

Die Verbindung zwischen Base und Zucker allein nennt man *Nucleosid*[1]. Indem jedes Molekül Phosphorsäure durch zweimalige Veresterung an den Zuckern als Brückenglied zwischen je zwei Nucleosiden wirkt, entstehen schließlich die Polynucleotide (Abb. 39).

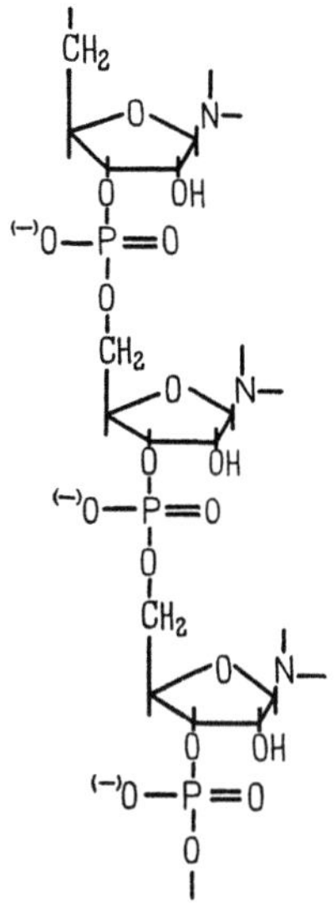

Abb. 39. Abschnitt eines Polynucleotides mit 3 Nucleotidresten

Da es heute möglich ist, sowohl in der Natur vorkommende Nucleotide beziehungsweise Nucleoside als auch Derivate von ihnen und analoge Verbindungen herzustellen, hat man eine große Auswahl von Monomeren zur Verfügung[2].

Das Problem der rein chemischen Polynucleotidsynthese ist allerdings noch nicht gelöst, besonders im Hinblick auf wirklich einheitliche Polymere und solche mit bestimmten Sequenzen verschiedener Nucleotide, wenn auch bereits erhebliche Fortschritte gemacht wurden. Die Darstellungs-Versuche bezogen sich zunächst auf die Herstellung von Oligonucleotiden. So wurde die erste Synthese eines Dinucleotides mit einer 3'-5'-Phosphatbrückenbindung zwischen zwei Nucleotiden durch Kondensation

---

[1] Zur Nomenklatur: Die Nucleoside der genannten Basen heißen Adenosin, Guanosin, Cytidin, Thymidin und Uridin. Alle können jedoch eine Ribose oder eine Desoxyribose enthalten. Häufig wird letzteres nicht in der Bezeichnung ausgedrückt, doch ist es zweckmäßig, dann Desoxy-adenosin usw. zu schreiben. Die Nucleotide sind z. B. Adenosin-5'-phosphat bzw. Desoxy-adenosin-5'-phosphat, -3'-phosphat usw. oder Adenylsäure.

[2] ULBRICHT, T. L. V.: Angew. Chem. **74**, 767 (1962).

von 3'-O-Acetylthymidin (I) mit Thymidin-3'-(benzyl-phosphorochloridat)-5'-(dibenzylphosphat) (II) und anschließende Hydrogenolyse der Benzyl-Gruppen vollzogen[1]:

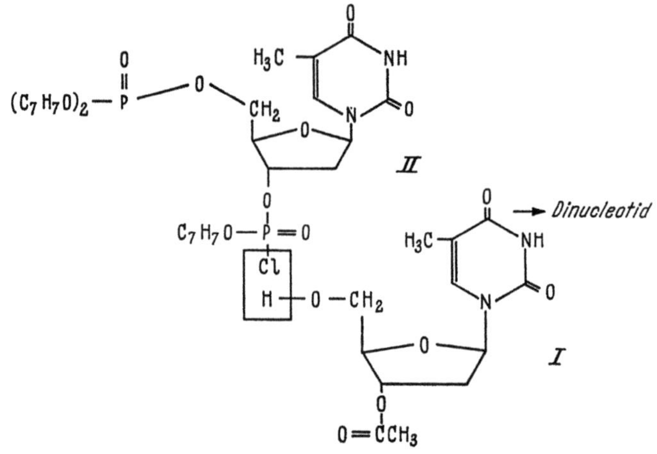

Die Kondensation von Thymidylsäure (I) mit Dicyclohexylcarbodiimid als Kondensationsmittel führte zu einem Gemisch von linearen und cyclischen Oligomeren mit maximal 11 Nucleotidresten, das anschließend mühsam aufgetrennt wurde[2]:

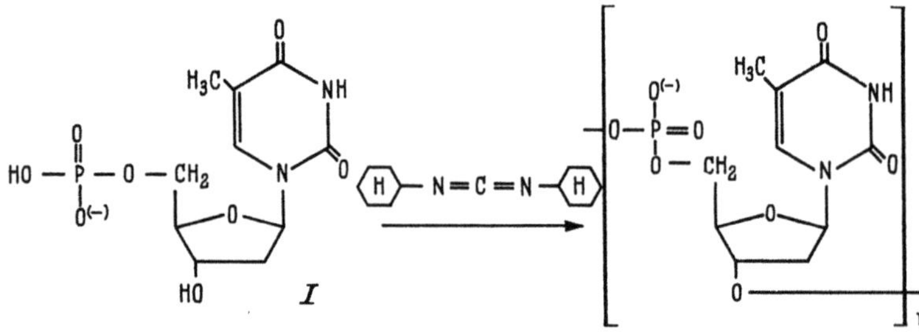

Wie hier mit der Phosphatgruppe in C_5' kann die gleiche Methode auch angewendet werden, wenn die Phosphatgruppe an C_3' gebunden ist[3,4].

[1] MICHELSON, A. M., u. A. R. TODD: J. Chem. Soc. (London) **1955**, 2632; der Strukturbeweis wurde enzymatisch erbracht. Vorhergegangene Arbeiten s. GULLAND, J. M., u. H. SMITH: **1948**, 1532, u. ELMORE, D. T., u. A. R. TODD: **1952**, 3681.

[2] TENER, G. M., H. G. KHORANA, R. MARKHAM u. E. H. POL: J. Am. Chem. Soc. **80**, 6223 (1958); zur Trennung wurden papierchromatographische Methoden und Ionenaustauschverfahren (vor allem mit Ecteola-Säulen) verwendet.

[3] TURNER, A. F., u. H. G. KHORANA: J. Am. Chem. Soc. **81**, 4651 (1959); Ausgangsmaterial ist Dithymidyl-3'-pyrophosphat.

[4] Für die zweckmäßige Beschreibung der Polynucleotide werden folgende Symbole verwendet: T steht für das Nucleosid Thymidin, p für den Phosphatrest, u. zw. bedeutet p vor T 5'-phosphat, p hinter T 3'-phosphat; also pTpT ist das Dinucleotid des Thymi-

Die Synthese kann auch schrittweise erfolgen, zum Beispiel nach Abb. 40, und es können beliebige Nucleotide in bestimmter Sequenz aneinandergeknüpft werden[1-3].

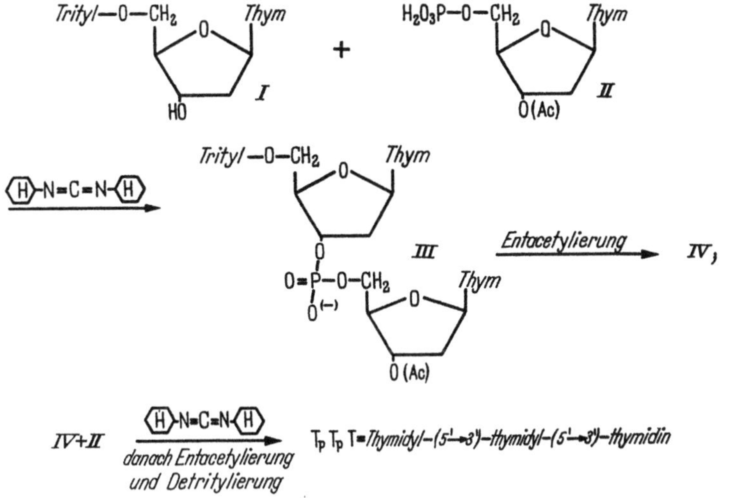

Abb. 40. Schema einer schrittweisen Polynucleotid-Synthese

Diese Synthesen sind zunächst nur anwendbar, wenn die Zuckerkomponente der Nucleotide Desoxyribose ist. Bei Ribose muß deren zusätzliche C_2'-Hydroxyl-Gruppe geschützt werden[4], zum Beispiel durch Acetyl oder mit Dihydropyran, das durch Addition an die OH-Gruppe 2'-O-Tetrahydropyranyl-Derivate ergibt.

dins mit 5'-endständiger Phosphorsäure, TpTp dagegen mit 3'-endständiger Phosphorsäure. Andere Oligo- oder Polynucleotide werden analog beschrieben, indem für Adenosin A, Guanosin G, Cytidin C und Uridin U steht.

[1] GILHAM, P. T., u., H. G. KHORANA: J. Am. Chem. Soc. **80**, 6212 (1958); **81**, 4647 (1959); s. auch SCHALLER, H. u. H. G. KHORANA: Chem. and Ind. (London) **1962**, 699.

[2] Siehe auch NUSSBAUM, A. L., G. SCHEUERBRANDT u. A. M. DUFFIELD: J. Am. Chem. Soc. **86**, 102 (1964).

[3] Herstellung von Polynucleotiden mit alternierter Sequenz der Grundbausteine: KHORANA, H. G., T. M. JACOB, M. W. MOON, S. A. NARANG u. E. OHTSUKA: J. Am. Chem. Soc. **87**, 2954 (1965); OHTSUKA, E., M. W. MOON u. H. G. KHORANA: **87**, 2956 (1965); JACOB, T. M., u. H. G. KHORANA: **87**, 2971 (1965); NARANG, S. A. u. H. G. KHORANA: **87**, 2981 (1965); NARANG, S. A., T. M. JACOB u. H. G. KHORANA: **87**, 2988 (1965); Synthese aller 64 möglichen Ribotrinucleotide der vier wichtigsten natürlichen Ribonucleotide: LOHRMANN, R., D. SÖLL, H. HAYATSU, E. OHTSUKA u. H. G. KHORANA: **88**, 819 (1966).

[4] SMITH, M., u. H. G. KHORANA: J. Am. Chem. Soc. **81**, 2911 (1959); SMITH, M., D. H. RAMMLER, I. H. GOLDBERG u. H. G. KHORANA: **84**, 430 (1962); Synthese von Uridylyl-(3'→ 5')-uridin bzw. -adenosin; RAMMLER, D. H., u. H. G. KHORANA: **84**, 3112 (1962); hier auch Synthese von Uridylyl-(3'→ 5')-cytidin und Adenylyl-(3'→ 5')-adenosin.

16*

Ähnlich wie Carbodiimid wirken Trichlor-acetonitril[1], sowie aromatische Sulfonylchloride, zum Beispiel Mesitylensulfonylchlorid[2]. Nach der Darstellung von 2'-O-Acetyluridin-3'-phosphat konnte dasselbe mit Dicyclohexyl-carbodiimid in trockenem Pyridin bei Zimmertemperatur und bei nachfolgender ammoniakalischer Behandlung in eine Reihe von Polymeren $(Up)_n$ überführt werden, die nur $3' \to 5'$-Bindungen aufwiesen[3]. Schrittweise Verknüpfung von Ribonucleotiden mit geschützten Funktionen brachte die Synthese von Uridylyl-$(3' \to 5')$-adenylyl-$(3' \to 5')$-uridylyl-$(3' \to 5')$-uridin, wobei auch Benzoyl-Schutzgruppen verwendet und auch das Uracil damit substituiert wurde[4,5].

Ein anderes Verfahren besteht in der Umsetzung von Cyclophosphaten der (Ribo-)Nucleoside, zum Beispiel Adenosin-2',3'-cyclophosphat, mit Diphenyl-phosphorsäureester-chlorid[6] (Abb. 41). Man erhält dann nach

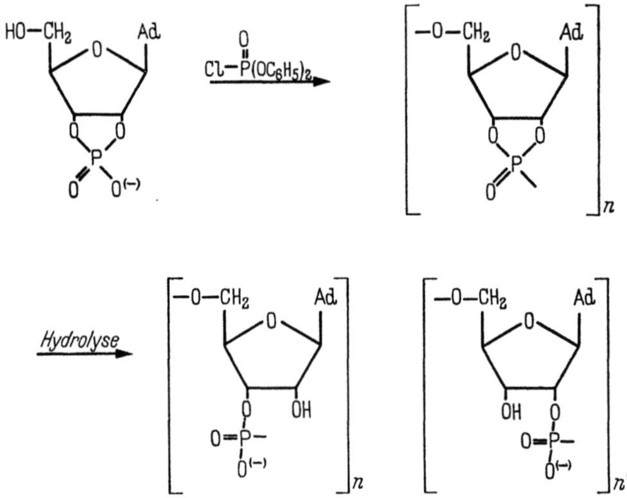

Abb. 41. Schema einer Synthese von Polynucleotiden, deren Phosphatbrücken jedoch uneinheitlich verknüpft sind

---

[1] Cramer, F.: Angew. Chem. **73**, 49 (1961).

[2] Jacob, T. M., u. H. G. Khorana: J. Am. Chem. Soc. **86**, 1630 (1964); **87**, 368 (1965).

[3] Rammler, D. H., Y. Lapidot u. H. G. Khorana: J. Am. Chem. Soc. **85**, 1989 (1963); vollständiger Abbau der Oligonucleotide durch Pancreas-ribonuclease als Beweis.

[4] Lapidot, Y., u. H. G. Khorana: J. Am. Chem. Soc. **85**, 3852 (1963).

[5] Siehe auch die Polykondensation von ApApApApAp: Lapidot, Y., u. H. G. Khorana: J. Am. Chem. Soc. **85**, 3857 (1963); Coutsogeorgopoulos, C., u. H. G. Khorana: **86**, 2926 (1964); bis zu 9 Nucleotide linear verknüpft, daneben cyclische Oligomere.

[6] Michelson, A. M.: Chem. and Ind. (London) **1958**, 70; s. auch Michelson, A. M.: J. Chem. Soc. (London) **1959**, 1371, 3655; Letters, R., u. A. M. Michelson: **1962**, 71.

Hydrolyse Copolymere, in denen die Nucleoside teilweise „falsch" über C_2' verknüpft sind, die aber Polymerisationsgrade bis zu fünfzehn Einheiten aufweisen.

Als eine der „Alkylgruppen" des Triesters der Pyrophosphorsäure ist ein Nucleosid Teil eines reaktionsfähigen Systems, das unter anderem auch polykondensieren kann. So entstehen aus dem Triester (I) Polynucleotide der Form $(Tp)_n$, mit n = 1 bis 5 (als Nebenreaktion entstehen cyclische Polynucleotide)[1]. Ist das Nucleosid in C_5' an Pyrophosphat gebunden, so bildet sich $(pT)_n$.

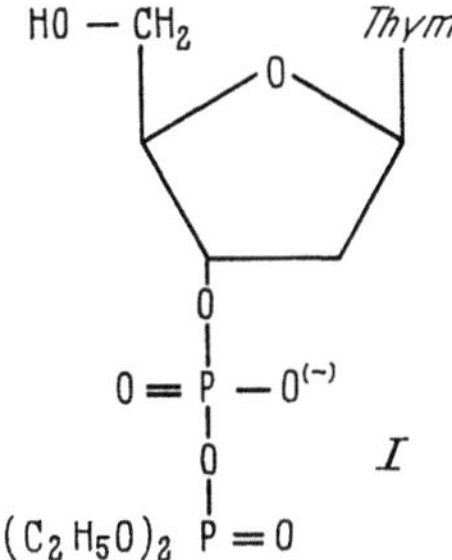

Wesentlich unkomplizierter ist die Verfahrensweise, bei der Phosphorpentoxid mit Äther erhitzt wird, wobei bisher undefinierte Polyphosphorsäureester entstehen. Mit diesen und etwas Pyridin werden Nucleoside in hoher Konzentration vermischt und bei 50—60 °C in Bewegung gehalten[2]. Dabei entstehen hochmolekulare, nichtdialysierbare Polynucleotide als Homo- und Copolymere. Diese Polykondensation ist sowohl mit Nucleotiden, die Ribose enthalten, als auch mit 2′-Desoxynucleotiden möglich. So wurde zum Beispiel das Desoxythymidin-5′-phosphat zu einem Polymeren mit dem durchschnittlichen Molekulargewicht von 18000 umgesetzt, dem sicherlich im Prinzip die Struktur der natürlichen Nucleinsäure DNS[3] zukommt. Dafür spricht auch, daß es durch das Enzym Desoxyribonuclease angegriffen wird.

Mit anderen Nucleotiden wurden durchschnittliche Molekulargewichte zwischen 15000 und 50000 erzielt. Für die Darstellung der Polyribonucleotide können die 2′-, 3′- oder 5′-Nucleosidmonophosphate oder die cyclischen 2′,3′-Phosphate verwendet werden. In diesen Fällen ist nicht

---

[1] CRAMER, F., u. R. WITTMANN: Angew. Chem. 72, 628 (1960). Siehe auch CRAMER, F.: 73, 49 (1961); CRAMER, F., u. S. RITTNER: Tetrahedron Letters 1964, 107; SCHEIB, K. H., u. F. CRAMER: 1964, 3765; CRAMER, F., H. J. RHAESE, S. RITTNER u. H. K. SCHEIB: Liebigs Ann. Chem. 683, 199 (1965).

[2] SCHRAMM, G., H. GRÖTSCH u. W. POLLMANN: Angew. Chem. 74, 53 (1962); vgl. S. 239.

[3] Siehe S. 254.

klargestellt, ob die Phosphatbrücken einheitlich zwischen gleichen Hydroxylgruppen entstehen. Wahrscheinlich liegen die verschiedenen möglichen Bindungen nebeneinander vor, jedoch sollen zumindest überwiegend die den natürlichen Verhältnissen entsprechenden Strukturen bestehen. Es werden nämlich diese synthetischen Polyribonucleotide, soweit sie Pyrimidin-Nucleotide enthalten, durch das Enzym Ribonuclease gespalten, das spezifisch am 3'-Phosphat der Pyrimidin-Nucleotide angreift.

Wie später noch im einzelnen dargelegt werden wird, bilden Nucleinsäuren doppelsträngige Helices, wenn sich zwei Nucleinsäuren aneinanderlagern, deren Grundbausteine sich eng miteinander verbinden können (*komplementär* sind)[1]. Eine solche Anordnung ist zum Beispiel zwischen Polyadenyl- und Polyuridylsäure möglich[2]. Tatsächlich konnten Doppelhelices auch bei den nach diesem Verfahren synthetisierten Polynucleotiden mit denselben Nucleotiden als Monomere festgestellt werden. Dabei ist noch besonders interessant, daß die Polykondensation von Uridylsäure durch die Gegenwart von Polyadenylsäure auf mehr als das 10fache beschleunigt wird[3] (Abb. 42). Es liegt offensichtlich eine *Matrizenwirkung*

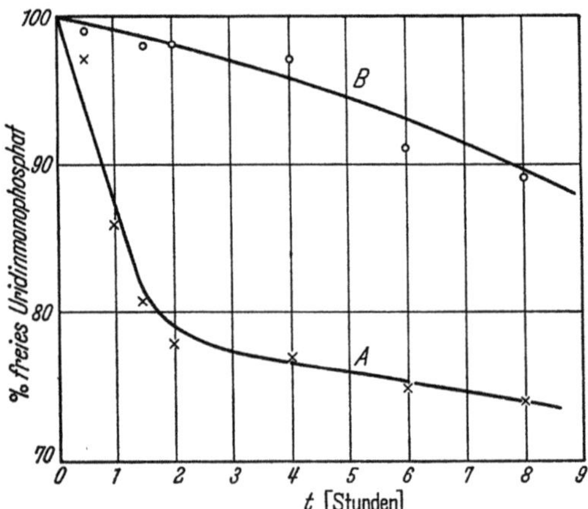

Abb. 42. Polykondensation von Uridin-monophosphat (A) in Gegenwart und (B) in Abwesenheit von Polyadenylsäure

der Polyadenylsäure auf die sich bildende Polyuridylsäure vor. Außerdem wirkt sich die Zugabe eines synthetischen Polypeptides – nämlich von Polyarginin – günstig aus. Diese Befunde sind im Hinblick auf die weiter unten zu besprechenden enzymatischen Polymerisationen von Bedeutung.

[1] Siehe S. 256.
[2] FELSENFELD, G., u. A. RICH: Biochem. Biophys. Acta 26, 457 (1957).
[3] SCHRAMM, G., H. GRÖTSCH u. W. POLLMANN: Angew. Chem. 74, 53 (1962).

3A.26 Vergleichender Rückblick

Für die weitaus meisten Polykondensationen ist also charakteristisch, daß die möglichen Verknüpfungsstellen (funktionellen Gruppen oder reaktive Stelle) eines Monomeren für sich und unabhängig voneinander sehr reaktionsfähig sind, daß sie dies aber nur in bezug auf bestimmte Reaktionspartner oder unter bestimmten Bedingungen sind. Einerseits kommen dadurch keine Kettenreaktionen zustande, andererseits sind die Polymeren in jeder Kondensationsstufe bereits sehr stabil, wenn die speziellen Reaktionspartner fehlen oder die Umgebungsbedingungen sich stark geändert haben. Im Vergleich dazu sind Polymerradikale und Polymerionen wesentlich instabiler und kurzlebiger. Liegen bei einer Polykondensation nebeneinander recht gleichartige funktionelle Gruppen vor, die nicht alle reagieren sollen, so kann man meistens durch Einführung von Schutzgruppen steuernd eingreifen.

Die Positionsfolge der Grundbausteine kann allein durch die Art der Monomere (Typ a—R—b) eindeutig festgelegt sein. Nur in seltenen Fällen werden Asymmetriezentren erst bei der Verknüpfung gebildet, während dies bei Polymerisationen sehr häufig der Fall ist. Es wurde aber darauf hingewiesen, daß während der Kondensationsvorgänge in den Monomeren vorhandene d,l-Konfigurationen verändert werden können (Racemisierung). Ähnliches gilt von cis-, trans-Konfigurationen.

Besonders bemerkenswert sind die definiert verlaufenden schritt- und stufenweisen Synthesen, bei denen die Zugabe der Reaktionspartner beziehungsweise die Herrichtung der funktionellen Gruppen zur Reaktion nach einem zeitlich abgestuften Programm verläuft. Sie erlauben auch die Herstellung sehr komplizierter aperiodischer Polymere, wie sie durch Polymerisationen nicht im entferntesten gewonnen werden können. Andererseits sind die bisher erreichten Polymerisationsgrade nicht besonders hoch.

Im nächsten Abschnitt wird zu sehen sein, daß dieselben Argumente auch für Polyadditionen gelten.

3A.3 Polyadditionen

Die Herstellung von *linearen Polyurethanen* aus Diisocyanaten und Glykolen oder analogen Verbindungen ist möglich, wenn einige Voraussetzungen erfüllt sind[1]. Zunächst ist auf große Reinheit der Reagentien zu achten, denn die Isocyanat-Gruppen setzen sich sehr leicht zu anderen funktionellen Gruppen um, die störende Reaktionen, Vernetzungen oder die Molekulargewichte begrenzende Wirkungen ausüben können. Bei hohen Temperaturen, besonders in Anwesenheit von sauren oder basischen Katalysatoren, bilden sich von Isocyanatgruppen, die an aromatischen Kernen

---

[1] LYMAN, D. J.: J. Polymer Sci. **45**, 49 (1960).

sitzen, Trimere (Isocyanurate). Diese Isocyanurate sind thermisch sehr stabil und verhindern so die eigentlich vorgesehenen Umsetzungen. (Im Gegensatz dazu sind die entsprechenden Dimeren instabil und können durch Erhitzen leicht gespalten werden.)

Man erkennt schon daraus, daß es sehr wichtig ist, günstige Temperaturen aufzufinden und einzuhalten. So können zum Beispiel aus Methylen-bis-(4-phenyl-isocyanat) und Äthylenglykol in indifferenten Lösungsmitteln zwischen 110 und 140 °C offenbar lineare Polyurethane hergestellt werden. Bei der Verwendung von cis- oder von trans-Cyclohexan-1,4-diol beziehungsweise -Cyclohexan-1,4-dimethylol werden unter den gleichen Bedingungen Polyurethane erhalten, die sich dann auf Grund der *cis-* und der *trans-Konfigurationen* in ihren Eigenschaften unterscheiden[1].

Sehr interessant ist die Herstellung chemisch, strukturell und im Molekulargewicht weitgehend einheitlicher Oligomere nach dem *Duplikationsverfahren,* dessen Prinzip bereits im Rahmen der Polykondensationen dargelegt wurde[2-4]. In diesem Falle wurden Diisocyanate mit großen Überschüssen von Glykolen, und zwar mindestens 200fach molar, umgesetzt. Dabei wurden die meistens verwendeten aromatischen Diisocyanate, wie zum Beispiel 4,4′-(3,3′-Dimethyl-diphenyl-)di-isocyanat in absolutiertem Dioxan mit den Glykolen bei 100 bis 105 °C umgesetzt:

$$2\,HO-CH_2-CH_2-OH \;+\; O=C=N-\!\!\left\langle\!\!\bigcirc\!\!\right\rangle\!\!-\!\!\left\langle\!\!\bigcirc\!\!\right\rangle\!\!-N=C=O \longrightarrow$$

$$HO-CH_2-CH_2-O-\overset{\overset{\displaystyle O}{\|}}{C}-NH-\!\!\left\langle\!\!\bigcirc\!\!\right\rangle\!\!-\!\!\left\langle\!\!\bigcirc\!\!\right\rangle\!\!-NH-\overset{\overset{\displaystyle O}{\|}}{C}-O-CH_2-CH_2-OH$$

I

Ohne einen so großen Glykolüberschuß tritt die Synthese von höhermolekularen Produkten unterschiedlichen Polymerisationsgrades in den Vordergrund.

Nach der Abtrennung des ersten Diurethans I konnte dieses, da es wie ein Glykol zwei Hydroxylendgruppen hat, jetzt mit überschüssigem Diisocyanat umgesetzt werden, wodurch ein Oligomeres höheren Polymerisationsgrades hergestellt wurde, usw.

---

[1] LYMAN, D. J.: J. Polymer Sci. **55**, 507 (1961); Synthese durch Erhitzen bei 105 °C in Dimethylsulfoxid.

[2] Siehe S. 225.

[3] KERN, W., u. W. THOMA: Makromol. Chem. **11**, 10 (1953), **16**, 89, 108 (1955).

[4] KERN, W., u. K. J. RAUTERKUS: Makromol. Chem. **28**, 221 (1958).

Selbstverständlich war auch die schrittweise Synthese mit den gleichen Reagentien möglich[1], denn es kann Glykol mit überschüssigem Diisocyanat umgesetzt werden, das Haupt-Reaktionsprodukt nach Isolierung dann mit überschüssigem Glykol, das danach isolierte Haupt-Reaktionsprodukt, das Hydroxylengruppen hat, mit überschüssigem Diisocyanat usw.

Beide Methoden wurden auch kombiniert. Wie bei der Polykondensation liegen die Schwierigkeiten bei diesen Polyadditionsverfahren wieder vor allem in der Reinigung der gewünschten Reaktionsprodukte. Mit steigendem Molekulargewicht werden die Schwierigkeiten naturgemäß größer. In der folgenden Tabelle 39 sind einige Beispiele aus der Vielzahl der von

Tabelle 39. *Einheitliche Polyurethane, die nach dem Duplikationsverfahren hergestellt wurden*[2]

$$HO-\left[(CH_2)_4-O\overset{\overset{\displaystyle O}{\parallel}}{C}NH-(CH_2)_6-\overset{\overset{\displaystyle O}{\parallel}}{H}NCO\right]-(CH_2)_4-OH$$

n	Molekular-gewicht	Smp. (°C)
1	348	102—103
2	607	140—141
3	865	162—163
4	1123	170—171
5	1382	172—173
6	1641	174—175
7	1898	176—177
9	2415	177—179

$$HO-\left[(CH_2)_4-O\overset{\overset{\displaystyle O}{\parallel}}{C}NH-\underset{CH_3O}{\underbrace{}}\cdots\underset{OCH_3}{}-\overset{\overset{\displaystyle O}{\parallel}}{H}NCO\right]-(CH_2)_4-OH$$

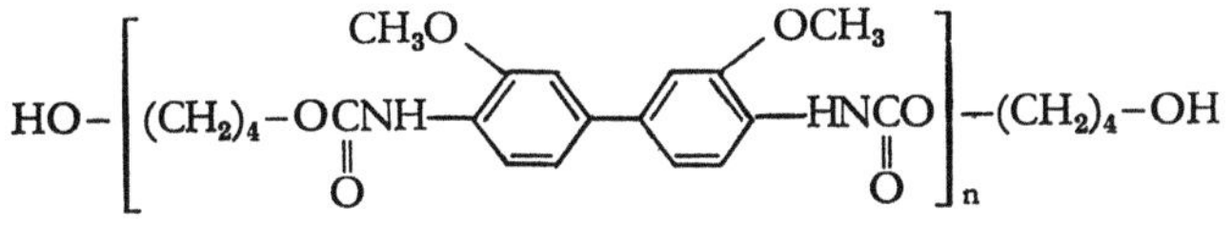 n	Molekular-gewicht	Smp. (°C)
1	476	133,5
2	862	127—128
3	1249	165—166
7	2792	193—197
15	5880	207—215

$$HO-\left[(CH_2)_2-O-(CH_2)_2-O\overset{\overset{\displaystyle O}{\parallel}}{C}NH-(CH_2)_6-\overset{\overset{\displaystyle O}{\parallel}}{H}NCO\right]-(CH_2)_2-O-(CH_2)_2-OH$$

n	Molekular-gewicht	Smp. (°C)
1	380	66—67,5
3	929	123—125
5	1478	122—124
7	2026	121—124
15	4221	121—124

---

[1] Siehe Rezeptur Nr. 55 S. 352. KERN, W., H. KALSCH, K. J. RAUTERKUS u. H. SUTTER: Makromol. Chem. 44—46, 78 (1961); s. auch CASE, L. C.: J. Polymer Sci. 39, 175 (1959); theoretische Betrachtungen.

[2] Nach KERN, W.: Angew. Chem. 71, 585 (1959).

den betreffenden Autoren hergestellten Oligomeren mit den höchsten, in den polymerhomologen Reihen erzielten Molekulargewichten wiedergegeben. Wie man sieht, war man nicht über das Molekulargewicht 6000 hinausgekommen. Es ist aber anzunehmen, daß man durch Anwendung von neueren Trennungsverfahren noch zu erheblich höheren Molekulargewichten gelangen kann.

3A.4 Enzymatische Synthesen

3A.41 Einleitung

Die Synthesen in biologischen Systemen können mit Hilfe ihrer besonderen Katalysatoren außerordentlich spezifisch verlaufen. Dadurch erst sind die Lebewesen in der Lage, ihre hochkomplizierten Moleküle herzustellen und werden die Lebensvorgänge überhaupt erst möglich.

Biokatalysatoren sind die *Enzyme*, die Eiweißverbindungen (Proteine) sind. Sie stellen selbst komplizierte Moleküle dar, mit Molekulargewichten zwischen ca. 10^4 und 10^6.

Man hat bei ihnen in der Regel den die (Substrat-)Spezifität bedingenden Proteinkörper (das *Apoenzym*) und die eigentlich katalysierende *prosthetische Gruppe* (oder *Coenzym*) zu unterscheiden. (In manchen Fällen katalysiert das Protein unmittelbar.)

Bei einigen Enzymen konnte gezeigt werden, daß nicht das gesamte Protein-Molekül für die volle Aktivität notwendig ist, sondern daß auch nach Abspaltung von längeren Protein-Anteilen keine Beeinträchtigung darin eintrat[1].

Eindeutig charakterisiert ist ein Enzym nur durch sein Molekulargewicht und die molekulare Wirksamkeit, die allein aus extrem reinen Enzymlösungen erhalten werden können[2].

Enzyme bedürfen meist noch verschiedener *Cofaktoren*, so von Verbindungen, die Überträger zum Beispiel von Wasserstoff, Phosphat, Acylgruppen und anderem sind. (Auch prosthetische Gruppen können Überträger sein.) Andere Cofaktoren sind Ionen, die ein Enzym in den katalytisch aktiven Zustand überführen, ohne an den Reaktionen direkt beteiligt zu sein.

Zur Aufklärung des Wirkungsmechanismus enzymatischer Reaktionen ist man in der Regel auf die direkte chemische Betrachtung sowie auf kinetische Messungen angewiesen.

Bei den meisten Enzym-Reaktionen fällt die anfängliche Reaktionsgeschwindigkeit mit der Zeit ab. Dies kann verschiedene Gründe haben. So mögen die Rückreaktionen an Bedeutung gewinnen, weil die Konzentration des Substrats geringer wird, die der hergestellten Substanz aber

---

[1] Siehe PFLEIDERER, G.: Angew. Chem. **72**, 160 (1960).
[2] EBERT, K. H., u. G. SCHENK: Z. Naturforsch. **17 b**, 732 (1962).

größer, oder die Enzyme werden durch letztere blockiert, indem Substrat nicht genügend hinzutreten kann, oder sie sind bei den Reaktionsbedingungen nicht stabil genug und gehen Veränderungen ein.

Die katalytische Wirkung beginnt mit der Anlagerung der Reaktionspartner an bestimmte Bezirke der Enzymoberfläche, wodurch die reagierenden Gruppen in Nachbarschaft zueinander gebracht werden und eine Aktivierung, zum Beispiel eine Polarisierung von Bindungen in Substrat oder Coenzym, bewirkt wird[1]. Man kann annehmen, daß Enzyme bei der Vereinigung mit ihrem Substrat stets ihre Struktur ändern und daß dieser Vorgang vielleicht ein wichtiger Faktor ist. Eine solche Strukturänderung wird zum Beispiel beobachtet, wenn sich Hämoglobin mit O_2 vereinigt[2]. Chemisch ähnliche Substanzen werden häufig durch das gleiche Enzym bestimmten Reaktionen zugänglich gemacht.

Durch Erhitzen, starke Änderung der Umgebungsbedingungen, wie insbesondere des pH-Wertes und der Ionkonzentrationen, durch Lösungsmittelzusätze, durch den Kontakt mit fremden Oberflächen und ähnliches werden Enzyme leicht denaturiert oder zumindest inaktiviert. Solche Vorgänge können tiefgreifend und irreversibel sein. Außerdem gibt es Inhibitoren, die reversibel oder irreversibel wirken und die Enzyme desaktivieren. Im Falle der reversiblen Inhibitoren hat man es entweder mit Gleichgewichtszuständen zwischen ihnen und den Enzymen zu tun, so daß man sie durch physikalische Verfahren wieder abtrennen kann, oder aber man kann sie auf chemischem Wege entfernen.

Es wurde von Cofaktoren gesprochen, die bei vielen enzymatischen Reaktionen essentiell beteiligt sind. Als solche wirkt eine Reihe von mehr oder weniger komplizierten Verbindungen, zum Beispiel auch Derivaten von Vitaminen. Es ist nun sehr wichtig für die Lebensvorgänge, daß die aus Photosynthese, Gärung und Atmung gewonnene Energie leicht für die energieverbrauchenden Vorgänge nutzbar gemacht werden kann.

Unter energieverbrauchenden Vorgängen sind vor allem die Stoff-Synthesen zu verstehen (aber auch osmotische Arbeiten, Biolumineszenz-Erscheinungen und elektrische Entladungen). Im wesentlichen erfolgt der Energietransport durch Phosphate, vor allem Adenosintriphosphat (ATP) (Abb. 43). Diese Phosphate enthalten einen großen Betrag verfügbarer Energie, die bei der Abspaltung eines anorganischen Phosphatrestes durch Hydrolyse in Wasser frei wird, zum Beispiel

$$\text{ATP} \rightleftharpoons \text{ADP} + \text{P} + 7{,}7\,\text{kcal (bei pH 7, 30° C)}[3]$$

---

[1] WIELAND, TH., E. BOKELMANN, L. BAUER, H. U. LANG u. H. LAU: Liebigs Ann. Chem. **583**, 129 (1953).

[2] PERUTZ, M. F.: Angew. Chem. **75**, 589 (1963); Nobelvortrag.

[3] ROBBINS, E. A., u. P. D. BOYER: J. Biol. Chem. **224**, 121 (1957).

Der Betrag der Energie ist abhängig vom pH-Wert des Mediums. Der Gleichgewichtscharakter dieser Beziehung zeigt, daß umgekehrt Speicherung von Energie erfolgen kann, und zwar indem Stoffe mit höherem chemischen Potential Phosphat auf ADP übertragen.

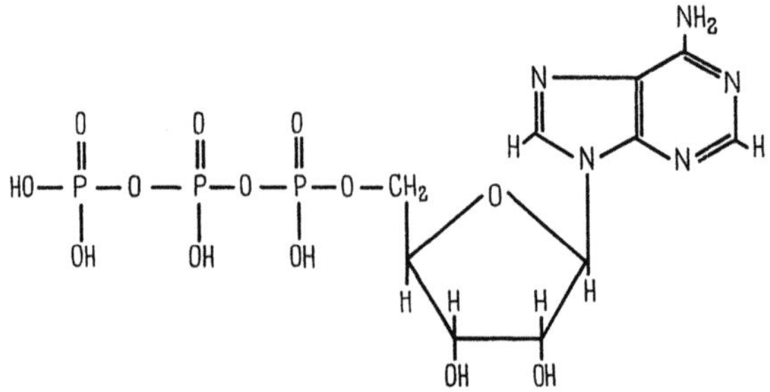

Abb. 43. Adenosintriphosphat

ATP hat nun die Fähigkeit, je nach Art des Substrates, der Enzyme, des pH-Wertes des Mediums und anwesender Metallionen verschieden zu wirken. So führt es unter der katalytischen Wirkung des Enzyms *Kinase* Glucose in Glucosephosphat über, ADP bleibt zurück. ATP und Sulfate (oder Carbonate) ergeben Adenosinphosphorylsulfate (beziehungsweise Carbonate), während Pyrophosphat abgespalten wird. Schließlich überträgt ATP zum Beispiel bei der Reaktion mit Ribose auf dieses den Pyrophosphatrest (zu Ribose-1-pyrophosphat) und verbleibt als Adenosinmonophosphat (AMP). Die phosphorylierten Substrat-Moleküle sind nun ihrerseits energiereich und stellen Zwischenprodukte oder Monomere für nachfolgende Polymersynthesen dar. So entstehen *Polynucleotide* nach Aktivierung des Phosphates des einen Nucleotides durch nucleophilen Angriff am nächsten Nucleotid. Bei der Synthese von *Polypeptiden* werden die Aminosäuren als Aminoacyl-Substituenten an RNS (durch Anhydridbildung mit Phosphat der RNS) aktiviert. In diese Bindung greift die Aminogruppe des vorhergegangenen Bausteins des sich bildenden Polypeptides ein. *Polyglycoside* entstehen, indem OH-Gruppen in die Elektronenlücken von phosphorylierten C-Atom des zu verknüpfenden Monomeren eingreifen. Bei der *Kautschuk*synthese sind es Pyrophosphatendungen der wachsenden Kette, die die energiereichen Zwischenstufen bilden.

Man hat also stets das im Grunde gleiche Schema eines nucleophilen Angriffs auf eine aktivierte Bindung mit Phosphat, wobei stets ein Enzym katalytisch beteiligt ist. In diesem Zusammenhang sind Untersuchungen an Einschlußverbindungen der Cyclodextrine interessant. Letztere sind cyclische Oligosaccharide aus sechs, sieben beziehungsweise acht Glukoseresten[1]. Obwohl sie keine hierzu eigentlich funktionellen Gruppen aufwei-

---

[1] FREUDENBERG, K., u. F. CRAMER: Chem. Ber. **83**, 296 (1950).

sen, bilden sie mit manchen organischen Verbindungen, die sich in die inneren Hohlräume der Cyclodextrine in spezifischer Weise einlagern, unlösliche kristalline Komplexe (Bildungswärmen zwischen 5 und 10 kcal/Mol)[1]. Unter den Kraftwirkungen im Inneren und an der Öffnungsfront der Hohlräume, die sich auch auf die Struktur des dahin gelangenden wäßrigen Mediums auswirken, werden nun manche Reaktionen an Verbindungen, die in den Bereich dieser Kraftwirkungen gelangt sind, katalytisch sehr stark beeinflußt.

So werden zum Beispiel parasubstituierte Diphenylpyrophosphate in wäßrig-alkalischer Cyclodextrinlösung nach Inkubation mit einer 400 mal so hohen Geschwindigkeit gespalten wie in reiner Lösung[2]. Dabei wird infolge eines Nachbargruppeneffekts der OH-Gruppen der Cyclodextrine Pyrophosphat auf die OH-Gruppen übertragen (Abb. 44).

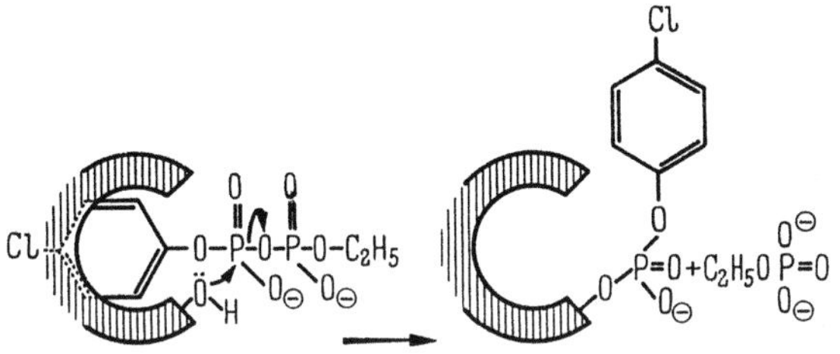

Abb. 44[2]. Mechanismus der Spaltung von Pyrophosphat durch Cyclodextrine

Man hat also hier offenbar einen enzymähnlichen Vorgang, da nicht nur die chemische Natur der Atomgruppen, sondern unbedingt auch die besondere räumliche Anordnung des ganzen Cyclodextrins für die katalytische Wirkung Vorbedingung ist. (Auf die Struktur von Enzymen wird weiter unten eingegangen[3].)

Stellt man eine biologische Rangfolge auf, so stehen die Nucleinsäuren an erster Stelle. Ihr Aufbau bestimmt durch ein bestimmtes Schlüsselsystem (*genetischer Code*) die Synthese der Proteine in den Zellen der Lebewesen. Ferner sind sie (teilweise) in der Lage, sich identisch zu replizieren. Allerdings können sie das alles nur mit Hilfe von Enzymen. Die Proteine nehmen aber nicht nur als Biokatalysatoren den zweiten Platz in dieser Rangfolge ein. Sie sind vielmehr substanziell und funktionell zusammen mit den Nucleinsäuren die eigentlichen Träger des Lebens. Die anderen Biopolymere haben dagegen eine viel geringere Bedeutung.

3A.42 Nucleinsäuren

Als Nucleoproteine sind Nucleinsäuren die wichtigsten Bestandteile der Zellkerne pflanzlicher und tierischer Lebewesen, denn sie enthalten deren

---

[1] CRAMER, F., u. F. M. HENGLEIN: Chem. Ber. 901, 256 (1957).
[2] CRAMER, F., N. HENNRICH u. W. KAMPE: Ber. Bunsenges. 68, 763 (1964).
[3] Siehe S. 267 ff.

Erbfaktoren (*genetische Information, genetisches Material*). Unabhängig von Zellen sind Nucleoproteine als Viren bekannt, die sich zur Vermehrung des Stoffwechsels von Wirtszellen bedienen, für sich aber nicht eigentlich lebendig sind[1]. Die Nucleoproteine lassen sich leicht in Nucleinsäuren und Protein zerlegen, stellen aber offensichtlich doch echte Verbindungen dar, weil sie sich in einem bestimmten Verhältnis wieder vereinigen. Es konnte aber an Viren gezeigt werden, daß deren Nucleinsäuren, nachdem sie ohne eigenes Protein auf Wirtszellen übertragen wurden, dort sowohl das eigene Protein herstellten, als auch sich selber vermehrten[2]. Dadurch und auf Grund von Ergebnissen aus Untersuchungen an Bakterien ist die Funktion der Nucleinsäuren als den alleinigen Trägern der Erbinformation, zumindest für niedere Lebewesen, bewiesen.

Um so erstaunlicher ist ihr einfacher chemischer Bau als lange, unverzweigte Polynucleotid- beziehungsweise Poly-desoxynucleotid-Ketten[3]. Die Nucleinsäuren der Zellkerne aller Lebewesen und die der meisten Viren sind Desoxyribonucleinsäuren (DNS); bei einigen Viren sind sie Ribonucleinsäuren (RNS).

Die *DNS* aus verschiedensten Zellkernen haben viele übereinstimmende Eigenschaften. Ihre Molekulargewichte sind unterschiedlich und liegen meistens im Bereich von 10^6 wie auch noch höher. Sie enthalten bei allen Lebewesen jeweils nur vier verschiedene Nucleoside einkondensiert, wobei es sich überwiegend um (2'-Desoxy-)Adenosin, Guanosin, Cytidin und Thymidin handelt. Die Phosphatgruppen tragen je eine negative Ladung.

Während die relativen Anteile einer bestimmten Purin- oder Pyrimidinbase unter Nucleinsäuren eines Zellkernes sehr stark schwanken können, sind in diesen zusammen immer soviel Purin- wie Pyrimidinbasen enthalten[4].

Das hängt damit zusammen, daß die Nucleinsäureketten (oder -stränge) paarweise aneinandergelagert sind und jeweils eine Purinbase der einen Kette durch Wasserstoffbrücken mit einer Pyrimidinbase der anderen Kette verbunden ist. Es sind also stets zwei DNS-Stränge in bezug auf ihre Basen komplementär, wenn man in je einer der beiden Purinbasen das Gegenstück zu je einer der beiden Pyrimidinbasen sieht. Dabei ist Adenin dem Thymin und Guanin dem Cytosin zugeordnet (Abb. 45).

---

[1] Die Biologie verlangt von einem Lebewesen, daß es selbstvermehrungsfähig ist, einen Stoffwechsel zeigt und reizbar ist. Dies trifft in der Tat bereits für Einzeller zu, nicht aber für Viren.

[2] FRAENKEL-CONRAT, H., B. SINGER u. R. C. WILLIAMS: Biochem. Biophys. Acta **25**, 87 (1955); GIERER, A., u. G. SCHRAMM: Z. Naturforsch. **11 b**, 138 (1956); DI MAYORCA, G., B. E. EDDY, S. E. STEWART, W. S. HUNTER, C. FRIEND u. A. BENDICH: Proc. Nat. Acad. Sci. USA **45**, 1805 (1959).

[3] Hierzu nähere Erläuterungen s. S. 240 ff.

[4] CHARGAFF, E.: Experientia **6**, 201 (1950).

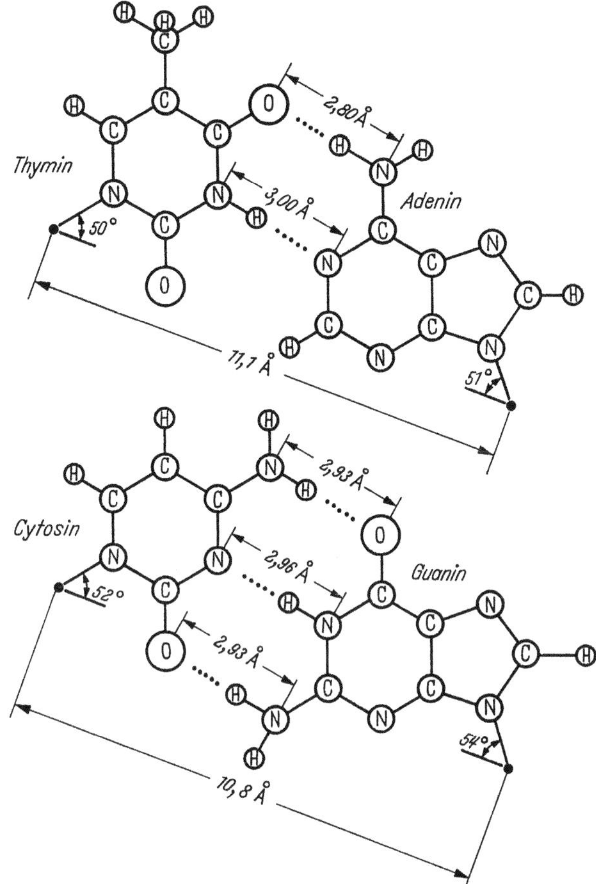

Abb. 45. Zuordnung der Basen in DNS mit Wasserstoffbrückenbindungen[1,2]

Die doppelsträngigen Nucleinsäuren bilden rechtshändige Doppelhelices um eine gemeinsame Faserachse (Modell von WATSON und CRICK[1]) mit den Basen nach innen aus. Die Ebenen der Basenringe stehen im rechten Winkel zur Achse[3]. In Abb. 46 ist ein Abschnitt zweier gepaarter unverdrillter DNS-Stränge dargestellt, während Abb. 47 einen Eindruck von der Doppelhelix vermittelt, die sie bilden.

[1] WATSON, J. D., u. F. H. C. CRICK: Nature (London) 171, 737, 964 (1953).
[2] WILKINS, M. H. F., A. R. STOKES u. H. R. WILSON: Nature (London) 171, 738 (1953).
[3] SIGNER, R., T. CASPERSSON u. E. HAMMARSTEN: Nature (London) 141, 122 (1938).

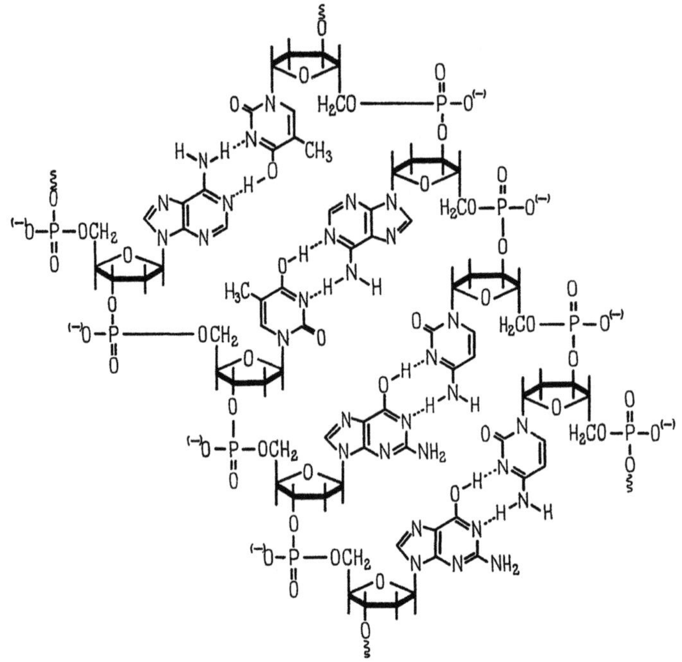

Abb. 46. Schematische Darstellung eines Teiles zweier gepaarter DNS-Stränge[1]

Dabei treten die DNS-Moleküle in zahlreichen Ketten-Konformationen auf und mit denselben in mehreren Kristallformen[2,3]. Bestimmend für die Konformationen sind Wasser- und Salzgehalt sowie die Kationen an den Phosphatgruppen. Für eine der drei wichtigsten Strukturen beträgt der Durchmesser der Doppelhelix 20 Å, die Ganghöhe 34 Å. Der Abstand zwischen den Bindungen, mit denen die Basen an den Desoxyribose-Resten hängen, ist für beide Basenpaare genau gleich. Auch sonst ist eine geometrisch vollkommen regelmäßige Anordnung der Desoxyribose- und Phosphat-Reste gegeben. Die Entfernung entlang der Achse zwischen den Basenpaaren ist 3,4 Å mit 10 Basenpaaren pro Wendel. Abgesehen von den Basen sind die beiden Polynucleotidketten einer Doppelhelix in Gegenrichtung identisch, lediglich die Aufeinanderfolge der Basenpaare ist unregelmäßig.

Neuerdings wurden Anhaltspunkte dafür gefunden, daß in Abständen von je etwa 1000 Nucleotiden Dipeptide in die DNS-Ketten, an Phosphorsäure gebunden, eingebaut sind, wodurch eine gewisse Unterteilung und

[1] Nach BENDICH, A.: Bull. New York Acad. Med. 37, 661 (1961).

[2] LANGRIDGE, R., H. R. WILSON, C. W. HOOPER, M. H. F. WILKINS u. L. D. HAMILTON: J. Mol. Biol. 2, 19 (1960).

[3] WILKINS, M. H. F.: J. chim. phys. 1961, 891.

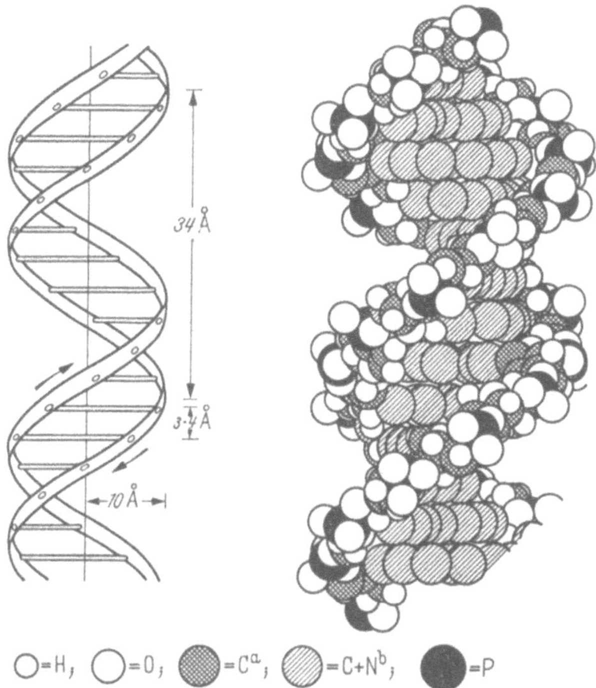

Abb. 47. Watson-Crick-Modell für DNS-Doppelhelix. a C in Phosphatesterkette
b C und N in Basen[1]

auch Beweglichkeit hervorgerufen wäre[2]. Die Doppelhelix-Struktur von
DNS ist bisher allgemein nachgewiesen worden. Eine Ausnahme machen
lediglich einige sehr kleine Bakteriophagen, deren DNS einsträngig ist[3].
In manchen Fällen sind die Doppelhelices nochmals zweifach verbunden[4].

Werden die wäßrigen Medien von DNS sauer oder alkalisch gestellt,
so tritt Denaturierung ein, insofern sich die Wasserstoffbrückenbindungen
lösen und die Helix-Konformationen in statistische Knäuel übergehen.
Neben dem pH-Wert sind Salzkonzentrationen und natürlich vor allem die

---

[1] WILKINS, M. H. F., W. E. SEEDS, A. R. STOKES u. H. R. WILSON: Nature (London) **172**, 759 (1953); FEUGHELMAN, M., R. LANGRIDGE, W. E. SEEDS, A. R. STOKES, H. R. WILSON, C. W. HOOPER, M. H. F. WILKINS, R. K. BARCLAY u. L. D. HAMILTON: **175**, 834 (1955); WILKINS, M. H. F.: Angew. Chem. **75**, 429 (1963); Nobelvortrag.

[2] BENDICH, A., E. BORENFREUND, G. C. KORNGOLD u. M. KRIM: Federation of Am. Soc. for Exper. Biol., 47. Vers., Atlantic City 1963.

[3] SINSHEIMER, R. L.: J. Mol. Biol. **1**, 43 (1959); WILKINS, M. H. F.: Angew. Chem. **75**, 429 (1963); Nobelvortrag.

[4] Siehe z. B. CAVALIERI, L. F., R. FINSTON u. B. H. ROSENBERG: Nature (London) **189**, 833 (1961).

Temperatur von Bedeutung für die Denaturierung. Die Denaturierung ist so lange gut reversibel, wie nicht zuviele dieser Bindungen gelöst sind. Neuerdings sind Bedingungen gefunden worden, nach denen auch völlig getrennte DNS-Stränge wieder renaturierten[1].

In Lösungen mit geringer Ionenstärke sind die DNS-Moleküle völlig gestreckt, weil sich die Phosphat-Ionen innerhalb desselben Moleküls gegenseitig abstoßen. Bei größeren Salzkonzentrationen im Neutralbereich nimmt jedoch die Viskosität dieser Lösungen ab, wohl infolge verstärkter Knäuelung der DNS[2], die durch Abschirmung der Phosphationen ermöglicht werden dürfte. Dabei ist die Viskositätsabhängigkeit von der Ionenstärke bei denaturierter DNS sehr viel größer als bei nicht-denaturierter[3].

In ihren Verbindungen mit Protein – als Nucleoproteine – dürften die Strukturen der DNS dieselben sein wie in isolierter Form unter Normalbedingungen[4]. (Wahrscheinlich bestehen zwischen DNS und Protein salzartige Verbindungen, und zwar zwischen Phosphatgruppen der DNS und basischen Proteingruppen[5].)

RNS-Moleküle sind zwar in ihrer Primärstruktur vollkommen analog zur DNS aufgebaut, unterscheiden sich von dieser aber etwas in der Basenzusammensetzung und in ihrer Zuckerkomponente, die hier Ribose ist (β-D-Ribofuranose). Die drei Basen Adenin, Guanin und Cytosin sind vorhanden, jedoch statt Thymin enthält RNS Uracil[6] sowie häufiger als DNS gelegentlich andere Basen.

Die RNS-Moleküle sind im Molekulargewicht meistens kleiner als DNS – zwischen $2 \cdot 10^4$ und $2 \cdot 10^6$ – und bilden Einzelstränge. In den Ribose-Grundbausteinen bleibt eine Hydroxylgruppe ungebunden. Aus diesem Grunde wird RNS wesentlich leichter chemisch angegriffen als DNS.

Während RNS in den Zellen der DNS untergeordnet ist, vollführt sie – zusammen mit Protein – in Gestalt einiger Viren ein selbständigeres Dasein. Man hat deshalb auch die hochmolekulare *Virus-RNS* von der ebenfalls noch hochmolekularen *microsomalen RNS* und von der wesentlich kleineren „*löslichen*" *RNS* zu unterscheiden. Ein Beispiel für Virus-RNS ist der *Tabak-Mosaik-Virus* (TMV), der viel zu Untersuchungen herangezogen wird und dessen Struktur aufgeklärt wurde. In Abb. 48 und 49 ist er schematisch dargestellt.

---

[1] Siehe MARMUR, J., R. ROWND u. C. L. SCHILDKRAUT in: DAVISON, J. N., u. W. E. COHN: Progress in Nucleic Acid Research. New York: Academic Press 1963.

[2] SIGNER, R., u. H. SCHWANDER: Helv. Chim. Acta **32**, 853 (1949); JORDAN, D. O.: Trans. Faraday Soc. **46**, 792 (1950).

[3] EHRLICH, P., u. P. DOTY: J. Am. Chem. Soc. **80**, 4251 (1958).

[4] FEUGHELMAN, M., R. LANGRIDGE, W. E. SEEDS, A. R. STOKES, H. R. WILSON, C. W. HOOPER, M. H. F. WILKINS, R. K. BARCLAY u. L. D. HAMILTON: Nature (London) **175**, 834 (1955); MURRAY, K., u. A. R. PEACOCKE: Biochim. Biophys. Acta **55**, 935 (1962).

[5] COHEN, S. S.: J. Biol. Chem. **158**, 255 (1945).

[6] Siehe S. 240.

Helix-Konformationen mit Wasserstoffbrückenbindungen sind bei TMV vorhanden, aber nicht unabdingbar, denn seine Konformationsumwandlungen sind reversibel und deshalb von geringem Einfluß auf die Infektiosität. Auch die microsomale RNS weist unter normalen Bedingungen Wasserstoffbrückenbindungen auf und enthält – obwohl einsträngig – doppelhelixartige Abschnitte, die durch flexible Abschnitte verbunden sind[1]. Man nimmt an, daß diese Struktur durch Kettenfaltungen zustande

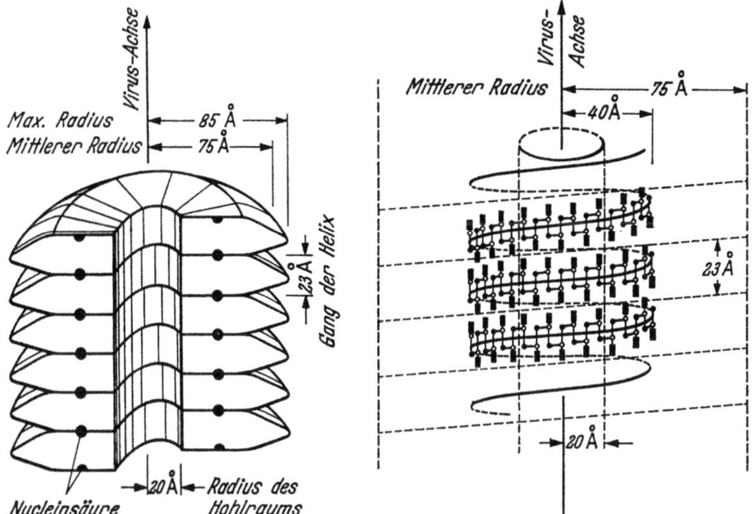

Abb. 48. Schematische Darstellung eines Schnitts von Tabak-Mosaik-Virus. Das RNS-Molekül wird von Protein umhüllt[2]

Abb. 49. Schematische Darstellung von RNS in Tabak-Mosaik-Virus. (Schwarze Punkte: Phosphate; weiße Kreise: Zukker; Vierecke: Basen; gestrichelte Linie: Proteinhülle.)[3]

kommt[4] (Abb. 50). Die „lösliche" RNS hat Molekulargewichte um 25000[5]. Ihre Konformationen sind stabiler als die der microsomalen. Dies hängt vielleicht damit zusammen, daß die Anteile komplementärer Basen innerhalb der Einzelstränge bei der löslichen RNS ausgewogener sind als bei der microsomalen. Auch dürften in ihr vorhandene andere Basen dabei eine Rolle spielen.

Über die *Biosynthesen der Nucleinsäuren* hat man die folgenden Vorstellungen, die dann noch durch die weiter unten beschriebenen enzymatischen

[1] ZUBAY, G., u. M. H. F. WILKINS: J. Mol. Biol. **2**, 105 (1960).

[2] Nach FRANKLIN, R.: The Ciba Foundation Symposium on the Nature of Viruses. London 1957.

[3] Nach GINOZA, W.: Nature (London) **181**, 958 (1958).

[4] FRESCO, J. R., B. M. ALBERTS u. P. DOTY: Nature (London) **188**, 98 (1960).

[5] ALLEN, E. H., E. GLASSMAN u. R. S. SCHWEET: J. Biol. Chem. **235**, 1061 (1960).

Synthesen in vitro präzisiert werden: Die *DNS* ist zur Re(du)plication befähigt, und es müssen dabei überwiegend identische Makromoleküle entstehen. Man könnte es sich sonst nicht erklären, wieso es biologische Arten gibt, die sich über Millionen von Generationen hinweg praktisch unverändert erhalten haben. Gleichzeitig bedeutet das aber auch, daß die DNS unter den Bedingungen der lebenden Zellen außerordentlich stabil ist.

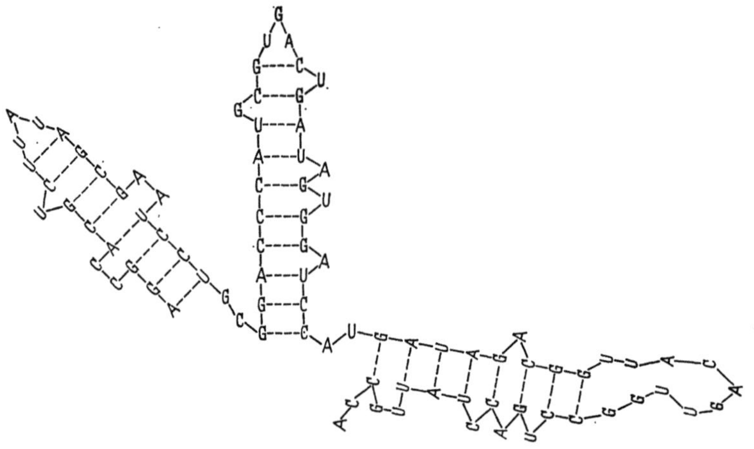

Abb. 50. Mögliche Sekundärstruktur von RNS[1]

Bei der Replication lösen sich die Wasserstoffbrücken der Helices, und die beiden Nucleinsäurestränge entflechten sich. Die Einzelstränge sind in der Lage, mit Hilfe von Enzymen ihre komplementären Nucleinsäuren aufzubauen und so den vorhergegangenen Zustand wieder herzustellen[2]. Aus zwei Nucleinsäuren sind also zwei mal zwei geworden, indem jeder Strang die Matrize für den Aufbau des komplementären Stranges bildete.

Die *RNS*-Synthese dagegen ist in der Regel auf die DNS als Matrize angewiesen, wobei das Enzym *RNS-Nucleotidyl-Transferase* beteiligt ist. Im Prinzip ist der Vorgang jedoch analog der DNS-Replikation. Bei Virus-RNS nimmt man aber an, daß nach der Infektion einer Zelle durch den Virus ein von demselben abhängiges Enzym (oder auch mehrere Enzyme) gebildet wird, das eine RNS-Polymerase ist und die identische Replikation der Virus-RNS in Gang bringt[3].

Zur Erklärung des Replikations-Mechanismus der einsträngigen RNS gibt es drei Modell-Vorstellungen: Die eine sieht die Einschaltung einer

[1] FRESCO, J. R., B. M. ALBERTS u. P. DOTY: Naiure (London) **188**, 98 (1960).

[2] MESELSON, M., u. F. W. STAHL: Proc. Nat. Acad. Sci. USA **44**, 671 (1958).

[3] SMELLIE, R. M. S.: Ber. Bunsenges. **68**, 728 (1964); WARNER, J. R., M. J. MADDEN u. J. E. DARNELL: Virology **19**, 393 (1963).

virusspezifischen DNS als Zwischenmatrize vor. Dieses Modell konnte jedoch bereits eindeutig ausgeschlossen werden[1]. Die zweite Vorstellung nimmt an, daß ein Enzym die Basensequenz der Virus-RNS „lesen" könne und bei der Synthese neuer RNS auf diese übertrage[2].

Schließlich aber soll nach der dritten Vorstellung in der infizierten Wirtszelle eine zum Virus-RNS-Strang komplementäre RNS entstehen, die dann als Matrize für neue, einsträngige Virus-RNS dient. Tatsächlich ist in einer Reihe von Fällen der Nachweis von RNS-Doppelhelices gelungen[3], ja solche konnten sogar isoliert werden[4], so daß somit die letzte Vorstellung zumindest für die untersuchten Fälle zutreffend ist.

Ein bedeutender Fortschritt im Zuge der Aufklärung dieser so wichtigen Vorgänge war die Isolierung des Enzyms *DNS-Polymerase* (aus Escherichia coli), das in vitro die Synthese von DNS ermöglicht. Dabei muß zunächst DNS bereits anwesend sein, die einsträngig die Synthese startet und die Matrize für die neu zu bildenden DNS-Stränge ist[5]. Bei Verwendung von hochgereinigten Enzym-Präparaten muß dafür gesorgt werden, daß einsträngige DNS vorliegt, zum Beispiel durch Erhitzen der doppelsträngigen DNS[6]. Ferner müssen natürlich alle vier Desoxynucleotide in genügender Menge anwesend sein, und zwar als Triphosphate. Unter Abspaltung von Diphosphat verknüpfen sich die Nucleotide. Die dabei synthetisierte DNS ist mit der zugesetzten DNS identisch.

Es zeigte sich schließlich, daß nach einer relativ langen (mehrere Stunden) dauernden Latenzzeit, auch ohne daß vorher natürliche DNS zugesetzt wurde, DNS mit dem gleichen Enzym gebildet wird. So werden mit den beiden Monomeren dATP[7] und dTTP Poly(dAT)-Doppelstränge hergestellt mit Molekulargewichten von einigen Millionen und der Nucleotidsequenz

$$--ATATAT--$$
$$--TATATA--$$

---

[1] REICH, E., R. M. FRANKLIN, A. H. SHATKIN u. E. L. TATUM: Proc. Nat. Acad. Sci. USA **48**, 1238 (1962); COOPER, S., u. N. D. ZINDER: Virology **18**, 405 (1962); DOI, R. H., u. S. SPIEGELMAN: Science **138**, 1270 (1962); HAYWOOD, A. H., u. R. L. SINSHEIMER: J. Mol. Biol. **6**, 247 (1963); HOFSCHNEIDER, P. H.: Z. Naturforsch. **18 b**, 203 (1963).

[2] SPIEGELMAN, S., u. R. H. DOI: Cold Spring Harbor Sympos. Quantitat. Biol. **28**, 109 (1963).

[3] MONTAGNIER, L., u. F. K. SANDERS: Nature (London) **199**, 604 (1963); WEISSMANN, C., u. P. BORST: Science (Washington) **142**, 438 (1963); KELLY, R. B., u. R. SINSHEIMER: J. Mol. Biol. **8**, 602 (1964); WEISSMANN, C. W., P. BORST, R. H. BURDON, M. A. BILLETER u. S. OCHOA: Proc. Nat. Acad. Sci. USA **51**, 682 (1964).

[4] AMMANN, J., H. DELIUS u. P. H. HOFSCHNEIDER: Ber. Bunsenges. **68**, 729 (1964).

[5] LEHMANN, I. R., M. J. BESSMAN, E. S. SIMMS u. A. KORNBERG: J. Biol. Chem. **233**, 163, 171 (1958).

[6] KORNBERG, A.: Angew. Chem. **72**, 231 (1960); Nobelvortrag. Enzymatic Synthesis of DNA, CIBA lectures in microbial biochemistry. New York: John Wiley and Sons Inc. 1961. Siehe auch andere Arbeiten mit nicht hochgereinigten Enzymen aus Säugetier-Gewebe, z. B. MANTSAVINOS, R.: J. Biol. Chem. **239**, 3431 (1964).

[7] = Desoxyadenosintriphosphat. Siehe auch S. 242, Fußnote 4, S. 251 u. S. 378.

in den komplementären Einzelsträngen[1]. Mit den Monomeren dGTP und dCTP als Substrat wird ebenfalls nach längerer Latenzperiode ein Doppelstrang synthetisiert, der wie folgt beschaffen ist[2]:

$$--G\,G\,G\,G--$$
$$--C\,C\,C\,C--\,.$$

Es tritt hier also keine Copolymerisation mit (1 : 1)-alternierter Nucleotidsequenz auf. Vielmehr bilden sich zunächst Homopolymerisate, die als Matrizen für die komplementären Stränge dienen[3].

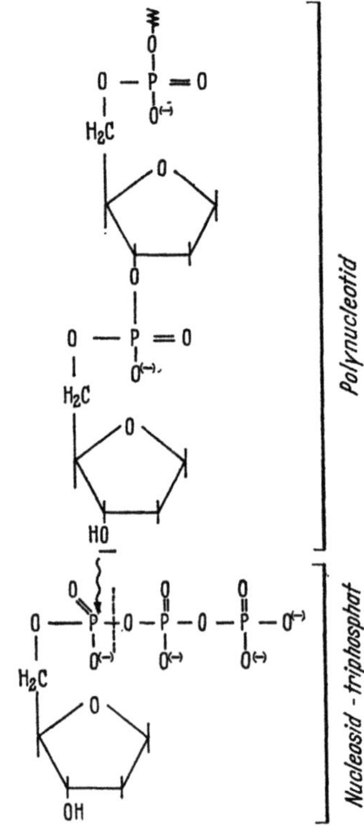

Abb. 51. Wachstumsschritt bei einer enzymatischen DNS-Synthese

Im einzelnen dürfte die Synthese wie folgt verlaufen: Bausteine sind Desoxynucleosid-5′-triphosphate, die von der 3′-Hydroxylgruppe am

[1] SCHACHMAN, H. K., J. ADLER, C. M. RADDING, I. R. LEHMAN u. A. KORNBERG: J. Biol. Chem. **235**, 3242 (1960).

[2] RADDING, C. M., J. JOSSE u. A. KORNBERG: J. Biol. Chem. **237**, 2869 (1962); s. Rezeptur Nr. 56 S. 353.

[3] RADDING, C. M., u. A. KORNBERG: J. Biol. Chem. **237**, 2877 (1962).

wachsenden Ende einer Polynucleotid-Kette angegriffen werden. Dabei spaltet sich Pyrophosphat ab, und die Kette wird um ein Glied länger (Abb. 51)[1].

Auch für die in vitro-Synthese von RNS wurde ein Enzym aus Escherichia coli gewonnen. Diese Synthese dient gleichzeitig als Beweis dafür, daß die DNS eine Matrize bei der RNS-Bildung ist, da letztere hier nur erfolgt, wenn DNS – neben den vier selbstverständlich notwendigen Ribonucleosid-Triphosphaten ATP, CTP, GTP und UTP – anwesend ist[2,3]. Bei Zugabe von Poly dT als DNS entsteht RNS, die nur Adenin enthält, also die zu Thymin komplementäre Base[4]. Dabei handelt es sich um Polynucleotide, die nicht in der Natur vorkommen.

Dieser Befund schließt nicht aus, daß die enzymatische RNS-Synthese in vitro auch ohne DNS-Matrize möglich ist. Tatsächlich gelang es auch dafür ein Enzym (aus Azotobacter vinelandii) zu isolieren – die „Polyribonucleotid-Phosphorylase"[5]. Hiermit kann man ebenfalls in der Natur nicht vorkommende Polyribonucleotide herstellen. Ausgegangen wird dabei von Nucleosid-Diphosphaten, die in Gegenwart von Mg^{++}-Ionen mit Hilfe des Enzyms in reversibler Reaktion einen Phosphatrest abspalten und die Polymere bilden:

$$n\ X{-}R{-}P{-}P \xrightleftharpoons{Mg^{++}} (X{-}R{-}P)_n + n\ P,$$

wobei X eine Base (zum Beispiel Adenin, Guanin usw.), R den Ribose-Rest, P—P Pyrophosphat und P Orthophosphat bedeutet. Die Geschwindigkeit der Synthese steigt, wenn Oligo- oder Polyribonucleotide zugesetzt werden. Unter bestimmten Präparationsbedingungen des Enzyms ist

---

[1] KORNBERG, A.: Angew. Chem. **72**, 231 (1960); Nobelvortrag.

[2] FURTH, J. J., J. HURWITZ u. M. ANDERS: J. Biol. Chem. **237**, 2611 (1962); weiter notwendige Zusätze sind zweiwertige Kationen (Mg^{++} oder Mn^{++}) und Mercaptoverbindungen.

[3] In Anwesenheit aller vier Nucleosid-Triphosphate entstehen der DNS entsprechende, komplementäre RNS; wenn jedoch nur jeweils eine Art von Nucleosid-Triphosphaten zugegen ist, entstehen RNS-Homopolymere: z. B. WEISS, S. B.: Proc. Nat. Acad. Sci. USA **46**, 1020 (1960); STEVENS, A.: Biochem. Biophys. Res. Comm. **3**, 92 (1960); HURWITZ, J., A. BRESLER u. R. DIRINGER: **3**, 15 (1960); HUANG, R. C., N. MAHESHWARI u. J. BONNER: **3**, 689 (1960); OCHOA, S., D. P. BURMA, H. KROGER u. J. D. WEILL: Proc. Nat. Acad. Sci. USA **47**, 670 (1961); GEIDUSCHEK, E. P., J. W. MOOHR u. S. B. WEISS: **48**, 1078 (1962); CHAMBERLIN, M., u. P. BERG: **48**, 81 (1962); GOLDBERG, I. H., M. RABINOWITZ u. E. REICH: **48**, 2094 (1962); FOX, C. F., u. S. B. WEISS: J. Biol. Chem. **239**, 175 (1964); FOX, C. F., W. S. ROBINSON, R. HASELKORN u. S. B. WEISS: **239**, 186 (1964); KRAKOW, J. S., u. S. OCHOA: Proc. Nat. Acad. Sci. USA **49**, 88 (1963); STEVENS, A., u. J. HENRY: J. Biol. Chem. **239**, 196 (1964).

[4] FURTH, J. J., J. HURWITZ u. M. GOLDMANN: Biochem. Biophys. Res. Comm. **4**, 322 (1961).

[5] GRUNBERG-MANAGO, M., u. S. OCHOA: J. Am. Chem. Soc. **77**, 3165 (1955); GRUNBERG-MANAGO, M., P. J. ORTIZ u. S. OCHOA: Science (Washington) **122**, 907 (1955).

die Anwesenheit geringer Mengen an Oligoribonucleotiden, die als „Saatpolymere" dienen und an die die Synthese anknüpft[1], unbedingt notwendig. Die folgende Tabelle 40 gibt Beispiele von auf diese Weise hergestellten Polynucleotiden wieder.

Tabelle 40. *Enzymatisch synthetisierte Polynucleotide*[2]

Substrat	Polymeres
ADP	Polyadenylsäure = Poly A
GDP	Polyguanylsäure = Poly G
UDP	Polyuridylsäure = Poly U
CDP	Polycytidylsäure = Poly C
ADP/UDP	Polyadenyluridylsäure = Poly AU
GDP/CDP	Polyguanylcytidylsäure = Poly GC
ADP/GDP/CDP/UDP	Polyadenylguanylcytidyluridylsäure = Poly AGUC (synthetische RNS)

Man kann nach dem gleichen Prinzip auch Blockcopolymere herstellen, deren wissenschaftliche Bedeutung weiter unten zu sehen sein wird[3]: Oligomere Cytidylsäure als Saatpolymeres (durch Abbau und Fraktionierung aus höhermolekularem Produkt gewonnen) ergab beispielsweise mit anpolymerisierendem UDP ein Blockcopolymeres mit zuerst 4-Cytidyl- und dann 200 Uridyl-Resten (kurz C_4U_{220} genannt). Durch Veränderung der NaCl-Konzentration in der Enzymlösung konnten die zweiten Blöcke auch kürzer erhalten werden[4]. Chromatographische Fraktionierung ergab dann beispielsweise folgende Oligomere: C_5A_1, C_5A_2, C_5A_3 und C_5A_4, die wieder enzymatisch mit einem anderen Nucleotid verlängert werden konnten. Ein Beispiel ist $C_5A_1U_{10}$[5].

Statt der in den beschriebenen Fällen verwendeten Nucleosid-Diphosphate als Substrat können auch enzymatisch oder synthetisch hergestellte Oligonucleotide enzymatisch zu hochmolekularen Polynucleotiden mit regelmäßig repetierenden Sequenzen verknüpft werden[6]:

$$n \text{ AAG} \longrightarrow \cdots \text{AAGAAGAAG} \cdots \text{ und ähnliche.}$$

Diese Synthesen sind ebenfalls von großer Bedeutung, von der noch zu sprechen sein wird[3].

---

[1] SINGER, M. F., L. A. HEPPEL u. R. J. HILMOE: J. Biol. Chem. **235**, 738 (1960); DOTY, P.: J. Polymer Sci. C 12, 235 (1966).

[2] Siehe OCHOA, S.: Angew. Chem. **72**, 225 (1960); Nobelvortrag.

[3] Siehe S. 273.

[4] THACH, R. E., u. P. DOTY: Science (Washington) **147**, 1310 (1965).

[5] Siehe auch die Gewinnung von Tri- und Tetranucleotiden mit definierter Sequenz: THACH, R. E., u. P. DOTY: Science (Washington) **148**, 632 (1965).

[6] THACH, R. E., u. T. A. SUNDARARAJAN: Proc. Nat. Acad. Sci. USA **53**, 1021 (1965).

Die in vitro synthetisierten Polyribonucleotide stimmen strukturell vollkommen mit den natürlichen überein, das heißt sie stellen unverzweigte Ketten dar, in denen die Nucleosid-Grundbausteine durch 3',5'-Phosphorsäurediesterbrücken miteinander verknüpft sind. Auch in ihrer Größe entsprechen sie – soweit nicht absichtlich verkürzt hergestellt – der natürlichen RNS (mit Molekulargewichten von $3\cdot10^4$ bis $2\cdot10^6$). Sie besitzen eine gewisse unspezifische biologische Aktivität. Sie können ferner doppel- und sogar dreisträngige Helices bilden[1] (in verdünnter wäßriger Lösung bei pH 7), so zum Beispiel Polyadenylsäure mit Polyuridylsäure bei ähnlichen Abmessungen wie bei DNS beziehungsweise Polyadenylsäure mit zwei Polyuridylsäuren. Die folgende Tabelle 41 bringt eine Reihe von Beispielen.

Tabelle 41. *Zwei- und dreistrangige Polyribonucleotid-Helices*[2]

zwei-strangig	Poly A + Poly U
	Poly A + Polyribothymidylsäure
	Poly I[a] + Poly C
	Poly A + Poly A
drei-strangig	Poly A + Poly U + Poly U
	Poly A + Poly I[a] + Poly I
	Poly I[a] + Poly I + Poly I

[a] mit dem Nucleosid Inosin.

Diese zwei- oder dreisträngigen Helices sind natürlich nicht so ideal wie bei der natürlichen DNS, denn die Polymerisationsgrade der Einzelstränge sind verschieden, so daß sie sich an den Enden nicht mehr überdecken[3]. Auch mögen Bezirke innerhalb der Stränge nicht exakt miteinander verbunden sein. Die dreisträngige Helix bei dem Komplex aus einmal Polyadenylsäure und zweimal Polyuridylsäure bildet sich in Gegenwart zweiwertiger Kationen[4]. Auch in hochmolaren Lösungen von Natriumchlorid tritt dergleichen ein. Wahrscheinlich hängt das damit zusammen, daß durch die Zurückdrängung der elektrolytischen Dissoziation der Phosphatgruppen in den Polynucleotid-Ketten deren elektrostatische Abstoßung untereinander so stark vermindert wird, daß die weitere Anlagerung eines Polyuridylstranges möglich ist.

---

[1] FELSENFELD, G., u. A. RICH: Biochim. Biophys. Acta **26**, 457 (1957); RICH, A.: Nature (London) **181**, 521 (1958). Siehe aber auch z. B. RICHARDS, E. G., C. P. FLESSEL u. J. R. FRESCO: Biopolymers 1, 431 (1963).

[2] OCHOA, S.: Angew. Chem. **72**, 225 (1960); Nobelvortrag.

[3] FELSENFELD, G.: Biochem. Biophys. Acta **29**, 133 (1958).

[4] FELSENFELD, G., D. R. DAVIES u. A. RICH: J. Am. Chem. Soc. **79**, 2023 (1957).

Wie sehr die Konformationen der Polynucleotide zum Beispiel vom pH-Wert ihres Mediums abhängig sind, zeigt sich an der Polyadenylsäure. Diese bildet am Neutralpunkt statistische Knäuel, die sich im sauren Bereich

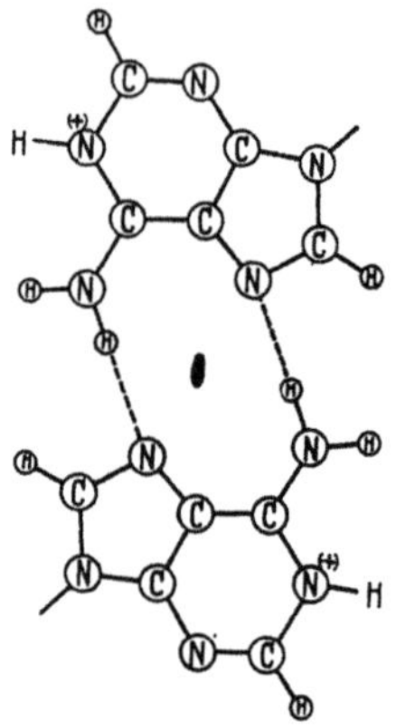

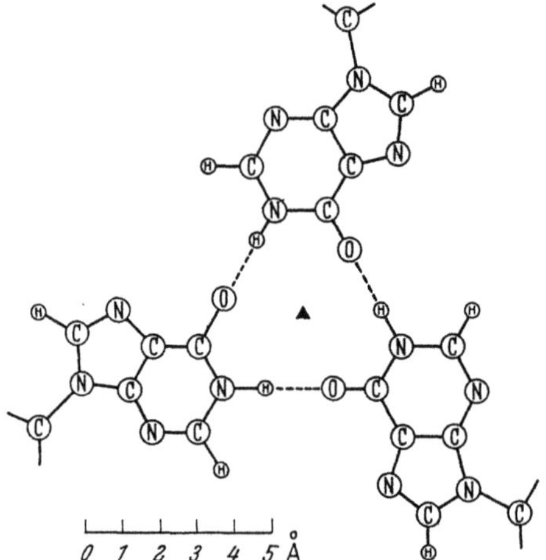

Abb. 52. Wasserstoffbrückenbindung zwischen zwei Polyadenylsäuresträngen[1]

zu geordneten Konformationen finden (wahrscheinlich Aggregate von Doppelhelices)[2]. Bei sehr niederem pH geht die Helixstruktur wieder verloren, ebenfalls bei Temperaturerhöhung[3]. In Abb. 52 sind die Wasser-

Abb. 53. Wasserstoffbrückenbindung zwischen drei Polyinosinsäuresträngen[4]

[1] Nach RICH, A., D. R. DAVIES, F. H. C. CRICK u. J. D. WATSON: J. Mol. Biol. 3, 71 (1961).
[2] FRESCO, J. R., u. P. DOTY: J. Am. Chem. Soc. 79, 3928 (1957).
[3] Siehe auch STEVENS, C. L., u. G. FELSENFELD: Biopolymers 2, 293 (1964).
[4] Nach RICH, A.: Biochim. Biophys. Acta 29, 502 (1958).

stoffbrücken zwischen den Basen der Polyadenylsäurestränge in ihrer Doppelhelix dargestellt, sowie in Abb. 53 dergleichen bei dreifacher Anlagerung von Polyinosinsäuresträngen[1].

3A.43 Proteine

Proteine sind in allen Zellen von Lebewesen zahlreich vorhanden. Sie lassen sich hydrolytisch zu (Poly)peptiden abbauen. Letztere kommen aber auch als solche in der Natur vor, wenn auch selten in höherer Konzentration, zum Beispiel als Hormone oder Gifte[2]. Man unterscheidet kugelige (globuläre) und faserige (lineare) Proteine. Eine genaue Klassifizierung ist aber bisher nicht möglich gewesen[3]. Manche Proteine sind mit anderen Substanzen verbunden, so die Glucoproteine mit Kohlehydraten, die Lipoproteine mit Steroiden und die bereits erwähnten Nucleoproteine mit Nucleinsäuren. Am interessantesten sind Proteine als Enzyme, von denen viele heute in kristallisierter Form zugänglich sind.

Die *chemische Einheitlichkeit* bei reinen, nicht hochmolekularen Polypeptiden kann sehr groß sein. Bei hochmolekularen Proteinen gibt es aber bisher noch keinen endgültigen Beweis für ihre Einheitlichkeit. Es ist nämlich sehr schwer, sie rein zu gewinnen. Praktisch gilt ein Protein solange als rein, wie es nicht gelungen ist, weitere Abtrennungen vorzunehmen.

Für das biologische Geschehen ist vollständige Übereinstimmung unter Proteinmolekülen wahrscheinlich nicht notwendig. So weiß man zum Beispiel, daß gelegentlich Enzyme multiple Formen haben, die die gleichen Funktionen in demselben Organismus besitzen[4]. Beim Vergleich von Eiweißverbindungen aus verschiedenen Lebewesen der gleichen Art findet man ebenfalls große Unterschiede bei gleicher Funktionalität. (Die Unterschiede sind hier allerdings meistens schon so groß, daß die Proteine nach einer Übertragung oder Überpflanzung als fremd empfunden werden und

---

[1] Weitere Literatur zu diesem Abschnitt: MICHELSON, A. M.: The Chemistry of Nucleosides and Nucleotides. London-New York: Academic Press 1963; HARBERS, E.: Die Nucleinsäuren. Eine einführende Darstellung ihrer Chemie, Biochemie und Funktionen. Stuttgart: Georg Thieme Verlag 1964. ROBINSON, R. (Hrsg.): Purines, Pyrimidines, and Nucleotides, and the Chemistry of Nucleic Acids. London: Pergamon Press 1964.

[2] Polypeptide gehen im Gegensatz zu den höhermolekularen Proteinen bei der Dialyse weitgehend durch die Cellophanmembranen. Man unterscheidet homöomere Peptide, die bei der Hydrolyse nur Aminosäuren liefern und heteromere, die noch andere, den Aminosäuren fremde Elemente enthalten: BRICAS, E., u. C. FROMAGEOT: Adv. Protein Chem. **8**, 1 (1953). Bilden die Polypeptide Ringe und werden diese durch Peptidbindungen geschlossen, so spricht man von homodet, andernfalls (z. B. bei Disulfidbindungen) von heterodet cyclischen Polypeptiden: SCHWYZER, R., B. ISELIN, W. RITTEL u. P. SIEBER: Helv. Chim. Acta **39**, 872 (1956).

[3] Siehe Versuch, die Proteine hinsichtlich der Konformationen ihrer Polypeptidketten zu klassifizieren: JIRGENSONS, B.: Makromol. Chem. **91**, 74 (1966).

[4] WIELAND, TH., u. G. PFLEIDERER: Angew. Chem. **74**, 261 (1962).

eine Gegenwehr – Antikörperbildung – im Organismus auslösen.) Bei allem darf man aber annehmen, daß ein und dieselbe Zelle vollkommen chemisch gleiche Proteinmoleküle auch hohen Molekulargewichtes herstellen kann. Die Gründe dafür liegen im Synthesemechanismus, wie er weiter unten im Zusammenhang mit der Besprechung des genetischen Codes dargelegt werden wird. Die chemische Einheitlichkeit von Proteinen ist aber um so bemerkenswerter, als ihre Bausteine chemisch recht uneinheitlich sind[1].

Strukturelle Einheitlichkeit, soweit die Mikrostruktur ins Auge gefaßt ist, ist in einer Beziehung durch die fast ausschließliche Verwendung von L-Aminosäuren gegeben[2]. Damit ist auch die Bildung von Helices möglich, wenigstens in einzelnen Proteinabschnitten.

Proteine haben in vielen Fällen äußerst komplizierte, unregelmäßige, aber ganz bestimmte Konformationen[3]. Reversible Änderungen in den Konformationen gehören zu den Lebensvorgängen, während irreversible Änderungen die spezielle biologische Aktivität der betreffenden Proteine vernichten (Denaturierung). Daraus geht hervor, daß diese sekundären und tertiären Strukturen nicht willkürlich entstehen, sondern – zumindest in der Hauptsache – genetisch festgelegt sein müssen. Allerdings ist es sehr wahrscheinlich, daß es bei der Proteinsynthese nicht einer besonderen genetischen Information für die dreidimensionalen Anordnungen der Peptidstränge eines Proteins bedarf – so kompliziert sie auch sein mögen, sondern, daß unter den gegebenen Bedingungen allein die Anordnung der Grundbausteine, also der einkondensierten Aminosäuren genügt, dem Protein seine Strukturen zu verleihen. In dieser Weise kann also große strukturelle Einheitlichkeit unter chemisch einheitlichen Proteinen bestehen. Schließlich gilt für die *Einheitlichkeit im Molekulargewicht* wieder, daß sie infolge des Proteinaufbaus mit kontrollierter Verknüpfung jedes Bausteins vollkommen sein kann[4].

---

[1] Mit wachsender chemischer Einheitlichkeit der Grundbausteine eines Proteins sinkt dessen Löslichkeit infolge stärkerer Aggregation.

[2] Die gleiche Konfiguration geht daraus hervor, daß bei allen eine positive Veränderung der optischen Drehung eintritt, wenn Säure zugegeben wird, d. h. plus-drehende Aminosäuren werden stärker positiv, minus-drehende weniger negativ.

[3] Siehe z. B. PERUTZ, M. F.: Angew. Chem. **75**, 589 (1962); Nobelvortrag; SCHELLMAN, J. A., u. C. SCHELLMAN in: H. NEURATH: The Proteins, 2nd. ed. Vol. 2, S. 1—137. New York-London: Academic Press 1963; DICKERSON, R. E.: S. 603—778; speziell im Hinblick auf Röntgenstrukturanalysen.

[4] Zur Prüfung der (insbesondere molekularen) Einheitlichkeit eines Proteins verwendet man die Sedimentationskurve in der Ultrazentrifuge, d. h. den Konzentrationsgradienten als Funktion des Abstandes vom Rotationszentrum. Dabei ist man häufig von der Einheitlichkeit überzeugt, wenn eine nicht zu breite Gaußsche Glockenkurve auftritt, die man auf eine der Sedimentation sich überlagernde Diffusion zurückführt. Dieses Kriterium ist aber unzureichend, wenn die Eiweißstoffe aus mehreren ähnlichen Komponenten bestehen, s. ENDE, H. A., u. G. V. SCHULZ: Z. physik. Chem. (Frankfurt) **33**, 143 (1962).

Globuläre Proteine

Die *globulären Proteine* (zum Beispiel *Insulin*, *Hämoglobin*, *Myoglobin* usw.), von denen viele Enzyme, Hormone oder Antikörper sind, besitzen Polypeptidketten, jedoch mit unterschiedlichen Seitenketten in bestimmter Ordnung, öfters auch Disulfidbrücken, und kristallisieren vollständig, wobei das ganze Molekül die Grundeinheit der Kristallstruktur ist. Sie enthalten notwendiges Wasser (häufig um 50 %). Für eine bestimmte Kristallstruktur kann dieser Wassergehalt allerdings erheblich schwanken. Trotz der erheblichen Unregelmäßigkeiten innerhalb eines globulären Protein-Moleküls bilden einzelne Peptidstränge Helices aus[1].

Einige globuläre Proteine sind inzwischen in ihren Aminosäuresequenzen und in ihrer Struktur weitgehend aufgeklärt. In folgender Abb. 54 ist ein Modell des *(Pottwal-)Myoglobins* dargestellt, wie es röntgenographisch mit Hilfe der Methode des isomorphen Ersatzes aufgestellt wurde. Bei dieser Methode werden in das Protein Schwermetallionen eingebracht, die die Struktur des Proteins jedoch nicht verändern, sondern es lediglich etwas aufweiten. Auf solche Weise an bekannter Stelle markiertes Protein wird in kristallisierter Form wie das unveränderte röntgenographisch untersucht. Hierauf werden die Beugungsbilder verglichen, die Fourierkoeffizienten entnommen und mit Hilfe von Fouriersynthesen die Elektronendichteverteilungen errechnet, woraus sich ein Bild über die Proteinstruktur ergibt[2].

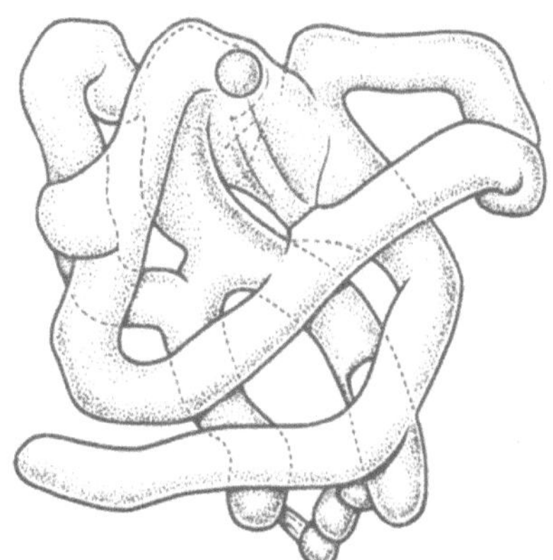

Abb. 54. Modell des Myoglobin-Moleküls aus einer 6-Å-Fouriersynthese. Die Häm-Gruppe ist in der Mitte oben

[1] Perutz M. F., M. G. Grossmann, A. F. Cullis, H. Muirhead G. Will u. C. T. North: Nature (London) **185**, 416 (1960); zur Struktur des Haemoglobins.

[2] Kendrew, J. C.: Angew. Chem. **75**, 595 (1963); Nobelvortrag; Kendrew, J. C., R. E. Dickerson, B. E. Strandberg, R. G. Hart, D. R. Davies, D. C. Phillips u. V. C. Shore: Nature (London) **185**, 422 (1960).

Myoglobin – dem Hämoglobin verwandt und biologisch wie dieses der reversiblen Sauerstoffaufnahme dienend – besteht aus einer einfachen Polypeptidkette von 151 Aminosäureresten, die mit einer Hämgruppe verbunden ist. Der Helixanteil (rechtshändige Helices) ist mit 75 % für Proteine ungewöhnlich hoch und verteilt sich auf acht Abschnitte.

Die Abb. 54 zugrunde liegende 6 Å Auflösung ist noch nicht sehr fein. Aus ihr können keine Schlüsse auf die Faltung der Polypeptidketten gezogen werden und Seitenketten können weder gesehen noch identifiziert werden. Man sieht aber sehr eindrucksvoll, wie unregelmäßig die Peptidketten angeordnet sind. Bei 2 Å Auflösung können die Aminosäurereste oft eindeutig identifiziert werden.

Insgesamt hat man folgendes Bild von der Struktur des Myoglobins: Etwa 118 Aminosäurereste bilden die acht rechtshändigen α-Helices mit im einzelnen 7 bis 24 Resten. Die gestreckten α-Helices sind durch starke Krümmungen, sowie durch fünf nicht-helixartige Abschnitte aus einem bis acht Aminosäureresten verbunden. Ferner tritt am Carboxylende der Peptidkette ein nicht helixartiger Abschnitt mit fünf Aminosäureresten auf. Die Faltung des Ganzen ist kompliziert und unsymmetrisch und bildet ein abgeflachtes, ungefähr dreieckiges Prisma von den Abmessungen $45 \times 35 \times 24$ Å³. Innerhalb des Moleküls befindet sich praktisch kein Wasser, der freie Raum ist sehr gering. Die Häm-Gruppe steht fast senkrecht zur Oberfläche des Moleküls, an der sie mit einer Kante liegt.

Die polaren Gruppen in Seitenketten befinden sich fast alle an der Oberfläche, so daß die Struktur hauptsächlich durch van der Waalssche Kräfte aufrechterhalten werden dürfte.

Faserige Proteine

Bei den *faserigen Proteinen* kann es sich um lösliche Proteine – zum Beispiel *Fibrinogen* im Blut, *Myosin* in Muskeln – und um unlösliche Skleroproteine – zum Beispiel *Keratin, Fibroin, Kollagen* – handeln. Die faserigen Proteine geben typische Röntgen-Faser-Diagramme und haben Helixstrukturen, die durch Wasserstoffbrückenbindungen verfestigt werden. Andere Bindungen, wie Disulfidbrücken, können die Helix-Ausbildung stören.

Die *Kollagene* sind die Proteine der Bindegewebe, die Sehnen, Knorpel, Knochen usw. ausbilden. Langes Erhitzen von Kollagen in Wasser führt dazu, daß es löslich und zu *Gelatine* wird. Dabei scheinen schwache Peptidbindungen hydrolysiert zu werden. Beim Abkühlen gelatinieren diese Lösungen, indem sich Wasserstoffbrückenbindungen zwischen Peptidgruppierungen und verstärkt Helices herstellen. Durch Erhitzen wird diese Ordnung zerstört und die Gelatine löst sich wieder.

Fibroin stellt den Hauptteil der Seide dar und ist vornehmlich durch die vier Aminosäuren Alanin, Glycin, Serin und Tyrosin gebildet. Zu den *Keratinen* zählen Haare und Horn. Keratin enthält ungewöhnlich viel Cystein und damit Disulfidbrücken, die seine Festigkeit bedingen.

Während die Skleroproteine vornehmlich strukturelle Bedeutung in Organismen haben, fallen den löslichen Proteinen von faseriger Beschaffenheit funktionelle Aufgaben zu. *Fibrinogen* führt zur Gerinnung des Blutes, indem es sich mit Hilfe des Enzyms Thrombin in Fibrin umwandelt. *Myosin* spielt bei der Muskelkontraktion eine Rolle, wobei es Konformationsänderungen eingeht[1].

Proteinsynthese und genetischer Code

Die Proteinsynthese findet im Cytoplasma der Zellen statt, und zwar in Verbindung mit den sogenannten *Microsomen* (die etwa zu zwei Drittel aus kugelförmigen, RNS-reichen Protein-Partikeln, den *Ribosomen* bestehen), während die DNS als Träger der Information über den Proteinaufbau die Gene in den Chromosomen der Zellkerne darstellt und dort verbleibt. (Daß DNS außerhalb der Zellkerne vorkommen ist bisher nur für Chloroplasten erwiesen, mag aber trotzdem häufiger der Fall sein[2].

Man unterscheidet zwischen *Struktur-* (oder *Informator-*)*genen* und *Regulator-* (oder *Repressor-*)*genen*. Letztere bilden wahrscheinlich Repressoren, die eine nicht notwendige Proteinsynthese durch die Strukturgene in den Zellen unterdrücken[3]. Über die Art und Weise der Genblockierung ist noch wenig Gesichertes bekannt. Es ist aber sehr wohl möglich, daß die an die chromosomale DNS höherer Organismen stets gebundenen Proteine vom Histontypus[4] für die spezielle Genblockierung verantwortlich sind. Dabei sind fast sämtliche Phosphatgruppen der DNS an Aminogruppen im Protein gebunden. Die Tatsache der Zelldifferenzierung eines Organismus könnte darin bestehen, daß – bei gleichem genetischen Material – spezifische Gengruppen von Zellen durch Anheftung geeigneter Histonmoleküle in unterschiedlicher Weise blockiert sind. Eine schwächere Art der Blockierung nähme Einfluß darauf, wann Enzymsynthese stattfindet oder nicht. Die Enzym-Synthese könnte dabei durch externe oder interne Induktoren ausgelöst werden.

---

[1] Weitere Literatur: HAUROWITZ, F.: The Chemistry and Function of Proteins. New York-London: Academic Press 1963; DIXON, M., u. E. C. WEBB: Enzymes, London: Longmans, Green and Co. Ltd., 1964; PERUTZ, M. F.: Proteins and Nucleic Acids, Structure and Function. Amsterdam-London-New York: Elsevier Publ. Comp. 1962.

[2] WOLLGIEHN, R., u. K. MOTHES: Exp. Cell. Res. **35**, 52 (1964).

[3] MONOD, J.: Angew. Chem. **71**, 685 (1959); BECKER, H. J.: Naturwissenschaften **51**, 205, 230 (1964), über die genetischen Grundlagen der Zelldifferenzierung.

[4] Histone sind basische Proteine.

Nun muß zwischen dem Ort der Informationsspeicherung und dem der Proteinsynthese eine Informationsübertragung stattfinden. Diese besorgt die sogenannte *Boten-(messenger-)RNS* (im folgenden m-RNS bezeichnet). Sie wird im Zellkern an der DNS als Matrize mit Hilfe des Enzyms RNS-Nucleotidyl-Transferase synthetisiert und ist dann in besonderer Weise der Proteinsynthese zugrunde gelegt[1,2]. Für eine Proteinsynthese ist wahrscheinlich eine Reihe von verschiedenen m-RNS-Molekülen erforderlich, während vermutlich jedem Gen ein bestimmtes Protein zuzuordnen ist. Wie Befunde an Bakterien zeigen, sind die m-RNS am Ort der Proteinsynthese nur kurzlebig und müssen ständig neu gebildet werden. Wahrscheinlich gilt dies jedoch nicht allgemein[3].

Die Proteinsynthese kann natürlich nun nicht so unmittelbar geschehen wie die RNS-Synthese an der DNS durch Basenpaarung. Es muß vielmehr ein Übersetzungsmechanismus bestehen, der einem bestimmten Abschnitt in der m-RNS (und damit letztlich auch der DNS) eine bestimmte Aminosäure für das sich bildende Protein zuordnet. Es kann dabei aber nicht etwa einem bestimmten Nucleotid eine bestimmte Aminosäure entsprechen, da nur vier Nucleotiden allein zwanzig häufig verwendete Aminosäuren gegenüberstehen. Jede einzelne Aminosäure muß vielmehr durch mehrere Nucleotide festgelegt sein und zwar durch die jeweilige Kombination der vier Nucleotide zu Einheiten mit definierten Sequenzen. Die Regeln, nach denen die Nucleotid-Sequenzen in Beziehung zu den Aminosäuresequenzen stehen, bezeichnet man als den *genetischen Code*.

Es hat sich immer als zweckmäßig erwiesen, bei der Erklärung von Naturvorgängen von einfachen Vorstellungen auszugehen. Auf den Fall des genetischen Codes bezogen ist die einfachste Vorstellung die, daß in der m-RNS hintereinander gelesen immer eine gleiche Zahl, und zwar zwei, drei oder vier Nucleotide die besagten Einheiten bilden und sich auf die Aminosäuren des zu bildenden Proteins in der gleichen Reihenfolge beziehen. Jede dieser Kombinationen von Nucleotiden nennt man ein *Codon*[4], wobei natürlich ein Nucleotid auch zwei Codons angehören könnte (Überlappungseffekt). Mit zwei Basen pro Codon ließen sich aus den vier zur Verfügung stehenden nur 16 verschiedene Zweier-Kombinationen (Dupletts) gewinnen. Die Dreierkombination (Triplett) ermöglicht dagegen 64 Codons, also mehr als nötig sind. Es kann dann sogar eine und dieselbe Aminosäure durch mehrere Tripletts festgelegt sein (man bezeichnet das als *degenerierten Code*).

---

[1] BRENNER, S., F. JACOB u. M. MESELSON: Nature (London) **190**, 576 (1961); JACOB, F., u. J. MONOD: J. Mol. Biol. **3**, 318 (1961).

[2] GROS, F., H. HIATT, W. GILBERT, C. G. KURLAND, R. W. RISEBOROUGH u. J. D. WATSON: Nature (London) **190**, 581 (1961).

[3] NEUMANN, S., u. R. WOLLGIEHN: Z. Naturforsch. **19 b**, 1066 (1964); DURE, L., u. L. WATERS: Science (Washington) **147**, 410 (1965).

[4] Vorschlag von CRICK, F. H.: Angew. Chem. **75**, 425 (1963), Nobelvortrag.

Chemisch ausgelöste Mutationen an einem Bakteriophagen, die zu Mutanten mit einigen veränderten Basen in den Nucleinsäuren führten[1], ergaben zunächst die Möglichkeit, die Triplett-Vorstellung zu stützen[2].

Nun kann man, wie bereits dargelegt, mit dem Enzym Polynucleotid-phosphorylase beliebige Polynucleotide synthetisieren, zum Beispiel Homopolymere wie Polyadenylsäure oder Copolymere von Adenyl- und Guanylsäure usw. Unter Verwendung solcher synthetischer Polynucleotide lassen sich durch ein zellfreies System von Escherichia coli proteinähnliche Produkte herstellen, die dann Schlüsse auf die Beziehung zwischen Basentriplett und Aminosäure gestatten.

So führt zum Beispiel Polyuridylsäure, die als m-RNS eingesetzt wird, zur Bildung eines Polypeptides, das ausschließlich die eine Aminosäure Phenylalanin enthält[3]. Ein Polynucleotid mit Uracil und Cytosin in wahrscheinlich statistischer Verteilung läßt die Aminosäuren Phenylalanin, Serin, Leucin, Prolin und Threonin verstärkt zur Peptidsynthese gelangen.

Auch kann man alle vier Nucleosiddiphosphate als Monomere so miteinander mischen, daß bei ihrer Polymerisation zu Polynucleotiden gewünschte Basenzusammensetzungen entstehen. Es läßt sich dann die relative Häufigkeit verschiedener Basentripletts berechnen und zur Häufigkeit des Einbaues der Aminosäuren in Beziehung setzen[4].

Nach dieser Methode und generell unter der Annahme eines Triplett-Codes war es den Arbeitskreisen von NIRENBERG und von OCHOA gelungen, den genetischen Code für alle zwanzig häufigen Aminosäuren vorläufig aufzustellen[5, 6]. In jüngster Zeit standen dann sogar Polynucleotide mit definierten Nucleotid-Sequenzen zur Verfügung[7].

Schließlich wurde gefunden, daß selbst Trinucleotide als Codons wie in m-RNS wirken, indem sie die Bindung der zugehörigen aktivierten

---

[1] Siehe hierzu auch S. 310 ff.

[2] CRICK, F. H. C., L. BARNETT, S. BRENNER u. R. J. WATTS-TOBIN: Nature (London) **192**, 1227 (1961).

[3] NIRENBERG, M. W., u. J. H. MATTHAEI: Proc. Nat. Acad. Sci. USA **47**, 1588 (1961).

[4] HEPPEL, L. A., P. J. ORTIZ u. S. OCHOA: J. Biol. Chem. **229**, 695 (1957); ORTIZ, P. J., u. S. OCHOA: **234**, 1208 (1959).

[5] MATTHAEI, J. H., u. M. W. NIRENBERG: Proc. Nat. Acad. Sci. USA **47**, 1580 (1961); NIRENBERG, M. W., J. H. MATTHAEI u. O. W. JONES: **48**, 104 (1962); MATTHAEI, J. H., O. W. JONES, R. G. MARTIN u. M. W. NIRENBERG: **48**, 666 (1962); MARTIN, R. G., J. H. MATTHAEI, O. W. JONES u. M. W. NIRENBERG: Biochem. Biophys. Res. Comm. 6, 410 (1962).

[6] LENGYEL, P., J. F. SPEYER u. S. OCHOA: Proc. Nat. Acad. Sci. USA **47**, 1936 (1961); SPEYER, J. F., P. LENGYEL, C. BASILIO u. S. OCHOA: **48**, 63 (1962); LENGYEL, P., J. F. SPEYER, C. BASILIO u. S. OCHOA: **48**, 282 (1962); SPEYER J. F., P. LENGYEL, C. BASILIO u. S. OCHOA: **48**, 441 (1961); BASILIO, C., A. J. WAHBA, P. LENGYEL, J. F. SPEYER u. S. OCHOA: **48**, 613 (1962).

[7] THACH R. E., u. T. A. SUNDARARAJAN: Proc. Nat. Acad. Sci. USA **53**, 1021 (1965); s. S. 264.

Aminosäuren an die Ribosomen vermitteln. (Die Art der Aminosäure-Aktivierung wird sogleich dargelegt.) Man braucht nur die Gemische aus Ribosomen, aktivierten Aminosäuren und einem Trinucleotid – neben KCl und Mg-Acetat – in gepufferter Lösung nach Inkubation (etwa 15 Min. bei 24 °C) über Nitrocellulose-Filter zu filtrieren[1]. Die Ribosomen bleiben mit den auf ihnen befindlichen Trinucleotiden und aktivierten Aminosäuren auf den Filtern zurück. Die Aminosäuren können dort – soweit sie radioaktiv markiert sind – bestimmt werden.

Eine andere Methode zur Aufklärung des genetischen Codes besteht in der Erzeugung von Mutanten des Tabakmosaikvirus auf chemischem

Tabelle 42. *Zuordnung der Basentripletts des genetischen Codes*[2]

Aminosäure	Codetripletts*
Alanin	GCU, CAG, GCC
Arginin	CGU, AGA, CGC, CGA
Asparagin	AAU, CUA?, AAC
Asparaginsäure	GUA, GCA
Cystein	UGU, UGC
Glutaminsäure	AUG, AAG
Glutamin	UCA, CAA
Glycin	GGU, GGA, GGC
Histidin	CAU, CAC
Isoleucin	AUU, AUA, AUC
Leucin	CUU, CUC, UUG, (UUA?) CUG
Lysin	UAA, AAA
Methionin	AGU
Phenylalanin	UUU, UUC
Prolin	CCU, CCA, CCC
Serin	UCU, UCG, UCC
Threonin	ACU, ACA, ACC
Tryptophan	UGG
Tyrosin	UAU, UAC
Valin	GUU, GUC

* Die unterstrichenen Tripletts sind wahrscheinlich in der richtigen Nucleotidsequenz geschrieben.

[1] NIRENBERG, M., u. P. LEDER: Science (Washington) **145**, 1399 (1964); LEDER, P., u. M. NIRENBERG: Proc. Nat. Acad. Sci. USA **52**, 420 (1964); LEDER, P., u. M. W. NIRENBERG: **52**, 1521 (1964); BERNFIELD, M. R., u. M. W. NIRENBERG: Science **147**, 479 (1965); TRUPIN, J., F. ROTTMAN, R. BRIMACOMBE, P. LEDER, M. BERNFIELD u. M. NIRENBERG: Proc. Nat. Acad. Sci. USA **53**, 807 (1965); NIRENBERG, M., P. LEDER, M. BERNFIELD, R. BRIMACOMB, J. TRUPIN, F. ROTTMAN u. C. O'NEAL: Proc. Nat. Acad. Sci. USA **53**, 1161 (1965).

[2] Nach OCHOA, S.: Ber. Bunsenges. **68**, 707 (1964) und BERNFIELD, M. R., u. M. W. NIRENBERG: Science (Washington) **147**, 479 (1965).

Wege und Beobachtung der Veränderungen beim Aufbau seiner Proteinhülle[1, 2].

In der vorstehenden Tabelle 42 sind die Aminosäuren ihren zugehörigen Tripletts gegenübergestellt. Die Codons überlappen nicht.

Wie man sieht, treffen in vielen Fällen mehrere Tripletts auf ein und dieselbe Aminosäure, das heißt der Code ist degeneriert. Dabei haben die Tripletts derselben Aminosäure häufig zwei Basen gemeinsam[3].

Stellt man übrigens die Aminosäuren nach den Basen-Tripletts zusammen, wie das in Tabelle 43 geschehen ist, so sieht man, daß tatsächlich nie mehr Aminosäuren auf ein Triplett kommen, als dieses Permutationen seiner Basen hat[3].

Tabelle 43. *Verteilung der Aminosäuren auf die Tripletts*[4]

Triplett-serie	Tripletts	Aminosäuren
1 *	AAA	Lys
2 *	UUU	Phe
3 *	CCC	Pro
4	GGG	—
5 *	AUU, UAU, UUA	Ile, Tyr, Leu
6	AGG, GAG, GGA	—, —, Gly
7 *	ACC, CAC, CCA	Thr, His, Pro
8 *	UAA, AUA, AAU	Lys, Ile, Asn
9	UGG, GUG, GGU	Try, —, Gly
10 *	UCC, CUC, CCU	Ser, Leu, Pro
11	GAA, AGA, AAG	—, Arg, Glu
12 *	GUU, UGU, UUG	Val, Cys, Leu
13	GCC, CGC, CCG	Ala, Arg, —
14 *	CAA, ACA, AAC	Gln, Thr, Asn
15 *	CUU, UCU UUC	Leu, Ser, Phe
16	CGG, GCG, GGC	—, —, Gly
17	AUG, AGU, UAG, UGA, GAU, GUA	Glu, Met, —, —, —, Asp
18 *	AUC, ACU, UAC, UCA, CAU, CUA	Ile, Thr, Tyr, Gln, His, Asn
19	AGC, ACG, GAC, GCA, CAG, CGA	—, —, —, Asp, Ala, Arg
20	UGC, UCG, GUC, GCU, CUG, CGU	Cys, Ser, Val, Ala, Leu, Arg

* Serien mit vollständiger Aminosäurezuordnung.

Die Richtung, in der die m-RNS abgelesen wird, ist sehr wahrscheinlich die von Kohlenstoffatom 5′ nach 3′ der Ribose-Grundbausteine (s. Abb. 38, S. 240)[5].

---

[1] WITTMANN H. G.: Z. Vererbungslehre **93**, 491 (1962); s. noch S. 312.

[2] Siehe auch die Zusammenstellung von Arbeiten bis 1962 über das gesamte hier dargelegte Problem: WITTMANN, H. G.: Naturwissenschaften **50**, 76 (1963).

[3] ECK, R. V.: Science (Washington) **140**, 477 (1963).

[4] OCHOA, S.: Ber. Bunsenges. **60**, 707 (1964) und BERNFIELD, M. R., u. M. W. NIRENBERG: Science (Washington) **147**, 479 (1965).

[5] THACH, R. E., M. A. CECERE, T. A. SUNDARARAJAN u. P. DOTY: Proc. Nat. Acad. Sci. USA **54**, 1167 (1965).

Selbstverständlich ist die Frage zu stellen, ob diese Ergebnisse allgemeingültig für alle Lebewesen sind. Bis jetzt hat man in der Tat schon eine Reihe von Befunden, die für die Universalität des Codes sprechen. So ergaben Untersuchungen an weiteren zellfreien Systemen bakterieller und tierischer Herkunft im allgemeinen die gleichen Beziehungen[1].

Mit dem Überblick über die Zusammenhänge zwischen Nucleotid- und Aminosäure(rest)sequenzen ist noch nicht dargelegt, nach welchem Mechanismus ein Basentriplett die zugehörige Aminosäure zur Verknüpfung im Protein hinsteuert. Es wurde aber bereits angedeutet, daß die Aminosäuren nicht als solche, sondern in einer aktivierten Form in der Zelle verwendet werden. Dabei sind sie mit ihren Carboxylgruppen an eine Nucleinsäure gebunden, nämlich an ihre zugehörige *lösliche RNS (s-RNS)*. (Die Herstellung dieser Verbindungen vollzieht sich in der Weise, daß die betreffende Aminosäure zunächst durch ATP unter Bildung energiereicher Aminosäure-AMP-Komplexe aktiviert werden[2]. Danach werden sie an ihre s-RNS gebunden, immer unter der katalytischen Wirkung spezifischer Enzyme[3]). Für jede einzelne Aminosäure gibt es mindestens eine spezifische s-RNS, das heißt es existieren mindestens zwanzig verschiedene s-RNS. Sie besitzen alle je zweimal Cytidylsäure und einmal Adenosin am Kettenende (Abb. 55), an das dann die Aminosäure angehängt ist[4]. Der s-RNS einer jeden Aminosäure kommt nun die Aufgabe zu, die Nucleotid-Sequenz der die genetische Information überbringenden m-RNS abzulesen.

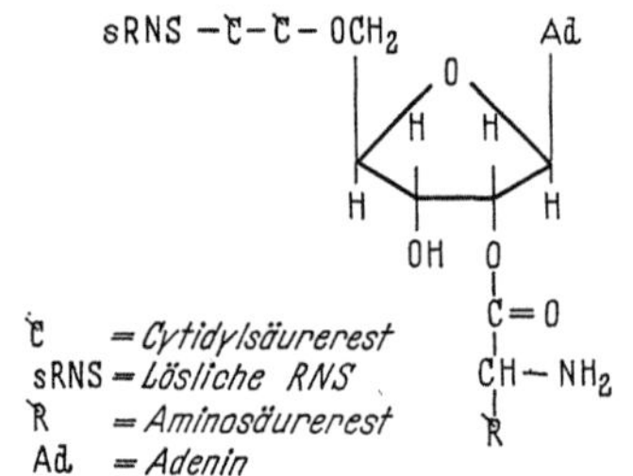

Abb. 55. Aktivierung einer Aminosäure für die Proteinsynthese durch Verbindung mit s-RNS

[1] ARNSTEIN, H. R. V., R. A. COX u. J. A. HUNT: Nature (London) **194**, 1042 (1962); MAXWELL, E. S.: Proc. Nat. Acad. Sci. USA **48**, 1639 (1962); WEINSTEIN, I. B., u. A. N. SCHECHTER: **48**, 1686 (1962); GRIFFIN, A. C., u. M. A. O'NEAL: Biochim. Biophys. Acta **61**, 496 (1962); VON EHRENSTEIN, G., u. F. LIPMANN: Proc. Nat. Acad. Sci. USA **47**, 941 (1961).

[2] HOAGLAND, M. B., P. C. ZAMECNIK u. M. L. STEPHENSON: Biochim. Biophys. Acta **24**, 215 (1957).

[3] HOAGLAND, M. B., M. L. STEPHENSON, J. F. SCOTT, L. I. HECHT u. P. C. ZAMECNIK: J. Biol. Chem. **231**, 241 (1958).

[4] Die erste in ihrer Nucleotidsequenz aufgeklärte s-RNS ist die des Alanins. Sie enthält 77 Nucleotidreste und hat als Natriumsalz das Molekulargewicht 26600: HOLLEY, R. W., J. APGAR, G. A. EVERETT, J. T. MADISON, M. MARQUISEE, S. H. MERRILL, J. R. PENSWICK u. A. ZAMIR: Science (Washington) **147**, 1462 (1965).

Die eigentlichen Proteinsynthese findet an den bereits erwähnten Ribosomen statt[1]. Von diesen gibt es verschieden große, darunter zwei Untereinheiten und (in Abhängigkeit von der Mg^{++}-Konzentration) Aggregate von letzteren[2]. Die Verknüpfung der Aminosäuren erfolgt schrittweise zu Peptidketten, die als vorderes Ende eine Aminogruppe haben[3]. An ihrer aktivierten Carboxylgruppe wird bei jedem Wachstumsschritt die s-RNS durch die Aminogruppe der nächsten Aminoacyl-s-RNS (mit Hilfe eines Enzyms) verdrängt. Dabei erhält das wachsende Polypeptid stets wieder einen neuen s-RNS-Teil, mit dem es verbunden ist:

$$H_2N-A_1-A_2-A_3-C\!\!\diagup\!\!\overset{\textstyle O}{\underset{\textstyle O-(s\text{-RNS})_a}{}} \quad + \quad H_2N-A_4-C\!\!\diagup\!\!\overset{\textstyle O}{\underset{\textstyle O-(s\text{-RNS})_b}{}}$$

$$\longrightarrow \quad H_2N-A_1-A_2-A_3-A_4-C\!\!\diagup\!\!\overset{\textstyle O}{\underset{\textstyle O-(s\text{-RNS})_b}{}} \quad + \quad s\text{-RNS}_a$$

$$A_i = \text{Aminosäurerest}$$

Jedes Ribosom, an dem Protein gebildet wird, enthält nur *eine* neugebildete Polypeptidkette. Je länger dieselbe wird, desto weiter entfernt sich ihr Ende mit der Aminogruppe von der Stelle, an der die neuen Peptidbindungen geknüpft werden. Möglicherweise beginnt das Polypeptid dann bereits seine dreidimensionale Struktur anzunehmen, bevor es vollständig hergestellt ist.

Nun ist bei diesen Umsetzungen noch die m-RNS beteiligt. Man nimmt an, daß sie über das Ribosom hinweggleitet, und zwar gleichzeitig über mehrere Ribosome. (Ein solches System aus mehreren Ribosomen nennt man *Polysom*.)[4] Während ihres Kontaktes mit dem Ribosom ist die m-RNS auch mit einer Aminoacyl-s-RNS über Wasserstoffbrücken, wahrscheinlich wieder auf dem Wege der Basenpaarung verbunden. Es handelt sich dabei immer um die betreffende Aminoacyl-s-RNS, deren Aminosäurerest dem gerade „zuständigen" Basentriplett der m-RNS, gemäß dem genetischen Code, entspricht. Vermutlich geschieht diese spezifische Adaption unter der Kontrolle eines bestimmten Zentrums des Ribosoms.

Die betreffende Aminoacyl-RNS ist dann reaktionsfähig und kann ihre Aminoacyl-Gruppe an das Peptid anknüpfen. Der ganze Vorgang, der zu einer Peptidbindung führt, muß etwa in $^1/_{10}$ bis $^1/_{100}$ Sekunde ablaufen. Wenn

---

[1] Siehe S. 271.

[2] WATSON, J. D.: Angew. Chem. **75**, 439 (1963); Nobelvortrag.

[3] BISHOP, J., J. LEAHY u. R. SCHWEET: Proc. Nat. Acad. Sci. USA **46**, 1030 (1960); DINTZIS, H. M.: **47**, 247 (1961); GOLDSTEIN, A.: Biochim. Biophys. Acta **53**, 468 (1961); festgestellt für die Hämoglobinsynthese.

[4] WARNER, J. R., P. M. KNOPF u. A. RICH: Proc. Nat. Acad. Sci. USA **49**, 122 (1963); GIERER, A.: J. Mol. Biol. **6**, 148 (1963); GILBERT, W.: **6**, 374 (1963); WETTSTEIN, F. O., T. STAEHELIN u. H. NOLL: Nature (London) **197**, 430 (1963).

die m-RNS über ein Ribosom hinweggeglitten ist, muß ein besonderer Mechanismus, der vielleicht durch eine bestimmte Nucleotid-Sequenz in der m-RNS ausgelöst wird, nunmehr das fertige Protein freisetzen. Ein solchermaßen von Protein und m-RNS entlastetes Ribosom kann dann den Anfang einer neuen (oder derselben) m-RNS aufnehmen und mit der Synthese von neuem Protein beginnen. Die Abb. 56 gibt eine schematische Darstellung des Gesamtvorgangs wieder.

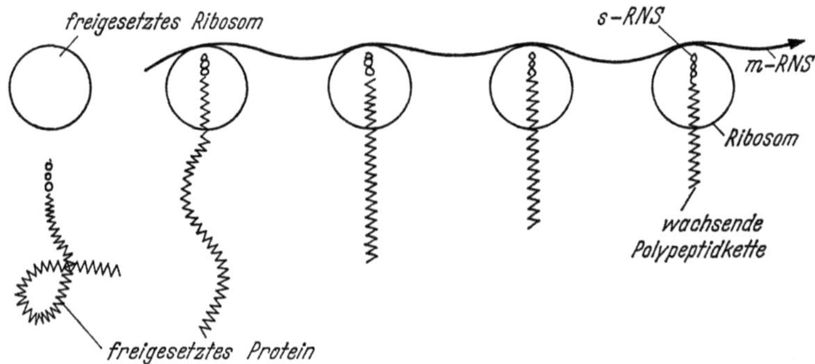

Abb. 56. Schematische Darstellung der Biosynthese von Proteinen

Insgesamt sind also bei den Proteinsynthesen sowohl die Ribosomen-RNS, als auch die s-RNS und die m-RNS beteiligt.

Von Interesse ist noch die maximale Größe der an den Ribosomen hergestellten Polypeptide. Es ist vielleicht doch so, daß sich die Proteine aus Untereinheiten relativ bescheidener Größe – bis zu 200 Aminosäureresten – bilden[1]. (Dies entspricht bei einem Triplett-Code 600 Nucleotiden einer m-RNS). Wenn dem so wäre, würden also die Untereinheiten an den Ribosomen gebildet, die sich dann zum Protein aggregierten.

3A.44 Polysaccharide

Polysaccharide sind langkettige Polymere einfacher Zucker, so als lineare Polymere der Glucose die Amylose, das ist 1,4-Poly-D-glucose mit α-glycosidischen Bindungen, und die Cellulose, das ist 1,4-Poly-D-glucose mit β-glycosidischen Bindungen zwischen den Grundbausteinen (Abb. 57).

Amylose[2]

Im natürlichen Vorkommen ist Amylose (neben dem verzweigten Amylopectin) Bestandteil der Stärke, mit durchschnittlichen Polymerisationsgraden von mindestens 6000[3]. Die Polykondensation erfolgt auch in

---

[1] OCHOA, S.: Ber. Bunsenges. **68**, 707 (1964).

[2] Siehe Rezeptur Nr. 57 S. 353.

[3] Siehe z. B. HUSEMANN, E., u. H. BARTL: Makromol. Chem. **18/19**, 342 (1956); FOSTER, J. F., u. R. M. HIXON: J. Am. Chem. Soc. **66**, 557 (1944).

vitro mit Hilfe des Enzyms Phosphorylase, wobei das reagierende Monomere Glucose-1-phosphat[1] ist, und bedarf eines Startermoleküls[2], zum Beispiel der Maltosaccharide aus mehr als zwei Glucosen, der Amylosen, Amylopectine und Glycogene. Die Wachstumsschritte stellen reversible Reaktionen dar (Abb. 58).

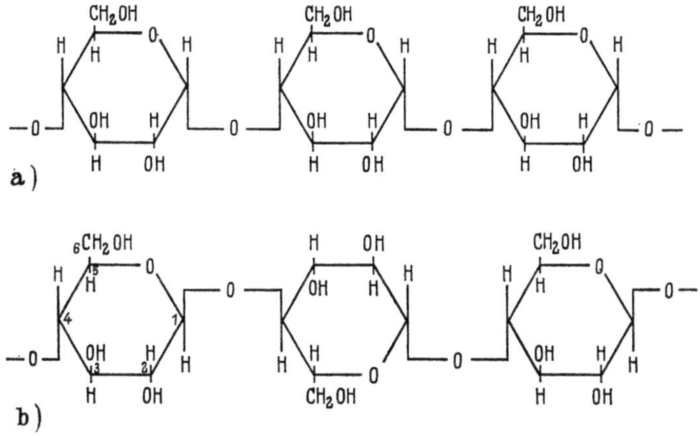

Abb. 57. Natürliche lineare Polymere der Glucose. a) Amylose, b) Cellulose

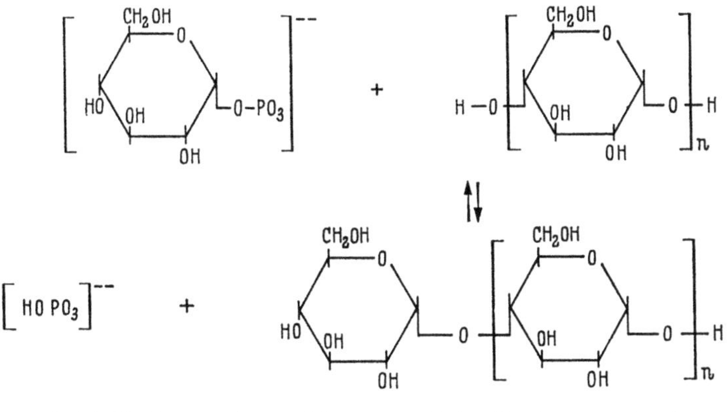

Abb. 58. Wachstumsschritt bei der enzymatischen Synthese von Amylose

Da die als Kettenreaktionen ablaufenden enzymatisch katalysierten Polykondensationen schnell gestartet werden und die Reaktivität der wachsenden Polymerenden mit steigendem Molekulargewicht nicht nachläßt, erhält man auch bei der in-vitro-Synthese bis zu erheblichem Umsatz im

---

[1] CORI, C. F., G. SCHMIDT u. G. T. CORI: Science (Washington) 89, 464 (1939).
[2] HANES, C. S.: Proc. Roy. Soc. (London) B 129, 174 (1940).

Molekulargewicht recht *einheitliche* Polymere[1]. Dabei ist es nicht nötig, daß für jedes wachsende Polymermolekül ein Enzym vorhanden ist, denn diese wechseln offenbar ständig von einem Molekül zum anderen. Mit höherem Umsatz tritt allerdings Verbreiterung der Molekulargewichtsverteilung ein, die offenbar mit der verstärkten Rückreaktion infolge Veränderung der Konzentrationsverhältnisse zusammenhängt.

Cellulose

Cellulose ist das mengenmäßig bedeutendste makromolekulare Naturprodukt. Da sich starke Wasserstoffbrückenbindungen zwischen den Makromolekülen ausbilden, ist der Zusammenhalt der Cellulose so fest, daß sie unschmelzbar und schwerlöslich ist. Sie löst sich praktisch nur in wäßriger Lösung von Kupfer(II)-tetramminhydroxid (Schweizers Reagenz), Kupferäthylendiamin[2], Cadmiumäthylendiamin[3] und einigen organischen Amin-Komplexen.

Untersuchungen an Cellulose aus Pflanzenmaterial, insbesondere die Bestimmung der ursprünglichen Molekulargewichte erfordern besondere Sorgfalt, da das Polymere bei seiner Isolierung aus dem Zellverband von Begleitstoffen abgelöst und in Derivate überführt werden muß. Dabei findet leicht oxidativer Abbau statt. Immerhin ist es gelungen, Bedingungen zu schaffen, bei denen kein Abbau erfolgt[4].

So wurde gefunden, daß in Baumwolle sich große Mengen von Cellulose (Sekundärwandcellulose) bilden, die einheitliche Polymerisationsgrade um 14000 haben (entspr. MG $\sim 2 \cdot 10^6$)[5, 6].

Bei diesen besonders interessanten Untersuchungen wurden im Gewächshaus Baumwollpflanzen (*gossypium herbaceum*) gezogen. Infolge künstlicher Bestäubung konnten die Wachstumszeiten genau erfaßt werden. Samenkapseln verschiedener Reifezeit wurden gepflückt. In den maximal 20 mm langen Samenhaaren, die von den Samen abgetrennt, schonend getrocknet und durch Extraktion sowie Alkalibehandlung gereinigt wurden, findet man besonders hochprozentige Cellulose vor. Beim Längenwachstum der Samenhaare entsteht zunächst die Primärwandcellulose als dünne äußere Zone. Das Dickenwachstum erfolgt in der Hauptsache anschließend mit der Bildung der hochmolekularen Sekundärwandcellulose, die dann den weit überwiegenden Cellulosebestand der Samenhaare ausmacht. In Abb. 59 ist wiedergegeben, welche durchschnittlichen Polymerisationsgrade bei fortschreitendem Wachstum gemessen wurden.

---

[1] HUSEMANN, E., B. FRITZ, R. LIPPERT, B. PFANNEMÜLLER u. E. SCHUPP: Makromol. Chem. **26**, 181 (1958); HUSEMANN, E., B. FRITZ, R. LIPPERT u. B. PFANNEMÜLLER: **26**, 199 (1958); HUSEMANN, E., R. LIPPERT u. B. PFANNEMÜLLER: **26**, 214 (1958).

[2] Cuen, Cuoxen.

[3] Cadoxen

[4] MARX-FIGINI, M., u. G. V. SCHULZ: Makromol. Chem. **62**, 49 (1963).

[5] MARX-FIGINI, M.: Makromol. Chem. **68**, 227 (1963); **80**, 235 (1964).

[6] MARX-FIGINI, M., u. E. PENZEL: Makromol. Chem. **87**, 307 (1965).

Man sieht, daß sich nach einem sprunghaften Anstieg ein konstanter
Polymerisationsgrad einstellt. Die Fraktionierung ergab dann das ausgeprägte Maximum des Polymerisationsgrades bei 14000 (Abb. 60)[1]. Das
gleiche Ergebnis findet man auch bei anderen Baumwollcellulosen, ja sogar an Material aus anderen Pflanzen.

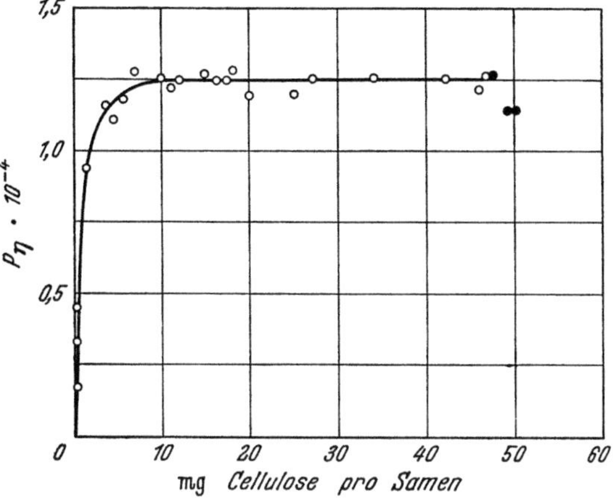

Abb. 59. Polymerisationsgrade in Abhängigkeit von der Menge entstandener Cellulose[1]

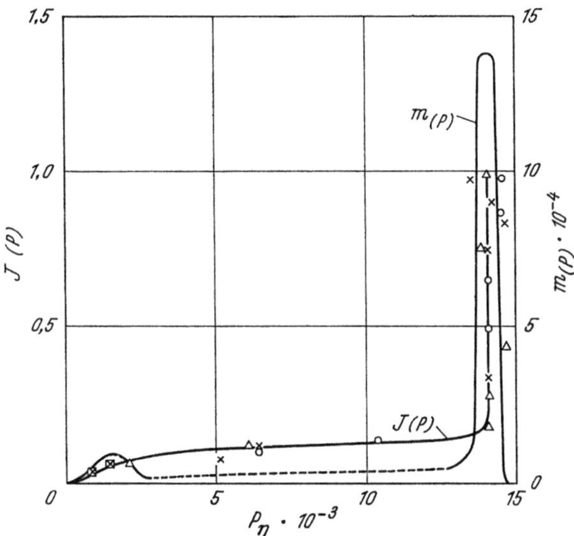

Abb. 60. Massenverteilungsfunktion einer 24 Tage alten Cellulose (integrale und
differentielle Darstellung)

<hr>

[1] MARX-FIGINI, M.: Makromol. Chem. **68**, 227 (1963); **80**, 235 (1964).

Die sehr große Einheitlichkeit der Polymerisationsgrade betrifft Werte, die schon frühzeitig während des Wachstums konstant sind. Es läßt sich daraus auf einen Matrizenmechanismus schließen[1], über dessen Art noch nichts Genaues gesagt werden kann. Es ist aber bemerkenswert, daß die Cellulose-Fasern in Zellwänden von Pflanzen in sehr regelmäßigen Fibrillen angeordnet sind. Andererseits wurden anhand von elektronenmikroskopischen Aufnahmen im Cytoplasma röhrenförmige Zellbestandteile (vermutlich Lipoproteine) festgestellt, deren innerer Durchmesser ca. 70 Å beträgt und aus denen die Cellulose-Fibrillen herauswachsen, wobei die Plasmaströmung richtend wirken soll[2].

Nun enthalten diese Fibrillen Micellen, die nach früheren Vorstellungen von mehreren Cellulosemakromolekülen durchlaufen werden, wobei sich je zwei antiparallel aneinanderlagern. Die einzelnen Micellen könnten aber

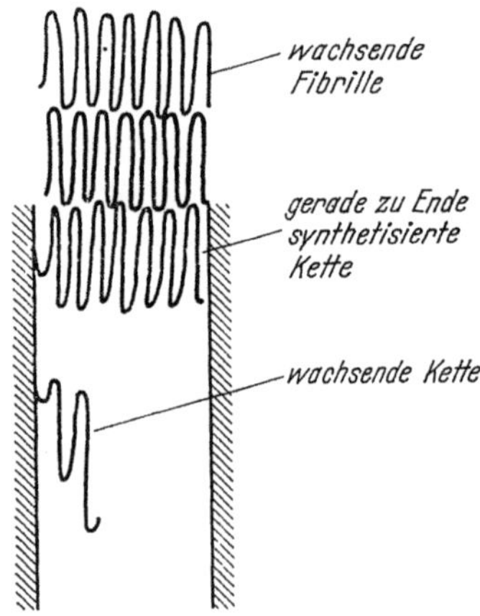

Abb. 61. Hypothetischer Bildungsvorgang von Cellulosefibrillen[3]

auch durch jeweils ein einziges der Cellulosemakromoleküle von einheitlicher Länge gebildet werden, indem diese durch Kettenfaltung paketartig zusammengefaßt sind[3]. Größenmäßig würden diese Pakete den Öffnungen der erwähnten Protein-Röhrchen entsprechen. Folgende Hypothese wurde aufgestellt: Die Cellulose bildet sich an der zu fordernden Matrize innerhalb der Protein-Röhrchen, wobei das freie Ende der wachsenden Kette einer Faltung unterliegt. Das fertige Molekül trifft beim Austritt aus dem Röhrchen das vorangehend synthetisierte und wird an den Faltungsschlaufen

[1] MARX-FIGINI, M.: Makromol. Chem. 68, 227 (1963); 80, 235 (1964).

[2] LEDBETTER, M. C., u. K. R. PORTER: J. Cell. Biol. 19, 239 (1963); untersucht wurden Wurzelfasern verschiedener Pflanzen; MOUR, H., u. K. MÜHLETHALER: 17, 609 (1963); Schnitte der Plasmamembran (Plasmalemma) von Hefe- und Wurzelzellen.

[3] MARX-FIGINI, M., u. G. V. SCHULZ: im Druck.

durch Wasserstoffbrücken an das vorangehende gebunden. Auf diese Weise kommt es zur Bildung von Fibrillen mit hoher innerer Ordnung (Abb. 61).

Günstige Untersuchungsobjekte sollten auch bakteriell erzeugte Cellulosen sein, da diese während ihres Wachstums kaum schädigenden Einflüssen, wie UV-Strahlung und höheren Temperaturen als 30 °C ausgesetzt sind. Die Verwendung von Acetobacter xylinum ergab jedoch Cellulose, die nicht sehr einheitlich im Polymerisationsgrad war und zudem im späteren Syntheseverlauf wieder abbaute, ohne die Polymerisationsgrade von pflanzlicher Cellulose erreicht zu haben[1]. Als Ursache konnte das die Cellulose abbauende Enzym Cellulase festgestellt werden.

Synthesen von Cellulose mit zellfreien Enzymextrakten zeigten, daß die β-D-Glucose, gebunden an Nucleosid-diphosphate (Abb. 62), als Monomeres zur Verfügung stehen muß, damit Wachstum eintritt[2,3].

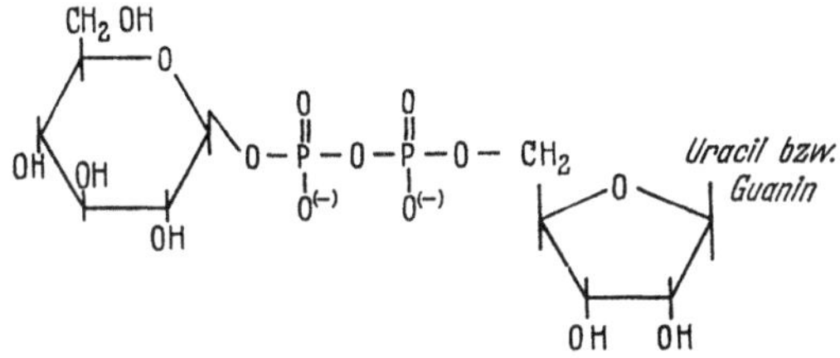

Abb. 62. Aktivierung von β-D-Glucose durch Bindung an Nucleosid-diphosphat

3A.45 Naturkautschuk

Sehr interessant verläuft die biologische Synthese des Kautschuks[4]. Als Monomeres fungiert das Δ^3-Isopentenylpyrophosphat

während der Grundbaustein des Naturkautschuks bekanntlich dem Isopren entspricht. Dies bedeutet, daß die einzelnen Verknüpfungen unter

---

[1] HUSEMANN, E., u. R. WERNER: Makromol. Chem. **59**, 43 (1963); s. auch.: BROWN, A. M.: J. Polymer Sci. **59**, 155 (1962); Synthese mit Acetobacter acetigenum.

[2] GLASER, L.: J. Biol. Chem. **232**, 627 (1957); Extrakt von Acetobacter xylinum.

[3] ELBEIN, A. D., G. A. BARBER u. W. Z. HASSID: J. Am. Chem. Soc. **86**, 309 (1964); Extrakt von Phaseolus aureus.

[4] LYNEN, F., u. U. HENNING: Angew. Chem. **72**, 820 (1960).

Abspaltung von Pyrophosphorsäure erfolgen. Die Synthese verläuft als Kettenreaktion, wobei jeder Wachstumsschritt enzymatisch katalysiert wird. Damit Kettenreaktionen ablaufen können, muß es Startvorgänge und besonders geartete Zustände an den wachsenden Polymerenden geben. Diese bestehen sowohl für die Start- als auch für die Wachstumsschritte in der Allyl-pyrophosphatgruppierung:

$$\begin{array}{ccccc}
CH_3 & & O^{(-)} & O^{(-)} \\
| & & | & | \\
R-C=CH-CH_2-O-P-O-P-O^{(-)} \\
& & \| & \| \\
& & O & O
\end{array}$$

Der Kettenstart erfolgt, indem das Isopentenylpyrophosphat-Monomere durch das Enzym Isomerase zum Dimethylallylpyrophosphat isomerisiert wird. Der Verlauf der Kettenreaktion ist dann folgender:

$$\text{\Large\char"2D\char"2D}CH_2-C=CH-CH_2 \;+\; CH_2=C-CH_2-CH_2-OP_2O_6^{(3-)}$$
$$\qquad\qquad |\qquad\qquad\quad | \qquad\qquad\qquad |$$
$$\qquad\qquad CH_3 \quad OP_2O_6^{(3-)} \qquad CH_3$$

$$\longrightarrow \quad \sim\!\sim CH_2-C=CH-\overset{(+)}{C}H_2 \;+\; \overset{(-)}{C}H_2-\overset{(+)}{C}-CH_2-CH_2-OP_2O_6^{(3-)}$$
$$\qquad\qquad\quad |\qquad\qquad\qquad |$$
$$\qquad\qquad\quad CH_3 \quad (\overline{O}P_2O_6^{(3-)}) \qquad CH_3$$

$$\longrightarrow \quad \sim\!\sim CH_2-C=CH-CH_2-CH_2-\overset{(+)}{C}\!-\!\!\overset{(-)}{C}H-CH_2-OP_2O^{(3-)}$$
$$\qquad\qquad\quad |\qquad\qquad\qquad\qquad |$$
$$\qquad\qquad\quad CH_3 \qquad\qquad\qquad CH_3\ H^{(+)}$$
$$\qquad\qquad\qquad\qquad\qquad\qquad\qquad\qquad \downarrow$$
$$\qquad\qquad\qquad\qquad\qquad\qquad (OP_2O_6^{(3-)})$$

$$\longrightarrow \quad \sim\!\sim CH_2-C=CH-CH_2-CH_2-C=CH-CH_2-OP_2O_6^{(3-)}$$
$$\qquad\qquad\quad |\qquad\qquad\qquad\qquad |$$
$$\qquad\qquad\quad CH_3 \qquad\qquad\qquad CH_3$$

Nach Abschluß eines Wachstumsschrittes ist also die Allylpyrophosphat-Gruppierung wieder hergestellt, die eine an sich stabile Endgruppe darstellt und nur unter dem Einfluß des katalysierenden Enzyms zu einem weiteren Wachstumsschritt aktiviert wird.

Möglicherweise sind mehrere Enzyme in Abhängigkeit von der Kettenlänge der Naturkautschuk-Moleküle beteiligt. Daß die letzteren – zumindest soweit Nachreaktionen vermieden sind – vollkommen *linear* sind[1], ist aus dem Verknüpfungsmechanismus der Monomere ohne weiteres zu verstehen. Darüber hinaus ist aber noch die Mikrostruktur der Makromoleküle zu beachten. Während Guttapercha und Balata *trans-Konfiguratio-nen* an den Doppelbindungen aufweisen, herrscht beim Naturkautschuk

---

[1] Bestätigende Untersuchung s. SCHULZ, G. V., K. ALTGELT u. H.-J. CANTOW: Makromol. Chem. **21**, 13 (1956).

bekanntlich einheitliche *cis-Konfiguration*[1]. Wahrscheinlich kommt diese dadurch zustande, daß nach erfolgter Verknüpfung von den beiden zur Verfügung stehenden H-Atomen immer dasjenige als Proton abstrahiert wird, das die sofortige Ausbildung der cis-Konfiguration erlaubt.

Unverstreckter Naturkautschuk ist amorph, verstreckter zeigt im Röntgendiagramm Kristallinität.

Die Molekulargewichte der Naturkautschuk-Makromoleküle sind aber uneinheitlich. Die mittleren Molekulargewichte liegen im Bereich von 1 bis $2 \cdot 10^6$. Diese und die Verteilungskurven schwanken je nach Herkunft des Kautschuks[2-4].

3A.46 Vergleichender Rückblick

Auch die enzymatischen Synthesen in den Zellen der Lebewesen unterliegen den bekannten chemischen und physikalischen Gesetzmäßigkeiten. Gewiß gibt es gerade hier noch sehr viel aufzuklären, aber die Grundlinien sind bereits sehr deutlich gezeichnet. Deshalb ist auch der Vergleich mit den experimentell entwickelten Syntheseverfahren statthaft. Ein solcher Vergleich ist darüber hinaus besonders zweckmäßig, weil die Natur zweifellos in dem langen Zeitraum, der ihr zur Verfügung stand, eine gewisse Vollendung ihrer Methodik erreicht hat.

In den tierischen und pflanzlichen Zellen herrscht allerdings ein unerhörtes Nebeneinander des Geschehens. Es ist deshalb notwendig, einzelne Substanzen – insbesondere die Enzyme – abzutrennen und ihre Wirkungsweise für sich zu beobachten.

Nun sind die Enzyme häufig außerordentlich spezifisch in ihrer Wirksamkeit und dabei selbst sehr kompliziert aufgebaut. Wir können mit Sicherheit sagen, daß eine solche Kompliziertheit die Voraussetzung einer praktisch vollständigen Spezifität ist. Man konnte das auch bereits bei der radikalischen, besonders aber ionischen und mit Ziegler-Katalysatoren ausgelösten Polymerisation angedeutet sehen, wenn kompliziertere Komplexe an den wachsenden Polymerenden auftraten.

Spezifität heißt immer, daß bestimmten Wachstumsschritten bestimmter Substanzen eine wesentlich geringere Aktivierungsenergie zukommen muß als allen möglichen anderen. Das trifft um so mehr zu, als die Natur sich auf Kondensationsprozesse eingelassen hat. Dadurch sind folgende Vorteile gegeben: Erhebliche Reaktivität einzelner funktioneller Gruppen gegenüber speziellen anderen, die aber sonst und besonders in Abwesenheit von Katalysator recht stabil sind; Veränderbarkeit der funktionellen Gruppen

---

[1] Siehe S. 113.

[2] CARTER, W. C., R. L. SCOTT u. M. MAGAT: J. Am. Chem. Soc. **68**, 1480 (1946).

[3] BLOOMFIELD, G. F.: J. Rubber Res. Inst. Malaya **13**, (1951), Communications 271—273.

[4] SCHULZ, G. V., K. ALTGELT u. H.-J. CANTOW: Makromol. Chem. **21**, 13 (1956).

(im Zuge einer Aktivierung oder Blockierung); definierter Energietransport durch Abspaltungsprodukte; verhältnismäßig langsamer Reaktionsverlauf; schrittweise Verknüpfung und damit die Möglichkeit, auch sehr komplizierte aperiodische Makromoleküle aufbauen zu können; einheitliche Positionsfolge der Grundbausteine durch Verwendung von Monomeren des ab-Typs; einheitliche d,l-Konfigurationen, die in den Monomeren bereits vorhanden sind (Racemisierung ist infolge der hohen Spezifität der Katalysatoren vermieden).

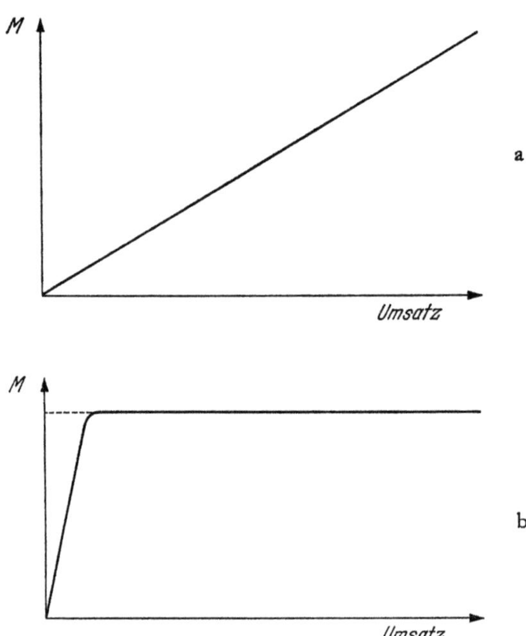

Abb. 63. Synthesen von Polymeren mit einheitlichen Molekulargewichten: Änderungen der Molekulargewichte M während der Synthese   a bei streng parallel verlaufenden („zeitgesteuerten") und   b bei an einheitlichen Matrizen erfolgenden („strukturgesteuerten") Synthesen

Dabei finden die Verknüpfungen successiv in einer Richtung statt, wodurch der Eindruck von Kettenreaktionen entsteht. Zumindest die Synthesen des Naturkautschuks, der Amylose und der Cellulose sind insofern tatsächlich Kettenreaktionen, als die zweiten Verknüpfungsstellen der Monomere in ihrer Reaktivität stets davon abhängig sind, daß die ersten reagiert haben. Folglich sind dort auch Startvorgänge notwendig.

Die Enzyme nehmen keine (oder nur geringe) Notiz von der Kettenlänge der hergestellten Polymere. Deshalb ist zum Beispiel der Naturkautschuk, der auch keiner andersgearteten Kontrolle der Polymerisationsgrade unterliegt, im Molekulargewicht uneinheitlich. Prinzipiell ist enge

Poissonverteilung möglich, wenn die Bedingungen eines parallel verlaufenden Kettenwachstums, die im Abschnitt über die ionische Polymerisation eingehend besprochen wurden, sinngemäß erfüllt sind, also insbesondere der schnelle Kettenstart. Das Beispiel der enzymatischen in-vitro-Synthese der Amylose liefert den Beweis dazu.

Zur Herstellung von insgesamt identischen Polymeren bedient sich die Natur der Matrizenmethode. (Parallel verlaufendes Kettenwachstum und solches an Matrizen geben sich an der Art ihrer Molekulargewichtseinstellung im Verlauf der Synthese zu erkennen, s. Abb. 63.) Dabei orientiert sich die Synthese von DNS und von RNS an gleichartigen Molekülen als besonders scharfen Matrizen. Gleichzeitig dienen diese Substanzen als Programme für die Proteinsynthesen, deren Steuerungsmechanismus eingehend besprochen wurde. Die Matrize für die Synthese vollkommen einheitlicher Cellulose ist vielleicht einfach durch die physikalischen Dimensionen des Syntheseraumes gegeben. Da letzterer durch ein Protein gebildet werden soll, bezieht sich die einheitliche Moleküllänge der betreffenden Cellulose in zweiter Stufe auch auf die Nucleinsäuren.

3A.5 Kombinierte Syntheseverfahren

Bei den besprochenen Polymersynthesen waren die einzelnen Wachstumsschritte meist sehr gleichartig. Selbstverständlich muß das nicht immer so sein. Es kann sogar jeder Wachstumsschritt oder allgemein jede am wachsenden Polymeren vorgenommene Synthesehandlung von anderer Art sein, wie üblicherweise bei der Synthese von niedermolekularen Verbindungen. Weitere Möglichkeiten sind vor allem periodische Wiederholungen verschiedener schrittweiser Synthesevorgänge (wie an sich bereits bei den schrittweisen Polykondensationen zu finden war) oder nacheinander ablaufende Polyreaktionen von verschiedener Art. Wichtig im Sinne des Themas ist, daß die chemischen Vorgänge bei allen Polymermolekülen oder wenigstens einem isolierbaren Teil von ihnen einheitlich ablaufen.

Hierher gehören somit die Synthesen von Oligomeren des Acrylnitril nach klassisch organisch-chemischer Präparierweise[1]. Das angenähert Tetramere wurde beispielsweise folgendermaßen einheitlich hergestellt: 2 Mol Cyanessigester wurden mit 1 Mol Methylenbromid mittels Natriumäthylat kondensiert. Die erhaltene Verbindung (I) ließ sich wie folgt cyanäthylieren:

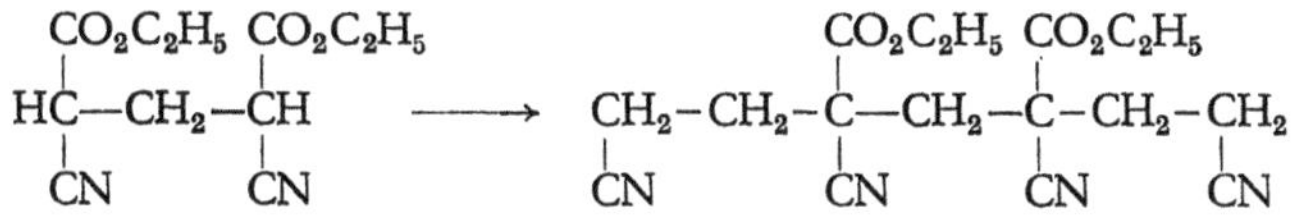

$$\begin{array}{ccc}
\overset{\displaystyle CO_2C_2H_5}{\underset{\displaystyle CN}{|}}\ \ \overset{\displaystyle CO_2C_2H_5}{\underset{\displaystyle CN}{|}} & & \overset{\displaystyle CO_2C_2H_5}{\underset{\displaystyle CN}{|}}\ \ \overset{\displaystyle CO_2C_2H_5}{\underset{\displaystyle CN}{|}} \\
HC{-}CH_2{-}CH & \longrightarrow & CH_2{-}CH_2{-}C{-}CH_2{-}C{-}CH_2{-}CH_2 \\
\text{I} & & \text{II}
\end{array}$$

---

[1] ZAHN, H., u. P. SCHÄFER: Chem. Ber. **92**, 736 (1959); s. auch Dimeres und Trimeres.

Verseifung von II und Decarboxylierung der entstandenen Säure (III) ergab γ,γ'-Dicyan-azelainsäure-dinitril (IV):

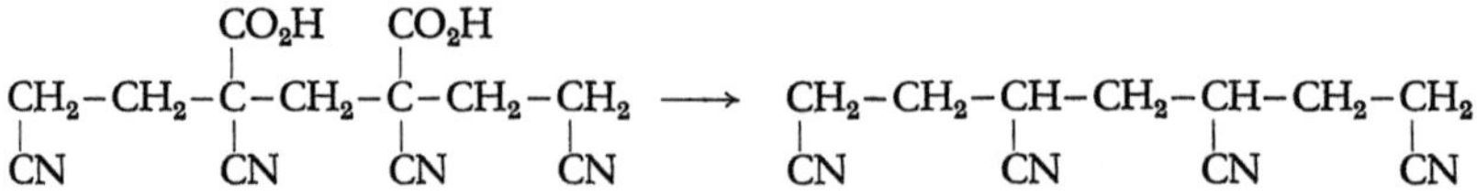

$$
\begin{array}{c}
\qquad\quad CO_2H \quad\ CO_2H \\
\qquad\qquad | \qquad\quad | \\
CH_2-CH_2-C-CH_2-C-CH_2-CH_2 \\
\ |\qquad\quad |\qquad\quad |\qquad\quad | \\
CN\qquad CN\qquad CN\qquad CN \\
\qquad\qquad III
\end{array}
\quad\longrightarrow\quad
\begin{array}{c}
CH_2-CH_2-CH-CH_2-CH-CH_2-CH_2 \\
\ |\qquad\quad |\qquad\qquad |\qquad\qquad | \\
CN\qquad CN\qquad CN\qquad CN \\
\qquad\qquad IV
\end{array}
$$

eine Verbindung, der nur eine CH_3-Endgruppe fehlt, um das Tetramere des Acrylnitrils genauer darzustellen.

Ein weiteres Beispiel für kombinierte Syntheseverfahren, ebenfalls aus dem Bereich der Oligomere, zeigt noch eine besondere Eigentümlichkeit. Dort wird nämlich ein anderweitig hergestelltes Oligomeres gewissermaßen als Matrize für die Synthese eines neuen verwendet, und zwar ein durch schrittweise Polykondensation hergestelltes definiertes 4-Methyl-phenol-Formaldehyd-Kondensat, das bereits besprochen wurde[1]. Die betreffenden Autoren bildeten davon die zugehörigen Acrylsäureester[2]:

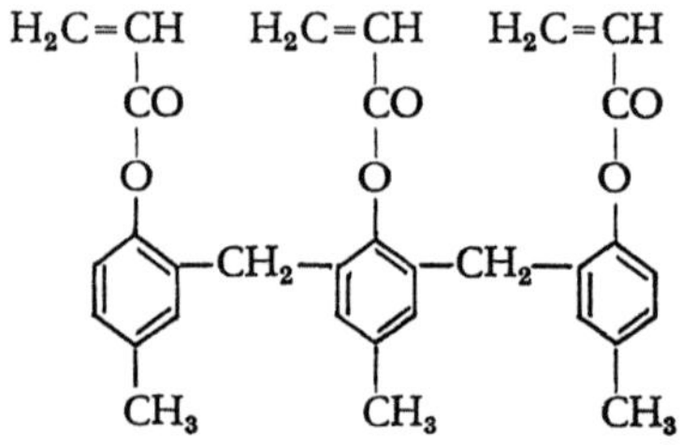

die sie dann stark verdünnt in Benzol lösten. Mit der etwa vierfachen Molmenge Azodiisobutyronitril wurde ein großer Überschuß von Primärradikalen in das Reaktionsgemisch eingebracht. Unter solchen Bedingungen polymerisierten die Acrylsäurereste jedes Oligomeren vorwiegend unter sich, während die Primärradikale sowohl den Kettenstart als auch den Kettenabbruch vollzogen. Es entstand folgende Verbindung in 70%iger Ausbeute:

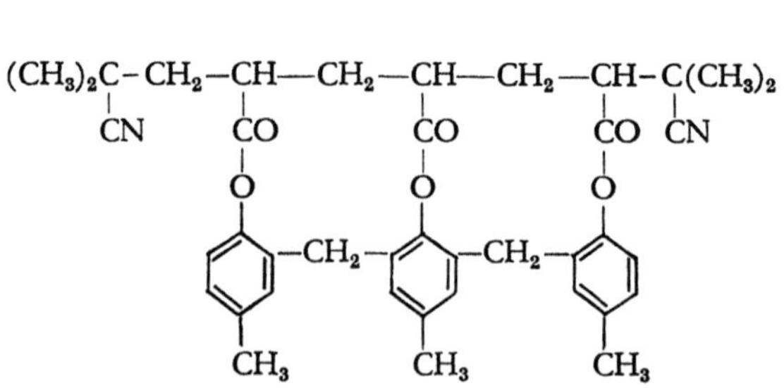

---

[1] Siehe S. 226.

[2] KÄMMERER, H., u. SH. OZAKI: Makromol. Chem. **91**, 1 (1966).

Hieraus wurde durch alkalische Hydrolyse die nachstehende Polycarbonsäure gewonnen, die im Molekulargewicht einheitlich ist, jedoch ein Gemisch aus verschiedenen Stereoisomeren darstellt:

$$(CH_3)_2\overset{|}{\underset{COOH}{C}}-CH_2-\overset{|}{\underset{COOH}{CH}}-CH_2-\overset{|}{\underset{COOH}{CH}}-CH_2-\overset{|}{\underset{COOH}{CH}}\!-\!-\!-\!-\overset{|}{\underset{COOH}{C}}(CH_3)_2$$

Kombinierte Verfahren sind auch dann gegeben, wenn präparativ gewonnene Oligonucleotide enzymatisch zu hochmolekularen Produkten umgesetzt werden. Derartige Synthesen wurden bereits beschrieben[1].

3B Chemische Umwandlungen von einheitlichen Polymeren

3B.1 Einheitliche Umsetzungen

3B.11 Allgemeines

Nicht jedes denkbare Polymere ist auf direktem Wege durch Aufbau aus niedermolekularen Verbindungen herzustellen, aber vielleicht durch chemische Umwandlung eines anderen Polymeren. In manchen Fällen ist man zwar in der Lage, eine Polymersynthese auszuführen, man erhält jedoch die polymeren Stoffe zumindest viel schwieriger einheitlich als durch Abwandlung eines bereits vorhandenen Stoffes. In diesem Abschnitt soll nun ausschließlich die Frage interessieren, inwieweit man heute einheitliche Polymere einheitlich umsetzen kann. Dabei geht es vor allem um Reaktionen, die polymeranalog, d. h. längs der Polymerkette in großer Zahl ohne Änderung des Polymerisationsgrades verlaufen[2].

Umwandlungen sind dann einheitlich zu nennen, wenn sie an den einheitlichen Ausgangsstoffen in gleicher Weise und mit dem gleichen Ergebnis verlaufen. Definitionsgemäß sind damit auch Umwandlungen einheitlich, die in bezug auf die einzelnen Moleküle unvollständig sind, insofern sie bei allen betroffenen Molekülen an den gleichen Stellen stattfinden. Die Umsetzungen können ferner in bezug auf die Gesamtzahl der Moleküle vollständig oder unvollständig sein. Man hat gegebenenfalls die Möglichkeit, obwohl nicht alle Moleküle eines Polymeren umgesetzt wurden, dennoch einen Anteil von diesen zu isolieren, der dem gewünschten Ergebnis entspricht; damit hat man also doch ein einheitlich umgewandeltes Produkt erhalten.

Mit Hilfe von polymeranalogen Umsetzungen, die auch die Rückkehr zum praktisch unveränderten Ausgangs-Polymeren einschlossen, konnte STAUDINGER die Existenz von sehr großen echten Molekülen beweisen[3].

---

[1] Siehe S. 264.

[2] Siehe STAUDINGER, H., u. H. SCHOLZ: Ber. dtsch. chem. Ges. **67**, 84 (1934).

[3] STAUDINGER, H.: Die hochmolekularen organischen Verbindungen. Berlin: Verlag Springer 1932; Organische Kolloidchemie, Braunschweig: Verlag Vieweg 1950.

Solche Vorgänge gehören also zu den bewährten Methoden der makromolekularen Chemie. Nichtsdestoweniger sind systematisch bearbeitete Umsetzungen an Polymeren erst in neuerer Zeit stärker zu verzeichnen. Dies hängt vor allem damit zusammen, daß man hierfür möglichst reaktionsfähige Polymere benötigt oder drastische Reaktionsbedingungen schaffen muß. Im Gang der Entwicklung galt es aber, zunächst vor allem stabile Polymere herzustellen, die besser zu untersuchen waren und eher zur Verwendung als Werkstoffe in Frage kamen.

Umsetzungen an Polymeren werfen folgende grundsätzliche Fragen auf:

1. Wie sind Reaktionen überhaupt in Gang zu bringen?
2. Wie gelingt es, die Reaktionen in gewünschter Weise ablaufen zu lassen?
3. Wie gelingt es, daß die Reaktionen vollständig werden?
4. Wie verhindert man dabei andere, nicht vorgesehene Reaktionen?

Daß eine *Reaktion an einem Polymeren überhaupt* in Gang kommt, hängt natürlich zunächst von dessen Reaktivität ab. Es kann aber ein an sich sehr reaktionsfähiges Polymeres durch zusätzliche Faktoren für eine Umsetzung äußerst schwer zugänglich sein. Dabei ist vor allem sein Aggregatzustand wichtig. Bereits von niedermolekularen Verbindungen wissen wir, wie wenig sie im festen, vor allem kristallinen Zustand reagieren. Gleiches gilt für Polymere. Hier kommt hinzu, daß man diese zum Beispiel nach Quellung mit einem Lösungsmittel häufig gleichzeitig mit leicht zugänglichen amorphen lösungsmittelhaltigen Bezirken und schwer zugänglichen kristallinen Bezirken vorliegen hat. Die Reaktionen verlaufen dann völlig unterschiedlich und breiten sich lediglich nach Maßgabe der Lösung oder Aufschmelzung der kristallinen Bezirke aus. Kristallite selbst wieder sind unterschiedlich reaktiv, indem Faltungsstellen der Polymere und andere bevorzugte Oberflächenstellen sich schneller umsetzen als die übrigen Begrenzungsflächen, soweit es sich um die gleichen Reaktionen handelt[1].

Eine Abschirmung gegenüber Reagentien kommt noch bei kolloidal gelösten Polymeren zur Auswirkung. Dies betrifft besonders funktionelle Gruppen, die zum Beispiel durch Wasserstoffbrückenbindungen, durch besondere Strukturen des Polymeren, aber auch infolge Solvation an einer Reaktion zumindest stark gehindert sein können.

Auf jeden Fall wird man bestrebt sein, ein Polymeres für eine Reaktion so vorzubereiten, daß die der Umsetzung zugedachten Stellen gut von dem Reagenz erreicht werden, in der Schmelze oder in Lösung, gegebenenfalls unter Einschaltung einer Vorreaktion, durch vorherige Inklusion gewisser Substanzen und durch andere Maßnahmen.

Wesentlich schwieriger ist es, die *Reaktionen in gewünschter Weise* und einheitlich ablaufen zu lassen. Dies gilt um so mehr, als in der Regel unerhört

---

[1] Siehe z. B. Bassett, D. C.: Polymer **5**, 457 (1964).

viele Reaktionen an einem einzigen Makromolekül stattfinden, wobei die Reaktionsergebnisse durch das gemeinsame Grundgerüst des Moleküls miteinander unabtrennbar verbunden sind. Je reaktiver die vorgesehenen Stellen eines Polymeren im Vergleich zu anderen Stellen sind, desto leichter kann man im allgemeinen einheitlich umsetzen[1]. Sind die Reaktivitätsunterschiede gering und die Aktivierungsenergien der gewünschten Reaktionen kleiner als die der unerwünschten, so ist es wieder zweckmäßig, bei so tiefen Temperaturen wie möglich und langsam umzusetzen. Wichtig ist dann noch das verwendete Reagenz. Kann dieses mit mehreren reaktiven Stellen des Polymeren reagieren, so muß man durch geeignete Wahl des Molverhältnisses Reagenz/Polymeres versuchen, die Umsetzung zu steuern. Zum Beispiel wirken große Molverhältnisse und weitere Verdünnung Vernetzungen entgegen.

Auch bei Umsetzungen an Polymeren erweist es sich, daß radikalische Kettenreaktionen am schwierigsten zu beherrschen sind. Überhaupt sind Kettenreaktionen hier nur von Vorteil, wenn kaum eine andere als die gewünschte Umsetzung eintreten kann. Die Mehrzahl der üblichen Umsetzungen findet an besonderen funktionellen Gruppen – als Seitengruppen und als Endgruppen – statt. Reagiert eine Substanz mit jeweils einer einzigen funktionellen Gruppe (*monofunktionelle Reaktionen*[2]), so liegen meistens dieselben Aktivierungsenergien vor wie an Reaktionen, die nur zwischen niedermolekularen Verbindungen stattfinden. Kleine Unterschiede sind auf sterische Effekte zurückzuführen, die sich bei Makromolekülen stärker auswirken. Die Unterschiede können allerdings erheblich werden, wenn die Umsetzungsbedingungen sehr milde sind[3]. Benachbarte Funktionen können dann katalytisch wirken oder aber auch einen abschirmenden Effekt ausüben und die Reaktion sogar zum Erliegen bringen.

Ganz besonders wichtig werden die sterischen Lagen der funktionellen Gruppen zueinander, wenn jeweils zwei oder mehrere benachbarte Gruppen an einer Verknüpfung teilnehmen, zum Beispiel indem sich kleine Ringe bilden oder wenigstens Wasserstoffbrückenbindungen zu der zweiten Funktion hin entstehen[4]. Man sieht ohne weiteres ein, daß schon aus Gründen der Ringspannung nur bestimmte Konfigurationen die betreffenden Umsetzungen zulassen.

---

[1] Über eine Vielzahl von Umsetzungen an sehr reaktiven Stellen, die zwar meist nur unvollständig, aber ohne Abbau erfolgen, s. KERN, W., R. C. SCHULZ u. D. BRAUN: Chemiker-Ztg. **84**, 385 (1960); vgl. KERN, W., u. R. C. SCHULZ: Angew. Chem. **69**, 153 (1957).

[2] Vergleiche bifunktionelle Reaktionen S. 293.

[3] SMETS, G.: Angew. Chem. **74**, 337 (1962).

[4] Siehe z. B. MORAWETZ, H., u. E. W. WESTHEAD: J. Polymer Sci. **16**, 273 (1955); MORAWETZ, H., u. P. E. ZIMMERING: J. Phys. Chem. **58**, 753 (1954); MORAWETZ, H., u. J. ORESKES: J. Am. Chem. Soc. **80**, 2591 (1958); SMETS, G.: Makromol. Chem. **34**, 190 (1959).

Ändert sich das elektrostatische Potential einer Polymerkette während einer Umsetzung, so können in manchen Fällen große Änderungen der Umsetzungsgeschwindigkeiten auftreten. Dies gilt besonders, wenn die Konformationen stark variieren. Zum Beispiel verlangsamt sich die Hydrolysegeschwindigkeit von Polyacrylamid bei einem Umsatz von 40 bis 50 % erheblich, weil durch die Anhäufung von elektrischer Ladung in Form der Carboxylat-Ionen die Polymerkette aus der statistisch geknäulten in die gestreckte Gestalt übergeht.

Die Auswirkungen von Konformationsänderungen sind auch sehr deutlich in der Chemie der Proteine und Peptide zu sehen. Man braucht nur auf die unterschiedlichen Reaktivitäten vor und nach der Denaturierung eines Proteins hinzuweisen. Grundsätzlich hängt bei Proteinen die Reaktivität der funktionellen Gruppen stark von der Kettenstruktur ab[1]. So reagiert zum Beispiel der Stickstoff in der Imidazolgruppe des Histidins in Ribonuclease mit Bromessigsäure unter Bildung eines N-Carboxymethyl-Derivates. Dabei wird offensichtlich nur einer der vier im Molekül vorhandenen Histidinreste substituiert, und das auch nur unter bestimmten Bedingungen, das heißt bei einer bestimmten Konformation. Es soll sich dabei einheitlich um den Histidinrest in der Nähe des Carboxylgruppen-Endes der Ribonuclease handeln[2].

Man kann also Reaktionen an Polymeren dadurch lenken, daß man mit der Wahl der Reaktionsbedingungen Einfluß auf die Molekülstruktur nimmt.

Es stellt sich natürlich auch die Frage, inwieweit man durch eine besondere Katalyse und durch besondere Reaktionsmechanismen Umsetzungen ganz spezifisch ausführen kann, so daß wirklich exakt definierte Umwandlungen erfolgen, während Nebenreaktionen nicht stattfinden. Hier sind dann als spezifische Katalysatoren die Enzyme zu nennen, die sich allerdings naturgemäß in ihrer Wirksamkeit vornehmlich auf biogenetische Stoffe beziehen.

Die *Vollständigkeit einer Umsetzung*, sowohl in bezug auf die Gesamtzahl der Polymermoleküle als auch auf die einzelnen Species, an denen eine Vielzahl von Umsetzungen stattfinden soll, hängt sehr davon ab, welche Zustandsänderungen im Verlauf der Umsetzung eintreten. Fallen die Polymere dabei aus einer Lösung aus oder verringert sich in anderer Weise die Zugänglichkeit der Stellen, die noch zu reagieren haben, ist es meist schwer, die Umsetzung zu vollenden. Entweder man ändert die Umsetzungsbedingungen dann stark und führt die Reaktion unter neuen Gegebenheiten zu Ende oder man sucht nach Bedingungen, die zwar nicht für den ersten

---

[1] ANFINSEN, C. B.: J. Polymer Sci. **49**, 31 (1961).

[2] BARNARD, E. A., u. W. D. STEIN: J. Mol. Biol. **1**, 339 (1959); STEIN, W. D., u. E. A. BARNARD: **1**, 350 (1959); GUNDLACH, G. H., W. H. STEIN u. S. MOORE: J. Biol. Chem. **234**, 1754 (1959).

Verlauf der Umsetzung nötig wären, die aber für die glatte Beendigung unerläßlich sind. Andererseits kann sich eine Reaktion, die zunächst an der Oberfläche von heterogenen Polymerteilchen stattfindet, dadurch vervollständigen, daß die Polymerteilchen im Zuge einer sich vollziehenden Quellung und Lösung in einem Lösungsmittel mit fortschreitendem Umsatz allmählich leichter zugänglich werden. Auch mögen verschiedene Phasen nebeneinander vorliegen, zum Beispiel zwei nicht mischbare Lösungsmittel, die jedes für sich einem bestimmten Umsetzungszustand als das geeignete Medium dienen.

Ob eine Umsetzung an einem Polymeren vollständig verläuft oder nicht, hängt noch von weiteren Faktoren ab, vor allem von sterischen Gegebenheiten. Es können sich benachbarte funktionelle Gruppen so behindern, daß sie beide nicht reagieren. Ist die Umsetzung so beschaffen, daß sie jeweils zusammen an zwei benachbarten funktionellen Gruppen (also *bifunktionell*) stattfindet und sind diese nach beiden Richtungen im Polymeren gleichwertig einander zugeordnet, so kann die Umsetzung aus statistischen Gründen im Normalfall nicht vollständig werden; es verbleiben dann immer wieder einzelne funktionelle Gruppen zwischen solchen, die abreagiert haben[1].

Lediglich wenn die funktionellen Gruppen streng paarweise auf die Reaktion bezogen sind, ist vollständiger Umsatz möglich. Dies ist zum Beispiel bei Funktionen möglich, die paarweise eng benachbart sind, wie bei einer Kopf-Kopf-Schwanz-Schwanz-Positionsfolge von Vinylverbindungen.

Die *Verhinderung von anderen Reaktionen*, die nicht durch das zugesetzte Reagens, aber bei den gleichen Bedingungen eo ipso ablaufen, wie zum Beispiel Austauschreaktionen, Hydrolysen, Isomerisierung, thermischer Zerfall, Autoxidation und Vernetzungen, ist ein besonderes Problem. Da im Rahmen dieser Betrachtungen die Umwandlung von einheitlichen Polymeren ins Auge gefaßt ist, setzt man voraus, daß die Polymere entsprechend rein und definiert sind. Je besser das gewährleistet ist, umso besser lassen sich andere Reaktionen vermeiden. Austauschreaktionen und Hydrolysen sind katalytisch verstärkbar und umgekehrt entsprechend einzuschränken. Tiefere Temperaturen sind in jedem Fall günstiger, solange sie die gewollte Umsetzung nicht unmöglich machen. So hängen zum Beispiel Isomerisierungen von der Temperatur und vom Katalysator ab; die Vermeidung eines rein thermischen Zerfalls verlangt tiefere Temperaturen. Zur Ausschließung von Autoxidationen, die an Polymeren sehr häufig wegen der Reaktivität und stetigen Präsenz des Sauerstoffs ablaufen, muß man immer

---

[1] Nach FLORY, P.: J. Am. Chem. Soc. **61**, 1518 (1939); **64**, 177 (1942), kann in solchen Fällen nur ein maximaler Umsatz von 86,5% bei regelmäßiger (z. B. im isotaktischen Polyvinylalkohol) und von 81,6% bei statistischer Anordnung der funktionellen Gruppen eintreten.

wieder unter inerten Gasen oder im Vakuum arbeiten. Da die Folgereaktionen von Autoxidationen häufig Vernetzungen sind, kann man letztere auf dem gleichen Wege verhindern. Schließlich ist die Reinheit der Reagentien und Lösungsmittel außerordentlich wichtig.

Besonders schwierig ist die Situation, wenn die Endstufen einer Umsetzung mit den reaktiven Gruppen, von denen man ausgeht, in unerwünschter Weise reagieren[1]. In der Chemie der niedermolekularen Stoffe hilft man sich dann durch Verdünnen. Bei makromolekularen Stoffen ist das nicht in gleicher Weise möglich, weil ja dort – abgesehen von Umsetzungen, die nur an den Endgruppen stattfinden – die reaktiven Gruppen fast stets in großer Zahl am gleichen Molekül sitzen. In der Regel wird man aber zu großen Überschußmengen des Reagenzes greifen.

Betrachtet man nun die verschiedenen möglichen Reaktionen etwas näher, so mag man zunächst danach fragen, wie sich ein Polymeres für sich allein umwandeln kann, ohne daß es an Substanz verliert oder gewinnt, das sind also Isomerisierungsreaktionen. Allgemein besonders bemerkenswert sind bisher nur die cis-trans-Umwandlung an Doppelbindungen in Polymeren und die Cyclisierung von Naturkautschuk. Allerdings unterliegen cis-trans-Umlagerungen thermischen Gleichgewichten und führen deshalb nur in speziellen Fällen, bei denen das Gleichgewicht weitgehend oder ganz auf einer Seite liegt, zu praktisch einheitlichen Polymeren. Die Cyclisierung bei Kautschuk ihrerseits verläuft nicht vollständig.

Isomerisierungen durch Waldensche Umkehr von d,l-Konfigurationen konnten bisher nie einheitlich hervorgerufen werden. Es sieht sogar danach aus, daß solche Umwandlungen an taktischen Polymeren besonders schwer auszuführen sind, daß diese also dahingehend besonders stabil sind[2].

Rein thermisch oder mit Hilfe von Reagenzien können an einem Polymeren auch Substanzverminderungen (*Eliminierungen*) hervorgerufen werden. So mögen Halogene oder Halogenwasserstoff unter Zurücklassung von Doppelbindungen abgespalten werden. (Bei Polyvinylchlorid zum Beispiel tritt eine HCl-Abspaltung im Zuge der Alterung des Kunststoffes unerwünscht auf, und zwar radikalisch nach einem sogenannten „*Reißverschlußmechanismus*"). Auch andere Heteroatome und funktionelle Gruppen können grundsätzlich einer Abspaltung zugänglich sein. Exakte Untersuchungen fehlen aber hier meist. Eine weitere Art von Substanzverlust kommt dadurch zustande, daß funktionelle Gruppen intramolekular kondensieren, zum Beispiel durch Wasser-Abspaltung. Eine solche Reaktion kann aber nur einheitlich verlaufen, wenn die ganze Molekülstruktur auf diese Kondensation ausgerichtet ist und sich dabei stabilisiert[3]. Während bei diesen

---

[1] Siehe SMETS, G., u. P. FLORE: J. Polymer Sci. **35**, 519 (1959); SMETS, G.: Makromol. Chem. **34**, 190 (1959).

[2] Siehe BRAUN, D., H. HINTZ u. W. KERN: Makromol. Chem. **62**, 108 (1963).

[3] Siehe S. 298.

Reaktionen die Wertigkeit der Polymerkettenatome nicht verändert wird, ist das bei Reduktionen, zum Beispiel von Schwefel- und Phosphoratomen der Fall. Schließlich tritt Substanzverminderung auf, wenn Polymere im Polymerisationsgrad durch Abbau verringert werden. Verfahren, die zu einheitlichen Abbauprodukten führen, sind im Rahmen der Aufklärung von natürlichen Polypeptiden und Proteinen wichtig.

Wesentlich besser einheitlich auszuführen sind Substanzvermehrungen (*Additionen*) an Polymeren. Hier dominieren die Hydrierungen und die Halogenanlagerungen. Bei letzteren ist allerdings die Gefahr der Substitution groß. In Frage kommen diese Anlagerungen besonders für Polymere mit Doppelbindungen, insbesondere aliphatischer Natur. Es werden aber zum Beispiel auch cycloaliphatische Ringe in Polymeren hydrierend geöffnet. An Doppelbindungen lagern sich prinzipiell recht viele Substanzen leicht an, so auch Mercaptoverbindungen; inwieweit solche Reaktionen vollständig und regelmäßig verlaufen, scheint noch nicht bekannt zu sein.

Einheitliche Substanzvermehrungen können auch zum Teil relativ leicht an Polymeren erfolgen, die Heteroatome in kleinen Ringen enthalten, zum Beispiel bei Säureanhydriden, cyclischen Äthern usw., indem sich durch Solvolyse, wie zum Beispiel mit Wasser, Alkoholen, Aminen usw. die Ringe öffnen lassen. Schließlich sind umgekehrt zu den erwähnten Reduktionen auch Oxidationen möglich, während man mit systematischen Aufbaureaktionen zu den Polyreaktionen überleitet.

Die wichtigsten Reaktionen an Polymeren sind die *Substitutionen*. Der Austausch von Substituenten direkt an Kohlenstoffatomen hat dabei hohe Aktivierungsenergien und ist am schwierigsten einheitlich zu bewerkstelligen. Noch günstig sind vielfach hydrierende Substitutionen, falls man alle Heteroatome entfernen will und einen reinen Kohlenwasserstoff anstrebt. Eigentlich interessant aber sind die Substitutionen an funktionellen Gruppen. Hier ist es am ehesten möglich, reversible und einheitliche Umsetzungen vorzunehmen, wie Hydrolysen, Veresterungen, Verätherungen, Acetalisierungen usw. Zudem handelt es sich dabei um Reaktionen, die C—C-Bindungen in keiner Weise angreifen. Haben die Polymere reine Kohlenstoff-Hauptketten, so bleiben die Ketten unverändert und die Umsetzungen verlaufen leicht polymeranalog.

Wie bereits erwähnt, lassen sich viele Umsetzungen, vornehmlich an Naturprodukten, meist sehr selektiv und stereospezifisch mit Hilfe von Enzymen vornehmen. Die Enzyme können als Werkzeuge von Mikroorganismen zusammen mit letzteren zur Anwendung gelangen[1]. So kennt man als Typen mikrobieller Reaktionen Hydrolysen, Veresterungen, Transglykosidierungen, Methylierungen, die verschiedensten Kondensationen,

---

[1] Siehe z. B. STODOLA, F. H.: Chemical Transformations by Microorganisms, S. 38 ff. New York: John Wiley & Sons 1958; TAMM, CH.: Angew. Chem. 74, 225 (1962).

Aminierungen, Desaminierungen, Amidierungen, Phosphorylierungen, Halogenierung, ferner vor allem Oxidationen, Reduktionen, Decarboxylierungen, Wasserabspaltungen und sogar Spaltungen von Kohlenstoffbindungen.

Es ist häufig sehr zweckmäßig, vorgesehene Umsetzungen an Makropolymeren zunächst an Homologen mit niederem Polymerisationsgrad oder an analogen Verbindungen zu studieren. Von diesen kann man die Produkte besser analysieren und sich dadurch an die günstigsten Umsetzungsbedingungen herantasten. Im gleichen Zusammenhang sind auch einige Umsetzungen an definierten Phenol-Formaldehyd-Kondensaten interessant[1]. Acetylierung zum Beispiel mit Essigsäureanhydrid (unter Rückfluß, bei großem Überschuß) führt zu 30 bis 70 % Ausbeute an vollständig acetyliertem Produkt. Andere Reaktionen waren dort solche mit Diphenylcarbamidsäurechlorid zu Poly-(N-diphenyl-)urethanen und mit Formaldehyd und Dimethylamin zu Mannich-Basen.

Die Entscheidung darüber, ob und in welchem Umfang eine Umsetzung stattgefunden hat, ist oft nicht leicht zu treffen. Gewiß ergeben sich meistens durch Veränderungen der Löslichkeit deutliche Hinweise. Spektroskopische Untersuchungen sind wichtige Beweismittel. Auf jeden Fall ist eine gründliche analytische Untersuchung auf breiter Basis notwendig, angefangen von der qualitativen und quantitativen Elementaranalyse, um eine zuverlässige Aussage machen zu können[2].

3B.12 Einzelfälle

Es sollen nun auch hier einige ausgewählte Beispiele besprochen werden, die einen näheren Eindruck vom gegenwärtigen Stand der Umwandlung von einheitlichen Polymeren vermitteln mögen. Es ist allerdings nicht leicht, diese Beispiele in einer befriedigenden Weise zu ordnen. Hier sind sie in Gruppen zusammengefaßt worden, soweit sie verfahrensmäßig und prinzipiell ähnlich sind. Innerhalb dieser Gruppen sind die Polymere nach dem bisher verwendeten Schema eingereiht.

3B.121 Isomerisierungen

Isomerisierung von cis- zu trans-Polybutadien

cis-1,4-Polybutadien, mit cis-Strukturen bis 95 %, läßt sich in benzolischer Lösung durch Bestrahlen mit UV-Licht zu trans-1,4-Polybutadien isomerisieren[3]. Dabei sollen bis zu 95 % der Doppelbindungen die trans-Konfiguration einnehmen. Allerdings erfolgt die Isomerisierung nur in

---

[1] KÄMMERER, H., u. H. SCHWEIKERT: Makromol. Chem. **36**, 40 (1960).

[2] Allgemein mit chemischen Reaktionen an Polymeren befaßt sich FETTES, E. M. (Hrsg.): Chemical Reactions of Polymers. New York-London-Sidney: Interscience Publ. 1964.

[3] GOLUB, M. A.: J. Polymer Sci. **25**, 373 (1957).

Gegenwart von Sensibilisatoren wie Allylbromid, Kohlenstofftetrabromid, Brombenzol, Phenylsulfid, Allylsulfid, Diphenyldisulfid, Isobutyldisulfid, Allylmercaptan, Thio-β-naphthol und anderen, deren Wirksamkeit verschieden und bei Diphenyldisulfid am größten ist. Außerdem muß unter Stickstoff gearbeitet werden, da sonst oxidative Spaltungen einsetzen, und die Polymerlösung muß zur Vermeidung von Vernetzungen genügend verdünnt sein.

Die Isomerisierung läßt sich auch durch γ-Strahlen hervorrufen, wobei wiederum Alkylbromide als Sensibilisatoren dienen[1]. Der Autor nimmt an, daß die Isomerisierung über einen radikalischen Mechanismus erfolgt, ausgelöst durch Brom- beziehungsweise Organylmercapto-Radikale, wobei sich die thermodynamisch stabilere trans-Form vorwiegend ausbildet. Dabei ist eine Gleichgewichtseinstellung zwischen beiden Konfigurationen zu erwarten. Andere Autoren konnten die Ergebnisse der UV-Bestrahlung in Gegenwart von Diphenyldisulfid im Prinzip bestätigen[2]. Sie fanden eine Gleichgewichtseinstellung zwischen cis- und trans-Konfiguration, gleichgültig, ob sie von einem 1,4-Polybutadien hohen cis- oder hohen trans-Anteils ausgingen. Allerdings liegt nach diesen Untersuchungen das Gleichgewicht bereits bei einem trans-Anteil von nur etwa 77 % und nicht 95 %.

Interessanterweise lassen sich Isomerisierungen unter diesen Bedingungen nicht bei 1,4-Polyisopren, beziehungsweise Naturkautschuk, Guttapercha usw. ausführen. Lediglich bei Temperaturen bis gegen 200 °C kann man mit Reagentien wie Schwefeldioxid und elementares Selen derartige Konfigurationsumwandlungen hervorrufen, wobei aber der Gleichgewichtspunkt in der Gegend von 60 % trans-Konfiguration liegt[3].

Isomerisierung von Maleinsäure- zu Fumarsäurepolyester

Die Isomerisierung von Polyestern der Maleinsäure zu denen der Fumarsäure, ausgelöst durch Belichtung, verläuft unter besonderen Bedingungen quantitativ. Ein Gleichgewicht zwischen beiden Konfigurationen wurde nicht festgestellt. Wirksamer Katalysator ist Brom in geringen Mengen. Die Bedingungen, nach denen die Isomerisierung vollständig gelang, waren: 50—200 mg Maleinsäure-Hexandiol-Polyester in 2—3 cm³ Chloroform gelöst, 0,5—1 mg in Chloroform gelöstes Brom zugegeben, 1—2stündige Sonnenbestrahlung im offenen Becherglas[4].

---

[1] GOLUB, M. A.: J. Am. Chem. Soc. **80**, 1794 (1958); **81**, 54 (1959).
[2] BERGER, M., u. D. J. BUCKLEY: J. Polymer Sci. A 1, 2945 (1963).
[3] GOLUB, M. A.: J. Polymer Sci. **36**, 523 (1959); CUNNEEN, J. I., G. M. C. HIGGINS u. W. F. WATSON: **40**, 1 (1959). Siehe auch CUNNEEN, J. I., G. M. C. HIGGINS u. R. A. WILKES: A 3, 3503 (1965); Infrarotspektren: KÖSSLER, I., J. VODEHNAL u. M. STOLKA: A 3, 2081 (1965).
[4] BATZER, H., u. B. MOHR: Makromol. Chem. **8**, 217 (1952).

3B.122 Intramolekulare Kondensationen

Für eine einheitliche Abspaltung von Molekülteilen aus einheitlichen Polymeren scheint noch kein exaktes Beispiel zu bestehen. Immerhin ist aber die folgende intramolekulare Polykondensation von Polyhydraziden in diesem Zusammenhang interessant:

Cyclodehydratisierung von Polyhydraziden

Durch thermische Behandlung zwischen 170 und 280 °C findet bei aliphatischen und aromatischen Polyhydraziden eine „*Cyclodehydratisierung*" statt, deren Einheitlichkeit zwar nicht feststeht, die jedoch offenbar sehr weitgehend – bei Unterschieden zwischen den einzelnen Polymertypen – in der Weise stattfindet, wie sie in Abb. 64 dargestellt ist[1].

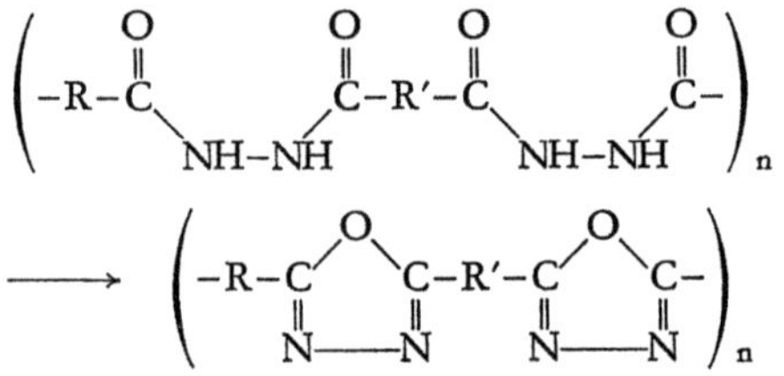

$$\left(-R-C\underset{NH-NH}{\overset{O}{\diagdown}}C-R'-C\overset{O}{\diagdown}\ \underset{NH-NH}{\diagup}C- \right)_n$$

$$\longrightarrow \left(-R-C\underset{N-\!\!-\!\!-N}{\overset{O}{\diagup\diagdown}}C-R'-C\underset{N-\!\!-\!\!-N}{\overset{O}{\diagup\diagdown}}C- \right)_n$$

R = z. B. 1,4-Tetramethylen, 1,8-Octamethylen, 2,6-Pyrazin, 1,3-Phenylen und
R′= z. B. 1,4-Tetramethylen, 1,7-Heptamethylen, 1,8-Octamethylen, 1,4-Cyclohexylen, 1,3-Phenylen, 1,4-Phenylen u. a.

Abb. 64. Schema der Cyclodehydratisierung von Polyhydraziden

Es entstehen also Polymere mit 1,3,4-Oxadiazolringen in der Hauptkette, die thermisch und gegen Oxidation sehr beständig sind.

3B.123 Hydrierungen

Hydrierende Aufsprengung von C,C-Bindungen bei Polycyclobuten

Bei der Anlagerung von Wasserstoff an Polycyclobuten[2] müssen sich zunächst Hauptvalenzbindungen innerhalb der kleinen Kohlenstoffringe aufspalten. Je nachdem, wo diese Aufspaltungen erfolgen, entstehen verschiedene Polymere: Durch Hydrierung mit Raney-Nickel als Katalysator bei 150 °C in Cyclohexan entsteht mit geringer Umsetzungsgeschwindigkeit Polyäthyliden[3,4]. Bei höherer Temperatur spalten jedoch die Bindun-

---

[1] FRAZER, A. H., W. SWEENY u. F. T. WALLENBERGER: J. Polymer Sci. A 2, 1157 (1964); s. auch FRAZER, A. H., u. F. T. WALLENBERGER: A 2, 1171 (1964).

[2] Siehe S. 185.

[3] NATTA, G., G. DALL'ASTA, G. MAZZANTI u. G. MOTRONI: Makromol. Chem. 69, 163 (1963).

[4] Struktur des Polymeren s. S. 7.

gen in der Hauptvalenzkette auf und es bildet sich Polymethylen. Eine eventuelle Umsetzung zu Poly-α-buten, das ja auch möglich wäre, wurde nicht beobachtet.

Hydrierung von Polybutadien

Die Polymere des Butadiens (und des Isoprens, also zum Beispiel auch der Naturkautschuk) können nach den üblichen Verfahren katalytisch hydriert werden. Bei höherer Temperatur besteht jedoch dabei die Gefahr des thermischen Abbaus, während unter milderen Bedingungen die Vollständigkeit der Hydrierung bei hochmolekularen Produkten in Frage gestellt ist. Noch in den Bereich der Oligomere fallende Polybutadiene, die auf dem Wege der ionischen Polymerisation hergestellt wurden und die definierte Hydroxyl-Endgruppen hatten, konnten aber mit (durch Palladium auf Aktivkohle) katalytisch erregtem Wasserstoff in Äthanol bei leichtem Druck und bei Zimmertemperatur (mit Nachheizung) vollständig hydriert werden[1]. Es trat kein Abbau ein, und die OH-Gruppen blieben erhalten, so daß wohl eine Umwandlung im Sinne einer alleinigen Hydrierung der Doppelbindungen stattfand. Wenn auch in diesem Fall kein ursprünglich strukturell einheitliches Polymeres vorlag, so muß die Methode aber an entsprechendem Material zu einer einheitlichen Umsetzung führen. – Bei einem analogen Polyisopren konnten dagegen die Doppelbindungen nur partiell hydriert werden.

Hydrierung von Polystyrol und Poly-p-chlorstyrol

Durch Hydrierung unter Wasserstoffdrucken von 150 bis 180 Atm. und mit Hilfe von Raney-Ni bei 190 bis 200 °C lassen sich isotaktisches Polystyrol und unter ähnlichen Bedingungen hergestelltes, isotaktisches, aber amorphes Poly-p-chlorstyrol zu Polyvinylcyclohexan hydrieren. Es weist dieselben Röntgen-Diagramme auf, wie direkt synthetisiertes, kristallines isotaktisches Polyvinylcyclohexan[2]. Auch haben die Stoffe denselben Schmelzpunkt von 370 °C. Im Fall des isotaktischen Polystyrols ist demnach allein und vollständig die Hydrierung der Benzolkerne erfolgt, während bei Poly-p-chlorstyrol zusätzlich das Chlor aus den Benzolkernen abgespalten wurde. Eine Änderung der Mikrostruktur trat in keinem Fall ein.

Austausch von Chlor durch Wasserstoff in Polyvinylchlorid

Erhitzt man Polyvinylchlorid in Tetrahydrofuran oder Dioxan in Gegenwart von Lithium-aluminium-hydrid bei siedendem Lösungsmittel,

---

[1] Hayashi, K., u. C. S. Marvel: J. Polymer Sci. A 2, 2571 (1964); vgl. S. 112.
[2] Natta, G., u. D. Sianesi: Rend. Acc. Naz. Lincei [8] 26, 418 (1959); Natta, G., F. Danusso u. D. Sianesi: Makromol. Chem. 28, 253 (1958).

so wird Chlor partiell gegen Wasserstoff ausgetauscht[1]. Es ist allerdings strengster Ausschluß von Sauerstoff notwendig (Arbeit unter Reinstickstoff), da sonst Abbau des Polymeren eintritt.

Der vollständige Austausch des Chlors gelingt, wenn mit Überschuß des Hydrierungsmittels in einem Tetrahydrofuran/Dekahydronaphthalin-Gemisch als Lösungsmittel und unter Druck bei 100 °C und höher gearbeitet wird.

Der Austausch von Brom in Polyvinylbromid gegen Wasserstoff erfolgt noch leichter.

Die gleiche Methode auf chloriertes oder bromiertes Polyäthylen angewendet führt zu unlöslichen, vernetzten Produkten.

Hydrierung von ungesättigten Polyestern

Lineare Polyester aus Maleinsäure oder Fumarsäure und Hexandiol lassen sich mit katalytisch aktiviertem Wasserstoff (Verwendung von Palladium-Katalysatoren) hydrieren, ohne daß ein Abbau stattfindet und unter Verbrauch der theoretischen Menge Wasserstoff[2]. Die Umsetzungen werden an gelösten Polyestern vorgenommen, wobei die Konzentrationen 5 % nicht übersteigen. Als Lösungsmittel dienen Tetrahydrofuran für die Maleinsäure-, Dioxan für die Fumarsäureprodukte. Die Hydriergeschwindigkeit ist bei den letzteren wesentlich geringer als bei ersteren. Die erhaltenen Polyester entsprechen in ihren Eigenschaften denjenigen aus Bernsteinsäure und Hexandiol.

Zu dem chemisch gleichen Polykondensat führt die Hydrierung des Polyesters aus Acetylendicarbonsäure und Hexandiol[2,3]. Auch hier wurde die theoretisch berechnete Wasserstoffmenge verbraucht. Bei sonst gleichen Bedingungen (gleiche Lösungsgeschwindigkeit des Polyesters, gleiche Katalysatormenge, gleiche Schüttelgeschwindigkeit) ist die Hydriergeschwindigkeit dabei vom Molekulargewicht des Polyesters abhängig. Je höher das Molekulargewicht, desto langsamer ist die Hydrierung. Vermutlich findet sie bei sehr hochmolekularen Polyestern dann nicht mehr vollständig statt, wenn das Lösungsmittel nicht besonders gut ist.

Die Hydrierung der Acetylencarbonsäure geht über die Zwischenstufe Malein- oder Fumarsäure. Tatsächlich läßt sich der betreffende Polyester bei Verwendung von durch Blei abgeschwächtem Palladiumkatalysator in etwa selektiv hydrieren[4]. Die Befunde deuten darauf hin, daß bei schneller

---

[1] HAHN, W., u. W. MÜLLER: Makromol. Chem. **16**, 71 (1955); COTMAN JR., J. D.: J. Am. Chem. Soc. 77, 2790 (1955); auch mit LiAlH$_4$ + LiH.

[2] BATZER, H., u. B. MOHR: Makromol. Chem. **8**, 217 (1952); BATZER, H.: Angew. Chem. **66**, 513 (1954).

[3] BATZER, H., u. G. WEISSENBERGER: Makromol. Chem. **12**, 1 (1954).

[4] Siehe auch LINDLAR, H.: Helv. Chim. Acta **35**, 446 (1952).

Hydrierung die cis-Konfiguration, also der Maleinsäureester, bei langsamer Hydrierung die stabilere trans-Konfiguration, also der Fumarsäureester entsteht.

3B.124 Halogenierungen und Enthalogenierungen

Chlorierung von 1,4-Polybutadien

Die Chloraddition an die Doppelbindungen von 1,4-Polybutadien mit 95—98 % cis-Struktur wurde bei 0 °C in Trichloracetonitril mit Eisen(III)-chlorid als Katalysator ausgeführt[1]. Die niedere Temperatur sollte Nebenreaktionen (durch H-Substitution) ausschließen. Die Reaktion mußte aber zusätzlich in verdünnter Lösung vorgenommen werden, da nur dann unvernetztes Produkt erhalten wurde. Auf diese Weise konnte ein lösliches Polymeres mit 56,6 % Chlor (theoretisch 56,8 %) gewonnen werden.

Die entsprechende Chloraddition bei 1,4-trans-Polybutadien bereitete Schwierigkeiten, weil dieses sich in bei Chlorierungen üblichen Lösungsmitteln nicht löst. Bei 25 °C wurde ein Produkt erhalten, das 58,2 % Chlor enthielt, das heißt etwas Chlor hat Wasserstoff im Polymeren substituiert.

Die chlorierten Polybutadiene stellen formal Polyvinylchlorid mit alternierter Kopf-Kopf-, Schwanz-Schwanz-Verknüpfung dar[2].

Austausch von Jod durch Lithium in Poly-p-jodstyrol

Durch Umsetzung von Poly-p-jodstyrol (das durch Polymerisation von p-Jodstyrol gewonnen werden kann) mit Butyllithium läßt sich praktisch quantitativ Poly-p-lithiumstyrol herstellen[3]. Dabei wird das Butyllithium in Benzol im Überschuß vorgelegt und das Poly-p-jodstyrol unter kräftigem Rühren zugegeben. Es tritt Trübung ein, da das Umsetzungsprodukt in Benzol nicht genügend löslich ist. Poly-p-lithiumstyrol ist ein günstiges Zwischenprodukt für weitere (allerdings bisher selten vollständige) Reaktionen. Beispielsweise kann man durch seine Behandlung mit Methanol zum Polystyrol gelangen:

$$R{-}[CH_2{-}CH{-}]{-}R' \quad + \ n\,CH_3OH \quad \longrightarrow \quad R{-}[CH_2{-}CH{-}]{-}R' \quad + \ n\,CH_3OLi$$

---

[1] BAILEY JR., F. E., J. P. HENRY, R. D. LUNDBERG u. J. M. WHELAN: J. Polymer Sci. B **2**, 447 (1964).

[2] Siehe auch MURAYAMA, N., u. Y. AMAGI: J. Polymer Sci. B **4**, 119 (1966).

[3] BRAUN, D.: Angew. Chem. **73**, 197 (1961).

Da man auch durch direkte Jodierung von Polystyrol zu Poly-p-jodstyrol (bis 85 Mol-% Umsatz) gelangen kann, läßt sich feststellen, daß bei
all diesen Umsetzungen kaum ein Abbau des Molekulargewichtes und
keine Änderung zum Beispiel der Isotaktizität eines entsprechenden Polystyrols eintritt. Bei Verwendung von isotaktischem Polystyrol als Ausgangsprodukt liegen also isotaktisches Poly-p-jodstyrol und isotaktisches
Poly-p-lithiumstyrol, die noch nicht umgesetzte Styrol-Grundbausteine
enthalten, vor [1].

3B.125 Oxidationen

Oxidation von Polythioäthern zu Polysulfonen

Polythioäther lassen sich mit Perameisensäure quantitativ und ohne
Abbau zu Polysulfonen oxidieren [2]. Dazu wird der Polythioäther in 90 %-
iger Ameisensäure suspendiert, unter Rühren auf 50 °C erhitzt und nach
Zusatz von 30 %igem Wasserstoffperoxid oxidiert [3]. Die Polysulfone haben
wesentlich höhere Schmelzpunkte als ihre entsprechenden Polythioäther.

3B.126 Veresterungen, Umesterungen und Solvolysen von Esterbindungen

Methylierung von Polymethacrylsäure

Diazomethan ist ein günstiges Reagenz, um Carbonsäuren in die Methylester überzuführen. Dies ist zum Beispiel bei Polyacrylsäure möglich, ohne
daß Abbau oder Strukturänderungen eintreten [4]. Auch scheint die Umsetzung vollständig zu verlaufen.

Hydrolyse von Polyacrylsäureestern (und -amiden) zu Polyacrylsäure

Polyacrylsäureester können sowohl alkalisch als auch sauer verseift
werden. Im letzteren Fall findet kein Abbau des Polymeren statt. Es ist nun
hierbei besonders interessant, die Verseifungsgeschwindigkeit nicht nur
in Abhängigkeit von der Art des Esteralkyls, sondern auch vom Grad der
strukturellen Regelmäßigkeit des Polymeren zu betrachten. Bei Polymethylacrylat besteht tatsächlich ein Unterschied in der Hydrolysegeschwindigkeit, je nachdem welche Mikrostruktur vorliegt [5]. Jedenfalls hydrolisiert
das isotaktische Polymere wesentlich schneller als das ataktische. In beiden
Fällen ist die Hydrolysegeschwindigkeit bis zu einem höheren Verseifungsgrad um so größer, je mehr Carboxylgruppen im Polymeren bereits vorhanden sind. Es findet also eine intramolekular katalysierende Wechsel-

---

[1] BRAUN, D.: J. Polymer Sci. **40**, 578 (1959).

[2] NOETHER, H. D.: Textile Res. J. **28**, 533 (1958); AP. 2 534 366 (1950).

[3] Siehe auch die genaue Verfahrensvorschrift für die Herstellung von Polyhexa-
methylensulfon: SORENSON, W. R., u. T. W. CAMPBELL: Preparative Methods of Polymer Chemistry, S. 129. New York-London: Interscience Publ. Inc. 1961.

[4] KATCHALSKY, A., u. H. EISENBERG: J. Polymer Sci. **6**, 145 (1951).

[5] SMETS, G., u. W. VAN HUMBEECK: J. Polymer Sci. A **1**, 1227 (1963).

wirkung zwischen den Carboxyl- und Estergruppen statt. Allerdings tritt keine vollständige Verseifung ein. Poly-tert.-butylacrylat verhält sich dagegen anders. Hier ist der Verseifungsgrad ohne Einfluß auf die Hydrolysegeschwindigkeit. Die Verseifung wird allein durch starken Säurezusatz bewirkt, verläuft auf diesem Wege aber vollständig.

Bei der sauren Verseifung von Polyacrylamid[1] und von Poly-N,N-dimethylacrylamid[2] wurde festgestellt, daß sterisch regelmäßiges Polymeres schneller verseift als unregelmäßiges, und daß die Säuregruppen im Polymeren die Verseifung der benachbarten Amidgruppen beschleunigen.

Schließlich gilt im Vergleich dazu für Polymethylmethacrylat, daß die alkalische und saure Verseifung bei Polymeren einheitlicher Mikrostruktur schneller und weitgehender verläuft als bei ataktischen; sie bleibt aber in beiden Fällen unvollständig[3,4]. Allerdings wird an anderer Stelle von der vollständigen Verseifung von isotaktischem Polymethylmethacrylat berichtet (mit konz. Schwefelsäure bei Zimmertemperatur und anschließendem Eingießen der Lösung in Eis-Wasser)[5].

Umesterung von Poly-tert.-butylacrylat zu Polymethylacrylat

Die Ester der Polyacrylsäure gehören zu den Polymeren, die Alkylgruppen leicht austauschen können, ohne dabei ihr Grundgerüst und ihren Polymerisationsgrad ändern zu müssen. Tatsächlich wird davon berichtet, daß kristallines Poly-tert.-butylacrylat durch Umesterung vollständig in Polymethylacrylat überführt wurde, das ebenfalls kristallisierte und sicherlich die gleiche Mikrostruktur aufwies wie das Ausgangsprodukt[6]. Leider sind die Umsetzungsbedingungen nicht näher beschrieben.

Solvolyse von Polyvinylestern zu Polyvinylalkohol

Eine klassische polymeranaloge Umsetzung ist die Verseifung von Polyvinylacetat zu Polyvinylalkohol, die alkalisch und sauer sehr vollständig durchgeführt werden kann[7]. Hinsichtlich der technischen Ausführung gibt es zahlreiche Patentschriften und Veröffentlichungen[8].

[1] SMETS, G., u. A. M. HESBAIN: J. Polymer Sci. **40**, 217 (1959).

[2] CHAPMAN, C. B.: J. Polymer Sci. **45**, 237 (1960).

[3] GLAVIS, F. J.: J. Polymer Sci. **36**, 547 (1959); vgl. SMETS, G., u. W. DE LOECKER: **41**, 375 (1959); **45**, 461 (1960).

[4] Siehe auch MORAWETZ, H., u. E. GAETJENS: J. Polymer Sci. **32**, 526 (1958), wo die unterschiedliche Verseifungsgeschwindigkeit bei Copolymeren von Methacrylsäure und p-Methoxyphenylmethacrylat ebenfalls auf sterische Effekte zurückgeführt wird.

[5] LOEBL, E. M., u. J. J. O'NEILL: J. Polymer Sci. **45**, 538 (1960).

[6] MILLER, M. L., u. C. E. RAUHUT: J. Polymer Sci. **38**, 63 (1959).

[7] HERRMANN, W. O., u. W. HAEHNEL: Ber. dtsch. chem. Ges. **60**, 1658 (1927); STAUDINGER, H., K. FREY u. W. STARCK: Ber. dtsch. chem. Ges. **60**, 1782 (1927).

[8] Siehe z. B. KAINER, F.: Polyvinylalkohol. Stuttgart: F. Enke-Verlag 1949; SCHNEIDER, P. In: HOUBEN-WEYL: Methoden der Organischen Chemie, 4. Auflage, Bd. 14/2, S. 697 ff. Stuttgart: Georg Thieme Verlag 1963.

Bei alkalischer Verseifung ist es ratsam, in wasserfreiem Methanol unter Zusatz geringer Alkalimengen zu arbeiten. Dabei sind zwei Reaktionsabschnitte zu erkennen. Der erste verläuft homogen. Mit fortschreitender Umsetzung fällt aber schließlich ein feinkörniges Produkt aus. Damit wird die Reaktion heterogen. Der Umfang des homogenen Abschnittes ist beeinflußbar. Durch Zusatz von Nichtlöser wird er verkürzt, Löser verlängert ihn. Diese Art von „Verseifung" ist eigentlich eine Umesterung, und es entsteht dabei Methylacetat. Die Verseifungen von Polyvinylestern, die eine andere Säure als Essigsäure gebunden enthalten, haben andere Umsetzungsgeschwindigkeiten.

Als Neben- und Folgereaktionen können leicht durch Erhitzen, besonders beim Trocknen, Vernetzungen auftreten. Auch wird ein geringer Gehalt an Carbonylgruppen häufig festgestellt.

Das Problem der Wasserlöslichkeit ist beim Polyvinylalkohol besonders verwickelt. Extrahiert man zum Beispiel ein technisches Produkt, das weitgehend acetylgruppenfrei ist, bei Zimmertemperatur erschöpfend mit Wasser, so geht nur ein bestimmter Teil in Lösung. Bei völlig acetylgruppenfreiem Produkt ist dieser Anteil noch geringer. Der Rest bleibt mehr oder weniger stark gequollen zurück. Je größer die Löslichkeit ist, desto größer ist auch der Umfang der Quellung des ungelösten Teils. Erhöht man die Extraktionstemperatur über 40 °C, so ändern sich die Werte der Löslichkeit und der Quellung. Dasselbe tritt ein, wenn man den Polyvinylalkohol einer (milden) thermischen Vorbehandlung unterwirft, die so beschaffen ist, daß keine chemischen Veränderungen stattfinden. Die aus diesen Proben erhaltenen Extrakte zeigen außerdem verstärkt Mikrogelteilchen. Die wäßrigen Lösungen von Polyvinylalkohol sind zudem metastabil, das heißt die Makromoleküle assoziieren fortschreitend, so daß schließlich eine Gelierung eintritt.

Diese Erscheinungen konnten mit der Kristallinität des Materials in Verbindung gebracht werden. Durch die Wärmeeinwirkung unterhalb des Schmelzpunktes – der übrigens nicht erreicht werden kann, ohne daß vorher chemische Vernetzungsreaktionen und Abspaltungen von Wasser stattfinden – erhöht sich die Kristallinität, wodurch Löslichkeit und Quellung zurückgehen. Löslich sind vornehmlich die niedermolekularen Anteile, während die langen Molekülketten mit einzelnen, sterisch regelmäßigen Sequenzbereichen die Kristallite durchlaufen und dadurch physikalisch vernetzt sind. Die Quellung erfolgt dann in den amorphen Bezirken der durch die partielle Kristallbildung unlöslichen Anteile.

Inzwischen sind auch Untersuchungen bekannt geworden, die besonders der Mikrostruktur von Polyvinylalkohol gewidmet sind. Es leuchtet ein, daß dieselbe völlig davon abhängt, wie die Mikrostruktur des Ausgangsproduktes, also des Polyvinylesters beschaffen war. Der geringe Anteil von Kopf-Kopf-Verknüpfungen im Polyvinylacetat führt entsprechend auch zu benachbarten Hydroxylgruppen im Polyvinylalkohol, deren Nachweis analytisch durchführbar ist und damit auch zur Charakterisierung des Ausgangsproduktes dient.

Es wurde früher darauf hingewiesen, daß Polyvinylformiat, radikalisch bei tieferer Temperatur hergestellt, verstärkt syndiotaktische Mikrostruktur aufweist[1]. Dadurch erhält man auch verstärkt syndiotaktischen Polyvinylalkohol[2]. Allerdings hat die sterische Regelmäßigkeit wahrscheinlich weniger Einfluß auf die Kristallinität des Polymeren, als dies sonst der Fall ist, weil die OH-Gruppen offenbar mit den H-Atomen im Kristallgitter austauschbar sind[3]. Die Ausbildung von intermolekularen Wasserstoffbrücken zwischen den OH-Gruppen ist dagegen sehr abhängig von der sterischen Regelmäßigkeit[4]. Diese Wasserstoffbrückenbindungen sind es dann auch eigentlich, die die Wasserlöslichkeit behindern (man vergleiche die Cellulose).

Veresterung von Polyvinylalkohol

Umgekehrt zur Verseifung lassen sich die Polyvinylester wieder aus dem Polyvinylalkohol herstellen. Geht man von (vorwiegend) isotaktischem oder (vorwiegend) syndiotaktischem Polyvinylalkohol aus, so erhält man den entsprechenden Polyvinylester. Zum Beispiel wurde (vorwiegend) isotaktisches Polyvinylformiat gewonnen, indem der Polyvinylalkohol mit Ameisensäure, die etwas Monochloressigsäure enthielt, behandelt wurde[5]. Das isotaktische Polyvinylformiat ist im Gegensatz zum syndiotaktischen in Acetonitril unlöslich, jedoch löslich in Ameisensäure und Dimethylsulfoxid. Beide sterisch regelmäßigen Formen kristallisieren. Auf analoge Weise hergestelltes isotaktisches[6] und syndiotaktisches Polyvinylacetat ist jedoch wie die ataktische Form nicht kristallisierbar, während sowohl isotaktisches als auch syndiotaktisches und sogar ataktisches Polyvinyltrifluoracetat kristallisieren.

Die Anwendung der Schotten-Baumannschen Reaktion (Umsetzung von Säurechloriden mit Alkoholen bei Gegenwart von Alkali in wäßriger

---

[1] Siehe S. 80.

[2] Fujii, K., T. Mochizuki, S. Imoto, J. Ukida u. M. Matsumoto: Makromol. Chem. **51**, 225 (1962); J. Polymer Sci. A **2**, 2327 (1964).

[3] Bunn, C. W., u. H. S. Peiser: Nature (London) **159**, 161 (1947); Bunn, C. W.: **161**, 929 (1948); Murahashi, S., H. Yuki, T. Sano, U. Yonemura, H. Tadokoro u. Y. Chatani: J. Polymer. Sci. **62**, S 80 (1962); Fujii, F., T. Mochizuki, S. Imoto, J. Ukida u. M. Matsumoto: Makromol. Chem. **51**, 225 (1962).

[4] Fujii, K., T. Mochizuki, J. Ukida u. M. Matsumoto: J. Polymer Sci. B **1**, 697 (1963).

[5] Fujii, K., T. Mochizuki, S. Imoto, J. Ukida u. M. Matsumoto: J. Polymer Sci. A **2**, 2327 (1964).

[6] Siehe auch Okamura, S., T. Kodama u. T. Higashimura: Makromol. Chem. **53**, 180 (1962).

Lösung) auf die Veresterung von Polyvinylalkohol mit Zimtsäurechlorid gelang unter hohen Ausbeuten[1]. Die grundsätzliche Schwierigkeit solcher Umsetzungen, sowohl Ausgangs- als auch Endprodukt in Lösung zu halten, damit wenigstens annähernd vollständige Umsetzung möglich ist, konnte in diesem Falle durch Verwendung der beiden Lösungsmittel Wasser und Methyläthylketon (dazu etwas Toluol) überwunden werden. Die Reaktion findet unter diesen Bedingungen an den Grenzflächen der beiden flüssigen Phasen statt. Die Reaktionstemperatur war ungefähr —3 °C.

Veresterung von Polysacchariden

Bei der Veresterung von Polysacchariden richtet sich das Augenmerk des Experimentators auf die glykosidischen Bindungen zwischen den Grundbausteinen, auf die Unterschiede zwischen den Hydroxylgruppen eines und desselben Grundbausteins und auf die Löslichkeit des betreffenden Polysaccharides. Gerade der letzte Punkt ist bei Cellulose sehr von Bedeutung, da dieselbe infolge der Ausbildung von Wasserstoffbrückenbindungen nur schwer in Lösung gebracht werden kann.

In ihrem natürlichen Vorkommen ist Cellulose stets noch mit anderen Stoffen verbunden, die abgetrennt werden müssen. Je nach dem Grad dieser „Verunreinigungen" sind mehr oder weniger starke Reinigungsoperationen notwendig, die dann in der Regel auch zum Abbau der Cellulose, das heißt zur Spaltung von glykosidischen Bindungen führen. Die inneren Grundbausteine der Cellulose besitzen je eine primäre und je zwei sekundäre Hydroxylgruppen[2]. Von niedermolekularen Verbindungen her weiß man, daß primäre und sekundäre Hydroxylgruppen verschieden reaktiv sind. Dasselbe ist nun tatsächlich auch bei der Cellulose festzustellen, allerdings eindeutig fast nur bei gelöster Cellulose.

Die Acetylierung (mit Pyridin/Essigsäureanhydrid) von in Phosphorsäure gelöster Zellwolle ergab so, daß die primären Hydroxylgruppen schneller reagieren als die sekundären[3]. (Auch die Tosylierungs-[4] und die Tritylierungsreaktion[5] finden bevorzugt an den primären Hydroxylgruppen statt.)

Bei der ungelösten Cellulose tritt die teilweise Blockierung der Hydroxylgruppen durch Wasserstoffbrückenbindungen untereinander als Faktor hinzu. Die Reaktionsfähigkeit wird hier dadurch gefördert, daß man dem

---

[1] TSUDA, M.: Makromol. Chem. **72**, 174 (1964).

[2] Siehe S. 279.

[3] KRÄSSIG, H., u. E. SCHROTT: Makromol. Chem. **28**, 114 (1958).

[4] CRAMER, F. B., u. C. B. PURVES: J. Am. Chem. Soc. **61**, 3458 (1939); MALM, C. J., L. J. TANGHE u. B. C. LAIRD: **70**, 2740 (1948); DYER, E., u. H. E. ARNOLD: **74**, 2677 (1952).

[5] HEARON, W. M., G. D. HIATT u. C. R. FORDYCE: J. Am. Chem. Soc. **65**, 2449 (1943); HONEYMAN, J.: J. Chem. Soc. (London) **1947**, 168.

Material Stoffe anbietet, die von ihm aufgenommen, inkludiert werden. Je größer die Polarität der Inklusionsmittel ist, desto besser können sie Wasserstoffbrückenbindungen der Cellulose öffnen, und desto leichter erfolgt Acetylierung. Solche Inklusionsmittel sind zum Beispiel Pyridin, Benzol und Eisessig, auch Harnstoff[1].

Es ist zwar möglich, Cellulose derart zu acetylieren, daß alle drei Hydroxylgruppen der Grundbausteine verestert sind („Triacetat"), jedoch gelang das bisher nicht ohne gleichzeitigen Abbau des Materials.

Etwas günstiger sind die Verhältnisse bei der Nitrierung. Hierzu liegen jedenfalls sorgfältige Untersuchungen vor, die besonders an Baumwoll-Cellulose vorgenommen wurden[2]. Diese zeichnet sich dadurch aus, daß sie bereits als Rohprodukt sehr hochprozentige Cellulose darstellt. Extraktion mit einem organischen Lösungsmittel und 6-stündiges Kochen mit 2%iger Natronlauge unter Reinstickstoff läßt eine hochmolekulare Rein-Cellulose gewinnen, die nicht abgebaut ist[3,4].

Zur Nitrierung wurde das Material fein zerzupft, damit die Nitriersäure gleichmäßig in die Faser eindringen konnte. Die Reaktion – mit etwas verschiedenen Nitriersäuren – erfolgte bei verschiedenen Temperaturen und mit unterschiedlichen Einwirkungszeiten. Zwei Arten von Nitriersäuren[5] führten bei +20 °C und tiefer und bei Reaktionszeiten bis zu 6 Stunden zu Nitraten, die fast stets den gleichen Polymerisationsgrad wie das Ausgangsprodukt hatten. Bei höheren Temperaturen trat dagegen durchweg Abbau ein.

Besonders interessant ist nun aber, daß zwar bei gleicher Temperatur hergestellte Nitrate den gleichen Stickstoffgehalt aufweisen, daß dieser aber nicht maximal ist und in seinem Zahlenwert von der Reaktionstemperatur abhängt. Aus Abb. 65 kann man ersehen, daß die Nitrierung bei 0 °C relativ am geringsten ist und bei tieferer und höherer Temperatur gegen den maximalen Wert von 14,14% Stickstoff für das Trinitrat tendiert.

Die Reproduzierbarkeit der Ergebnisse und die Tatsache, daß auch durch Nachnitrierung keine anderen Werte erhalten werden, zwingen dazu, die Nitrierung als Gleichgewichtsreaktion anzusehen, wenn auch der Vorgang im einzelnen nicht geklärt ist. Daß ein Gleichgewicht vorliegt, ergibt sich auch aus der deutlichen Abnahme des erreichbaren Stickstoffgehaltes bei der Nitrierung, wenn man die Nitriersäuren verdünnt.

---

[1] Die Cellulose läßt sich in einer wäßrigen Lösung quellen, die 38% Harnstoff und 2% Ammoniumsulfat enthält. Danach wird abzentrifugiert und getrocknet. Die so präparierte Cellulose ist leicht zu acetylieren: THOMAS, C. J.: J. Am. Chem. Soc. **75**, 5346 (1953).

[2] MARX-FIGINI, M.: Makromol. Chem. **50**, 196 (1961).

[3] SCHULZ, G. V., u. M. MARX: Makromol. Chem. **14**, 52 (1954).

[4] Vgl. S. 280.

[5] Die eine nach STAUDINGER, H., u. R. MOHR: Ber. dtsch. chem. Ges. **70**, 2296 (1937), und die andere nach ALEXANDER, W. J., u. R. L. MITCHELL: Anal. Chem. **21**, 1497 (1949).

20*

Voraussetzung für diese einheitlichen Umsetzungen ist wieder, daß das Ausgangsmaterial auch wirklich einheitlich ist. Das ist bei verschieden vorbehandelten Cellulosen, die aus den verschiedenen natürlichen Vorkommen gewonnen wurden, meistens nicht gegeben. Wenn auch bei allen

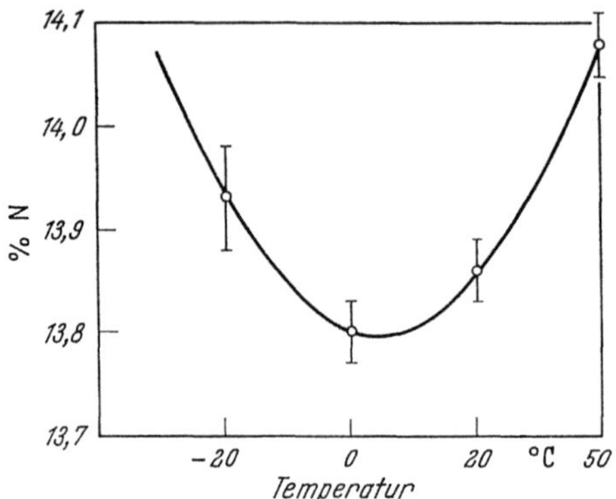

Abb. 65. Abhängigkeit des Stickstoffgehaltes von der Nitriertemperatur[1]

Materialien Nitrierverluste auftreten, so sind dieselben aber zum Beispiel bei Zellstoff besonders hoch und eindeutig auf anwesende Nicht-Cellulose-Produkte zurückzuführen.

Solvolyse von Cellulose-Estern

Die vollständige Deacetalisierung von Cellulose-triacetat mit methanolischer Natriummethylat-Lösung ist ohne Sprengung von glykosidischen Bindungen, das heißt ohne Abbau möglich[2].

3B.127 Verätherungen und Solvolysen von Ätherbindungen

Solvolyse von Polyvinyläthern zu Polyvinylalkohol

Statt der Polyvinylester können auch Polyvinyläther zur Gewinnung von Polyvinylalkohol herangezogen werden. So wurden isotaktische Polyvinylbenzyläther[3] und Polyvinyl-tert.-butyläther[4] sauer verseift und wurde damit isotaktischer Polyvinylalkohol gewonnen. Andere Autoren führten die beiden genannten Polymere zunächst in Polyvinylacetat über (mit Lewissäuren und Essigsäureanhydrid), das sie anschließend verseiften[5].

---

[1] Nach MARX-FIGINI, M.: Makromol. Chem. **50**, 196 (1961).

[2] TIMELL, T. E.: J. Polymer Sci. C **2**, 109 (1963).

[3] MURAHASHI, S., T. SANO u. B. RYUTANI: Vorabdruck zum Symposium für Polymerchemie, Nagoya (Japan) 1957.

[4] OKAMURA, S., T. KODAMA u. T. HIGASHIMURA: Makromol. Chem. **53**, 180 (1962).

[5] Siehe FUJII, K., T. MOCHIZUKI, S. IMOTO, J. UKIDA u. M. MATSUMOTO: Makromol. Chem. **51**, 225 (1962).

Die saure Verseifung des Polyvinylbenzyläthers wurde in Toluol mit Bromwasserstoff vorgenommen, wobei der Polyvinylalkohol fast quantitativ entstand[1]. Dieser war in kaltem Wasser leicht löslich. Nach Umfällen aus Wasser und Äthanol enthielt er keine durch IR-Analyse feststellbaren Benzylgruppen mehr.

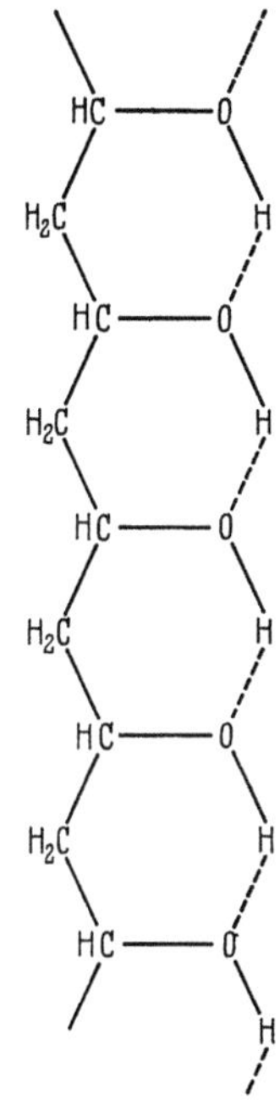

Abb. 66. Modell des kristallisierten isotaktischen Polyvinylalkohols mit angenommenen intramolekularen Wasserstoffbrückenbindungen. Projektion auf die Ebene der C—O-Bindungen[1]

Sicherlich erfolgt bei der Verseifung keine Waldensche Umkehrung, so daß es berechtigt ist, den Polyvinylalkohol als von gleicher Isotaktizität anzusehen, wie sie das Ausgangspolymere besitzt. Es wird dabei angenommen, daß sich nicht so sehr intermolekulare Wasserstoffbrücken ausbilden, wie das bei nicht-isotaktischem Polyvinylalkohol der Fall ist, als vielmehr intramolekulare (Abb. 66), womit auch die besonders gute Löslichkeit eine Erklärung fände[1-3].

Methylierung von Polysacchariden

Die Permethylierung von (Mono-), Oligo- und Polysacchariden gelingt vielfach in Dimethylsulfoxid als Lösungsmittel und mit Methyljodid/

---

[1] MURAHASHI, S., H. YÛKI, T. SANO, T. YONEMURA, H. TADOKORO u. Y. CHATANI: J. Polymer Sci. **62**, S 77 (1962).

[2] TINCHER, W. C.: Makromol. Chem. **85**, 46 (1965); Kernresonanz-Untersuchungen zur Mikrostruktur s. auch BARGON, J., K.-H. HELLWEGE u. U. JOHNSEN: **85**, 291 (1965).

[3] Herstellung von syndiotaktischem Polyvinylalkohol s. MURAHASHI, S., S. NOZAKURA, M. SUMI u. K. MATSUMURA: J. Polymer Sci. B **4**, 59 (1966).

Bariumoxid oder Dimethylsulfat/Bariumhydroxid als Methylierungsmittel, und zwar je nach Löslichkeit und Struktur des Substrats in einem Arbeitsgang oder erst nach Wiederholung desselben[1]. Die glykosidischen Bindungen in Polysacchariden werden dabei fast nicht angegriffen. So ist zum Beispiel *Pullulan* ein lineares Polymeres der Glukose, in dem die Glukosereste hintereinander in Dreiereinheiten, die der Maltotriose entsprechen, verknüpft sind, das heißt je zwei von drei Glukoseresten sind $(\alpha, 1 \rightarrow 4)$-, der dritte davon $(\alpha, 1 \rightarrow 6)$-verknüpft. Pullulan baut bei der Permethylierung nur geringfügig auf das Molekulargewicht 50000 ab, bildet aber einheitlich die Trimethyläther seiner Grundbausteine.

3B.2 Umsetzungen an replizierenden Systemen (Mutationen)

Die chemischen Umwandlungen nach den bisher besprochenen Methoden mußten bei allen Polymeren in gleicher Weise verlaufen, wenn man wieder einheitliche Polymere erhalten wollte. Bei replizierenden Systemen, wie sie Nucleinsäuren in Verbindung mit Enzymen darstellen, hat man nun aber andere Bedingungen. Hier genügt im Prinzip bereits eine chemische Umwandlung an einem einzigen Makromolekül, um im Endergebnis doch eine Vielzahl von gleichen, so geänderten Nucleinsäuremolekülen zu haben, wenn die Vermehrungsfähigkeit bei der Umwandlung erhalten blieb.

Die Problematik besteht also nicht in der einheitlichen Umwandlung vieler, sondern in einer bestimmten Veränderung von Purin- oder Pyrimidinbasen einzelner DNS- beziehungsweise RNS-Moleküle.

Stellen die Nucleinsäuren die Erbsubstanz von Viren dar oder sind sie Gene von Organismen, so bezeichnet man ihre chemischen Veränderungen als *Mutationen*, sofern sie repliziert und also vererbt werden. In der Regel erweist sich die zunächst erfolgende Umsetzung noch nicht als erblich (*Prämutation*), indem nämlich dabei zum Beispiel Basen entstehen, die nicht den üblichen Basen der Nucleinsäuren entsprechen. Werden sie aber bei der nachfolgenden Replikation der Nucleinsäure wie eine übliche Base „gelesen", und führen sie zum Einbau einer anderen normalen Base als vorher an dieser Stelle der Nucleotidsequenz vorhanden war, so ist eine Mutation erfolgt. Verliert eine Nucleinsäure nach ihrer chemischen Veränderung die Fähigkeit, sich zu replizieren, so spricht man von *Letalläsion*. Da man es in der Hauptsache jeweils nur mit vier üblichen Basen zu tun hat, kann auch bei später folgenden weiteren Mutationen der Fall eintreten, daß sich wieder die ursprüngliche Base bildet, die an dieser Stelle der Nucleotidsequenz vorher war. Es liegt dann eine sogenannte *Rückmutation* vor.

---

[1] WALLENFELS, K., u. G. BECHTLER: Angew. Chem. **75**, 1014 (1963). Diese Methode hat vor allem Bedeutung zur Strukturaufklärung. Die bei der Methylierung unveränderten glykosidischen Bindungen werden anschließend methanolysiert, wonach die Abbauprodukte gaschromatographisch getrennt werden.

Mutationen sind die Voraussetzung der biologischen Evolution. Sie erfolgen an den Genen der Lebewesen seit eh und je spontan, und zwar mit einer meist kleinen Chance pro Gen und Generation[1]. Eine spontane Mutation mag zum Beispiel dadurch entstehen, daß eine Adenin-Base in sehr seltenen Fällen statt normal mit Thymin „versehentlich" mit Cytosin paart, das dann im Zuge weiterer Replikation wieder normal mit Guanin paart, wodurch eine Sequenzänderung endgültig vollzogen ist.

Man ist heute tatsächlich in der Lage, die Mutationsrate von Viren und Mikroorganismen durch verschiedene Methoden erheblich über die spontane zu steigern. Neben der Einwirkung von Röntgen- und UV-Strahlen[2] sowie der Wärmebehandlung[3] setzt man chemische Agentien ein wie Senfgas, Stickstoff-Lost, Diazomethan, Äthylenoxid, Formaldehyd, salpetrige Säure, Hydroxylamin, Triäthylenmelamin und andere.

Selbstverständlich sind Umsetzungen an den DNS-Strängen in lebenden Zellen nicht ohne weiteres mit den in vitro an reiner DNS vollzogenen Reaktionen vergleichbar. Abgesehen davon, daß die Gene in der Regel von Membranen und dem weiteren Zellmaterial umschlossen sind, die den Zutritt des Reagens (*Mutagens*) behindern, stellt man auch fest, daß ein Mutagen meist nicht alle Gene eines Organismus mit gleicher Wirksamkeit angreift, sondern auswählend (*elektiv*) wirkt[4]. Diese *Genelektivität* könnte unter anderem auf unterschiedliche chemische Struktur der Gene einer Zelle zurückzuführen sein. Untersuchungen an Bakteriophagen[5], Bakterien und Hefen zeigen außerdem, daß die Gene an verschiedenen Stellen verschieden empfindlich sind gegenüber einem Mutagen (sogenannte *intragenische Elektivität*). Besonders mutations-sensible Stellen bezeichnet man als „*hot spots*"[6].

Neben der Genelektivität stellt man noch *Specieselektivität* fest, die darin besteht, daß ein Mutagen bei einem Zelltyp stark wirkt, bei einem anderen nicht. Möglicherweise beruht das nur auf einer stärkeren Abschirmung der Gene in einem Fall, oder die Mutagene werden vom Organismus unschädlich gemacht. Es mögen aber auch die Gene aufeinander

---

[1] Die durchschnittliche Wahrscheinlichkeit des spontanen Auftretens einer bestimmten Mutation ist etwa 10^{-8} pro Gen und Teilungsgeneration, wobei die Mutationshäufigkeit verschiedener Gene zwischen 10^{-5} und 10^{-12} schwankt, für das einzelne Gen aber einen charakteristischen Wert hat.

[2] WEIGLE, J. J.: Proc. Nat. Acad. Sci. USA **39**, 628 (1953); ELLMAUER, H., u. R. W. KAPLAN: Naturwissenschaften **46**, 150 (1959); BEUKERS, R., u. W. BERENDS: Biochim. Biophys. Acta **41**, 550 (1960); FOLSOME, C. E.: Genetics **47**, 611 (1962); s. auch KAPLAN, R. W. in: Strahlenbiologie, Strahlentherapie, Nuklearmedizin und Krebsforschung, S. 97—156. Stuttgart: G. Thieme-Verlag 1959.

[3] ZAMENHOF, S., u. S. GREER: Nature **182**, 611 (1958); ZAMENHOF, S.: Proc. Nat. Acad. Sci. USA **46**, 101 (1960); GREER, S., u. S. ZAMENHOF: J. Mol. Biol. **4**, 123 (1962).

[4] KAPLAN, R. W.: Fortschr. Bot. **20**, 200 (1958).

[5] d. s. Viren, die in Bakterien wachsen.

[6] Siehe auch AUERBACH, L., u. M. WESTERGAARD: Abhandl. Dtsch. Akad. Wiss, Berlin) **1**, 116 (1960).

einwirken und die Mutabilität beeinflussen. Weiterhin kann der physiologische Zustand einer Zelle sich auf den Vollzug einer Mutation auswirken[1].

Die mutagen wirkende Einflußnahme von salpetriger Säure auf Viren, Bakteriophagen und Bakterien wurde bereits mehrfach näher untersucht, zuerst am Tabakmosaikvirus (TMV)[2,3]. Dabei gehen durch Desaminierung Cytosin in Uracil, Adenin in Hypoxanthin und Guanin in Xanthin über[4]. Bei nachfolgender Replikation findet dann wieder „falsche" Basenpaarung statt. Als Folge davon wurde zum Beispiel an verschiedenen Stellen der Proteinkette des TMV die Aminosäure Threonin insgesamt elfmal ausgetauscht, und zwar gegen Isoleucin und Methionin[5].

Mutationen an Viren können während deren Vermehrung auch dadurch hervorgerufen werden, daß man Basenanaloge zusetzt, das heißt Basen, die gegenüber den natürlichen in den Nucleinsäuren vorkommenden chemisch etwas verändert sind. Die Basenanalogen werden teilweise anstelle der natürlichen Basen eingebaut, so zum Beispiel Bromuracil anstelle von Thymin beim Phagen T 4 oder bei Bakterien[6,7]. Bei weiteren Replikationen kann dann gelegentlich Bromuracil als Cytosin „gelesen" werden, und die DNS ist dauerhaft verändert, die Mutation also eingetreten. Entsprechend ändern sich die Aminosäuresequenzen der nachher synthetisierten Proteine[8].

Bei einem Organismus ist allgemein die Mutation des genetischen Materials (Veränderung des *Genotyps*) merklich oder unmerklich von einer Abweichung in den Eigenschaften des Organismus (Veränderung des *Phänotyps*) begleitet. So kann sich zum Beispiel bei Bakterien Resistenz gegenüber einem Antibiotikum ausbilden. Man hat dadurch eine Möglichkeit, Mutationen überhaupt festzustellen, indem nämlich die nichtmutierten Bakterien durch das Antibiotikum abgetötet werden, während die mutierten (die *Mutanten*) sich zu zählbaren Kolonien vermehren.

Mutationen können sich bei Mikroorganismen auch dahingehend auswirken, daß von den Mutanten bestimmte Enzyme, die sie für irgendwelche

---

[1] Ein Mutagen kann auch dadurch wirken, daß die Reihenfolge der Gene im Chromosom umgebaut wird („*Chromosomenmutation*").

[2] SCHUSTER, H., u. G. SCHRAMM: Z. Naturforsch. **13 b**, 697 (1958).

[3] GIERER, A., u. K. W. MUNDRY: Nature **182**, 1457 (1958); MUNDRY, K. W., u. A. GIERER: Z. Vererbungslehre **89**, 614 (1958).

[4] Diese Reaktionen werden durch pH-Änderungen relativ zueinander verschoben: SCHUSTER, H.: Z. Naturforsch. **15 b**, 298 (1958); VIELMETTER, W., u. H. SCHUSTER: **15 b**, 304 (1960).

[5] FREESE, W.: Brookhaven Sympos. in Biol. **12**, 63 (1959); WITTMANN, H. G.: Z. Vererbungslehre **93**, 491 (1962).

[6] FREESE, E.: Proc. Nat. Acad. Sci. USA **45**, 622 (1959); RUDNER, R.: **92**, 336, 361 (1961); STRELZOFF, E.: Z. Vererbungslehre **93**, 287, 301 (1962).

[7] Ähnliches mit Fluoruracil s. GORDON, M. P., u. M. STAEHELIN: Biochim. Biophys. Acta **36**, 351 (1959); KRAMER, G., H. G. WITTMANN u. H. SCHUSTER: Z. Naturforsch. **19 b**, 46 (1964).

[8] HOLOUBEK, V.: J. Mol. Biol. **6**, 164 (1963).

Umsetzungsstufen im Laufe einer biochemischen Synthesefolge („Synthese-kette") benötigen, nicht mehr in katalytisch aktiver Form hergestellt werden. Man stellt dann die Unterbrechungen der biochemischen Synthesekette fest. Solche Mutanten bezeichnet man als Mangelmutanten (Auxotrophe).

Auf solche und ähnliche Weisen können Mutationen verfolgt werden. In allen Fällen läßt sich dabei eine Mutation nur unter bestimmten Prüf-bedingungen feststellen, während sie unter anderen übersehen wird.

Es darf in diesem Zusammenhang nicht unerwähnt bleiben, daß die meisten Mutationen, spontane und künstliche, schädlich sind; viele sind letal, sehr wenige in bestimmtem Milieu günstig. Bei künstlich hervorgeru-fenen Mutationen beträgt die Letalität das 10 bis 100fache der erfolgreichen Mutationen.

3C Gewinnung von einheitlichen Polymeren aus uneinheitlichen

3C.1 Chemische Äquilibrierung

Der Begriff *Äquilibrierung* ist vor allem in der Silicon-Chemie gebräuch-lich. Dort versteht man darunter den Vorgang, daß Siloxangemische, die sehr breite Molekulargewichtsverteilungen haben, insbesondere mit meh-reren Maxima, durch eine Aufbau- und Abbaustufen einschließende Nach-reaktion eine engere Verteilung mit einem einzigen Maximum erhalten. Hier soll der Begriff Äquilibrierung jedoch schärfer gefaßt werden: Es soll darunter ein Vorgang verstanden werden, der auf dem Wege chemischer Umsetzungen uneinheitliche Polymere in solche überführt, die wenigstens nach einem Gesichtspunkt einheitlich sind. Bemühungen zur Äquilibrierung in diesem Sinne sind bisher selten anzutreffen. Dessen ungeachtet darf eine systematische Besprechung des in diesem Buche behandelten Themas nicht einfach darüber hinwegsehen.

Eine *Äquilibrierung bezüglich der Linearität* von Makromolekülen findet zum Beispiel statt, wenn bei einem verzweigten Polyvinylacetat durch Ver-seifung unverzweigter Polyvinylalkohol hergestellt werden kann. Bei einer nachträglichen Acetylierung läßt sich nämlich ein Polyvinylacetat zurück-gewinnen, das nunmehr linear ist.

Ein besonders geartetes Beispiel für die *Äquilibrierung* bezüglich *der Endgruppen* bieten die Polyoxymethylene. Dieselben sind thermisch sehr instabil, solange sie halbacetalische Hydroxylendgruppen haben[1]. Es setzt leicht eine Depolymerisation vom Molekülende her ein unter fortwähren-der Abspaltung von Formaldehyd. Zur Stabilisierung ist es deshalb not-wendig, die halbacetalischen Hydroxylendgruppen zu verestern oder zu veräthern. Nach einer solchen Endgruppenstabilisierung wird das sorg-fältig von überschüssigem Reagens und Katalysator befreite trockene

---

[1] Vgl. S. 128.

Polymere mit etwa 2 % eines Amins versetzt und unter Stickstoff auf 190 °C erwärmt. Dabei werden alle diejenigen Moleküle vom Kettenende her abgebaut, die entweder überhaupt nicht oder nur mit einer der beiden endständigen Hydroxylgruppen reagiert haben. Die nach dieser Behandlung zurückbleibenden Polyoxymethylenketten haben dann einheitliche End-gruppen[1]. Hier besteht also die Äquilibrierung in der Beseitigung ganzer Polymermoleküle auf chemischem Wege.

Man hat es auch mit einer Äquilibrierung zu tun, wenn durch eine Reaktion die Beseitigung von statistisch längs einer Polymerkette verteilten Heteroatomen oder Atomgruppen erreicht wird und danach nur noch regelmäßig plazierte Substituenten vorhanden sind beziehungsweise gar keine mehr. Umgekehrt können Anlagerungen und Substitutionen den gleichen Effekt bewirken.

Die *Äquilibrierung struktureller Unregelmäßigkeiten* ist bei cis-trans-Konfigurationen entsprechend den im vorherigen Abschnitt dargelegten Gegebenheiten teilweise durchführbar, nicht aber – wenigstens nach dem heutigen Stand der Möglichkeiten – bei d,l-Konfigurationen.

Für eine wirkliche chemische *Äquilibrierung* von im Molekulargewicht uneinheitlichen zu *einheitlichen Polymeren* gibt es bisher kein Beispiel. Bei den bekannten Maßnahmen handelt es sich noch durchweg um solche, die lediglich die Molekulargewichtsverteilung enger werden lassen. Insgesamt dürften sich die Methoden der Äquilibrierung mit der allgemeinen Verbesserung chemischer Umsetzungen an Polymeren in Zukunft entwickeln.

3C.2 Physikalische Isolierung

Auch niedermolekulare Verbindungen fallen bei ihrer Synthese in den seltensten Fällen rein und einheitlich an. Man ist deshalb fast immer gezwungen, physikalische Trennoperationen vorzunehmen. Die dort üblichen Methoden sind nun bei Polymeren nicht stets in gleicher Weise und Wirkung anwendbar. Das liegt vor allem an den höheren Molekulargewichten und daran, daß die einzelnen Species sich vielfach nur sehr geringfügig in ihren Eigenschaften unterscheiden. Trotzdem ist die Situation, wie wir heute wissen, günstiger, als man früher geglaubt hat. Außerdem begnügt man sich häufig damit, daß die Trennung nur nach einem oder nach einigen Gesichtspunkten zur Einheitlichkeit führt. Allgemein spielt dabei die Löslichkeit von Polymeren eine große Rolle[2,3].

---

[1] KERN, W., H. CHERDRON u. V. JAACKS: Angew. Chem. **73**, 177 (1961).

[2] Unvernetzte Polymere sind meistens löslich, auch zum Beispiel Polytetrafluoräthylen (in Perfluorkerosen bei 350 °C.) Siehe ferner KERN, W., u. R. C. SCHULZ in: HOUBEN-WEYL-MÜLLER: Methoden der organischen Chemie Bd. 14/1 S. 77—81. Stuttgart: Georg Thieme-Verlag 1961.

[3] Theoretische Aspekte der Löslichkeit von Polymeren s.: FLORY, P. J.: Principles of Polymer Chemistry. Ithaca, New York: Cornell University Press 1953; BILLMEYER,

Auf die Entfernung von ausgesprochenen Verunreinigungen wird hier nicht näher eingegangen. Es wird lediglich auf andere Literatur verwiesen[1,2]. Nachstehend soll aber nun eine Reihe von wichtigen Trennmethoden näher besprochen werden.

Extraktion

Die Methode der *Extraktion* nutzt die Löslichkeitsunterschiede von vermischten Stoffen zu ihrer Trennung aus. Sie besteht aus mehreren Stufen: Zunächst der Überführung des einen Stoffes aus den Gemischen, die feste oder flüssige Phasen darstellen, in die neue flüssige Phase, die das Extraktionsmittel bildet. Danach, das heißt gegebenenfalls nach der Einstellung von Lösungsgleichgewichten, erfolgt die Abtrennung der Lösung und die Entfernung des Extraktionsmittels von dem extrahierten Stoff (falls es dieser ist, der isoliert werden soll).

Zunächst wird man dabei an die Trennung stark inhomogener Stoffe denken. Polyester und Polyamide enthalten in der Regel niedermolekulare Anteile, die sich mit den verschiedensten Lösungsmitteln wie Wasser, Methanol, Trichloräthylen, Dimethylformamid und andere extrahieren lassen[3].

Chemisch, strukturell oder im Molekulargewicht nicht einheitliche Polymerisate irgendeines Monomeren sind aber in jedem Fall auch Stoffgemische.

F. W.: Textbook of Polymer Chemistry. New York: Interscience Publishers 1957; HUGGINS, M. L.: Physical Chemistry of High Polymers. New York: John Wiley & Sons 1957; ALLEN, P. W.: Techniques of Polymer Characterization, S. 5—18. London: Butterworths Scientific Publications 1959.

[1] Bestimmung und Vertreibung von Monomeren in Polymeren sowie Isolierung und generelle Reinigung von Polymeren s. z. B. LOGEMANN, H. in: HOUBEN-WEYL-MÜLLER: Methoden der organischen Chemie, 4. Aufl., Bd 14/1, S. 358, 468 ff., 493 ff. Stuttgart: Georg Thieme-Verlag 1961; GRÖNE, H.: S. 639 ff., s. ferner KERN, W., u. R. C. SCHULZ: S. 71—75; SCHNEIDER, N. S.: J. Polymer Sci. C 8, 179 (1965); HALL, R. W. in: P. W. ALLEN: Techniques of Polymer Characterization, S. 5—18. London: Butterworths Scientific Publications 1959; FUCHS, O., u. H. J. LEUGERING in: R. NITSCHE u. K. A. WOLF: Struktur und physikalisches Verhalten der Kunststoffe, S. 118—128. Berlin-Göttingen-Heidelberg: Springer-Verlag 1962; KÄSBAUER, F. u. E. SCHUCH: S. 741—753.

[2] Bezüglich besonderer Methoden bei Naturstoffen: Isolierung von Viren s. z. B. MOULD, D. L.: Arch. Biochem. Biophys., Suppl. 1, 30 (1962). Trennung und Reinigung von Proteinen s. ALEXANDER, P., u. R. J. BLOCK: Analytical Methods of Protein Chemistry, Vol. 1. London-Oxford-New York-Paris: Pergamon Press 1960. SOBER, H. A., R. W. HARTLEY JR., W. R. CARROLL u. E. A. PETERSON in: H. NEURATH: The Proteins, 2nd ed., Vol. 3, S. 2—97. New York-London: Academic Press 1965.

[3] Die Mengen dieser niedermolekularen Anteile sind verschieden und sind von der Vorbehandlung des betreffenden Polymeren und vom Extraktionsmittel abhängig. Auch bilden sie sich teilweise nach, wenn die Polymere wieder erwärmt werden, soweit sie aus Gleichgewichtsvorgängen hervorgehen können. Beim Polyäthylenterephthalat stehen z. B. cyclische Oligomere mit dem Polymeren im Gleichgewicht.

Die klassische Definition für einen makromolekularen Zustand besagt, daß die Eigenschaftsunterschiede von Polymerhomologen (die also polymereinheitlich, nur im Molekulargewicht uneinheitlich sind) vom Polymerisationsgrad n zum Polymerisationsgrad n + 1 verschwindend klein sein sollen. Abgesehen davon, daß diese Definition noch von der Güte der Trennmethode und der Größe der Monomere abhängig ist, kann sie tatsächlich nicht mehr verwendet werden, wenn zusätzlich chemische und strukturelle Uneinheitlichkeiten vorliegen. Das hat sich besonders gezeigt, seit man in der Lage ist, stereospezifisch zu polymerisieren.

Die sterische Regelmäßigkeit eines Polymeren zum Beispiel wirkt sich auf seine Kristallisierbarkeit und damit auf seine Löslichkeit aus. Amorphes Polymeres löst sich sehr viel besser als kristallines und kann durch Extraktion abgetrennt werden. Dabei ist der Schmelzpunkt des (teil-)kristallinen Anteils im allgemeinen desto höher, je regelmäßiger die Struktur ist. Hierdurch wird bei verschiedenen Temperaturen ein verschiedener Anteil von mehr oder weniger sterisch unregelmäßigem Polymerem extrahiert, zum Beispiel durch Lösungsmittel mit verschiedenen Siedepunkten[1]. Je höher die Extraktionstemperatur ist, desto sterisch regelmäßiger wird der verbleibende kristalline Rückstand sein, bis zuletzt der Schmelzpunkt der Fraktion von der einheitlichsten Mikrostruktur erreicht ist. Allerdings bestehen hierzu gewisse Voraussetzungen und Einschränkungen. Einmal ist der Schmelzpunkt eines Polymeren nicht nur von der Mikrostruktur, sondern auch von seiner thermischen Vorbehandlung abhängig. Maximal mögliche Kristallinität liegt selten sogleich vor. Viele kleine Kristallite bedeuten tieferen Schmelzpunkt als wenige große bei gleicher Gesamt kristallinität. Manche Polymerisate kristallisieren außerordentlich schwer und langsam (oder gar nicht) trotz größter sterischer Regelmäßigkeit.

Ferner bestimmt das Molekulargewicht den Schmelzpunkt mit. (Dabei strebt ein Polymerisat bestimmter struktureller Einheitlichkeit mit steigendem Molekulargewicht einem Grenzwert des Schmelzpunktes zu, der – zumindest bei Polyolefinen – zwischen Molekulargewichten von 50000 bis 100000 erreicht werden dürfte [2].)

Allgemein wird die Trennung von sterisch regelmäßigen und unregelmäßigen Anteilen eines Polymerisates durch Extraktion sehr häufig vorgenommen. (Teilweise sind dabei Vorsichtsmaßnahmen, wie Überlagerung mit Schutzgas, notwendig, um chemische Veränderungen der Polymere zu verhindern.) Gerade die häufige Anwendung verführt jedoch zu vorschnellen Beurteilungen. Wie aus dem eben Gesagten hervorgeht, ist

---

[1] NATTA, G.: J. Polymer Sci. **34**, 21 (1959).

[2] NATTA, G., I. PASQUON, A. ZAMBELLI u. G. GATTI: Makromol. Chem. **70**, 191 (1964); abgebautes isotaktisches Polypropylen wurde mit Lösungsmitteln steigenden Siedepunktes extrahiert, und es wurde der Schmelzpunkt der Fraktionen bestimmt.

es nicht angebracht, lösliche Anteile sogleich zum Beispiel als ataktisch oder allgemein strukturell unregelmäßig zu bezeichnen. (Andererseits können in einem unlöslichen Anteil ataktische Polymere eingeschlossen bleiben[1].)

Immerhin kann man aber in vielen Fällen sogar die relative sterische Regelmäßigkeit verschiedener Polymere durch Extraktion, verbunden mit der Bestimmung von Molekulargewicht und Schmelzpunkt, in guter Näherung ermitteln[2].

Lösungsfraktionierung

Ihre Anwendung zur Aufstellung von Molekulargewichtsverteilungskurven erfährt die Extraktionsmethode in der *Lösungsfraktionierung*. Hier verwendet man zur Extraktion von amorphen oder geschmolzenen polymolekularen Polymerisaten bei konstanter Temperatur Lösungsmittel mit steigender Lösekraft, die man durch sukzessiv veränderte Mischungen von Lösern und Nichtlösern gewinnt, oder aber man steigert beim gleichen Lösungsmittel die Temperatur[3]. Man erhält dadurch Fraktionen, die für sich wesentlich engere Molekulargewichtsverteilung aufweisen, als sie dem gesamten Material entspricht. Die Methode ist dann sehr brauchbar, wenn dafür gesorgt wird, daß dünne Polymerschichten extrahiert (eluiert) werden. So werden bei einer Arbeitsweise die Polymere auf Aluminiumschnitzel aufgebracht[4,5]. Nach einer anderen wird ein Trägermaterial mit dem Polymerfilm überzogen und in Röhren gepackt[6] (Abb. 67). Durch diese Kolonnen oder Säulen läßt man das Lösungsmittel durchfließen und extrahiert dadurch die Polymerfilme. Dabei verwendet man entweder wieder Gemische aus Lösern und Nichtlösern bei konstanter Temperatur oder das gleiche Lösungsmittel bei ansteigender Temperatur und erzielt dadurch eine Fraktionierung. Die Lösungsmittel können von oben nach unten oder umgekehrt strömen. In Weiterentwicklung dieser Säulenfraktioniertechnik nimmt man Ottawasand oder ähnliches als Trägermaterial[7].

---

[1] FUCHS, O.: Makromol. Chem. **58**, 247 (1962).

[2] NATTA, G., I. PASQUON, A. ZAMBELLI u. G. GATTI: Makromol. Chem. **70**, 191 (1964).

[3] DESREUX, V., u. M. C. SPIEGELS: Bull. Soc. Chim. Belges **59**, 476 (1950); Fraktionierung von Polyäthylen.

[4] FUCHS, O.: Makromol. Chem. **5**, 245 (1950); Z. Elektrochem. **60**, 229 (1956).

[5] Siehe auch BERESNIEWICZ, A.: J. Polymer Sci. **35**, 321 (1959); Fraktionierung von Polyvinylacetat u. -alkohol.

[6] DESREUX, V.: Rec. Trav. Chim. Pays-Bas **68**, 789 (1949).

[7] FRANCIS, P. S., R. C. COOKE JR. u. J. H. ELLIOTT: J. Polymer Sci. **31**, 453 (1958); s. auch MENDELSON, R. A.: A **1**, 2361 (1963); DAVIS, T. E., u. R. L. TOBIAS: **50**, 227 (1961); HENRY, P. M.: **34**, 3 (1959); bei Polyäthylen wurden auch für hohe Molekulargewichte erstaunlich scharfe Fraktionierungen erzielt; KENYON, A. S., u. I. O. SALYER: **43**, 427 (1960); KRIGBAUM, W. R., u. J. E. KURZ: **41**, 275 (1959).

Neben der Trennung nach Polymerisationsgraden wurde die gleiche Methodik auch bereits zur Abtrennung der amorphen von den kristallinen Polymeranteilen erfolgreich benutzt[1].

Abb. 67. Aufbau einer Sandsäule[2]

Will man kristallisierendes Polymeres nur nach dem Polymerisationsgrad auftrennen, so ist es zweckmäßig, die Verhältnisse so zu wählen, daß die Fraktionen sich abscheiden, bevor sie kristallisieren. Man kann dies zum Beispiel erreichen, indem man die Löslichkeit allgemein durch Nichtlöserzugabe so einstellt, daß die Abscheidungstemperaturen für alle Fraktionen höher zu liegen kommen.

Die Säulenfraktionierverfahren haben sich als sehr wirkungsvoll erwiesen[3]. Es konnte zum Beispiel isotaktisches Polypropylen mit breiter Molekulargewichtsverteilung in Fraktionen zerlegt werden, die Werte von $\overline{M}_w/\overline{M}_n = 1,8$ bis $2,0$ aufwiesen. Erneute Fraktionierung bei einigen Fraktionen ergab dann $\overline{M}_w/\overline{M}_n = 1,16$ bis $1,24$[4].

---

[1] SHYLUK, S.: J. Polymer Sci. **62**, 317 (1962); WIJGA, P. W. O., J. VAN SCHOOTEN u. J. BOERNA: Makromol. Chem. **36**, 115 (1960).

[2] MENDELSON, R. A.: J. Polymer Sci. A **1**, 2361 (1963).

[3] Siehe auch weitere Bemerkungen S. 323.

[4] PARRINI, P., F. SEBASTIANO u. G. MESSINA: Makromol. Chem. **38**, 27 (1960).

Fällungsfraktionierung

Umgekehrt wie die Lösungsfraktionierung geht die *Fällfraktionierung* von gelösten Substanzen aus. Sie findet sehr breite Anwendung, insbesondere wieder zur Auftrennung polymereinheitlicher Polymergemische. Sie kann präparativ angewendet werden und wird analytisch zur Aufstellung der Molekulargewichts-Verteilungskurven ausgeführt. Auch hier wird wieder unterschiedliche Löslichkeit bei uneinheitlichen Polymeren in verschiedenen (durch Mischung aus Löser und Nichtlöser hergestellten) Lösungsmitteln oder bei verschiedenen Temperaturen im gleichen Lösungsmittel[1] ausgenutzt.

Bei der *Fällfraktionierung durch Zugabe eines Nichtlösers* zur Lösung polymereinheitlicher Polymermoleküle erhält man als erste Fraktion (vorwiegend) die Anteile mit dem höchsten Molekulargewicht. Man geht dabei so vor, daß man bei konstanter Temperatur und unter Rühren langsam den Nichtlöser zusetzt, bis sich eine bleibende Trübung ergibt.

Durch leichtes Erwärmen, bis die Trübung verschwunden ist, und wieder Abkühlen auf die Ausgangstemperatur lassen sich bei der Fällung zunächst mitgerissene niedermolekulare Anteile in Lösung zurückhalten. Nun muß abgewartet werden, bis sich die ausgefällte Fraktion als Gelphase gesammelt hat, was sehr lange dauern kann. Das Volumenverhältnis, Lösung (Sol-) zur gebildeten Gelphase soll groß sein. Letztere wird schließlich abgetrennt und mit weiterem Nichtlöser versetzt. Der Polymeranteil läßt sich daraus durch Zentrifugieren oder Filtrieren sowie anschließendes Trocknen isolieren. Die Fraktionierung selbst wird in der beschriebenen Weise durch erneute Nichtlöser-Zugabe zur Lösung bei konstanter Temperatur fortgesetzt, bis alles Polymere erfaßt ist[2]. Die ständige Zugabe von Nichtlösern führt allerdings zu großen Flüssigkeitsmengen und starker Verdünnung. Dem läßt sich entgegenwirken, indem man vorsichtig Lösungsmittel zum Beispiel mittels eines durchperlenden Gasstromes im Vakuum entfernt. Die zu messenden Molekulargewichte der Fraktionen nehmen sukzessiv ab, stellen aber immer noch Durchschnittswerte von Gemischen mit verschiedenen Polymerisationsgraden dar. Besonders uneinheitlich sind die erste und die letzte Fraktion. Es hat aber keinen Sinn, zuviel nebeneinander zu fraktionieren. Besser ist es, die erhaltenen Fraktionen für sich erneut einer Fraktionierung zu unterwerfen. Hierbei hat sich die Methode der *Dreiecksfraktionierung*[3] sehr bewährt. Sie besteht zunächst darin, das Ausgangsprodukt in zwei möglichst gleiche Teile und die beiden wiederum zweifach aufzutrennen. Danach werden die hohen Anteile der

---

[1] Das Lösungsmittel mag auch hier ein Gemisch aus Löser und Nichtlöser sein. Durch geeignete Wahl der Komponenten kann man die Temperaturabhängigkeit der Polymerlöslichkeit beeinflussen.

[2] SAYRE, E. V.: J. Polymer Sci. **10**, 175 (1953).

[3] MEFFROY-BIGET, A.-M.: Bull. Soc. Chim. France [5] **21**, 458 (1954).

niedrigeren Fraktion mit den niedrigen Anteilen der höheren Fraktion vereinigt. Man erhält dadurch drei Fraktionen, die nun alle wieder in zwei Teile zerlegt werden. Mit diesen Teilen wird nun in gleicher Weise verfahren. In Abb. 68 ist ein Schema einer solchen Dreiecksfraktionierung wiedergegeben[1], nach der ein Polymeres in sieben Fraktionen zerlegt wird, wozu sechs Schritte notwendig sind. Bei dieser Methode haben Moleküle, die ihrem Molekulargewicht nach anfänglich in die falsche Fraktion geraten sind, noch die Möglichkeit, in die richtige Fraktion hinüberzuwechseln.

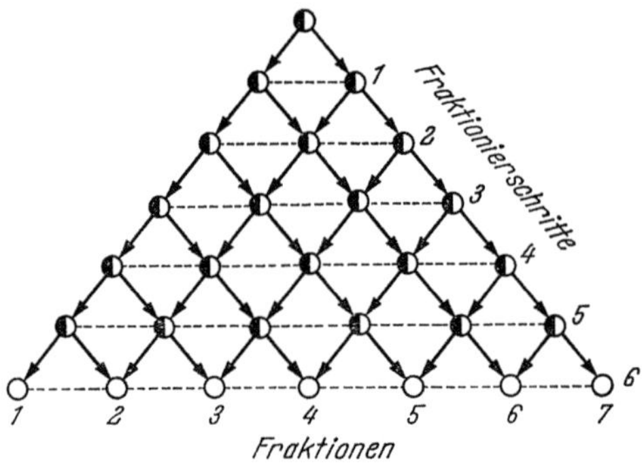

Abb. 68. Schema einer Dreiecksfraktionierung, bei der ein Polymeres nach sechs Schritten in sieben Fraktionen zerlegt ist

Die Fällfraktionierung durch Abkühlung ist anwendbar, wenn das zu trennende Polymergemisch einen größeren positiven Temperaturgradienten der Löslichkeit aufweist. Man kühlt solche Lösungen langsam ab, bis Trübung eintritt, und isoliert die ausgefällte Fraktion bei konstanter Temperatur. Weitere Abkühlung führt zur nächsten Stufe usw.

Wie bereits mehrfach erwähnt, ist Fraktionierung nach verschiedenen Gesichtspunkten der (Un-)Einheitlichkeit möglich, soweit damit Eigenschaftsunterschiede erfaßt werden. Eine exakte Auftrennung nach dem Molekulargewicht allein gelingt deshalb auch bei der Fällfraktionierung nur an Polymergemischen, die nach anderen Gesichtspunkten einheitlich sind. Kristallisiert das Material, so muß die Fraktionierung oberhalb des Schmelzbereiches erfolgen, wenn es nicht gelingt, die Kristallisation zu unterdrücken oder entscheidend zu verlangsamen[2].

Liegt noch eine Uneinheitlichkeit nach einem anderen Gesichtspunkt vor, wie zum Beispiel chemische Uneinheitlichkeit in Form von (unterschiedlicher) Verzweigung eines Polymeren, so besteht Abhängigkeit der

---

[1] Vgl. MEYERHOFF, G.: Z. Elektrochem. **61**, 325 (1957); NICOLAS, L.: Makromol. Chem. **24**, 173 (1957).

[2] Siehe z. B. KAWAHARA, K., u. R. OKADA: J. Polymer Sci. **56**, S 7 (1962). Verf. konnten isotaktisches Polystyrol bei Zimmertemperatur fraktionieren, und zwar mit Toluol als Lösungsmittel und Polyäthylenglykol ($\overline{M}$: 300) als Nichtlöser.

Fraktionsergebnisse von den Lösungs- und Fällungsmitteln[1]. Es ist deshalb notwendig, Polymere, die nicht nur im Molekulargewicht, sondern auch chemisch und strukturell uneinheitlich sind, unter verschiedenen Bedingungen zu fraktionieren[2].

Zur Theorie der Fällfraktionierung sei folgendes kurz dargelegt: Es wurde bereits betont, daß die zu fraktionierenden Polymere amorph sein müssen, wenn sich die zugrunde gelegten Lösungsgleichgewichte einstellen sollen. Es ist dabei aber richtiger, von Verteilungsgleichgewichten zu sprechen, da durch die Fraktionierung stets je zwei flüssige Phasen gebildet werden: einmal die verdünnte Ausgangslösung, die immer mehr an Polymerem verarmt und an Nichtlöser reicher wird, zum anderen die mit Polymerem konzentrierten Abscheidungen. Letztere können keineswegs mit kristallinen Bodenkörpern verglichen werden.

Der theoretische Ansatz von G. V. SCHULZ zur Erfassung dieser Trennvorgänge geht von der Betrachtung der Verteilung eines Stoffes in zwei aneinander grenzenden, sich nicht mischenden Phasen aus. Dabei gilt der Nernstsche Verteilungssatz

$$\frac{c'}{c''} = K \tag{1}$$

soweit ideale Lösungen, also große Verdünnungen vorliegen. Nach dem Boltzmannschen e-Satz ist

$$K = e^{\Delta E/RT} \tag{2}$$

wobei ΔE die Energiedifferenz zwischen je einem Mol des gelösten Stoffes in der einen und der anderen Phase ist.

Nun soll ΔE dem Polymerisationsgrad P proportional sein:

$$\Delta E = P \cdot \varepsilon \tag{3}$$

mit ε als dem Beitrag zur Energiedifferenz, den je ein Mol Grundbausteine liefert[3].

Es folgt

$$\frac{c'}{c''} = e^{P \cdot \varepsilon/RT} \tag{4}$$

und daraus das sogenannte Trennungsverhältnis für Moleküle des Polymerisationsgrades P

$$\vartheta \equiv \frac{m'_p}{m''_p} = \frac{v' \cdot c'}{v'' \cdot c''} = \frac{v'}{v''} \cdot e^{P \cdot \varepsilon/RT} \tag{5}$$

wenn m'_p bzw. m''_p die Massen des Polymeren vom Polymerisationsgrad P in den einzelnen Phasen und v' bzw. v'' die Volumina der Phasen sind. Setzt man als Volumenverhältnis

$$\varphi = \frac{v''}{v'} \tag{6}$$

so lautet Gleichung (5) nunmehr

$$\vartheta = \frac{1}{\varphi} \cdot e^{P \cdot \varepsilon/RT} \tag{7}$$

---

[1] FUCHS, O.: Makromol. Chem. **58**, 65 (1962); Beispiel verzweigtes Polyvinylacetat.
[2] Weitere Literatur s. HALL, R. W. in: Techniques of Polymer Characterization. New York: Academic Press 1959; GUZMAN, G. M. in: Progress in High Polymers, New York: Academic Press 1961.
[3] BRÖNSTED, J. N.: Z. phys. Chem. Bodenstein-Festband 79 (1931).

Bei der Fällungsfraktionierung gelten nun ganz ähnliche Verhältnisse. Allerdings sind die Polymere in der Gelphase viel zu konzentriert, als daß ideale Lösung vorliegen könnte, was durch einen Aktivitätskoeffizienten berücksichtigt werden muß. Außerdem ist die Temperaturabhängigkeit eine andere.

Folgende zu (7) analoge Gleichung wird den Gegebenheiten weitgehend gerecht[1]:

$$\vartheta = \frac{1}{\lambda\,\varphi} \cdot e^{P \cdot \varepsilon_t} \qquad (8) \qquad\qquad \text{mit } \varepsilon_t = \alpha + \beta \cdot \gamma \qquad (8a)$$

λ ist der Aktivitätskoeffizient, φ ist das Volumenverhältnis von Gelphase zu Solphase, α und β sind temperaturabhängige Konstanten und γ ist der Volumenbruch des Fällungsmittels im Gesamtsystem, der die Energiedifferenz ε_t mit beeinflußt.

Man sieht aus Gleichung (8), daß das Trennungsverhältnis ϑ für einen bestimmten Polymerisationsgrad P ceteris paribus um so größer ist, je kleiner φ, also je kleiner das Verhältnis von Volumen der Gelphase zu dem der Solphase ist. Es ist deshalb vor allem notwendig, bei kleinen Polymerkonzentrationen zu fraktionieren. Da aber Gleichung (8) für alle Polymerisationsgrade gilt, hat man auch in den Fraktionen alle Polymerisationsgrade vorliegen, jedoch mit anderen Konzentrationsverhältnissen. Das Trennungsverhältnis ist umso größer, je größer P ist, das heißt große P werden bevorzugt abgetrennt. Darin liegt der Sinn einer Fraktionierung. In der Praxis ist es natürlich notwendig, die Gleichgewichtseinstellungen stets abzuwarten.

Ein anderer theoretischer Ansatz geht vom chemischen Potential einer Polymerlösung aus. Die Verschiedenheit der Lösungsmittel in bezug auf Lösevermögen wird empirisch durch die Hugginssche Konstante X berücksichtigt[2]. Auch dort tritt der Polymerisationsgrad mit auf. Weiterführung dieser Vorstellung führt zu praktisch der gleichen Beziehung wie (8)[3, 4, 5].

Kombinierte Fällungs- und Lösungsfraktionierung

Bei einer Fällfraktionierung wird während jeder Fällung immer nur ein kleiner Teil des aufzutrennenden Polymergemisches zur Abscheidung gebracht. Man kann nun auch durch starke Nichtlöser-Zugabe auf einmal fast das ganze Polymergemisch aus der Lösung heraus als konzentrierte Phase (Koazervat) abscheiden. Anschließend nimmt man deren Lösungsfraktionierung vor. Die erste Fraktion mit dem niedrigstmolekularen Anteilen erhält man bereits bei der anfänglichen Abscheidung, die folgenden Fraktionen mit steigenden mittleren Polymerisationsgraden dann durch Zugabe von Löser/Nichtlösergemischen mit steigender Lösekraft bei konstanter Temperatur, wobei natürlich stets zwischendurch die Trennung der Schichten erfolgen muß.

---

[1] SCHULZ, G. V.: Z. phys. Chem. A 179, 321 (1937); SCHULZ, G. V., u. B. JIRGENSONS: B 46, 105 (1940).

[2] HUGGINS, M. L.: Ann. N. Y. Acad. Sci. 43, 1 (1942).

[3] SCOTT, R. L., u. M. MAGAT: J. Chem. Phys. 13, 172 (1945); SCOTT, R. L.: 13, 178 (1945).

[4] MÜNSTER, A.: J. Polymer Sci. 5, 333 (1949).

[5] Siehe die Darstellungen von SCHULZ, G. V. in: H. A. STUART: Die Physik der Hochpolymeren, Bd. II, Das Makromolekül in Lösung, S. 733 ff. Berlin-Göttingen-Heidelberg: Springer-Verlag 1953; und VOORN, M. J.: Fortschr. Hochpolym.-Forsch. 1, 192—233 (1959).

Eine Apparatur zur Ausführung dieser Methode ist in Abb. 69 gezeigt.
Bei jeder Fraktionierung sollen nicht mehr als höchstens 10 % des
Polymeren in die verdünnte Phase gehen. Diese Methode ist recht günstig,
weil sich die Verteilungsgleichgewichte zwischen den Phasen schneller
einstellen, als das sonst bei einer Fällfraktionierung der Fall ist. Auch
treten keine Störungen durch Kristallisation auf. Man kann auf diese Weise
in kürzerer Zeit größere Polymermengen fraktionieren.

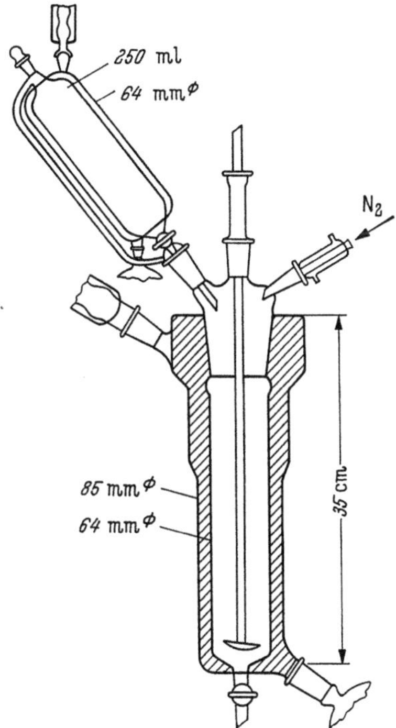

Abb. 69. Apparatur mit Dampfbeheizung zur Fraktionierung eines Koazervates[1]

Eine Kombination von Fäll- und Lösungsfraktionierung empfiehlt
sich auch bei der Verwendung von Sandsäulen, wie sie bereits beschrieben
wurden, nämlich dann, wenn die Polymere im Verhältnis niedrige Dif-
fusionsgeschwindigkeit haben (wie zum Beispiel Polyäthylen). Man gibt
dazu verdünnte Polymerlösung in die Säule bei höherer Temperatur und
läßt langsam abkühlen[2]. Das Polymere scheidet sich dann fraktionierend
ab, mit den höheren Polymerisationsgraden vorwiegend in den unteren

---

[1] Nach DAVIS, T. E., u. R. L. TOBIAS: J. Polymer Sci. **50**, 227 (1961).
[2] KENYON, A. S., u. I. O. SALYER: J. Polymer Sci. **43**, 427 (1960).

21*

Schichten. Eluiert man die Gelfilme mit Gemischen aus Lösern und Nichtlösern steigender Lösekraft bei konstanter Temperatur, so werden die Schichten von oben nach unten abgetragen.

Eine ganz besonders wirksame Auftrennung von Polymergemischen wird in einer Füllkörperkolonne erzielt, wenn ein Polymerfilm mit vorbeiströmenden Löser/Nichtlöser-Gemischen steigender Lösekraft eluiert wird und diese Lösungen einen Temperaturgradienten durchlaufen[1]. Dabei schlagen sich anschließend nämlich mit fallender Temperatur wieder Teile der Fraktionen auf dem Trägermaterial nieder, die höhermolekularen Anteile zuerst (soweit die Systeme positive Temperaturkoeffizienten aufweisen). Der nachfolgende Strom mit besserer Lösekraft löst aus diesen zuerst die niedrigermolekularen Anteile und führt sie mit, bis die weiter abfallende Temperatur auch sie wieder fraktionierend ausfällt. Es findet also ein ständiges Lösen und Fällen statt, wobei die niederen Polymerisationsgrade schneller als die hohen wandern und schließlich Zonen von im Molekulargewicht ziemlich einheitlicher Fraktionen entstehen. Am Ende der Säule tritt der niedrigst molekulare Anteil zuerst aus. Man kann dieses Verfahren als *multiplikative Säulenfraktionierung* bezeichnen.

Die Qualität einer solchen Fraktionierung hängt von vielen Faktoren ab. An sich müßten die Länge und der Durchmesser der Kolonne, das Trägermaterial mit Art und Größe seiner Oberfläche, das Polymere mit seiner Konzentration und Molekulargewichtsverteilung, der Temperaturgradient, das Lösungs- und das Fällungsmittel, deren Anfangs- und Endkonzentrationen sowie deren funktioneller Verlauf und die Durchflußgeschwindigkeit von Fall zu Fall besonders aufeinander abgestimmt werden[2]. Über eine Routinehandhabung hinaus läßt sich deshalb der Trenneffekt erheblich steigern. Daneben sind Verbesserungen der Fraktioniertechnik verschiedentlich vorgenommen worden[3].

Als Trägermaterial verwendet man mit Vorteil kleine Glasperlen von 0,1 mm Durchmesser.

In Abb. 70 ist eine solche Kolonne skizziert, die in Edelstahl ausgeführt wurde[2]. Das Metall ermöglicht bessere Wärmeübertragung als Glas.

Das Kolonnenrohr ist unten durch ein Nadelventil verschlossen. Damit läßt sich die Durchflußgeschwindigkeit des Lösungsmittels regulieren. Das obere Ende wird durch eine dicke, mehrfach durchbohrte Platte gebildet, durch die das Lösungsmittel einströmt und vorgewärmt sowie entgast wird.

---

[1] BAKER, C. A., u. R. J. P. WILLIAMS: J. Chem. Soc. (London) **1956**, 2352.

[2] MEYERHOFF, G., u. J. ROMATOWSKI: Makromol. Chem. **74**, 222 (1964).

[3] SCHNEIDER, N. S., L. G. HOLMES, C. F. MIJAL u. J. D. LOCONTI: J. Polymer Sci. **37**, 551 (1959); PEPPER, D. L., u. P. P. RUTHERFORD: J. Appl. Polymer Sci. **2**, 100 (1959); JUNGNICKEL, J. L., u. F. T. WEISS: J. Polymer Sci. **49**, 437 (1961); SCHNEIDER, N. S., J. D. LOCONTI u. L. G. HOLMES: J. Appl. Polymer Sci. **5**, 354 (1961); BREITENBACH, J. W., u. O. STREICHSBIER: Kolloid-Z. **182**, 35 (1962).

An beiden Enden werden durch Umlaufthermostaten unterschiedliche Temperaturen aufrechterhalten, wobei man von Siede- und Gefrierpunkt des Lösungsgemisches abhängig ist. Es empfiehlt sich, die Schicht des Polymergels auf den Glasperlen möglichst dünn zu halten, was durch Vergrößerung des Volumens und der Länge der Kolonnen erreicht werden kann. Je dünner die Gelschicht ist, desto schneller geht der Austausch der Polymerhomologen zwischen Gel und Sol vonstatten. Es ist jedoch nicht gut, den Kolonnendurchmesser zu groß zu wählen, da sonst die Gefahr ungleichmäßiger Durchströmung wächst. Es werden Längen von 150 cm und Durchmesser von 2 bis 3 cm empfohlen. Damit lassen sich Mengen von einigen Zehntel Gramm gut fraktionieren.

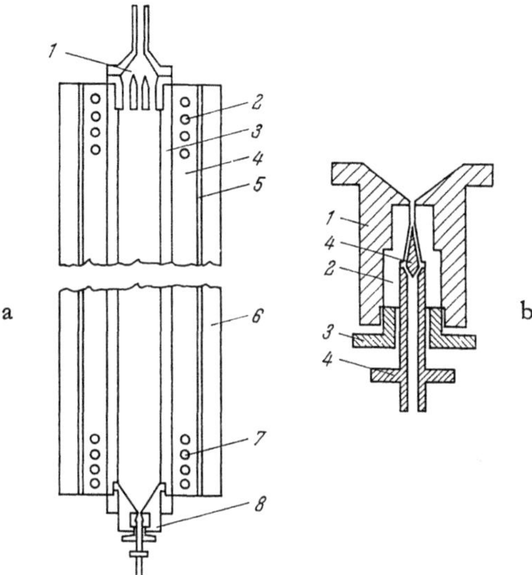

Abb. 70. Stahlkolonne zur Fraktionierung nach BAKER-WILLIAMS. a) Querschnitt längs der Kolonnenachse, b) Querschnitt durch das Nadelventil[1]

Nur im oberen Kolonnenbereich konstanter Temperatur sind die Glasperlen anfänglich mit dem zu fraktionierenden Polymergel überzogen, während die übrigen Perlen zunächst frei davon sind. Der erste Schritt ist dann die Elution des Polymeren bei konstanter Temperatur. Anschließend findet das Wechselspiel von Fällung und Lösung statt. Ein besonderes Problem ist die Abstimmung des Verhältnisses Löser/Nichtlöser mit der gesamten Durchflußmenge. Dieses Verhältnis soll sich so ändern, daß das Gemisch bei der unteren Temperatur am Kolonnenende die einzelnen Polymerisationsgrade nacheinander löst.

---

[1] MEYERHOFF, G., u. J. ROMATOWSKI: Makromol. Chem. 74, 222 (1964).

Der Übergang von der Anfangs- zur Endmischung soll nicht linear erfolgen, sondern zunächst rasch an Geschwindigkeit zunehmen und später immer langsamer werden. Hierzu wurden besondere Mischvorrichtungen konstruiert. Ein Beispiel ist in Abb. 71 gezeigt. Diese Vorrichtung ermöglicht es, einen beliebigen Mischungsverlauf einzustellen, je nach Lage der elastischen Trennwand. Beim Auslaufen der beiden Behälterseiten ist die jeweils augenblickliche Mischung durch das Verhältnis der Längen beider Menisken (von etwa gleicher Höhe) gegeben.

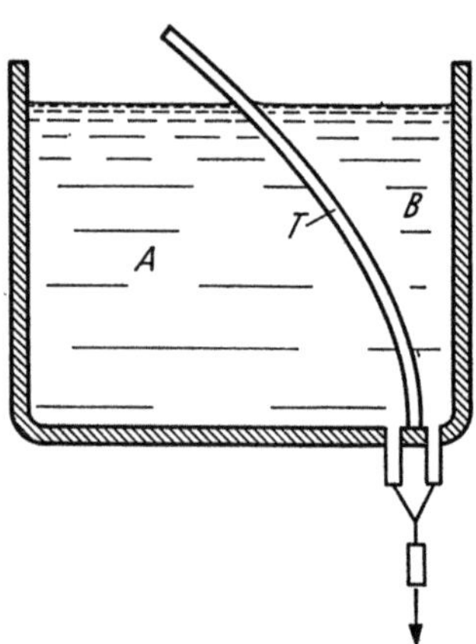

Abb. 71. Mischvorrichtung mit verstellbarer elastischer Trennwand T zur Herstellung beliebiger Mischungsfunktionen[1]

Von anderen Autoren wurde durch Parallelschaltung von Kolonnen die Trennleistung gesteigert[2]. So wurden sechs Einwaagen eines technischen Polyisobutylens von 34—50 g in je 10—23 Fraktionen zerlegt. Zwei Fraktionen davon mit $\overline{M}_n = 14\,900$ beziehungsweise 45000 wurden nochmals unterfraktioniert, wobei es sich zeigte, daß dieselben einen sehr hohen Grad von Einheitlichkeit im Molekulargewicht erreicht hatten ($\overline{M}_w/\overline{M}_n = 1{,}020$ bzw. 1,013).

Eine Mikrotechnik, bei der die Fraktionen durch Papierstreifen aufgefangen werden, wurde auch schon beschrieben. Diese ist anwendbar, wenn die Polymere radioaktiv markiert sind, wodurch die Konzentrationen bestimmt werden können[3,4].

---

[1] Nach MEYERHOFF, G., u. J. ROMATOWSKI: Makromol. Chem. **74**, 222 (1964).

[2] CANTOW, M. J. R., R. S. PORTER u. J. F. JOHNSON: J. Polymer Sci. C **1**, 187 (1964).

[3] CAPLAN, S. R.: J. Polymer Sci. **35**, 409 (1959).

[4] Weitere Arbeiten zum Thema der multiplikativen Säulenfraktionierung s. SCHULZ, G. V., P. DEUSSEN u. A. G. R. SCHOLZ: Makromol. Chem. **69**, 47 (1963); FLOWERS, D. L., W. A. HEWETT u. R. D. MULLINEAUX: J. Polymer Sci. A **2**, 2305 (1964); GUILLET, J. E., R. L. COMBS, D. F. SLONAKER u. H. W. COOVER: **47**, 307 (1960); COSANI, A., E. PEGGION, E. SCOFFONE u. A. S. VERDINI: B **4**, 55 (1966).

Adsorption und Chromatographie

Es ist schon häufig versucht worden, Polymergemische durch *Adsorption an Feststoff* zu trennen[1]. Diesen Versuchen ist aber bisher nur geringer Erfolg beschieden gewesen. Die Adsorption hängt nicht nur vom Polymeren, sondern auch vom Lösungsmittel, der Temperatur und anderen Faktoren ab. In schlechten Lösungsmitteln wird ein Polymeres schneller und stärker adsorbiert als in guten. Niedermolekulare Substanzen (Verunreinigungen) werden bevorzugt adsorbiert, aber auch wieder bevorzugt abgegeben, wenn mit Lösungsmittel danach eluiert wird. Eine große Rolle spielt das Mengenverhältnis Adsorbens zu Polymerem.

Die Konzentrationen der Polymerlösungen müssen gering sein, möglichst unter 0,2 Gewichts-%. Gleichgewichtseinstellung ist abzuwarten. Bei oberflächenreichen Adsorbentien, wie zum Beispiel Aktivkohle, schließt sich an die primäre Adsorption die Diffusion der Moleküle in die feineren Poren des Adsorbens an. Selbstverständlich machen sich Uneinheitlichkeiten nach verschiedenen Gesichtspunkten ebenfalls im Adsorptionsverhalten bemerkbar. Aber nicht nur die Selektivität einer Adsorption ist im allgemeinen problematisch, sondern auch die Meßmethodik zur Feststellung der adsorbierten Polymermengen. Am besten sind radioaktive Indizierungen, in manchen Fällen lassen sich optische Konzentrationsbestimmungen der verbliebenen Lösungen gut durchführen.

Sinnvoll ist allerdings die *Kombination von Adsorption und Lösungsfraktionierung*, die zu guten Fraktionier-Ergebnissen führen kann.

Adsorptionsmittel werden auch häufig zur Trennung von Proteinen benutzt, wobei man nun Fälle hoher Spezifität kennt. Werden die Adsorbentien in Säulen gepackt, so läßt sich die *chromatographische Methode* mit durchlaufenden Lösungsmitteln anwenden[2]. Zweifellos gerät man mit diesen Maßnahmen in die unmittelbare Nähe der bereits besprochenen Fraktioniermethoden, bei denen ihrerseits unbestreitbar Adsorptionsphänomene mit im Spiel sind. Dennoch ist es zweckmäßig, die reine physikalische Adsorption nochmals für sich zu behandeln.

Die Chromatographie von Proteinen ist allerdings recht schwierig, wahrscheinlich wegen zu langsamer Desorption und auch vielleicht wegen Denaturierung. Es lassen sich aber zum Beispiel mit bestimmten Modifikationen von Calciumphosphat hochmolekulare Proteine trennen[3]. Verwendet wurden Präparate mit Brucit- und Hydroxylapatitstruktur im Gemisch, die man aus Lösungen von Calciumchlorid und sek. Natriumphosphat ausfällt. In Säulen gepackt erlauben sie die Elution der Proteine

---

[1] MARK, H., u. G. SAITO: Monatsh. Chem. **68**, 237 (1937); YURZHENKO, A. I., u. I. I. MALEYEV: J. Polymer Sci. **31**, 301 (1958); MILLER, B., u. E. PACSU: **41**, 97 (1959); KANGLE, P. J., u. E. PACSU: **54**, 301 (1961).

[2] Vgl. auch S. 183, Trennung von racemischen Gemischen optisch aktiver Polymere.

[3] TISELIUS, A.: Angew. Chem. **67**, 245 (1955).

in oft recht scharfen Zonen. Die notwendigen Pufferkonzentrationen und pH der Lösungsmittel sind für verschiedene Proteine ausgeprägt verschieden. Zur quantitativen Elution eines Proteins darf die Adsorption nur schwach sein, da sich sonst die Zonen verbreitern.

Für die Sichtbarmachung von farblosen Proteinen läßt sich vielfach deren UV-Absorption ausnutzen. Die chromatographischen Säulen müssen dann Wandungen aus Quarz haben. Sie werden mit UV-Lampen bestrahlt und unter Verwendung von entsprechend empfindlichem Filmmaterial photographiert, oder man beobachtet auf einem Fluoreszenzschirm.

Manche Proteine und Viren zeigen aus Lösungen mit höherem Salzgehalt eine sehr viel stärkere Adsorption, als wenn die Lösungen salzfrei sind[1]. Man kann diesen Effekt ausnutzen, um besonders hochmolekulare Proteine und Viren aus Zellen zu isolieren[2].

Zur Trennung von niedermolekularen Verbindungen und von Oligomeren dienen statt chromatographischer Säulen saugfähige Papiere („*Papierchromatographie*").

Gelchromatographie[3]

Trennwirkungen lassen sich bei Polymergemischen auch dadurch erzielen, daß man sie durch Säulen laufen läßt, die mit besonderen Gelen gefüllt sind. Die Gele sind räumliche Netzwerke, stark lösungsmittelhaltig und aufgequollen. Sie enthalten viele Poren von unterschiedlicher Größe. Je nach ihrer Beschaffenheit, die von ihrer Substanz und ihrer Herstellungsweise bestimmt wird, lassen sie kleinere und größere gelöste Polymermoleküle mit unterschiedlicher Geschwindigkeit durch ihre Poren treten, selbstverständlich nur bis zu einer maximalen Größe. Die ersten derartig verwendeten Gele sind hydrophil, weshalb sie nur für wasserlösliche Polymere in Frage kommen[4].

Auf diese Weise können eine Reihe von biologischen Materialien aufgetrennt werden. So wird Acrylamid in wäßriger Lösung polymerisiert, wobei zugesetztes N,N'-Methylenbisacrylamid als Vernetzungsmittel dient[5]. Sehr viel verwendet werden vernetzte Dextrane[6]. Andere hydrophile Gele werden durch Polymerisation von Vinyläther oder durch Polymerisation von Vinylpyrrolidon hergestellt, wobei wieder N,N'-Methylen-

---

[1] TISELIUS, A.: Arkiv. Kemi, Mineral. Geol. **26 B**, No. 1, 5 (1948).

[2] RILEY, V. T.: Science (Washington) **107**, 573 (1948); RILEY, V. T., M. L. HESSELBACH, S. FIALA, M. W. WOODS u. D. BURK: **109**, 361 (1949).

[3] = „gel permeation chromatography".

[4] PORATH, J., u. P. FLODIN: Nature (London) **183**, 1657 (1959).

[5] LEA, D. J., u. A. H. SEHON: Can. J. Chem. **40**, 159 s. (1962); auch HJERTEN, S.: Arch. Biochem. Biophys., Suppl. **1**, 147 (1962).

[6] Handelsprodukt: Sephadex®, Pharmacia AB, Uppsala, Schweden.

bisacrylamid die Vernetzung besorgt. In manchen Fällen halten allerdings solche Gele einzelne Substanzen zurück und werden dadurch unbrauchbar.

Organophile Systeme erhält man, wenn man Styrol mit Divinylbenzol copolymerisiert. Sehr wichtig für die Herstellung eines günstigen Netzwerkes ist auch hier, daß die Copolymerisation in Lösung erfolgt[1]. Zur Auftrennung von im Molekulargewicht uneinheitlichen Polymeren läßt man deren Lösung unter leichtem Überdruck (5—15 Atm., abhängig von Temperatur, Lösungsmittel usw.) bei etwas erhöhten Temperaturen (50 bis 100 °C) das Gel passieren. Um die Molekulargewichte bestimmen zu können, müssen die Säulen geeicht werden, während die Konzentrationen der austretenden Polymerfraktionen in ihrer Lösung mit Hilfe eines Differentialrefraktometers gemessen werden. Die größeren Moleküle treten dabei zuerst aus.

Die Leistung solcher Säulen[2] ist zur Zeit noch auf kleine Polymermengen beschränkt.

Der Trennvorgang ist wohl so zu verstehen, daß die Moleküle kleineren Molekulargewichtes durch Diffusion tiefer in das Gel eindringen können und dadurch stärker zurückgehalten werden[3]. Adsorptionsvorgänge andererseits müßten nämlich umgekehrt die größeren Moleküle länger behalten; beim Vorliegen von Verteilungsgleichgewichten zwischen Gel- und Solphase sind ebenfalls die größeren Moleküle diejenigen, die aufgrund ihrer geringeren Löslichkeit zuletzt abgegeben werden.

Es ist auch so, daß man um so bessere Ergebnisse erzielt, je weniger das Gel in der Lage ist, die zu trennenden Moleküle zu adsorbieren. Außerdem soll das Lösungsmittel, das die Moleküle transportiert, in seiner Polarität dem Gel ähneln, damit keine besonderen Löslichkeitsunterschiede zwischen beiden auftreten und Verteilungsgleichgewichte keine Rolle spielen[4].

Elektrophorese

Besonders für die Trennung von biologischem Material sind schonende Verfahren wichtig. Hierzu gehört auch die Elektrophorese. Sie ist anwendbar auf Stoffe, die elektrische Ladung tragen, also auch auf Polyelektrolyte.

---

[1] MOORE, J. C.: J. Polymer Sci. A 2, 835 (1964); MOORE, J. C., u. J. G. HENDRICKSON: C 8, 233 (1965).

[2] Apparat der Water Associates Inc., Framingham, Mass., USA; s. auch MALEY, L. E.: J. Polymer Sci. C 8, 253 (1965).

[3] MOORE, J. C., u. J. G. HENDRICKSON: Vortrag gehalten auf der Versammlung der ACS Division of Polymer Chemistry, Chicago 1964; s. Polymer Preprints Vol. 5, No. 2, S. 706, siehe auch HARMON, D. J.: S. 712 sowie MALEY, L. E.: S. 720.

[4] Prüfung der Trennwirkung an Polyäthylen s. NAKAJIMA, N.: J. Polymer Sci. A-2, 4, 101 (1966); Prüfung insbesondere kleiner Moleküle s. HENDRICKSON, J. G., u. J. C. MOORE: A-1, 4, 167 (1966); s. auch BERGER, H. L., u. A. R. SHULTZ: A 3, 3643 (1965). Eine umfassende Behandlung des Themas findet man bei DETERMANN, H.: Gelchromatographie. Berlin-Heidelberg-New York: Springer-Verlag 1967.

Im Prinzip handelt es sich darum, daß die Lösung von Polyelektrolyten, also zum Beispiel von Polypeptiden, etwa in einem U-Rohr in ein elektrisches Feld gebracht wird. Dabei wandern die Polypeptide und andere anwesende Elektrolyte gerichtet je nach Ladung, Größe und Gestalt verschieden schnell, so daß ein Trenneffekt auftritt[1]. Es ist dabei besonders günstig, nicht in freier Lösung zu arbeiten, sondern dieselbe über einem Feststoff(Träger) zu halten, damit sich unabhängig von ihrer Dichte stabile Zonen einheitlichen Materials, die geschlossen wandern, ausbilden können. Weit verbreitet ist die Verwendung von Filterpapier, es können aber auch andere Feststoffe wie Stärke, Cellulose-Pulver, Glaswolle und Kieselgel herangezogen werden[2]. Damit kommen auch Adsorptionseffekte ins Spiel. Eine gewisse Schwierigkeit ist die quantitative Isolierung aufgetrennter Stoffe aus den Feststoffen, an die sie mitunter stark adsorbiert sind.

Die Zonen (oder Banden) werden allerdings bei langer Laufzeit durch Diffusion verwaschen. Man entwickelte deshalb Trägerelektrophorese-Apparaturen, in denen höhere Spannungen bis zu 10 000 Volt angelegt werden können[3]. Hierbei treten erhebliche Widerstandswärmen auf, die abgeführt werden müssen. Deshalb legt man die mit den gepufferten Elektrolytlösungen getränkten Papiere oder Breie zwischen gekühlte Flächen. Bei kürzeren Laufzeiten lassen sich dadurch auch präparativ interessante Mengen unter anderem von Eiweißstoffen auftrennen[4].

Dialyse

Die Abtrennung von niedermolekularen Verbindungen und Oligomeren von Makromolekülen kann durch Dialyse erfolgen, wenn die Substanzen echt und kolloidal gelöst vorliegen[5]. Alle Anteile, deren lineare Dimensionen 10^{-7} bis 10^{-5} cm betragen, seien sie nun einzelne Makromoleküle oder Assoziate und Aggregate, werden von semipermeablen Membranen aus verschiedenen Materialien (zum Beispiel Cellulose, Kollodiumwolle, Polyvinylbutyral und Polytrifluorchloräthylen) zurückgehalten,

---

[1] Trennung von Nucleinsäuren s. z.B. OLIVERA, B. M., P. BAINE u. N. DAVIDSON: Biopolymers **2**, 245 (1964).

[2] Siehe z. B. auch Trennung von Polynucleotiden und Proteinen aus Zellextrakten: ELIASSON, R., E. HAMMARSTEN u. T. LINDAHL: Arch. Biochem. Biophys., Suppl. **1**, 139 (1962).

[3] WIELAND, TH., u. G. PFLEIDERER: Angew. Chem. **67**, 257 (1955); WERNER, G., u. O. WESTPHAL: Angew. Chem. **67**, 251 (1955).

[4] Zusammenfassende Artikel s. MAGDOFF, B. S. in: P. ALEXANDER u. R. J. BLOCK: Analytical Methods of Protein Chemistry, Vol. 2, S. 169—214. Oxford-London-New York-Paris: Pergamon Press 1960; WUNDERLY, C.: S. 215—230; ANTWEILER, H. J. in: HOUBEN-WEYL-MÜLLER: Methoden der organischen Chemie, 4. Aufl., Bd. 3/2, S. 211 bis 253. Stuttgart: Georg Thieme Verlag 1955.

[5] Zusammenfassende Literatur: STAUFFER, R. E. in: A. WEISSGERBER: Techniques of Organic Chemistry, Vol. 3, S. 326—337. New York-London: Interscience Publ. Inc. 1950.

während die kleineren Moleküle passieren. Sorgt man für einen ständigen Konzentrationsgradienten der letzteren, indem man auf der einen Seite der Membranen die Polymerlösung und auf der anderen reines Lösungsmittel hat, so diffundieren die niedermolekularen Substanzen durch die Membranen ab. Eine einfache Ausführungsform besteht darin, die Lösungen in Schläuche aus dem semipermeablen Material zu füllen und die Schläuche in Lösungsmittel zu hängen, das sich ständig erneuert. Je größer die Membranfläche ist, desto schneller erfolgt die Dialyse.

Weitere Trennverfahren

Man kann daran denken, durch *fraktionierte Kristallisation* auch bei Polymeren einen Trenneffekt zu erzielen. Tatsächlich wurden bereits vor etlichen Jahren Polyoxymethylen-diacetate in dieser Weise getrennt. Als höchstes Molekulargewicht einer Fraktion wurde 762 erreicht[1]. Bei Oligosacchariden gelang die Trennung bis zum Molekulargewicht 990[2]. Für höhere Polymerisationsgrade ist die Methode aber wohl so nicht geeignet.

Gewisse Fraktioniererfolge wurden durch das *Zonenschmelzverfahren* erzielt[3,4]. Dieses beruht bekanntlich darauf, daß sich beim Gefrieren einer Schmelze die Verunreinigungen in der verbleibenden Schmelze anreichern. In einem röhrenartigen Gefäß kann man eine solche Schmelze in einer Richtung gefrieren lassen und erhält dadurch Zonen mit zunehmendem Gehalt an Verunreinigungen. In ähnlicher Weise trennen sich nun auch im Molekulargewicht uneinheitliche Polymere nach dem Molekulargewicht auf.

Folgendes Verfahren wird beschrieben: Es wurde ein Rohr von 3,5 cm Durchmesser ca. 45 cm hoch mit einer 0,06-proz. Lösung von Polystyrol (M = 305000) in Benzol gefüllt, mit einer Geschwindigkeit von ca. 3,2 cm/h in ein durch Trockeneis gekühltes Alkoholbad eingetaucht und dabei die überstehende Flüssigkeit im Rohr gerührt. Der gefrorene Rohrinhalt wurde in Scheiben geschnitten und das Molgewicht des Polystyrols in den Abschnitten bestimmt. Es ergab sich eine gute Trennung des Polystyrols in Fraktionen bis zum Molgewicht 400000, wobei die höhermolekularen Anteile zuerst ausgefroren waren.

Verständlich ist, daß durch Destillation keine besonderen Trennerfolge bei Polymeren gelingen. Die Methode der *Molekulardestillation* läßt lediglich etwa bis zum Molekulargewicht von 1200 gute Trennungen zu.

Das Prinzip der Auftrennung von Polymergemischen durch *Sedimentation* in der Ultrazentrifuge wird im Rahmen der Besprechung von analytischen Verfahren in Kapitel 5 erörtert.

---

[1] STAUDINGER, H., R. SIGNER, H. JOHNER, M. LÜTHY, W. KERN, D. RUSSIDIS u. O. SCHWEITZER: Liebigs Ann. Chem. **474**, 145 (1929).

[2] ZECHMEISTER, L., u. G. TOTH: Ber. dtsch. chem. Ges. **64**, 854 (1931).

[3] PEAKER, F. W., u. J. C. ROBB: Nature (London), **182**, 1591 (1958).

[4] LOCONTI, J. D., u. J. W. CAHILL: J. Polymer Sci. **49**, S 2 (1961); A 1, 3163 (1963).

3 D Abschließender Rückblick

Polymersynthesen lassen sich ganz allgemein aus den Synthesen von niedermolekularen Verbindungen ableiten, wenn die dortigen Einzeloperationen an den gleichen Molekülen in großer Zahl ausgeführt werden und dabei im Endergebnis Substanzen von höheren Molekulargewichten entstehen. Die Polyreaktionen wie auch die polymeranalogen Umsetzungen von Polymeren sind dabei lediglich Sonderfälle, indem die einzelnen Syntheseschritte sich sehr ähnlich sind. Üblicherweise, so auch in diesem Buche, werden bei ausführlichen Besprechungen von Polymersynthesen die Sonderfälle in den Vordergrund gestellt, weil sie so unerhört erfolgreich bei der Gewinnung von hochmolekularen Produkten sind. Die große Zahl von Einzeloperationen steht im Zusammenhang mit der unerhörten Mannigfaltigkeit von Polymeren, die letztere in bezug auf die Natur, Zahl und Art der Einordnung ihrer Grundbausteine haben. Entsprechend ist auch die Zahl der möglichen Nebenreaktionen so sehr groß. Hierin liegt die Problematik der Synthese von einheitlichen Polymeren.

Wie wir auch sehen konnten, gibt es bereits sehr vielfältige und wirkungsvolle Möglichkeiten, die Produkte einer Polymersynthese unter Erhöhung ihrer Einheitlichkeit aufzuarbeiten. Allerdings sind die physikalischen Isolierungsmethoden und die chemischen Äquilibrierungen normalerweise mit großem Aufwand und beträchtlichem Substanzverlust verbunden. Wesentliche Verbesserungen sind für die Zukunft noch zu erwarten. Stets wird es von Vorteil sein, wenn bereits bei der Herstellung der Polymere auf die Möglichkeiten der Aufarbeitung Rücksicht genommen werden kann. Wie die eigentlichen Polymersynthesen selbst können die Aufarbeitungsvorgänge nur in thermodynamisch offenen Systemen ablaufen, weil sie ebenfalls mit einer Verminderung der Entropie der Systeme einhergehen[1].

Nun wollen wir die Polymersynthesen zum Abschluß noch aus einer größeren Distanz heraus betrachten. Ganz allgemein kann eine Synthese als Auswirkung einer irgendwie vorgegebenen Anlage (beispielsweise als Folge der Maßnahmen eines Experimentators) oder aber spontan zustande kommen. Durch die Auswirkung einer vorgegebenen Anlage wird die Synthese gesteuert. Damit ist die Wahrscheinlichkeit, daß ein bestimmtes Produkt entsteht, sehr viel höher, als wenn sich dieses Produkt aus einer ungeordneten Umwelt spontan bilden soll. Eine Steuerung besteht in einem Kontroll- und einem Aktionsvorgang. Jede Steuerungsaktion im Bereich der Synthese von Stoffen beruht, als Folge des Kontrollbefundes, in einer bestimmten Einstellung der Bildungs- und Einordnungsbedingungen. Unter den die Steuerung ausführenden Steuerungsorganen treten die *Katalysatoren* in den engsten Kontakt mit dem Reaktionsgeschehen ein. Die kata-

---

[1] Vgl. S. 84.

lytische Wirkung, die in der Senkung von Aktivierungsenergien, Änderung von Konzentrationen der Reaktionspartner und Änderung von Reaktionsordnungen besteht, erstreckt sich jeweils momentan auf – meist kleine – Teilbereiche der zu synthetisierenden Moleküle, gegebenenfalls sogar auf diese als ganze. Katalysatorwirkung kann dabei auch von bereits existierenden Teilen eines wachsenden Moleküls oder von anderen Molekülen der gleichen Art – in Teilbereichen oder im ganzen – ausgehen (*Autokatalyse*).

Substanzen, die auf die Bildung oder Einordnung von ganzen Polymermolekülen (oder wenigstens von großen Teilabschnitten derselben) unmittelbar (ähnlich einer Gußform) einwirken, sind unter dem Begriff *Matrize* zu finden. Eine solche Matrize läßt sich wie folgt beschreiben: sie ist selbst eine polymere Substanz oder ein Kristall einer niedermolekularen Verbindung und übt eine breite Kontaktwirkung auf ein unter ihren (oder gegebenenfalls noch weiteren) Einflüssen sich bildendes Polymeres aus, das bei günstigen Bedingungen die Dimension des verfügbaren Kontaktbereiches annimmt. Dabei kann das entstehende Polymere der Matrizensubstanz chemisch fremd oder verwandt sein – im besonderen Fall sind beide in ihrer Funktion wechselseitig austauschbar oder sogar gleich, wodurch eine Replikation von Polymeren möglich wird. Die Kontaktwirkung steht im Zusammenhang mit einer zeitlich begrenzten Bindung des ganzen entstehenden Polymeren an die Matrize, wobei alle Bindungsarten in Betracht kommen, und kann sehr unterschiedlich in ihrer Intensität sein. Wichtig ist, daß das gebildete Polymere sich unversehrt von der Matrize ablösen läßt.

Bei Reaktionen, die von einem Experimentator in die Wege geleitet werden oder die zum Beispiel bei der Proteinsynthese in der lebenden Zelle ablaufen, erfolgt die Steuerung der Synthese von Zentren aus, die mit dem Reaktionsgeschehen nur mittelbar in Berührung geraten. Der Tätigkeit des Experimentators liegt dann ein Programm zugrunde, das auf seinen Erfahrungen aufbaut und sich aus einem bewußten Vorhaben ergibt. In der Zelle existiert ebenfalls ein Syntheseprogramm, das im genetischen Material festgelegt ist. Beide Gegebenheiten sollen deshalb gemeinsam als *programmgesteuerte Synthesen* bezeichnet werden. Allerdings wirken sich die Maßnahmen eines Experimentators praktisch stets pauschal, die der Zelle gerade im Fall der Proteinsynthese dagegen individuell, also auf einzelne Polymermoleküle bezogen, aus. Eine pauschale, gleichzeitig auf viele Moleküle bezogene Programmsteuerung wird immer zu einer mehr oder weniger großen Streuung ihrer Ergebnisse führen. Auf diesem Wege sind deshalb niemals wirklich vollständig einheitliche Polymere (oder besser gesagt: identische Polymermoleküle) herzustellen. Dagegen lassen sich identische Polymermoleküle durch individuelle Programmsteuerung gewinnen. Wenn dabei aber durch ein einzelnes Programm in nicht zu langen Zeitabschnitten nur wenige Synthesen gesteuert werden können, so sind für die Synthese größerer Mengen gleicher Moleküle auch viele gleiche Programme notwendig. Insofern Polymermoleküle solche Programme darstellen, haben sie gegebenenfalls die Möglichkeit, durch Replikation in großer Zahl zu entstehen. Dadurch wird die Eigentümlichkeit eines einzigen Polymermoleküls – in der Natur durch die Nucleinsäuren realisiert – zur Grundlage der Synthese vieler, sowohl mit ihm identischer als auch ganz anders gearteter, unter sich gleicher Moleküle.

Inwieweit es gelingen wird, im Laboratorium replizierende Polymere herzustellen, die keine Polynucleotide oder wenigstens solche mit anderen Bausteinen als den üblichen sind, läßt sich noch nicht übersehen. Es wäre jedoch verwunderlich, wenn es diese nicht geben könnte. Hier soll uns aber im Lichte der in diesem Buch eingehend diskutierten Phänomene noch kurz die Frage interessieren, wie es denn überhaupt zur Synthese der ersten replikationsfähigen Nucleinsäuren in der Natur gekommen sein mag. Wir gehen davon aus, daß zu irgendeinem Zeitpunkt der Erdgeschichte eine Anreicherung von niedermolekularen Verbindungen stattfand, die zum Teil den Grundbausteinen der Nucleinsäuren und der Proteine entsprachen. Tatsächlich ist es in neuerer Zeit gelungen zu beweisen, daß unter den Bedingungen einer reduzierenden Atmosphäre, also ohne freien Sauerstoff, dagegen mit Methan, Ammoniak und Wasserstoff neben Stickstoff und Wasser bei elektrischen Entladungen eine ganze Reihe solcher Verbindungen entstehen. Da für Urzeitbedingungen unserer Erde diese Verhältnisse angemessen sind, dürfte zusammen mit kondensiertem Wasser eine Art „Urschlamm" entstanden sein, in dem vielerlei Umsetzungen stattfinden konnten. Reaktionen von Nucleosidbausteinen zu Nucleosiden und von letzteren zu Polynucleotiden der beschriebenen Art in Gegenwart von Phosphorverbindungen[1], wie auch Kondensationen von Aminosäuren zu Polypeptiden waren danach ohne weiteres möglich.

Nun ist aber die spontane Synthese einer perfekten replikationsfähigen Nucleinsäure aus einer chaotischen Umwelt heraus so wenig wahrscheinlich, daß diese Möglichkeit ausgeschlossen werden kann. Vielmehr muß eine, der biologischen Evolution im Prinzip ähnliche, chemische Evolution angenommen werden, in deren Verlauf aus zunächst niedermolekularen Substanzen immer höhermolekulare und regelmäßigere Polymere entstanden. Die zugrunde liegenden Reaktionen stellten selbstverständlich Auf- und Abbauvorgänge dar, wobei sich die verschiedensten Kombinationen ergaben. Einem derartigen, zunächst willkürlichen Geschehen mußten sich aber übliche Ordnungsvorgänge überlagern, besonders bei Änderungen der Umgebungsbedingungen, wie zum Beispiel der Temperatur. Hierzu zählen vor allem der Vorgang des Auskristallisierens von bestimmten Substanzen aus Gemischen und Lösungen zu Systemen größerer Ordnung und Homo-

---

[1] Vgl. S. 245.

genität sowie die Auftrennung von flüssigen Phasen in mehrere Phasen mit ebenfalls wesentlich einheitlicherem Material. In diesen neuentstandenen Phasen waren damit bereits bessere Voraussetzungen dafür gegeben, daß im Verlaufe weiterer Umsetzungen noch einheitlichere, noch regelmäßigere und höhermolekulare Polymere entstehen konnten, und zwar aus zwei, oben mehrfach diskutierten Grünen: Einmal wirken geordnete und regelmäßige Bereiche steuernd auf die sich neu bildenden und zum anderen sind die geordneten Bereiche Abbau bedingenden Einflüssen (wie überhaupt jeder Art von Umsetzungen) weniger ausgeliefert als die ungeordneten (beziehungsweise weniger geordneten).

Das Evolutionsgeschehen sollte dadurch die charakteristische Richtung erhalten haben. Die Weiterentwicklung war dabei immer noch von spontanen Änderungen der vorliegenden Stoffe in kleinen Sprüngen abhängig. Führte eine solche Änderung zu einem bei den gegebenen Umgebungsbedingungen günstigeren Zustand, so wird sich dieser Zustand eher erhalten haben als der vorherige oder andere, weniger günstige. Betrachten wir zum Beispiel zwei benachbarte Stoffe, die aus den gleichen Grundbausteinen bestehen und die einem reversiblen Auf- und Abbau ausgesetzt sind. Der unter den gegebenen Bedingungen stabilere Stoff wird nun nicht nur weniger leicht abgebaut, er wird auch im Laufe der Zeit die Grundbausteine des weniger stabilen Stoffes übernehmen – sei es, daß diese Grundbausteine seine vorhandenen Moleküle vergrößern oder neue, gleiche Moleküle bilden. Der stabilere Zustand nimmt auf Kosten des anderen überhand.

Bereits im Ablauf einer noch rein chemischen Entwicklung zu einheitlicheren Polymeren sind somit eigentlich all die Dinge angelegt, die uns so unerhört charakteristisch für das biologische Geschehen vorkommen. Denn schließlich ist der Substanzübergang vom weniger stabilen Polymeren zum stabileren eine Art Nahrungsaufnahme, die zur Vergrößerung und zur Vermehrung des einen, gleichzeitig aber zur Zerstörung des anderen führt. Chemische Änderungen bei einem solchen Polymeren entsprechen in ihren Folgen etwas den Mutationen bei Lebewesen; die von den Umgebungsbedingungen mit abhängige Definition des dann stabileren Polymeren ist bestimmend für die nachfolgenden Selektionsprozesse und gibt damit die Richtung für die weitere Evolution an. Außerdem erklärt die Feststellung, daß dem regelmäßigeren Polymeren (zumindest häufig) auch die größere Stabilität und folglich die bessere „Überlebenschance" zukommt, im Ansatz den Drang zur Entwicklung „höherer Formen" in der Biologie.

Wir sprachen davon, daß im „Urschlamm" auch die Voraussetzungen für die Bildung von Polypeptiden gegeben waren. Ihrer Natur nach bilden Polypeptide vorwiegend eigene flüssige Phasen im wäßrigen Medium, zum Beispiel als Micellen. In diese Micellen konnten sich gewiß noch fremde Stoffe einlagern, so auch Polynucleotide. Letztere befanden sich damit gewissermaßen in Gefäßen mit Wänden, die zudem nicht für jede Substanz in gleicher Weise durchlässig sein konnten. Damit waren die Umgebungsbedingungen für die Polynucleotide erheblich verändert, und entsprechend waren die Umsetzungen an und mit ihnen verändert. Sicherlich wurde die Ausbildung regelmäßiger Strukturen dadurch gefördert. Besonders wichtig aber ist, daß immer mehr eine Wechselwirkung zwischen Polynucleotiden und Peptidmaterial eintreten mußte. Dort, wo diese Wechselwirkung zu einem günstigen Wachstum der Polynucleotide und der Polypeptide führte, entstanden logischerweise Gebilde immer größerer Masse und durch deren Zerfall wieder Teile ähnlicher Art. Eine solche Teilung war insofern auch eine Notwendigkeit, als nur so eine Chance bestand, daß die gewonnenen Eigenschaften bei den bestehenden Zerstörungs- und Abbaugefahren erhalten blieben und eine Weiterentwicklung erfolgen konnte. Auf diesem Wege dürfte es dann allmählich zu immer komplizierteren Micellsystemen mit immer exakterer Aufspaltung in immer ähnlichere Teile gekommen sein.

Selbstverständlich sind die hier geäußerten Gedanken über die chemische Evolution nur grobe Ansätze. Es sei dabei noch bemerkt, daß die Entstehung von Leben für den menschlichen Beobachter im Grunde zunächst weniger eine Frage der Wahrscheinlichkeit als eine der prinzipiellen Möglichkeit ist. Dort, wo Menschen darüber nachdenken können, ist der Fall der Lebensentstehung und Entwicklung eben eingetreten. Die Wahrscheinlichkeit der einzelnen Vorgänge spielt dann aber eine große Rolle bei der Beurteilung des Ablaufs und der Häufigkeit eines solchen Geschehens. Man darf gewiß erwarten, daß diese Dinge sich in Zukunft immer besser werden übersehen lassen.

4 Experimentelle Ausführung verschiedener Synthesen

Erfahrungsgemäß trägt es sehr zum Verständnis der im größeren Rahmen besprochenen Synthesevorgänge bei, wenn auch Ausführungsbeispiele eingesehen werden können. Diesem Umstand soll anschließend Rechnung getragen werden. Die Reihenfolge der Beispiele ist in Parallele zu den Besprechungen des vorangegangenen Kapitels gesetzt. Es sei betont, daß sie ausschließlich im Hinblick auf besseres Verständnis wiedergegeben werden. Zur Nacharbeitung sollte stets die Originalliteratur herangezogen werden, vor allem auch deshalb, weil manche Synthesen mit erheblichen Gefahren verbunden sind.

4.1 Polymerisationen

4.11 Radikalische Polymerisationen

(1) Polyvinylformiat mit vorwiegend syndiotaktischer Struktur[1]

Vinylformiat durch Destillation gereinigt: Kp. 45,3—45,7 °C, n_D^{22}: 1,3856; gaschromatographisch waren keine niedersiedenden Verunreinigungen mehr feststellbar. — *Polymerisation:* Unter reinem Stickstoff wurde das Monomere in einen Dreihalskolben gegeben, der mit Rührer, Thermometer, Vorrichtung für Gaszu- und Gasableitung und Rückflußkühler ausgestattet war. Die Polymerisation erfolgte in Substanz nach Zugabe von Azodiisobutyronitril – 1 mMol pro Mol Monomeres – und Aktivierung desselben durch UV-Bestrahlung. Umsatz bis 10 %, dann Entfernung des verbliebenen Monomeren durch Abdestillation im Vakuum. Zur Reinigung wurde das Polymere zweimal in $CHCl_3$ gelöst und daraus durch Methanol oder Hexan gefällt. (Die analytischen Untersuchungen erfolgten hauptsächlich an aus dem Polyvinylformiat hergestelltem Polyvinylalkohol.)

(2) Kristallines Polyvinylchlorid[2]

Destilliertes Vinylchlorid wurde bei 50 °C unter Luftausschluß in der gleichen Molmenge von unter Stickstoff destilliertem Butyraldehyd polymerisiert. Als Initiator diente durch UV-Bestrahlung aktiviertes Azodiisobutyronitril – 1 mMol pro Mol Monomeres. Der Umsatz betrug wenige %. Danach Methanol zugesetzt und das Polymere ausgefällt. Letzteres erneut gelöst in Tetrahydrofuran, mit Methanol gefällt, mit Äthanol gewaschen. Analyse des Produktes mit Hilfe von Röntgenbeugung und IR-Absorption.

4.12 Ionische Polymerisationen

(3) Lineares hochmolekulares Polymethylen[3]

Zu 10 g Diazomethan, in 500 ml Diäthyläther gelöst, wurden bei 0 °C 0,1 ml BF_3-Diätherat zugegeben. Es setzte sofort eine exotherme Reaktion ein und Stickstoff ent-

[1] ROSEN, I., G. H. MC CAIN, A. L. ENDREY u. C. L. STURM: J. Polymer Sci. A 1, 951 (1963); s. S. 80.

[2] ROSEN, I., P. H. BURLEIGH u. J. P. GILLESPIE: J. Polymer Sci. 54, 31 (1961); s. S. 81.

[3] KANTOR, S. W., u. R. C. OSTHOFF: J. Am. Chem. Soc. 75, 931 (1953); s. S. 105.

wich. Ein weißes, wachsartiges Polymeres schied sich ab, Ausbeute: 3,7 g. Das Produkt löste sich in siedendem Benzol, Toluol und Xylol, zeigte einen Kristallitschmelzpunkt von 132 °C und war von sehr hohem Molekulargewicht.

(4) 1,3-Polymerisat des 3-Methylbuten-1[1]

43,2 g 3-Methylbuten-1 wurden in einem Glaskolben bei Feuchtigkeitsausschluß in 145,0 g Äthylchlorid gelöst und bei —130 °C gerührt. Hierzu 108 ml einer vorgekühlten Lösung von $AlCl_3$ in Äthylchlorid gegeben (3,88 · 10^{-2} Mol $AlCl_3$ im Liter). Das Ganze in trockener Atmosphäre („Handschuhkasten") vorgenommen. Gelbfärbung zeigte den Beginn der Polymerisation an. Nach 1 Stde. war die Reaktion im wesentlichen beendet. Es wurde jedoch noch 3 Stdn. bei gleicher Temperatur weiter gerührt, wobei sich die Farbe des Gemisches vertiefte. Danach durch Zusatz von 50 ml vorgekühltem n-Propanol den Katalysator zersetzt, das Gemisch erwärmt, so daß die nichtumgesetzten Gase verdampften, das ausgefallene Polymere mit Methanol wiederholt gewaschen und in Äthyläther umgelöst. Man erhielt 8,8 g eines weißen Produktes vom Schmelzpunkt ∼55 °C, dessen Struktur einem 1,3-Polymerisat des 3-Methylbuten-1 entspricht.

(5) 1,4-Polyisopren mit praktisch einheitlicher cis-Konfiguration[2]

Isopren über Natrium 4 Stdn. lang unter Rückfluß gekocht, danach destilliert. Luft und Feuchtigkeit streng ausgeschlossen. – Herstellung des Katalysators wie folgt: Metallisches Lithium in Vaseline verteilt, Gemisch in einem geschlossenen System aus Edelstahl auf 200 °C erhitzt und 30 Min. lang mit hoher Geschwindigkeit gerührt. Die Mengen waren so gewählt, daß 35%ige Dispersion entstand. Die Lithiumpartikel wiesen einen mittleren Durchmesser von 20 µ auf. – *Polymerisation:* Zu 100 ml Isopren in einem trockenen Glasgefäß unter Stickstoff 0,1 g der Katalysator-Dispersion gegeben, Gefäß nach leichtem Evakuieren schnell zugeschmolzen und in einem Wasserbad von 30 °C in Rotation gehalten. Nach einiger Zeit verfestigte sich der Inhalt. Bald danach war die Polymerisation beendet, das Gefäß wurde abgekühlt und geöffnet. Zur Entfernung des Katalysators wurde das Polymere mit Isopropylalkohol, Essigsäure und Wasser behandelt.

(6) Kristallines Polystyrol[3]

Als Katalysator diente Amylnatrium – hergestellt aus Natrium und Amylchlorid –, und zwar als Suspension in Hexan. – *Polymerisation:* Ein 250-ml-Glaskolben, versehen mit Rührer, Thermometer und einem Gummiverschluß in Gestalt einer Serumflaschenkappe enthielt 10 g Styrol unter Stickstoff. Durch den Gummiverschluß wurde mittels einer Injektionsspritze die Katalysatorsuspension eingespritzt, wobei es sich um 150 ml mit 0,66 Mol/Liter Amylnatrium handelte. Nach 4 Stdn. bei —20 °C waren 45% des Styrols polymerisiert. Durch Eingießen in Methanol wurde die Reaktion abgestoppt und das Polymere ausgefällt. Dasselbe danach in Benzol gelöst, zentrifugiert, wieder mit Methanol gefällt und im Vakuum bei 60 °C getrocknet.

Durch Kochen unter Rückfluß in Heptan (1 g Polymeres pro 50 ml) konnte kristallines Polystyrol gewonnen werden.

(7) Im Molekulargewicht einheitliches Polystyrol[4]

Styrol wurde in einer mit einer Vakuumpumpe verbundenen, aber sonst abgeschlossenen Apparatur mit Lithiumhydrid, das noch Spuren von metallischem Lithium enthielt, versetzt. Durch kurzes Öffnen eines Zwischenhahnes wurde evakuiert. Nach längerem

---

[1] Kennedy, J. P., u. R. M. Thomas: Makromol. Chem. **53**, 28 (1962); **64**, 1 (1963); s. S. 108.

[2] Stavely, F. W.: Ind. Eng. Chem. **48**, 778 (1956); s. S. 112.

[3] Kern, W., D. Braun u. M. Herner: Makromol. Chem. **28**, 66 (1958); s. S. 114.

[4] Morton, M., A. A. Rembaum u. J. L. Hall: J. Polymer Sci. A **1**, 461 (1963); s. S. 117.

Rühren (Magnetrührer) das Styrol zweimal an Natriumspiegeln vorbeidestilliert und durch abwechselndes Ausgefrieren und Auftauen bei angelegter Pumpe gründlich entgast. Abfüllung in Ampullen, die abgeschmolzen wurden. – Tetrahydrofuran für einige Stdn. über Natrium, dann über einem Gemisch aus Natrium, Kalium und Naphthalin unter Rückfluß gekocht, sowie im Hochvakuum destilliert. Abgemessene Mengen in eine mit Natrium innen überzogene Ampulle abgefüllt, die abgeschmolzen und im Dunkeln aufbewahrt wurde. – n-Butyllithium in einer sorgfältig getrockneten und entgasten Apparatur aus Di-n-butylquecksilber und Lithiumdraht in Hexan hergestellt und – alles unter Luftabschluß – in Ampullen abgefüllt.

Polymerisation: Eine geschlossene Spezialapparatur fand Verwendung. Alle Ampullen mit Substanzen waren daran fest an- und selbst zugeschmolzen. Sie wurden dann innerhalb der Apparatur durch Schlagkörper geöffnet. Der Reaktionskolben allein hatte ein Volumen von 500 ml. Er wurde sorgfältig ausgeheizt, evakuiert und zur Pumpe hin abgeschmolzen. Durch aufeinanderfolgende Öffnung der Ampullen zuerst Tetrahydrofuran in den Kolben gegeben, auf —80 °C von außen abgekühlt, mit Butyllithium versetzt und gut vermischt (Magnetrührer). Danach einige Tropfen Styrol zugelassen (Dosierung durch eine Kapillare), wobei sich sofort Styrolanionen bildeten, erkenntlich an der Verfärbung. Schließlich tropfenweise Zugabe des gesamten Styrols. Mengen: ca. 20 g Styrol, 200 g Tetrahydrofuran, $3 \cdot 10^{-4}$ Mol/l Butyllithium. Die Polymerisation wurde durch Butanol-Zugabe abgestoppt. Beim Ausgießen des Kolbeninhalts in Methanol fiel das Polymere aus, das abgetrennt und im Vakuum bei 40 bis 60 °C getrocknet wurde. $\overline{M}_w / \overline{M}_n = 1{,}05$.

(8) Isotaktisches Poly-2-vinylpyridin[1]

Technisches, stabilisiertes 2-Vinylpyridin im Vakuum auf KOH tropfen gelassen, einige Zeit bei 120 °C gehalten und dann schnell abdestilliert, nach Zusatz von Hydrochinon erneut im Vakuum destilliert (Kp: 53 °C/14 Torr), unter Stickstoff bei —5 °C aufbewahrt. –

Phenylmagnesiumbromid aus seiner Ätherlösung durch Entfernung des Lösungsmittels und 14 stündiger Trocknung bei 150 °C/0,1 Torr erhalten. –

Polymerisation: In einen 250-ml-Dreihalskolben, versehen mit Rührer, Tropftrichter und Stickstoffzuleitungsrohr, wurden 100 ml wasserfreies Toluol und 575 mg (3,2 mMol) Phenylmagnesiumbromid gegeben und unter gutem Rühren auf 45 °C erwärmt. Innerhalb von 30 Minuten 10 g (95 mMol) 2-Vinylpyridin eintropfen gelassen. Molverhältnis Monomeres/Katalysator: 30. Bei zunehmender Viskosität Verfärbung der Lösung nach Orange. Nach 5 Stdn. 150 ml einer 5%igen wäßrigen Chlorwasserstofflösung zugegeben. Unter weiterem Rühren löste sich das Polymere in der wäßrigen Phase. Diese von Toluol abgetrennt, auf 200 ml verdünnt, in 1 l einer 5%igen wäßrigen Lösung von NH_3, die noch 20 g NH_4Cl enthielt, eintropfen gelassen. Man erhielt dabei das Polymere als halbfeste Abscheidung. Durch Behandlung mit siedendem Benzol konnte damit eine farblose Lösung hergestellt werden, aus der sich nach Zusatz von n-Heptan ein weißes amorphes Pulver abschied. Nach Trocknung: 9,2 g. In der 30 bis 50 fachen Gewichtsmenge heißen Acetons kristallisierte dasselbe; nach Abtrennung und Trocknung: 9 g.

(9) Weitgehend isotaktisches Polymethylmethacrylat[2]

Methylmethacrylat zur Entfernung des Stabilisators mit 2n NaOH behandelt, anschließend mehrmals mit destill. Wasser gewaschen, mit Calciumchlorid getrocknet und über Calciumhydrid im Stickstoffstrom bei ca. 50 Torr destilliert. – Toluol mehrere

---

[1] NATTA, G., G. MAZZANTI, P. LONGI, G. DALL'ASTA u. F. BERNARDINI: J. Polymer Sci. 51, 487 (1961); s. S. 119.

[2] BRAUN, D., M. HERNER, U. JOHNSEN u. W. KERN: Makromol. Chem. 51, 15 (1962); s. S. 119.

Stdn. lang über Natrium unter Rückfluß gekocht und danach destilliert. – Aus n-Butylchlorid und Lithium in n-Heptan hergestelltes n-Butyllithium gelöst mit einer Injektionsspritze aufgenommen, in eine mit Stickstoff gefüllte Destillationsapparatur gegeben und dort zweimal von Lösungsmittel befreit, wobei restliches Butylchlorid praktisch vollständig verschwand. –

Polymerisation: Ein 250-ml-Dreihalskolben war mit Rührer, Stickstoffeinleitungsrohr und einer Serumflaschenkappe versehen. In den Kolben wurde zunächst Toluol, nach Spülung mit Reinstickstoff durch die Serumflaschenkappe mittels einer Injektionsspritze Butyl-Lithium (bis zur Konzentr. 0,06 Mol/l) und schließlich das Monomere (bis zur Konzentr. 1,0 Mol/l) gegeben, wonach die Reaktion einsetzte. Die Temperatur blieb bei $0 \pm 4\,^{\circ}$C. Nach 30 Min. wurde die Polymerisation durch geringe Mengen Methanol in Petroläther abgestoppt.

Das Produkt in viel heißem Benzol gelöst, in Petroläther eingegossen und gefällt, abgetrennt, bei 40 °C im Vakuum getrocknet. Es war zu über 80 % isotaktisch.

(10) Weitgehend syndiotaktisches Polymethylmethacrylat[1]

75 g Methylmethacrylat (getrocknet) und 0,3 ml Natrium-Dispersion (50 %ig in Xylol) wurden in 100 ml Hexan (über Natrium getrocknet) unter Stickstoff bei 40 °C gerührt. Es trat schließlich Polymerisation ein, worauf die Temperatur auf 20 °C gesenkt wurde. Nach 24 Stdn. mit Methanol verdünnt, Polymerisat abgetrennt, mit angesäuertem Methanol gewaschen, getrocknet. Ausbeute 60 bis 65 % d. Th. Durch Extraktion in einem Soxhlet ließ sich die Dichte des Materials noch leicht erhöhen (auf 1,196 g/ml).

(11) Isotaktischer Polyvinylisobutyläther[2]

Toluol über $CaCl_2$ getrocknet, über Natrium und $LiAlH_4$ destilliert. –

Polymerisation: In 500-ml-Kolben, versehen mit Rührer, Tropftrichter und Stickstoffzuleitungsrohr, wurden 250 ml Toluol und 300 mg (2,5 mMol) $AlCl(C_2H_5)_2$ gegeben. Von außen auf —78 °C abgekühlt, unter Rühren 33 ml (0,25 Mol) Vinylisobutyläther zutropfen gelassen. Danach noch 3 Stdn. bei —78 °C gehalten. Reaktion durch Zugabe von 10 ml Methanol (mit etwas p-Phenylphenol zur Stabilisierung) abgestoppt. Lösung bei Zimmertemperatur filtriert und in 2 l Methanol eingegossen, wobei das Polymere ausfiel. Absitzen gelassen, dekantiert, erneut Fällungsmittel zugegeben, filtriert. Polymeres bei 60 °C im Vakuum getrocknet: 21 g (84 % Umsatz).

(12) Optisch aktives di-isotaktisches Polybenzofuran[3]

Käufliches reines Benzofuran bei 60 bis 70 Torr fraktionierend destilliert. Gaschromatographische Prüfung erwies Reinheit. – Käufliches Toluol mit konz. H_2SO_4 behandelt und mehrmals gewaschen, chromatographisch gereinigt, über Kolonne fraktionierend destilliert, über Natrium-Kalium-Legierung unter Rückfluß gekocht, von da in Reaktionsgefäß eindestilliert. – Aluminiumchlorid in trockenem Stickstoffstrom sublimiert, in Ampulle gesammelt und diese verschmolzen. – Optisch aktives β-Phenylalanin in Wasser umkristallisiert, sorgfältig im Vakuum getrocknet, in Ampulle gesammelt und diese verschmolzen. – Die Katalysatorlösung wurde wie folgt hergestellt: Ampullen mit Aluminiumchlorid und mit β-Phenylalanin in einen Reaktionskolben gegeben, Kolben längere Zeit evakuiert, Toluol eindestilliert, bei 20 °C Ampullen zerbrochen und 1 Stde. gerührt. Das $AlCl_3$ war in großem Überschuß über β-Phenylalanin. Nach einiger Zeit bildete sich klare Lösung über Bodenkörper.

---

[1] GALL, W. G., u. N. G. McCRUM: J. Polymer Sci. **50**, 489 (1961); s. S. 120.

[2] NATTA, G., G. DALL'ASTA, G. MAZZANTI, U. GIANNINI u. S. CESCA: Angew. Chem. **71**, 205 (1959); s. S. 125.

[3] FARINA, M., u. G. BRESSAN: Makromol. Chem. **61**, 79 (1963); s. S. 127.

Polymerisation: Ausführung in einem 300-ml-Kolben, versehen mit Rührer und Thermometer, unter reinem Stickstoff. Lösungen von Katalysator und Monomerem (letzteres ebenfalls in Toluol) bei —75 °C dort zusammengegeben und gerührt. Während der Reaktion wurden Proben entnommen; Polymerisat in Methanol ausgefällt, umgefällt aus Benzol und sorgfältig getrocknet. Fraktionierung aus 0,1%iger Lösung in Benzol mit Methanol. Messungen der optischen Aktivitäten in Benzollösung und der Viskositäten in Toluollösung.

(13) Isotaktischer Polyacetaldehyd [1]

Acetaldehyd wurde durch Depolymerisation von Paraldehyd gewonnen, unter Stickstoff fraktioniert (Kp: 20,6 °C). – Diäthylzink aus Äthylhalogenid und Zinkpulver hergestellt (Kp: 112—115 °C). –

Polymerisation: Die Apparatur bestand aus zwei miteinander in Verbindung stehenden Röhren. In der einen befanden sich 15 ml (0,25 Mol) Acetaldehyd, in der anderen 1,3 ml (0,0125 Mol) Diäthylzink. Beide Röhren auf —78 °C gekühlt und evakuiert. Dann der Acetaldehyd durch eine Kapillare mit einer Geschwindigkeit von 1/6 Mol pro Stde. zum Katalysator destilliert. Nach 20 Stdn. bei —78 °C Zusatz von 50 ml Methanol. Das Polymerisat ließ sich in einen methanollöslichen (sehr geringe Menge), einen in Methanol unlöslichen, aber in Chloroform löslichen, und schließlich einen in beiden und weiteren Lösungsmitteln unlöslichen Anteil zerlegen. Die zwei letzteren Fraktionen (Ausbeute: 43%) waren kristallin.

(14) Kristallines Polyketon aus Dimethylketen [2]

In ein Glasrohr von 100 ml Inhalt wurden unter Stickstoff bei reduziertem Druck 15 ml Dimethylketen eindestilliert und auf —78 °C abgekühlt. Hierzu noch 15 ml vorgekühltes Toluol und 1 ml einer 10%igen Lösung von $AlBr_3$ in Heptan zugegeben. Die Temperatur danach auf —50 °C erhöht, worauf sich das Reaktionsgemisch langsam verdickte und heller wurde. Nach 20 Stdn. konnten von dem angenähert festen Gemisch noch 8 ml Monomeres und Lösungsmittel im Vakuum abdestilliert werden. Zunächst langsame, dann schnelle Zugabe von Methanol führte zur Abscheidung des Polymerisates, das mehrfach mit kaltem, warmem und chlorwasserstoffhaltigem Wasser gewaschen wurde. Die 3,1 g Produkt nacheinander mit Aceton, Äther, Benzol und Toluol extrahiert. 81,6% verblieben als unlöslicher, kristalliner Rückstand. Die Polymerisation erfolgte über C=O-Doppelbindungen.

(15) Kristalliner Polyester aus Dimethylketen [2]

20 ml Dimethylketen wurden in ein Reaktionsgefäß bei vermindertem Druck eindestilliert und auf eine Temperatur von —25 °C gebracht. 1 ml einer 10%igen Lösung von $Al(C_2H_5)_3$ in Heptan zugegeben. Nach 6 bis 7 Stdn. war das Gemisch verfestigt. Nach 12 Stdn. noch vorhandenes Monomeres im Vakuum abdestilliert, Überschuß von Methanol zugegeben. Produkt mit verdünnter Salzsäure gewaschen, abfiltriert, getrocknet: 8,4 g. Nach Aceton- und Ätherextraktion verblieben 78% eines kristallinen, weißen Rückstandes, der einen Polyester darstellte (IR-Analyse), Smp. 160 bis 170 °C.

(16) Kristallines Polyphenylisocyanat [3]

Käufliches Phenylisocyanat über eine Kolonne destilliert, verwendete Fraktion reiner als 99%. – Toluol und Benzol über Natrium/Kalium-Legierung getrocknet, destilliert. –

[1] FURUKAWA, J., T. SAEGUSA u. H. FUJII: Makromol. Chem. **44—46**, 398 (1961); s. S. 133.

[2] NATTA, G., G. MAZZANTI, G. F. PREGAGLIA u. M. BINAGHI: Makromol. Chem. **44—46**, 537 (1961); s. S. 137.

[3] NATTA, G., J. DiPIETRO u. M. CAMBINI: Makromol. Chem. **56**, 200 (1962); s. S. 138.

Äthyllithium durch langsame Zugabe von Äthylbromid zu einer Mischung aus Lithium und Pentan unter gutem Rühren hergestellt, in Benzol aufgenommen, Pentan durch Destillation abgetrennt, Äthyllithium aus Benzol auskristallisieren gelassen.-

Polymerisation: Ein Glasrohr, Volumen 100 ml, versehen mit seitlichem Ansatz, wurde ausgeheizt, evakuiert und mit trockenem Stickstoff gefüllt. 50 ml Toluol und 10 ml Phenylisocyanat eingefüllt, auf —78 °C abgekühlt. 1 ml einer Lösung von Äthyllithium in Benzol ($1 \cdot 10^{-3}$ Mol) unter strömendem Stickstoff mit einer Injektionsspritze schnell zugegeben. Nach 18 Stdn. bei —78 °C das verfestigte Gemisch mit Methanol versetzt, das Polymere abfiltriert, mit 5%iger Chlorwasserstoffsäure gewaschen, bei 50 °C im Vakuum getrocknet. Ausbeute 45% eines kristallinen Produktes vom Smp. 270 °C.

(17) Im Molekulargewicht angenähert einheitliches Polyäthylenoxid[1]

In ein ausgeheiztes, mit Stickstoff gefülltes Druckrohr wurden $5{,}5 \cdot 10^{-4}$ Mol C_2H_5OH und $5{,}5 \cdot 10^{-4}$ Mol C_2H_5ONa gegeben. Rohr von außen auf —78 °C abgekühlt, evakuiert, 0,25 Mol hochreines Äthylenoxid einkondensiert, abgeschmolzen; sobald Katalysator bei normaler Temperatur gelöst war, Rohr in Bad von 100 °C gelegt, nach 10 Stdn. entnommen, geöffnet, Inhalt durch Umfällen gereinigt. Das Polymere hatte ein $\overline{M}_n$ von ca. 10000, $\overline{M}_w/\overline{M}_n = 1{,}1$.

(18) Hochmolekulares Polyäthylenoxid[2]

Äthylenoxid durch Destillation gereinigt, bis Aldehydgehalt geringer als 50 ppm. – Durch Einleitung von CO_2 in 22%ige Strontiumhydroxid-Lösung bei 90 °C Strontiumcarbonat ausgefällt, abgetrennt und getrocknet, Wassergehalt: 0,4%. –

Polymerisation: In ein getrocknetes, mit Stickstoff gefülltes Druckrohr 0,1 g Strontiumcarbonat gegeben, tiefgekühlt, 100 g Äthylenoxid einkondensiert, Rohr evakuiert und zugeschmolzen, in Bad von 100 °C gelegt. Nach mehreren Stdn. Rohr entnommen und geöffnet. Das Polymere zeigte hohes Molekulargewicht. Es löste sich in Wasser, Chloroform und Anisol.

(19) Optisch aktives isotaktisches Polypropylenoxid I[3]

Festes KOH gut unter Stickstoff zerrieben (Eisengehalt $\leq$ 0,0003%). –

Polymerisation: 2,5 g D(+)-Propylenoxid (Kp: 34,5 bis 35 °C, $[\alpha]_D^{21} + 15°$ (40% in Äther)) und 0,5 g KOH in einem Pyrex-Glasrohr unter Stickstoff vermischt, Rohr zugeschmolzen, 50 Stdn. bei Zimmertemperatur geschüttelt. Das Gemisch verfestigte sich wachsartig und wurde danach in 250 ml Benzol gelöst; Lösung mit Wasser, verd. Schwefelsäure, wäßriger Bikarbonat-Lösung und destill. Wasser bis neutral gewaschen, filtriert. Schließlich Benzol ausgefroren und im Vakuum kalt verdampft; anschließend noch 12 Stdn. im Hochvakuum Gefriertrocknung. Ergebnis: 2,2 g weißes, kristallines, optisch aktives Polymeres, Smp. 55,5 bis 56,5 °C.

(20) Optisch aktives isotaktisches Polypropylenoxid II[4]

7,1 g (0,046 Mol) (+)-Borneol in einer Mischung von 35 ml (0,5 Mol) racemisches Propylenoxid und 35 ml Toluol gelöst. Das Ganze mit Stickstoff überspült, dann 2,4 ml (0,023 Mol) Diäthylzink zugegeben. Nachdem die anfängliche Gasentwicklung aufgehört

[1] Wojtech, B.: Makromol. Chem. **66**, 180 (1963); s. S. 139.

[2] Hill, F. N., F. E. Bailey jr. u. J. T. Fitzpatrick: Ind. Eng. Chem. **50**, 5 (1958); s. S. 139.

[3] Price, C. C., u. M. Osgan: J. Am. Chem. Soc. **78**, 4787 (1956); s. S. 142.

[4] Tsuruta, T., S. Inoue, N. Yoshida u. J. Furukawa: Makromol. Chem. **55**, 230 1962); s. S. 143.

hatte, Reaktionsgefäß zugeschmolzen. Nach einer gewissen Zeit in einem Bad von konstant 70 °C die nunmehr viskose Mischung mit Toluol stark verdünnt. Mit trockener Luft Lösungsmittel und verbliebenes Monomeres vertrieben, letzte Reste davon destillativ entfernt. Das gewonnene Polymere war optisch aktiv, desgleichen das zurückgewonnene Monomere.

(21) Im Molekulargewicht weitgehend einheitliches Polypropylensulfid[1]

Propylensulfid mit einer Drehbandkolonne, dann über Calciumhydrid und über zwei Natriumfilme in eine evakuierte Apparatur eindestilliert, letztere abgeschmolzen. – Tetrahydrofuran mehrmals mit Naphthalin-Natrium behandelt, destilliert. – Naphthalin-Natrium in Tetrahydrofuran durch Einwirkung von Naphthalin auf Natrium-Stücke und mehrmalige Destillation über Natriumfilme hergestellt und gereinigt. –

Polymerisation: Verwendet wurde eine getrocknete Apparatur, mit allen Substanzen in angeschmolzenen Gefäßen, die zum eigentlichen Reaktionsgefäß hin durch Schlagkörper geöffnet werden konnten. Nacheinander Tetrahydrofuran, Naphthalin-Natrium-Lösung und Propylensulfid bei —70 °C unter Rühren mit Magnetrührer zusammengegeben. Polymerisation erfolgte nach Erwärmen auf Zimmertemperatur. Weitere Monomerzugabe führte zu weiterer Polymerisation. Beendigung durch Eingießen in Methanol und Trocknung des isolierten Polymeren im Vakuum, in anderen Fällen durch Zugabe von großen Überschußmengen 1-Chlormethylnaphthalin. Mehrstündige Einwirkung bei normalen Temparaturen, Lösen in Chloroform und Ausfällen mit Methanol, wodurch das Polymere einheitliche Endgruppen erhielt, die im UV spektralanalytisch nachweisbar waren. $\overline{M}_w/\overline{M}_n = 1{,}12$.

(22) Kristalliner Polyphenylglycidyläther[2]

In ein mit Stickstoff gespültes Glasrohr etwas Phenylglycidyläther gegeben, dazu 1 Gew.-% Aluminium-isopropylat, dem etwas wasserfreies Zinkchlorid zugesetzt war. Rohr zugeschmolzen, in ein temperaturkonstantes Bad von 80 ± 2 °C gelegt, nach 5 Tagen wieder entnommen, abgekühlt und geöffnet. Inhalt mit Benzol gewaschen, wobei sich ein Teil löste. Den Rückstand mit verdünnter Chlorwasserstoffsäure und mit Methanol zur Entfernung des Katalysators, dann wiederholt mit Aceton behandelt, das zuletzt etwas Stabilisator (Hydrochinon) enthielt, schließlich getrocknet: weißes kristallines Pulver vom Schmelzintervall 205 bis 210 °C, Ausbeute: 13,6 %.

(23) Hochmolekulares Poly-3,3-bischlormethyl-oxacyclobutan[3]

3,3-Bischlormethyl-oxacyclobutan zur Trocknung über CaH_2 unter Rückfluß erhitzt und im Vakuum destilliert (Kp: 80 °C/10 Torr) – $Al(C_2H_5)_3$ unter Stickstoff bei reduziertem Druck destilliert. – Hexan getrocknet und unter Stickstoff über eine Kolonne destilliert. –

Polymerisation: $2{,}5 \cdot 10^{-2}$ Mol 3,3-Bischlormethyl-oxacyclobutan, $1{,}25 \cdot 10^{-3}$ Mol $Al(C_2H_5)_3$, $1{,}25 \cdot 10^{-3}$ Mol Epichlorhydrin und 10 ml Hexan in eine Glasrohr gegeben, letzteres zugeschmolzen und 48 Stdn. bei 0 °C stehen gelassen. Danach Rohr geöffnet, Inhalt in eine große Menge chlorwasserstoffhaltiges Methanol eingegossen. Polymeres schied sich als weißes Pulver ab, das mehrmals zunächst mit chlorwasserstoffhaltigem, dann mit reinem Methanol gewaschen und im Vakuum bei Zimmertemperatur getrocknet wurde. Ausbeute: 100 %.

[1] Boileau, S., G. Champetier u. P. Sigwalt: Makromol. Chem. **69**, 180 (1963); s. S. 145.

[2] Noshay, A., u. C. C. Price: J. Polymer Sci. **34**, 165 (1959); 146.

[3] Saegusa, T., H. Imai u. J. Furukawa: Makromol. Chem. **65**, 60 (1963); s. S. 147.

(24) Polypeptid des Sarcosins mit enger Molekulargewichtsverteilung[1]

Sarcosincarbonsäureanhydrid aus trockenem Benzol umkristallisiert, über P_2O_5 im Vakuum-Exsiccator aufbewahrt, vor Gebrauch im Vakuum sublimiert (60 °C/0,02 Torr). – Großer Überschuß von Dimethylamin mit Sarcosinsäureanhydrid versetzt, destilliert: Sarcosindimethylamid, Kp: 64 °C/1 Torr, farbloses Öl. – Nitrobenzol zunächst über P_2O_5 gestellt, dekantiert, destilliert bei 0,05 Torr, dann über K_2CO_3 und zuletzt BaO gestellt, jeweils dekantiert und destilliert, abschließend fraktioniert (Kp. 40 °C/0,02 Torr).–

Polymersiation: 0,75 g Sarcosincarbonsäureanhydrid mit 0,09 ml Sarcosindimethylamid in 50 ml Nitrobenzol umgesetzt. Dabei entstand ein Oligomeres mit 0,0155 Mol/l Amino-Endgruppen. Diese Lösung zur dreifachen Menge einer Lösung von Sarcosincarbonsäureanhydrid in Nitrobenzol (0,123 Mol/l) in einem Gefäß zugegeben, das Gefäß evakuiert und verschlossen, unter Schütteln bei 25 °C gehalten. Nach Verbrauch des Monomeren Petroläther zugesetzt, mit Wasser extrahiert, wäßrige Phase abgetrennt, mit Petroläther gewaschen, filtriert. Das Polymere wurde in der wäßrigen Lösung weiter untersucht.

(25) Optisch aktiver Polyester als Copolymeres[2]

8,7 g racemisches Propylenoxid und 34,2 g racemisches 3-Phenyl-Δ^4-tetrahydrophthalsäureanhydrid in Toluol gelöst. Als Katalysator ein System aus Diäthylzink und (+)-Borneol im Mol-Verhältnis 1:2 zugegeben (2 Mol-% der gesamten Monomermenge). Polymerisation bei 80 °C. Nach 108 Stdn. entstandenes Copolymeres mit Methanol ausgefällt, viermal aus Tetrahydrofuran/Methanol-Gemisch umgefällt, Ausbeute: 49,9 %. Das Produkt enthielt nach IR-Analyse Esterbindungen und war optisch aktiv.

(26) Kristallines alterniertes Copolymeres von Dimethylketen und Benzaldehyd[3]

Dimethylketen bei niederer Temperatur in Gegenwart von Trialkylaluminium destilliert. – Reiner Benzaldehyd destilliert und unter Stickstoff aufbewahrt. – Toluol in Gegenwart von Trialkylaluminium destilliert. –

Polymerisation: $4{,}7 \cdot 10^{-2}$ Mol Dimethylketen und $5{,}1 \cdot 10^{-2}$ Mol Benzaldehyd, in 83 ml Toluol gelöst, wurden in ein Reaktionsgefäß unter Stickstoff gegeben. Schnelle Zugabe von $5 \cdot 10^{-4}$ Mol LiC_9H_4. Bei —50 °C erfolgte rasche Polymerisation unter Wärmeentwicklung. Nach 12 Min. Gemisch in Methanol gegossen, abgetrennt, mit Methanol gewaschen. Produkt zeigte Röntgenkristallinität, die sich durch Tempern bei 150 °C verstärkte. Extraktion mit heißem Benzol hinterließ hochkristallines Polymeres, Smp. 280—290 °C.

4.13 Polymerisationen mit Ziegler-Katalysatoren und ähnlichen Systemen

(27) Lineares Polyäthylen[4]

Xylol über Natrium mehrere Stdn. lang unter Rückfluß erhitzt, destilliert, unter Stickstoff aufbewahrt. – Katalysatorherstellung: Unter Rühren in Stickstoffatmosphäre 250 ml Xylol mit 10 ml $Al(C_2H_5)_2Cl$ und danach mit 2,7 ml $TiCl_4$ versetzt. Nach 30 Sek. bildete sich brauner Niederschlag. Gemisch noch einige Min. gerührt. –

Polymerisation: Ein sorgfältig getrocknetes, mit Stickstoff gespültes 5-l-Glasgefäß mit 2,5 l Xylol gefüllt, Katalysator unter Stickstoff zugeben, bei starkem Rühren reines

---

[1] WALEY, S. G., u. J. WATSON: Proc. Roy. Soc. (London) A **199**, 499 (1949); s. S. 150.

[2] MATSUURA, K., T. TSURUTA, Y. TERADA u. S. INOUE: Makromol. Chem. **81**, 258 (1964); s. S. 154.

[3] NATTA, G., G. MAZZANTI, G. F. PREGAGLIA u. G. POZZI: J. Polymer Sci. **58**, 1201 (1962); s. S. 155.

[4] ZIEGLER, K., u. H. MARTIN: Makromol. Chem. **18/19**, 186 (1956); s. S. 170.

Äthylen eingeleitet (zunächst 100 l/Stde., dann nach Maßgabe des Äthylenverbrauchs, so daß geringfügiger Überdruck erhalten blieb). Die rasch einsetzende Polymerisation führte zur Abscheidung von Polymerisat und zur Temperaturerhöhung. Durch Kühlung Temperatur auf 70 °C gehalten. Nach 30 Min. 500 ml Äthanol unter Rühren zugegeben, weißes Polymeres abgesaugt, im Vakuum getrocknet, Ausbeute: 250 g.

(28) Poly-trans-1,2-dideuteroäthylen mit regelmäßiger Mikrostruktur[1]

trans-1,2-Dideuteroäthylen durch Reduktion von Dideuteroacetylen mit chlorwasserstoffsaurer wäßriger Cu(II)-chlorid-Lösung hergestellt, durch Schütteln mit ammoniakalischer Cu(II)-chlorid-Lösung, Fe(III)-chlorid-Lösung, 85%iger Schwefelsäure und 15%iger NaOH-Lösung gereinigt. – n-Cetan mit rauchender Schwefelsäure mehrmals geschüttelt, mit Wasser gewaschen, über $CaCl_2$ und CaH_2 getrocknet, vakuumdestilliert. – *Polymerisation:* $1{,}622 \cdot 10^{-3}$ Mol $Al(C_2H_5)_3$ und $0{,}700 \cdot 10^{-3}$ Mol $TiCl_4$ in einem sorgfältig getrockneten, mit Stickstoff gespülten Glaskolben vermischt, n-Cetan zugegeben, so daß sich ein Volumen von 50 ml ergab, Kolben evakuiert, Temperatur konstant auf 0 °C gehalten, 300 ml Äthylen eingeleitet. Reaktion anhand des Druckabfalls verfolgt. Nach 3 Stdn. hatten 95% des Monomeren reagiert. Butanol und Methanol zur Zersetzung des Katalysators zugeben, Polymeres mit Methanol, reinem Äthanol sowie Äthanol mit HCl gewaschen, getrocknet im Vakuum.

(29) Isotaktisches Polypropylen[2]

Toluol über Natrium 24 Stdn. lang unter Rückfluß erhitzt, destilliert. – $TiCl_4$ bei 180—200 °C mit $Al(C_2H_5)_3$ (Molverhältnis 1 : 1) in Petroläther reduziert. Nach Abkühlung mit wasserfreiem Toluol verdünnt, filtriert, Rückstand mit wasserfreiem Toluol, absolutem Äther, wieder mit Toluol und schließlich mit Petroläther gewaschen. Das erhaltene γ-$TiCl_3$ (mit 1% Al) im Vakuum bei 120—140 °C getrocknet, in wasserfreiem Toluol unter Stickstoff aufbewahrt. – $Al(C_2H_5)_2J$ durch Auflösung von wasserfreiem AlJ_3 in $Al(C_2H_5)_3$ (Molverhältnis 1 : 2) und anschließender Destillation gewonnen. – *Polymerisation:* In einen Autoklaven 250 ml Toluol, $1{,}3 \cdot 10^{-2}$ Mol/l γ-$TiCl_3$ und $3 \cdot 10^{-2}$ Mol/l $Al(C_2H_5)_2J$ gegeben. Propylen unter konstantem Druck von 2000 Torr und konstanter Temperatur von 86 °C zugeführt, Reaktionsgemisch ständig gerührt. Nach 2 Stdn. Methanol zugesetzt, Polymeres abfiltriert, umgelöst, wieder abfiltriert, in Vakuum getrocknet. Ergebnis: Weißes Polymeres, von dem 87,5% als hochkristalliner Rückstand nach Extraktion mit Äther und n-Heptan verblieben.

(30) Syndiotaktisches Polypropylen[3]

$1 \cdot 10^{-3}$ Mol VCl_4-Anisol und $5 \cdot 10^{-3}$ Mol $Al(i\text{-}C_4H_9)_2Cl$ bei —78 °C unter Stickstoff in n-Heptan zusammengegeben. Es entstand homogene Lösung. Bei gleicher Temperatur 90 g Propylen eingeleitet. Nach 20 Stdn. Polymeres isoliert: 2,5 g eines teilweise kristallinen Produktes.

(31) Optisch aktives Poly-3-methylpenten-1[4] I

Durch 50 ml trockenes Xylol in einem 250-ml-Gefäß 1 Stde. lang Stickstoff geleitet, dann 1,6 ml Triisobutylaluminium und 25 Tropfen $TiCl_4$ zugegeben. Gefäß erneut mit Stickstoff gespült, verschlossen und unter Rühren 1 Stde. bei 112—118 °C gehalten, auf

---

[1] Ikeda, S., A. Yamamoto u. H. Tanaka: J. Polymer Sci. A 1, 2925 (1963); s. S. 171.

[2] Natta, G., I. Pasquon, A. Zambelli u. G. Gatti: J. Polymer Sci. 51, 387 (1961); s. S. 174.

[3] Natta, G., I. Pasquon u. A. Zambelli; J. Am. Chem. Soc. 84, 1488 (1962); s. S. 179.

[4] Bailey, W. J., u. E. T. Yates: J. Org. Chem. 25, 1800 (1960); s. S. 182.

Zimmertemperatur abgekühlt, 6,28 g D-3-Methylpenten-1, das 1 Stde. über frischen Natriumstücken behandelt worden war, zugegeben. Gefäß mit Stickstoff gespült und verschlossen, unter Rühren 7 Tage bei 125—130 °C gehalten. Danach Gemisch abgekühlt, tropfenweise zu viel Methanol gegossen, niedergeschlagenes weißes Polymeres abfiltriert: 0,69 g (11%) Rohprodukt. Fraktionierung ergab 0,08 g in Xylol lösliches Polymeres und 0,45 g in Xylol unlösliches kristallines Polymeres vom Smp. 271—278 °C. Beide Anteile waren optisch aktiv.

(32) Optisch aktives Poly-3-methylpenten-1[1] II

In einen mit trockenem Stickstoff gespülten Glaskolben 1,50 g ($0,72 \cdot 10^{-2}$ Mol) Bis-[(S)-2-methylbutyl]-zink gegeben, mit einer Eis-Kochsalz-Mischung von außen gekühlt, 0,65 g ($0,34 \cdot 10^{-2}$ Mol) $TiCl_4$ unter Stickstoff tropfenweise zugesetzt. Nach 30 Min. bei der eingestellten Temperatur 2,90 g ($3,45 \cdot 10^{-2}$ Mol) racemisches 3-Methylpenten-1 (Kp: 54,2—54,5 °C, n_D^{25} 1,3812) zugefügt. Das Gemisch 236 Stdn. bei 20—25 °C gehalten, gelegentlich geschüttelt. Dann Zugabe von 100 ml reinen Methanols, Polymeres abgetrennt, gereinigt und getrocknet: 0,21 g. Extraktion nacheinander mit Aceton, Äthylacetat und Benzol ergab neben dem größten, in Benzol unlöslichen Anteil gelöste Fraktionen. Alle Anteile waren optisch aktiv.

(33) Kristallines Polyvinylcyclopropan[2]

In ein ausgeheiztes Pyrex-Glasrohr durch einen Serumflaschengummiverschluß mittels einer Injektionsspritze 15 ml n-Heptan (n_D^{25} 1,3856), 0,83 g ($4,2 \cdot 10^{-3}$ Mol) Triisobutylaluminium (destill.), 0,15 g ($1 \cdot 10^{-3}$ Mol) gemahlenes Titantrichlorid in Heptan und 2,60 g (0,38 Mol) Vinylcyclopropan (n_D^{25} 1,4104) gegeben. Rohr in flüssigen Stickstoff getaucht, evakuiert und zugeschmolzen. Polymerisation setzte ein beim Eintauchen des Rohres unter Rotieren in Ölbad: 68 °C, 48 Stdn. lang. Danach Gemisch in 1 l Methanol gegossen, dort 24 Stdn. lang belassen, Polymeres abfiltriert, bei 80 °C im Vakuum getrocknet. Die erhaltenen 0,92 g (35,4%) 145 Stdn. lang in 10%ige Chlorwasserstoffsäure gegeben, isoliert, getrocknet, mit Benzol extrahiert. Es verblieben 63% ungelöst, die bei 200 °C im Vakuum 20 Stdn. lang getempert wurden und dann hochkristallin waren.

(34) Kristallines Polynorbornen[3]

Ausführung der Polymerisation unter Stickstoff. Zu 1,1 ml (0,01 Mol) $TiCl_4$ in 50 ml Dekahydronaphthalin in einem Glaskolben 84 ml einer Lösung von 0,02 Mol Tetraheptylaluminium in Xylol gegeben, 10 Min. stehen gelassen, danach 47 g (0.5 Mol) Norbornen, in 94 ml Benzol gelöst, zugefügt. 24 Stdn. später mit Butanol das Polymere gefällt, abfiltriert, mit Aceton gewaschen, im Vakuum getrocknet. Es ergaben sich 14,5 g (31%) eines weißen Pulvers, das ungesättigt und teilweise kristallin war.

(35) 1,4-Polybutadien mit praktisch einheitlicher cis-Konfiguration[4]

Durchweg Verwendung von bei 130 °C ausgeheizten und unter trockenem Stickstoff abgekühlten Glasgefäßen. - Wasserfreies $CoCl_2$ aus dem Hexahydrat durch Erhitzen auf 130 und 300 °C in strömendem trockenem Stickstoff gewonnen. - Thiophen über $MgSO_4$

[1] Pino, P., F. Ciardelli u. G. P. Lorenzi: Makromol. Chem. 70, 182 (1964); s. S. 183.

[2] Overberger, C. G., A. E. Borchert u. A. Katchman: J. Polymer Sci. 44, 491 (1960); s. S. 184.

[3] Truett, W. L., D. R. Johnson, I. M. Robinson u. B. A. Montague: J. Am. Chem. Soc. 82, 2337 (1960); s. S. 189.

[4] Scott, H., R. E. Frost, R. F. Belt u. D. E. O'Reilly: J. Polymer Sci. A 2, 3233 (1964); s. S. 191.

getrocknet. – Thiophenfreies Benzol durch Linde A 4 Molekularsieb laufen gelassen, unter Rückfluß über Na/K-Legierung und Benzophenon erhitzt, destilliert. – Butadien getrocknet beim Durchgang durch Linde A 4 Molekularsieb. –

Polymerisation: $AlCl_3$ und $CoCl_2$ zusammen in Benzol einige Min. lang erhitzt, wobei sich Öl abschied. 0,3 ml des Öls zu 100 ml Benzol, das sich in einem mit einer Gummikappe versehenem Gefäß befand, mittels Injektionsspritze durch die Gummikappe gegeben, so daß etwa $1,5 \cdot 10^{-2}$ molare $AlCl_3$- und $4 \cdot 10^{-3}$ molare $CoCl_2$-Lösung entstand; danach hintereinander sofort Thiophen bis $3 \cdot 10^{-2}$ molar und Butadien (6 bis 7 Gew.-% der Lösung) zugeführt. Es löste sich die Katalysatorsubstanz dabei vollständig. Innerhalb von 7 Stdn. bei 30 °C setzten sich über 70% des Monomeren um. Zur Beendigung 5 ml Tetrahydrofuran und Antioxydans zugeben, Gemisch in Methanol gegossen. Das ausgefällte Polymere abgetrennt, im Vakuum bei 55 °C getrocknet. Es war ein 1,4-Polymerisat mit über 96% cis-Konfiguration der isolierten Doppelbindungen.

(36) 1,4-Polyisopren mit einheitlicher cis-Konfiguration[1]

In ein mit Stickstoff gefülltes Reaktionsgefäß wurden 2,5 g in 12,5 ml Hexan gelöstes Cadmiumdiäthyl gegeben, dann tropfenweise 1,3 g in 13 ml Hexan gelöstes Titantrichlorid. Es bildet sich fein-disperser braunschwarzer Niederschlag; denselben 40 Min. lang auf 40 °C erwärmt. Schließlich 50 ml Isopren zugelassen, alles zusammen 12 Stdn. bei 40 °C gehalten. Danach mit Methanol den Katalysator zersetzt, das Polymere abgetrennt, mit Wasser, das 2% Essigsäure enthielt, und mit Methanol gewaschen, im Vakuum bei Zimmertemperatur getrocknet. Ausbeute: 15,7 g (Umsatz 46%). Es entspricht nach IR-spektroskopischen Untersuchungen dem Naturkautschuk.

(37) Isotaktisches trans-1,4-Polypentadien-1,3[2]

$(C_2H_5)_3Al$ enthielt 5—10% $(C_2H_5)_2AlOC_2H_5$. – VCl_3 gemahlen und mit wasserfreiem n-Heptan gewaschen. – n-Heptan über Na/K-Legierung 24 Stdn. lang unter Rückfluß gekocht, destilliert und unter Reinstickstoff gehalten. – Pentadien-1,3 durch Pyrolyse aus dem Diacetat des 2,4-Pentandiols hergestellt, fraktioniert und dabei chromatographisch reines trans-Isomeres gewonnen. –

Polymerisation: Mit Stickstoff gefülltes Glasgefäß von 100 ml wurde mit 0,3 g in 15 ml n-Heptan suspendiertem VCl_3 versetzt. Dazu unter Umschütteln 0,6 ml $(C_2H_5)_3Al$ und 4 ml Monomeres gegeben. Nach 70 Stdn. bei Zimmertemperatur entstandenes Polymeres mit Methanol gewaschen, im Vakuum bei Zimmertemperatur getrocknet, Ausbeute: 2,4 g. Mit trockenem Äther lösliche Anteile extrahiert, wobei 85% als kristalliner Rückstand verblieben, Smp. 95 °C.

(38) Isotaktisches cis-1,4-Polypentadien-1,3[3]

Benzol durch Kochen über Na/K-Legierung absolutiert, destilliert, unter trockenem Stickstoff aufbewahrt. – Titantetrabutylat im Vakuum destilliert. –

Polymerisation: In einem zylindrischen 200-ml-Glasgefäß befanden sich unter Stickstoff $1,2 \cdot 10^{-3}$ Mol Titantetrabutylat in 100 ml Benzol. Hierzu wurden bei Zimmertemperatur $6 \cdot 10^{-3}$ Mol Aluminiumtriäthyl, darauf 14 g trans-Pentadien-1,3 (mit 2% cis-Isomerem verunreinigt) gegeben. 30 Stdn. bei 0 °C unter gelegentlichem Schütteln gehalten, dann

[1] Furukawa, J., T. Tsuruta, T. Saegusa, A. Onishi, A. Kawasaki and T. Fueno: J. Polymer Sci. **28**, 450 (1958); s. S. 202.

[2] Natta, G., L. Porri, P. Corradini, G. Zanini and F. Ciampelli: J. Polymer Sci. **51**, 463 (1961); s. S. 206.

[3] Natta, G., L. Porri, A. Carbonaro u. G. Stoppa: Makromol. Chem. **77**, 114 (1964); s. S. 206.

Polymerisation durch Zugabe von Methanol abgestoppt; weitere Zugabe von Methanol, das mit etwas wäßriger HCl versetzt war. Polymeres abfiltriert, mit reinem Methanol gewaschen, im Vakuum bei Zimmertemperatur getrocknet. Extraktion mit Methyläthylketon ergab 35% kristallinen Rückstand, der zu 85% cis-Struktur aufwies.

(39) Optisch aktives cis-1,4-Polypentadien-1,3[1]

In 25 ml trockenem Benzol $6{,}25 \cdot 10^{-4}$ Mol $(-)\mathrm{Ti(OC_{10}H_{19})_4}$ gelöst, $4{,}4 \cdot 10^{-3}$ Mol $\mathrm{Al(C_2H_5)_3}$ und 7 ml trans-Pentadien-1,3 (mit 2% cis-Isomerem) versetzt, 100 Stdn. bei 0 °C belassen, mit Methanol Polymerisation abgestoppt. Koaguliertes Polymeres abfiltriert, gewaschen, im Vakuum getrocknet, in Benzol gelöst, mit Methyläthylketon fraktionierend gefällt. Der in Methyläthylketon unlösliche Anteil war nach IR-Analyse zu 79% cis-1,4-Polymeres und war optisch aktiv.

(40) Weitgehend kristallines und gesättigtes Poly-hexadien-1,5[2]

1,5-Hexadien kurz vor Polymerisation über Natrium unter Rückfluß erhitzt, fraktionierend destilliert: Fraktion mit Siedebereich 60,3—63,0 °C verwendet. – Triäthylaluminium als 0,88 m Lösung in trockenem n-Heptan. – Katalysatorsuspension wurde hergestellt, indem $\mathrm{TiCl_4}$-Lösung auf 70 °C erhitzt und Triäthylaluminium bis Molverhältnis $\mathrm{Al/Ti} = 0{,}5$ bei Katalysatorkonzentration 21,8 g/l zugesetzt wurde; 1 Stde. bei 70 °C gehalten. –

Polymerisation: In sorgfältig getrockneten, mit Stickstoff gefüllten Kolben 1500 ml n-Hexan, Triäthylaluminium und vorgefertigte Katalysatorsuspension gegeben: 1,23 g/l Gesamtmenge des Katalysators bei $\mathrm{Al/Ti} = 2{,}0$; alles auf 60 °C erhitzt, 250 g 1,5-Hexadien zugesetzt. Nach 4 Stdn. Reaktion mit 100 ml Isopropylalkohol abgestoppt, Gemisch in Aceton gegossen, filtriert, Polymeres mehrmals mit Aceton gewaschen. Im Vakuum bei 55 °C getrocknet. 42,8% des Monomeren waren umgesetzt. Produkt war zu 85,3% in Benzol unlöslich, weitgehend kristallin und geringfügig ungesättigt.

(41) Isotaktisches Polystyrol[3]

Heptan mit konz. $\mathrm{H_2SO_4}$ und mit Wasser gewaschen, über $\mathrm{MgSO_4}$ getrocknet, über Natrium destilliert. – Styrol mehrmals mit 5%iger NaOH-Lösung und mit Wasser gewaschen, getrocknet, im Vakuum fraktionierend destilliert. – $\mathrm{TiCl_4}$ über Kupferspänen unter Rückfluß gekocht, in Stickstoff-Atmosphäre destilliert, unter Stickstoff aufbewahrt. – Triisobutyl-aluminium im Vakuum destilliert, unter Stickstoff aufbewahrt. –

Polymerisation: In einen trockenen, mit Stickstoff gespülten Kolben, versehen mit Rührer, zwei Tropftrichtern, Stickstoffzuführung und Rückflußkühler, wurden mittels einer Serumspritze 3,1 g Triisobutylaluminium und 0,04 g $\mathrm{LiAlH_4}$ gegeben, mit 10 ml Heptan verdünnt und gerührt. Dann 1 g $\mathrm{TiCl_4}$ in 10 ml Heptan bei 80 °C tropfenweise zugegeben (alle Arbeiten unter Stickstoff). Hierauf 10 g Styrol langsam zufließen gelassen. Nach 20 Stdn. mit Eiswasser abgekühlt, durch langsame Methanolzugabe Katalysator zersetzt, 1 Stde. gerührt. Das feste Polymere abfiltriert, mehrmals in Methanol (mit 10% HCl) aufgeschlämmt, abfiltriert, mit Methanol gewaschen, bis keine Chlorionen mehr nachgewiesen werden konnten, und im Vakuum getrocknet. Das gewonnene Polymerisat enthielt 3,0 g in Aceton unlösliche, hochkristalline, isotaktische Anteile.

---

[1] NATTA, G., L. PORRI u. S. VALENTI: Makromol. Chem. **67**, 225 (1963); s. S. 207.

[2] MAKOWSKI, H. S., B. K. C. SHIM u. Z. W. WILCHINSKY: J. Polymer Sci. A **2**, 1549 (1964); s. S. 209.

[3] OVERBERGER, C. G., F. ANG u. H. MARK: J. Polymer Sci. **35**, 381 (1959); s. S. 209.

(42) Sterisch regelmäßiges Poly-α-methylstyrol[1]

α-Methylstyrol nacheinander mit verdünnter NaOH-Lösung und mit Wasser gewaschen, über K_2CO_3 getrocknet, im Vakuum fraktionierend destilliert. – n-Hexan nacheinander mit konzentrierter Schwefelsäure, Wasser, verdünnter NaOH-Lösung, alkalischer $KMnO_4$-Lösung und Wasser gewaschen, über P_2O_5 getrocknet, fraktionierend über Natrium destilliert, über CaH_2 aufbewahrt. – Toluol mit konzentrierter H_2SO_4 und Wasser gewaschen, wie n-Hexan weiter behandelt. – $TiCl_4$ über Kupferpulver destilliert. –
Polymerisation: In ein Glasrohr mit Gummiverschluß wurden 5 ml n-Hexan gegeben. Es wurde mit Reinstickstoff ausgespült, mittels Injektionsspritze durch den Gummiverschluß $0{,}95 \cdot 10^{-3}$ Mol $TiCl_4$ zugeführt, auf 0 °C abgekühlt und in gleicher Weise $1{,}1 \cdot 10^{-3}$ Mol $Al(C_2H_5)_3$ zugeführt. Dabei jeweils das Rohr geschüttelt. Nach 15 Sek. Rohr in Bad von —78 °C gestellt. Eine auf —78 °C gekühlte Mischung von 35 ml Toluol und 10 ml α-Methylstyrol unter Stickstoff ebenfalls in das Glasrohr gegeben. Nach 20 Stdn. Rohrinhalt in Methanol gegossen, das koagulierte Polymere abgetrennt und zerkleinert, in Alkohol über Nacht stehen gelassen, abgetrennt und im Vakuum bei 45 °C getrocknet.

(43) Erythro-diisotaktisches Copolymeres von Äthylen und cis-Buten-2[2]

In einem getrockneten, mit Stickstoff gefüllten Gefäß wurden zu 35 ml getrocknetem n-Heptan, das einen Katalysator aus $3{,}6 \cdot 10^{-3}$ Mol VCl_4 und $0{,}9 \cdot 10^{-2}$ Mol $Al(C_6H_{13})_3$ enthielt, bei —30 °C 10 g cis-Buten-2 gegeben. Äthylen wurde unter Rühren zugeleitet, so daß über den im Reaktionsgefäß herrschenden Normaldruck hinaus ein Äthylenpartialdruck von 100 Torr bestehen blieb. Das nach ca. 8 Stdn. erhaltene Rohpolymere (ca. 4 g) ergab durch Extraktion mit Äther und n-Hexan zwei Fraktionen (38 bzw. 45 Gew.-%), die alternierte teilweise kristalline Copolymere darstellten.

(44) Erythro-diisotaktisches Copolymeres von Äthylen und Cyclopenten[3]

In einem getrockneten, mit Stickstoff gefüllten Gefäß wurden zu 30 ml wasserfreiem Toluol, das einen Katalysator aus $3{,}6 \cdot 10^{-3}$ Mol V(acetylacetonat)$_3$ und $1{,}8 \cdot 10^{-2}$ Mol $AlCl(C_2H_5)_2$ enthielt, bei —30 °C 10 g Cyclopenten gegeben. Äthylen wurde unter Rühren zugeleitet, so daß über den im Reaktionsgefäß herrschenden Normaldruck hinaus ein Äthylenpartialdruck von 100 Torr bestehen blieb. Das nach 7 Stdn. erhaltene Rohprodukt (2,23 g) mit siedendem n-Octan extrahiert. Der ungelöste Anteil (47 Gew.-%) stellte ein Copolymeres mit offensichtlich alternierter Sequenz der Grundbausteine und zudem regelmäßiger Mikrostruktur dar.

4.14 Polymerisationen mit weiteren heterogenen Katalysatoren

(45) Lineares Polyäthylen I[4]

Herstellung des Katalysators: Aluminiumsilikat mit 2,5% Chrom als Oxid 5 Stdn. in trockener Luft auf 400 °C erhitzt. –
Polymerisation: In einen Autoklaven von 15 l Fassungsvermögen, versehen mit Rührer und elektrischer Beheizung, wurde Lösungsmittel mit 0,4 Gew.-% Katalysator gegeben

[1] Sakurada, Y: J. Polymer Sci. A **1**, 2407 (1963); s. S. 211.

[2] Natta, G., G. Dall'Asta, G. Mazzanti, I. Pasquon, A. Valvassori u. A. Zambelli: J. Am. Chem. Soc. **83**, 3343 (1961); s. S. 217.

[3] Natta, G., G. Dall'Asta, G. Mazzanti, I. Pasquon, A. Valvassori u. A. Zambelli: Makromol. Chem. **54**, 95 (1962); s. S. 217.

[4] Clark, A., J. P. Hogan, R. L. Banks u. W. C. Lanning: Ind. Eng. Chem. **48**, 1152 (1956); s. S. 220.

und Äthylen (frei von H_2O, O_2 und CO) bis zu einem maximalen Druck von 30 Atm. aufgedrückt, Temperatur 120 °C. Nach 5 Stdn. Polymeres isoliert, in Lösungsmittel heiß gelöst, filtriert, durch Abkühlung ausgefällt, abgetrennt und getrocknet. $\overline{M}_w \sim 40\,000$.

(46) Lineares Polyäthylen II[1]

1,5 l eines Gemisches aus gleichen Teilen Alkohol und Wasser in einem 2 l Kolben mit 14 g Aluminium-isopropylat, 220 g Äthyl-o-silicat und 80 g Äthyl-o-titanat innerhalb 1 Stde. unter Rühren bei 40—50 °C versetzt, 4 Stdn. lang unter Rückfluß erhitzt. Nach Stehen über Nacht Lösungsmittel eingedampft, Rückstand pulverisiert, mit destilliertem Wasser gewaschen, getrocknet, 15 Stdn. lang bei 500—600 °C geglüht, wobei Oxidgemisch entstand. – $Al(C_2H_5)_3$ vor Gebrauch im Vakuum destilliert. –

Polymerisation: 7,5 g des Oxidgemisches, eine Ampulle mit 0,038 Mol $Al(C_2H_5)_3$ und 75 ml Hexan wurden in einen 500-ml-Autoklaven gegeben. Letzterer wurde mit Stickstoff gespült und danach stark bewegt, so daß die Ampulle zerbrach. 30 Atm. Äthylen-Druck hergestellt und dann 6 Stdn. bei 80 °C aufrechterhalten. Autoklav ständig geschüttelt. Nach der Polymerisation Feststoff-Anteil mit methanolischer HCl behandelt, mit Wasser und mit Methanol gewaschen, unterhalb 100 °C getrocknet, Polymeres mit heißem Xylol extrahiert, in Methanol gefällt, abfiltriert und im Vakuum bei 50 °C getrocknet. Ausbeute: 63 g.

(47) Lineares Polyäthylen III[2]

Einen Molybdänoxid/Aluminiumoxid-Katalysator bei 600 °C geglüht, 4 Stdn. lang bei 550 °C mit Wasserstoff reduziert, unter Wasserstoff aufbewahrt. Vor Gebrauch Katalysator im Hochvakuum bei höherer Temperatur von adsorbiertem Wasserstoff befreit, kalt wieder unter trockenen Wasserstoff gestellt. –

Polymerisation: In einen mit trockenem Wasserstoff ausgespülten 100-ml-Autoklaven wurden 50 ml absolutes Benzol, 0,2 g oxidfreies Natrium und 0,25 g Katalysator gegeben. Während Gemisch gerührt wurde, Autoklav auf 225 °C erhitzt, Äthylen aufgedrückt. Druck von 63 Atm. (bei Schwankungen von ± 3,5 Atm.) stets eingehalten. Nach einer Induktionsperiode von etwas mehr als 1 Stde. erfolgte kontinuierlicher Äthylenverbrauch. 5 Stdn. lang Reaktion, dann Autoklav abgekühlt, Inhalt mit heißem Xylol extrahiert, heiß filtriert, Lösung abgekühlt, gleiche Menge Aceton zugefügt, ausgefallenes Polymeres abfiltriert, mit Aceton gewaschen und im Vakuum bei 90 °C getrocknet. Ausbeute: 3 g.

(48) Lineares Polyäthylen IV[3]

5 g Rutheniumtetroxid wurden gasförmig mit einem Stickstoffstrom in 50 ml Nonan eingeleitet. Als Reaktionsgefäß diente ein 220-ml-Schüttelautoklav. Wasserstoff und Kohlenmonoxid im Molverhältnis 2 : 1 bis zu einem Gesamtdruck von 1000 Atm. aufgedrückt, Temperatur stets 120 °C. Nach Abfall des Druckes auf 800 Atm. Restgas abgelassen und frisches Gasgemisch aufgedrückt; Vorgang mehrmals wiederholt. Die Geschwindigkeit des Druckabfalls betrug ca. 10 Atm./Stde./g Ru. Das Reaktionsgemisch enthielt nach Beendigung der Umsetzung dunkle Feststoffanteile. Durch Behandlung mit Wasserstoff bei 140—150 °C/150—200 Atm. konnte eine Lösung abfiltriert werden, die ungefärbte Paraffine enthielt. Anteile davon stellten hochmolekulares lineares Polyäthylen dar.

[1] Furukawa, J., T. Saegusa, T. Tsuruta, S. Anzai, T. Narumiya u. A. Kawasaki: Makromol. Chem. 41, 17 (1960); s. S. 221.

[2] Friedlander, H. N.: J. Polymer Sci. 38, 91 (1959); s. S. 221.

[3] Pichler, H., B. Firnhaber, D. Kioussis u. A. Dawallu: Makromol. Chem. 70, 12 (1964); s. S. 221.

(49) Isotaktischer Polyvinylisobutyläther[1]

In einem Reaktionsgefäß wurden 200 mg CrO_3 2 Stdn. lang bei 100 °C in trockner Luft erhitzt. Darauf 20 ml reinen Isobutylvinyläther, 40 ml von Natrium abdestilliertes Toluol und 480 mg 2,6-Di-t-butyl-p-kresol zugegeben. Gemisch 3 Stdn. lang unter Rühren bei 80 °C gehalten, danach in viel Methanol gegossen. Polymeres fiel aus, wurde abfiltriert, mehrmals mit Methanol gewaschen und in siedendem Benzol gelöst. Die Lösung wurde zentrifugiert und dekantiert. Nach Ausfällung des kautschukartigen Polymeren betrug die Ausbeute 32%. – Dann 3,0 g des Polymeren 48 Stdn. lang mit 600 ml Methyläthylketon unter Rühren bei 25 °C extrahiert. Nach Dekantierung der Lösung verblieb ein unlöslicher Anteil, der mit Methanol gewaschen und im Vakuum getrocknet wurde: 0,99 g hochkristallines Polymeres.

(50) Lineares, hochmolekulares Polyäthylenoxid[2]

Benzol mit konz. Schwefelsäure behandelt, mit Wasser gewaschen, über $CaCl_2$ und Natrium-Dispersion getrocknet, destilliert. – Äthylenoxid mit festem KOH behandelt, destilliert. – Aluminiumoxid vor der Verwendung 15 Stdn. lang bei 500—600 °C geglüht. – $Zn(C_2H_5)_2$ aus Äthylhalogenid und Zinkpulver hergestellt, destilliert, unter Stickstoff aufbewahrt. –

Polymerisation: Es wurden 15 ml Benzol und 5 g Aluminiumoxid unter Stickstoff in ein mit Gummikappe verschlossenes Reaktionsgefäß gegeben und mit Hilfe einer Serumspritze $1,25 \cdot 10^{-2}$ Mol $Zn(C_2H_5)_2$ zugesetzt. Gemisch 1 Stde. bei 80 °C gehalten. Dann bei Zimmertemperatur 0,25 Mol kaltes Äthylenoxid zugegeben. Nach 20 Stdn. mit wasserhaltigem Aceton die Reaktion abgestoppt. Polymeres mit Benzol extrahiert und in Petroläther gefällt, abgetrennt und getrocknet. Der Umsatz betrug 87%, das Polymere war hochmolekular.

4.2 Polykondensationen

(51) Einheitlicher Diol-deka-ester[3]

Zur Lösung von 136 g Terephthalsäuredichlorid in 500 ml absol. Benzol wurde innerhalb von 4 Stdn. bei 60 °C unter Rühren ein Gemisch aus 210 g Monobenzylglykol und 111 ml Pyridin zugetropft; nach dem Erkalten weiteres Benzol zugegeben, mit Wasser gewaschen, Lösung über Na_2SO_4 getrocknet, eingedampft, Rückstand aus Essigester umkristallisiert, Ausbeute: 276 g Dibenzyläther des Bisglykol-terephthalsäureesters: Bz(G-T)G·Bz (= I), Smp. 57—58 °C. – 6 g von I in 100 ml Dioxan gelöst, nach Zusatz von 2 g Pd/Kohle 8 Stdn. lang bei 70 bis 75 °C mit Wasserstoff behandelt, Katalysator abgetrennt, Lösung mit Petroläther versetzt, ausgefallenes Produkt in Wasser umkristallisiert: 3,5 g Bisglykolterephthalsäureester: H (G-T)G·H (=II), Smp. 109—110 °C. — 10,6 g von II in 200 ml Dioxan gelöst, 7 g Pyridin und 26.3 g Terephthalsäure-monobenzylglykolester-chlorid: Bz(G-T)Cl in 50 ml Dioxan zugeben, 2 Stdn. gerührt, isoliertes Produkt aus Essigester umkristallisiert: 32 g Bz(G-T)$_3$G·Bz (=III), Smp. 127—129 °C. — III 10 Stdn. bei 95 ° in Gegenwart von Pd/Kohle mit Wasserstoff behandelt. Produkt isoliert, aus Dioxan umkristallisiert: H(G-T)$_3$G·H (=IV) mit 83%iger Ausbeute, Smp. 200—205 °C — 4 g von IV in 150 ml Dioxan gelöst, 1 ml Pyridin und 4 g Bz(G-T)Cl in 10 ml Dioxan zugeben, nach 12 Stdn. Produkt isoliert und aus Dioxan umkristallisiert, Ausbeute: 4,6 g Bz(G-T)$_5$G·Bz (=V), Smp. 192—196 °C. — Aus V analog obiger Methode beide Benzylgruppen abgespalten: H(G-T)$_5$G·H, aus Dioxan umkristallisiert, Smp. 218—220 °C.

---

[1] Iwasaki, K.: J. Polymer Sci. **56**, 27 (1962); s. S. 222.

[2] Furukawa, J., T. Saegusa, T. Tsuruta u. G. Kakogawa: Makromol. Chem. **36**, 25 (1960); s. S. 222.

[3] Zahn, H., C. Borstlap u. G. Valk: Makromol. Chem. **64**, 18 (1963); s. S. 228.

(52) Lineares Polyamid[1]

In ein Gefäß mit 188 ml Wasser, 152 g (0,038 Mol) NaOH und 2,18 g (0,019 Mol) Hexamethylendiamin wurde unter Rühren eine Lösung von 4,49 g (0,019 Mol) Sebazinsäuredichlorid in 316 ml Kohlenstofftetrachlorid gegeben. Gemisch danach in 10%ige wäßrigalkoholische Chlorwasserstoffsäure eingegossen, mit 5%iger NaOH-Lösung neutralisiert, mit Wasser gewaschen. Das isolierte Polymere wies ein $\overline{M}_n = 18\,900$ auf.

(53) Uridylyl-(3' → 5')-adenylyl-(3' → 5')-uridylyl-(3' → 5')-uridin[2]

Ungefähr $1 \cdot 10^{-2}$ Mol Pyridinium-2'-O-acetyl-N-benzoyladenylyl-(3' → 5')-2'-O-acetyluridylyl-(3' → 5')-N,2',3'-tribenzoyluridin und $8 \cdot 10^{-5}$ Mol Pyridinium-2',3'-di-O-acetyluridin-3'-phosphat, gelöst in trockenem Pyridin, durch wiederholtes Eindampfen wasserfrei gemacht, 0,5 ml trockenes Pyridin, 100 mg Pyridinium-Dowex-50-Ionenaustauscher und 150 mg Dicyclohexylcarbodiimid zugesetzt, in verschlossenem Gefäß 3 Tage bei Zimmertemperatur gehalten. Dann 1 ml Wasser und 2 ml Pyridin zugesetzt, nach 15 Stdn. gebildeter Dicyclohexylharnstoff abfiltriert, nichtumgesetztes Dicyclohexylcarbodiimid mit Petroläther extrahiert. Lösung eingedampft, Rückstand 24 Stdn. lang in 9 n Ammoniak-Lösung bei Zimmertemperatur gehalten. Nach Entfernung des Lösungsmittels $^1/_5$ des Produktes auf eine DEAE-Cellulose(carbonat)-Säule (37 mal 2 cm) aufgebracht, mit 500 ml Wasser und dann mit wäßriger Triäthylammonium-bikarbonat-Lösung (pH 7,5) von steigender Konzentration eluiert. Die letzten Fraktionen enthielten das gesuchte Produkt.

(54) Lineare hochmolekulare Polyadenylsäure[3]

150 g P_2O_5 (p. a.) in Mischung aus 150 ml Chloroform und 300 ml Äther unter Rückfluß erhitzt. Nach 12 Stdn. war die Lösung klar, Lösungmittel abgedampft. –

Polykondensation: 8 g des obigen Polyphosphorsäureesters wurden mit 350 mg Adenylsäure vermischt und 18 Stdn. bei 55 °C im rotierenden Kolben gehalten. Nach Abkühlen Gemisch in 50 ml Wasser gelöst und gegen $NaHCO_3$-haltiges Wasser 4 Tage lang im Schlauch dialysiert. Verbleibende Lösung wurde gefriergetrocknet. Ausbeute: 20 g Polyadenylsäure als weißes Pulver.

4.3 Polyadditionen

(55) Einheitliches Diol-oktadeka-urethan[4]

Zu 1800 g (20 Mol) Butandiol bei 110 bis 120 °C 16,8 g (0,1 Mol) Hexamethylendiisocyanat tropfenweise zugesetzt, dann noch 20 bis 30 Min. erhitzt, überschüssiges Butandiol bei gleicher Temperatur im Hochvakuum abdestilliert. Rückstand aus heißem Wasser umkristallisiert: weiße Blättchen (I) vom Smp. 102—103 °C, Ausbeute: 95%. –

3,5 g (0,01 Mol) von I zusammen mit 170 g (1 Mol) Hexamethylendiisocyanat schnell auf 110 bis 120 °C erhitzt, nach 30 Min. Überschuß des letzteren im Hochvakuum abdestilliert, Rückstand in absolutem Dioxan gelöst. Diese Lösung bei 150 °C zu 350 g (1 Mol) von I (geschmolzen) zugetropft, Gemisch nach 20 Min. ausgegossen, zerkleinert und mit siedendem Wasser extrahiert. Rückstand aus heißem Monomethylätherglykolacetat fraktionierend kristallisiert: weißes Pulver (II), Smp. 172—173 °C. – 50 g

[1] BEAMAN, R. G., P. W. MORGAN, C. R. KOLLER, E. L. WITTBECKER u. E. E. MAGAT: J. Polymer Sci. **40**, 329 (1959); s. S. 229.

[2] LAPIDOT, Y., u. H. G. KHORANA: J. Am. Chem. Soc. **85**, 3852 (1963); s. S. 244.

[3] SCHRAMM, G., H. GRÖTSCH u. W. POLLMANN: Angew. Chem. **74**, 53 (1962); s. S. 245.

[4] KERN, W., H. KALSCH, K. J. RAUTERKUS u. H. SUTTER: Makromol. Chem. **44—46**, 78 (1961); s. S. 249.

(0,3 Mol) Hexamethylendiisocyanat bei 150 °C mit heißer Lösung von 4,1 g (0,003 Mol) von II in absol. o-Dichlorbenzol versetzt, nach 20 Min. Überschuß von Hexamethylendiisocyanat im Hochvakuum abdestilliert, Rückstand in absol. o-Dichlorbenzol gelöst. Dasselbe heiß in 105 g (0,3 Mol) von I eingetropft, nach 25 Min. bei 150 °C abgekühlt, zerkleinert, mit siedendem Wasser extrahiert und Rückstand aus Monomethylätherglykolacetat fraktionierend kristallisiert: weißes Pulver vom Smp. 177—179 °C.

4.4 Enzymatische Synthesen

(56) Nucleinsäuren als Homopolymere[1]

Ausführung der Synthese in einem Ostwald-Viskosimeter. $1 \cdot 10^{-6}$ Mol Desoxy-guanosin-triphosphat und $1 \cdot 10^{-6}$ Mol Desoxy-cytidintriphosphat (mit radioaktivem Phosphor indiziert), $6 \cdot 10^{-6}$ Mol $MgCl_2$, $60 \cdot 10^{-6}$ Mol Kaliumphosphat-Puffer pH 7,4, 20—40 Einheiten[2] des aus zellfreiem Extrakt von Escherichia coli gewonnenen, in einem komplizierten Verfahren hochgereinigten Enzyms Polymerase zusammengegeben und bei 37 °C gehalten. Darauf häufige Viskositätsmessungen. Von Zeit zu Zeit kleine Proben von $20 \cdot 10^{-6}$ l entnommen zur Messung der optischen Dichte und der Radioaktivität von in Säure unlöslichen Anteilen. Erst nach 5 Stdn. setzte heftige Reaktion unter Polymerbildung ein. Von der 7. Stunde an traten Abbauvorgänge auf. Abbruch der Reaktion durch Zugabe von NaCl bis zur Konzentration 0,4 Mol/l und 5 Min. langes Erhitzen auf 75 °C. Lösung über Nacht dialysiert 1.) gegen 0,2 molare NaCl-Lösung, die noch 0,02 molar an Kaliumphosphat-Puffer pH 7,5 war, 2.) gegen 0,02 molare NaCl-Lösung, 3.) 4 Stdn. lang gegen destill. Wasser. Auf Grund der Analyse entstanden je zwei Homopolymere der Desoxyguanyl- und der Desoxycytidylsäure, die durch Wasserstoffbrücken miteinander komplementär verbunden waren.

(57) Im Molekulargewicht angenähert einheitliche Amylose[3]

Aus frisch geernteten Kartoffeln wurde Saft gewonnen, auf 0 °C abgekühlt, zentrifugiert, filtriert, 15 Min. auf 55 °C erhitzt, um eine hydrolytisch wirkende Fermentbeimengung zu inaktivieren, und in Eiswasser gekühlt. Der Proteinniederschlag wurde abzentrifugiert, mit Ammonsulfat bis Dichte 1,085 versetzt und wieder zentrifugiert, der Niederschlag wurde verworfen. Weitere Erhöhung der Dichte mit Ammonsulfat bis 1,152 und Zentrifugieren führte zu Niederschlag, der isoliert und in Wasser gelöst wurde. Diese Lösung mit dem gewünschten Enzym Phosphorylase wurde in gleicher Weise durch Ammonsulfatzugabe fraktioniert. Die bei einer Dichte von 1,135 dann gewonnene Fraktion wurde auf pH 7 mit Ammoniak eingestellt. –

Synthese: 5 g Glucose-1-phsophat der Summenformel $C_6H_{11}O_9PK_2 \cdot 2\,H_2O$ (Coriester) in wäßriger Lösung von pH 6,2 (mit Essigsäure eingestellt) mit 10 ml 1 m Citratpuffer (pH 6,2) und 10 mg eines Amylosepräparates als Startersubstanz versetzt, mit Wasser auf 95 ml verdünnt, 5 ml Phosphorylaselösung bestimmter Aktivität zugegeben, mit Toluol überschichtet und auf 37 °C gebracht. Nach 20 % Umsatz Lösung zur Inaktivierung des Enzyms erhitzt, filtriert, in Methanol eingegossen, Amylose isoliert und getrocknet. Die Molekulargewichtsverteilung wurde an den aus der Amylose hergestellten 2 ¹/₂-Acetaten bestimmt und entsprach einer Poissonverteilung.

---

[1] RADDING, C. M., J. JOSSE u. A. KORNBERG: J. Biol. Chem. **237**, 2869 (1962), s. S. 262.

[2] Definition der Einheiten s. LEHMAN, I. R., M. J. BESSMAN, E. S. SIMMS u. A. KORNBERG: J. Biol. Chem. **233**, 163 (1958).

[3] HUSEMANN, E., B. FRITZ, R. LIPPERT u. B. PFANNEMÜLLER: Makromol. Chem. 26; 199 (1958); s. S. 280.

5 Hinweise zur Analyse von Polymeren

In diesem Kapitel soll stichwortartig auf die Analyse von Polymeren eingegangen und vor allem eine größere Zahl von Literaturhinweisen geboten werden[1]. Betont sei die große Bedeutung der analytischen Charakterisierung von Polymeren.

5A Systematischer Überblick

Den einzelnen analytischen Maßnahmen geht die Isolierung, Reinigung und gegebenenfalls Fraktionierung der Polymere voraus. Auf die entsprechenden Methoden wurde in diesem Buche bereits näher eingegangen[2].

Polymerbestimmung durch Analyse von Abbauprodukten

Stärkster Abbau ist bei der Elementaranalyse gegeben. Nach Abbau zu niedermolekularen Verbindungen sind Analysenmethoden wie Gaschromatographie und Massenspektrometrie[3] anwendbar. Abbaumethoden sind pyrolytische Zersetzungen[4], unter milden Bedingungen einfache Depolymerisationen[5], bei Polymeren mit Heteroatomen in den Polymerketten solvolytische Verfahren[6,7]. Auch oxidativer Abbau kann sinnvoll sein.

---

[1] Siehe auch BANDEL, G., u. W. KUPFER in: HOUWINK, R., u. A. J. STAVERMANN: Chemie und Technologie der Kunststoffe, 4. Aufl., Bd. 3, S. 212—260. Leipzig: Akademische Verlagsgesellschaft Geest & Portig K. G. 1963; HOFFMANN, M., u. P. SCHNEIDER in: HOUBEN-WEYL-MÜLLER: Methoden der organischen Chemie, 4. Aufl., Bd. 14/2, S. 917—1069. Stuttgart: Georg Thieme-Verlag 1963; KUPFER, W.: Z. anal. Chem. **192**, 219 (1963).

[2] Siehe S. 314 ff.

[3] Siehe z. B. WALL, L. A. in Analytical Chemistry of Polymers (= High Polymers Vol XII, Part II), S. 249—268. New York-London: Interscience Publ. 1962.

[4] Siehe hierzu z. B. WALL, L. A.: S. 181—248; BRAUER, G. M.: J. Polymer Sci. C **8**, 3 (1965).

[5] Siehe auch SCHNEIDER, P., in: HOUBEN-WEYL-MÜLLER: Methoden der organischen Chemie, 4. Aufl., Bd. 14/2, S. 806—818. Stuttgart: Georg Thieme-Verlag 1963.

[6] Solvolytischer Abbau von Polypeptiden, Polysacchariden und Polynucleotiden auf enzymatischem Wege in spezifischer Weise, s. BERGMEYER, H. U.: Methoden der enzymatischen Analyse. Weinheim/Bergstr.: Verlag Chemie 1962.

[7] Analyse von Protein-Hydrolysaten s. BLOCK, R. J. in P. ALEXANDER u. R. J. BLOCK: Analytical Methods of Protein Chemistry, Vol. 2, S. 1—57. Oxford-London-New York-Paris: Pergamon Press 1960; LIGHT, E., u. E. L. SMITH in: H. NEURATH: The Proteins, 2nd ed., Vol. 1, S. 1—51. New York-London: Academic Press 1963; 2,4-Dinitrofluorbenzol gibt im alkalischen Medium mit Aminosäuren bzw. Peptiden Dinitrophenylderivate (Umsetzung an freien Aminogruppen), die gelb gefärbt sind und sich papierchromatographisch trennen lassen: SANGER, F.: Biochem. J. **39**, 507 (1945); s. auch SPACKMANN, D. H., W. H. STEIN u. ST. MOORE: Anal. Chem. **30**, 1190 (1938); HANNIG, K.: Clin. chim. Acta (Amsterdam) **4**, 51 (1959).

Nachweis von funktionellen Gruppen und Doppelbindungen

Titration von Carboxyl-[1], Amino-[2] und Mercaptogruppen, Acylierung von Hydroxylgruppen mit nachfolgender Bestimmung der verbliebenen Säure und ähnliche Methoden[3]. Nachweis von Doppelbindungen in höher- und hochmolekularen Kohlenwasserstoffen durch Anlagerung von Brom[4] oder Jodmonochlorid[5] und anderen Substanzen[6]. Man kann auch auf chemischem Wege endständige Doppelbindungen von inneren bei Kautschuk unterscheiden[7].

Besonders wichtig sind spektroskopische Methoden, vor allem die IR-[8], UV- und neuerdings auch die Ramanspektroskopie[9].

Nachweis der Linearität

Der im Prinzip direkteste Nachweis besteht in der Bestimmung der Endgruppen zusammen mit dem Zahlenmittel des Molekulargewichtes. Zu einem gewissen Grad dienen Viskositätsmessungen als Nachweis[10]. Schlüsse lassen sich auch aus den Abbauprodukten ziehen. Bei Polymerisaten gelingt der Nachweis durch Auswertung der Molekulargewichtsverteilung, wenn die reaktionskinetischen Konstanten der eine Verzweigung bedingenden Reaktionen bekannt sind[11].

Endgruppenanalyse

Die chemischen und physikalischen Bestimmungen umfassen auch die zum Nachweis von funktionellen Gruppen bereits besprochenen[12]. Dazu

---

[1] Siehe z. B. POHL, H. A.: Anal. Chem. **26**, 1614 (1954); FIJOLKA, P., I. LENZ u. F. RUNGE: Makromol. Chem. **23**, 60 (1957).

[2] Siehe z. B. WALTZ, J. E., u. G. B. TAYLOR: Anal. Chem. **19**, 448 (1947).

[3] Analyse der funktionellen Gruppen bei Proteinen s. HAMILTON, L. D. G., in: P. ALEXANDER u. R. J. BLOCK: Analytical Methods of Protein Chemistry, Vol. 2, S. 59—100. Oxford-London-New York-Paris: Pergamon Press 1960; speziell der Endgruppen ANDERER, F. A., u. S. HÖRNLE: Z. Naturforsch. **20b**, 429 (1965).

[4] Siehe STAUDINGER, H., u. A. STEINHOFER: Liebigs Ann. Chem. **517**, 35 (1935); HORNER, L., u. H. POHL: **559**, 48 (1947).

[5] LEE, T. S., I. M. KOLTHOFF u. M. A. MAIRS: J. Polymer Sci. **3**, 66 (1948).

[6] Siehe auch Chlorierung von Kautschuk mit Phenyljodidchlorid: RAMAKRISHNAN, C. S., D. RAGHUNATH u. J. B. PANDE: Trans. Inst. Rubber Ind. **30**, No. 5, 129 (1954); oder Anlagerung von Siloxanmonohydrid: GREBER, G., u. L. METZINGER: Makromol. Chem. **39**, 189 (1960).

[7] Auf Grund von Unterschieden in der Epoxidierungsgeschwindigkeit mit Perbenzoesäure: KOLTHOFF, I. M., u. T. S. LEE: J. Polymer Sci. **2**, 206 (1947).

[8] Siehe weiter S. 360.

[9] Siehe weiter S. 361.

[10] Siehe z. B. CRAGG, L. H., u. G. R. H. FERN: J. Polymer Sci. **10**, 185 (1953).

[11] HENRICI-OLIVÉ, G., S. OLIVÉ u. G. V. SCHULZ: Z. physik. Chem. (Frankfurt) **20**, 176 (1959); s. auch STEIN, D. J.: Makromol. Chem. **76**, 157 (1964).

[12] Allgemein Endgruppenanalysen beschreibt PRICE, G. F., in: P. W. ALLEN: Techniques of Polymer Characterization, S. 207—230. London: Butterworths Scientific Publ.

kommen die Bestimmung radioaktiver[1] oder optisch aktiver[2] sowie die Colorimetrie sichtbares Licht absorbierender Endgruppen.

Die Methoden sind in der Regel auf nicht zu hohe Molekulargewichte beschränkt (die meisten auf solche unterhalb 30000)[3]. Es ist gelegentlich zweckmäßig, nicht leicht nachweisbare, aber reaktive Endgruppen mit Verbindungen umzusetzen, die leicht nachweisbar sind[4]. Dem entspricht auch die Bestimmung der Enden von „lebenden" Polymeren, die mit leicht nachweisbaren Substanzen umgesetzt („getötet") werden[5].

Sequenzanalyse von Copolymeren

Bei Copolymeren mit nur zwei Arten von Grundbausteinen liegt der Schluß auf alternierte Folge der Grundbausteine nahe, wenn beide Arten im Molverhältnis 1 : 1 eingebaut sind. Gestützt wird die Annahme, wenn dieses Molverhältnis weitgehend unabhängig vom Molverhältnis der Monomere bei der Synthese erhalten wird. Weitere Argumente erhält man durch Messung der Copolymerisationsparameter und durch Abbau der Polymere, der gegebenenfalls eindeutige Bruchstücke liefert. Kristallisiert das Polymere, so sollte sein Bau regelmäßig sein. Bei aperiodischen Polymeren ist definiert schrittweiser Abbau notwendig[6,7].

1959. Siehe auch PETERLIN, A. in: R. NITSCHE u. K. A. WOLF: Struktur und physikalisches Verhalten der Kunststoffe, S. 100. Berlin-Göttingen-Heidelberg: Springer-Verlag 1962.

[1] Siehe z. B. die Verwendung von radioaktiven Initiatoren: KOLTHOFF, I. M., P. R. O'CONNOR u. J. L. HANSEN: J. Polymer Sci. 15, 459 (1955). Persulfat mit radioaktivem Schwefel bei der Emulsionspolymerisation von Styrol, oder NATTA, G.: J. Polymer Sci. 34, 21 (1959); radioaktiv markierte alkaliorganische Initiatoren, die als Endgruppen in die Polymere eintreten.

[2] BRAUN, D., H. HINTZ u. W. KERN: Makromol. Chem. 68, 48 (1963). Optisch aktive Endgruppen an isotaktischem Polystyrol.

[3] Siehe aber KÄMMERER, H., u. K. G. STEINFORT: Makromol. Chem. 84, 167 (1965); KÄMMERER, H., W. SCHMIEDER u. K. G. STEINFORT: 72, 86 (1964).

[4] Siehe auch KERN, W., u. R. C. SCHULZ in: HOUBEN-WEYL-MÜLLER: Methoden der organischen Chemie, 4. Aufl., Bd. 14/1, S. 116—118. Stuttgart: Georg Thieme-Verlag 1961.

[5] Siehe z. B. TROTMAN, J., u. M. SZWARC: Makromol. Chem. 37, 39 (1960); BOILEAU, S., G. CHAMPETIER u. P. SIGWALT: 69, 180 (1963).

[6] Zur Sequenzanalyse bei Polypeptiden und Proteinen s. CANFIELD, R E., u. C. B. ANFINSEN in: H. NEURATH: The Proteins, 2nd ed. Vol. 1, S. 311—378. New York-London: Academic Press 1963. HARRIS, J. I., u. V. M. INGRAM in: P. ALEXANDER u. R. J. BLOCK: Analytical Methods of Protein Chemistry, Vol. 1, S. 421—499. Oxford-London-New York-Paris: Pergamon Press 1960.

[7] Sequenzanalyse von Nucleinsäuren: SINGER, B., u. H. FRAENKEL-CONRAT: Biochim. Biophys. Acta 61, 463 (1962); MANDELES, S., u. I. TINOCO JR.: Biopolymers 1, 183 (1963); RICE, W. E., u. R. M. BOCK: J. Theor. Biol. 4, 260 (1963); CANTOR, C. R., u. I. TINOCO JR.: Biopolymers 2, 51 (1964); NEU, H. C., u. L. A. HEPPEL: J. Biol. Chem. 239, 2927 (1964); Fußnote 3 S. 244.

Bestimmung der Positionen von Grundbausteinen

Auf dem Wege von Abbaureaktionen und allgemein durch chemische Reaktionen ist die Bestimmung manchmal möglich, beispielsweise beim Polyvinylalkohol[1]. Vor allem erfolgt der Nachweis auf spektroskopischem Wege[2], überwiegend im Zusammenhang mit Konfigurationsanalysen.

Bestimmung von Konfigurationen

Polymere kristallisieren in der Regel nur, wenn ihre Mikrostruktur einheitlich ist. Es wurde bereits darauf verwiesen, daß man aus der Kristallisierbarkeit, aus dem Kristallitschmelzpunkt und damit zusammenhängend aus der Löslichkeit auf die Mikrostruktur schließen kann[3]. Die Bestimmung des Kristallisationsgrades[4] kann durch Messung der Dichte des Materials und Vergleich der Dichte des rein amorphen und des rein kristallinen Anteils (letztere ist die höhere) erfolgen[5]. Die kalorimetrische Bestimmung beruht auf der Messung der Kristallisationswärme; kennt man die molare Kristallisationswärme, so läßt sich der Kristallisationsgrad berechnen[6]. Auch IR- und Kernresonanzmessungen geben in vielen Fällen die Möglichkeit, den Kristallisationsgrad zu ermitteln. Viel verwendet wird die Röntgenstreuung[7]. Bei klarer Zweiphasigkeit eines Stoffes – ideale Kristalle neben den amorphen Bereichen – können die Licht- und die Elektronenmikroskopie anwendbar sein.

Zur Erzielung maximaler Kristallisation müssen die Polymere meistens getempert werden[8]. Die genaue Klärung der konfigurativen Regelmäßigkeiten erfordert weitere Untersuchungen, so chemischer Art durch Abbau

---

[1] Beim Polyvinylalkohol können infolge Kopf-Kopf-Verknüpfung an benachbarten Kohlenstoffatomen stehende OH-Gruppen auf dem Wege von Glykolspaltungsreaktionen nachgewiesen werden, s. HARRIS, H. E., u. J. G. PRITCHARD: J. Polymer Sci. A 2, 3673 (1964); als neue Arbeit s. ANDERER, F. A.: Z. Naturforsch. 20 b, 462 (1965).

[2] Am Beispiel des Polyvinylidenfluorids und Polyvinylfluorids: WILSON III., C. W., u. E. R. SANTEE JR.: J. Polymer Sci. C 8, 97 (1965).

[3] Siehe S. 316.

[4] Siehe zusammenfassende Darstellung: ZACHMANN, H. G.: Fortschr. Hochpolym.-Forsch. 3, 581 (1964); KAST, W., in: H. A. STUART: Die Physik der Hochpolymeren, Bd. 3, S. 232—287. Berlin-Göttingen-Heidelberg: Springer-Verlag 1955. Bestimmung des Kristallisationsgrades aus dem Schmelzpunkt eines partiell stereoregulären Polymeren unter analoger Verwendung der Floryschen Theorie über den Schmelzpunkt von Copolymeren: NEWMAN, S.: J. Polymer Sci. 47, 111 (1960).

[5] Dilatometrisch bei Polyäthylen: CHARLESBY, A., u. L. CALLAGHAN: J. Phys. Chem. Solids 4, 227 (1958); bei isotaktischem Polystyrol: NATTA, G., F. DANUSSO u. G. MORAGLIO: Makromol. Chem. 28, 166 (1958).

[6] Neuere Arbeit über Polycarbonat: O'REILLY, J. M., F. E. KARASZ u. H. E. BAIR: J. Polymer Sci. C 6, 109 (1964).

[7] Siehe z. B. CHALLA, G., P. H. HERMANS u. A. WEIDINGER: Makromol. Chem. 56, 169 (1962), und S. 362.

[8] Siehe auch STUART, H. A.: Die Physik der Hochpolymeren, Bd. 3, S. 488—500 und S. 574—607. Berlin-Göttingen-Heidelberg: Springer-Verlag 1955.

unter Erhaltung der Stereoisomeriezentren[1] oder durch Umwandlung. So ist die Verseifungsgeschwindigkeit von Polymethacrylsäureestern, von Polyacrylamiden und von Polyvinylacetat von deren Stereoregularität abhängig[2]. Beim Polyvinylalkohol scheint die Reaktion mit Jod unter Blaufärbung ebenfalls in ihrer Intensität von der Stereoregularität des Polymeren beeinflußt zu werden. Bei der Titration von Polyelektrolyten sind analoge Verhältnisse festgestellt worden[3].

Die Konfigurationsanalyse mit physikalischen Methoden erfolgt durch IR-Spektroskopie[4], Messungen der kernmagnetischen Resonanz[5], Messungen von Dipolmomenten[6] und von optischen Eigenschaften[7,8].

Bestimmung der Konformationen und übergeordneten Strukturen

Die Analyse von Konformationen erfolgt teilweise bei der Bestimmung der Konfigurationen. So ist die Bildung von Helices mit einer strengen sterischen Regelmäßigkeit verbunden. Wichtig ist dabei häufig auch die Feststellung von Wasserstoffbrückenbindungen. Eine leicht zugängliche und relativ genaue Methode zum Studium von Wasserstoffbrückenbindungen ist wieder die IR-Analyse im nahen Infrarot. Sehr wichtig ist die Röntgenstrukturanalyse zur Klärung von Konformationen[9]. Die Feststellung von tertiären Strukturen bei Proteinen gelang nach Einführung der Methode des isomorphen Ersatzes[10]. „Helix-Coil-Übergänge" bei Peptiden wurden durch Messung der optischen Drehung erkannt[11]. Die Klärung der Morphologie von Polymeren gelingt durch Elektronenmikroskopie[12].

---

[1] Beispielsweise die Hydrolyse von Peptiden zu L-Aminosäuren.

[2] Vgl. S. 303.

[3] PTICYN, O. B.: Vysokomol. soedin. **2**, 463 (1960).

[4] Unterscheidung von cis- und trans-Doppelbindungen in Polyisopren: z. B. SINN, H., C. LUNDBORG u. O. T. ONSAGER: Makromol. Chem. **70**, 222 (1964); SIMONS, D. M., u. J. VERBANC: J. Polymer Sci. **44**, 303 (1959).

[5] s. S. 363.

[6] KRIGBAUM, W. R., u. A. ROIG: J. Chem. Phys. **31**, 544 (1959).

[7] Optische Rotationsdispersion: JEN TSI YANG in: B. KE: Newer Methods of Polymer Characterization, S. 103—153. New York: Interscience Publ. 1964; TODD, A., in: P. ALEXANDER u. R. J. BLOCK: Analytical Methods of Protein Chemistry, Vol. 2, S. 245—283. Oxford-London-Paris: Pergamon Press 1960.

[8] Zur Untersuchung der Mikrotaktizität s. auch KRIGBAUM, W. R., in: P. ALEXANDER u. R. J. BLOCK: Analytical Methods of Protein Chemistry, Vol. 2, S. 1—31. Oxford-London-New York: Pergamon Press 1960; Strömungsdoppelbrechung: TSVETKOV, V. N.: S. 563—665. TSVETKOV, V. N., S. YA. MAGARIK, N. N. BOITSOVA u. M. G. OKUNEVA: J. Polymer Sci. **54**, 635 (1961).

[9] Siehe KRATKY, O., u. G. POROD in: H. A. STUART: Die Physik der Hochpolymeren, Bd. 3, S. 119—179. Berlin-Göttingen-Heidelberg: Springer-Verlag 1955.

[10] Siehe S. 269.

[11] YAMAOKA, K. K.: Biopolymers **2**, 219 (1964).

[12] Siehe z. B. SCHÄFER, K., in: R. NITSCHE u. K. A. WOLF: Struktur und physikalisches Verhalten der Kunststoffe, S. 685—699. Berlin-Göttingen-Heidelberg: Springer-Verlag 1962.

Bestimmungen der Kristallitorientierungen schließen wieder röntgeno-
graphische Methoden[1] sowie neuerdings die Elektronenbeugung[2] ein.
Dazu kommen Messungen der Doppelbrechung (auch für amorphe Bereiche[3]), des Ultrarotdichroismus und andere Methoden[4].

Molekulargewichtsbestimmungen

Hand in Hand mit der Bestimmung der Molekulargewichte geht im
allgemeinen die Aufstellung von Verteilungskurven[5], denn man mißt
meistens durchschnittliche Molekulargewichte, deren Zahlenwert von der
Meßmethode abhängig ist. Die kolligativen Methoden ergeben das Zahlenmittel. Zu diesen Methoden gehören die Endgruppenbestimmung (bei linearen Polymermolekülen oder solchen mit definierter Verzweigung), die
Osmometrie[6] und die Messung von Siedepunktserhöhung und Gefrierpunktserniedrigung[7]. Bestimmungsmethoden mit der Ultrazentrifuge[8] und
aufgrund von Lichtstreuung[9] führen etwa zum Gewichtsmittel des Molekulargewichtes. Leicht ausführbare Viskositätsmessungen von Polymer-
lösungen können zur Ermittlung von Molekulargewichten verwertet
werden, wenn Eichwerte für jedes Polymeres vorliegen[9-11].

Weitere Untersuchungen

An festen Polymeren (Prüfkörpern) werden vorgenommen:
Messungen der verschiedensten mechanischen Beanspruchungen, die
mechanische Spektrometrie (Messung von Schwingungsdämpfungen bei

---

[1] Siehe KRATKY, O., in: H. A. STUART: Die Physik der Hochpolymeren, Bd. 3,
S. 288—314. Berlin-Göttingen-Heidelberg: Springer-Verlag 1955.

[2] Siehe HENDUS, H. in R. NITSCHE u. K. A. WOLF: Struktur und physikalisches
Verhalten der Kunststoffe, S. 668—685. Berlin-Göttingen-Heidelberg: Springer-Verlag
1962.

[3] Siehe STUART, H. A., in: Die Physik der Hochpolymeren, Bd. 3, S. 314—336. Berlin-
Göttingen-Heidelberg: Springer-Verlag 1955.

[4] STUART, H. A., in: Die Physik der Hochpolymeren. Bd. 3, S. 336—344. Berlin-
Göttingen-Heidelberg: Springer-Verlag 1955. FISCHER, E. W., in: B. KE: Newer Methods
of Polymer Characterization, S. 279—319. New York: Interscience Publ. 1964.

[5] Siehe S. 28.

[6] Siehe weiter S. 364.

[7] Siehe weiter S. 365.

[8] Siehe weiter S. 366.

[9] Siehe weiter S. 367 bzw. 368.

[10] Siehe auch Methode der Trübungstitration zur raschen Aufstellung von Verteilungskurven, zusammen mit anderen Methoden der Molekulargewichtsbestimmung, zum Beispiel beschrieben durch HALL, R. W., in: P. W. ALLEN: Techniques of Polymer Characterization, S. 53—58. London: Butterworths Scientific Publications 1959.

[11] Bei Polymeren mit hohen Molekulargewichten ist es auch möglich, direkte elektro-
nenmikroskopische Beobachtungen zur Molekulargewichtsbestimmung heranzuziehen.
Zur Präpariertechnik bei Proteinen s. z. B. BIRBECK, M. S. C., in: P. ALEXANDER u.
R. J. BLOCK: Analytical Methods of Protein Chemistry, Vol. 3, S. 1—22. Oxford-
London-New York-Paris: Pergamon Press 1961.

verschiedenen Temperaturen), die Aufnahme thermomechanischer Kurven, Messung der Rückprallelastizität, Torsionspendel- und Biegeresonanzmessungen, Untersuchungen mit Ultraschall (Geschwindigkeit und Dämpfung betreffend)[1].

Wichtig ist ferner die Bestimmung des thermischen Verhaltens von Polymeren, der Einfriertemperaturen[2], Erweichungsbereiche und Kristallitschmelzpunkte[3]. Hierbei werden Abkühlungs- und Erhitzungskurven besonders mittels Differentialthermoanalyse (DTA) aufgenommen[4]. Es erfolgen weiterhin Messungen von Veränderungen der spezifischen Volumina mit der Temperatur[5], kalorimetrische Ermittlungen der spezifischen Wärme und verwandter thermodynamischer Eigenschaften von polymeren Stoffen[6], Messungen der Wärmeleitfähigkeit, der elektrischen Leitfähigkeit[7], der magnetischen Suszeptibilität und optischer Eigenschaften[8] als Funktionen der Temperatur, manchmal auch der Zeit bei konstanter Temperatur.

5B   Einzelne Analysenmethoden

Infrarot-Spektroskopie

Hierdurch ist die quantitative Bestimmung von Atomgruppierungen und Molekülstrukturen möglich. Die IR-Spektroskopie beruht darauf, daß Molekülschwingungen – Schwingungen der verbundenen Atome gegeneinander und unter Deformation ihrer Valenzwinkel – gequantelte Licht-

---

[1] Zur Theorie s. BECKER, G. W., u. E. SCHREUER in: R. NITSCHE u. K. A. WOLF: Struktur und physikalisches Verhalten der Kunststoffe, S. 331—362. Berlin-Göttingen-Heidelberg: Springer-Verlag 1962; HEIJBOER, J., F. SCHWARZL u. H. THURN: S. 362—404; OBERST, H.: S. 404—428 und andere Arbeiten im gleichen Handbuch.

[2] Vgl. JENCKEL, E., in: R. NITSCHE u. K. A. WOLF: Struktur und physikalisches Verhalten der Kunststoffe, S. 160—188. Berlin-Göttingen-Heidelberg: Springer-Verlag 1962.

[3] Vgl. UEBERREITER, K., in: R. NITSCHE u. K. A. WOLF: Struktur und physikalisches Verhalten der Kunststoffe, S. 189—234. Berlin-Göttingen-Heidelberg: Springer-Verlag 1962.

[4] Siehe z. B. B. KE., in: Newer Methods of Polymer Characterization, S. 347—419. New York: Interscience Publ. 1964.

[5] BRENSCHEDE, W., E. JENCKEL, A. MÜNSTER u. H. A. STUART in: H. A. STUART: Die Physik der Hochpolymeren, S. 439—487. Berlin-Göttingen-Heidelberg: Springer-Verlag 1955; JENCKEL, E.: S. 609—638.

[6] Übersichtsarbeit mit vielen Literaturzitaten: DOLE, M.: Calorimetric Studies of States and Transitions in Solid High Polymers, Fortschr. Hochpolym.-Forsch. 2, 221 bis 274, (1960).

[7] Zur Theorie s. z. B. GAST, TH., in: R. NITSCHE u. K. A. WOLF: Struktur und physikalisches Verhalten der Kunststoffe, S. 550—568. Berlin-Göttingen-Heidelberg: Springer-Verlag 1962.

[8] Z. B. der Doppelbrechung, die am Kristallit-Schmelzpunkt verschwindet.

energie des Infrarot-Bereiches aufnehmen (meistens zwischen 2 und 15 μ Wellenlänge). Die Lage im Spektrum und die Intensität der Adsorption werden gemessen[1].

Man erhält „charakteristische Banden", die auf dem Wege des Vergleiches von Substanzen untereinander oder auf der Grundlage von Schwingungsberechnungen eine Zuordnung gestatten. Betroffen sind meistens kleinere Atomgruppierungen (funktionelle Gruppen) und Mehrfachbindungen, aber auch einige größere Molekülteile, vor allem ringförmige wie Cycloalkane, Benzol- und Triazinringe. Wesentlich ist, daß die Gruppenfrequenzen bei Polymeren weitgehend unabhängig vom Polymerisationsgrad sind. Chemisch gleiche funktionelle Gruppen zeigen ziemlich unabhängig von ihrer Lage etwa die gleiche Absorption. Andererseits gibt es stark absorbierende und schwächer absorbierende Gruppen. Liegen ihre Absorptionsspektren nahe beieinander, so können die schwächeren „maskiert" und damit nicht ohne weiteres erkennbar sein. Deshalb ist eine Ergänzung durch andere Methoden notwendig. Neuerdings wird die Bestimmung von Konfigurationen und Konformationen häufig durch IR-Spektroskopie vorgenommen[2].

Raman-Spektroskopie

Bei der Raman-Spektroskopie werden nach dem Durchgang von UV- oder sichtbarem Licht durch Lösungen Spektrallinien gefunden, die einer wesentlich größeren Wellenlänge und damit geringeren Energie des Lichtes als vorher entsprechen. Der Differenzbetrag entspricht den zur Anregung von Molekülschwingungen aufgenommenen Energiemengen. Die Anwendung zur Polymeranalyse erfolgt erst in neuerer Zeit[3].

---

[1] Siehe z. B. KRIMM, S.: Fortschr. Hochpolym.-Forsch. **2**, 51—172 (1960); mit allgemeiner Diskussion der IR-Spektroskopie und speziellen Polymer-Beispielen; SCHNELL, GG.: Ergebn. exakt. Naturwiss. **31**, 270—330 (1959). „Neuere physikalische Untersuchungen an Hochpolymeren. III. Ultrarotspektroskopische Untersuchungsergebnisse". SCHNELL, GG., in: R. NITSCHE u. K. A. WOLF: Struktur und physikalisches Verhalten der Kunststoffe, S. 100. Berlin-Göttingen-Heidelberg: Springer-Verlag 1962; BRÜGEL, W.: Einführung in die Ultrarotspektroskopie. Darmstadt: Dr. D. Steinkopff-Verlag 1962; TRYON, M., u. E. HOROWITZ in: Analytical Chemistry of Polymers, High Polymers, Vol. XII, Part II, S. 291—333. New York-London: Interscience Publ. 1962; LIANG, C. Y., in: B. KE: Newer Methods of Polymer Characterization, S. 33—102. New York: Interscience Publ. 1964; HOYER, H., in: HOUBEN-WEYL-MÜLLER: Methoden der organischen Chemie, 4. Aufl., Bd. 3/2, S. 799—900. Stuttgart: Georg Thieme Verlag, 1955; Zur Analyse von Proteinen s. FRASER, R. D. B., in: P. ALEXANDER u. R. J. BLOCK: Analytical Methods of Protein Chemistry, Vol. 2, S. 287—351. Oxford-London-New York-Paris: Pergamon Press 1960.

[2] Katalogisierte Spektren von Polymeren finden sich z. B. bei HUMMEL, D.: Kunststoff-, Lack- und Gummi-Analyse. München: Carl Hanser Verlag 1958.

[3] Siehe z. B. FERRARO, J. R., J. S. ZIOMEK u. G. MACK: Spectrochim. Acta **17**, 802 (1961); TOBIN, M. C.: J. Opt. Soc. Am. **49**, 850 (1959); TADOKORO, H., A. KOBAYASHI, Y. KAWAGUCHI, S. SOBAJIMA, S. MURAHASHI u. Y. MATSUI: J. Chem. Phys. **35**, 369

Röntgenstreuung

Kristalline Körper – auch Polymere – bilden räumliche Gitter, an denen mit Röntgenlicht Streudiagramme erhalten werden. Die Diagramme lassen Rückschlüsse auf die Kristallstrukturen zu. Die Röntgenbilder werden auf photographischen Filmen oder durch Quantenzählung (Zählrohr) registriert. Die photographischen Aufnahmen – zum Beispiel scharfe Kreise und Bogen mit hervortretenden Punkten – können zur quantitativen Auswertung photometriert werden. Diffuse Streuung ensteht durch amorphe Bereiche. Aus den Radien von Kreisen lassen sich die Netzebenenabstände berechnen, die zusammen mit der Lage der Insensität der Punkte innerhalb der Netzebenen die Grundlage zur Berechnung der Elementarzellen abgeben.

Durch Vergleich der Streuintensität der kristallinen und der diffusen Streuung der amorphen Bereiche eines Polymeren läßt sich eine recht genaue relative Aussage über das Ausmaß der Kristallinität eines Polymeren gewinnen. Die Methode ist allerdings meist ohne Übereinstimmung mit anderen Methoden. Es ist zu beachten, daß es häufig mehrere kristalline und andere Phasen gibt, die weder richtig amorph noch richtig kristallin sind (*„Parakristallinität"*)[1].

Bestimmungen von Teilchenformen und Polydispersitäten von Polymeren werden durch Röntgen-Kleinwinkelstreuung (KWS) vorgenommen[2-5].

(1961); Nielsen, J. R., u. A. H. Woollett: **26**, 1391 (1957); Tobin, M. C.: J. Phys. Chem. **64**, 216 (1960); Brown, R. G.: J. Chem. Phys. **38**, 221 (1963); Matsui, Y., T. Kubota, H. Tadokoro u. T. Yoshihara: J. Polymer Sci. A **3**, 2275 (1965). Einen Überblick über die Raman-Spektroskopie gibt Goubeau, J., in: Houben-Weyl-Müller: Methoden der organischen Chemie, 4. Aufl., Bd. 3/2, S. 769—793. Stuttgart: Georg Thieme Verlag 1955.

[1] Lit. z. B. Hosemann, R., u. S. N. Bagchi: Direct Analysis of Diffraction by Matter. Amsterdam: North-Holland Publ. Comp. 1962; Nyburg, S. C.: X-Ray Analysis of Organic Structures. New York-London: Academic Press 1961; Kratky O., in: R. Nitsche u. K. A. Wolf: Struktur und physikalisches Verhalten der Kunststoffe, S. 641 ff. Berlin-Göttingen-Heidelberg: Springer-Verlag 1962, mit weiteren Literaturangaben; Kast, W., in: H. A. Stuart: Physik der Hochpolymeren, Bd. 3, S. 21—88. Berlin-Göttingen-Heidelberg: Springer-Verlag 1955; Billmeyer jr., F. W.: Textbook of Polymer Chemistry, S. 47—61. New York-London: Interscience Publ. Inc. 1957; Kast, W., in: R. Nitsche u. K. A. Wolf: Struktur und physikalisches Verhalten der Kunststoffe, S. 283—304. Berlin-Göttingen-Heidelberg: Springer-Verlag 1962; zur Analyse von Proteinen s. Zahn, H., u. H. Dietrich in: P. Alexander u. R. J. Block: Analytical Methods of Protein Chemistry, Vol. 2, S. 389—420. Oxford-London-New York-Paris: Pergamon Press 1960.

[2] Guinier, A.: J. chim. phys. **40**, 133 (1943); Kratky, O.: Monatsh. Chem. **76**, 325 (1947); Kratky, O.: J. Polymer Sci. **3**, 195 (1948); Porod, G.: Z. Naturforsch. **6**, 401 (1949).

[3] Hosemann, R.: Kolloid-Z. **119**, 129 (1950); Kast, W., in: H. A. Stuart: Die Physik der Hochpolymeren, Bd. 3, S. 78—88. Berlin-Göttingen-Heidelberg: Springer-Verlag 1955

[4] Bestimmung von Kristallitgrößen s. Kast, W., O. Kratky, G. Porod u. H. A. Stuart in: H. A. Stuart: Die Physik der Hochpolymeren, Bd. 3, S. 204—213. Berlin-Göttingen-Heidelberg: Springer-Verlag 1955.

Kernresonanzspektroskopie

Sie ist anwendbar, wenn im Molekül Atome mit magnetischen Kerndipolmomenten enthalten sind. Die Dipole orientieren sich in einem Magnetfeld (Gleichfeld). Führt man Energie durch ein magnetisches Wechselfeld, welches senkrecht zum Gleichfeld steht, zu, so werden im Resonanzfall diskrete Energiemengen aufgenommen. Die Orientierungen der Kerndipole ändern sich sprunghaft. Die aufgenommenen Energiebeträge werden gemessen und ergeben das kernmagnetische Resonanzspektrum.

Die meisten Atom-Kerne haben kein magnetisches Kernmoment. Meßbar und bisher am besten untersucht sind die Kerne von ^1H, ^{19}F und ^{31}P. Ein Spektrum ist deutbar, weil die Resonanzfrequenzen durch die Elektronen des Atoms und somit auch durch die Bindungszustände beeinflußt werden (chemische Verschiebung der Resonanzlinien).

Bei der Aufklärung der Taktizität polymerer Vinylverbindungen mit einheitlicher Kopf-Schwanz-Position ist zu beachten, daß die Kernresonanzmethode nur Verknüpfungsfolgen von drei und zwei Grundbausteinen erfassen kann. Man definiert deshalb isotaktische, syndiotaktische und heterotaktische Schrittfolgen für je drei Grundbausteine, deren Häufigkeit bestimmt wird[1-3].

---

[5] Siehe PorOD, G.: Fortschr. Hochpolym.-Forsch. 2, 363—400 (1961): „Anwendung und Ergebnisse der Röntgenkleinwinkelstreuung in festen Hochpolymeren"; STATTON, W. O., in: B. KE: Newer Methods of Polymers Characterization, S. 231—278. New York: Interscience Publ. 1964.

[1] Siehe S. 70; s. hierzu z. B. noch die theoretischen Erörterungen bei COLEMAN, B. D., u. T. G. Fox: J. Polymer Sci. A 1, 3183 (1963).

[2] Die allgemeinen Grundlagen der Kernresonanzmethode werden dargelegt bei: PAKE, G. E.: Am. J. Phys. 18, 438, 473 (1950); POPLE, J. A., W. G. SCHNEIDER u. H. J. BERNSTEIN: High-resolution Nuclear Magnetic Resonance. New York-Toronto-London: McGraw-Hill Book Co., Inc. 1959; JACKMAN, L. M.: Applications of Nuclear Magnetic Resonance Spectroscopy in Organic Chemistry. London-Oxford-New York-Paris: Pergamon Press 1959; ROBERTS, J. D.: Nuclear Magnetic Resonance. New York-Toronto-London: McGraw-Hill Book Co., Inc. 1959; PHILLIPS, W. D., P. C. LAUTERBUR u. R. E. RICHARDS in: F. C. NACHOD u. W. D. PHILLIPS: Determination of Organic Structures by Physical Methods, Vol. 2, S. 401—562. New York-London: Academic Press 1962. Für den Chemiker geschriebene Darstellungen und weitere Literaturangaben finden sich bei GOULD, E. S.: Mechanismus und Struktur in der organischen Chemie, Seite 99—109. Weinheim/Bergstr.: Verlag Chemie, GmbH 1962; STAAB, H. A.: Einführung in die theoretische organische Chemie, Seite 488—520. Weinheim/Bergstr.: Verlag Chemie, GmbH 1960. Speziell auf Hochpolymere bezogen ist: SLICHTER, W. P: Fortschr. Hochpolym.-Forsch. 1, 35—74 (1958); McCALL, D. W., u. W. P. SLICHTER, in: B. KE: Newer Methods of Polymer Characterization, S. 321—346. New York: Interscience Publ. 1964; THURN, H., in: R. NITSCHE u. K. A. WOLF: Struktur und physikalisches Verhalten der Kunststoffe, S. 699 ff. Berlin-Göttingen-Heidelberg: Springer-Verlag 1962.

[3] Berechnung der Spektren bei Polypropylen und Bestimmung der Taktizität durch Vergleich von theoretischen und beobachteten Spektren s. TINCHER, W. C.: Makromol. Chem. 85, 34 (1965).

Zum Nachweis paramagnetischer Stoffe, insbesondere von Radikalen, ist die analoge *Elektronenspinresonanzspektroskopie* sehr geeignet[1].

Molekulargewichtsbestimmung durch Messung des osmotischen Druckes

Die osmotische Bestimmungsmethode ergibt das Zahlenmittel des Molekulargewichtes. Dabei wird das van't Hoffsche Gesetz angewendet[2].

$$\pi \cdot v = nRT, \text{ mit } \pi = \text{osmotischer Druck einer Lösung,}$$
$$v = \text{Volumen der Lösung,}$$
$$n = \text{Molzahl des Gelösten}$$

Zur Messung müssen für die Polymere undurchdringliche Membranen verwendet werden, die das Lösungsmittel ungehindert passieren lassen (zum Beispiel Cellulose-Membranen). Es stellt sich dann in durch die Membranen abgeteilten Zellen auf der Seite mit reinem Lösungsmittel ein höheres Flüssigkeitsniveau ein als auf der anderen Seite mit der Lösung. Der durch den Niveauunterschied bedingte hydrostatische Druck ist dann gleich dem osmotischen Druck π der Lösung. Die Membranen müssen stets auf ihre Durchlässigkeit geprüft werden[3]. Assoziationen der Polymere verfälschen das Meßergebnis. Da die Bildung von Assoziaten konzentrations- und lösungsmittelabhängig ist, müssen Lösungsmittel und Konzentrationen bei einer exakten Messung variiert werden. Die Ergebnisse werden dann auf die Konzentration $c = 0$ extrapoliert.

In der Regel werden die Messungen bei normalen Temperaturen ausgeführt. Schwerlösliche Polymere erfordern höhere Temperaturen, wodurch

---

[1] Siehe z. B. Ewing G. W., u. A. Maschka: Physikalische Analysen- und Untersuchungsmethoden der Chemie. Wien-Heidelberg: R. Bohmann Industrie- und Fachverlag 1961. Fischer, H.: Makromol. Chem. **98**, 179 (1966).

[2] Siehe auch Hookway, H. T., in: P. W. Allen: The Techniques of Polymer Characterization, S. 68—112. London: Butterworths Scientific Publications 1959; Peterlin, A., in: R. Nitsche u. K. A. Wolf: Struktur und physikalisches Verhalten der Kunststoffe, S. 101—104. Berlin-Göttingen-Heidelberg: Springer-Verlag 1962; Adair, G. S., in: P. Alexander u. R. J. Block: Analytical Methods of Protein Chemistry, Vol. 3, S. 23—56. Oxford-London-New York-Paris: Pergamon Press 1961; Hoffmann, M., u. M. Unbehend: Makromol. Chem. **88**, 256 (1965); Schulz, G. V., in: Houben-Weyl-Müller: Methoden der organischen Chemie, 4. Aufl., Bd. 3/1, S. 377—390. Stuttgart: Georg Thieme Verlag 1955.

[3] Übliche Membranen auf Cellulosebasis sind verschieden durchlässig. Ausgewählte Stücke halten noch Polymere mit Molekulargewichten von 5—6000 zurück. Nach Hellwege, K. H., W. Knappe u. G. Müh: Kolloid-Z. **174**, 46 (1961) kommt man mit einer Graphitoxidmembran in Dimethylformamid als Lösungsmittel bis etwa zum Molekulargewicht 2000 herab.

aber auch erhebliche experimentelle Schwierigkeiten entstehen, deren Überwindung einiges Geschick verlangt[1].

Eine ebenfalls auf dem osmotischen Druck beruhende Methode benutzt die Beobachtung, daß die elastischen Eigenschaften eines Gels sich in der Gleichgewichtsquellung mit einem Verdünnungsmittel ändern, wenn im letzteren ein Stoff gelöst wird, der nicht in das Gel eindringt[2]. Unter Verwendung eines vulkanisierten Silikonkautschuks wurde so ein „*Elasto-Osmometer*" konstruiert. Man soll damit Molekulargewichte zwischen 5000 und 20000 relativ, im Prinzip auch absolut bestimmen können[3].

Molekulargewichtsbestimmung durch Messung von Siedepunktserhöhung und Gefrierpunktserniedrigung[4]

Für verdünnte Lösungen gilt, daß sie im Verhältnis zum Dampfdruck p des reinen Lösungsmittels für die gleiche Temperatur eine Dampfdruckerniedrigung Δp erfahren, die gleich dem Molenbruch des Gelösten ist (*1. Raoultsches Gesetz*):

$$\frac{\Delta p}{p} = \frac{n}{n + n_L} \qquad \begin{aligned} &n = \text{Anzahl der Mole des Gelösten} \\ &n_L = \text{Anzahl der Mole des Lösungsmittels} \end{aligned}$$

Durch Bestimmung von Δp und Einsetzen der Werte für p und n_L läßt sich n berechnen. Allerdings ist die Dampfdruckbestimmung schwierig exakt auszuführen.

Die Methode der *isothermen Destillation* nutzt die Unterschiede in den Dampfdrucken bei verschieden konzentrierten Lösungen des gleichen Lösungsmittels zur Molekulargewichtsbestimmung aus[5]. Es werden zwei – vorher evakuierte – über einen Dampfraum miteinander verbundene und sonst abgeschlossene Gefäße verwendet. Hat man zwei gleichtemperierte Lösungen darin – bei denen man das Molekulargewicht der in der einen Lösung gelösten Substanz kennt, dasjenige der in der zweiten Lösung

---

[1] Siehe SCHMIEDER, W.: Kunststoffe **50**, 166 (1960); Messungen an Polyäthylen in verschiedenen Lösungsmitteln, Cellulosemembranen, 120 °C, Molekulargewichtsgrenze bis herab zu 8000; CHIANG, R., in: B. KE: Newer Methods of Polymer Characterization, S. 471—523. New York: Interscience Publ. 1964.

[2] YAMADA, S., W. PRINS u. J. J. HERMANS: J. Polymer Sci. A 1, 2335 (1963); HERMANS, J. J., in: New Methods in Polymer Chemistry, S. 667—676. New York: Interscience Publ. 1963; MIERAS, H. J. M. A., u. W. PRINS: Polymer **5**, 177 (1964).

[3] Siehe auch Osmometer mit Druckumwandler zur Messung an Proteinlösungen: HANSEN, A. T.: Acta med. scand. Suppl. **266**, 473 (1952); als neue Arbeit: DAVIES, M.: Makromol. Chem. **90**, 108 (1966).

[4] Siehe auch RUSHMAN, D. F., in: P. W. ALLEN: Techniques of Polymer Characterization, S. 113—130. London: Butterworths Scientific Publications 1959.

[5] SIGNER, R.: Liebigs Ann. Chem. **478**, 246 (1930).

befindlichen Substanz bestimmen will –, so destilliert so lange Lösungsmittel zwischen beiden Lösungen, bis die Konzentrationen gleich sind. Nach Messung der Substanz- und Lösungsmittelmengen ist das unbekannte Molekulargewicht (beziehungsweise sein Zahlenmittel) berechenbar[1]. Die obere Grenze der Methode liegt bei Molekulargewicht 10^3.

Erniedrigungen des Dampfdruckes von Lösungen durch gelöste Substanzen wirken sich bei gleichem äußeren Druck in Siedepunktserhöhungen ΔT aus. Dabei gilt

$$\Delta T = K \cdot c \qquad (c = \text{Konzentration Mol}/l) \,.$$

K ist für das gleiche Lösungsmittel eine Konstante (molare Siedepunktserhöhung), bei deren Kenntnis, sowie durch Messung von ΔT man c berechnen kann. Wegen der hohen Molekulargewichte der in der Regel zu messenden Polymere sind die Molzahlen des Gelösten und damit die Siedepunktserhöhungen meistens sehr klein. Es werden dadurch sehr genaue Temperaturmessungen erforderlich. Infolge vieler Störmöglichkeiten ist es noch notwendig, die Messungen an verschiedenen Lösungsmitteln vorzunehmen sowie die Konzentrationen zu variieren und auf unendliche Verdünnung zu extrapolieren (c → 0). Analog zur Bestimmung der Siedepunktserhöhung (*Ebullioskopie*)[2] mißt man bei der *Kryoskopie* die Gefrierpunktserniedrigung einer Lösung und wertet sie wie oben aus. Voraussetzung für die Anwendbarkeit der Methode ist, daß der gelöste Stoff nicht aus der Lösung ausfriert und auch nicht eine feste Lösung mit dem Lösungsmittel bildet. Bei beiden Methoden ist die physikalische Teilchengröße maßgebend. Liegt molekulardisperse Verteilung vor, so lassen sich aus den gefundenen Konzentrationswerten (c) und den im Liter Lösungsmittel enthaltenen bekannten Substanzmengen (G) die Zahlenmittel der Molekulargewichte ($\overline{M}_n$) berechnen (c = G/$\overline{M}_n$). Die obere Grenze dieser beiden Methoden liegt etwa bei Molekulargewicht 30000.

Molekulargewichtsbestimmung mit der Ultrazentrifuge

Die meisten Polymermoleküle stellen in Lösung räumliche Knäuel dar, die teilweise als Kugeln angesehen werden können. In einem Schwerefeld fallen diese Kugeln. Dabei stellen sich konstante Fall-(Sedimentations-)geschwindigkeiten ein, denn nach einer gewissen Anfangszeit kompensieren sich Reibungswiderstand im Lösungsmittel und Fallbeschleunigung der Knäuel. Die Fallgeschwindigkeiten sind aber je nach Knäuelgröße verschieden, und zwar sind sie für die größeren Moleküle auch am größten. Durch *Messung der Sedimentationsgeschwindigkeit* kann man deshalb auf die Teilchen-

---

[1] Vgl. Parrette, R. L.: J. Polymer Sci. **15**, 447 (1955).
[2] Siehe auch Ray, N. H.: Trans. Faraday Soc. **48**, 809 (1952); Arnett, R. L., M. E. Smith u. B. O. Buell: J. Polymer Sci. A **1**, 2753 (1963).

größe, also auf das Molekulargewicht schließen. Zur Erzielung besonders großer Schwerefelder verwendet man die Ultrazentrifuge, wobei dann noch neben den Abweichungen der Molekülknäuel von der Kugelgestalt die Zentrifugalbeschleunigung zu berücksichtigen ist. Für das so erhaltene Molekulargewicht $\overline{M}$, das bei polydispersen Systemen ein Mittelwert ist und etwa dem Gewichtsmittel entspricht, gilt dann die Svedbergsche Gleichung:

$$\overline{M} = \frac{R\,T\,s_0}{D_0\,(1 - V\rho)}$$

wobei die Sedimentationskonstante s gleich der Sedimentationsgeschwindigkeit dividiert durch die Zentrifugalbeschleunigung und D die Diffusionskonstante ist, mit s_0 und D_0 extrapoliert auf unendliche Verdünnung. V ist das spezifische Volumen des gelösten makromolekularen Stoffes und ρ ist die Dichte des Lösungsmittels.

Es kann auch eine *Messung des Sedimentationsgleichgewichtes* zur Grundlage einer Molekulargewichtsbestimmung gemacht werden. Nach längerem Zentrifugieren bei geeigneter Drehzahl stellt sich nämlich ein Gleichgewicht zwischen Sedimentation und Diffusion ein[1,2].

Der Aufwand von Messungen mit Hilfe der Ultrazentrifuge ist groß, die Ergebnisse aber sind sehr zuverlässig, die Anwendungsbreite ist erheblich und die Störanfälligkeit ist gering.

Molekulargewichtsbestimmung durch Lichtstreuungsmessung

Bei der Lichtstreuungsmethode werden Lichtstrahlen (polarisiertes Licht) gestreut, und zwar an Einzelmolekülen, die in Lösung vorliegen. Dabei sprechen Zahl und Größe derselben gleichzeitig an. Aus der Intensität der Streuung kann man dadurch bei im Molekulargewicht uneinheitlichen Polymeren das Gewichtsmittel des Molekulargewichtes errechnen, soweit das Gelöste molekulardispers vorliegt. Sehr wichtig ist die Reinheit

---

[1] Gleichgewichtsmessungen an Makromolekülen mit Molekulargewichten des Bereiches 10^5—10^7 s. Hexner, P. E., R. D. Boyle u. J. W. Beams: J. Phys. Chem. 66, 1948 (1962).

[2] Weitere Literatur zur Ultrazentrifugenmethode: Svedberg, T., u. K. O. Pedersen: Die Ultrazentrifuge. Dresden-Leipzig: Verlag Steinkopff 1940; Elias, H. G.: Theorie und Praxis der Ultrazentrifuge. München: Beckman Instruments; Baldwin, R. L., u. K. E. van Holde: Fortschr. Hochpolym.-Forsch. 1, 451—511 (1960); Meyerhoff, G.: Angew. Chem. 72, 699 (1960); Vollmert, B.: Grundriß der Makromolekularen Chemie, S. 226—241. Berlin-Göttingen-Heidelberg: Springer-Verlag 1962. Über das Auflösungsvermögen der Methode s. z. B. Bodmann, O., D. Kranz u. H. Mutzbauer: Makromol. Chem. 87, 282 (1965); Peterlin, A., in: R. Nitsche u. K. A. Wolf: Struktur und physikalisches Verhalten der Kunststoffe, S. 110—114 Berlin-Göttingen-Heidelberg: Springer-Verlag 1962; Claesson, S., u. I. Moring-Claesson, in: P. Alexander u. R. J. Block: Analytical Methods of Protein Chemistry, Vol. 3, S. 119—171. Oxford-London-New York-Paris: Pergamon Press 1961; Meyerhoff, G., in: Houben-Weyl-Müller: Methoden der organischen Chemie, 4. Aufl., Bd. 3/1, S. 390—408. Stuttgart: Georg Thieme Verlag 1955.

der Lösung, da jede Verunreinigung an der Streuung teilnimmt. Anwendbar ist die Lichtstreuungsmethode bis zu sehr hohen Molekulargewichten $(10^3 - 10^7)$[1].

Molekulargewichtsbestimmung durch Viskositätsmessung

Viskositätsmessungen an verdünnten Lösungen von Polymermolekülen zur Molekulargewichtsbestimmung stellen keine absolute Methode dar. Sie müssen deshalb mit Werten, die nach anderen Methoden erhalten wurden, geeicht werden. Für „unendliche" Verdünnung zeigen Polymermoleküle von gestreckter Form eine lineare Abhängigkeit der Viskositätszahl $[\eta]$ *(Staudinger-Index)* von ihrem Molekulargewicht:

$$[\eta] = \frac{\eta_{spez}}{c_{(c \to 0)}} = k_m \cdot M \quad (1) \qquad \text{mit} \quad \eta_{spez} = \frac{\eta - \eta_0}{\eta_0} \quad (2)$$

wobei η = Viskosität der Lösung und η_0 = Viskosität des reinen Lösungsmittels, c = Konzentration der Lösung.

Zu $[\eta]$ gelangt man, indem man die bei endlichen Verdünnungen erhaltenen Werte graphisch auf c = 0 extrapoliert. Die praktische Durchführung beschränkt sich in der Regel auf Messungen der Durchlaufzeiten der Lösungen (t) und des reinen Lösungsmittels (t_0) zum Beispiel in einem Ostwald-Viskosimeter, da $\eta_{spez} \approx \dfrac{t - t_0}{t}$ ist (3).

Die Anwendbarkeit von Gleichung (1) ist auf gestreckte Polymermoleküle beschränkt. Bei flexiblen Polymeren müssen sehr gute Lösungsmittel verwendet werden, um Assoziationen zu verhindern, und sehr hohe Verdünnungen zugrunde gelegt werden. Außerdem müssen die Polymerketten vollkommen linear und nicht zu lang sein. Man erhält dann bei polymolekularen Gemischen etwa das Gewichtsmittel des Molekulargewichtes[2].

---

[1] Ausführliche Beschreibungen sind zu finden bei VOLLMERT, B.: Grundriß der Makromolekularen Chemie, S. 216—225. Berlin-Göttingen-Heidelberg: Springer-Verlag 1962; PEAKER, F. W., in: P. W. ALLEN: Techniques of Polymer Characterization, S. 131—170. London: Butterworths Scientific Publications 1959; PETERLIN, A., in: R. NITSCHE u. K. A. WOLF: Struktur und physikalisches Verhalten der Kunststoffe, S. 104—110. Berlin-Göttingen-Heidelberg: Springer-Verlag 1962; s. auch McINTYRE, D., u. F. GORNICK (Hrsg.): Light Scattering from Dilute Polymer Solutions. International Science Review. Series 3. New York-London: Gordon and Beach Science Publishers 1964; CHIANG, R., in: B. KE: Newer Methods of Polymer Characterization, S. 471—523. New York: Interscience Publ. 1964; mit Bezug auf Proteine: STACEY, K. A., in: P. ALEXANDER u. R. J. BLOCK: Analytical Methods of Protein Chemistry, Vol. 3, S. 246—275. Oxford-London-New York-Paris: Pergamon Press 1961; CANTOW, H.-J., in: HOUBEN-WEYL-MÜLLER: Methoden der organischen Chemie, 4. Aufl., Bd. 3/1, S. 408—431. Stuttgart: Georg Thieme Verlag 1955.

[2] Es ist deshalb zweckmäßig, zur Messung von molekular uneinheitlichen Polymeren die Viskositätsmethode mit einer anderen Methode zu eichen, die das Gewichtsmittel liefert, z. B. die Ultrazentrifugenmethode, s. MEYERHOFF, G.: Makromol. Chem. **12**, 61 (1954).

Eine breitere Gültigkeit erhalten Viskositätsmessungen nach Einführung eines Exponenten[1] in Gleichung (1):

$$[\eta] = k \cdot M^{\alpha} \tag{4}$$

Hierdurch werden die Abweichungen der Molekülgestalt von der gestreckten Form berücksichtigt. K und α sind wiederum durch Eichung zu bestimmen beziehungsweise für definierte Polymere aus Tabellen zu entnehmen[2].

---

[1] Kuhn, W., u. H. Kuhn: Helv. Chim. Acta **26**, 1394 (1943); Houwink, R.: J. prakt. Chem. **157**, 15 (1941).

[2] Siehe ferner Darlegungen von Onyon, P. F., in: P. W. Allen: Techniques of Polymer Characterization, S. 171—206. London: Butterworths Scientific Publications 1959; Peterlin, A., in: R. Nitsche u. K. A. Wolf: Struktur und physikalisches Verhalten der Kunststoffe, S. 114/115. Berlin-Göttingen-Heidelberg: Springer-Verlag 1962; Kragh, A. M., in: P. Alexander u. R. J. Block: Analytical Methods of Protein Chemistry, Vol. 3, S. 173—209. Oxford-London-New York-Paris: Pergamon Press 1961; Schulz, G. V., u. H. J. Cantow in: Houben-Weyl-Müller: Methoden der organischen Chemie, 4. Aufl., Bd. 3/1. S. 431—445. Stuttgart: Georg Thieme Verlag 1955.

Bemerkungen zur Nomenklatur

Polymere sind – wenigstens in erster Näherung – Vielfache von *Monomeren*. Letztere sind niedermolekulare Verbindungen, die im Zuge einer tatsächlichen oder gedachten Polymersynthese kettenartig verknüpft werden, so daß durchgehende Folgen von kovalenten Bindungen entstehen. Dabei werden die Monomere zu *Grundbausteinen* der Polymere. Ein Grundbaustein enthält je nach dem Verknüpfungsvorgang gegenüber dem Monomeren die gleiche Anzahl von Atomen (man spricht dann auch von *Monomereinheiten*) oder eine geringere Anzahl in gleicher oder veränderter Anordnung. Die kleinste chemische Gruppierung innerhalb eines Polymermoleküls, die sich regelmäßig wiederholt, nennt man *Strukturelement*. Sie kann einem Grundbaustein entsprechen, kann aber auch kleiner oder größer sein.

Polymere aus einer Art von Grundbausteinen sind *Homopolymere* (*Unipolymere*), solche aus mehreren Arten von Grundbausteinen *Copolymere* (*Bi-, Ter-,* usw., *Multipolymere*). (Copolymere mit regelmäßiger Folge verschiedener Grundbausteine können auch als Homopolymere mit entsprechend größeren Grundbausteinen aufgefaßt werden.) Copolymere mit unregelmäßiger Folge von Grundbausteinen des gleichen Typs nennt man *aperiodisch*.

Enthalten die Polymere in jedem Molekül eine nicht zu große Zahl von Grundbausteinen, so sind sie *Oligomere*, oberhalb des Molekulargewichtes von ca. 10000 werden sie *Hochpolymere, Makropolymere, hoch-* oder *makromolekulare Stoffe*, als chemische Individuen *Makromoleküle* genannt. Polymere können Naturstoffe (*biogenetische*, auf dem Wege einer *Biosynthese* entstandene Stoffe) oder *synthetische* Stoffe sein. Sie sind häufig *lineare* Kohlenstoffketten mit ihren Substituenten (Wasserstoff wird in der Regel auch als Substituent aufgefaßt). Viele Kohlenstoffketten enthalten jedoch noch *Heteroatome*. Bei nichtlinearen Polymeren unterscheidet man *Haupt-* und *Nebenketten*, die zusammen als *verzweigte* Polymerketten oder *räumliche Netzwerke* (von *räumlichen Netzpolymeren*) die *Polymergrundgerüste* bilden. Enthalten die Polymere viele stabile Ionen beziehungsweise leicht in stabile Ionen überführbare Gruppen, so sind sie *Polyelektrolyte* (*Polysäuren, Polybasen, Polysalze, Polyampholyte*).

Bei der Benennung von Polymeren beginnt man fast stets ebenfalls mit dem Präfix „*Poly-*". An dasselbe wird bei Homopolymeren in der Regel die Bezeichnung des zur Synthese tatsächlich oder möglicherweise verwendeten oder auch eines gedachten Monomeren angehängt. Beispiele sind Poly-propylen, Poly-butadien, Poly-äthylenoxid, Poly-formaldehyd, Poly-äthylenterephthalat. Lediglich in Sonderfällen, so bei Poly-methylen und Poly-äthyliden, wird der Grundbaustein unmittelbar angesprochen, wodurch auch die Art und Weise seiner Bindung im Polymeren erkennbar ist. Will man ansonsten die Bindungsart näher erläutern, müssen die Kettenatome der Monomere numeriert werden. Die Nummern der Verknüpfungsatome werden den Polymerbenennungen in aufsteigender Folge vorangestellt, Beispiel: 1,4-Polyisopren.

Bei Copolymeren ist die Benennung schwieriger und wird deshalb oft umschrieben. Beziehen sich die verschiedenartigen Grundbausteine auf Monomere gleichen Typs, so läßt sich ein entsprechender Oberbegriff verwenden. In dieser Weise ist ein Copolymeres von Äthylen und Propylen – wie Polyäthylen und Polypropylen – ein Polyolefin. Es wurde aber auch vorgeschlagen, wie folgt zu schreiben: Poly(äthylen-co-propylen).

Ein anderer Weg zur Benennung von Polymeren kann dann beschritten werden, wenn im Polymeren bestimmte charakteristische Gruppierungen in großer Zahl auftreten. So spricht man von Polyestern, Polyamiden, Polyäthern, Polythioäthern, Polyurethanen usw. (Dem bisherigen Gebrauch nach sind die angesprochenen charakteristischen Gruppierungen Teile der Polymerketten und nicht lediglich Seitengruppen. Es ist beispielsweise nicht üblich, Polyvinyläther als Polyäther zu bezeichnen, wohl aber Polyäthylenoxid.) Derartige Benennungen sind meist sehr allgemein gehalten. Sie sind vor allem dann zweckmäßig, wenn die Grundbausteine eines Polymeren eine geringere Zahl von Atomen enthalten als die Monomere, aus denen sie sich gebildet haben.

In der überwiegenden Zahl der Fälle und abgesehen von den Kettenenden sind die Grundbausteine oder die Strukturelemente eines Polymeren formal Biradikale. Bei einer direkten Benennung dieser Biradikale kann man zu einer exakteren Benennung von linearen Polymeren gelangen. Eine darauf abgestellte Nomenklatur wird in der umseitigen Zusammenstellung anhand einiger Beispiele angeführt. Vor die Namen der Biradikale wird wieder das Präfix Poly- gesetzt, das Suffix -amer wird angehängt.

Bei allen Benennungen wird von idealisierten Polymerstrukturen ausgegangen, ohne Berücksichtigung von chemischen Unregelmäßigkeiten und unter Vernachlässigung der Endgruppen.

Polymere werden unmittelbar oder mittelbar aus den Monomeren aufgebaut. Die mittelbare Synthese erfolgt bei der Umwandlung bereits vorhandener Polymere. Die unmittelbare Synthese kann als *Polymerisation*, *Polykondensation* oder *Polyaddition* (Sammelbegriff *Polyreaktion*), grundsätzlich auch nach klassischer organisch-chemischer Präparierweise ablaufen. Hinzu kommen Synthesen mit Hilfe von Enzymen als *Biokatalysatoren (enzymatische Synthesen)*.

24*

Formel des Biradikals	Benennung des Biradikals	Zugehöriges Homopolymeres
$-CH_2-$	meth	Polymethamer
$-CH_2-CH_2-$	äth	Polyäthamer
$-CH_2-CH_2-CH_2-$	prop	Polypropamer-1,3
$-CH_2-CH_2-CH_2-CH_2-$	but	Polybutamer-1,4
$-CH_2-CH_2-CH=CH_2-$	but-1-en	Polybut-1-enamer-1,4
$-CH_2-CH=CH-CH_2-$	but-2-en	Polybut-2-enamer-1,4
$-O-$	ox(y)	
$-CH_2-O-$	methox(y)	Polymethoxamer
$-CH_2-CH_2-O-$	äthox(y)	Polyäthoxamer
$-CH_2-CHCl-$	(1-chloro)äth	Poly(1-chloro)äthamer
$-CH_2-CH(C_6H_5)-$	(1-phenyl)äth	Poly(1-phenyl)äthamer
$-CH\begin{smallmatrix} CH_2-CH_2 \\ \\ CH_2-CH_2 \end{smallmatrix}CH-$	cyclohexylen	Polycyclohexylenamer-1,4
$-CH\begin{smallmatrix} CH_2-CH_2 \\ \\ CH=CH \end{smallmatrix}CH-$	cyclohex-2-en-ylen	Polycyclohex-2-en-ylenamer-1,4
$-CH\begin{smallmatrix} CH=CH \\ \\ CH-CH \end{smallmatrix}CH-$	phenylen	Polyphenylenamer-1,4

Eine Polymerisation (die zu *Polymerisaten* führt) erfolgt entweder über *radikalische* oder *ionische energiereiche Zwischenstufen* (*aktive* Polymerenden), ausgehend von *primären* Radikalen, Ionen oder Radikalionen, formal als Kettenreaktion. Nach Auslösung des *Kettenstarts* (*Primärreaktion, Initiierung*) durch Aktivierung, insbesondere durch die Reaktion eines *Initiators* mit einem Monomermolekül, setzt das *Kettenwachstum* (*Wachstumsreaktionen*) ein, das entweder an „freien" aktiven, radikalischen oder ionischen Polymerenden erfolgt oder im Bereich von *Katalysatorkomplexen* (auch mit mehreren Zentralatomen: *multizentrische Katalysatorkomplexe*), dort vorwiegend nach ionischem Mechanismus. Die wachsenden Polymerradikale, -kationen oder -anionen bleiben so lange aktiv („lebend"), bis sie durch einen (absoluten) *Kettenabbruch* desaktiviert („getötet") werden. (Der Kettenabbruch ist nur relativ, wenn sich die Polymerenden unter anderen Bedingungen wieder aktiv zeigen.) Kettenabbruch kann durch *Kombination* von Radikalen, durch *Disproportionierung* je zweier wachsender Polymerradikale oder -ionen oder durch Zerfall von Katalysatorkomplexen an Polymerenden eintreten. Die Desaktivierung einer Polymerkette kann auch durch *Kettenübertragung* erfolgen, wodurch die Kettenreaktion als solche sich aber bis zum *kinetischen Kettenabbruch* fortsetzt. Entsprechend sind *Polymerkettenlängen* von *kinetischen Kettenlängen*, die sich über mehrere Polymermoleküle erstrecken können, zu unterscheiden. Bei einer *Cyclopolymerisation* erfolgen alternierende Verknüpfungen und Cyclisierungen der Monomere an den wachsenden Polymerenden. In anderen Fällen findet nach jedem Verknüpfungsschritt innere Kettenübertragung (radikalische oder ionische) am jeweils letzten Grundbaustein statt, der eine Isomerisierung bewerkstelligt (deshalb auch gelegentlich *Isomerisierungspolymerisation* genannt). *Reversible* Polymerisationen führen nur unterhalb der *ceiling-Temperatur* zur Polymerbildung, da oberhalb derselben Abbau (*Depolymerisation*) bevorzugt ist.

Bei einer radikalischen Polymerisation stellt sich in der Regel nach Ablauf der ersten Reaktionsphase mit fortgesetzter Bildung von *primären* Radikalen infolge schließlich ansteigender Vernichtung von Radikalen der *stationäre Zustand* einer für einige Zeit gleichbleibenden Radikalkonzentration ein. Radikalische Polymerisationen werden in *Substanz*, in *Lösung* und in *Emulsion* ausgeführt. Die *Suspensionspolymerisation* ist eine besondere Form der Polymerisation in Substanz. Zur Ermittlung der Reaktivitäten von Polymerradikalen bezüglich der Monomere werden bei dem *Q-e-Verfahren* auf empirischer Grundlage *Polaritäts-* und *Resonanzfaktoren* eingeführt. Dieselben werden mit den Geschwindigkeitskonstanten bei einer Copolymerisation in Beziehung gesetzt. Die Verhältnisse der Geschwindigkeitskonstanten zweier Comonomere bei der Verknüpfung mit je einem ihrer beiden zugehörigen Polymerradikale, die *Copolymerisationsparameter*, lassen sich dann berechnen.

Bei einer ionischen Polymerisation entspricht dem wachsenden Polymerion ein Gegenion, das sich meist in unmittelbarer Umgebung des Polymerions befindet. Es liegen dann Gleichgewichtszustände zwischen einerseits *dissoziierten Ionenpaaren* (*freien Ionen*) und andererseits *undissoziierten* vor. An die undissoziierten Ionenpaare lagern sich die Monomere vor ihrem Einbau in das wachsende Polymere häufig *koordinativ* und unter *Orientierung* an. Das gilt insbesondere bei *heterogener Katalyse* durch ungelöste Katalysatoren. Es werden dann in vielen Fällen Polymere mit regelmäßig eingeordneten Grundbausteinen gewonnen. Für den gleichmäßigen Ablauf einer Polymerisation an langlebigen wachsenden Polymerionen können *Vorstartverfahren* an kleinen Monomermengen mit der vollen Initiatormenge nützlich sein. Erst nach Beendigung aller Primärreaktionen wird dann die Hauptmenge der Monomere zugegeben.

Polymere sind (vollständig) *einheitlich*, wenn ihre Moleküle in Bauart und Größe übereinstimmen. Sie sind – abgesehen von den Endgruppen – *chemisch einheitlich*, wenn sie aus einer einzigen Art von Grundbausteinen bestehen oder aus mehreren Arten von Grundbausteinen in regelmäßiger Folge. (Sie sind bereits scheinbar chemisch einheitlich, wenn sie aus mehreren

Grundbausteinen in statistischer Verteilung bestehen, soweit das Zahlenverhältnis der Grundbausteine dabei in allen Polymermolekülen gleich ist.)

Die Bauart der Polymermoleküle kann vielfältige Abwandlungen nach verschiedenen Gesichtspunkten der Struktur erfahren. Dabei können die Polymere von uneinheitlicher oder von *einheitlicher Struktur* sein. Zunächst nur die *Mikrostruktur* betreffend sieht das im einzelnen wie folgt aus:

Bei der Synthese eines Homopolymeren können Grundbausteine entstehen, die je nach ihrer *Position* in Längsrichtung der Polymerkette zu verschiedenen Isomerien Anlaß geben. So unterscheidet man bei Polyvinylverbindungen und analogen Polymeren mit den substituierten C-Atomen als Kopfstellen *Kopf-Kopf-*, *Kopf-Schwanz-*, *Schwanz-Kopf-* und *Schwanz-Schwanz-Positionen* der Grundbausteine zueinander, wobei in Kopf-Kopf-Stellung die Substituenten benachbart sind. Bei einer einheitlichen Kopf-Schwanz-Position können die Substituenten noch verschiedene *Konfigurationen* einnehmen, da sie an *Stereoisomeriezentren* sitzen, die hier auch *Asymmetriezentren* oder *Pseudoasymmetriezentren* sind. Die dabei möglichen „optischen" Isomerien (*d,l-Isomerien*) werden, soweit sie bestimmte Regelmäßigkeiten (*Stereoregularität*) erkennen lassen, als *Taktizitäten* beschrieben. Andernfalls sind dieselben Polymere *ataktisch* (Abkürzung *at* vor Strukturformeln, Beispiel: at[CH$_2$—CH(CH$_3$)]n) und zueinander *diastereomer*. Bei stereoregulären Polyvinylverbindungen und analogen Polymeren unterscheidet man zwischen *isotaktischen* (Abkürzung *it*) und *syndiotaktischen* (*st*) Anordnungen, je nachdem die Substituenten bei eben gestreckten Polymerketten aufeinanderfolgend auf der gleichen Polymerseite sitzen (d,d,d . . .-beziehungsweise l,l,l . . .-Anordnung) oder ständig die Seite wechseln (d,l,d,l . . .-Anordnung). (Eine derartige Verwendung der Buchstaben d und l geht über den früheren Gebrauch hinaus, da jedes (Pseudo-)Asymmetriezentrum eines jeden Grundbausteins damit bezeichnet wird. Zweifellos trägt dies aber zu einem klaren Verständnis der Isomerien bei und ermöglicht einfache Ausdrucksweisen auch bei komplizierten Mikrostrukturen. Die Buchstaben *R* und *S* zur Kennzeichnung der absoluten Konfigurationen an Asymmetriezentren nach den Regeln von CAHN, INGOLD und PRELOG — beziehungsweise *r* und *s* für Pseudoasymmetriezentren — sowie *D* und *L* sollten nicht mit neuen Definitionen belastet werden.) Die als stereoregulär bezeichneten Polymere sind praktisch nie durchgehend von einheitlicher Mikrostruktur, enthalten aber längere einheitliche Sequenzen (*Segmente*, *Blöcke*, zum Beispiel isotaktische Blöcke usw.). Da es im Prinzip je eine d-isotaktische und eine l-isotaktische Anordnung gibt, muß es auch isotaktische Polymere geben, die zueinander *spiegelbildlich* (*enantiomer*, *enantiomorph*) und somit nicht identisch sind. Solche isotaktische Polymere sind dann optisch aktiv, soweit sie nicht als racemische Gemische vorliegen.

Am Beispiel des Polypropylenoxids werden folgende Benennungen vorgeschlagen:

Poly-*R*-(methyl)äthoxamer $[R\text{-}CH_2CH(CH_3)O]_n$
Poly-*S*-(methyl)äthoxamer $[S\text{-}CH_2CH(CH_3)O]_n$
racemisches Poly(methyl)äthoxamer   *racemisch*-$[CH_2CH(CH_3)O]_n$

Sind zwei Stereoisomeriezentren pro konventionellem Grundbaustein in der Hauptkette vorhanden, so können gegebenenfalls folgende *di-taktischen* Polymere entstehen: *threo-diisotaktische* (*tit*), *threo-disyndiotaktische* (*tst*), *erythro-diisotaktische* (*eit*) und *erythro-disyndiotaktische* (*est*). Taktische Polymere können *mono-*, *di-* usw. bis *holo-taktisch* sein, je nach der Zahl ihrer Stereoisomeriezentren pro konventionellem Grundbaustein in der Hauptkette.

Stereoreguläre Polymerisate erhält man durch *stereospezifische* Polymerisation von Monomeren, die selbst noch keine Asymmetriezentren (lediglich die Anlage dazu, wie α-Olefine, Vinylverbindungen) enthalten, durch Polymerisation von optisch aktiven Monomeren, wie auch durch *stereoselektive* Polymerisation von Monomeren mit Asymmetriezentren aus ihren racemischen Gemischen heraus. In den beiden letzteren Fällen sind die Voraussetzungen zur Herstellung optisch aktiver Polymere erfüllt. Stereospezifische Polymerisationen können ebenfalls zu optisch aktiven Polymeren führen, (unter anderem) wenn die Katalysatorkomplexe optisch aktiv sind (*asymmetrische Induktion*).

Andere Stereoisomerien sind die *cis-trans-Isomerien*, die vor allem bei Polymeren mit Doppelbindungen auftreten. Ein solches regelmäßig aufgebautes Polymeres mit ausschließlich cis-Konfiguration kann als *cis-taktisch* bezeichnet werden (umgekehrt: *trans-taktisch*).

Sind je zwei benachbarte Kohlenstoffatome einer Polymerkette gleichzeitig je einem kleinen Ring zugehörig und verteilen letztere sich regelmäßig längs der Polymerkette, so ergeben sich auch bestimmte Taktizitäten. Die betroffenen Ketten-C-Atome sind dabei die Stereoisomeriezentren. Es ist üblich geworden, die Ansätze der Ringe als Substituenten zu verstehen und die Begriffe der d,l-Isomerie anzuwenden. In dieser Weise können die einfachsten Anordnungen sterisch regelmäßiger Polymere der genannten Art als *erythro-* und *threo-diisotaktisch* sowie als *erythro-* und *threo-disyndiotaktisch* bezeichnet werden. In den erythro-Typen haben die Ein- und Austrittsstellen der Polymerketten an den Ringen cis-Orientierung, bei den threo-Typen dagegen trans-Orientierung. Beispiel: 1,2-polymerisiertes Cyclohexen als erythro-diisotaktisches Polycyclohexen (erythro-diisotaktisches Polycyclohexylenamer-2):

$$\mathrm{eit}\left[\begin{array}{c} CH_2\text{-}CH_2\text{-}CH_2\text{-}CH_2 \\ | \qquad\qquad\qquad | \\ \text{-}CH\text{———————}CH\text{-} \end{array}\right]_n$$

als erythro-disyndiotaktisches Polycyclohexen:

als threo-diisotaktisches Polycyclohexen:

als threo-disyndiotaktisches Polycyclohexen:

Bei Polykondensationen reagieren *funktionelle Gruppen* der Monomere miteinander unter Abspaltung von Molekülteilen, wobei Reste der Monomere sich verknüpfen. Sie werden *in der Schmelze, in Lösung* und *in Lösungsgrenzflächen* ausgeführt. Der Aufbau der *Polykondensate* erfolgt schritt- und stufenweise, entweder statistisch oder definiert. Für eine *definiert schritt- und stufenweise* verlaufende Polykondensation bedarf es bestimmter Maßnahmen, wie der Einführung und Entfernung von *Schutzgruppen* an den funktionellen Gruppen, der Wahl besonderer Monomerverhältnisse und der Verwendung besonderer Katalysatoren. Reagieren stets je zwei vergleichbar große Moleküle eines Polykondensates wieder miteinander, so liegt ein *Duplikationsverfahren* vor. Dasselbe gilt für *Polyaddukte*, wobei es aber im Wesen einer Polyaddition liegt, ohne Abspaltung von Molekülteilen zu verlaufen.

Den Mikrostrukturen der Polymere sind deren *Konformationen* übergeordnet. Letztere ergeben sich vor allem durch die zwischen den Kettenatomen meistens bestehenden freien Drehbarkeiten. Zwei mit einfacher Bindung verbundene Kohlenstoffatome nehmen bevorzugt gestaffelte Stellungen ihrer Substituenten ein, und zwar die eine mögliche *trans*-Stellung (bezogen auf die anschließenden Kettenstücke) und die zwei möglichen *gauche*-Stellungen. Eine Polymerkette (aus Kohlenstoffatomen) mit ebener, durch die Valenzwinkel bedingter *Zick-Zack*-Anordnung, weist durchgehende trans-Konformation auf.

Lineare Polymere von regelmäßiger Mikrostruktur können häufig schraubenförmige Konformationen einnehmen (*Helices*). Man unterscheidet *rechts-* und *linkshändige* Helices, die zueinander *enantiomorph* sind. Die *Identitätsperiode* einer Helix ist ihr kleinster Abschnitt, der sich bei Translation ständig wiederholt. Die Hauptachse einer Helix ist die *Faserachse*. Der Abstand der *Windungen* einer Helix in Richtung der Faserachse ist ihre *Ganghöhe*. Helices sind vor allem im kristallinen Zustand eines Polymeren festzustellen. Daneben gibt es dort Anordnungen in *Gleitebenen*. *Kristallisierbarkeit* ist fast nur bei regelmäßig gebauten Polymeren zu finden. Das gleiche regelmäßige Polymere kann gelegentlich in verschiedenen Kristallmodifikationen kristallisieren (*Polymorphismus*). Manche chemisch unterschiedlichen Polymere kristallisieren durchaus miteinander (*Isomorphismus*). Meistens ist ein Polymeres nicht vollständig kristallin, sondern enthält *Kristallite* neben *amorphen Bereichen*, sowie Zwischenzustände (*Parakristallinität*). Viele lineare Polymere zeigen im kristallinen Zustand *Kettenfaltung*. Die gefalteten Ketten bilden *Einkristall-Lamellen*, verdrillte Einkristall-Lamellen können Fibrillen bilden.

Bei Proteinen und Nucleinsäuren bezeichnet man als *primäre Struktur* die Sequenz der Grundbausteine, als *sekundäre* die geordnete Konformation der Polymerabschnitte (α-*Helix* und *pleated sheet* = *Faltblatt-Struktur* bei Proteinen) und als *tertiäre* die übergeordnete räumliche Lage der ganzen Polymerketten. Definierte Komplexe aus mehreren Polymerketten ergeben die Quartärstrukturen. Änderungen der nativen Strukturen unter Verlust der biologischen Aktivität sind *Denaturierungen*, die irreversibel oder reversibel (*Renaturierung*) sein können.

Die Größe eines Polymermoleküls wird entweder durch das *Molekulargewicht* oder durch die Zahl seiner Grundbausteine, den *Polymerisationsgrad* angegeben. Polymere haben meistens keine *einheitlichen Molekulargewichte*, sie sind *polymolekular* (*molekular uneinheitlich*, *polydispers*). Soweit sie aus Grundbausteinen gleicher Bauart bestehen, stellen sie dann Gemische von *polymereinheitlichen Polymerhomologen* dar.

Bei manchen Polymeren können die Verknüpfungsgruppen miteinander unter einseitigem Austausch ihrer Polymerketten reagieren (*Austauschreaktionen*). Das betrifft besonders Polyester, -äther, -acetale usw., entsprechend finden *Umesterungen*, *Umätherungen*, *Umacetalisierungen* statt. Falls noch nicht vorhanden, stellt sich dann allmählich die „wahrscheinlichste" *Verteilung der Molekulargewichte* ein. Es handelt sich dabei um eine breite Verteilung der Molekulargewichte (der Polymerisationsgrade). Bei der Bestimmung von Molekulargewichten oder Polymerisationsgraden werden deshalb Mittelwerte gemessen, und zwar unterschiedliche Größen, meist als *Zahlenmittel* und *Gewichtsmittel*, je nach Bestimmungsmethode. Bei der graphischen Darstellung von Verteilungskurven werden die steigenden Molekulargewichte auf die Abszisse eines cartesischen Koordinatensystems aufgetragen. Auf der Ordinate werden die Massen (*Massenverteilungsfunktion*) oder die Zahl der Polymerketten (*Kettenverteilungsfunktion*) für die einzelnen Molekulargewichte bei einer bestimmten Gesamtmasse *differentiell* oder *integral* aufgetragen.

Nucleinsäuren kommen als *Desoxyribonucleinsäuren* (*DNS*) und *Ribonucleinsäuren* (RNS) in der Natur sehr häufig vor. Sie sind *Polynucleotide*, wobei die *Nucleotide* Kondensate aus je einem Molekül Phosphorsäure und einem *Nucleosidrest*, letztere Kondensate aus einem Zucker und einer heterocyclischen Base sind. Die Nucleotide einer DNS oder RNS unterscheiden sich nur durch die Basen. Bei DNS ist die Zuckerkomponente 2′-Desoxyribose, bei RNS Ribose. Die DNS bilden zweifache, *komplementäre Stränge*. Ihre Biosynthese erfolgt durch *Replikation*, indem jeder Strang die Matrize für den komplementären Strang darstellt. Die DNS bilden das *genetische Material* der lebenden Zellen. Die von ihnen gelieferte *genetische Information* dient nach dem *genetischen Code* zur Steuerung der Proteinsynthese. Einheiten des genetischen Codes sind die *Codons*, als Tripletts von Nucleotidresten. Ein Codon bezieht sich auf eine Aminosäure. Der genetische Code wird *degeneriert* genannt, weil sich auch mehrere Codons auf dieselbe Aminosäure beziehen. Die wichtigsten Basen der Nucleinsäuren sind Adenin, Guanin (Derivate des Purins), Cytosin, Thymin und Uracil (Derivate des Pyrimidins). Die zugehörigen Nucleoside heißen *(2-′Desoxy-)Adenosin* (*A*), *Guanosin* (*G*), *Cytidin* (*C*), *Thymidin* (*T*), *Uridin* (*U*), die Nucleotide heißen *(Desoxy-)Adenosin-5′-(oder 3′-)phosphat* oder auch *Adenylsäure* usw. Ein Polynucleotid mit folgender Sequenz der Grundbausteine: *TpTpT* (*p* als Phosphatrest vor *T* steht für 5′-phosphat, hinter *T* für 3′-phosphat) heißt *Thymidyl-(5′ → 3′)-thymidyl-(5′ → 3′)-thymidin*, sonst analog. Bei noch kürzerer Schreibweise fallen die „p" weg und können die Nucleotid-Bezeichnungen mit Indices zur Angabe ihrer Zahl versehen werden: $C_4U_{20}A_5$ bedeutet ein Blockcopolymeres mit zunächst 4 Cytidyl-, dann 20 Uridyl- und schließlich 5 Adenyl-Resten.

Chemische Änderungen der Nucleinsäuren können *Prämutationen* sein, die zu *Mutationen* werden und damit eine veränderte genetische Information enthalten. Es können dann auch *Rückmutationen* zum Ausgangszustand eintreten. Meist erfolgt eine *Letalläsion* zum biologisch inaktiven Material. Chemische Mutationen werden durch *Mutagene* bewirkt und führen zu *Mutanten*. Dabei kann eine elektive Wirkung bezüglich eines bestimmten Gens bestehen (*Genelektivität*). Bei *intragenischer Elektivität* ist ein Gen in sich selbst verschieden empfindlich gegenüber dem Mutagen. Es ist besonders empfindlich an seinen „*hot spots*". Wirkt ein Mutagen bei einem Zelltyp stärker als bei einem anderen, so besteht *Specieselektivität*. (Man unterscheidet *Genotyp*, das Erbbild, das durch jede Mutation verändert wird, von *Phänotyp*, dem Erscheinungs- und Eigenschaftsbild einer Zelle.)

(Di-, Tri-, .. Oligo-, Poly-)Peptide und die hochmolekularen *Proteine* (*Eiweiße*) sind natürliche Polymere, die bei der Hydrolyse ausschließlich oder vorwiegend Aminosäuren ergeben. Man unterscheidet vor allem *kugelige* (*globuläre*) von *faserigen* (*linearen*) Proteinen. *Homöomere* Proteine enthalten nur Aminosäurereste im Gegensatz zu *heteromeren* wie *Glucoproteine*

(mit Zuckerresten), *Nucleoproteine* (mit Nucleinsäuren) und *Lipoproteine* (mit Steroiden). Als *Enzyme* sind die Proteine *Biokatalysatoren* und bestehen aus den Polypeptid- beziehungsweise Proteinkörpern (*Apoenzyme*) und den *prosthetischen Gruppen* (*Coenzyme*), die zusammen mit anderen *Cofaktoren* die Biosynthese eines Naturstoffes aus seinem *Substrat* ermöglichen.

Umsetzungen an Polymeren, die ohne Änderung des Polymerisationsgrades verlaufen, sind *polymeranalog*. Umsetzungen an einheitlichen Polymeren können *einheitlich* oder *uneinheitlich, vollständig* oder *unvollständig, monofunktionell* und *bifunktionell* (je zwei funktionelle Gruppen reagieren mit einem und demselben Molekül) sein. Umsetzungen können entlang einer Polymerkette aufeinanderfolgen (bei Abspaltungen: *Reißverschlußmechanismus*). Bei einer *Äquilibrierung* werden auf chemischem Wege uneinheitliche Polymere in einheitliche überführt. Durch *physikalische Isolierung* können gegebenenfalls einheitliche Anteile aus einem uneinheitlichen Polymeren gewonnen werden.

Literatur

Nomenklaturberichte im Auftrag der Kommission für Makromoleküle der IUPAC: J. Polymer Sci. **8**, 257 (1952); Makromol. Chem. **9**, 195 (1953); **38**, 1 (1960); **82**, 1 (1965). CAHN, R. S., C. K. INGOLD u. V. PRELOG: Experientia **12**, 81 (1956).

Verzeichnis von Patentschriften

Dieser Abschnitt enthält Hinweise auf Patentschriften, die zu den Themen ionische Polymerisationen und Polymerisationen mit Ziegler-Katalysatoren von Ende 1961 bis Mitte 1966 veröffentlicht wurden. Die Liste ist unvollständig. In der Regel beziehen sich die Hinweise nur auf die wichtigsten der von den einzelnen Patentschriften betroffenen Polymere. Die beigegebenen Texte entsprechen nicht den Titeln.

Ionische Polymerisationen

Polymethylen

F. P. 1 313 247 (1962): Polymeris. von Diazomethan mit Bortrialkyl-Monoamin oder -Hydrazin als Kat.

U. S. P. 3 062 756 (1962): Polymeris. von Diazomethan mit Alkalimetallborhydrid als Kat. in Äther.

Polymere von aliphatischen Monoolefinen

Belg. P. 650 956 (1965): Kontinuierliche Polymeris. von 4-Methylpenten-1 mit $AlCl_3$ als Kat.

D. A. S. 1 186 045 (1965): Polymeris. unter Druck und höherer Temperatur mit Al-Alkylhalogeniden als Kat.

F. P. 1 394 637 (1965): Polymeris. von 3-Methylbuten-1 oder 4-Methylpenten-1 bei tiefen Temperaturen mit Friedel-Crafts-Kat.

Polybutadien

F. P. 1 284 189 (1962): Einführung von Hydroxyl- und Carboxylendgruppen.

U. S. P. 3 041 312 (1962): Regelung des Molekulargewichtes durch schnelle Vermischung von Monomerem und Kat.

F. P. 1 389 437 (1965): Vorwiegend 1,2-Verknüpfung mit Kat. aus Alkalimetall und organ. Stickstoffverbind. wie N-Methylpyrrolidon.

Jap. A. S. 9974/65: Vorwiegend trans-1,4-Struktur durch Polymeris. mit γ-Strahlen in Gegenw. von $TiCl_4$ u. ä.

Polyisopren

Brit. P. 938 071 (1963): Hoher Gehalt an cis-1,4-Struktur mit Li-organ. Verbind. als Kat.

F. P. 1 331 416 (1963): Dilithium-Naphthalin-Addukt als Kat.

U. S. P. 3 205 211 (1965): Vorwiegend cis-1,4-Struktur mit Kat., der aus mit Lithium modifiziertem Ruß besteht.

Polystyrol

U. S. P. 3 049 524 (1962): Polymeris. mit $RAlCl_2$ als Kat.

Belg. P. 626 798 (1963): Kat. ist fester Komplex aus LiR und Li-Halogenid.

F. P. 1 334 175 (1963): Vorwiegend isotaktisches Polym. mit Triphenylmethyl-Cs oder -Rb als Kat.

D. A. S. 1 160 618 (1964): Kristall. Polym. mit BF_3-Ätherat als Kat.

Polymethylmethacrylat

Belg. P. 626 798 (1963): Komplex von LiR und Li-Halogenid als Kat.

F. P. 1 320 709 (1963): Stereoreguläres Polym. mit z. B. $NaNH_2$ in polaren Lösungsmitteln.

F. P. 1 339 162 (1963): Erhöhte syndiotaktische Anteile mit Kat. aus alkaliorgan. Verbind. und Aminoxid u. ä.

U. S. P. 3 114 740 (1963): In Aceton unlösliches Polym. mit Mischung aus metallfreiem Phthalocyanin und AlR_3 als Kat.

U. S. P. 3 116 271 (1963): Alkoxyverbind. von B, Al oder Ti als Kat.

U. S. P. 3 130 185 (1964): Organoborverbind. als Kat.

U. S. P. 3 193 540 (1965): BiR_3 als Kat.

Polyvinyläther

Brit. P. 896 981 (1961): Bis zu 80% krist. Polym. bei Verwendung von BF_3/Organometallverbind. als Kat.

Belg. P. 619 277 (1962): Krist. Polyvinyl-tert.-butyläther mit RBF_2 als Kat.

Belg. P. 636 435 (1964): Übergangsmetallfluorid (teilweise auch andere Halogene) mit Elektronendonatoren wie Pyridin als Kat.

U. S. P. 3 156 680 (1964): Teilweise krist. Polym. mit Vanadylsulfat als Kat.

U. S. P. 3 157 626 (1964): Hochkrist. Polym., Kat. sind Mischungen aus Metallfluoriden wie TiF_4 und Alkoxiden von Al, Ti u. a.

U. S. P. 3 159 613 (1964): Krist. Polyvinylmethyläther, Gemisch aus Fluor- und Organometallverbind. als Kat.

U. S. P. 3 193 541 (1965): Krist. Polyvinylisobutyläther mit BF_3-Ätherat als Kat.

Polyvinylchlorid

Belg. P. 629 687 (1963): Weitgehend syndiotaktisches Polym., Alkoholate von Metallen der 1.—3. Hauptgruppe als Kat.

D. A. S. 1 193 674 (1965): Metallorgan. Verbind. mit α-Halogenäther als Kat.

Polyoxymethylen

Belg. P. 613 145 (1962): Kontinuierliche Polymeris. von Formaldehyd.

Belg. P. 613 802 (1962): Polymeris. von Trioxan mit Bortrifluorid in Gegenw. von Acetalen.

Belg. P. 614 460 (1962): Polymeris. von Formaldehyd in Gegenw. von α-Aminosäuren.

Belg. P. 616 036 (1962): Kontinuierliche Trioxan-Polymeris.

Belg. P. 617 536 (1962): Polymeris. von Formaldehyd in Gegenw. von Phosphorigsäurebzw. Phosphinigsäureamiden und -imiden.

Belg. P. 618 359 (1962): Polymeris. von Formaldehyd in Gegenw. von Phenolderivaten und von Polyurethan.

Belg. P. 618 941 (1962): Polymeris. von Formaldehyd in Toluol mit Hilfe von Hexamethylentetramin.

Belg. P. 619 607 (1962): Polymeris. von Trioxan mit Oxoniumverbind. wie Triäthyloxoniumfluorborat.

Brit. P. 895 378 (1962): Polymeris. von Trioxan mit Oxalsäure.

Brit. P. 895 379 (1962): Polymeris. von wasserfreiem Formaldehyd an festem Polyoxymethylen mit sauren oder basischen Kat.

F. P. 1 286 718 (1962): Polymeris. von Formaldehyd mit Alkyltitanaten als Kat.

F. P. 1 311 566 (1962): Polymeris. von gasförmigem Formaldehyd mit Kat. wie $CaCO_3$/Na-acetat u. ä.

F. P. 1 314 956 (1962): Polymeris. von Trioxan mit starken Säuren als ·Kat.

F. P. 1 318 115 (1962): Polymeris. von festem Trioxan durch Bestrahlung.

U. S. P. 3 054 775 (1962): Polymeris. von reinem Formaldehyd mit Bis-(tri-n-butylphosphin-)nickeldichlorid.

Belg. P 624 745 (1963): Polymeris. von Trioxan durch geringe Mengen SO_3.

D. A. S. 1 153 903 (1963): Polymeris. von Formaldehyd in Aceton mit aluminiumorganischen Verbind. als Kat.

D. A. S. 1 153 904 (1963): Polymeris. von Formaldehyd mit Hilfe von Ni-Komplexverbind.

D. A. S. 1 159 647 (1963): Polymeris. von Formaldehyd mit Hilfe von Isonitrilen als Kat.

Brit. P. 929 260 (1963): Polymeris. von wasserfreiem gasförmigem Formaldehyd in Gegenw. von Metallsalzpulver und von Säuren.

F. P. 1 351 228 (1963): Polymeris. von Trioxan mit Organosilicium als Kat.

F. P. 1 351 326 (1963): Polymeris. von Trioxan durch Bestrahlung dicht unterhalb des Schmelzpunktes.

U. S. PP. 3 096 306/7/8 (1963): Polymeris. von wasserfreiem Formaldehyd mit Polyaminoverbind. als Kat.

U. S. P. 3 111 503 (1963): Polymeris. von Formaldehyd mit Hilfe von Metallchelaten Schiffscher Basen.

Brit. P. 965 425 (1964): Polymeris. von Trioxan in Gegenw. von Diazoniumverbind.

D. A. S. 1 174 986 (1964): Polymeris. von Formaldehyd mit Zinn(II)-Salzen organischer Säuren.

D. A. S. 1 176 859 (1964): Polymeris. von Formaldehyd mit Zinn(II)-organischen Verbind.

D. A. S. 1 182 431 (1964): Kontinuierliche Trioxanpolymeris.

F. P. 1 354 952 (1964): Polymeris. von Formaldehyd mit heterocyclischen N-Verbind. als Kat.

F. P. 1 354 996 (1964): Polymeris. von Formaldehyd mit Amino- und Iminosilanen als Kat.

F. P. 1 355 621 (1964): Polymeris. von Formaldehyd mit Aminoalkylphosphaten oder -phosphiten als Kat.

F. P. 1 386 644 (1964): Polymeris. von Formaldehyd mit Metallchelaten als Kat.

Brit. P. 992 986 (1965): Polymeris. von Trioxan mit Komplexen aus Carbonsäure-Metallsalzen und organ. Säurehalogeniden.

Brit. P. 998 347 (1965): Polymeris. von Formaldehyd mit Acetylacetonaten des Cu, Al, Ti u. a. als Kat.

D. A. S. 1 189 273 (1965): Polymeris. von Formaldehyd in Gegenw. von Acetalen.

D. A. S. 1 190 188/9 (1965): Polymeris. von Formaldehyd in Gegenw. von Essigsäureanhydrid bzw. β-Propiolacton.

F. PP. 1 398 492/3 (1965): Polymeris. von Trioxan durch Bestrahlung.

F. PP. 1 398 747 und 1 399 196 (1965): Polymeris. von Formaldehyd mit Acetylacetonaten
mehrwertiger Metalle als Kat.

U. S. P. 3 193 532 (1965): Polymeris. von Formaldehyd mit Carbonsäure-Metallsalzen.

U. S. P. 3 225 006 (1965): Polymeris. von Formaldehyd mit Quecksilbersalzen in Gegenw.
von Carbonsäuren bzw. deren Anhydride.

Polyacetaldehyd

Belg. P. 633 469 (1963): Aminoalkoholate von Alkalimetallen u. ä. als Kat.

D. A. S. 1 150 812 (1963): Polymeris. unterhalb 0 °C mit Al_2O_3 als Kat.

Belg. P. 637 671 (1964): Acetaldehyd-Polym. von Polyvinylalkohol-Struktur durch
Polymeris. mit Alkalimetallamalgam.

Brit. P. 970 031 (1964): Komplexe von Alkali- oder Erdalkalimetallen mit Verbind., die
konjugierte Doppelbind. enthalten, als Kat.

F. P. 1 365 127 (1964): Acetaldehyd-Polym. von Polyvinylalkohol-Struktur durch Polymeris. mit Alkalimetall.

Jap. A. S. 22 604/64: Polymeris. bei —78 °C mit Kat. aus Organometallverbind. (ZnR_2
u. ä.) und $AlCl_3$ u. ä.

U. S. P. 3 208 975 (1965): Komplex gebundene Al-organ. Verbind. als Kat.

Jap. A. S. 1 945/65: Metallorgan. Verbind. wie $Al(C_2H_5)_3$, mit etwas Wasser umgesetzt,
als Kat.

D. A. S. 1 211 393 (1966): Alkalimetallwasserstoff, -halogen, -alkoxi- oder -hydroxy-
verbind. als Kat.

Polybutyraldehyd

Jap. A. S. 545/65: Polymeris. durch Bestrahlung (Co^{60}) bei z. B. —114 °C.

Jap. A. S. 1 945/65: Krist. Polym. mit metallorgan. Verbind. wie $Al(C_2H_5)_3$/etwas Wasser
als Kat.

Polyäthylenoxid

Belg. P. 619 439 (1962): Polymeris. mit AlR_3 und basischen Stickstoff enthaltende Verbind. als Kat.

U. S. P. 3 099 628 (1963): Polymeris. mit $FeCl_3$, komplexiert mit Cyclododecatrien-1,5,9
als Kat.

Brit. P. 949 891 (1964): Polymeris. mit Metallsalzen von Phosphor- und Phosphorigsäure
als Kat.

Brit. P. 972 898 (1964): Polymeris. mit Kat. aus Dialkylzink, Wasser und Amin.

F. P. 1 369 863 (1964): AlR_3 mit $CuCl_2$, $ZnCl_2$ oder $CdCl_2$ als Kat.

F. P. 1 369 917 (1964): ZnR_2 und CdR_2 mit organ. N-Verbind. wie Pyridin als Kat.

U. S. P. 3 127 371 (1964): Organometallverbind. (ZnR_2 u. ä.) mit Keton als Kat.

D. A. S. 1 202 503 (1965): Einwirkungsprodukte von Metallcarbonylen auf Propylenoxid als Kat.

Brit. P. 1 009 953 (1965): Metallphosphat bzw. -phosphit mit Organometallverbind. als
Kat.

Polypropylenoxid

F. P. 1 324 110 (1963): Umsetzungsprodukt von Metallalkylen (AlR_3, ZnR_2) mit Glykolen u. ä. als Kat.

Brit. P. 949 891 (1964): Metallsalze von Phosphor- und Phosphorigsäure als Kat.

Brit. P. 972 898 (1964): Kat. aus ZnR_2, Wasser und Amin.

Poly-3,3-bischlormethyloxacyclobutan

Belg. P. 628 678 (1963): Kat. aus Organometallverbind. und Epichlorhydrin.

U. S. P. 3 111 470 (1963): Polymeris. durch Bestrahlung des festen Monomeren.

Polytetrahydrofuran

Belg. P. 630 098 (1963): Al-organ. Verbind. als Kat. und verschiedenen organ. Verbind. als Cokat.

F. P. 1 411 265 (1965): Polymeris. mit thermisch behandeltem $AlCl_3$-Ätherat und Cokat.

Polyester als Polymere von Lactonen

F. P. 1 327 061 (1963): CdR_2, ZnR_2, AlR_3, LiR, NaR u. ä. als Kat.

F. P. 1 352 097 (1963): Polymeris. mit AlR_3 und AlR_2Cl als Kat.

U. S. P. 3 111 469 (1963): Polymeris. von β-Propiolacton durch Bestrahlen des festen Monomeren.

Brit. P. 1 016 394 (1966): Polymeris. von β-Propiolacton mit Kat. aus Aminen und heterocyclischen Stickstoff-Verbind.

Brit. P. 1 017 184 (1966): Phosphate oder Phosphite als Kat.

Brit. P. 1 017 669 (1966): Polymeris. von β-Propiolacton mit Kat. aus Na-, K- oder Zn-salzen verschiedener, Sauerstoff enthaltender Säuren.

Polymerisationen mit Ziegler-Katalysatoren und ähnlichen Systemen

Polyäthylen

U. S. P. 3 013 002 (1961): Mit Sauerstoff behandelte Cyclopentadienylchromverbind./ Organometallverbind. von Li, Na, Be, Mg, Zn oder Al als Kat.

Belg. P. 616 171 (1962): Vanadin(V)-säureester/Al-organ. Verbind. als Kat.

Belg. P. 617 798 (1962): Übliche Ziegler-Kat. zusammen mit Organylsilanen.

Brit. P. 902 845 (1962): Molekulargewichtsregelung mit Diäthylzink.

Brit. P. 907 386 (1962): $TiCl_4$/AlR_3-Kat. wird mit Alkohol oder Carbonsäure behandelt.

Brit. P. 909 115 (1962): $TiCl_4$/AlR_3-Kat., mit etwas Phenol behandelt.

F. P. 1 311 745 (1962): Kat. aus Umsetzungsprodukten von Mineralien mit metallorgan. Verbind. (AlR_3 u. ä.) zusammen mit $TiCl_4$ etc.

U. S. P. 3 034 992 (1962): Spezielle Herstellung des Kat.

U. S. P. 3 035 039 (1962): Spezielle Herstellung eines Al/Ti-Kat.

U. S. P. 3 036 016 (1962): Gemische aus Zinnhalogenid, Alkalimetallalanat, Alkylaluminium und Alkylmagnesiumhalogenid als Kat.

U. S. PP. 3 046 268/9 (1962): Lösliche Al/Ti-Kat.

U. S. P. 3 047 513 (1962): Kat. aus Alkalimetallaluminiumalkylen und Chrom(III)-verbind.

U. S. P. 3 049 526 (1962): Kat., der durch Erhitzen von $AlCl_3$ mit Ni oder Co hergestellt wird.

U. S. P. 3 049 529 (1962): Tetraalkyltitanat/AlR_2Cl, gealtert, als Kat.

U. S. P. 3 050 471 (1962): Ti-Halogenid/metallorgan. Verbind./Amin als Kat.

U. S. P. 3 054 788 (1962): Kat. durch Umsetzung von $AlCl_3$ mit V oder Cr bei 400 °C hergestellt, Metallalkyle zugesetzt.

U. S. P. 3 057 843 (1962): Dinatriumanthracen/$TiCl_4$ als Kat.

Belg. PP. 620 081 u. 620 387 (1963): Kat. wie $TiCl_4$/$Sn(C_4H_9)_4$/$AlCl_3$.

Belg. P. 623 911 (1963): Kat. wie SnR_4/$TiCl_4$/$AlCl_3$, Zugabe von Äthern.

Brit. P. 915 680 (1963): $TiCl_4$/Phenyl-Na als Kat.

Brit. P. 917 439 (1963): Engere Molekulargewichtsverteilung mit $VOCl_3$/AlR_nCl_{3-n} als Kat.

Brit. P. 932 231 (1963): Kontinuierliche Polymeris., AlR_3/$TiCl_4$-Kat.

F. PP. 1 345 941 u. 1 345 988 (1963): Kat.-System aus Al/$AlCl_3$/ $TiCl_4$/Ammonium- bzw. Mineralsalz.

U. S. P. 3 072 630 (1963): Kat.-System aus $TiCl_4$/Organometallverbind./Chlorkohlenwasserstoff.

U. S. P. 3 072 631 (1963): Kat.-System aus $AlCl_3$/SnR_4/$Ti(OR)_4$ u. ä.

U. S. P. 3 085 084 (1963): Kat.-System aus $CrCl_3$/$LiAlR_4$ u. ä.

U. S. P. 3 090 776 (1963): $AlCl_3$/TiR_4 als Kat.

U. S. P. 3 111 511 (1963): AlR_3/$SnCl_{2;3}$ oder $YbCl_{2;3}$ als Kat.

Belg. P. 637 763 (1964): $AlHCl(OR)$/$TiCl_3$ u. ä. als Kat.

Belg. P. 637 825 (1964): $AlHCl_2$ u. ä./Verbind. wie $Ti[N(C_2H_5)_2]_4$ als Kat.

Belg. P. 638 638 (1964): Halogen-Kohlenwasserstoffe als Regler.

Belg. P. 641 563 (1964): Kat.-System aus $SnCl_4$/AlR_3 u. ä./event. K.

Belg. P. 645 197 (1964): Enge Molekulargewichtsverteilung mit $Ti(OR)_{4-n}Hal._n$/R_{3-m}AlHal._m; n = 2,5 bis 3,3; m = 0,7 bis 1,3.

Belg. P. 648 454 (1964): Kat. aus V-Sulfonaten und Al-Alkylchlorid.

Belg. P. 648 968 (1964): Kat.-System aus $TiCl_{4;3}$/AlkylAlCl_2$/$NH_4Cl$.

Brit. P. 975 969 (1964): Kat. durch Umsetzung von VCl_4 mit Al, $TiCl_4$, Hydrogensiloxan.

D. A. S. 1 182 827 (1964): Enge Molekulargewichtsverteilung mit Ti/Al-Kat. in Gegenw. von CO.

D. A. S. 1 183 245 (1964): Enge Molekulargewichtsverteilung bei zunehmender Verdünnung des polymerisierenden Äthylens mit Inertgas.

D. A. S. 1 183 479 (1964): Herstellung von speziellen Mischkat.

F. P. 1 352 952 (1964): Kat. aus $AlCl_3$, Al-Pulver und $TiCl_4$ oder VCl_4, die zusammen erhitzt werden.

F. P. 1 358 503 (1964): $Ti(NR_2)_4$ oder $Ti(OR)_4$/metallorgan. Verbind. als Kat.

F. P. 1 369 816 (1964): Kat.-System aus Umsetzungsprodukt von z. B. $TiCl_3$ mit Lewis-Base wie Pyridin/Organometallverbind.

F. P. 1 377 037 (1964): Kat.-System aus amorphem $TiCl_3$/R_2AlCl.

F. P. 1 381 947 (1964): Kat.-System aus Übergangsmetallhalogenid auf Silikat u. ä./ Metallhydrid oder -organyl wie SnR_4/$AlCl_3$.

F. P. 1 382 569 (1964): Kat.-System aus Zinnmonohydrid wie R_3SnH/Übergangsmetallhalogenid wie $TiCl_4$.

F. PP. 1 382 686/7 (1964): Zusatz von Carbonsäureester zu den Ziegler-Kat.

U. S. P. 3 121 706 (1964): Kat.-System aus R_2Se/$TiCl_4$/$RAlCl_2$.

U. S. P. 3 129 211 (1964): Kat.-System aus Organonatrium/$TiCl_4$.

U. S. P. 3 147 240 (1964): Kat.-System aus $R_3Al_2Cl_3$/Übergangsmetallverbind./Amide wie Dimethylformamid u. a.

U. S. P. 3 156 681 (1964): Kat.-System $TiCl_3$/AlR_3/Vinylalkyläther u. a.

U. S. P. 3 161 629 (1964): Monocyclopentadienyltitantrichlorid/AlR_3.

Belg. P. 655 813 (1965): Enge Molekulargewichtsverteilung mit Kat. aus Halogen-Alkoxy-Ti und Organo-Al-Halogenid.

Belg. P. 660 439 (1965): Kat. aus $TiCl_4$/AlR_3.

Belg. PP. 661 389 u. 664 699 (1965): Kat. aus z. B. $TiR_{4-n}(NR'_2)_n$/R_2AlH.

Belg. P. 664 846 (1965): Kat. aus Al-organ. Verbind., $Ti(OR)_4$ und Stickstoffverbind.

Belg. P. 669 436 (1965): Kat. aus Na-Amyl und $TiCl_4$.

Brit. P. 1 002 044 (1965): Kat.-System aus Übergangsmetallhalogenid wie $TiCl_4$/$AlCl_3$/organ. Siliciumverbind.

Brit. P. 1 008 221 (1965): Polymeris. mit $TiCl_3 \cdot AlCl_3$ und $Al(C_2H_5)_3$ als Kat.

D. A. S. 1 190 666 (1965): Enge Molekulargewichtsverteilung mit Ti/Al-Kat. in Gegenw. von CO.

D. A. S. 1 191 575 (1965): Spezielle Herstellung von Al/Ti-Kat.

D. A. S. 1 195 496 (1965): Kontinuierliche Polymeris. mit Al/Ti-Kat. in Gegenw. von Alkohol.

F. P. 1 393 645 (1965): Kat.-System aus $VOCl_3$ oder VCl_4/AlR_3 oder AlR_2Cl.

F. P. 1 393 673 (1965): Kat.-System aus VCl_4/Fe-Acetylacetonat/AlR_3,

F. P. 1 401 841 (1965): Kat.-System z. B. $TiCl_3$/$AlCl_3$/Triphenylphosphin.

U. S. P. 3 166 547 (1965): Polymeris. in Wasser oder Alkohol mit Alkyl-B, -Sn oder -Pb/$TiCl_3$ o. ä.

U. S. P. 3 184 416 (1965): Enge Molekulargewichtsverteilung bei Ti/Al-Kat., der durch geringen Wasser-Zusatz modifiziert wurde.

U. S. P. 3 193 545 (1965): Ti/Al-Kat. spezieller Herstellung.

U. S. P. 3 205 208 (1965): Kat.-System aus Organometallverbind./Übergangsmetallhalogenid/Amid.

U. S. P. 3 222 295 (1965): Kat. durch Reaktion von $TiCl_4$ mit AlR_2Cl in Gegenw. von Cyclohexan, der entstehende feste Komplex danach mit AlR_3 umgesetzt.

U. S. P. 3 225 022 (1965): Kat.-System z. B. aus Tetrabutoxytitan/Diäthyl-Al-Chlorid/Lösung von $AlCl_3$ in Tetra-n-butyl-Zinn.

D. A. S. 1 210 987 (1966): Verwendung von gealtertem Kat. aus $TiCl_4$/AlR_2Cl.

D. A. S. 1 213 999 (1966): Violettes $TiCl_3$/Alkylaluminiumverbind. als Kat.

D. A. S. 1 215 935 (1966): Verwendung von $TiCl_3$/$Al(C_2H_5)_2Cl$ als Kat., Gegenw. von etwas CO_2.

D. A. S. 1 216 545 (1966): Apparative Maßnahmen zur Kat.-Bemessung und -Zuführung.

U. S. P. 3 238 145 (1966): Spezielle Herstellung von Al/Ti-Kat.

Polypropylen

F. P. 1 283 218 (1961): Kontinuierliche Herstellung von hochkrist. Polym. mit Kat. aus Ti-Verbind. und Ätherat von RMg-Halogenid.

Belg. PP. 613 977/8 (1962): Hohe isotaktische Anteile bei Verwendung von thermisch vorbehandelten Al/Ti-Kat.

Belg. P. 614 201 (1962): Kat. mit zugesetzten Komplexbildnern, die Heteroatome enthalten.

Belg. P. 615 657 (1962): Kat.-Herstellung durch Mahlen von $TiCl_3$ mit LiCl oder NaCl, dann Zusatz von Al-Alkyl.

Belg. P. 616 930 (1962): Kat. aus Al- und Ti-Verbind., besondere Herstellung.

Belg. P. 619 082 (1962): Kristall. Polym. mit Kat. 3 $TiCl_3 \cdot AlCl_3/Al(C_2H_5)_2Cl$, Gegenw. von H_2.

Belg. P. 619 444 (1962): Kat.-System aus Organosiliciumverbind./$TiCl_4$ o. ä./Umsetzungsprodukt von $TiCl_4$ und Al.

Belg. P. 621 679 (1962): $TiCl_3/AlR_2Cl$ als Kat.

Brit. P. 608 463 (1962): Zusatz von Lactamen, Dimethylformamid u. ä. zu Al/Ti-Kat.

Brit. P. 608 467 (1962): Zusatz von Phosphorsäureester, Phosphinoxiden, Aminoxiden u. a. zu den Ziegler-Kat.

Brit. P. 898 631 (1962): Spezielle Herstellung von Al/Ti-Kat., führen zu hochkristall. Polym.

F. P. 1 294 416 (1962): Kat.-System aus R_2AlNR_2'/$TiCl_3$ u. ä.

F. P. 1 306 987 (1962): Kat.-System aus $TiCl_3$, zusammen mit LiCl gemahlen/AlR_3.

F. P. 1 307 035 (1962): Kat.-System aus $TiCl_4$, das mit H_2S umgesetzt wurde/AlR_3.

F. P. 1 308 507 (1962): Polymeris. mit Al/Ti-Kat. auf Trägern.

F. P. 1 310 774 (1962): Zusatz von aromatischen Äthern zu üblichen Ziegler-Kat.

F. P. 1 312 634 (1962): Kat. wie z. B. $TiCl_3$/Reaktionsprodukt von Al mit $TiCl_3$/Al-Isopropylat.

F. P. 1 314 937 (1962): Kat.-System aus krist. $TiCl_3$/Reaktionsprodukt von Alkalihalogenid und Organo-Al-Verbind.

U. S. P. 3 022 283 (1962): Zu 91 % isotaktisches Polym. durch Al/Ti-Kat. bei Gegenw. von Diphenylacetylen.

U. S. P. 3 034 992 (1962): Spezielle Kat.-Herstellung.

U. S. P. 3 038 892 (1962): Hohe Kristallin. des Polym. mit Kat. aus Organyl-Al-Dihalogenid/Titanalkoholat und Alkalifluorid.

U. S. P. 3 040 014 (1962): Polymeris. mit $Al(C_2H_5)_3/TiCl_3$-Kat. in Gegenw. von H_2.

U. S. P. 3 049 526 (1962): Polymeris. mit Kat., der durch Erhitzen von $AlCl_3$ mit Ni oder Co hergestellt wird.

U. S. P. 3 051 692 (1962): Höhere isotaktische Anteile mit Kat.-System aus $AlR_3/TiCl_4$/Organophosphorverbind./Aryl-Na-Verbind.

U. S. P. 3 062 801 (1962): Polymeris. mit $TiCl_3/AlR_3$-Kat.

Belg. P. 623 157 (1963): Isotaktisches Polym. mit geregeltem Molekulargewicht, Kat.-System: $AlR_3/TiCl_3/Zn(C_2H_5)_2$ und mit letzterem komplexierende Verbind. wie Äther, Pyridin usw.

Belg. P. 624 645 (1963): Kat.-System aus $SnR_4/TiCl_3/AlCl_3/NH_4Cl$.

Belg. P. 626 253 (1963): Höhere Isotaktizität mit Kat.-System aus $AlR_3/BeR_2/TiCl_4$ u. ä. sowie Äther, Amin u. a.

Belg. PP. 635 903/4 (1963): Kat. z. B. $AlR_2Cl/TiCl_3$/organ. Acylchloride bzw. Schwefelverbind.

Brit. P. 920 512 (1963): Kat.-Systeme wie $RAlCl_2/Ti(OR)_2Cl_2$/Tributylamin.

Brit. P. 921 635 (1963): Hochkrist. Polym. mit Kat.-System aus $Al(C_2H_5)Cl_2/TiCl_3$/Hexamethylphosphorigsäuretriamid.

Brit. P. 921 806 (1963): Isotaktisches Polym. mit $TiCl_3/BeR_2$ als Kat.

Brit. PP. 935 781/2 (1963): Kat.-System aus amorphem $TiCl_3$, $AlR_{1,5}Cl_{1,5}$, Äthylenoxid o. ä.

25*

Brit. P. 935 783 (1963): Kat.-System aus $TiCl_3/AlR_2Cl/$Triäthylendiamin.

Brit. P. 937 558 (1963): Krist. Polym. mit $AlRCl_2/$überwiegend amorphes $TiCl_3/$Triäthylendiamin.

F. P. 1 319 787 (1963): Polymeris. in Substanz mit $AlR_2Cl/TiCl_3 \cdot AlCl_3/$ etwas H_2.

F. P. 1 322 741 (1963): Kat.-System aus $TiCl_3/AlR_2Cl/$Zn-organ. Verbind.

F. P. 1 323 009 (1963): Weitgehend isotaktisches Polym. mit Kat. aus Samariumchlorid/AlR_3.

F. P. 1 323 865 (1963): Isotaktisches Polym. mit Kat. aus $TiCl_3/AlR_3/AlCl_3$.

F. P. 1 338 970 (1963): Isotaktisches Polym. mit Kat. aus $Sb(C_2H_5)_3Br_2/AlR_3/TiCl_3$.

F. P. 1 345 631 (1963): Kat.-System aus $TiCl_3$ o. ä./Metall-cyclopentadien-Verbind./Alkalimetall.

F. P. 1 349 887 (1963): Polymeris. in Gegenw. von H_2 mit Kat. aus Alkylaluminium/$TiCl_3/$Alkylsiloxan.

U. S. P. 3 081 291 (1963): Kat.-System aus einem Chrom-Salz eines Copolym. von Methacrylsäure und Methylmethacrylat/AlR_3.

U. S. P. 3 082 198 (1963): Verwendung von gealterten Kat. aus $TiCl_4/AlR_3/$Carbonsäure.

U. S. P. 3 086 964 (1963): Kat. z. B. aus $PbR_4/TiCl_4/$Al-Pulver.

U. S. P. 3 100 764 (1963): Kat. z. B. aus $TiCl_3/AlR_3/$N-substituiertem Pyrrolidon.

Belg. P. 635 988 (1964): Weitgehend isotaktisches Polym. mit Kat. wie $TiCl_3/(C_5H_5)_2$-$Ti[CH_2Al(CH_3)Cl]_2$.

Belg. P. 637 449 (1964): Kat. aus $RAlCl_2/TiCl_3/$Triarylphosphinsulfide u. a.

Belg. P. 637 453 (1964): Isotaktisches Polym. mit $TiCl_4/$Al-organ. Verbind. als Kat.

Belg. P. 637 763 (1964): Kat. wie $AlHCl(OR)/TiCl_3$ u. ä.

Belg. P. 639 173 (1964): Stereospez. Polymeris. mit $AlRCl_2/TiCl_3/$Dialkyläther als Kat.

Belg. P. 640 763 (1964): Stereospez. Polymeris. mit Kat.-System aus Aminoalkohol/Übergangsmetallverbind. wie $TiCl_4/$Organometall wie $AlR_3/$Arylmercaptan.

Belg. P. 641 076 (1964): Isotaktisches Polym. mit Kat. aus violettem $TiCl_3/$RAl-Dihalogenid/Si, Ge o. ä.

Belg. P. 641 249 (1964): Vorwiegend isotaktisches Polym. mit $AlR_2Cl/$gemahlenes Gemisch aus $TiCl_3$ und $AlCl_3$ als Kat.

Belg. P. 642 208 (1964): Kat.-Systeme wie $Sn(C_4H_9)_4/TiCl_3/AlCl_3/$NaJ oder NH_4J.

Belg. P. 643 534 (1964): Polymeris. mit Al/Ti-Kat.

Belg. P. 645 771 (1964): Polymeris. mit $TiCl_3/Na[Al(C_2H_5)Cl_3]$ als Kat.

Belg. P. 648 450 (1964): Polym. mit hoher Kristallin. $TiCl_3/$Al-alkylhalogenid spezieller Präparation als Kat.

Brit. P. 945 704 (1964): Kat.-System aus $AlR_3/TiCl_3/SbCl_3$.

Brit. P. 946 608 (1964): Kat.-System aus $AlRCl_2/TiCl_3/$LiR u. ä.

Brit. P. 947 993 (1964): Kat.-System aus Umsetzungsprodukt von LiH mit $AlR_3/TiCl_3$.

Brit. P. 949 718 (1964): Kat.-System aus $TiCl_3/AlRCl_2/$NaCl.

Brit. P. 955 108 (1964): Metallorgan. Verbind./gemahlenes $TiCl_3$.

Brit. P. 956 429 (1964): Reaktionsprodukt aus LiH und AlR-Halogenid/Übergangsmetall-Halogenid.

Brit. P. 968 435 (1964): Polym. von hoher Stereoregularität mit $TiCl_3/AlR_2Cl/AlR_3/$organ. Phosphine, Arsine oder Stibine als Kat.-System.

Brit. P. 971 248 (1964): Polym. von hoher Isotaktizität mit Organometall wie AlR₃/ Übergangsmetallhalogenid/Aminoalkohol als Kat.-System.

Brit. P. 978 594 (1964): Kat. wie $TiCl_3$/$AlRCl_2$/Tetramethylharnstoff.

F. P. 1 354 815 (1964): Übliche Ziegler-Kat. und Aminosilane als Kat.-System.

F. P. 1 358 111 (1964): $TiCl_3$/Diäthyl-Al-Monoacetylid.

F. P. 1 360 527 (1964): Vorwiegend isotaktisches Polym. mit $TiCl_3$/Alkyl-aluminium-chlorid/Alkoxytitanverbind.

F. P. 1 361 425 (1964): Polym. wird bei höherer Temperatur vorpolymerisiert.

F. P. 1 365 142 (1964): Polym. von hoher Isotaktizität mit $AlRCl_2$/$TiCl_3$/Organophosphorverbind.

F. P. 1 369 816 (1964): Kat.-System aus Reaktionsprodukt von z. B. $TiCl_3$ mit Lewis-Base wie Pyridin/Organometallverbind.

F. P. 1 374 568 (1964): Kat.-System aus kristall. Übergangsmetallverbind./Organometallverbind./Phosphine, Arsine, Ketone u. ä.

F. P. 1 378 804 (1964): Kristall. Polym. mit Kat.-System aus Halogenid von Ti, Zr, V, Cr, Mo/Alkali- o. Erdalkalisalz von Carbonsäuren/AlR_3 o. ä.

F. P. 1 379 250 (1964): $TiCl_3 \cdot AlCl_3$/AlR_2Cl als Kat.

F. P. 1 382 685 (1964): Zusatz von Estern mehrwertiger Carbonsäuren oder Alkohole zu üblichen Ziegler-Kat.

F. P. 1 385 687 (1964): Kat. durch Umsetzung von $TiCl_3$, SbR_5 und AlR_3 miteinander.

F. P. 1 386 468 (1964): Kristall. Polym. mit Kat. der Ti, Al und Sb, aber kein freies Al-Alkyl enthält.

U. S. P. 3 119 798 (1964): Weitgehend isotaktisches Polym. mit Ziegler-Kat. bei Gegenw. von Stilbenderivaten.

U. S. P. 3 122 527 (1964): Biphenyl-Alkalimetall-Addukt u. a./$TiCl_4$ als Kat.-System.

U. S. P. 3 147 238 (1964): Kat.-System aus AlR_3/$TiCl_4$/Dialkylamide von Carbonsäuren.

U. S. P. 3 147 239 (1964): Polym. höherer Isotaktizität bei Gegenw. von geringen Mengen an S.

U. S. P. 3 147 241 (1964): Kat.-System aus AlR_2Cl/$TiCl_3$/H_2/Verbind. wie Tetra-n-butyl-ammoniumjodid.

U. S. P. 3 149 097 (1964): Kat.-System aus $TiCl_3$ oder VCl_3/AlR_3/Carbonsäureester.

U. S. P. 3 149 098 (1964): Kat.-System aus $RAlCl_2$/Ortho-carbonsäureester/$TiCl_3$.

U. S. P. 3 155 641 (1964): Kat.-System aus $TiCl_3$/$(C_6H_5Li)_nLiBr$.

U. S. P. 3 161 627 (1964): Kat.-System aus Übergangsmetall/Al, Mg oder Zn/Halogen/ Carbonsäureester.

Belg. P. 652 506 (1965): Kat.-System aus z. B. $RAlCl_2$/$TiCl_3$/$Ti[N(CH_3)_2]_4$.

Belg. P. 654 562 (1965): Kat.-System aus z. B. $TiCl_4$/$RAlCl_2$/Alkoholate wie Al-Iso-propylat.

Belg. P. 655 308 (1965): Polym. von hoher Kristallin. mit R_2AlCl/violettem $TiCl_3$/Äther und Keton.

Belg. P. 655 505 (1965): Polym. von hoher Kristallin. in schneller Umsetzung mit Kat.-System aus $TiCl_3$/Umsetzungsprodukt von R_2AlCl mit $NaOCH_3$, $Ti(O-i-C_4H_9)_4$ u. ä.

Belg. P. 656 230 (1965): Kat.-System aus $TiCl_3$/$RAlCl_2$/Na-Acetat u. ä. Salze.

Belg. P. 659 155 (1965): Zusatz von substituiertem Hydrazin zu Ziegler-Kat.

Belg. P. 660 309 (1965): Kat.-System aus $TiCl_{4;3}$/AlR_3 oder AlR_2Cl/Alkali- bzw. Erd-alkalisalze von Carbonsäuren.

Belg. P. 660 696 (1965): Kat.-System aus $TiCl_3/RAlCl_2/(R_3SiO)_2AlR$ u. ä.

Belg. P. 661 389 (1965): Kat.-System aus $AlR_3/R_{4-n}Ti(NR_2')_n$ u. ä.

Belg. P. 664 822 (1965): Kat.-System aus $AlRCl_2/Triarylphosphin$ u. ä. $/TiCl_3-AlCl_3/R_2Zn$.

Brit. P. 980 023 (1965): α-$TiCl_3/AlR_3$ als Kat.

Brit. P. 1 001 820 (1965): Kat.-System aus Übergangsmetall-Chlorid oder -Alkoxid/ Metallalkyle/AlR_nCl_{3-n}/Reaktionsprodukt von Al mit Methylenchlorid/komplexierte Friedel-Crafts-Kat.

Brit. P. 1 002 385 (1965): Polymeris. in Substanz mit $TiCl_3-AlCl_3/R_2AlCl$/ geringe Mengen H_2 als Kat.

D. A. S. 1 189 715 (1965): Herstellung des Kat. in Gegenwart von HCl.

D. A. S. 1 193 677 (1965): Al/Ti-Kat. spezieller Herstellung.

D. A. S. 1 195 495 (1965): Regelung der Molekulargewichte durch Metallalkylhydride.

F. P. 1 349 887 (1965): Kat.-System aus $AlRCl_2/TiCl_3/Alkoxysilan$.

F. P. 1 390 527 (1965): Kat.-System aus Reaktionsprodukt von Übergangsmetalloxid mit Halogenid/Organometallverbind.

F. P. 1 390 584 (1965): Kat.-System aus $TiCl_3$/Alkalimetall-Zn-organ. Komplexverbind.

F. P. 1 392 862 (1965): Kat.-System aus Al-sesquihalogenid/Übergangsmetallhalogenid/ Alkalimetallsalz anorg. Säuren.

F. P. 1 393 673 (1965): 1,3-Verknüpfung des Propylens mit VCl_4/Fe-Acetylacetonat/ AlR_3 als Kat.-System.

F. P. 1 393 805 (1965): Kat.-System aus $AlRCl_2/TiCl_3/Aminoverbind$. z. B. Tetrakis-dimethylaminosilan.

F. P. 1 410 867 (1965): Kat. wie $TiCl_3$/p-Dimethylaminophenyl-Li.

F. P. 1 410 868 (1965): Kat. wie $TiCl_3$/o-Phenoxyphenyl-Li.

F. P. 1 413 763 (1965): Kat.-System aus z. B. $TiCl_4$/Zn- oder Cd-Alkyl-Al-Alkylalkoxid/ $AlCl_3$.

F. P. 1 415 238 (1965): Polymeris. in Gegenw. von Chloralkenen als Regler.

U. S. P. 3 170 908 (1965): Kat.-System aus Reaktionsprodukt von Cu mit $TiCl_4$/Alkyl-Al-Halogenid.

U. S. P. 3 177 189 (1965): Weitgehend stereoreguläres Polym. mit α-$TiCl_3/AlR_3$/2-Oxo-morpholiniumhalogenid.

U. S. P. 3 178 401 (1965): Kat.-System aus $R_3Al_2Cl_3$/Halogen-Alkoxiden oder Acetyl-acetonaten von Ti, Zr, V, Cr oder Mo/Carbonsäureester.

U. S. P. 3 184 443 (1965): Kat.-System aus Alkalimetall, Mg oder Zn/$TiCl_3$ o. ä./Organo-phosphorverbind.

U. S. P. 3 186 977 (1965): $AlR_3/TiCl_3$ oder VCl_3/Organophosphorverbind.

U. S. P. 3 189 590 (1965): Kat.-System aus $AlR_3/TiCl_3$ oder VCl_3/cyclische Carbonsäure-amide.

U. S. P. 3 201 192 (1965): Kat.-System aus $TiCl_3/AlR_3$, ergibt isotaktisches Polym.

U. S. P. 3 205 208 (1965): Kat.-System aus Organometallverbind./Übergangsmetall-halogenid/Amid.

U. S. P. 3 210 332 (1965): Polym. mit 95% in Heptan unlösl. Anteile, Kat.-System aus $3\ TiCl_3 \cdot AlCl_3/AlR_3$/geringe Mengen Keton.

U. S. P. 3 216 987 (1965): Kat.-System aus $AlRCl_2$/amorphes $TiCl_3$/Alkylphosphonat.

U. S. P. 3 220 995 (1965): Kat.-System aus $TiCl_3 \cdot AlCl_3/AlR_3$/organ. Sulfid.

D. A. S. 1 213 118 (1966): Molekulargewichtsregelung mit Kat., die vor Verwendung mit H_2 behandelt wurden.

D. A. S. 1 214 000 (1966): Violettes $TiCl_3$/AlR_2J als Kat.

D. A. S. 1 214 205 (1966): Spezielle Herstellung eines Al/Ti-Kat.

D. A. S. 1 214 401 (1966): Isotaktisches Polym. mit Al/Ti-Kat. bei Gegenw. von Aminen, Aminoäther oder Aminoketonen.

D. A. S. 1 214 407 (1966): Polymeris. in Gegenw. von Alkyl- und Alkoxysilanen.

D. A. S. 1 217 071 (1966): Kat.-System aus festen Übergangsmetallhalogeniden und Metallalkylen.

Polybuten

Brit. P. 608 467 (1962): Zusatz von Phosphorsäureestern, Phosphinoxiden, Aminoxiden u. a. zu Ziegler-Kat.

Brit. P. 901 945 (1962): Isotaktisches Polym. mit Al/Ti-Kat. bei Gegenw. von Phosphin.

U. S. P. 3 032 511 (1962): Al/Ti oder V-Kat., thermisch vorbehandelt.

Belg. P. 641 076 (1964): Isotaktisches Polym. mit Kat.-System aus violettem $TiCl_3$/$AlRCl_2$/Si, Ge o. ä.

U. S. P. 3 122 527 (1964): Alkalimetall-Addukt an Biphenyl o. ä./$TiCl_4$ als Kat.

F. P. 1 392 862 (1965): Al-Alkylsesquihalogenid/Ti- oder V-Halogenid/Alkalimetallsalz von anorg. Säuren.

F. P. 1 410 867 (1965): Kat.-System z. B. aus $TiCl_3$/p-Dimethylaminophenyl-Li.

F. P. 1 415 239 (1965): Polybuten-1 aus Buten-2, vermutlich infolge Isomerisierung vor der Verknüpfung.

U. S. P. 3 184 442 (1965): Kat.-System aus AlR_3/$TiCl_3$/feinverteiltes Cd, Hg, Sn oder Pb.

U. S. P. 3 190 866 (1965): Isotaktisches Polym. mit $TiCl_4$/AlR_3/Zinnhalogenide als Kat.

U. S. P. 3 197 452 (1965): Violettes $TiCl_3$/AlR_2Cl als Kat.

U. S. P. 3 219 645 (1965): Isotaktisches Polym. mit Kat.-System aus $TiCl_4$/AlR_3/Kupferhalogenid.

Polymere von α-Olefinen mit verzweigtem Alkyl

F. P. 1 307 181 (1962): Kat. wie LiR, gemischt mit AlR_3/Dihalogenide von einigen Übergangsmetallen.

Brit. PP. 937 557 und 937 592 (1963): Polym. von 4-Methylpenten-1 mit $AlRCl_2$/amorphes $TiCl_3$/Tetraalkylammoniumhalogenid bzw. Alkalimetallamid als Kat.-System.

Brit. P. 944 055 (1963): Polymeris. von 4-Methylpenten-1 mit z. B. $TiCl_4$/$KZn(C_2H_5)_3$ als Kat.

Brit. P. 967 837 (1964): Polymeris. von 5,5-Dimethylhexen-1 insbesondere mit Al/Ti-Kat.

Brit. P. 968 471 (1964): Polymeris. von 4-Methylhexen-1 insbesondere mit Al/Ti-Kat.

Brit. P. 975 994 (1964): Feste Polym. von 5-Methylhexen-1 mit $TiCl_3$/AlR_2Cl als Kat., unterhalb 30 °C polymeris.

Polybutadien

Belg. P. 610 400 (1962): Vorwiegend cis-1,4-Struktur mit $TiCl_3J$/Al-organ. Verbind./Äther als Kat.-System.

Belg. P. 612 048 (1962): Weitgehend cis-1,4-Struktur mit $ÄlR_3$/$TiBr_4$ als Kat.-System.

Belg. PP. 612 537/9 (1962): Über 90% cis-1,4-Struktur mit Alkylmetalljodid/Ti-Halogenid-Kat.

Belg. P. 612 732 (1962): Vorwiegend cis-1,4-Struktur mit LiAlR$_4$/TiJ$_4$-Kat.

Belg. P. 614 106 (1962): Über 90% cis-1,4-Struktur mit TiJ$_4$/Grignardverbind. als Kat.-System.

Belg. P. 616 725 (1962): Vorwiegend cis-1,4-Struktur mit TiCl$_3$/LiAlH$_4$ u. ä. /J$_2$ als Kat.-System.

Belg. P. 616 917 (1962): Überwiegend cis-1,4-Struktur mit Kat. aus TiCl$_4$/Jod/LiAlR$_4$.

Belg. P. 621 195 (1962): Vorwiegend cis-1,4-Struktur mit Kat.-System aus TiCl$_4$/LiAlR$_4$/ organ. Jodverbind.

Belg. P. 622 061 (1962): Vorwiegend cis-1,4-Struktur mit TiJ$_4$/LiR als Kat.

Brit. P. 904 404 (1962): Vorwiegend cis-1,4-Struktur mit Kat.-System aus Co- oder Ni-Verbind. /AlCl$_3$/Organozinnverbind.

Brit. P. 905 001 (1962): Vorwiegend cis-1,4-Struktur mit Co- und Al-haltigen Kat.

Brit. P. 905 099 (1962): Über 90% cis-1,4-Struktur mit Kat.-System aus Ni- und Co-Salzen von organ. Säuren/Borhalogeniden u. ä./Al-Verbind. u. ä.

Brit. P. 906 266 (1962): Hoher Anteil trans-1,4-Struktur mit LiAlH$_4$ in Äther/TiCl$_3$/J$_2$ als Kat.-System.

D. A. S. 1 134 515 (1962): Vorwiegend trans-1,4-Struktur mit Al/Zr-Kat.

D. A. S. 1 139 277 (1962): Kat.-System aus Co- oder Ni-Verbind./Al-Halogeniden/ organ. Zinnverbind.

F. P. 1 299 301 (1962): Hoher Anteil cis-1,4-Struktur mit TiCl$_3$/LiR-Kat.

F. P. 1 302 201 (1962): Überwiegend cis-1,4-Struktur mit AlR$_3$/TiCl$_3$/J$_2$ als Kat.-System.

F. P. 1 310 146 (1962): Aminkomplexe von Co(II)- und Ni(II)-Verbind./RAlCl$_2$ als Kat.-System.

F. PP. 1 311 462 und 1 312 717 (1962): Vorwiegend cis-1,4-Struktur mit z. B. AlR$_3$/TiCl$_4$ + TiJ$_4$ als Kat.

F. P. 1 312 820 (1962): Kat. z. B. Butyl-Li/TiCl$_4$.

F. P. 1 313 803 (1962): Vorwiegend cis-1,4-Struktur mit AlR$_2$Cl/Kobaltsalz/etwas O$_2$ als Kat.-System.

U. S. P. 3 040 016 (1962): Vorwiegend cis-1,4-Struktur mit Kat. aus Co- oder Ni-Salz/ Al-Alkyl/Alkylphosphor(ig)säureester.

U. S. P. 3 067 188 (1962): Vorwiegend 1,2-Verknüpfung mit ZnR$_2$/TiCl$_4$/MoCl$_5$ als Kat.-System.

U. S. P. 3 067 189 (1962): Vorwiegend cis-1,4-Struktur mit Kat.-System aus Metall-halogenid/Übergangsmetallhalogenid/LiR.

U. S. P. 3 068 217 (1962): Vorwiegend cis-1,4-Struktur mit Kat.-System aus CoCl$_2$ bzw. NiCl$_2$/AlCl$_3$/AlR$_3$/Dimethylacetylen.

Belg. P. 622 551 (1963): Mehr als 80% cis-1,4-Struktur mit Kat. aus Ti-Halogenid/Or-ganometallverbind./Jod/Butyllithium.

Belg. P. 622 568 (1963): Vorwiegend cis-1,4-Struktur mit Kat.-System aus LiAlR$_4$/ TiBr$_4$/Halogen.

Belg. P. 624 804 (1963): Vorwiegend cis-1,4-Struktur mit Kat.-System aus TiCl$_3$J/AlR$_3$/ polare organ. Verbind. wie Alkohole, Aldehyde, Amine.

Belg. P. 628 090 (1963): Vorwiegend cis-1,4-Struktur mit Kat.-System aus Jod oder Jodverbind./Ti-Halogenid/Lithium oder Li-organ. Verbind.

Belg. P. 629 605 (1963): Hoher Gehalt an cis-1,4-Struktur mit Kat.-System aus Ni- oder Co-Verbind./AlCl$_3$/organ. Si-Verbind.

Belg. P. 629 626 (1963): Bis 95% cis-1,4-Struktur mit Kat.-System aus Alkyl-Li/TiJ$_4$/ MgCl$_2$ u. ä.

Belg. P. 631 730 (1963): Bis 93% cis-1,4-Struktur mit Kat.-System aus TiJ$_4$/AlR$_3$/Carbonylverbind./Alkylhalogenid.

Belg. P. 634 251 (1963): Kat.-System aus AlCl$_3$ o. ä./Komplexe von Alkylphosphin mit Ni- oder Co-Salz.

Brit. P. 917 096 (1963): Kat. aus TiCl$_4$/RMg-Halogen und Oxidationsmittel.

Brit. P. 920 244 (1963): Vorwiegend cis-1,4-Struktur mit Kat.-System aus NaR bzw. KR/TiJ$_4$.

Brit. P. 923 840 (1963): Regelung des Molekulargewichtes durch besondere Verfahrensweise.

Brit. P. 940 396 (1963): Vorwiegend cis-1,4-Struktur mit Kat.-System aus Al(C$_2$H$_5$)$_2$Cl/ Co-Diacetylacetonat u. ä.

D. A. S. 1 144 922 (1963): Vorwiegend cis-1,4-Struktur mit Kat.-System aus alkoholhaltigen Schwermetallsalzen/AlR$_3$ u. ä.

D. A. S. 1 144 923 (1963): Kat.-System aus AlR$_3$/Titan(III)-β-dicarbonylverbind./Jod.

D. A. S. 1 154 944 (1963): Stereoreguläre Polym. mit Kat.-System aus Cr-organ. Komplexen/TiCl$_4$ u. ä.

D. A. S. 1 155 248 (1963): Syndiotaktisches 1,2-Polym. mit Kat.-System aus Halogeniden der 8. Gruppe/AlR$_3$.

D. A. S. 1 156 986 (1963): Kat.-System aus Ni- oder Co-Carbonylverbind./AlCl$_3$/AlR$_3$.

D. A. S. 1 158 716 (1963): Kat.-System aus AlR$_3$/Jod/Titan(IV)-Verbind.

F. P. 1 317 871 (1963): Mehr als 90% cis-1,4-Struktur mit Pb(IV)-organischen Verbind./ TiCl$_3$/TiJ$_4$ als Kat.-System.

F. P. 1 320 970 (1963): Vorwiegend cis-1,4-Struktur mit Mg-, Be- oder Cd-organ. Verbind./ TiCl$_4$ + TiJ$_4$ als Kat.-System.

F. P. 1 322 557 (1963): Vorwiegend cis-1,4-Struktur mit löslicher Co-Komplexverbind./ AlRCl$_2$-Komplexverbind. als Kat.-System.

F. P. 1 324 497 (1963): Vorwiegend cis-1,4-Struktur mit LiR/Halogenverbind. als Kat.-System.

F. P. 1 326 811 (1963): Kat.-System aus AlR$_3$ u. ä./TiJ$_4$.

F. P. 1 336 934 (1963): Vorwiegend cis-1,4-Struktur mit Kat.-System aus AlR$_3$/Ti(OR)$_4$/ Jod oder Metalljodide.

F. P. 1 338 735 (1963): Vorwiegend cis-1,4-Struktur mit Kat.-System aus Organometallverbind./TiCl$_4$/Organometalljodid.

F. P. 1 344 961 (1963): Vorwiegend cis-1,4-Struktur mit Kat.-System aus Organo-Metallhydrid/TiJ$_4$/TiCl$_3$.

U. S. P. 3 078 263 (1963): Vorwiegend cis-1,4-Struktur mit Kat. aus Dialkyl-Al-Cyanid/ TiCl$_4$.

U. S. P. 3 116 273 (1963): Vorwiegend 1,2-Verknüpfung mit Kat.-System aus R$_3$Al/ MoCl$_5$/Äther, Amin oder Amid/Jod.

Belg. P. 637 825 (1964): Vorwiegend 1,2 Verknüpfung mit Kat.-System aus Verbind. wie Ti[N(C$_2$H$_5$)$_2$]$_4$/AlHCl$_2$ u. ä.

Belg. P. 640 966 (1964): Vorwiegend cis-1,4-Struktur mit Reaktionsprodukt von Co-Arylsulfonat mit AlR$_3$ als Kat.

Belg. P. 640 983 (1964): Vorwiegend cis-1,4-Struktur in unpolaren, vorwiegend trans-1,4-Struktur in polaren Lösungsmitteln mit Mischung aus Ni(CO)$_4$/Friedel-Crafts-Kat.

Belg. P. 642 923 (1964): Vorwiegend trans-1,4-Struktur mit Kat.-System aus AlR_3/ VCl_3(OR), $TiCl_4$.

Brit. P. 951 579 (1964): AlR_3/$TiCl_3$ als Kat.

Brit. P. 953 689 (1964): Vorwiegend cis-1,4-Struktur mit Kat. aus pyrolysiertem Phenyl-MgBr/TiJ_4.

D. A. S. 1 162 087 (1964): Hoher Gehalt an cis-1,4-Struktur mit Kat.-System aus V-, Co- oder Ni-Verbind./$AlHCl_2$/Komplexbildner wie Äther/$AlCl_3$.

D. A. S. 1 169 675 (1964): Hoher Gehalt an cis-1,4-Struktur mit 1,3-Dilithium-Arylverbind. als Kat.

D. A. S. 1 180 944 (1964): Vorwiegend trans-1,4-Struktur mit Kat.-System aus löslicher chlorfreier Vanadin(III)-Verbind./Alkyl-Al-Halogenid/Amin.

D. A. S. 1 181 426 (1964): Vorwiegend cis-1,4-Struktur mit Organolithiumverbind./ $TiCl_4$/Jodoform.

F. P. 1 364 422 (1964): Vorwiegend cis-1,4-Struktur mit Kat.-System aus Organo-Al-Halogenid/Ti(OR)$_4$/Jod/Triäthylamin.

F. P. 1 373 076 (1964): Vorwiegend cis-1,4-Struktur mit Kat.-System aus Organometallverbind./$TiCl_4$/Jodkohlenwasserstoff.

F. P. 1 376 351 (1964): Vorwiegend cis-1,4-Struktur mit Kat.-System aus Kobaltsalzen, die in aromatischen Kohlenwasserstoffen löslich sind/Al-Halogenid/Lewis-Base wie Pyrrol, Thiophen u. a./aromatische Kohlenwasserstoffe.

F. P. 1 382 356 (1964): Vorwiegend cis-1,4-Struktur mit Kat.-System aus Organometallverbind./Reaktionsprodukt von NaJ mit $TiCl_3$.

F. P. 1 384 867 (1964): Vorwiegend cis-1,4-Struktur mit Kat.-System aus AlR_3/$TiCl_4$/ Reaktionsprodukt aus AlR_2H und Jod.

Belg. P. 655 015 (1965): Vorwiegend cis-1,4-Struktur mit Kat.-System aus Organo-Al-Halogenid/Co- bzw. Ni-Chelatverbind.

Brit. P. 984 499 (1965): Vorwiegend cis-1,4-Struktur mit Kat.-System aus Organometallverbind./Ti-Halogenid/LiJ.

Brit. P. 990 451 (1965): Hoher Gehalt an cis-1,4-Struktur mit Kat.-System aus Organometallverbind./$TiCl_4$/JCl u. ä.

D. A. S. 1 190 441 (1965): Kat.-System aus Alkylaluminiumhydrid/ROTiJ$_3$.

D. A. S. 1 193 249 (1965): Überwiegend cis-1,4-Struktur mit Kat.-System aus R_2AlCl/ Co-Acetylacetonat in Gegenw. von Cyclooctadien-1,5.

D. A. S. 1 206 159 (1965): Kat.-System aus Al- und Ti-Verbind. zusammen mit metallorganischem Jodid.

F. P. 1 393 714 (1965): Vorwiegend cis-1,4-Struktur mit Kat.-System aus Ätheraten von Organo-Al-Verbind./$TiCl_4$.

U. S. P. 3 206 448 (1965): Über 80% cis-1,4-Struktur mit AlR_2Cl/TiJ_4/R_3N als Kat.-System.

U. S. P. 3 215 682 (1965): Vorwiegend cis-1,4-Struktur mit Kat.-System aus AlR_3/Ni- oder Co-Halogenid.

U. S. P. 3 223 694 (1965): Mehr als 70% trans-1,4-Struktur mit Kat.-System aus Lösung von $LiAlH_4$ in Äther/$TiCl_4$/Brom.

D. A. S. 1 213 120 (1966): Kat.-System aus Kobaltsalz einer organ. Carbonsäure, Thiocarbonsäure oder Sulfosäure/Borhalogenid/CdR_2.

D. A. S. 1 213 121 (1966): Vorwiegend cis-1,4-Struktur mit Kat., die Jod oder Jodid enthalten.

D. A. S. 1 214 002 (1966): Co- oder Ni-Tetracarbonyl/Borhalogenid/CdR$_2$ als Kat.-System.

D. A. S. 1 217 625 (1966): Kat.-System aus jodhaltigen Ti-Verbind./Al-organ. Verbind./Carbonylverbind./Amin.

D. A. S. 1 219 686 (1966): Vorwiegend cis-1,4-Struktur mit Kat.-System aus Grignard-Verbind./TiCl$_4$.

Polyisopren

Belg. P. 613 444 (1962): Al/Ti-Kat., auch mit koordinativ gebundenem Äther und Amin.

Belg. P. 617 914 (1962): Kat. aus TiCl$_4$/Mischung metallorgan. Verbind.

Belg. P. 622 492 (1962): Vorwiegend cis-1,4-Struktur mit Kat.-System aus TiCl$_4$/Organo-aluminium-Ätherat.

Brit. P. 905 001 (1962): Vorwiegend cis-1,4-Struktur mit Co- und Al-haltigen Kat.

Brit. P. 906 266 (1962): Hoher Gehalt an trans-1,4-Struktur mit Kat.-System aus LiAlH$_4$/ in Äther/TiCl$_3$/J$_2$.

Brit. P. 910 227 (1962): Hoher Gehalt an cis-1,4-Struktur mit Kat.-System aus Aryl-Li-Verbind./TiCl$_3$.

U. S. P. 3 047 559 (1962): Vorwiegend cis-1,4-Struktur mit TiCl$_4$/AlR$_3$-Ätherat als Kat.

U. S. P. 3 054 788 (1962): Herstellung des Kat.: Bei 400 °C Umsetzung von AlCl$_3$ mit V oder Cr, danach Metallalkyle zugesetzt.

D. A. S. 1 143 332 (1963): Kat.-System aus Silikaten, die mit AlR$_3$ umgesetzt wurden/ TiCl$_4$, ergibt vorwiegend cis-1,4-Struktur.

F. P. 1 330 672 (1963): 50—60% cis-1,4-Struktur mit Kat.-System aus Organomagnesium-verbind./TiCl$_4$.

Belg. P. 642 923 (1964): Vorwiegend trans-1,4-Struktur mit Kat.-System aus AlR$_3$/ VCl$_3$(OR), TiCl$_4$.

Belg. P. 648 384 (1964): Vorwiegend trans-1,4-Struktur mit Kat.-System aus TiCl$_4$/ VCl$_4$/Al(C$_2$H$_5$)$_3$/Zn(C$_2$H$_5$)$_2$.

F. P. 1 375 867 (1964): Vorwiegend cis-1,4-Struktur mit Kat.-System aus Sn-Hydrid/ Übergangsmetallverbind.

Belg. P. 655 015 (1965): Vorwiegend cis-1,4-Struktur mit Kat.-System aus Organo-Al-Halogenid/Co- bzw. Ni-Chelat.

F. P. 1 415 193 (1965): Vorwiegend cis-1,4-Struktur mit Kat.-System aus TiCl$_4$/AlR$_3 \cdot$ NR$_3$ bei Al/Ti-Molverhältnis von 0,8/1 bis 1,5/1.

U. S. P. 3 180 858 (1965): Vorwiegend cis-1,4-Struktur mit Kat.-System aus AlR$_3$/ TiCl$_4$ und Alkoholat.

Polypentadien-1,3

Belg. P. 617 545 (1962): Syndiotaktisches cis-1,4-Polym. mit Al/Co/Lewisbasen-Komplexen als Kat.

F. P. 1 315 085 (1962): Optisch aktives Polym. durch asymmetrische Induktion.

Belg. P. 628 238 (1963): Isotaktisches cis-1,4-Polym. mit Ti(OR)$_4$/AlR$_3$ als Kat.

D. A. S. 1 184 087 (1964): Ni-/Al-Verbind. als Kat.

Polystyrol

F. P. 1 299 295 (1962): Übliche Ziegler-Kat./Alkinylalkohole oder -äther.

F. P. 1 310 774 (1962): Übliche Ziegler-Kat./Aromatische Äther.

Belg. P. 640 040 (1964): Stereoreguläres Polym. mit TiCl$_4$/AlRF$_2$ u. ä. als Kat.

26*